国家科学技术学术著作出版基金资助出版

给水处理厂污泥再利用的理论与方法

裴元生　王昌辉　等　著

科学出版社

北　京

内 容 简 介

本书将给水处理厂污泥（DWTR）与环境污染控制相结合，以我国典型城市 DWTR 为对象，针对废水、沉积物和土壤环境的不同特点，探讨了 DWTR 吸附磷和有机磷农药，以及钝化磷和重金属的作用与规律，评估了 DWTR 再利用的生态风险，阐明了 DWTR 资源化利用的理论与方法。

本书可作为从事地表水体污染控制、富营养化控制和水环境修复领域的相关科技人员和工程技术人员的参考资料，也可供高等院校及研究院所的师生和研究人员参考。

图书在版编目（CIP）数据

给水处理厂污泥再利用的理论与方法/裴元生等著. —北京：科学出版社，2018.1
ISBN 978-7-03-054847-4

Ⅰ. ①给… Ⅱ. ①裴… Ⅲ. ①给水处理–水厂–污泥利用–研究 Ⅳ. ①X703

中国版本图书馆 CIP 数据核字(2017)第 253241 号

责任编辑：李 迪 / 责任校对：张凤琴
责任印制：赵 博 / 封面设计：北京铭轩堂广告设计有限公司

科学出版社 出版
北京东黄城根北街 16 号
邮政编码：100717
http://www.sciencep.com

北京科印技术咨询服务有限公司数码印刷分部印刷
科学出版社发行 各地新华书店经销

*

2018 年 1 月第 一 版　开本：787×1092　1/16
2019 年 1 月第二次印刷　印张：20 1/4
字数：478 000

定价：138.00 元

(如有印装质量问题，我社负责调换)

前　言

地表水体污染控制一直是我国环境保护领域的重要研究课题，随着国家"水十条"的颁布与实施，特别是《城市黑臭水体整治工作指南》与《城市黑臭水体整治——排水口、管道及检查井治理技术指南（试行）》的发布，地表水体污染控制已成为各级政府和部门的重要环境保护任务。

给水处理厂污泥（DWTR）是给水处理过程中产生的富含铁铝絮凝剂的副产物，是一种相对清洁的泥，在欧盟废弃物清单中，其代码是190902。全球年产DWTR上亿吨，近年来，DWTR逐渐被认为是一种可循环利用的物质。本书将DWTR与环境污染控制相结合，以我国典型城市DWTR为对象，针对废水、沉积物和土壤环境的不同特点，探讨了DWTR吸附磷和有机磷农药，以及钝化磷和重金属的作用与规律，评估了DWTR再利用的生态风险，阐明了DWTR资源化利用的理论与方法。

本书内容主要取材于近10年来北京师范大学环境学院裴元生课题组所培养的4名博士和6名硕士的学位论文，以及近年来课题组所发表的中英文文章，全书分为9章，第1章为绪论，第2章为DWTR对营养盐磷的吸附，第3章为DWTR对有机磷农药、重金属和硫化氢的吸附，第4章为DWTR用于废水的处理，第5章为DWTR对土壤有机磷农药污染的控制，第6章为DWTR对沉积物中磷的固定，第7章为DWTR金属污染风险，第8章为DWTR的生态风险，第9章为结论与展望。

全书由裴元生和王昌辉统稿，参与编写的有裴元生（第1、9章）、王昌辉（第2、3、6、7、8章）、赵媛媛（第3、5章）、袁楠楠（第7、8章）、高思佳（第2章）、白雷雷（第2、4章）、梁金成（第4章）、刘娟凤（第4章）、焦健（第3章）。

本书作者感谢爱尔兰都柏林大学赵亚乾博士将国外DWTR最新研究进展介绍到本课题组，感谢澳大利亚CSIRO的Laura A Wendling女士对我们研究工作的支持，感谢国家自然科学基金委员会对本研究工作的资金支持（项目批准号：51278055，51579009），感谢席北斗和单保庆两位研究员及赵华章教授在百忙之中审阅书稿并提出宝贵意见，感谢李秀青和王关翼进行文字校正、图表再加工和文献校核。

全书体例一致、格式统一、写作规范，适合地表水体污染控制、富营养化控制和水环境修复领域的相关科技人员和工程技术人员阅读和使用。由于作者水平有限，书中难免有不足之处，恳请读者批评指正。

著　者

2017年7月

目 录

第1章 绪论 ··· 1
  1.1 给水处理厂污泥（DWTR）的产生及特性 ··· 1
  1.2 DWTR 的再利用 ··· 1
     1.2.1 吸附剂 ··· 1
     1.2.2 DWTR 的环境应用 ·· 2
     1.2.3 再利用风险 ·· 4
  1.3 现状分析与研究选题 ·· 4
第2章 DWTR 对营养盐磷的吸附 ·· 6
  2.1 不同 DWTR 的比较 ··· 6
     2.1.1 不同 DWTR 的物理化学特性 ··· 6
     2.1.2 不同 DWTR 对磷的吸附特征 ··· 7
     2.1.3 不同 DWTR 对磷解吸附特征 ··· 7
     2.1.4 DWTR 对磷的吸附能力与其性质的相关性分析 ···································· 10
     2.1.5 DWTR 的磷解吸附量与自身特性的相关性分析 ···································· 11
  2.2 低分子量有机酸的影响 ··· 12
     2.2.1 不同浓度条件下的影响 ··· 12
     2.2.2 不同 pH 条件下的影响 ·· 14
     2.2.3 柱状实验 ·· 15
     2.2.4 DWTR 吸附前后表征 ·· 15
     2.2.5 低分子量有机酸的影响机制 ··· 17
  2.3 热和酸处理 DWTR 的吸附 ··· 19
     2.3.1 热和酸处理方式筛选 ·· 19
     2.3.2 热和酸处理机制 ·· 20
     2.3.3 热处理 DWTR 对不同磷酸盐的吸附特性 ··· 22
     2.3.4 热处理 DWTR 吸附不同磷酸盐的机制研究 ·· 26
  2.4 连续热和酸处理的影响 ··· 32
     2.4.1 标准磷吸附实验 ·· 32
     2.4.2 连续处理前后 DWTR 表征 ··· 33
     2.4.3 连续处理前后 DWTR 的磷吸附效果 ·· 34
     2.4.4 连续处理前后 DWTR 中被吸附磷赋存形态 ······································· 37
     2.4.5 连续处理方法的评价 ·· 38
  2.5 在动态模式下对磷的吸附 ·· 39
     2.5.1 装置启动与运行 ·· 39

2.5.2 运行条件对 DWTR 动态除磷的影响ꔍ39
2.5.3 传质系数分析ꔍ40
2.5.4 对比 DWTR 与 201×4 树脂在动态模式下对磷的吸附ꔍ42
2.6 溶解氧对被吸附磷稳定性的影响ꔍ43
2.6.1 溶液性质分析ꔍ43
2.6.2 实验前后固体样品分析ꔍ45
2.6.3 溶解氧的影响机制解析ꔍ46
2.7 本章小结ꔍ47

第3章 DWTR 对有机磷农药、重金属和硫化氢的吸附ꔍ48
3.1 DWTR 对有机磷农药的吸附ꔍ48
3.1.1 DWTR 对非离子型有机磷农药（毒死蜱）的吸附ꔍ48
3.1.2 DWTR 对离子型有机磷农药（草甘膦）的吸附ꔍ53
3.2 DWTR 对重金属的吸附ꔍ59
3.2.1 DWTR 对镉的吸附ꔍ59
3.2.2 镉吸附机制ꔍ64
3.2.3 DWTR 对钴的吸附ꔍ66
3.2.4 钴吸附机制ꔍ71
3.2.5 镉钴的竞争吸附ꔍ71
3.3 DWTR 对硫化氢的吸附特征ꔍ74
3.3.1 柱状实验ꔍ74
3.3.2 吸附前后 DWTR 的表征ꔍ76
3.3.3 厌氧培养实验ꔍ77
3.3.4 硫化氢吸附机制ꔍ78
3.4 本章小结ꔍ79

第4章 DWTR 用于废水的处理ꔍ80
4.1 以 DWTR 为介质模拟湿地对城镇二级出水的处理ꔍ80
4.1.1 模拟湿地系统的构建ꔍ80
4.1.2 两种人工湿地对总悬浮物和 COD_{cr} 的去除及比较ꔍ81
4.1.3 两种人工湿地对氮的去除效果及比较ꔍ83
4.1.4 两种人工湿地对磷的去除效果及比较ꔍ86
4.1.5 水力停留时间对两种人工湿地的影响ꔍ87
4.1.6 两种人工湿地的金属释放风险ꔍ89
4.1.7 DWTR 的主要形态表征ꔍ90
4.1.8 不同深度 DWTR 中无机磷分布及形态ꔍ92
4.2 DWTR 对养殖废水的混凝处理ꔍ94
4.2.1 养殖场废水与 DWTR 的特性分析ꔍ94
4.2.2 单因素实验研究ꔍ94
4.2.3 正交实验研究ꔍ97

	4.3 DWTR 与商品絮凝剂联用的混凝处理养殖废水	101
	4.3.1 DWTR 与商品絮凝剂混凝效果比较	101
	4.3.2 DWTR 与商品絮凝剂的联合使用	104
	4.3.3 DWTR 预处理的小试实验装置研究	112
	4.4 以 DWTR 为介质模拟湿地对养殖废水的处理	117
	4.4.1 模拟湿地的构建	117
	4.4.2 模拟湿地的效果	118
	4.4.3 模拟湿地中氮循环菌的多样性	122
	4.4.4 模拟湿地中氮循环菌的丰度	130
	4.4.5 模拟湿地中氮循环菌的活性	133
	4.5 本章小结	135
第 5 章	**DWTR 对土壤有机磷农药污染的控制**	**136**
	5.1 农业区农药污染现状	136
	5.1.1 农业区基础资料收集	136
	5.1.2 农业区土壤农药残留特征及污染风险评价	138
	5.1.3 农业区地下水农药污染风险评价	144
	5.2 DWTR 掺杂土壤对有机磷农药的吸附特征	150
	5.2.1 DWTR 掺杂土壤对毒死蜱及其代谢产物三氯苯酚（TCP）的吸附	150
	5.2.2 DWTR 掺杂土壤对草甘膦及其代谢产物（AMPA）的吸附	151
	5.3 DWTR 掺杂土壤对有机磷农药的吸附稳定性	153
	5.3.1 DWTR 掺杂土壤对毒死蜱及其代谢产物 TCP 的吸附稳定性	153
	5.3.2 DWTR 掺杂土壤对草甘膦及其代谢产物 AMPA 的吸附稳定性	155
	5.3.3 DWTR 掺杂土壤中毒死蜱与草甘膦的吸附形态提取与分析	155
	5.4 溶液化学性质对 DWTR 掺杂土壤中有机磷农药吸附与解吸的影响	158
	5.4.1 溶液化学性质对 DWTR 掺杂土壤中毒死蜱吸附与解吸的影响	158
	5.4.2 溶液化学性质对 DWTR 掺杂土壤中草甘膦吸附与解吸的影响	159
	5.5 DWTR 对土壤中毒死蜱降解行为的影响	164
	5.5.1 毒死蜱在好氧条件下的降解特征	164
	5.5.2 毒死蜱在厌氧土壤水溶液环境中的降解特征	167
	5.6 DWTR 对土壤中草甘膦降解行为的影响	173
	5.6.1 DWTR 掺杂土壤中草甘膦的残留特征	173
	5.6.2 草甘膦对 DWTR 掺杂土壤酶活性的影响	175
	5.6.3 草甘膦降解期间 DWTR 掺杂土壤微生物丰度变化	176
	5.6.4 讨论	177
	5.7 本章小结	178
第 6 章	**DWTR 对沉积物中磷的固定**	**179**
	6.1 DWTR 对沉积物中磷形态影响	179
	6.1.1 无机磷变化	179

6.1.2 有机磷变化 180
6.2 pH、有机质等常规因子对固磷能力的影响 181
    6.2.1 pH的影响 181
    6.2.2 沉积物中的有机质影响 182
    6.2.3 硅酸根的影响 183
    6.2.4 离子强度的影响 184
    6.2.5 厌氧环境的影响 185
    6.2.6 外源磷的影响 185
6.3 光照、微生物活性和沉积物再悬浮对固磷能力的影响 187
    6.3.1 上覆水性质变化 187
    6.3.2 磷的分级提取 188
    6.3.3 影响机制解析 190
6.4 硫化氢对固磷能力的影响 192
    6.4.1 硫化氢对修复后沉积物中磷的稳定性影响 192
    6.4.2 硫化氢的影响机制解析 195
6.5 沉降作用对固磷能力的影响 196
    6.5.1 沉降前后DWTR和湖水性质分析 196
    6.5.2 沉降前后DWTR磷吸附能力的变化 197
    6.5.3 沉降前后DWTR固定沉积物磷能力的变化 199
6.6 投加量的影响 200
    6.6.1 DWTR和沉积物的性质 200
    6.6.2 沉积物中活性磷的变化 201
    6.6.3 沉积物中Al_{ox}和Fe_{ox}的变化 202
    6.6.4 DWTR中Fe_{ox}和Al_{ox}固定沉积物中磷能力的确定 202
    6.6.5 DWTR各种沉积物中磷的固定 204
6.7 DWTR控制沉积物磷释放的特征 205
    6.7.1 模拟装置的构建 205
    6.7.2 上覆水性质变化 206
    6.7.3 磷的分级提取 207
    6.7.4 ^{31}P NMR分析 208
    6.7.5 控制磷释放机制解析 209
6.8 本章小结 210

第7章 DWTR金属污染风险 211
7.1 不同DWTR中的金属活性 211
    7.1.1 DWTR的元素分布特征 211
    7.1.2 DWTR中金属赋存形态 212
    7.1.3 DWTR中金属生物可给性 214
    7.1.4 DWTR中金属浸出毒性 214

7.1.5　DWTR 应用评估 216
　7.2　风干过程对 DWTR 中金属活性的影响 218
　　　7.2.1　风干前后 DWTR 的表征 218
　　　7.2.2　风干前后 DWTR 中金属赋存形态 219
　　　7.2.3　风干前后 DWTR 中金属生物可给性 221
　　　7.2.4　风干前后 DWTR 中金属浸出毒性 221
　　　7.2.5　风干前后 DWTR 中金属生物有效性 222
　　　7.2.6　风干过程的影响评估 224
　7.3　pH 对 DWTR 中金属活性的影响 224
　　　7.3.1　DWTR 中金属在不同 pH 条件下的释放特征 224
　　　7.3.2　批量实验后 DWTR 中金属赋存形态 226
　　　7.3.3　批量实验后 DWTR 中金属生物可给性 226
　　　7.3.4　批量实验前后 DWTR 中金属浸出毒性 226
　　　7.3.5　pH 对 DWTR 中金属活性影响的解析 229
　7.4　厌氧环境条件对 DWTR 中金属活性的影响 231
　　　7.4.1　厌氧培养前后 DWTR 的基本特征 231
　　　7.4.2　厌氧培养前后 DWTR 中金属赋存形态 231
　　　7.4.3　厌氧培养前后 DWTR 中金属生物可给性 234
　　　7.4.4　厌氧培养前后 DWTR 中金属浸出毒性 234
　　　7.4.5　厌氧环境条件影响解析 235
　7.5　DWTR 对沉积物中金属释放作用的影响 236
　　　7.5.1　湖水中 pH、ORP 和 DO 的变化 236
　　　7.5.2　金属的释放作用变化 236
　　　7.5.3　沉积物中金属浸出毒性变化 239
　　　7.5.4　沉积物中金属赋存形态变化 240
　　　7.5.5　沉积物中金属生物可给性变化 240
　　　7.5.6　DWTR 应用风险评价 243
　7.6　DWTR 对受复合污染土壤中金属稳定性的影响 247
　　　7.6.1　土壤和 DWTR 基本性质 247
　　　7.6.2　土壤中砷的形态变化 248
　　　7.6.3　土壤中铜、锌、镍和铅的形态变化 249
　　　7.6.4　土壤中镉、铬和钡的形态变化 250
　　　7.6.5　土壤中金属生物可给性变化 253
　7.7　本章小结 253
第 8 章　**DWTR 的生态风险** 254
　8.1　DWTR 对普通小球藻的毒性 254
　　　8.1.1　DWTR 提取液的基本性质 254
　　　8.1.2　DWTR 提取液对小球藻的生长抑制效应 255

  8.1.3 营养素添加或削除及金属螯合实验 ... 257
  8.1.4 DWTR 提取液对小球藻生理生化和分子水平指标的影响 ... 258
 8.2 DWTR 修复后沉积物对普通小球藻的毒性 ... 262
  8.2.1 DWTR 修复前后沉积物提取液的基本性质 ... 262
  8.2.2 DWTR 修复前后沉积物提取液对小球藻的生长抑制作用 ... 263
  8.2.3 磷添加对沉积物提取液小球藻毒性的影响 ... 265
  8.2.4 pH 对 DWTR 修复前后沉积物的小球藻毒性效应的影响 ... 269
 8.3 DWTR 及其修复的沉积物对发光菌的毒性 ... 272
  8.3.1 Microtox® 固相和液相实验中菌的发光强度 ... 272
  8.3.2 费氏弧菌的损失率 ... 273
  8.3.3 Microtox® 固相实验发光强度抑制率的校正 ... 274
  8.3.4 有机提取液的发光菌动力学实验 ... 275
  8.3.5 水相提取液的发光菌动力学实验 ... 276
 8.4 DWTR 修复后沉积物总菌的特征 ... 278
  8.4.1 总菌多样性 ... 278
  8.4.2 总菌丰度 ... 279
 8.5 DWTR 修复后沉积物厌氧氨氧化（anammox）菌的特征 ... 280
  8.5.1 沉积物中 anammox 菌确定 ... 280
  8.5.2 沉积物中 anammox 菌活性 ... 280
  8.5.3 沉积物中 anammox 菌多样性 ... 281
  8.5.4 沉积物中 anammox 菌的丰度 ... 282
  8.5.5 DWTR 对沉积物中 anammox 菌的影响机制 ... 283
 8.6 对硝化菌的影响 ... 284
  8.6.1 富集前后样品的基本性质 ... 284
  8.6.2 沉积物硝化活性 ... 285
  8.6.3 沉积物中氨氧化菌（AOB）和亚硝酸盐氧化菌（NOB）的确定 ... 286
  8.6.4 沉积物中 AOB 和 NOB 的丰度 ... 287
  8.6.5 沉积物中 AOB 和 NOB 的多样性 ... 287
  8.6.6 DWTR 投加对沉积物中 AOB 和 NOB 的影响 ... 290
 8.7 本章小结 ... 292
第 9 章 结论与展望 ... 293
 9.1 结论 ... 293
 9.2 展望 ... 297
参考文献 ... 298

第1章 绪 论

1.1 给水处理厂污泥（DWTR）的产生及特性

给水处理厂污泥（drinking water treatment residue，DWTR）是给水处理过程不可避免的副产物。与传统的污水处理厂剩余污泥不同，DWTR 是一种相对清洁、安全的废弃物，在欧盟废弃物清单中，将 DWTR 归为无危害物质并无须特别处置。DWTR 可被分为絮凝剂残泥、自然残泥、地下水或软化残泥及锰残泥（Babatunde and Zhao，2007）。其中，絮凝剂残泥是大部分给水处理厂的副产物，同时也是研究者关注最多的 DWTR（本书随后提及的 DWTR 都为絮凝剂残泥）（Ippolito et al.，2011）。此外，根据物理性状，DWTR 可分为脱水和未脱水残泥。在传统的絮凝过滤水处理工艺中，给水厂原水中杂质被絮凝剂絮凝沉淀后产生的废泥即为 DWTR。因此，DWTR 的成分来源包括：原水中杂质、絮凝剂水解物及水厂工艺过程引入的其他物质等（如聚丙烯酰胺）。这表明不同给水厂产生的 DWTR 成分存在差异。然而，综合以往研究可知，不同 DWTR 的主要成分和结构基本一致（Dayton and Basta，2005）。DWTR 成分包括铁或铝的氧化物或氢氧化物、碳酸钙、黏土、有机质、活性炭残渣等（Ippolito et al.，2011），但以无机成分为主（Babatunde and Zhao，2007）。

DWTR 的全球年产量达上亿吨，我国上海市年产量就达 13.3 万 t（李怀正等，2005），北京自来水集团第九水厂年产量为 1.42 万 t（徐斌，2004）。到目前为止，遵循"眼不见、心不烦"的原则，产生的 DWTR 基本都进入地表水体（未脱水 DWTR）、排水系统（未脱水 DWTR）和土地填埋（脱水）。然而，给水厂沉淀池的排泥水悬浮物（未脱水 DWTR）含量较高，直接排入地表水体可能对周围环境带来不利影响；若将排泥水排放到污水系统，排泥水需满足污水厂预处理要求，且该方式会提高污水厂污泥负荷；此外，直接排放未脱水 DWTR 也会浪费排泥水中的水资源。由于上述原因，国内外城市新建给水厂一般都增加排泥水的脱水与浓缩工艺，而脱水后的铁铝泥实施土地填埋处置。随着社会的发展，以及污泥处理系统的普及，DWTR 的产量必然上升，而土地资源不足的现状，预示着科学回用 DWTR 将是社会重要需求。可见，探索 DWTR 的资源化方式具有现实意义。

1.2 DWTR 的再利用

1.2.1 吸附剂

由于富含无定型铁铝及部分有机质，DWTR 通常具有较强的吸附性能，因此，回用 DWTR 作吸附剂是很多研究的关注点。DWTR 对很多环境污染物有较强的吸附能力。

已有研究表明，DWTR 对磷（Makris et al., 2005）、高氯酸（Makris et al., 2006a）和（类）金属，如砷[①]（Makris et al., 2006b；Gibbons and Gagnon, 2011；Nagar et al., 2013）、铬（Zhou and Haynes, 2011）、铅（Zhou and Haynes, 2011；Putra and Tanaka, 2011）、汞（Hovsepyan and Bonzongo, 2009）和硒（Ippolito et al., 2009）都具有很好的吸附效果。在这些研究中，回收 DWTR 作为磷吸附剂是当前的研究热点（Ippolito et al., 2011）。下面就 DWTR 磷吸附剂的回用作详细介绍。

DWTR 对磷具有很强的吸附能力（Babatunde and Zhao, 2007）。综合国内外研究，DWTR 对磷的饱和吸附量（按 Langmuir 模型计算）为 10~175 mg/g（Novak and Watts, 2004；Makris et al., 2004；帖靖玺等，2009；胡静等，2010）。被 DWTR 吸附的磷主要以铁铝结合态磷存在，所以，不同 DWTR 磷吸附能力的差异主要与它们的铁铝含量不同有关（Ippolito et al., 2011）。DWTR 对磷的吸附是一个"快吸附、慢平衡"的过程：在吸附初始阶段，磷酸根离子快速占据 DWTR 表面的吸附位点，之后磷酸根离子向 DWTR 颗粒内部微孔扩散，且扩散作用持续时间较长（Makris et al., 2005）。磷的吸附机制研究表明 DWTR 对磷的吸附作用是不可逆的（Ippolito et al., 2003），配位交换作用是 DWTR 吸附磷的主要反应（Michael et al., 1998；Yang et al., 2006）。

DWTR 的磷吸附能力在不同条件下存在一定差异（Razali et al., 2007；Miller et al., 2011）。其中，pH 的影响相对较大：低 pH 有利于磷的吸附（Gibbons and Gagnon, 2011；胡文华等，2011）。DWTR 对正磷酸盐的吸附效果最好，其次分别是聚合磷和有机磷（Razali et al., 2007）。氧化还原条件对 DWTR 吸附磷能力的影响较小，在好氧和厌氧条件下，被 DWTR 吸附的磷均可保持稳定（Oliver et al., 2011）。此外，DWTR 对磷的吸附能力也不受铁铝的老化作用影响（Agyin-Birikorang and O'Connor, 2007；Yang et al., 2008）。总的来说，在各种环境条件下，DWTR 对磷的吸附作用都较稳定。

1.2.2 DWTR 的环境应用

DWTR 的资源化再利用途径很多（Babatunde and Zhao, 2007），但是，在环境磷污染控制领域，DWTR 主要被应用于工业和生活废水处理、土壤修复和构建人工湿地 3 个方面。

（1）DWTR 中回收絮凝剂

早在 20 世纪初，相关研究人员就开始尝试回收 DWTR 中的絮凝剂并回用于各种污水的絮凝处理过程中（Roberrts and Roddy, 1960），随后，有应用酸处理进而膜分离技术来回收 DWTR 中的絮凝剂的（Sengupta and Shi, 1992），也有用碱处理来回收絮凝剂的（Masschelein et al., 1985）。尽管回收利用絮凝剂过程有一些缺点和不足，但是从实验室和现场的测试表明这个过程是可行的，能够产生一定的经济效益。然而，Petruzzelli 等（2000）认为从 DWTR 中回收的絮凝剂纯度不够，尤其是在饮用水处理过程中使用存在很大问题，且回收过程是昂贵和烦琐的。Horth 等（1994）进一步指出从 DWTR 中回收絮凝剂的过程可能导致重金属的富集，这样会污染回收的絮凝剂。因为在用酸溶解铝和铁的同时，也会将其他重金属也回收了，这样会影响回收的絮凝剂的纯度。

---

① 砷为非金属，鉴于其化合物具有金属性，本书将其归入金属。

(2) DWTR 直接回用作絮凝剂

虽然从纯度和经济上考虑限制了絮凝剂的回收再利用,一些研究人员尝试将给水厂的 DWTR 直接回用作絮凝剂来处理不同的污水。Horth(1994)等尝试把 DWTR 直接应用到污水处理厂中,结果表明在确定 DWTR 最佳投加量的情况下,污水的处理效果和最终的污泥脱水特性有了很大的提高。Basibuyuk 和 Kalat(2004)尝试将富含铁的 DWTR 直接应用到蔬菜油加工厂的废水处理中,在最适投加量的环境下,废水的油脂、化学需氧量和悬浮物均取得了很高的去除率,达到了与铁盐和铝盐相当的去除效果。为了提高污水的一级处理效率,Guan 等(2005a)直接回用富含铝的 DWTR 来提高污染物的去除率,并认为 DWTR 中不溶解的氢氧化铝可以直接作为化学絮凝剂发挥作用,最终悬浮物(SS)和化学需氧量(COD)的去除率提高了 20%和 15%。同时,Guan 等(2005b)还提出 DWTR 去除 SS 和 COD 的机制可能是网捕卷扫和物理吸附。

(3) 土地利用

DWTR 可以替代土壤或作为土壤制备材料而被应用。Dayton 和 Basta(2001)指出,DWTR 作为一种土壤替代物被使用是可行的,DWTR 中含有腐殖质、金属元素的氧化物及原水携带的其他物质,使得 DWTR 与土壤细颗粒具有相似的结构特性。基于英国标准 BS3882 的分类分析表明,DWTR 可被划分为一类含有优质黏粒的廉价土壤,Owen(2002)等将 DWTR 作为草坪栽培材料,草皮长势良好,根系组织发达,减少了对表层土的需求。在 Robert 和 Edward 所做的大量实验工作中,DWTR 以 1170 m^3/hm^2 的施用量施加到森林中,施加的 DWTR 在 2 周内基本上已经完全脱水,土壤的磷循环和树木生长模式并没有受到影响(Grabarek and Krug,1987)。

在土壤修复中,DWTR 可被应用于施过生物污泥或肥料的土壤中,减少土壤中可交换磷的比例,控制土壤中磷释放(Ippolito et al.,2011)。室外现场实验证实,DWTR 可以有效地控制土壤中磷的流失,避免地表水体受到磷污染,且 DWTR 对富磷径流的控制效率远远高于贫磷径流(Agyin-Birikorang et al.,2009)。研究表明 DWTR 固定磷的有效时间长于 13 年(Bayley et al.,2008)。DWTR 作为土壤修复剂还具有以下 3 个优点(Elliott and Singer,1988;Elliott and Dempsey,1991):①有利于土壤结构稳定;②有利于保持土壤湿度;③可为植物提供丰富的营养,如生物可利用有机质和氮。DWTR 也可作为土壤 pH 缓冲剂,但主要是富含钙的 DWTR。Elliott 和 Dempsey(1991)指出这类 DWTR 对土壤具有较好的酸中和能力,对土壤 pH 的调节作用强于石灰石。van Rensburg 和 Morgenthal(2003)将富含钙的 DWTR 用于改良酸尾矿并取得较好的效果。

(4) 人工湿地

人工湿地是水资源严重短缺和水污染不断加剧的情况下发展起来的一种污水处理新技术,该技术的核心部分在于基质层的选择。DWTR 可作为人工湿地介质的优势主要在于具有强而稳定的磷吸附能力,以及有利于微生物附着的大的比表面积等特性;在湿地设计过程中,可结合具体的水质特点,开发各种工艺用以去除各种污染物(Babatunde and Zhao,2007)。

室内外实验研究均表明,以 DWTR 构建的人工湿地对磷和有机物具有很好的去除效果,且不发生明显的阻塞现象(Zhao X H and Zhao Y Q,2009;Zhao et al.,2011)。

在人工湿地中使用石灰和 DWTR 组合介质，可以有效地处理城市废水和奶制品废水（Leader et al., 2005）。此外，以 DWTR 构建的人工湿地有助于增强城市生活废水的磷处理效果（Park, 2009）。根据估算，DWTR 作为人工湿地基质处理城市废水的寿命为 9~40 年，处理畜牧场高磷废水的寿命也可达 2.5~3.7 年（Zhao et al., 2009）。以 DWTR 构建的人工湿地主要具有以下特点：①出水的 pH 较稳定（Zhao et al., 2009）；②磷的吸附能力强，出水磷浓度达标，不仅可以去除活性磷，其对聚合磷和有机磷均具有良好的去除效果（Babatunde et al., 2008）；③铁铝结合态的磷占绝大部分，不易解吸（Babatunde and Zhao, 2009; Zhao X H and Zhao Y Q, 2009），并且在湿地运行过程中铁铝释放量很小，无损基质磷的吸附能力（Babatunde et al., 2011）；④在运行过程中，DWTR 既可去除氮磷，又可有效地去除 COD 和 BOD（Babatunde et al., 2010）。

1.2.3　再利用风险

DWTR 再利用的风险评价主要集中于 DWTR 中金属的毒性研究，这可能与 DWTR 的主要组成是无机成分有关（Babatunde and Zhao, 2007）。其中，关于 DWTR 中铝的毒性研究最多。铝是 DWTR 中含量较高的金属元素之一，且铝离子对生物体具有毒性。然而，当前研究都表明 DWTR 不会对环境产生铝的毒性作用（Babatunde and Zhao, 2007）。例如，在 DWTR 修复的土壤中栽植百喜草和黑麦草，均没有发现铝的富集现象（Oladeji et al., 2009）。Gallimore 等（1999）将两种 DWTR（pH 分别为 7.0 和 7.6）施用于两种弱碱性土壤，系统运行期间并没有检测出地表径流中溶解态铝的含量有所增加。Mahdy 等（2008）将其用于碱性土壤也得到类似结论。在构建的人工湿地中，DWTR 中铝的释放作用很弱，所以使用 DWTR 不会对环境造成铝的二次污染（Babatunde et al., 2011）。促使 DWTR 中铝无害的原因可能有以下两点：①在给水处理中，铝盐主要是通过水解和絮凝作用去除水中杂质，因此，DWTR 中的铝主要是以水解态和有机络合态存在，而不是具有毒性的离子态（Agyin-Birikorang and O'Connor, 2009）；②DWTR 对 pH 具有较好的缓冲性，这促使 DWTR 中的铝在自然环境中可以保持较高稳定性（Lombi et al., 2010）。

由于给水厂水源水质较好，因此 DWTR 的重金属含量一般较低，属于安全的废物（Makris et al., 2005; Ippolito et al., 2011）。Titshall 从物理、化学属性及矿物学特征等方面分析了 5 种不同来源的 DWTR，毒性浸出实验表明，从 DWTR 中浸出的重金属远远低于标准值，毒性指标在标准范围内。但是，在现实生活中，不同地区给水厂采用的工艺方法可能有所不同，产生的 DWTR 的安全性也可能不一样。例如，有给水厂采用 $Al_2(SO_4)_3$、NaOH 和 $KMnO_4$ 来净化水质，这样该厂产生的 DWTR 就含有较多的钠和锰，而这一类 DWTR 的应用安全性可能相对有所降低（Titshall and Hughes, 2005; Novak et al., 2007）。尽管如此，当前的研究并没有确切证据说明 DWTR 的应用对环境存在负面影响。

1.3　现状分析与研究选题

从上述研究现状可知，DWTR 的环境应用是目前国际上一个研究热点，具体涉及吸附剂的开发、絮凝剂的回收和回用、构建人工湿地、土地利用及应用风险的评估。相关研究对 DWTR 的资源化具有重要的现实意义。然而，为了更好地促进 DWTR 回用，实现经济效益环境修复双赢，还有不少研究有待完善。主要有以下几个方面：首先，关于 DWTR 吸附剂开发的研究需要加强。DWTR 富含铁铝及部分有机质的特性表明其对很多污染物具有强吸附能力。系统研究 DWTR 对各种污染物的吸附特性是 DWTR 进一步用于环境修复的基础。其次，关于 DWTR 的环境修复应用需深入。实际环境问题往往是多样和复杂的，针对具体的环境问题，有目的地研究 DWTR 的应用方式，将无疑有助于 DWTR 的资源化。最后，关于 DWTR 低环境风险特性缺少直接证据。这些证据包括各种金属在 DWTR 中的含量和稳定性，以及 DWTR 的潜在毒理特性。

另外，国内关于 DWTR 环境应用的研究相对较少。这可能是因为国内很多地区的 DWTR 都是未经脱水，直接排放到污水系统或地表水，所以许多水厂并没有关于脱水 DWTR 土地填埋处置的经济成本压力。然而，正如上文所述，我国已明确规定城市新建给水厂必须增加排泥水的脱水与浓缩工艺，而脱水后的铁铝泥实施土地填埋处置。因此，系统研究 DWTR 的环境应用具有前瞻性。

根据上述研究背景，结合国家国情，北京师范大学环境学院裴元生课题组系统开展了关于 DWTR 对营养盐磷的吸附，DWTR 对有机磷农药、重金属和硫化氢的吸附，DWTR 用于废水的处理，DWTR 对土壤有机磷农药污染的控制，DWTR 对沉积物中磷的固定，DWTR 金属污染风险，以及 DWTR 再利用的生态风险，以期为 DWTR 的资源化研究提供理论基础与实践方法。

第 2 章 DWTR 对营养盐磷的吸附

2.1 不同 DWTR 的比较

2.1.1 不同 DWTR 的物理化学特性

从北京（BJ1-DWTR、BJ2-DWTR）、杭州（HZ-DWTR）、兰州（LZ-DWTR）、山东（SD-DWTR）采集的 5 种 DWTR 的主要物理化学特性如表 2-1 所示。基于质量百分比计算，DWTR 含 2.5%~9.7%铁、4.2%~9.4%铝、0.8%~13%钙、2.9%~10.8%碳、0.1%~0.3%磷和 2.6%~6.8%有机质。可见，5 种 DWTR 均富含铁和铝，其含量往往取决于水处理过程中混凝剂的种类和剂量。而钙和碳多源于原水，但当有软化工艺时，投加的 $Ca(HCO_3)_2$ 也可以增加 DWTR 中的钙含量（Gibbons and Gagnon，2011）。磷含量为 0.2~4.0 mg/g，与文献报道的 21 种 DWTR 结果一致（Dayton et al.，2003）。DWTR 的磷含量高于普通土壤（0.2~1.1 mg/g），可能因为原水中磷在混凝过程中富集浓缩（Elliott et al.，2002）。

表 2-1　5 种 DWTR 主要物理化学特性

性质	BJ1-DWTR	BJ2-DWTR	HZ-DWTR	LZ-DWTR	SD-DWTR
铁	80.10	97.10	28.13	39.54	25.60
铝	42.20	74.25	94.48	49.79	47.27
钙	8.21	16.54	4.87	49.65	129.83
碳	107.74	106.33	41.41	28.77	62.54
磷	1.41	1.31	2.86	1.21	1.91
有机质	65.72	68.24	40.50	26.25	44.41
Fe_{ox}	58.80	82.00	8.90	5.70	6.16
Al_{ox}	39.69	62.00	70.00	18.00	26.73
P_{ox}	0.34	0.19	2.29	0.61	0.81
PSI/%	0.44	0.16	2.69	2.57	2.36
Fe_{ox1}	0.11	0.02	0.05	0.01	0.01
Al_{ox1}	0.33	0.03	0.46	0.04	0.03
P_{ox1}	0.01	0.01	0.01	0.01	0.01
Ca_M	7.55	14.03	3.76	40.28	40.01
比表面积/（m²/g）	74	61	52	34	21
pH	7.23	7.30	7.40	7.90	7.60

注：除 PSI、比表面积和 pH，其余参数单位符号均为 mg/g；ox. 浓度 200 mmol/L 的草酸可提取态；ox1. 浓度为 5 mmol/L 的草酸可提取态；M. Mehlich 3 可提取态；PSI. 根据 Fe_{ox}、Al_{ox}、P_{ox} 摩尔浓度计算（mol/kg），常用来评估磷吸附潜力（Elliott et al.，2002）；<1 表示材料对磷有强束缚能力，>1 表示材料对磷吸附潜力相对较弱

浓度为 200 mmol/L 草酸可提取态的 Fe(Fe_{ox})、Al(Al_{ox})和 P(P_{ox})分别占总量的 14%~84%、36%~94%、14%~80%。而浓度为 5 mmol/L 草酸提取态的 Fe(Fe_{ox1})、Al(Al_{ox1})、P(P_{ox1})含量较低，分别为 0.01~0.11 mg/g、0.03~0.33 mg/g、0.01 mg/g。此外，Mehlich 3 提取态的 Ca(Ca_M)占总钙的 42%~92%。Fe_{ox} 和 Al_{ox} 的比例较高，证实 DWTR 主要是无定形态结构，但 Fe_{ox1} 和 Al_{ox1} 与 Fe_{ox} 和 Al_{ox} 并不相关，如 BJ2-DWTR 的 Fe_{ox} 高于 HZ-DWTR，而其 Fe_{ox1} 较低。同样，LZ-DWTR 的 Al_{ox} 低于 SD-DWTR，而 Al_{ox1} 较高。这可能是因为 Fe_{ox1} 和 Al_{ox1} 的分布还受其他因素影响，如老化时间（Agyin-Birikorang and O'Connor，2009）。5 种 DWTR 的磷饱和指数 PSI 小于等于 2.69%，因此，DWTR 自身的磷远远低于饱和吸附量。5 种 DWTR 的 pH 为 7.23~7.90，与文献报道一致（Ippolito et al.，2011）。比表面积为 21~74 m^2/g，其中 BJ1-DWTR 和 BJ2-DWTR 富含活性炭残渣，因此比表面积较大。

X 射线衍射（XRD）分析（图 2-1）表明 5 种 DWTR 中不存在明显的晶体铁和铝氢氧化物，即无定形态铁和铝占了主要部分。扫描电子显微镜（SEM）（图 2-1）也证实 DWTR 表面疏松多孔，未发现晶体。综上所述，DWTR 的物理和化学特征有利于吸附磷，是一种吸附潜力很强的废弃材料。

2.1.2 不同 DWTR 对磷的吸附特征

不同初始磷浓度（P_0）下，DWTR 吸附后溶液中剩余磷浓度（固液比为 1∶100）如表 2-2 所示。P_0 小于 50 mg/L 时，溶液剩余磷浓度差异较小，DWTR 的磷吸附量相似。然而，当 P_0 为 50 mg/L 和 100 mg/L 时，磷浓度差异较大，吸附量显著不同。P_0 为 50 mg/L，在 pH 5 的条件下 BJ2-DWTR 的磷去除率最高（99.42%），其次为 HZ-DWTR（99.06%）、BJ1-DWTR（87.6%）、SD-DWTR（77.44%）、LZ-DWTR（74.36%），但随 pH 升至 9，磷去除率分别降低为 97.3%、94.68%、69.6%、58.42%、54.02%。另外，5 种 DWTR 在 P_0 为 100 mg/L 时的吸附量均高于 P_0 为 50 mg/L 时的吸附量。上述结果表明，DWTR 对磷的吸附量随 P_0 的升高而增加，但随溶液 pH 的升高而降低。溶液中磷与 DWTR 颗粒表面之间的浓度梯度随 P_0 升高而增大，促进磷向 DWTR 扩散，并且溶液 pH 的升高会导致 DWTR 表面电荷改变及氢氧根与磷发生竞争吸附（Guan et al.，2007）。

2.1.3 不同 DWTR 对磷解吸附特征

5 种 DWTR 在不同 P_0 下吸附后，磷的解吸附浓度（固液比为 1∶200，解吸时间为 48 h）如表 2-3 所示。饱和 DWTR 对磷的解吸附与吸附特征类似。P_0 低于 50 mg/L 时，DWTR 吸附的磷基本不会解吸，而在 P_0 为 50 mg/L 和 100 mg/L 时，有相对较明显的解吸作用。P_0 为 50 mg/L，溶液 pH 为 5，LZ-DWTR 的解吸附量最高，约为吸附量的 0.70%，其次分别为 SD-DWTR（0.62%）、BJ1-DWTR（0）、HZ-DWTR（0）、BJ2-DWTR（0）。随溶液 pH 的升高，5 种 DWTR 的解吸附量会增大。可见，DWTR 的磷解吸附量不足吸附量的 1%，这可能是因为被吸附的磷主要是以铁、铝结合态存在（Babatunde and Zhao，2009）。pH 对 DWTR 解吸附的负相关特征是因为铁、铝结合态磷在碱性条件下相对易释出（Christophoridis and Fytianos，2006）。总体上，DWTR 的磷释放风险较低，有利于实际应用。

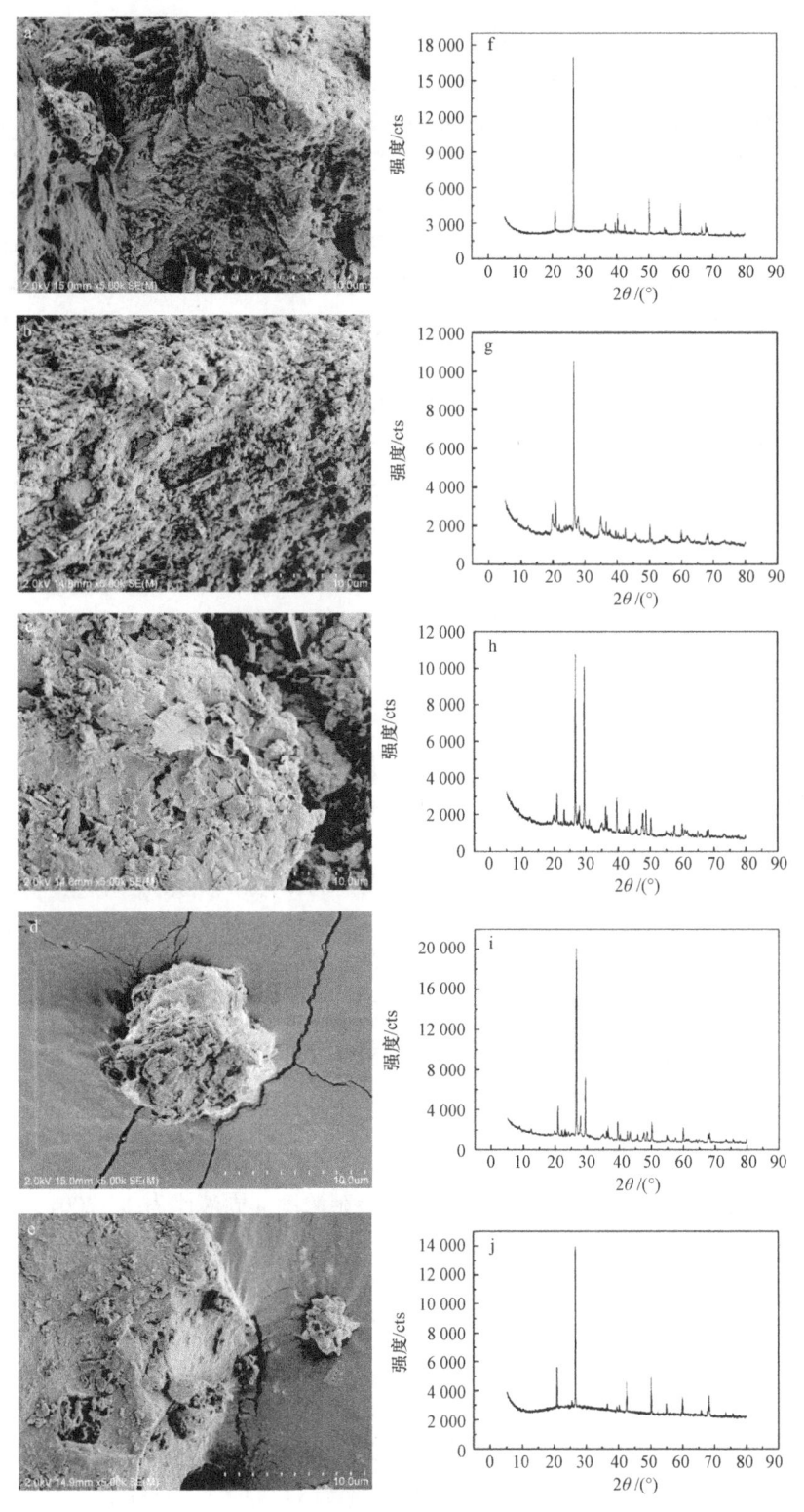

图 2-1　5 种 DWTR 的 SEM 和 XRD 分析结果
a. f 为 BJ1-DWTR；b. g 为 BJ2-DWTR；c. h 为 HZ-DWTR；d. i 为 LZ-DWTR；e. j 为 SD-DWTR

表 2-2　5 种 DWTR 在不同条件下的剩余磷浓度

条件	\multicolumn{8}{c}{P_0/(mg/L)}
	5	10	15	20	30	40	50	100
pH=5								
BJ1-DWTR	0.00	0.02	0.13	0.21	1.56	3.58	6.20	26.71
BJ2-DWTR	0.00	0.00	0.01	0.02	0.05	0.06	0.29	2.61
HZ-DWTR	0.00	0.00	0.04	0.05	0.08	0.09	0.47	9.89
LZ-DWTR	0.00	0.38	0.93	1.64	4.43	7.67	12.82	44.34
SD-DWTR	0.00	0.08	0.41	0.66	3.37	6.68	11.28	43.62
pH=7								
BJ1-DWTR	0.00	0.10	0.33	0.63	2.79	4.98	11.56	39.82
BJ2-DWTR	0.00	0.00	0.02	0.04	0.08	0.25	0.66	9.91
HZ-DWTR	0.00	0.00	0.05	0.06	0.12	0.39	1.13	21.24
LZ-DWTR	0.00	0.43	0.97	2.15	5.75	8.76	16.99	52.92
SD-DWTR	0.00	0.19	0.54	0.90	4.49	8.68	15.15	49.91
pH=9								
BJ1-DWTR	0.04	0.15	0.47	1.02	4.10	9.13	15.20	47.72
BJ2-DWTR	0.00	0.00	0.06	0.08	0.25	0.64	1.35	22.85
HZ-DWTR	0.00	0.02	0.07	0.08	0.31	0.92	2.66	31.55
LZ-DWTR	0.23	0.52	1.26	2.73	7.15	10.73	22.99	59.84
SD-DWTR	0.10	0.21	0.70	1.65	6.98	12.51	20.79	59.67

表 2-3　5 种 DWTR 在不同 P_0 下吸附后，磷的解吸附浓度

条件	\multicolumn{8}{c}{P_0/(mg/L)}
	5	10	15	20	30	40	50	100
pH=5								
BJ1-DWTR	0.00	0.00	0.00	0.00	0.00	0.00	0.00	0.08
BJ2-DWTR	0.00	0.00	0.00	0.00	0.00	0.00	0.00	0.01
HZ-DWTR	0.00	0.00	0.00	0.00	0.00	0.00	0.00	0.06
LZ-DWTR	0.00	0.00	0.00	0.01	0.01	0.02	0.03	0.38
SD-DWTR	0.00	0.00	0.00	0.00	0.01	0.02	0.02	0.33
pH=7								
BJ1-DWTR	0.00	0.00	0.00	0.00	0.00	0.00	0.01	0.14
BJ2-DWTR	0.00	0.00	0.00	0.00	0.00	0.00	0.00	0.01
HZ-DWTR	0.00	0.00	0.00	0.00	0.00	0.00	0.00	0.09
LZ-DWTR	0.00	0.00	0.00	0.01	0.02	0.02	0.03	0.47
SD-DWTR	0.00	0.00	0.00	0.00	0.01	0.02	0.02	0.45
pH=9								
BJ1-DWTR	0.00	0.00	0.00	0.00	0.00	0.01	0.05	0.16
BJ2-DWTR	0.00	0.00	0.00	0.00	0.00	0.00	0.00	0.04
HZ-DWTR	0.00	0.00	0.00	0.00	0.00	0.00	0.00	0.11
LZ-DWTR	0.00	0.01	0.01	0.02	0.12	0.18	0.21	0.61
SD-DWTR	0.00	0.01	0.01	0.02	0.06	0.10	0.17	0.55

2.1.4 DWTR 对磷的吸附能力与其性质的相关性分析

首先采用 SPSS 软件（Version 2.0）对 DWTR 的特性进行旋转主成分分析（rotated principal component analysis），将 14 个独立的变量转变为 3 个因子，结果如表 2-4 所示。DWTR 的自身特性可归为 3 个因子：PC1 是与 pH、铁、比表面积和有机质有关的因子（对 pH、铁、Fe_{ox}、比表面积、有机质有很高的负载），承担总变化度的 49.5%；PC2 是与铝有关的因子（对铝和 Al_{ox} 有较高的负载），承担总变化度的 34.27%；PC3 是与其他自身特性有关的因子（对钙、Ca_M、磷、P_{ox}、P_{ox1}、Fe_{ox1}、Al_{ox1} 有很高的负载），承担总变化度的 10.63%。PC1、PC2 和 PC3 共承担了总变化度的 94.40%。

表 2-4 5 种 DWTR 主要物理化学特性的主成分分析

	特征值	变化度分布/%	变化度累积分布/%
主成分				
PC1	6.930	49.50	49.50
PC2	4.798	34.27	83.77
PC3	1.488	10.63	94.40
旋转因子				
	PC1	PC2	PC3
变量			
pH	**−0.754**	−0.275	−0.447
比表面积	**0.805**	0.088	0.553
铁	**0.976**	−0.174	−0.051
Fe_{ox}	**0.997**	−0.061	−0.044
Fe_{ox1}	0.361	−0.182	**0.911**
铝	0.076	**0.987**	0.016
Al_{ox}	0.474	**0.852**	0.214
Al_{ox1}	−0.012	0.455	**0.889**
钙	−0.49	−0.359	**−0.567**
Ca_M	−0.578	−0.519	**−0.629**
磷	−0.428	0.384	**0.765**
P_{ox}	−0.543	0.383	**0.747**
P_{ox1}	−0.11	0.539	**0.835**
有机质	**0.912**	−0.035	0.132

注：加粗字体表示对相应变量有很高的负载

将主成分因子得分和溶液 pH 作为自变量，磷吸附量（Q_1、Q_2、Q_{max}）作为因变量分别进行多元回归（Arias et al.，2001），结果如表 2-5 所示。在 Q_1 的多元回归中，PC1 首先进入多元回归，占据 Q_1 变化量的 28.0%（$P<0.05$）；PC2 继而进入多元回归，贡献 Q_1 变化量的 52.2%（$P<0.01$）；最后溶液 pH 进入多元回归并贡献 12.9%（$P<0.001$）；PC3

排斥。PC1、PC2、溶液 pH 共贡献 93.1%。Q_2 和 Q_{max} 的多元回归结果与 Q_1 类似，但 Q_2 和 Q_{max} 的 R^2 略高于 Q_1。根据 Q_1、Q_2、Q_{max} 的回归方程，对实际值和预测值进行相关性分析，相关性较高。因此，DWTR 的自身特性对其磷吸附能力具有显著影响。

表 2-5　5 种 DWTR 主成分和磷吸附量的多元回归分析

吸附量	PC1	PC2	pH	PC3	$R_1^{2\,a}$
多元回归					
Q_1	28.0%	52.2%	12.9%	排斥	0.931
Q_2	38.2%	39.4%	21.5%	排斥	0.991
Q_{max}	30.5%	35.4%	30.2%	排斥	0.957
回归方程					
	显著性	方程			$R_2^{2\,b}$
Q_1	<0.001	$Q_1=5.185+0.639PC1+0.449PC2-0.16pH$			0.849
Q_2	<0.001	$Q_2=9.822+1.328PC1+1.224PC2-0.472pH$			0.987
Q_{max}	<0.001	$Q_{max}=9.892+1.201PC1+1.198PC2-0.561pH$			0.965

a. 多元回归方差；b. 预测方程方差

可以看出，PC1 和 PC2 对磷吸附变化度的贡献比例相近，表明除铝以外，DWTR 的其他物化特性（铁、比表面积、pH、有机质）对于吸附磷也有重要影响。有研究表明对于以铝为主的 DWTR，Q_{max} 和 Al_{ox}（以 1:100 固液比提取）之间有显著的线性关系（$R^2=0.916$，$P<0.001$），Fe_{ox} 对显著性水平无影响（Dayton and Basta，2005）。但显然这一结论不适于以铁为主的 DWTR。比表面积的正负载意味着大比表面积有利于 DWTR 对磷的吸附，这是因为可供磷附着的有效吸附位点随着比表面积增大而增多（Makris et al.，2004）。此外，有机质可阻止铁和铝的晶体化，增强对磷的吸附能力（Dodor and Oya，2000）。Fe_{ox1} 和 Al_{ox1} 对磷吸附量的贡献很小，这是因为 Fe_{ox1} 和 Al_{ox1} 代表活性最高的部分。所以，浓度 5 mmol/L 草酸可提取态的铁和铝不适于作为评估 DWTR 对磷吸附能力的指数。综上所述，评价 DWTR 的磷吸附量需要综合考察铁、铝、表面积、有机质等特性。

2.1.5　DWTR 的磷解吸附量与自身特性的相关性分析

对不同 pH 条件下 5 种 DWTR 的磷解吸附量与 $Fe_{ox}+Al_{ox}$、PSI 和 $Fe_{ox1}+Al_{ox1}$ 进行线性拟合，结果如图 2-2 所示。磷解吸附量与 $Fe_{ox}+Al_{ox}$ 呈显著负相关（$P<0.05$），拟合性很高（$R^2>0.90$）。这是因为磷与无定形态铁、铝形成的作用很稳定，所以（$Fe_{ox}+Al_{ox}$）与磷解吸附量呈负相关。磷解吸附量与 PSI、$Fe_{ox1}+Al_{ox1}$ 的相关性分析显著性很低（$P>0.10$），表明 DWTR 的 PSI 和 $Fe_{ox1}+Al_{ox1}$ 对其磷吸附特征影响较小。虽然 PSI 常用来评估土壤的磷释放潜力（Kleinman and Sharpley，2002），但 DWTR 的 PSI 显著低于土壤，故不适合作为评估磷解吸附的指数。因此，DWTR 的 $Fe_{ox}+Al_{ox}$ 可以作为评估磷解吸附量的指数。

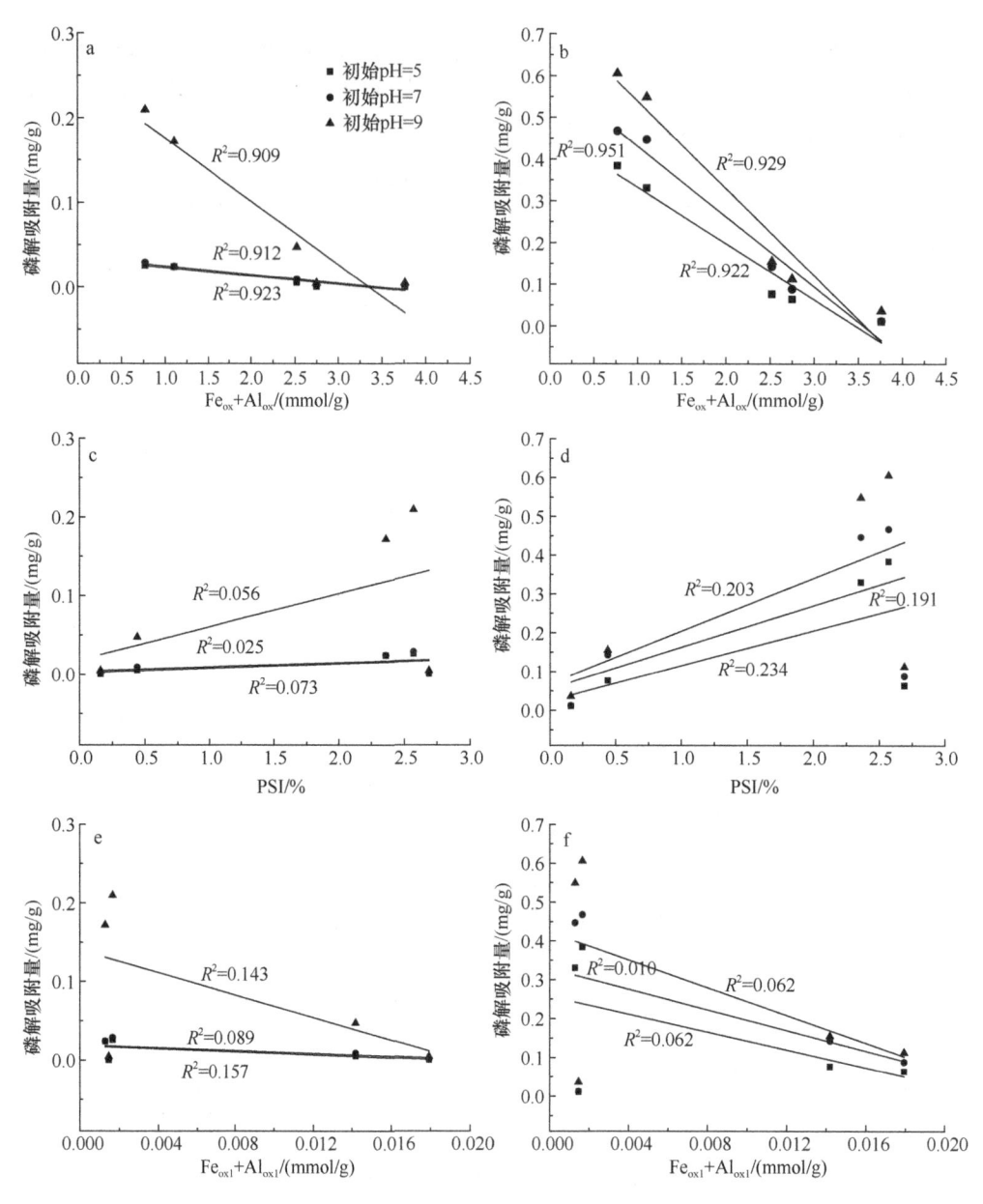

图 2-2 5 种 DWTR 在不同 pH 条件下的磷解吸附量与其性质的相关性
a, c, e. 初始磷浓度为 50 mg/L；b, d, f. 初始磷浓度为 100 mg/L

2.2 低分子量有机酸的影响

2.2.1 不同浓度条件下的影响

柠檬酸、草酸和酒石酸在不同浓度条件下对 DWTR 的磷吸附作用影响见图 2-3。与对照组相比，在吸附前两天，柠檬酸、草酸和酒石酸都表现出抑制 DWTR 的磷吸附的作用，其中，酒石酸的抑制作用最弱。在第 5 天，柠檬酸和草酸仍然表现出抑制磷吸附作用，而酒石酸却有促进作用。在第 10 天，草酸仍然保持抑制作用；除酒石酸外，柠檬酸也表现促进作用。进一步比较可知，3 种有机酸对 DWTR 的磷吸附影响与它们的浓度无明显关系，即使当有机酸浓度高达 25 mmol/L 也是如此。当然，在更高的浓度条件下，低分子量有机酸对 DWTR 的磷吸附作用影响可能有不同结果，但这与实际环境条件不符。

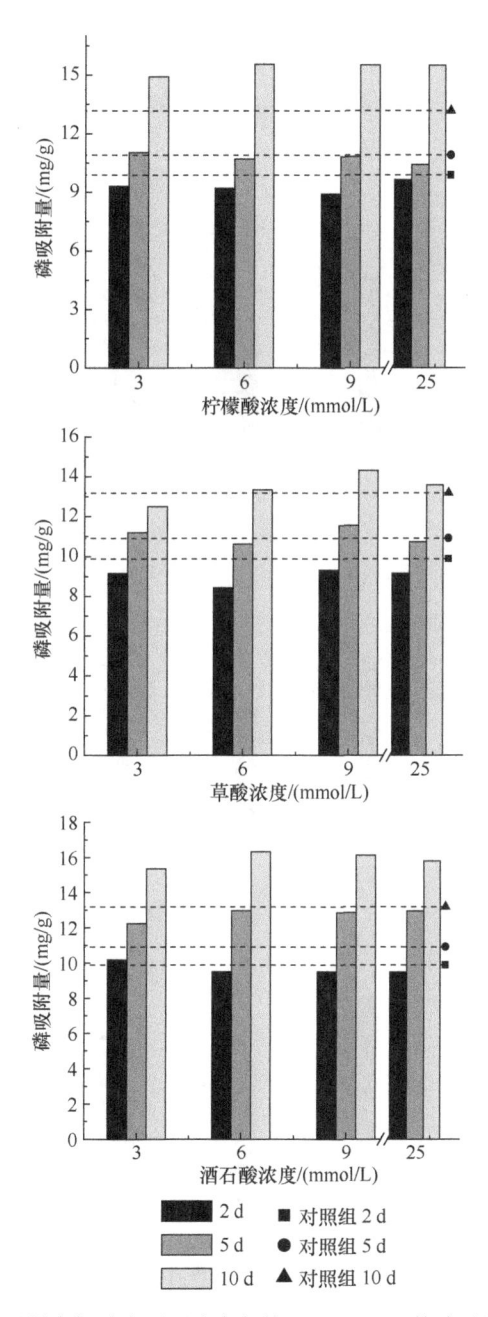

图 2-3　低分子量有机酸在不同浓度条件下对 DWTR 的磷吸附作用的影响

2.2.2 不同 pH 条件下的影响

柠檬酸、草酸和酒石酸在不同 pH 条件下对 DWTR 的磷吸附作用的影响见图 2-4。无论是否存在有机酸的影响，DWTR 对磷的吸附作用都随着 pH 升高而降低。在不同 pH 条件下，与对照组相比，在吸附的第 2 天，柠檬酸、草酸和酒石酸都表现出抑制 DWTR 的磷吸附的作用。其中，酒石酸的抑制作用最弱；此外，随着 pH 升高，3 种酸的磷吸附抑制作用都有变弱。在第 5 天和第 10 天，随着 pH 升高，3 种有机酸对 DWTR 的磷吸附作用的影响由抑制逐渐转为促进作用。其中，酒石酸的这种转变作用最为明显，其

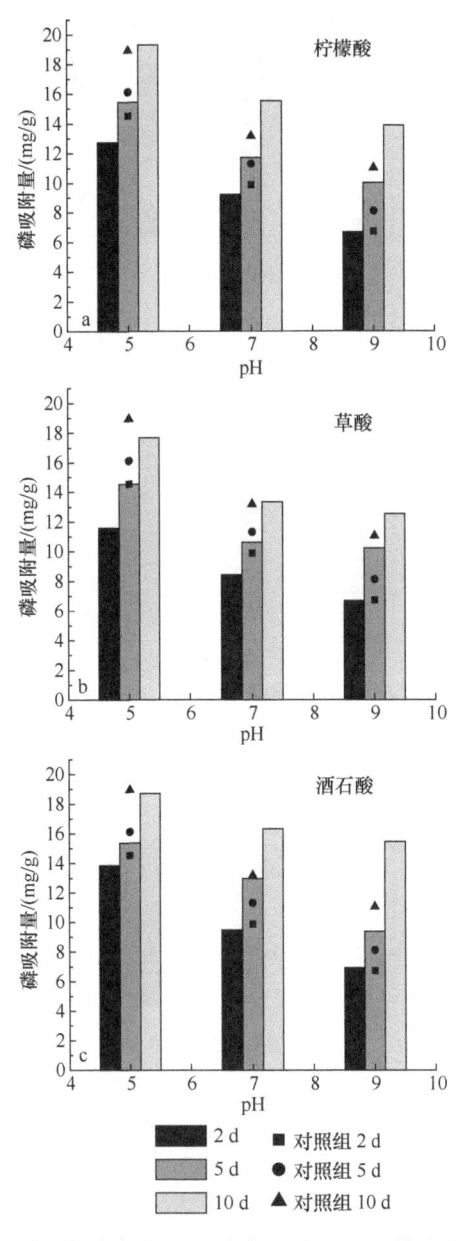

图 2-4　低分子量有机酸在不同 pH 条件下对 DWTR 的磷吸附作用的影响

次分别是柠檬酸和草酸。通过上述结果可知,柠檬酸、草酸和酒石酸在低 pH 条件下,倾向于抑制 DWTR 的磷吸附作用,但 pH 的升高会削弱这种抑制作用,以至于表现出促进作用。

2.2.3 柱状实验[①]

低分子量有机酸对 DWTR 的磷吸附影响的柱状实验结果见图 2-5。与对照组相比,3 种有机酸在实验初期对 DWTR 的磷吸附作用都有不同程度的抑制作用,但是当实验运行第 9 天时,柠檬酸和酒石酸对 DWTR 的磷吸附的影响由抑制转为促进作用。在柠檬酸的影响下,DWTR 的磷去除率下降趋势在第 9 天后明显变慢;在第 21 天时,DWTR 对磷的去除率又开始上升,且一直持续至第 31 天,之后才逐步下降。在酒石酸的影响下,DWTR 的磷去除率在第 9 天便逐渐上升,以至于到第 23 天时,磷的去除率从 72% 回升至 93%,之后才逐步下降。总之,当对照组饱和后,受柠檬酸和酒石酸的影响,由 DWTR 填充的吸附柱一直保持着较高的磷去除率(>55%)。此外,草酸对 DWTR 的磷吸附抑制作用一直持续到第 33 天,在之后的时间里,其对 DWTR 的磷吸附作用的影响不明显(ANOVA 分析表明无显著差异)。综上所述,低分子量有机酸对 DWTR 的磷吸附作用的影响与吸附作用时间关系密切,柠檬酸和酒石酸对 DWTR 磷吸附作用主要表现为促进作用,其中酒石酸的促进作用较强,而草酸具有一定的抑制作用。此外,在整个柱状实验过程中,对照组和受草酸及酒石酸影响的 DWTR 填充柱都未出现阻塞现象,但受柠檬酸影响的 DWTR 填充柱在运行至第 41 天时,出现了阻塞(为了实验需要,该装置在暂停运行 2 d 后又继续运行)。

2.2.4 DWTR 吸附前后表征

1. 磷形态分析

柱状实验前后,DWTR 中不同形态磷的提取结果见图 2-6。无机磷分级提取的磷总量结果表明:受酒石酸影响的 DWTR 的磷吸附量最高,其次分别是受柠檬酸影响的 DWTR、对照组和受草酸影响的 DWTR。与对照组相比,受柠檬酸和酒石酸影响的 DWTR 的磷吸附量分别增加了 3.7 mg/g 和 4.0 mg/g,而受草酸影响的 DWTR 的磷吸附量相对降低了 1.2 mg/g。该结果进一步表明柠檬酸和酒石酸对 DWTR 的磷吸附主要表现为促进作用,其中酒石酸的促进作用最强,而草酸主要表现为抑制作用。从图 2-6 还可知,铁结合态磷(Fe-P)和铝结合态磷(Al-P)是被 DWTR 吸附磷的主要赋存形态。与对照组相比,Fe-P 和 Al-P 在柠檬酸和酒石酸影响的 DWTR 中都有增加,但在受草酸影响的 DWTR 中减少。此外,柱状实验后,DWTR 中 P_{ox} 量和分级提取的磷总量相近,因此,DWTR 吸附的磷主要以铁和铝结合的无定形态存在。

2. 铁铝形态分析

柱状实验前后 DWTR 中铁和铝形态分析结果见图 2-7。与原始 DWTR(未吸附磷)相比,受柠檬酸和酒石酸影响的 DWTR 中总铁含量分别降低了 3.0 mg/g 和 7.7 mg/g,

---

① 在本专著中,除明确指出的研究方法外,其余研究都基于批量实验。

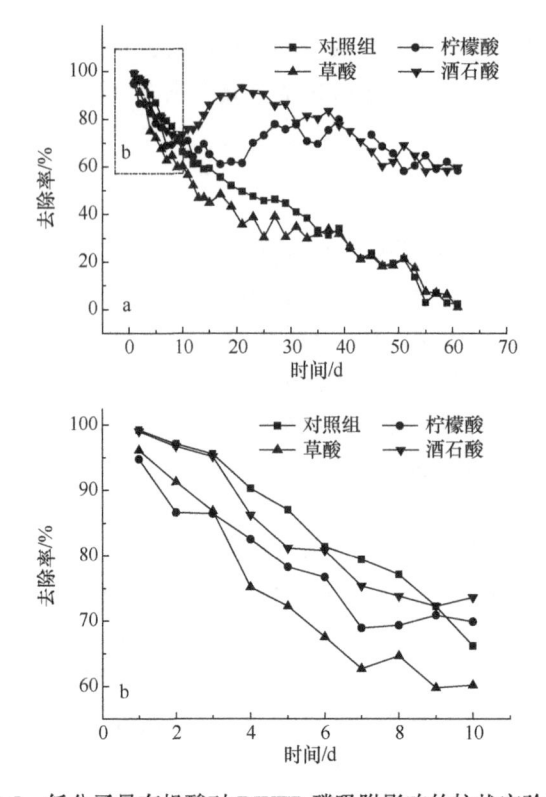

图 2-5 低分子量有机酸对 DWTR 磷吸附影响的柱状实验结果

a. 61 d 的实验结果；b. 前 10 d 的结果；从第 10 天开始，对照组分别与受柠檬酸和酒石酸影响的 DWTR 填充柱对磷的去除率在 $P<0.001$ 水平下表现出显著差异

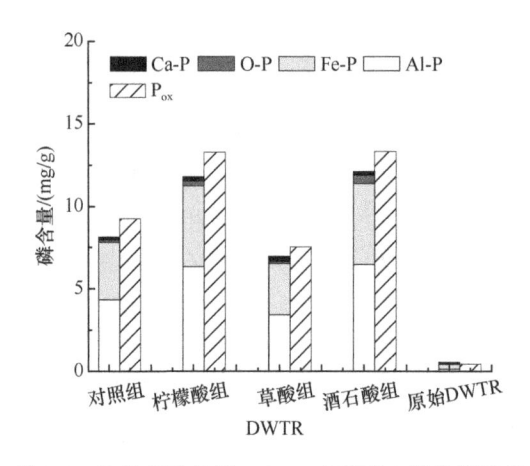

图 2-6 柱状实验前后 DWTR 中磷形态的分析结果

总铝含量分别降低了 3.1 mg/g 和 3.9 mg/g；然而，对照组和受草酸影响的 DWTR 中总铁、铝含量都无明显变化。该结果表明柠檬酸和酒石酸会促使 DWTR 中铁、铝的溶出，但与 DWTR 中铁、铝总量相比可知，这些溶出作用都较弱。进一步比较可知，所有实验后 DWTR 中 Fe_{ox} 和 Al_{ox} 的含量都低于原始 DWTR 的，而受柠檬酸、草酸和酒石酸影响的 DWTR 中 Fe_{ox} 和 Al_{ox} 含量都略高于对照组。因此，DWTR 中铁、铝在柱状实验过

程中发生了晶体化作用，然而各组中 DWTR 的晶体化程度有差异。

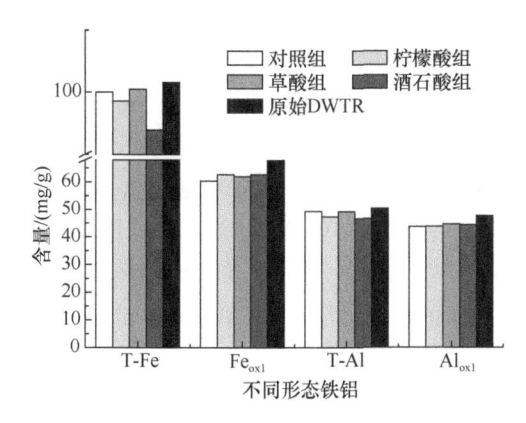

图 2-7　柱状实验前后 DWTR 中铁、铝形态的分析结果

T-Fe 和 T-Al 分别表示总铁和总铝

3. 红外分析

柱状实验前后 DWTR 的傅里叶变换红外光谱（FTIR）分析结果见图 2-8。原始 DWTR、对照组及受柠檬酸和酒石酸影响的 DWTR 都具有相似的 FTIR 图谱。这表明柠檬酸和酒石酸与磷竞争 DWTR 表面吸附位点的能力较弱。然而，受草酸影响 DWTR 的 FTIR 图谱与其他 DWTR（如原始 DWTR 等）的相比，在 1315.20 cm^{-1} 和 779.82 cm^{-1} 出现了新的吸收峰。在 1317 cm^{-1} 的吸收峰对应的是草酸中 C=O 的伸长频率（Gabal et al.，2003），而 780 cm^{-1} 也可认为是草酸的特征峰（Pinzari et al.，2010）。因此可知，草酸与磷竞争 DWTR 表面吸附位点的能力较强。

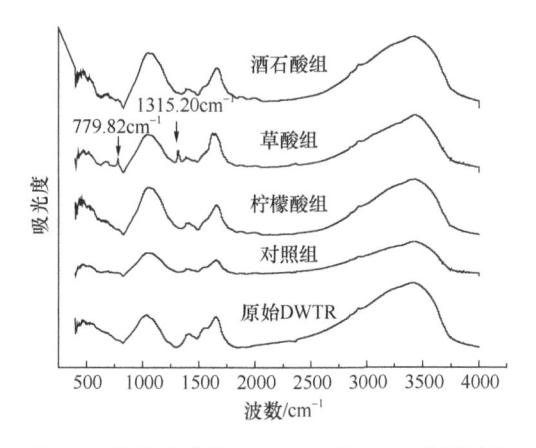

图 2-8　柱状实验前后 DWTR 的 FTIR 分析结果

2.2.5　低分子量有机酸的影响机制

DWTR 对磷的吸附作用与其含有 Fe$_{ox}$ 和 Al$_{ox}$ 的量密切相关：Fe$_{ox}$ 和 Al$_{ox}$ 含量越高，DWTR 的磷吸附作用则越强（Dayton and Basta，2005）。本研究也同样发现，DWTR 吸附的磷主要以无定形铁、铝结合态存在（图 2-6）。因此，探究低分子量有

机酸对 DWTR 磷吸附作用的影响机制应在吸附前后 DWTR 中铁、铝形态变化的基础之上进行分析。

基于对前人的研究总结及本研究结果可知,低分子量有机酸对 DWTR 的磷吸附作用的影响应同时包括促进(Miller et al., 1986; Li et al., 2005a)和抑制(Kwong and Huang, 1977; Cornell and Schwertmann, 1979)两个方面的作用。一方面,低分子量有机酸会抑制 DWTR 中铁、铝晶体化及活化 DWTR 中晶体态铁、铝的作用,阻止 DWTR 中无定形铁、铝的减少,进而有利于 DWTR 的磷吸附的作用(Cornell and Schwertmann, 1979; Welch and Ullman, 1993);另一方面,低分子量有机酸会竞争 DWTR 表面的磷吸附位点,进而不利于 DWTR 的磷吸附作用(Bolan et al., 1994; Staunton and Leprince, 1996)。

根据上述分析,本研究观察到的低分子量有机酸对 DWTR 的磷吸附作用影响的推测如下:在吸附作用初期,低分子量有机酸抑制 DWTR 的磷吸附作用强于其促进作用,即低分子量有机酸主要表现出竞争 DWTR 表面磷吸附位点的作用,进而使受低分子量有机酸影响的 DWTR 磷吸附作用弱于对照组;然而,随着吸附时间的增加,低分子量有机酸阻止 DWTR 中无定形铁、铝减少作用增强,进而促使低分子量有机酸对 DWTR 的磷吸附作用的影响表现出由抑制逐渐转为促进的趋势。从图 2-7 可知,与对照组相比,受有机酸影响的 DWTR 中 Fe_{ox} 和 Al_{ox} 的量都较高,这进一步佐证了上述猜想。不同有机酸对 DWTR 磷吸附的影响也有差异:柠檬酸和酒石酸阻止 DWTR 中无定形铁、铝减少作用较强,甚至导致部分铁、铝的溶出(图 2-7);又因为这两种酸竞争 DWTR 表面磷吸附位点作用较弱(图 2-8),所以,在本研究实验后期中,柠檬酸和酒石酸主要表现出促进 DWTR 的磷吸附的作用。对于草酸而言,尽管它也具有较明显的阻止 DWTR 中无定形铁、铝减少的作用(图 2-7),但是其也具有较强的竞争 DWTR 表面磷吸附位点的作用(图 2-8),因此,在实验后期,草酸并未表现出促进 DWTR 磷吸附的作用,而是对 DWTR 的磷吸附无明显影响。无机磷的分级提取结果表明,受低分子量有机酸的影响,DWTR 中铁、铝的磷吸附作用的变化相似(图 2-6),因此,可推测低分子量有机酸对富含单一铁或铝的 DWTR 的磷吸附作用的影响应都与本研究相近。另外,已有研究表明高 pH 有利于土壤中铝的活化作用(Kodama and Schnitzer, 1980; Li, 2005b),这也可以解释低分子量有机酸在高 pH 条件下,倾向于表现出促进 DWTR 的磷吸附作用(图 2-4)。

以往研究同样发现有机酸会抑制沙土中铝的晶体化作用,进而会提高沙土对磷的吸附能力(Borggaard et al., 1990);腐殖质会在吸附初期抑制无定形铁氧化物(poorly ordered Fe-oxide)对磷的吸附,然而,随着吸附时间的增加,这种抑制作用会变弱,且最终表现出促进磷的吸附(Gerke, 1993)。相反地,也有研究表明有机酸不利于一些可变电荷土壤的磷吸附作用(Hu et al., 2001);天然溶解性有机质会抑制氯化铁和硫酸铝对磷的吸附作用(Qualls et al., 2009)。这些研究的差异可能与不同研究之间的实验条件(如吸附时间)和材料(如吸附剂和有机质)差异有关。首先,在 Gerke(1993)的研究中,腐殖质在实验第 5 天表现出促进磷吸附的作用;本研究有机酸的促进作用也是在批量实验的第 5 天和柱状实验的第 9 天发现的。然而,大部分得出有机酸起抑制作用的研用的实验时间都低于 5 d。该时间长度可能不足以使有机酸（质）表现出有利于磷吸附的作用。其次，DWTR 含有晶体态铁、铝，因此，受低分子量有机酸影响，部分晶体铁、铝可被活化为无定形铁、铝，进而增加 DWTR 的磷吸附位点。但对于铁、铝盐而言，由于它们都属于无定形态，有机酸无法通过活化晶体铁、铝的作用来提高铁、铝盐的磷吸附位点，因而表现出对磷吸附位点的竞争作用。最后，正如上文所述，不同有机酸对 DWTR 的磷吸附的影响不同。由于不同研究使用的有机质（酸）不同，因此各个研究的结果也存在一定差异。所以，更具体的影响机制，还需结合 DWTR 应用的环境条件作进一步考察。

2.3 热和酸处理 DWTR 的吸附

2.3.1 热和酸处理方式筛选

采用酸处理和热处理两种方式对 DWTR 进行改性，且改性后 DWTR 对磷的吸附见图 2-9。经热和酸处理的 DWTR 对磷吸附量明显提升。随着热处理温度的升高，DWTR 对磷的吸附量变化趋势呈抛物线式，300℃时达到最高，此时磷吸附量为 17.91 mg/g（48 h）；热处理温度高于 300℃时，DWTR 对磷的吸附量则表现出下降的趋势，这种降低作用在热处理温度高于 800℃时尤为明显。800℃时磷的吸附量仅为 2.22 mg/g（48 h），而当热处理温度为 1000℃，DWTR 基本没有磷的吸附能力。当酸处理浓度为 0.5~2 mol/L 时，随着酸浓度的提高磷的吸附量逐渐增大，而后趋于平缓，稳定在 16 mg/g（48 h）左右。因此，DWTR 热处理和酸处理的最佳条件分别为 300℃热处理 48 h（H$_{300}$-DWTR）和 2 mol/L HCl 处理 48 h（AH$_2$-DWTR），这两种条件下处理的 DWTR 对磷的吸附效果均好于处理前。

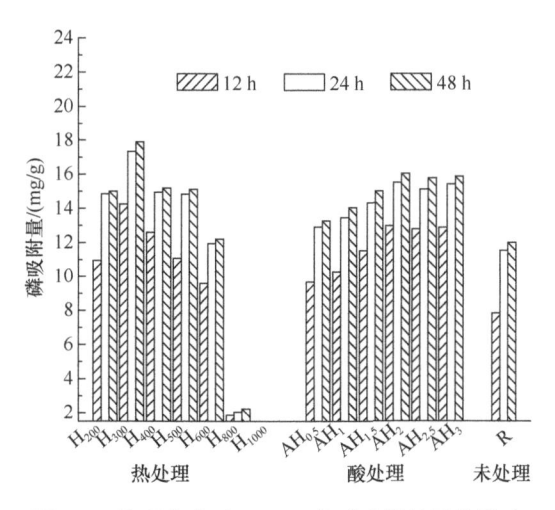

图 2-9　处理方式对 DWTR 的磷吸附效果的影响

H$_i$. i 为 200~1000℃热处理的 DWTR；AH$_k$. k 为 0.5~3 mol/L HCl 处理的 DWTR；R. 未处理的 DWTR

为了进一步了解热和酸处理对 DWTR 磷吸附作用的影响特征，采用 Langmuir 和 Freundlich 吸附等温模型拟合，结果见表 2-6。在 Freundlich 模型中，K 值反映吸附能力，

n 值表示吸附强度。由拟合结果可知,热和酸处理的 K 和 n 值显著增加,表明处理后 DWTR 的表面微孔环境更有利于磷吸附作用,且这种结合作用更强。由 Langmuir 模型拟合结果可知,DWTR 的磷饱和吸附量从处理前的 20.48 mg/g(R-DWTR)分别增加到 22.86 mg/g(AH$_2$-DWTR)和 29.66 mg/g(H$_{300}$-DWTR),比较可得 300℃ 热处理 DWTR 表现出较强的磷吸附能力。$b \cdot q_m$ 表示缓冲容量,一定程度上反映固液体系吸附溶质时的缓冲能力(赵桂瑜,2007)。3 种 DWTR 的缓冲容量依次为 H$_{300}$-DWTR>AH$_2$-DWTR>R-DWTR,可见 H$_{300}$-DWTR 的缓冲能力最强,即使在磷浓度变化较大的情况下仍具有较好的除磷效果,更适合作为磷的吸附材料;相反,R-DWTR 的缓冲能力较弱,其对磷的吸附效果相对较易受到磷浓度变化的影响。

表 2-6   处理前后 DWTR 对磷的吸附等温拟合参数表

样品	Freundlich 模型 $q_e = KC_e^{1/n}$			Langmuir 模型 $q_e = \dfrac{q_m b C_e}{(1 + bC_e)}$			
	K	n	R^2	b	q_m/(mg/g)	$b \cdot q_m$/(mg/g)	R^2
R-DWTR	0.425	1.90	0.97	0.0512	20.48	1.05	0.96
AH$_2$-DWTR	0.807	2.14	0.99	0.0846	22.86	1.93	0.94
H$_{300}$-DWTR	0.839	2.03	0.99	0.0949	29.66	2.81	0.95

注:q_e 为平衡吸附量(mg/g);C_e 为平衡磷浓度(mg/L);b、n 和 K 为 Langmuir 及 Freundlich 常数;q_m 为饱和吸附量(mg/g)

2.3.2 热和酸处理机制

图 2-10 是不同温度热处理时 DWTR 的失重率变化曲线,从图中可以看出随着温度的升高,DWTR 的失重率逐渐增大,当温度高于 600℃ 时则变化较小,说明 DWTR 中大部分的杂质已被去除。热处理作用对 DWTR 磷吸附作用的影响可能存在两个方面:首先,热处理过程会导致水分的蒸发,使得 DWTR 内部产生微孔,同时灼烧掉部分与磷存在竞争吸附的有机质和其他杂质,从而有利于磷的吸附。由 SEM 照片(图 2-11a、c)可明显看出与 R-DWTR 相比,H$_{300}$-DWTR 内部的微孔变多,因此,H$_{300}$-DWTR 对磷的吸附作用较强。其次,热处理过程会导致铁和铝晶体的形成(Altundogan and Tümen,2003)。无定形态铁和铝含量与废弃污泥的磷吸附能力成正比,因此,热处理作用形成的晶体会降低 DWTR 的磷吸附能力。XRD 分析(图 2-12)表明 R-DWTR 与 H$_{200}$-DWTR~H$_{400}$-DWTR 图谱中仅有 SiO$_2$ 的晶体特征衍射峰,可判断热处理温度低于 500℃ 时制备的处理 DWTR 吸附剂样品与未经处理的 DWTR 结构相似。而当温度高于 500℃,H$_{500}$-DWTR~H$_{1000}$-DWTR 图谱中除存在 SiO$_2$ 晶体特征衍射峰以外,还检测出不同的铁和铝的晶体特征衍射峰,说明随着热处理温度的升高,DWTR 中无定形的铁和铝转变为矿物晶体,从而减少磷的吸附位点,不利于 DWTR 对磷的吸附作用。

酸处理可将 DWTR 中不利于磷吸附的酸溶性杂质溶解,同时也溶出了部分活性的铁和铝(表 2-7),DWTR 中活性铁和铝的相对含量增加(Li et al.,2006),促进 DWTR 对磷的吸附;此外酸处理也会疏通 DWTR 的内部孔道,SEM 照片(图 2-11a、b)也说明了在酸化过程中 DWTR 表面发生侵蚀,一些酸溶性物质溶解使 DWTR 产生新的表面,

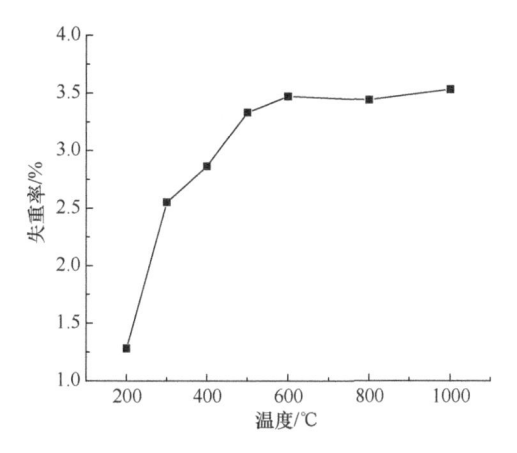

图 2-10 热处理 DWTR 的失重率

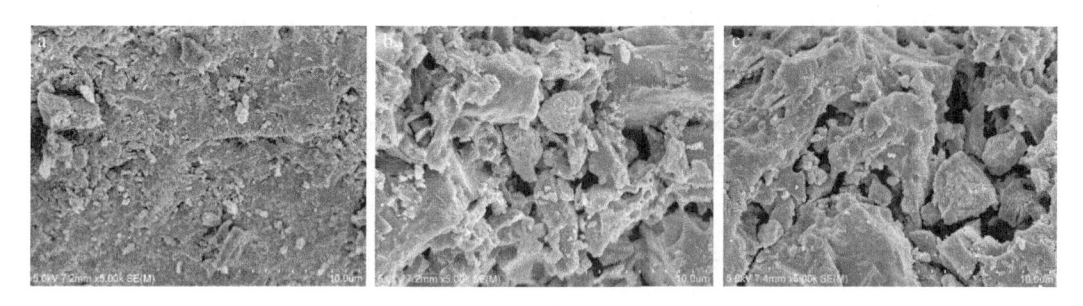

图 2-11 处理前后 DWTR 的电镜图
a. R-DWTR；b. AH₂-DWTR；c. H₃₀₀-DWTR

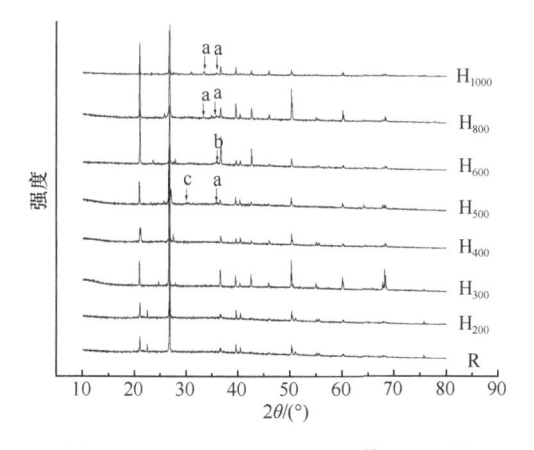

图 2-12 热处理前后 DWTR 的 XRD 图
H$_i$, i 为 200~1000℃热处理的 DWTR；a. 赤铁矿（Fe₂O₃）；b. 镁铝铁晶体（MgAl$_{0.8}$Fe$_{1.2}$O$_4$）；c. 钙铝硅晶体（CaAl₂SiO₆）

外表面变得粗糙、疏松多孔，从而提高了磷的吸附量（Ye et al.，2006）。由于酸处理过程将 DWTR 中活性铁和铝部分溶出，因此，酸处理方式对于提高 DWTR 吸磷效果并不显著。

表 2-7 DWTR 经酸处理后溶出的铝和铁的含量

盐酸浓度/(mol/L)	铝/(mg/g)	铁/(mg/g)
0.5	0.82	0.04
1.0	4.17	0.27
1.5	7.44	0.29
2.0	10.44	0.38
2.5	14.66	0.47
3.0	18.44	0.85

综上所述，热处理和酸处理均是改善 DWTR 磷吸附性能的有效方式，然而，考虑到酸处理会溶出部分铁和铝，对生态环境可能存在潜在威胁，因此，300℃热处理被认为是 DWTR 的最佳处理方式。经热处理的 DWTR 有机质含量显著降低，铁和铝含量相对提高。与处理前相比，有机质含量减少了 52.9%，铁和铝含量分别增加了 22.3%和 61.3%，钙和镁含量变化并不明显，pH 差异较小，均在环境允许的范围内（表 2-8）。

表 2-8 R-DWTR 和 H_{300}-DWTR 的理化特性

特性	有机质/(mg/g)	总铁/(mg/g)	总铝/(mg/g)	总钙/(mg/g)	总镁/(mg/g)	pH	pH_{PZC}
R-DWTR	52.6	89.1	40.1	7.10	0.640	7.04	7.38
H_{300}-DWTR	24.8	109	64.7	12.3	0.930	6.69	7.12

注：pH_{PZC} 为等电点 pH

2.3.3 热处理 DWTR 对不同磷酸盐的吸附特性

选取几种具有代表性的磷酸盐为研究对象：磷酸二氢钠（正磷酸盐）、焦磷酸盐和六偏磷酸盐（聚磷酸盐）、甘油磷酸盐和肌醇六磷酸盐（有机磷酸盐）。

1. 初始 pH 的影响

pH 对热处理前后 DWTR 吸附不同磷酸盐的影响如图 2-13 所示。pH 对正磷酸盐、聚磷酸盐和有机磷酸盐吸附效果的影响趋势相似，即低 pH 有利于不同磷酸盐的吸附。pH 在 5~9，热处理后 DWTR 表现出更强的磷吸附能力。以 H_{300}-DWTR 为例，pH 为 5 时正磷酸盐、六偏磷酸盐、焦磷酸盐、甘油磷酸盐和肌醇六磷酸盐均取得最佳去除效果，去除率分别为 96.9%、87.7%、98.4%、50.9%和 90.0%。当 pH 由 5 升高为 9 时，受 pH 影响最大的分别为正磷酸盐和甘油磷酸盐，其吸附量分别减少了 1.22 mg/g 和 1.15 mg/g。导致这种差异性的原因可能与磷酸盐的分子结构、官能团的种类及吸附剂的特性等因素有关（Altundogan and Tümen，2002）。

Yang 等（2006）认为配位交换作用是废弃铝泥吸附磷的主要机制，且 $H_2PO_4^-$ 主要与 OH^- 发生配位交换作用，pH 的增加会引起溶液中 OH^- 浓度的增大，OH^- 与 $H_2PO_4^-$ 之间存在竞争吸附作用，使得 DWTR 对 $H_2PO_4^-$ 的吸附量降低。同时碱性条件下 OH^- 数量增加而更多地占据 DWTR 表面活性吸附位点，形成一层反离子层，进而对 $H_2PO_4^-$ 产生一定的排斥作用（Ye et al., 2006），因此，低 pH 有利于 DWTR 对磷的吸附作用。此外，DWTR

的 pH_{PZC} 对吸附过程也起着至关重要的作用。R-DWTR 和 H_{300}-DWTR 的 pH_{PZC} 分别为 7.38 和 7.12（表 2-8），当溶液 pH 低于 pH_{PZC} 时，DWTR 表面带正电，此时主要通过静电作用促进对磷的吸附。当溶液 pH 逐渐增大，DWTR 表面的负电荷占主导地位，对磷存在排斥作用，此时磷的吸附能力减弱。

对于相同 pH 水平，H_{300}-DWTR 对正磷酸盐、聚磷酸盐和有机磷酸盐的吸附量明显高于 R-DWTR。这主要是由于热处理过程可以使 DWTR 中水分蒸发，内部结构疏松，同时将 DWTR 中部分杂质和有机质去除，铁和铝含量相对增加，为磷酸盐提供更多的表面活性吸附位点，因此，处理作用有效提高了 DWTR 对不同磷的吸附能力。此外，几种磷酸盐的吸附量大小也存在差异，不同磷吸附能力的大小依次为焦磷酸盐>正磷酸盐>肌醇六磷酸盐>六偏磷酸盐>甘油磷酸盐。该结果说明不同磷的分子结构差异是影响磷吸附效果的关键因素。例如，聚磷酸盐会通过水解作用转化为正磷酸盐，而水解反应又会受到矿物表面催化作用的影响，导致聚磷酸盐的吸附过程更为复杂。而有机磷酸盐的吸附能力则主要取决于其分子中磷酸基的数量、官能团的种类及数量等因素（Guan et al.，2005）。

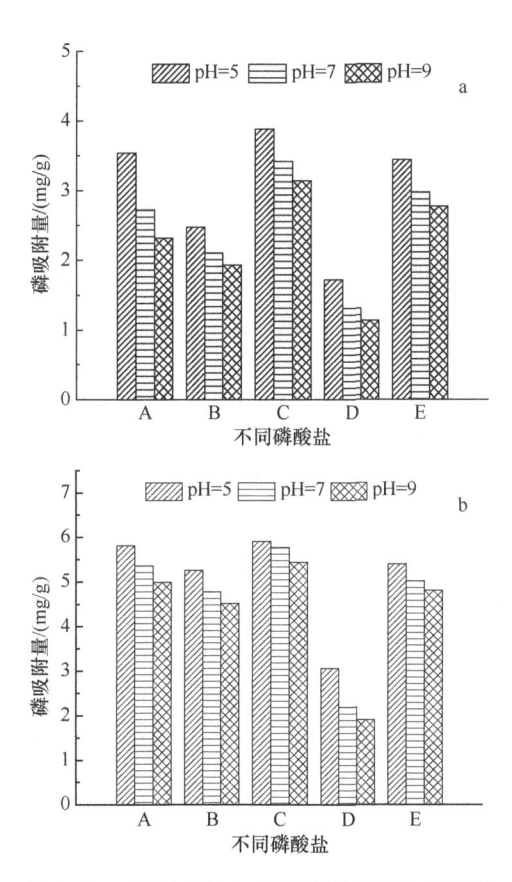

图 2-13 pH 对 DWTR 吸附不同磷酸盐的影响

a. R-DWTR；b. H_{300}-DWTR；A. 正磷酸盐；B. 六偏磷酸盐；C. 焦磷酸盐；D. 甘油磷酸盐；E. 肌醇六磷酸盐

2. 温度的影响

温度对热处理前后 DWTR 吸附不同磷酸盐的影响如图 2-14 所示。随着温度的升高，DWTR 对不同磷酸盐的吸附量均有所提高。就 R-DWTR 而言，温度从 15℃升高至 55℃时，正磷酸盐、六偏磷酸盐、聚磷酸盐、甘油磷酸盐和有机磷酸盐的吸附量分别由 2.11 mg/g、1.31 mg/g、2.52 mg/g、1.00 mg/g 和 2.09 mg/g 增加至 4.93 mg/g、3.62 mg/g、5.45 mg/g、2.54 mg/g 和 4.56 mg/g。相同温度变化范围内，H_{300}-DWTR 对上述磷酸盐的吸附量有着相似的变化趋势。说明升高温度有利于 DWTR 对不同磷酸盐的吸附作用，其原因在于升高温度溶液的黏度降低，从而有利于磷分子向吸附剂内部扩散（Al-Qodah，2000）。

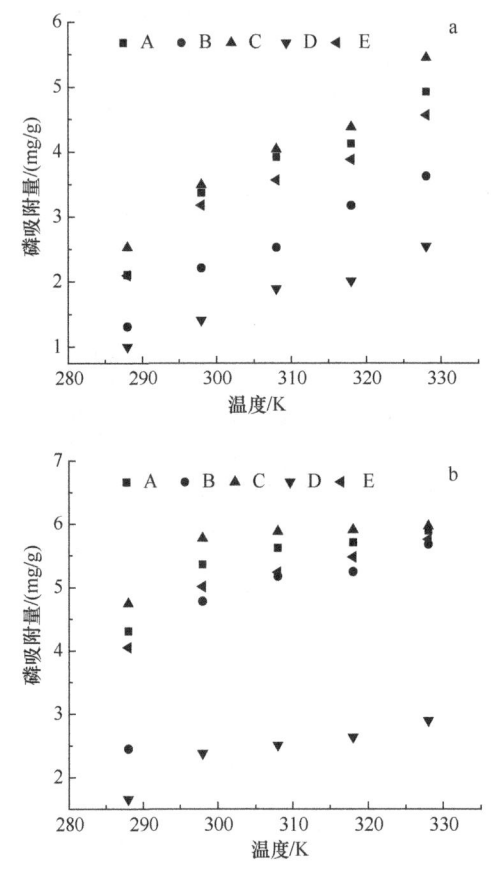

图 2-14 温度对 DWTR 吸附不同磷酸盐的影响

a. R-DWTR；b. H_{300}-DWTR；A. 正磷酸盐；B. 六偏磷酸盐；C. 焦磷酸盐；D. 甘油磷酸盐；E. 肌醇六磷酸盐

3. 正磷酸盐与有机磷酸盐/聚磷酸盐的竞争吸附

正磷酸盐和有机磷酸盐或聚磷酸盐共存时存在不同程度的竞争作用，该作用的强弱与磷酸盐的分子结构、官能团的种类和数量等因素有关。

（1）正磷酸盐与有机磷酸盐的竞争吸附

热处理前后DWTR对正磷酸盐（单独存在）的吸附量见表2-9。当正磷酸盐与有机磷酸盐共存时两者的竞争吸附结果见表2-10和表2-11。对比数据可知，与有机磷酸盐混合存在时DWTR对正磷酸盐的吸附量均有所降低，说明二者之间存在着竞争吸附作用，且二者在H_{300}-DWTR上的竞争作用明显低于R-DWTR。由表2-10和表2-11中的数据可以看出，即使正磷酸盐浓度较高时也会有少量肌醇六磷酸盐或甘油磷酸盐的吸附。这体现出DWTR表面可能存在多种活性吸附位点，一些利于正磷酸盐的吸附，一些则利于有机磷酸盐的吸附。Violante等（1991）指出不同磷在吸附剂表面都有各自特定的吸附位点，不同磷在占据各自的活性吸附位点的同时，也会与其他磷竞争剩余的吸附位点。与肌醇六磷酸盐相比，和甘油磷酸盐混合时正磷酸盐的吸附量较低，说明甘油磷酸盐与正磷酸盐的竞争作用较强。

表 2-9　R-DWTR和H_{300}-DWTR对正磷酸盐的吸附量

不同处理	正磷酸盐初始浓度/（mg/L）				
	3	5	15	25	27
R-DWTR	0.600	0.780	1.80	2.70	2.82
H_{300}-DWTR	0.600	0.850	2.84	4.57	4.98

表 2-10　正磷酸盐与甘油磷酸盐的竞争吸附结果

Ri	R-DWTR			H_{300}-DWTR		
	正磷酸盐/（mg/g）	甘油磷酸盐/（mg/g）	总磷/（mg/g）	正磷酸盐/（mg/g）	甘油磷酸盐/（mg/g）	总磷/（mg/g）
1∶9	0.02	1.58	1.60	0.17	2.59	2.76
1∶5	0.03	1.49	1.52	0.81	2.36	3.17
1∶1	0.97	1.24	2.21	2.61	1.60	4.21
5∶1	1.94	0.55	2.49	4.17	0.69	4.86
9∶1	2.26	0.48	2.74	4.76	0.48	5.24

注：Ri表示正磷酸盐与甘油磷酸盐的浓度比

表 2-11　正磷酸盐与肌醇六磷酸盐的竞争吸附结果

Ri	R-DWTR			H_{300}-DWTR		
	正磷酸盐/（mg/g）	肌醇六磷酸盐/（mg/g）	总磷/（mg/g）	正磷酸盐/（mg/g）	肌醇六磷酸盐/（mg/g）	总磷/（mg/g）
1∶9	0.12	3.06	3.17	0.37	5.21	5.58
1∶5	0.38	2.67	3.05	0.81	4.71	5.52
1∶1	0.93	2.07	3.00	2.57	2.84	5.42
5∶1	2.17	0.75	2.92	4.40	1.00	5.40
9∶1	2.18	0.66	2.84	4.84	0.41	5.25

注：Ri表示正磷酸盐与肌醇六磷酸盐的浓度比

表2-11中随着Ri的增大，热处理前后DWTR对磷的吸附总量均呈现出逐渐降低的趋势。这是由于R-DWTR和H_{300}-DWTR中含有一定量的铝的氧化物和氢氧化物，而氢

氧化铝表面存在较多特定的肌醇六磷酸盐活性吸附位点，利于肌醇六磷酸盐的吸附，且与正磷酸盐相比，肌醇六磷酸盐与氢氧化铝表面的结合能力更强，所吸附的肌醇六磷酸盐不易被正磷酸盐取代。然而，甘油磷酸盐中总磷浓度的变化趋势与其正好相反（表2-10），这主要是由甘油磷酸盐与DWTR之间较弱的结合能力及与正磷酸盐较强的竞争作用导致的。

（2）正磷酸盐与聚磷酸盐的竞争吸附

当正磷酸盐与聚磷酸盐共存时两者的竞争吸附结果见表2-12和表2-13。与有机磷酸盐相似，正磷酸盐与聚磷酸盐也存在着竞争吸附作用（Geelhoed et al.，1998），且两者在H_{300}-DWTR上的竞争作用相对较弱。由混合存在的正磷酸盐吸附量占单独存在吸附量的百分比可知，两种聚磷酸盐与正磷酸盐的竞争强度不同，其中焦磷酸钠的竞争作用较强。

表 2-12　正磷酸盐与六偏磷酸盐的竞争吸附结果

Ri	R-DWTR			H_{300}-DWTR		
	正磷酸盐/（mg/g）	六偏磷酸盐/（mg/g）	总磷/（mg/g）	正磷酸盐/（mg/g）	六偏磷酸盐/（mg/g）	总磷/（mg/g）
1∶9	0.33	2.14	2.47	0.54	4.49	5.03
1∶5	0.48	2.04	2.52	0.78	4.34	5.22
1∶1	1.16	1.95	3.11	2.65	2.59	5.24
5∶1	2.52	0.46	2.98	4.32	0.73	5.05
9∶1	2.67	0.27	2.94	4.62	0.33	4.95

注：Ri 表示正磷酸盐与六偏磷酸盐的浓度比

表 2-13　正磷酸盐与焦磷酸盐的竞争吸附结果

Ri	R-DWTR			H_{300}-DWTR		
	正磷酸盐/（mg/g）	焦磷酸盐/（mg/g）	总磷/（mg/g）	正磷酸盐/（mg/g）	焦磷酸盐/（mg/g）	总磷/（mg/g）
1∶9	0.04	2.84	2.88	0.30	5.03	5.33
1∶5	0.05	2.87	2.92	0.54	4.92	5.46
1∶1	0.36	2.81	3.17	2.46	3.33	5.79
5∶1	1.92	1.02	2.94	4.40	1.14	5.54
9∶1	2.16	0.07	2.85	4.76	0.68	5.44

注：Ri 表示正磷酸盐与焦磷酸盐的浓度比

正磷酸盐与聚磷酸盐竞争吸附时，总磷吸附量的变化趋势呈单峰形式，Ri=1时吸附量取得最大值。该结果和正磷酸盐与有机磷酸盐竞争吸附时总磷的变化不同，说明不同磷之间的竞争吸附过程因磷酸盐的结构、在溶液中存在的形态及与DWTR的亲和力不同而存在差异（Guan et al.，2005）。

2.3.4　热处理DWTR吸附不同磷酸盐的机制研究

1. 吸附动力学特征

不同pH条件下动力学模型拟合所得的参数见表2-14和表2-15。准二级动力学模型

中的 R^2 均大于一级动力学模型，且拟合出的平衡吸附量 q_e 与实验 48 h 所得的吸附量 q_e' 更为相近。因此，准二级动力学模型可以更好地描述 R-DWTR 和 H$_{300}$-DWTR 对 5 种磷酸盐的吸附过程（R^2>0.95），这是由于准二级动力学模型包含了不同磷吸附的所有过程，如外部液膜扩散、表面吸附和颗粒内扩散等，能够更真实地反映不同磷在 DWTR 上的吸附行为（刘宝河等，2011），同时说明热处理前后 DWTR 对不同磷酸盐的吸附主要以化学吸附为主（胡绳等，2009）。

表 2-14 不同 pH 条件下 R-DWTR 对不同磷酸盐吸附动力学参数

磷溶液	pH	一级动力学模型 $\ln(q_e-q_t)=\ln q_e - k_1 t$				二级动力学模型 $\frac{t}{q_t}=\frac{1}{k_2 q_e^2}+\frac{t}{q_e}$			
		q_e'/(mg/g)	q_e/(mg/g)	k_1/min^{-1}	R^2	q_e/(mg/g)	k_2/[g/(mg·min)]	h/[g/(mg·min)]	R^2
正磷酸盐	5	3.69	3.34	0.0069	0.93	3.70	0.0025	0.0344	0.97
	7	3.59	3.15	0.0075	0.93	3.43	0.0031	0.0367	0.97
	9	2.57	2.54	0.0016	0.98	3.17	0.0005	0.0054	0.99
六偏磷酸盐	5	2.57	2.41	0.0103	0.98	2.56	0.0071	0.0434	0.99
	7	2.41	2.17	0.0067	0.95	2.38	0.0041	0.0231	0.99
	9	1.91	1.78	0.0075	0.97	1.93	0.0059	0.0218	0.99
焦磷酸盐	5	3.91	3.54	0.0082	0.94	3.81	0.0033	0.0473	0.98
	7	3.73	3.31	0.0080	0.92	3.59	0.0032	0.0424	0.97
	9	3.04	2.87	0.0029	0.95	3.28	0.0011	0.0128	0.98
甘油磷酸盐	5	1.76	1.66	0.0049	0.97	1.84	0.0037	0.0129	0.99
	7	1.61	1.37	0.0029	0.94	1.56	0.0025	0.0061	0.98
	9	1.34	1.27	0.0020	0.96	1.50	0.0016	0.0036	0.98
肌醇六磷酸盐	5	3.61	3.39	0.0080	0.96	3.64	0.0035	0.0459	0.99
	7	3.46	3.01	0.0079	0.95	3.27	0.0035	0.0383	0.98
	9	3.00	2.76	0.0054	0.94	3.04	0.0025	0.0234	0.98

注：q_e'为实验 48 h 的吸附量；q_e 为平衡吸附量；q_t 为 t 时刻吸附量；k_1 和 k_2 为常数

对于同一 pH 水平来说，不同磷酸盐的初始吸附速率 h 存在着差异。其中焦磷酸盐和六肌醇磷酸盐的初始速率相对较大，而甘油磷酸盐最小。磷酸盐分子的大小、结构、表面电荷，以及官能团的种类、数量等差异可能会导致不同磷与 DWTR 的亲和力不同，进而影响不同磷酸盐的初始吸附速率。此外，通过比较可得 H$_{300}$-DWTR 的 h 值均大于 R-DWTR，说明处理作用明显提高了 DWTR 对几种磷酸盐的初始吸附速率。例如，pH=5 时，最为显著的是甘油磷酸盐，初始速率提高了 3.61 倍，而提高最小的六偏磷酸盐也有 1.09 倍。这主要是热处理使 DWTR 表面裸露的活性吸附位点增多（Altundogan and Tümen，2003），同样时间内有更多的磷酸根可以从溶液中迁移到 DWTR 表面所致。

不同 pH 水平时，随着 pH 的增大，不同磷酸盐的初始吸附速率 h 均有所降低，这也说明了 pH 的增大对不同磷酸盐的初始吸附过程存在抑制作用。就 H$_{300}$-DWTR 而言，当 pH 由 5 升高到 9 时，正磷酸盐、六偏磷酸盐、焦磷酸盐、甘油磷酸盐和肌醇六磷酸盐的初始吸附速率分别减少了 50.6%、38.6%、39.9%、51.7%和 45.1%。对于 R-DWTR

上述磷酸盐的初始吸附速率依次减少了 84.3%、49.8%、72.9%、72.1%和 49.0%。由此可看出，H_{300}-DWTR 中不同磷酸盐初始吸附速率的减少程度明显低于 R-DWTR，说明热处理作用减弱了 pH 对该过程的影响程度。

表 2-15　不同 pH 条件下 H_{300}-DWTR 对不同磷酸盐吸附动力学参数

磷溶液	pH	一级动力学模型 $\ln(q_e-q_t)=\ln q_e-k_1 t$				二级动力学模型 $\dfrac{t}{q_t}=\dfrac{1}{k_2 q_e^2}+\dfrac{t}{q_e}$			
		q_e'/(mg/g)	q_e/(mg/g)	k_1/min^{-1}	R^2	q_e/(mg/g)	k_2/[g/(mg·min)]	h/[g/(mg·min)]	R^2
正磷酸盐	5	5.94	5.62	0.0095	0.97	5.99	0.0027	0.0970	0.99
	7	5.71	5.25	0.0087	0.96	5.61	0.0025	0.0786	0.99
	9	5.42	4.80	0.0066	0.91	5.26	0.0017	0.0479	0.96
六偏磷酸盐	5	5.11	4.97	0.0055	0.96	5.49	0.0014	0.0472	0.99
	7	5.01	4.65	0.0053	0.96	5.11	0.0015	0.0389	0.99
	9	4.47	3.99	0.0046	0.88	4.39	0.0015	0.0290	0.95
焦磷酸盐	5	6.04	5.81	0.0097	0.99	6.14	0.0028	0.1075	0.99
	7	5.81	5.59	0.0098	0.99	5.93	0.0029	0.1050	0.99
	9	5.69	5.35	0.0071	0.97	5.77	0.0019	0.0646	0.99
甘油磷酸盐	5	3.33	2.99	0.0094	0.94	3.21	0.0046	0.0466	0.98
	7	2.61	2.17	0.0101	0.92	2.34	0.0064	0.0354	0.96
	9	2.31	2.03	0.0072	0.91	2.27	0.0045	0.0225	0.96
肌醇六磷酸盐	5	5.44	5.17	0.0142	0.98	5.38	0.0056	0.1631	0.99
	7	5.22	4.88	0.0109	0.97	5.14	0.0038	0.1013	0.99
	9	5.12	4.71	0.0101	0.98	5.00	0.0036	0.0895	0.99

注：各参数意义见表 2-14

2. 吸附等温研究

R-DWTR 和 H_{300}-DWTR 对不同磷酸盐的吸附等温拟合结果见表 2-16 和表 2-17。从相关系数 R^2 可知，Freundlich 模型可以更好地拟合实验结果，说明 DWTR 对不同磷酸盐的吸附过程接近于 Freundlich 模型的吸附假设。对比热处理前后的 q_m 值可知，热处理作用明显提高了 DWTR 对磷酸盐的吸附潜力，与 R-DWTR 相比，正磷酸盐、六偏磷酸盐、焦磷酸盐、甘油磷酸盐和六肌醇磷酸盐的饱和吸附量分别提高了 66.6%、65.2%、61.4%、62.1%和 21.9%。然而，不同磷酸盐的吸附存在一定程度的差异，由不同磷酸盐的 K 值和 n 值可知，热处理前后 DWTR 对正磷酸盐的吸附能力和吸附强度最大，其次为聚磷酸盐，而有机磷酸盐最小，这与磷酸盐分子结构、磷与 DWTR 形成的配体结构等因素有关。R-DWTR 和 H_{300}-DWTR 对不同磷酸盐的吸附能力表现出相似的强弱趋势，几种磷酸盐的饱和吸附量大小依次为：肌醇六磷酸盐>焦磷酸盐>正磷酸盐>六偏磷酸盐>甘油磷酸盐，该结果说明磷酸盐的分子结构差异是影响磷吸附效果的关键因素。例如，吸附能力最强的肌醇六磷酸盐，其结构中包含 6 个官能团，吸附过程中有 4 个官能团可以与氢氧化铝表面结合，且每种官能团与氢氧化铝均形成单配位基的配位体，然而正磷酸盐和聚磷酸盐被吸附时则形成单配位基、双配位基或双核的多种配位体（Guan et al.，2005）。因此，与其他几种磷酸盐相比，六肌醇磷酸盐的官能团在 DWTR 表面占有的面积较少，吸附量较大。

表 2-16 R-DWTR 对不同磷酸盐吸附的等温拟合参数

磷溶液	Freundlich 模型			Langmuir 模型			
	K	n	R^2	b	q_m/(mg/g)	$b \cdot q_m$/(mg/g)	R^2
正磷酸盐	0.82	2.43	0.98	0.0069	13.22	0.09	0.94
六偏磷酸盐	0.63	2.32	0.98	0.0062	11.68	0.07	0.91
焦磷酸盐	0.85	2.33	0.93	0.0056	16.43	0.09	0.92
甘油磷酸盐	0.32	1.77	0.97	0.0032	10.83	0.05	0.96
肌醇六磷酸盐	0.53	1.62	0.99	0.0028	40.53	0.11	0.97

注：各参数意义见表 2-6

表 2-17 H_{300}-DWTR 对不同磷酸盐吸附的等温拟合参数

磷溶液	Freundlich 模型			Langmuir 模型			
	K	n	R^2	b	q_m/(mg/g)	$b \cdot q_m$/(mg/g)	R^2
正磷酸盐	2.75	3.13	0.96	0.0153	22.03	0.34	0.92
六偏磷酸盐	1.04	2.31	0.98	0.0065	19.29	0.13	0.95
焦磷酸盐	1.69	2.50	0.94	0.0062	26.52	0.16	0.91
甘油磷酸盐	0.33	1.95	0.98	0.0047	17.56	0.06	0.96
肌醇六磷酸盐	0.79	1.70	0.93	0.0030	49.40	0.15	0.91

注：各参数意义见表 2-6

3. 吸附热力学研究

吸附热力学主要是研究吸附过程能达到的程度问题，通过对吸附剂上吸附质在各种条件下吸附量的研究，得到各种热力学数据，如扩散系数（K_d）、吉布斯自由能（ΔG）、焓变（ΔH）、熵变（ΔS）等。通过计算得到热处理前后 DWTR 吸附不同磷酸盐的过程中 $\ln K_d$ 与 $1/T$ 的关系图（图 2-15，图 2-16），以及各热力学参数（ΔH、ΔS 和 ΔG）的数值（表 2-18，表 2-19）。

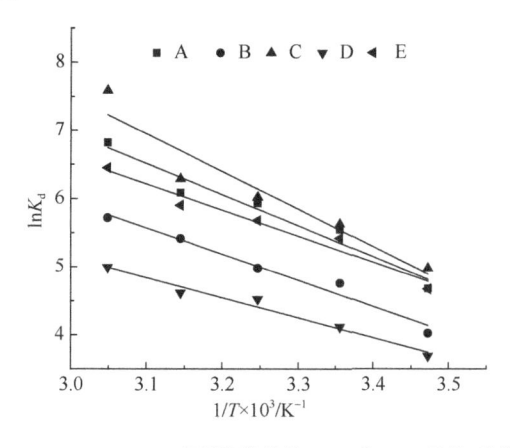

图 2-15 R-DWTR 对不同磷酸盐 $\ln K_d$ 和 $1/T$ 的关系曲线
A. 正磷酸盐；B. 六偏磷酸盐；C. 焦磷酸盐；D. 甘油磷酸盐；E. 肌醇六磷酸盐

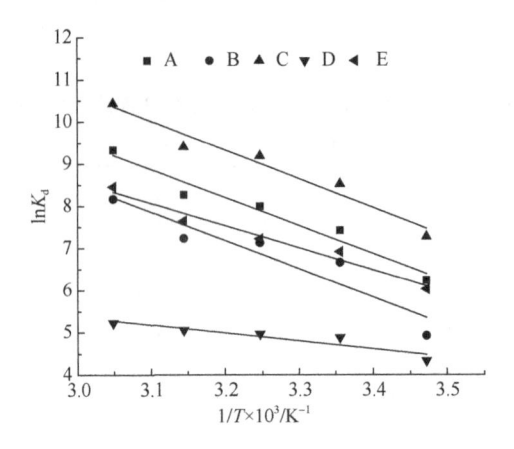

图 2-16　H$_{300}$-DWTR 对不同磷酸盐 lnK_d 和 1/T 的关系曲线
A. 正磷酸盐；B. 六偏磷酸盐；C. 焦磷酸盐；D. 甘油磷酸盐；E. 肌醇六磷酸盐

表 2-18　R-DWTR 对不同磷酸盐的吸附热力学参数

磷溶液	ΔH/(kJ/mol)	ΔS/[J/(mol·K)]	ΔG/(kJ/mol)				
			288 K	298 K	308 K	318 K	328 K
正磷酸盐	37.94	171.78	−11.53	−13.25	−14.97	−16.69	−18.40
六偏磷酸盐	31.95	145.35	−9.91	−11.36	−12.82	−14.47	−11.29
焦磷酸盐	53.70	224.66	−10.99	−13.25	−15.49	−17.74	−19.99
甘油磷酸盐	24.43	115.96	−8.97	−10.12	−11.29	−12.45	−13.61
肌醇六磷酸盐	31.83	150.33	−11.47	−12.97	−14.47	−15.98	−17.48

表 2-19　H$_{300}$-DWTR 对不同磷酸盐的吸附热力学参数

磷溶液	ΔH/(kJ/mol)	ΔS/[J/(mol·K)]	ΔG/(kJ/mol)				
			288 K	298 K	308 K	318 K	328 K
正磷酸盐	0.06	245.20	−70.56	−73.01	−75.47	−77.92	−80.37
六偏磷酸盐	0.06	238.58	−68.66	−71.04	−73.43	−75.81	−78.20
焦磷酸盐	0.06	259.50	−74.68	−77.27	−79.87	−82.46	−85.06
甘油磷酸盐	0.02	91.67	−26.39	−27.30	−28.22	−29.14	−30.05
肌醇六磷酸盐	0.04	202.23	−58.20	−60.22	−62.24	−64.27	−66.29

标准吉布斯自由能变的根据如下公式计算（舒月红和贾晓珊，2005）：

$$K_d = \frac{C_o - C_e}{C_e} \times \frac{V}{m} \tag{2-1}$$

$$\ln K_d = -\frac{\Delta H^\circ}{RT} + \frac{\Delta S^\circ}{R} \tag{2-2}$$

$$\Delta G^\circ = \Delta H^\circ - T\Delta S^\circ \tag{2-3}$$

式中，ΔG° 为标准吉布斯自由能变，kJ/mol；ΔH° 为标准反应焓变，kJ/mol；ΔS° 为标准反应熵变，J/(mol·K)；K_d 为固液分配系数，mL/g；m 为吸附剂质量，g；V 为溶液体积，mL；C_o 为吸附初始浓度，mg/L；C_e 为吸附平衡浓度，mg/L；T 为温度，K；R 为气体常数，J/(mol·K)。

从图 2-15 和图 2-16 可以看出，K_d 值随着温度的升高而增加，且表 2-18 和表 2-19 中不同磷酸盐吸附过程的 ΔH>0，ΔG<0，表明热处理前后 DWTR 对不同磷酸盐的吸附是自发进行的吸热过程（Kilislioglu and Bilgin，2003），升高温度有利于磷吸附反应的进行。自由能变（ΔG）是吸附推动力的体现，随着温度的升高，ΔG 的绝对值增大，说明吸附过程的推动力越大，由此也可说明升高温度有利于吸附。此外，对比热处理前后 DWTR 吸附磷的 ΔG 可看出，H_{300}-DWTR 中 ΔG 的绝对值明显高于 R-DWTR，说明热处理提高了 DWTR 吸附不同磷酸盐的推动力，增强了不同磷酸盐的吸附。不同磷酸盐的 ΔG 大小在 –85.06~–8.97 kJ/mol，表明 R-DWTR 和 H_{300}-DWTR 对不同磷酸盐的吸附并不是单一的物理或化学吸附过程，而是物理吸附与化学吸附并存的过程，磷酸根离子吸附的同时伴随着 DWTR 中其他离子的脱附，即离子交换过程。

4. 吸附磷的形态分析

DWTR 吸附磷的形态分析结果见图 2-17 和图 2-18。R-DWTR 和 H_{300}-DWTR 吸附的正磷酸盐、聚磷酸盐和有机磷酸盐均主要以铁结合态磷（Fe-P）和铝结合态磷（Al-P）的形态存在，占总吸附磷的 80%~90%；松散结合态磷（L-P）、闭蓄态磷（O-P）和钙结合态磷（Ca-P）所占比例较少，为 10%~20%。以正磷酸盐为例，R-DWTR 中各形态磷占总吸附磷的比例大小依次为：Al-P（52.6%）>Fe-P（31.7%）>Ca-P（5.81%）>L-P（3.64%）>O-P（1.89%），而 H_{300}-DWTR 中的顺序则为：Al-P（61.1%）>Fe-P（25.9%）>Ca-P（7.95%）>O-P（1.71%）>L-P（0.670%）。聚磷酸盐和有机磷酸盐也有相似的结果，其中 Ca-P、L-P 和 O-P 大小顺序略有差异。对比热处理前后 DWTR 中各形态磷所占的比例可知，H_{300}-DWTR 中 L-P 均有不同程度的减少，这表明热处理使得 DWTR 与几种磷酸盐的结合更加紧密，等温模型拟合结果中的 K 值和 n 值也说明此点，因此与热处理前相比吸附的磷不易解吸。Al-P 和 Fe-P 的含量变化说明热处理增强了 DWTR 中铝与磷的结合能力，而铁与磷的结合能力稍有减弱。Ca-P 和 O-P 的变化不明显。综上所述，热处理前后 DWTR 对正磷酸盐、聚磷酸盐和有机磷酸盐有着相似的吸附机制，且正磷酸盐、聚磷酸盐和有机磷酸盐的吸附主要是通过与 DWTR 中铝和铁的结合实现的。

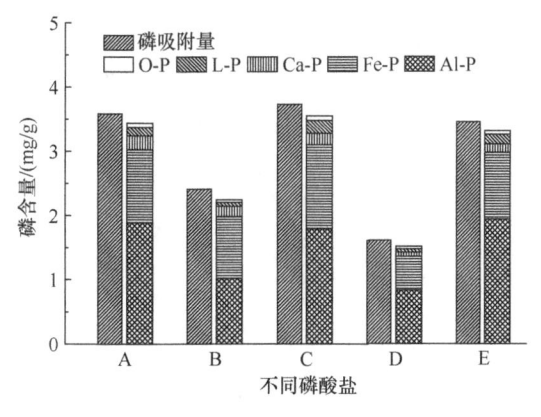

图 2-17　R-DWTR 吸附磷的分级提取结果

A. 正磷酸盐；B. 六偏磷酸盐；C. 焦磷酸盐；D. 甘油磷酸盐；E. 肌醇六磷酸盐

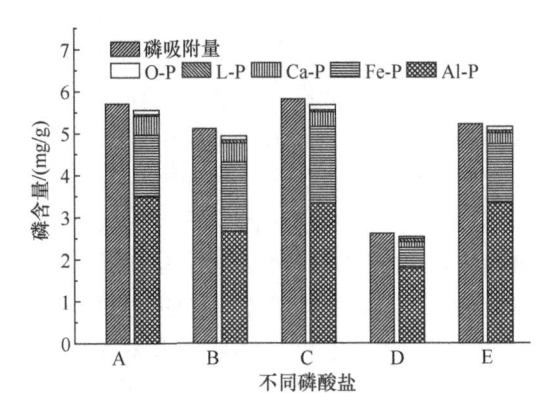

图 2-18 H$_{300}$-DWTR 吸附磷的分级提取结果
A. 正磷酸盐；B. 六偏磷酸盐；C. 焦磷酸盐；D. 甘油磷酸盐；E. 肌醇六磷酸盐

2.4 连续热和酸处理的影响

2.4.1 标准磷吸附实验

标准磷吸附实验结果如图 2-19 所示。比较不同处理方式 DWTR 的磷吸附量可知，热处理后 DWTR 的磷吸附量与原始 DWTR 差异较小，都约为 13 mg/g。然而，连续热和酸处理后 DWTR 磷吸附量相对较高。当酸处理浓度为 0.5~2.0 mol/L 时，随着酸浓度的提高，连续处理后 DWTR 磷吸附量逐渐增大，但当酸浓度大于 2.0 mol/L 时，其磷吸附量差异较小，吸附量稳定在 22 mg/g 左右。根据上述结果可知，热处理，再经过 2 mol/L HCl 处理后，DWTR 的磷吸附能力可被最大程度地提高。因此，确定的处理 DWTR 最佳条件为连续在 600℃ 条件下热处理 4 h 和 1∶1 固液比下浓度为 2 mol/L HCl 处理 2 h。本研究中，被最佳条件处理后的 DWTR 简称为 HA$_2$-DWTR。另外，比较不同振荡时间的磷吸附量可知，连续处理后 DWTR 在 24 h 和 48 h 的磷吸附量差异较小，因此后续研究相对平衡时间定为 24 h。

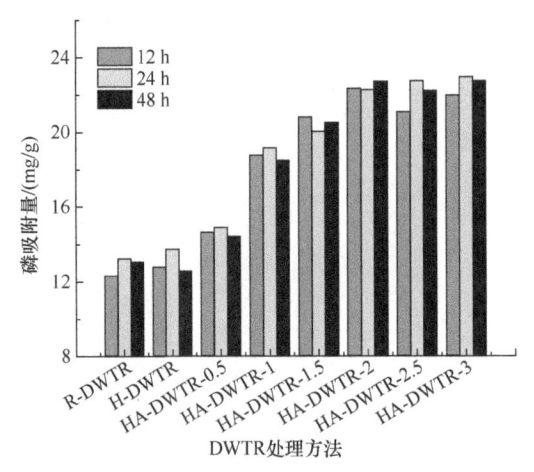

图 2-19 标准磷吸附实验结果
R-DWTR 为原始 DWTR；H-DWTR 为热处理后 DWTR；HA-DWTR 为连续热和酸处理后 DWTR；
HA-DWTR 后数字为酸处理 HCl 浓度

2.4.2 连续处理前后 DWTR 表征

连续处理前后 DWTR 的 SEM、XRD 和 FTIR 结果分别见图 2-20~图 2-22。处理前后 DWTR 的 SEM 图无明显差异，图中都无晶体结构存在。XRD 分析结果也表明处理前后 DWTR 中仅存在 SiO_2 晶体，因此，处理后 DWTR 中铁和铝仍主要以无定形态存在。进一步的 FTIR 分析结果表明，处理前后 DWTR 的 FTIR 图谱出峰位置没有明显的变化，只有波数为 1412.57 cm^{-1} 的出峰位置在处理后消失，并且处理前（原始）DWTR 在波数为 1600 cm^{-1} 和 3400 cm^{-1} 左右位置的峰值要高于波数为 1000 cm^{-1} 位置的峰值，而处理后 DWTR 的这几个波长的峰值比较情况正好相反。由于在同一个 FTIR 图谱中出峰位置表示被测物质的某一具体成分，其峰值可以反映该成分的相对含量，因此，连续处理前后 DWTR 的主要成分相似，但它们的相对含量发生了变化。由于 DWTR 的成分较复杂，因此无法确定 DWTR 的 FTIR 图谱对应峰值的成分归属。

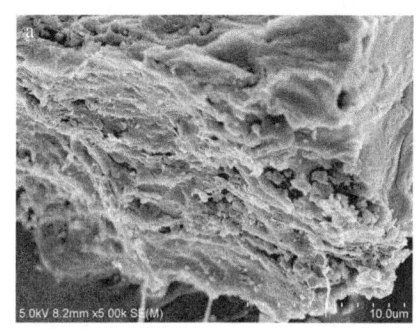

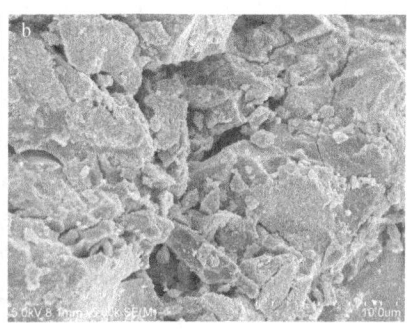

图 2-20 连续处理后 DWTR 的 SEM 图
a. 未处理 DWTR；b. 处理后 DWTR（HA_2-DWTR）

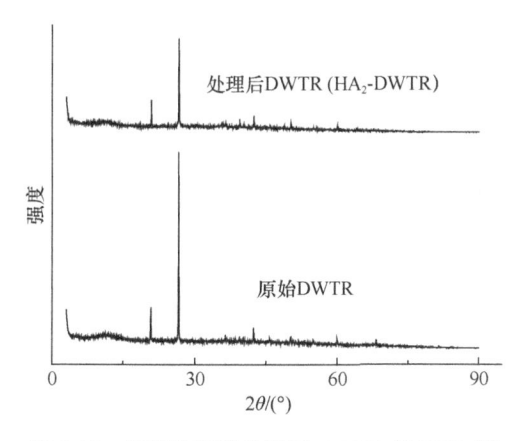

图 2-21 连续热和酸处理后 DWTR 的 XRD 图

处理前后 DWTR 的基本性质见表 2-20。处理后 DWTR 的总铁和总铝总量明显增高，其中，铁含量从 100 mg/g 增加到 150 mg/g，总铝的含量从 50 mg/g 增加到 75 mg/g。由于高铁和铝含量是 DWTR 具有高磷吸附能力的关键，因此，该结果可解释连续处理后 DWTR 具有更高磷吸附能力的原因。此外，处理后 DWTR 中总磷含量也从 0.61 mg/g

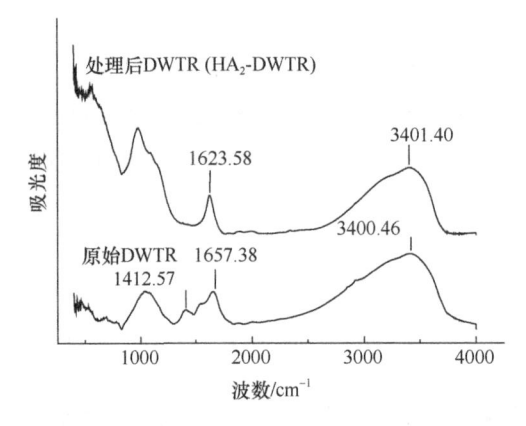

图 2-22 连续热和酸处理后 DWTR 的 FTIR 图

增加到 0.98 mg/g。处理后 DWTR 的 pH 由 7.04 降低到 3.83,这可能与对 DWTR 的酸处理有关。进一步比较处理前后 DWTR 的比表面积变化可知,处理后 DWTR 的比表面积明显降低,从 77 m²/g 降低到 22 m²/g。由于本研究 DWTR 含有活性炭,因此,活性炭也应是 DWTR 具有大比表面积的原因之一。这表明 DWTR 在连续处理过程中可能损失了部分活性炭,进而导致处理后 DWTR 的比表面积明显降低。事实上,本研究的结论与以往的研究基本一致。以往研究表明 DWTR 中总碳量与其比表面积呈正相关,但与其磷吸附能力呈负相关(Makris et al., 2005)。

表 2-20 处理前后 DWTR 的基本性质

性质	原始 DWTR	HA₂-DWTR
总铝/(mg/g)	50	75
总铁/(mg/g)	100	150
pH	7.04	3.83
总磷/(mg/g)	0.61	0.98
比表面积/(m²/g)	77	22

2.4.3 连续处理前后 DWTR 的磷吸附效果

1. 初始磷浓度影响

不同初始磷浓度条件下,处理前后 DWTR 对磷的吸附效果见图 2-23。比较可知,处理前后 DWTR 对磷的吸附量都随着磷浓度的升高而升高,但处理后 DWTR 对磷的吸附能力明显高于处理前的。为了进一步确定 DWTR 在处理前后对磷吸附特征的变化,本研究采用 Freundlich、Langmuir、Two-site Langmuir、Temkin 及 Harkins-Jura 方程拟合实验数据。

各个方程的表达形式和相应的拟合结果见表 2-21。从表中可知,除 Harkins-Jura 方程外,其余方程都可较好地描述处理前后 DWTR 的磷吸附过程。在 Freundlich 方程拟合结果中,处理后 DWTR 的 n 小于处理前,表明处理后 DWTR 表面微孔环境更利于磷吸附作用,且磷与 DWTR 结合作用更强(Karaca et al., 2005)。Two-site Langmuir 模型是

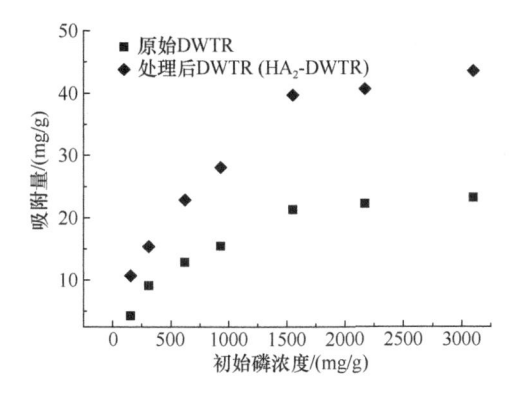

图 2-23　初始磷浓度对处理前后 DWTR 的磷吸附作用的影响

表 2-21　等温吸附方程的拟合结果

模型	参数	原始 DWTR	处理后 DWTR（HA₂-DWTR）
Freundlich	k	1.1	2.9
	n	0.48	0.36
	R^2	0.94	0.96
Langmuir	q_m	29	49
	b	0.0018	0.0026
	R^2	0.99	0.95
Two-site Langmuir $q_e = X_{max1}\dfrac{b_1 C_e}{1+b_1 C_e} + X_{max2}\dfrac{b_2 C_e}{1+b_2 C_e}$	X_{max1}	0.88	4.2
	b_1	0.0053	−0.050
	X_{max2}	28	50
	b_2	0.0017	0.0016
	R^2	0.96	0.99
Temkin $q_e = B_1 \ln k_T + B_1 \ln C_e$	B_1	6.1	9.0
	k_T	0.018	0.0047
	R^2	0.98	0.95
Harkins–Jura $\dfrac{1}{q_e^2} = \dfrac{B}{A} - \dfrac{1}{A}\log C_e$	A	33	220
	B	3.2	11
	R^2	0.63	0.88

注：Freundlich 和 Langmuir 方程的形式参见表 2-6 中的公式；在上述方程中，q_e 表示平衡吸附量，mg/g；X_{max1} 和 X_{max2} 分别表示理论饱和吸附量，m/g；C_e 表示吸附平衡浓度，mg/L；各个方程中其参数都是对应的特征常数；Two-site Langmuir 方程中理论饱和吸附量计算方法为 $X_{max1}+X_{max2}$

基于"存在不同的基本吸附位点"这一理念提出的（Janoš et al.，2003）。通过观察 Two-site Langmuir 和 Langmuir 方程的拟合结果可知，这两个方程都可以拟合处理前后 DWTR 吸附磷的实验数据。因此，根据这两个方程计算饱和磷吸附量可知，处理后 DWTR 磷的理论饱和吸附量由 29 mg/g（Langmuir 方程计算）和 28 mg/g（Two-site Langmuir 方程计算）分别增加到 49 mg/g 和 50 mg/g。Temkin 方程中 B_1 反映吸附热，在本研究中处理后 DWTR 的 B_1 大于处理前的，这也许表明处理后 DWTR 吸附活度更高（Basar，2006；Babatunde and Zhao，2010）。Harkins-Jura 方程对处理前后 DWTR 磷附过程的拟合结果相对较差；但相比较而言，处理后 DWTR 的拟合结果（R^2=0.88）要好于处理前的（R^2=0.63）。Harkins-Jura 方程适于描述多分子层的吸附，该方程多被用于描述表面多相微孔的固体吸附作用（Karaca et al., 2005），因此，处理后 DWTR 的磷吸附机制可能更复杂。

2. pH 的影响

不同 pH 条件下，处理前后 DWTR 对磷的吸附效果见图 2-24。在不同 pH 条件下，处理后 DWTR 对磷的吸附效果都好于处理前 DWTR（原始 DWTR）的。pH 对处理前后 DWTR 磷吸附作用的影响趋势基本一致。当 pH 从 3 升至 9 时，处理前后 DWTR 的磷吸附量分别由 24 mg/g（原始 DWTR）和 43 mg/g（HA$_2$-DWTR）降到 9.7 mg/g 和 17 mg/g。从上文分析可知，处理前后 DWTR 的主要结构和成分差异较小，这说明处理前后 DWTR 可能具有部分类似的磷吸附机制，所以低 pH 有利于处理前后 DWTR 的磷吸附作用。基于前人研究（Yang et al., 2006）可知，OH$^-$ 和磷的配位交换作用是 DWTR 吸附磷的主要机制之一。因此，吸附后溶液 pH 也都分别有所增高（图 2-24）。然而，进一步比较可知，对于处理前后的 DWTR 而言，吸附前后溶液 pH 变化幅度存在一定差异，尤其当初始 pH 为 3 和 5 时。当初始 pH 为 3 和 5 时，含处理后 DWTR 溶液的 pH 明显低于处理前的，且处理后 DWTR 溶液 pH 在实验前后差异也较小。该结果表明处理前后 DWTR 对磷的吸附机制也可能存在一定差异。在经过连续热和酸处理后 DWTR，在低 pH 条件下有可能会释放出 Fe^{3+} 和 Al^{3+}。前期研究表明磷和无定形 Al（OH）$_3$ 在 pH 5 时可发生沉淀作用（van Riemsdijk et al., 1975）。因此，在低 pH 条件下，Fe^{3+} 和 Al^{3+} 与磷的沉淀作用很可能是处理后 DWTR 吸附磷的重要机制之一。

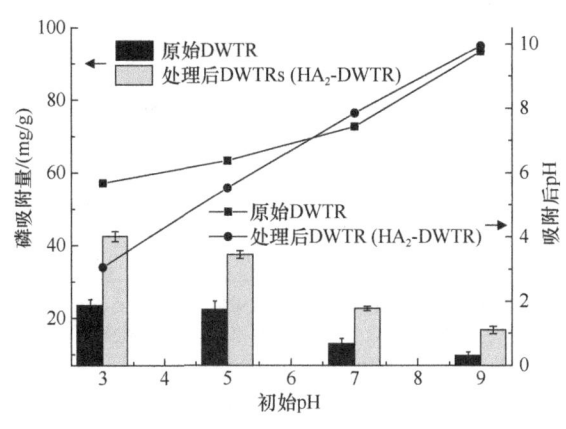

图 2-24 pH 对处理前后 DWTR 的磷吸附作用的影响
←：以左侧为坐标纵轴. →：以右侧为坐标纵轴

3. 厌氧环境的影响

厌氧培养实验溶液体系的氧化还原电位（ORP）见图 2-25。处理前后 DWTR 培养体系的 ORP 差异较小。在厌氧培养前，含处理前后 DWTR 混合溶液的 ORP 均在 270 mV 左右。在厌氧罐中培养 4 d 后，含处理前后 DWTR 混合溶液的 ORP 分别降至 –246 mV

和–327 mV。然而，在第 8 天时，溶液 ORP 分别回升至–165 mV 和–95 mV，之后又降低并保持在–200 mV 左右。厌氧培养罐中前 4 d，ORP 降低可能与溶液中存在的 Fe^{2+} 和 NO_2^- 等还原性物质有关。随着厌氧培养时间的增加，部分还原性物质如 NO_2^- 进一步被还原为 N_2，进而导致溶液中还原性物质减少，促使在厌氧罐中培养第 8 天时，溶液 ORP 的回升。然而，实验后期稳定的 ORP 表明溶液中还原性物质含量稳定，这间接表明处理前后 DWTR 在厌氧环境条件下稳定性较强。

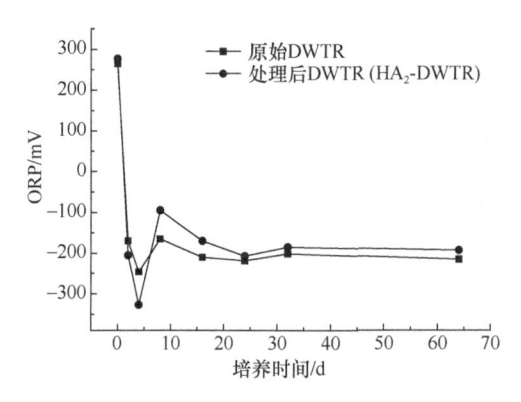

图 2-25 厌氧培养实验溶液体系的 ORP
第 0 天为未经过厌氧培养的含 DWTR 溶液体系 ORP

处理前后 DWTR 在厌氧环境条件下磷吸附效果见图 2-26。处理后 DWTR 在厌氧环境条件下对磷的吸附能力明显强于处理前的。相比较而言，在 64 d 的厌氧培养中，处理后 DWTR 对磷的吸附量都稳定在 37 mg/g 左右，而处理前 DWTR（原始 DWTR）的磷吸附量从 18 mg/g（厌氧培养第 2 天）增至 25 mg/g（厌氧培养第 32 天），之后变化较小。该研究结果与其他环境介质的研究结果存在差异。在厌氧环境条件下，由于还原作用的存在，环境介质（如沉积物）对磷的吸附作用往往会有所降低（Olila and Reddy，1997；Pant and Reddy，2001）。造成上述差异的原因可能是：①尽管还原作用（如铁和锰还原）可能不利于处理前后 DWTR 的磷吸附作用，但是也有研究表明 DWTR 中铁和锰的还原作用会增加其表面的磷吸附位点（Makris et al.，2006a），进而会使 DWTR 磷吸附能力变强；②随着在水溶液中培养的时间增加，处理前后 DWTR（尤其是处理前 DWTR）中与铁和铝结合的某些物质可能发生了水解作用（Yang et al.，2006），进而增加了 DWTR 表面吸附位点，促进 DWTR 磷的吸附作用，因此，厌氧环境对处理前后 DWTR 磷的吸附作用影响较小。

2.4.4 连续处理前后 DWTR 中被吸附磷赋存形态

在考察初始磷浓度对处理前后 DWTR 磷吸附影响实验（2.4.3 节）后，选取吸附初始磷浓度为 620 mg/L 的样品进行无机磷的分级提取，结果见表 2-22。吸附后 DWTR（包括处理前后）中分级提取总磷的增加量与磷吸附量（图 2-23）相近，且处理前后 DWTR 吸附的磷均主要以 Al-P 存在，其次分别是 Fe-P、O-P 及 Ca-P，这表明被处理前后 DWTR 吸附的磷都以较稳定的化学结合态存在。进一步比较可知，处理后 DWTR 中 Al-P、Fe-P、O-P 和 Ca-P 含量都有不同程度的提高，其中 Al-P 提高最为明显，其含量从 6.0 mg/g 提

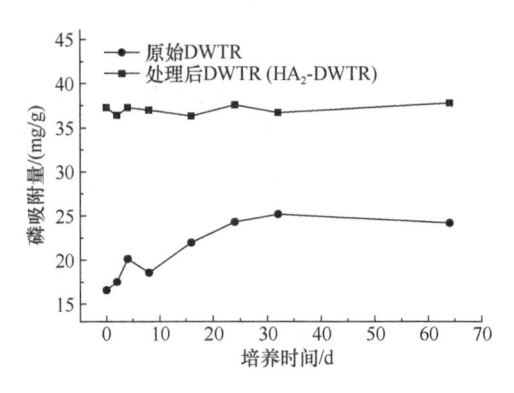

图 2-26 处理前后 DWTR 在厌氧环境条件下磷吸附效果

第 0 天为未经培养的 DWTR 磷吸附效果

高到 16 mg/g，相应地占总提取量的百分比例也从 58%提高到 71%。因此，本研究的连续处理方法明显可提高 DWTR 中铝对磷的吸附作用。

表 2-22 处理前后 DWTR 中被吸附磷的分级提取结果

磷形态	原始 DWTR		处理后 DWTR（HA₂-DWTR）	
	含量/（mg/g）	百分比/%	含量/（mg/g）	百分比/%
Al-P	6.00	58.0	16.00	71.0
Fe-P	3.40	33.0	4.50	19.0
O-P	0.71	6.9	2.00	8.8
Ca-P	0.18	1.7	0.23	1.0
总提取量	10.29	99.6	22.73	99.8

2.4.5 连续处理方法的评价

本研究采用连续热和酸处理方法的依据如下：①处理的第 1 步是采用 600℃灼烧的方法去除 DWTR 中一些占据吸附位点的杂质(如有机质)。研究表明当 DWTR 热处理 4 h 的温度高于 600℃，其烧失量变化较小（图 2-10），因此，600℃、4 h 的热处理应可以最大程度地去除 DWTR 中杂质。②过高的热处理温度也会促使 DWTR 中铁和铝从有利于磷吸附的无定形态转为不利于磷吸附的晶体态（图 2-12）。事实上，前人研究发现，在热处理矾土时,过高的温度也会促使矾土中形成不利于磷吸附的晶体矿物（Altundogan and Tümen，2003）。因此，在本研究中，DWTR 在经过热处理后，紧接着用酸处理来使 DWTR 晶体铁和铝转为无定形态。③在酸处理时，本研究采用的是 1∶1 固液比，且反应时间为 2 h。采用 1∶1 固液比的主要原因是为保证 DWTR 在酸处理后可以快速风干。过低的固液比会不利于酸处理后 DWTR 的干燥；过高的固液比会促使酸处理所需的最佳 HCl 浓度太高，进而使 DWTR 在酸处理时，HCl 挥发作用太强而不利于操作。酸处理时间（2 h）的选择是基于前人的研究（Altundogan and Tümen，2003）。总的来说，本研究结果表明 DWTR 在经过连续 600℃、4 h 的热处理和以 1∶1 的固液比、2 mol/L HCl 2 h 处理后，其对磷的吸附能力在不同初始磷浓度、pH 和厌氧条件下都有提高。此外，由于在连续热和酸处理后，DWTR 中铝对磷的吸附作用明显提高，因此本研究确定的提高磷吸附能力的方法，应更适合用于富含铝的 DWTR。

2.5 在动态模式下对磷的吸附

2.5.1 装置启动与运行

采用一种改良后的连续搅拌池反应器（continuous stirred tank reactor，CSTR）（图 2-27），反应池有效体积为 1 L，磁力搅拌器以 300 r/min 持续搅拌。实验初始阶段投加适量 DWTR 于反应池中，再迅速注满城镇污水（添加适量磷）。同时调节蠕动泵控制不同进水流速连续进水，每隔 10 min 添加准确量的 DWTR 到反应池中，补充出水带走的 DWTR，维持反应池中的 DWTR 质量恒定。每隔 10 min 于反应池取样口取样（10 mL）。

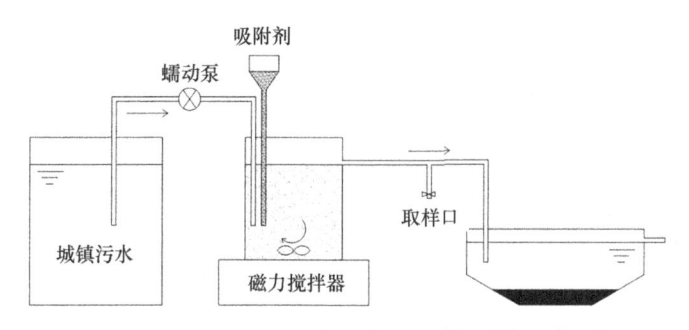

图 2-27 DWTR 为吸附剂的连续搅拌池反应器装置图

2.5.2 运行条件对 DWTR 动态除磷的影响

分别控制水力停留时间（HRT）、DWTR 投加量（M_0）和初始磷浓度（P_0），考察运行条件对 DWTR 动态除磷的影响。

1）HRT 对 CSTR 反应器除磷的影响如图 2-28 所示。5 种 HRT 条件下出水磷浓度初期都迅速降低，经过 30~60 min 后逐渐达到准平衡。HRT 为 0.5 h 时，准平衡值为（6.30±0.1）mg/L。随着 HRT 从 0.5 h 增加 3 h，磷平衡浓度降低，而单位 HRT 增值产生的平衡浓度差值越来越小，2 h 和 3 h 的平衡浓度仅差 0.19 mg/L，去除率分别为 72%和 77%。

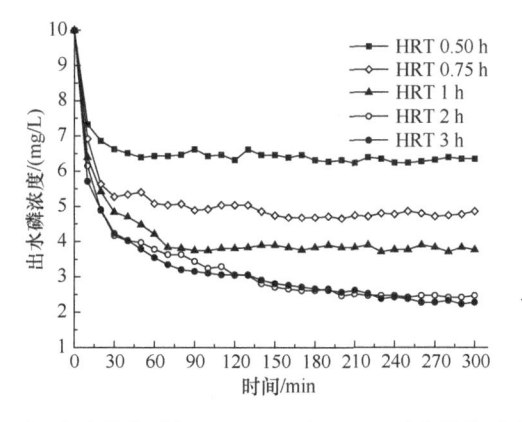

图 2-28 不同水力停留时间下 DWTR 在 CSTR 反应器中对磷的吸附
P_0 为 10 mg/L；M_0 为 5 g/L

DWTR 对磷的吸附是一个快吸附、慢平衡的过程。快吸附阶段磷吸附到 DWTR 颗粒表面,而慢平衡是因为吸附的磷在颗粒内扩散。可以看出,0.5 h 的反应时间不足以使 DWTR 的快吸附阶段达到完全,磷去除率很低。配位基交换反应随着 HRT 的增加而逐渐达到饱和,同时 2 h 和 3 h 的平衡浓度差异很小表明 2 h 后 DWTR 表面的吸附位点被完全占据,微孔扩散成为主导机制,单位时间内吸附的磷很少。

2)M_0 对 CSTR 反应器除磷的影响如图 2-29 所示。磷浓度曲线趋势与图 2-28 类似,60 min 内磷浓度大幅降低,最高可达 85.5%。M_0 从 2 g/L 增加到 10 g/L,平衡浓度从(4.74±0.1)mg/L 降低至(0.53±0.1)mg/L,相应的去除率也从 52.6%升高为 94.7%,磷吸附量分别为 2.63 mg/g、1.51 mg/g 和 0.95 mg/g。结果表明,随着吸附剂投加量的增加,磷的去除率显著升高。原因可归结为吸附剂的总表面积和可供磷交换的有效吸附位点增加,磷更易吸附到 DWTR 表面(Jellali et al.,2010;Wei et al.,2008)。然而,颗粒表面的磷浓度梯度随总表面积增大而降低,故单位质量 DWTR 的磷吸附量降低。

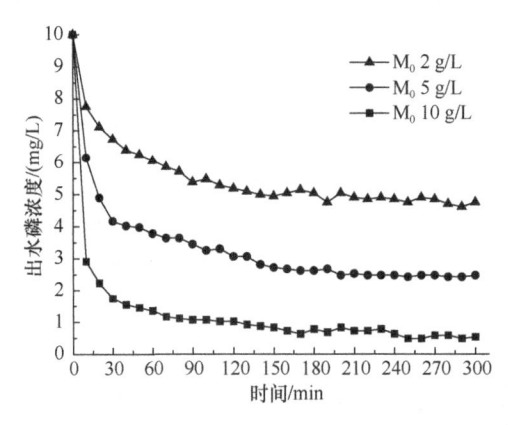

图 2-29 不同 DWTR 投加量下 DWTR 在 CSTR 反应器中对磷的吸附
P_0 为 10 mg/L;HRT 为 2 h

3)P_0 对 CSTR 反应器除磷的影响如图 2-30 所示。当 P_0 为 5 mg/L、10 mg/L 和 20 mg/L,平衡浓度分别为(0.45±0.1)mg/L、(2.47±0.1)mg/L、(6.39±0.2)mg/L。随着 P_0 从 5 mg/L 增加到 20 mg/L,磷吸附量从 0.91 mg/g 升高到 2.72 mg/g,去除率最高可达 91%。进水磷浓度升高,一方面反应池中液相和固相之间的磷浓度梯度增大,磷更容易从液相转移到固相中;另一方面磷酸盐离子增多,与吸附剂的接触反应更频繁,DWTR 磷吸附量升高。总体来说,DWTR 作为吸附剂的 CSTR 反应器处理低浓度和高浓度水体都具有较好的去除效果。

2.5.3 传质系数分析

对于连续进水,吸附剂质量恒定的反应器,与时间 t 有关的传质速率按式(2-4)计算(Kasaini and Mbaya,2009):

$$R = V\frac{dC_w}{dt} \qquad (2-4)$$

式中,C_w 为溶液中的磷浓度,V 为反应池有效体积,t 为反应时间。考虑到粒子外表面

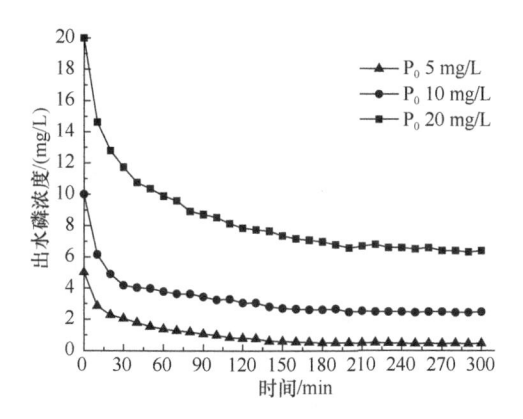

图 2-30 不同初始磷浓度下 DWTR 在 CSTR 反应器中对磷的吸附

M_0 为 5 g/L；HRT 为 2 h

的浓度梯度，固液界面层的传质速率等于吸附速率：

$$V\frac{dC_w}{dt} = kS(C_s - C_w) \quad (2\text{-}5)$$

式中，k 为传质速率系数（m/s），C_s 为 DWTR 粒子上的磷酸盐浓度（mg/L），S 为吸附剂粒子总的表面积（m²）。在很短的时间范围内，C_s 远远低于 C_w，式（2-6）可以表述为

$$-V\frac{dC_w}{dt} = kSC_w \quad (2\text{-}6)$$

将式（2-6）线性化，得到：

$$\ln\left(\frac{C_t}{C_0}\right) = -\frac{kS}{V}t \quad (2\text{-}7)$$

通过 $\ln(C_t/C_0)$ vs. t 的曲线斜率得出传质系数 k。

表 2-23 列出了 DWTR 在不同条件下动态模式吸附磷的传质系数。当 P_0 和 M_0 分别为 10 mg/L 和 5 g/L 时，随着 HRT 从 0.50 h 提高至 2 h，传质系数从 1.0×10^{-9} m/s 升到 1.9×10^{-9} m/s。同时，提高 M_0 从 5 g/L 到 10 g/L，传质系数轻微升高。然而，M_0 为 2 g/L 时的传质系数为 2.2×10^{-9} m/s，高于 5 g/L 和 10 g/L。此外，随着 P_0 从 5 mg/L 升高到 20 mg/L，传质系数从 2.0×10^{-9} m/s 降低到 1.0×10^{-9} m/s。

表 2-23　DWTR 在连续搅拌池反应器中吸附磷的传质系数

传质系数	P_0/（mg/L）[a]			DWTR/（g/L）[b]			HRT/h[c]				
	5	10	20	2	5	10	0.5	0.75	1	2	3
k/（$\times10^{-9}$ m/s）	2.0	1.9	1.0	2.2	1.9	2.0	1.0	1.4	1.6	1.9	1.9

a. M_0 5 g/L，HRT 2 h；b. P_0 10 mg/L，HRT 2 h；c. P_0 10 mg/L，M_0 5 g/L

HRT 增加可以提高 DWTR 吸附磷的传质系数，但前人采用磷酸矿吸附磷时发现随着 HRT 从 25 min 升到 50 min，磷从液相转移至固液界面的传质系数并没有显著降低（Jellali et al.，2010）。这可能是因为 25 min 足够使磷酸矿吸附磷达到平衡，但对 DWTR 而言，较长的 HRT 时可以吸附更多的磷，传质系数升高。此外，随着 M_0 的增加和 P_0

的降低，磷更容易吸附到 DWTR 表面的有效位点，故传质速率提高。然而当 M_0 为 2 g/L 时传质系数较高可能是由于 M_0 过低，单位质量 DWTR 粒子表面的磷酸盐浓度梯度显著增加，克服 DWTR 表面吸附位点饱和的障碍，促进了磷在 DWTR 颗粒内部的转移。综上所述，在 DWTR 为吸附剂的 CSTR 系统中，低 P_0、高 M_0 和长 HRT 有利于磷在液相和固液界面的转移。

2.5.4　对比 DWTR 与 201×4 树脂在动态模式下对磷的吸附

选择阴离子交换树脂 201×4（北京卓川电子科技有限公司），比较 201×4 树脂和 DWTR 在 CSTR 反应器中对城镇污水和合成废水（10 mg P/L）的除磷效果。图 2-31 表明 201×4 树脂对磷的吸附较快，其对城镇污水和合成废水的平衡时间分别为 50 min 和 20 min，而 DWTR 均为 120 min。201×4 树脂对城镇污水和合成废水的去除效果存在显著差异，去除率分别为 72.5% 和 91%，而 DWTR 对两种水体的去除效果相近，平衡浓度均为（2.47±0.1）mg/L。出水 pH 变化趋势与磷浓度类似，在 DWTR 的 CSTR 系统中两种水体的平衡 pH 均为 8.20，而对于 201×4 树脂，平衡 pH 分别为 8.80（合成废水）和 10.76（城镇污水）。

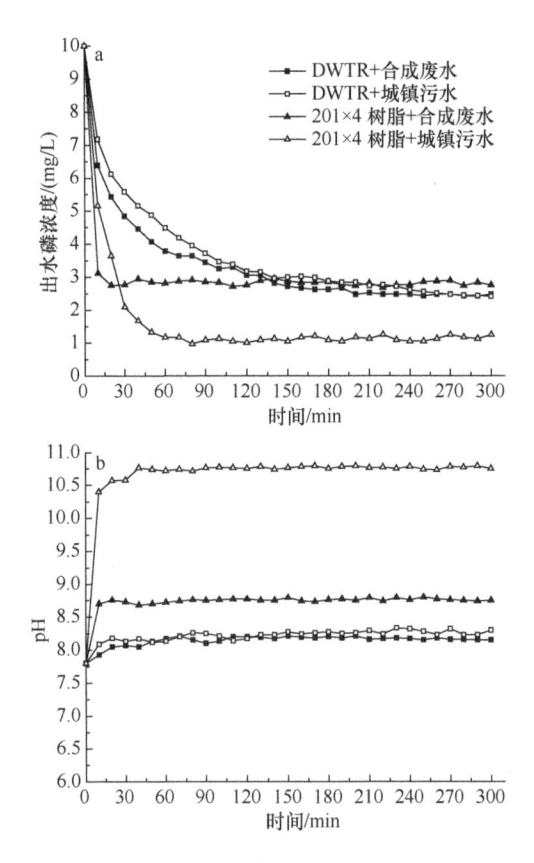

图 2-31　DWTR 与 201×4 离子交换树脂在 CSTR 反应器中对磷的吸附
a. 出水磷浓度变化；b. pH 变化；P_0 为 10 mg/L；DWTR M_0 5 mg/L；201×4 树脂 M_0 5 mL/L；HRT 为 2 h

201×4 树脂吸附磷的主要机制为溶液中的 $H_2PO_4^-$ 与树脂表面的 OH^- 进行离子交换，这个过程很快，因此吸附平衡时间短于相同投加量的 DWTR。平衡磷浓度较低表明 201×4 树脂对磷的吸附能力优于 DWTR，但由于离子竞争吸附作用，201×4 树脂吸附磷酸根离子时会吸附部分 SO_4^{2-} 和 Cl^-，导致吸附容量降低（陈进军等，2009）。相反，铁铝氢氧化物对磷的亲和力分别是对 Cl^- 的 7000 倍和对 SO_4^{2-} 的 260 倍，故 DWTR 对两种水体的处理效果相近（Tanada et al.，2003）。此外，DWTR 的 pH 变化较小也证实 DWTR 对磷的吸附不仅依靠颗粒表面的 OH^-，其表面的 SO_4^{2-}、Cl^- 等也会与溶液中的磷进行配位基交换作用（Yang et al.，2006）。总体来说，DWTR 是一种适用于城镇污水除磷的材料。

2.6 溶解氧对被吸附磷稳定性的影响

在 2.2 节实验完成后，选用对照组中吸附磷后 DWTR 样品进行培养实验，考察溶解氧（DO）对被 DWTR 吸附磷的解吸作用影响。采用样品中的总磷为 8.6 mg/g。

2.6.1 溶液性质分析

1. 磷浓度变化

不同 DO 水平下，被 DWTR 吸附磷的解吸特征见图 2-32。在实验前 8 d 里，随着时间的增加，3 种环境条件下溶液磷浓度逐渐增加；其中，低 DO 水平条件下增加最明显，磷浓度从 0.87 mg/L 增加到 1.9 mg/L，其次是中 DO 水平和高 DO 水平条件。有趣的是，在第 8 天之后，溶液磷浓度却逐渐降低：在中 DO 和高 DO 水平条件下，该现象一直持续到第 16 天，且磷浓度分别降到 1.0 mg/L 和 0.55 mg/L，之后溶液磷浓度有微弱增加趋势；然而，对于低 DO 水平而言，这种降低作用一直持续到 32 d，以至于最终溶液磷浓度为 0.84 mg/L，比其他两种条件下的都要低。综上所述，被 DWTR 吸附磷的解吸包括快速解吸、快速重吸附和慢速解吸平衡 3 个阶段。无论如何，通过计算可知，在不同 DO 水平条件下，吸附磷后 DWTR 的释磷量占其总磷的百分比为 0.47%~1.1%。可见，吸附磷后 DWTR 的磷释放作用很弱。

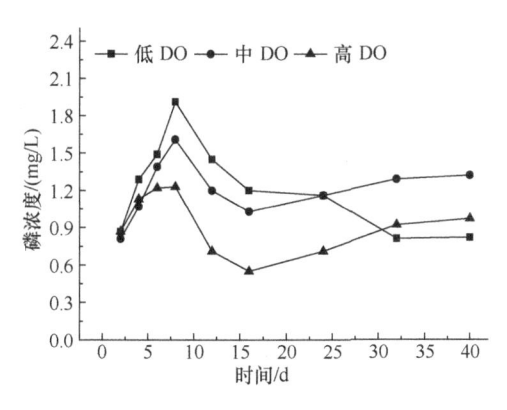

图 2-32 不同 DO 水平条件下，被 DWTR 吸附磷的解吸特征

2. 铁和铝浓度变化

不同 DO 水平条件下，吸附磷后 DWTR 中铁和铝的释放特征见图 2-33。对于铝而言，随着培养时间增加，其在高 DO 和中 DO 水平条件下溶液中浓度均逐渐增加，而在低 DO 水平条件下溶液铝浓度变化却有着不同的情况：在实验前 6 d 里，溶液铝浓度逐渐减小，之后才逐渐增加。但总的来说，在本实验中，吸附磷后 DWTR 在 3 种 DO 水平条件下，铝的释放量都较低。通过计算可知，到实验最后，溶液中铝含量约占吸附磷后 DWTR 中总铝（图 2-7）含量的<0.02%。

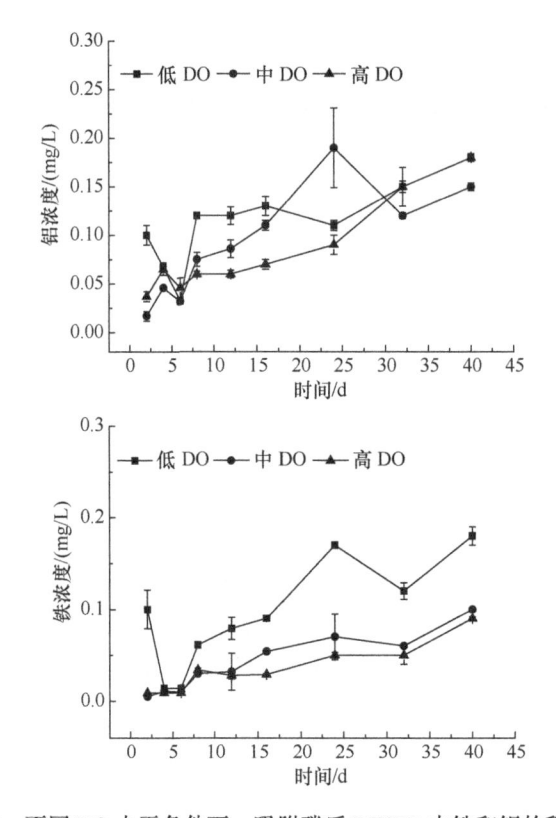

图 2-33　不同 DO 水平条件下，吸附磷后 DWTR 中铁和铝的释放特征

对于铁而言，从图 2-33 中可知，在 3 种条件下，吸附磷后 DWTR 铁的释放作用表现出两种不同的情况：在高 DO 和中 DO 水平条件下，吸附磷后 DWTR 铁的释放作用无明显差异，溶液中铁浓度随着实验时间的增加而逐渐变大。但在低 DO 水平条件下，实验的前 6 d 内，溶液铁浓度却逐渐降低，在之后的时间里，溶液铁浓度才有显著增高。然而，进一步计算可知，3 种条件下，吸附磷后 DWTR 铁的释放作用都较弱，铁释放量占 DWTR 中总铁（图 2-7）的 0.01%。

3. pH 变化

不同 DO 水平条件下，培养实验溶液 pH 的变化见图 2-34。3 种 DO 水平条件下溶液 pH 变化趋势基本一致。在实验的前 16 d 里，溶液 pH 都有减小的现象，尤其在低 DO

水平条件下的第 8~16 天里。然而,在第 16 天后,溶液 pH 又有所回升,之后都保持在 7.00~7.60。

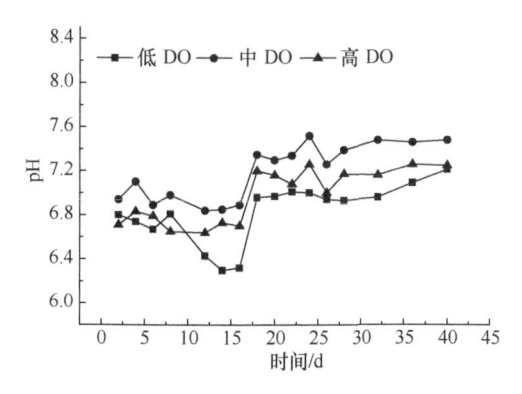

图 2-34 不同 DO 水平条件下,培养实验溶液 pH 的变化

2.6.2 实验前后固体样品分析

在不同 DO 水平条件下解吸前后的吸附磷后 DWTR 特征见表 2-24。被 DWTR 吸附的磷主要以 Fe-P 和 Al-P 存在,因此,本节研究重点关注这两种形态磷。吸附磷后 DWTR 在经过解吸培养实验后,其中 Fe-P 和 Al-P 的含量发生了变化。与实验前比较可知,实验后的吸附磷后 DWTR 中 Al-P 的含量都有所减少,而 Fe-P 都有增加。并且,随着 DO 水平的降低,实验后吸附磷后 DWTR 中 Al-P 逐渐减少,Fe-P 逐渐增加。总的来说,解吸附实验前后的吸附磷后 DWTR 中提取的 Al-P 和 Fe-P 量之和差异较小,这也表明大部分 DWTR 吸附的磷在不同 DO 水平条件下都很难被解吸下来。

表 2-24 在不同 DO 水平条件下解吸前后的吸附磷后 DWTR 特征

DWTR 种类	Al-P/(mg/g)	Fe-P/(mg/g)	BET 比表面积/(m²/g)	Fe_{ox}/(mg/g)	Al_{ox}/(mg/g)
DWTR-A	3.3	4.4	54	48	34
DWTR-B	3.4	4.3	61	47	34
DWTR-C	3.8	3.9	61	46	33
Raw P-DWTR	4.1	3.5	68	53	40

注:DWTR-A、DWTR-B 和 DWTR-C 分别表示在经低、中和高 DO 水平下解吸实验后的吸附磷后 DWTR;Raw P-DWTR 表示未经解吸实验的吸附磷后 DWTR

在培养实验后,吸附磷后 DWTR 的比表面积均比实验前的小,并且随 DO 水平的降低而有降低趋势(表 2-24)。此外,实验后,吸附磷后 DWTR 中 Fe_{ox} 和 Al_{ox} 量都有减少,这可能是由少量的无定形态铁和铝老化作用导致的。从表中可知,随着实验 DO 水平的降低,吸附磷后 DWTR 中 Fe_{ox} 和 Al_{ox} 量有增大的趋势,尤其对于 Fe_{ox} 而言,这也表明吸附磷后 DWTR 中铁和铝老化作用随着 DO 水平的降低而变弱。无论如何,解吸附培养实验后 DWTR 的基本性质差异较小,因此,不同 DO 水平条件下,吸附磷后 DWTR 具有较高的稳定性,该结果进一步被 SEM 分析结果证实(图 2-35)。SEM 图表明实验前后吸附磷后 DWTR 的表面微观结构相似,都以无定形态为主。

图 2-35　培养实验溶液前后吸附磷后 DWTR 的 SEM 图

a、b、c 和 d 表示在经低、中和高 DO 水平下解吸实验后,以及解吸实验前的吸附磷后的 DWTR

2.6.3　溶解氧的影响机制解析

在实验初期,吸附磷后 DWTR 中少量松散吸附的磷会被快速解吸到溶液中(Ruttenberg and Sulak,2011),表现出磷的快速解吸附现象。又因为 DO 水平越低,培养系统还原性可能越强,进而导致少量铁和锰结合态磷越不稳定(Pant and Reddy,2001),所以在实验初期,随着 DO 水平的降低,吸附磷后 DWTR 磷的释放作用会增强(图 2-32)。此外,在本研究中,吸附磷后 DWTR 中存在无定形态铁和铝老化作用(表 2-24),这也可导致一定量的磷被解吸,但该作用是一个长时间过程(Agyin-Birikorang and O'Connor,2009),因此,无定形态铁和铝老化作用可能导致实验后期磷的慢速解吸附平衡作用的主要原因。DWTR 在经过快速解吸之后,并没有直接进入慢速解平衡阶段,而是先进入了一个快速重吸附阶段(图 2-32)。这与许多其他环境介质的研究结果存在差异(An and Li,2009;Fekri et al.,2011)。

吸附磷后 DWTR 对磷的快速重吸附作用,表明在该阶段其表面磷吸附位点有增加。吸附位点增加的原因可能包括:①占据吸附磷后 DWTR 表面吸附位点的磷进一步扩散到其颗粒的内层,从而释放了吸附磷后 DWTR 表面磷的吸附位点(Ruttenberg and Sulak,2011),促进了溶液中磷进一步被吸附;②吸附磷后 DWTR 中与铁和铝结合的某些物质(如有机质、NO_3^- 和 SO_4^{2-} 等)发生水解作用,增加了其磷的吸附位点(Yang et al.,2006)。如图 2-34 所示,在实验前 16 d,pH 在 3 种 DO 水平条件下都具有降低趋势,这可能是吸附磷后 DWTR 的水解作用造成的。水解作用中产生的吸附磷后 DWTR 表面新吸附位点进一步与溶液中磷发生配位交换作用,促使溶液磷浓度降低。在第 16 天后溶液 pH 的升高(OH^- 在配位交换作用中被释放)进一步证明了上述假设(图 2-34)。此外,比较可知，在低 DO 水平环境条件下，吸附磷后 DWTR 对溶液中磷的重吸附作用持续时间最长（持续到第 32 天），以至于到实验最终，溶液磷浓度降到最低（图 2-32）。因此，在低 DO 水平条件下，存在其他增加吸附磷后 DWTR 表面吸附位点的作用。

根据前人的研究（Makris et al., 2006a）推测，在低 DO 水平条件下，铁的还原作用可能会增加吸附磷后 DWTR 表面吸附位点，并且也抑制了吸附磷后 DWTR 中无定形态铁的老化作用（表 2-24），从而使吸附磷后 DWTR 在低 DO 水平条件下保持相对较高的磷吸附能力。DWTR 吸附的磷主要以无定形态存在，因此，在发生重吸附磷作用后，吸附磷后 DWTR 中无定形态铁和铝（Fe_{ox} 和 Al_{ox}）的量不会减少，但重吸附的磷会占据一定的吸附位点；由于 DO 水平越低，吸附磷后 DWTR 重吸附的磷越多，因此实验后吸附磷后 DWTR 的比表面积随着 DO 水平的降低而降低（表 2-24）。

随着 DO 水平的降低，铁的还原作用越强（图 2-33），与铁相关的磷吸附位点增加的就越多；又因为铁与磷的结合作用要强于铝与磷的（Gibbons and Gagnon, 2011），所以，在发生磷的重吸附时，更多的磷会与吸附磷后 DWTR 中的铁结合，促使在实验后，吸附磷后 DWTR 中磷表现出由铝结合态向铁结合态转化的趋势，而且 DO 水平越低这种趋势越明显（表 2-24）。当然，吸附磷后 DWTR 中铝-磷含量的减少同样可能与吸附磷后 DWTR 中铝结合态磷解吸作用有关（Peng et al., 2007）。无论如何，本节研究结果表明被 DWTR 吸附的磷在不同 DO 水平下具有较高的稳定性。

2.7 本章小结

DWTR 以无定型态存在，富含铁铝，具有较强的磷吸附能力。DWTR 对磷的吸附量随着磷浓度的升高而升高；低 pH 有利于 DWTR 对磷的吸附；低分子量有机酸在吸附初期趋于抑制 DWTR 磷吸附作用，但在后期趋于促进作用。热处理、酸处理及连续热和酸处理会显著提高 DWTR 对磷的吸附能力。在动态模式下，DWTR 可高效去除废水中的磷。此外，被 DWTR 吸附的磷具有很高的稳定性，不易被解吸；尤其是不同 DO 水平下，磷饱和 DWTR 表现出先解吸再吸附的双重作用。总而言之，DWTR 是一种很好的磷吸附剂，具有很高的潜力被回用于环境污染修复。

第3章 DWTR 对有机磷农药、重金属和硫化氢的吸附

3.1 DWTR 对有机磷农药的吸附

3.1.1 DWTR 对非离子型有机磷农药（毒死蜱）的吸附

1. 吸附动力学过程

图 3-1 显示了 DWTR 和稻田土壤对毒死蜱的吸附动力学过程。如图 3-1 所示，在最初 2 h 内，毒死蜱在 DWTR 与稻田土壤上的吸附量分别已达到平衡吸附量的 50%和 88%，同时，分别在 24 h 与 80 h 后吸附开始达到动态平衡。DWTR 与稻田土壤对毒死蜱的平衡吸附量分别达到了 445 mg/kg 和 8.2 mg/kg。本研究选取 36 h 为毒死蜱吸附平衡所需时间。为全面阐释 DWTR 对毒死蜱的吸附动力学特征利用一级和二级吸附动力学模型对吸附动力学数据进行拟合。

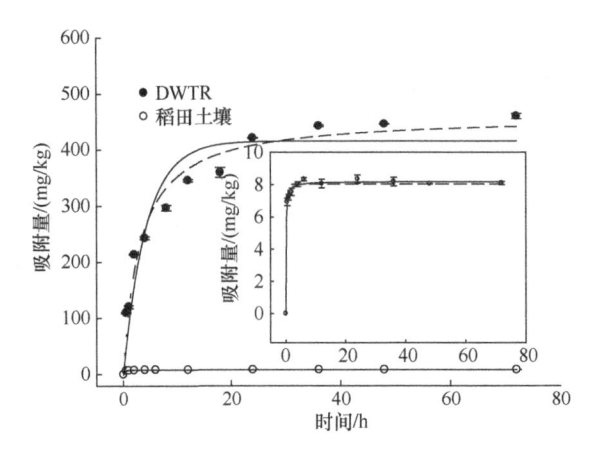

图 3-1 DWTR 与稻田土壤对毒死蜱吸附动力学曲线
实线为一级动力学，虚线为二级动力学

一级动力学和二级动力学方程对实验数据的拟合结果见表 3-1。由表 3-1 可知，这两种动力学方程都能较好地描述吸附过程，但二级动力学方程拟合结果更好，其拟合所得的相关系数更高，且计算得到的平衡吸附量与实验测得的平衡吸附量更接近，主要是由于二级动力学方程较好地描述水溶液中有机物的吸附全过程（Guo et al., 2009）。DWTR 对毒死蜱的吸附速率常数 k_1 和 k_2 小于稻田土壤，主要因为 DWTR 所具有的孔隙体积较高，且孔径较小。此外，DWTR 对毒死蜱较高的吸附量可能会导致扩散过程的延长（如毒死蜱所占据的颗粒内部吸附位点越多，空间位阻效应越强），从而使得 DWTR 对毒死蜱的吸附速率进一步降低。

表 3-1 毒死蜱吸附动力学与吸附等温线模型参数

模型[b]	参数	DWTR	稻田土壤
	$q_{e\text{-exp}}$[a]/(mg/kg)	445	8.20
一级动力学模型	k_1/(h^{-1})	0.23±0.05	6.78±0.17
	q_e/(mg/kg)	424.0±23.8	7.9±1.3
	R^2	0.912	0.970
二级动力学模型	k_2/[kg/(mg·h)]	6.84×10^{-4}	1.82
	q_e/(mg/kg)	465.0	8.1
	R^2	0.964	0.989
Freundlich 模型	K/[(mg^{1-n}·L)/kg]	5967±884	137±21
	n	0.93±0.075	0.90±0.061
	R^2	0.992	0.980
	$\log K_{oc}$ 0.005 S_w	4.90	4.08
	0.05 S_w	4.83	3.98
	0.5 S_w	4.76	3.88

a. 通过实验测得的平衡吸附量；b. 相关方程参见表 2-6 和表 2-14

2. 吸附等温过程

DWTR 和稻田土壤对毒死蜱的吸附等温线如图 3-2 所示。根据 Giles 等（1960）对等温线分类结果，图 3-2 所示吸附等温线为 L 形曲线，并与 C 形曲线接近（n=0.90, 0.93）（表 3-1）。这表明在低浓度条件下，毒死蜱与吸附剂具有较强的亲和力，其在水固两相存在恒定的分配系数，随着毒死蜱浓度进一步升高，毒死蜱达到吸附位点的难度增加，其吸附速率将因此而降低。土壤和污泥等物质对毒死蜱的吸附等温线数据一般符合 Freundlich 方程（Gebremariam et al., 2012）。因此，采用该等温线方程进行拟合，拟合所得的参数与相关系数 R^2 见表 3-1。由表中 R^2 值可知，Freundlich 方程能描述毒死蜱的吸附等温过程。

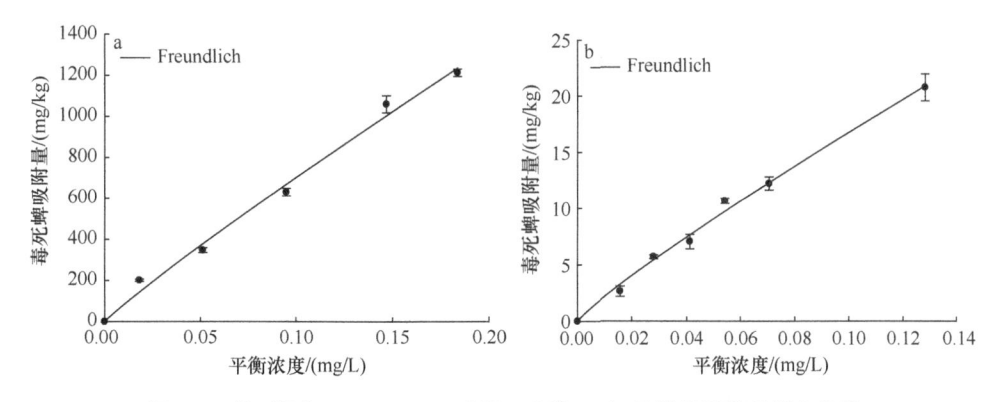

图 3-2 毒死蜱与 DWTR（a）及稻田土壤（b）吸附等温模型拟合曲线
毒死蜱初始浓度为 0.1~0.8 mg/L

本研究采用单点标化的有机碳分配系数（K_{oc}）表示单位质量有机质对污染物的吸附能力，计算公式为

$$K_{oc} = K_f C_e^{n-1} / f_{oc} \tag{3-1}$$

式中，f_{oc} 为有机碳百分含量，分别取 C_e/S_w 为 0.005、0.05 和 0.5，其中 S_w 为吸附质在水中的溶解度为 1.2 mg/L，以此比较不同浓度下有机质对毒死蜱吸附能力。由计算得到的 DWTR 和土壤吸附毒死蜱 K_{oc} 值（表 3-1）可知：DWTR 中单位质量有机质对毒死蜱的吸附能力高于稻田土壤有机质一个数量级以上，且当毒死蜱浓度高时，这种差异变得更显著。DWTR 和土壤吸附毒死蜱 K_{oc} 值的差异可能与有机质组成有关，DWTR 中有机质组成（腐殖质占 84.1%）与稻田土壤（腐殖质占 57.9%）相比更有利于毒死蜱吸附。

K 值可反映吸附容量，如表 3-1 所示，DWTR 对毒死蜱的吸附容量显著高于稻田土壤，主要有两方面原因：一方面，DWTR（78.5 m²/g）有机质含量与比表面积显著高于稻田土壤（18.3 m²/g）。另一方面，与其他疏水性有机物相似，毒死蜱的吸附行为主要由吸附剂中有机质类型与含量决定。DWTR 有机质含量（107 mg/g）是稻田土壤（19 mg/g）的 5.6 倍，且由 K_{oc} 值可知，DWTR 中有机质对毒死蜱的亲和能力更强。其他吸附材料，主要包括生物质材料（锯木屑、泥炭土、椰子壳与谷壳等）、矿物及改性矿物材料等，与毒死蜱（浓度小于 1 mg/L）反应的吸附参数 $\log K_{oc}$ 值为 4.22~4.42 L/kg（Gebremariam et al., 2012）。可见，与这些材料相比，DWTR 对毒死蜱同样具有更高的亲和力与吸附容量。

3. 溶液化学性质对 DWTR 吸附毒死蜱的影响

（1）溶液 pH 的影响

不同溶液 pH 条件下，DWTR 对毒死蜱的吸附量见图 3-3。在低 pH 时，DWTR 对毒死蜱的吸附量较高。当溶液 pH 由 4.10 升高为 7.21 时，DWTR 对毒死蜱吸附量降低了 9.9%，溶液 pH（4.10~7.2）对毒死蜱吸附量影响并不显著（$P>0.05$）。

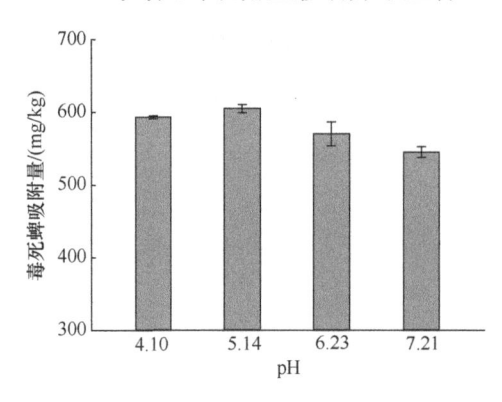

图 3-3 溶液 pH 对 DWTR 吸附毒死蜱的影响
毒死蜱初始浓度为 0.35 mg/L

毒死蜱是一种非离子型农药，其自身理化性质不会随 pH 变化而改变。然而，pH 升高会促进吸附剂中有机质溶解，以及吸附剂表面羧基和羟基等基团去质子化，从而降低吸附剂与农药的亲和力，破坏吸附质与吸附剂表面的氢键作用（Sheng et al., 2005；Liu et al., 2012）。以上因素可能导致了 DWTR 对毒死蜱吸附量随着 pH 升高而降低。小麦秸秆燃烧产生的生物碳对敌草隆的吸附也呈现出与此相似的实验现象。总体而言，溶液 pH 对 DWTR 吸附毒死蜱影响较小，这表明在酸性至中性条件下 DWTR 中有机质的含量变化较小，可能是因为 DWTR 中有机质大部分为腐殖质。

（2）离子强度的影响

离子强度的影响与吸附质在吸附剂表面的浓度有关（Campinas and Rosa，2006），因此本研究考察了两个毒死蜱浓度下，$CaCl_2$ 离子强度对 DWTR 吸附毒死蜱的影响，结果见图 3-4。毒死蜱初始浓度为 0.28 mg/L 和 0.50 mg/L 条件下，$CaCl_2$ 浓度由 0.005 mol/L 增加到 0.05 mol/L 时 DWTR 对毒死蜱的吸附量分别减少了 14.7%和 9.6%，但相比之下，当离子强度增加为 0.1 mol/L 时，吸附量均显著增加。

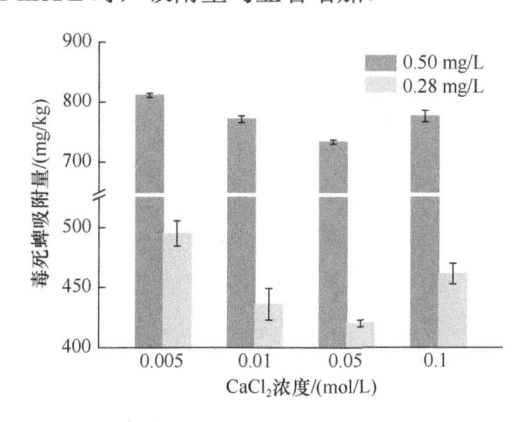

图 3-4 溶液离子强度对 DWTR 吸附毒死蜱的影响
毒死蜱初始浓度分别为 0.28 mg/L 和 0.50 mg/L

Lee 等（2003）将离子强度对腐殖质吸附多环芳烃菲和芘的复杂影响分为 3 个不同的阶段，即随着离子强度的增加，其对吸附的影响先后表现为抑制—促进—抑制。本研究与 Lee 等（2003）的研究结果一致，在低离子强度浓度范围内，随着离子强度的增加，DWTR 表面扩散双电层厚度被压缩，颗粒间排斥作用减弱，发生团聚，使得毒死蜱在 DWTR 上的吸附位点数减小，从而导致吸附量降低（El Arfaoui et al.，2010）。高离子强度下（0.1 mol/L $CaCl_2$），颗粒间的静电斥力限制了颗粒的进一步团聚，盐析作用开始产生，毒死蜱在水溶液中溶解度降低，促进了其与 DWTR 的吸附。本研究所考虑的 $CaCl_2$ 浓度范围为 0.005~0.1 mol/L，当浓度高于 0.1 mol/L，离子强度进一步增加，其对吸附的影响需进一步通过实验验证。考虑到 Ca^{2+} 在实际水体与土壤水溶液中的浓度，本研究所考察的 Ca^{2+} 浓度为 0.1 mol/L。

（3）低分子量有机酸的影响

苹果酸（MA）和柠檬酸（CA）对 DWTR 吸附毒死蜱的影响如图 3-5 所示。与空白组相比，这两种低分子量有机酸均显著抑制了 DWTR 对毒死蜱吸附。当 MA 和 CA 浓度从 0.1 mmol/L 增加为 10 mmol/L 时，吸附量分别降低了 8.0%~16.0%和 11.2%~19.2%。但是，在 1~10 mmol/L 浓度范围，随着浓度的增加，MA 和 CA 对 DWTR 吸附毒死蜱的抑制作用显著减弱。

有机质主要通过羧基和羟基等官能团与铁和铝化合物结合，以复合态存在（Liu et al.，2010）。然而，低分子量有机酸与铁/铝化合物具有更强的络合能力，能与在水溶液中形成有机酸-金属络合物（van Hees et al.，2000；Zhang and Dong，2008；Ding et al.，2011），因此低分子量有机酸的存在会破坏有机质与铁和铝化合物的连接，促进铁铝复

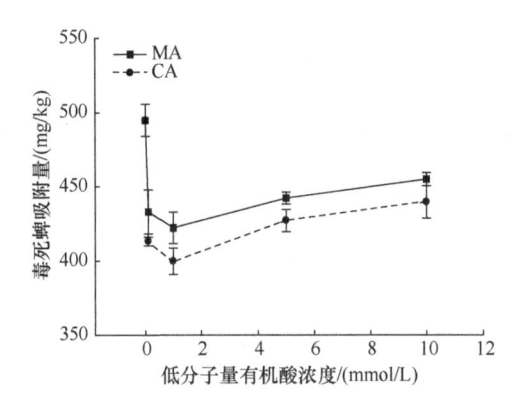

图 3-5 苹果酸（MA）和柠檬酸（CA）对 DWTR 吸附毒死蜱的影响
水溶液中毒死蜱初始浓度为 0.27 mg/L

合态有机质释放到水溶液中，从而增强毒死蜱在溶液中的溶解度（Kong et al.，2013）。图 3-6 为利用中性 MA 和 CA 水溶液提取的 DWTR 水溶性有机质（DOM）三维荧光色谱图，表 3-2 进一步列出了图 3-6 中各个峰所对应的 DOM 种类与荧光强度，此结果进一步证明了 MA 和 CA 的存在促进了 DWTR 中类腐殖质与类富里酸等有机质的溶解。与此同时，低分子量有机酸也会与有机污染物竞争表面吸附位点（van Hees et al.，2000）。以上因素都会减弱 MA 和 CA 存在时 DWTR 对毒死蜱的吸附能力。

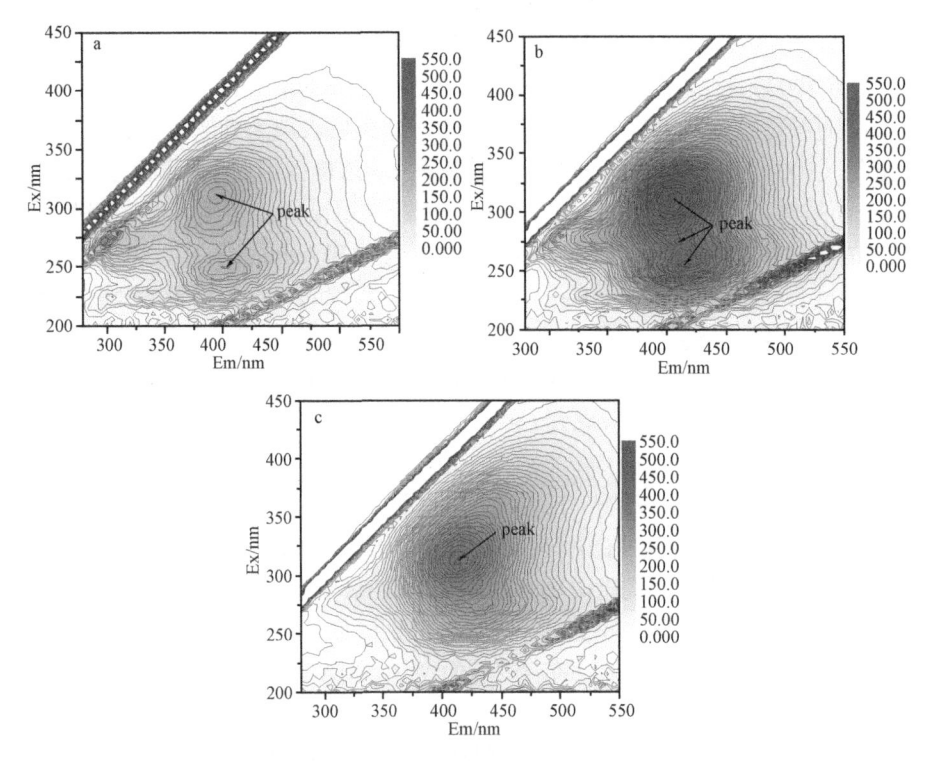

图 3-6 分别利用 CaCl$_2$、苹果酸（MA）与柠檬酸（CA）水溶液提取的 DOM 三维荧光光谱图
提取条件分别为：a. 1 g DWTR/40 mL + 0.005 mol/L CaCl$_2$，调节 pH 至 6.80；b. 1 g DWTR/40 mL MA（10 mmol/L，调节 pH 至 6.80）+ 0.005 mol/L CaCl$_2$；c. 1 g DWTR/40 mL CA（10 mmol/L，调节 pH 至 6.80）+ 0.005 mol/L CaCl$_2$，在 25℃恒温摇床中 150 r/min 振荡 36 h

表 3-2 所提取的 DWTR 中 DOM 峰位置 [Ex（nm）/Em（nm）] 与荧光强度

DOM 提取剂	类富里酸物质 [Ex（nm）/Em（nm）]	峰强	类腐殖质峰 [Ex（nm）/Em（nm）]	峰强
CaCl$_2$ 背景溶液	245/390	208	310/390	237
MA	255/415	422	310/405	498
	275/410	406		
CA	205/410	224	310/415	392

与 MA 相比，CA 对 DWTR 吸附毒死蜱的抑制作用较大，这主要与此两种有机酸的结构有关，CA 含有更多的羧基，其与毒死蜱的竞争吸附作用可能更强。当有机酸浓度高于 1 mmol/L 时，DWTR 对毒死蜱的吸附量并未随有机酸浓度的增加而进一步减少，反而有所增加。这可能是溶液中有机酸浓度较高时，DWTR 表面被 MA 和 CA 等有机酸所覆盖，从而使得 DWTR 表面疏水性增强，更有利于毒死蜱在 DWTR 上的吸附。前人研究结果表明在高浓度胡敏酸存在条件下，水铝矿和高岭土表面会被胡敏酸所覆盖，毒死蜱在这些矿物质上的吸附量会因此增加（van Emmerik et al.，2007）。

3.1.2 DWTR 对离子型有机磷农药（草甘膦）的吸附

1. 吸附动力学过程

DWTR 吸附草甘膦的动力学曲线及吸附过程中溶液 pH 的变化如图 3-7 所示。DWTR 对草甘膦的吸附过程呈现出快吸附和慢平衡两个阶段，2 h 内吸附量已达到平衡吸附量的 65%，8 h 后吸附开始进入动态平衡阶段。在 18~48 h，DWTR 对草甘膦吸附量的变化较小，吸附量在 17.50~18.30 mg/g 波动，因此本研究选取 36 h 为吸附平衡所需时间。此外，由图 3-7 可知，随着吸附时间的增加，溶液 pH 逐渐升高而后趋于稳定。在整个吸附过程中，溶液 pH 与草甘膦吸附量的变化趋势完全一致。溶液 pH 的这一变化特征表明 DWTR 与草甘膦的吸附伴随着羟基的释放。

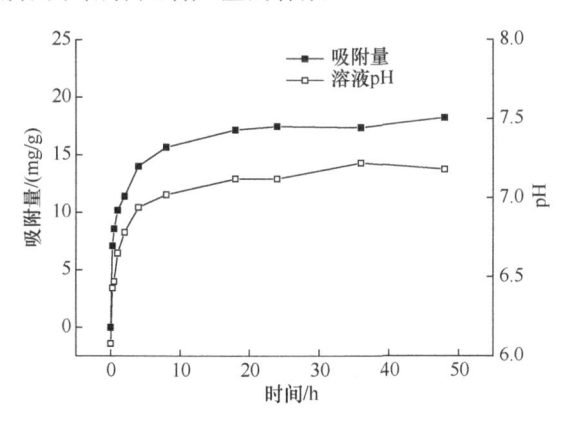

图 3-7 草甘膦吸附量与溶液 pH 随吸附时间的变化曲线
草甘膦初始浓度为 11.22 mg/L

为进一步了解 DWTR 吸附草甘膦的动力学特征，分别利用一级动力学方程和二级动力学方程对吸附动力学实验数据进行拟合（表 2-14）。动力学方程模拟结果如表 3-3 所示。

由表 3-3 可知二级动力学方程能较好地描述吸附过程，其拟合所得的相关系数（R^2）达到 0.942，且计算得到的平衡吸附量（17.40 mg/g）与实验测得的平衡吸附量（17.53 mg/g）更接近。DWTR 对草甘膦的吸附速率与溶液初始 pH、粒径和草甘膦初始浓度等密切相关（Hu et al., 2011），在本实验条件下，DWTR 对草甘膦的吸附速率为 0.08 kg/(mg·h)。

表 3-3　DWTR 对草甘膦吸附动力学模型拟合参数

模型	参数	数值
一级动力学模型	溶液初始 pH	6.08
	$q_{\text{e-exp}}$[a]/(mg/kg)	17.53
	k_1/h^{-1}	0.93
	q_e/(mg/kg)	16.24
	R^2	0.785
二级动力学模型	k_2/[kg/(mg·h)]	0.08
	q_e/(mg/kg)	17.40
	R^2	0.942

a. 通过实验测得的平衡吸附量

2. 吸附等温线

DWTR 对草甘膦的吸附等温线如图 3-8 所示。根据 Giles 等（1960）对等温线的分类结果，图 3-8 所示吸附等温线符合 H 形曲线。H 形曲线通常描述的是与吸附剂亲和性强的离子置换出弱亲和力离子的过程。

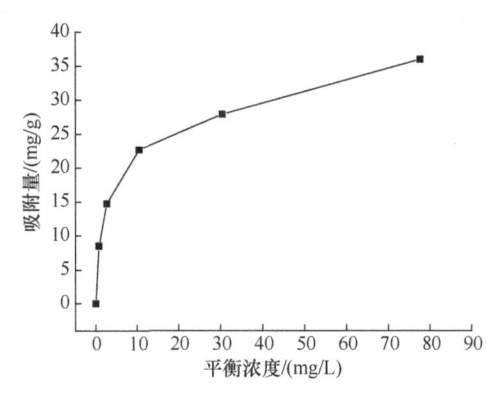

图 3-8　DWTR 对草甘膦的吸附等温线
草甘膦初始浓度为 5~100 mg/L

本研究分别采用 Freundlich 方程和 Langmuir 方程描述 DWTR 和稻田土壤对草甘膦的吸附等温过程（表 2-6），方程模拟结果见表 3-4。由表可知，此两种等温线模型均能描述草甘膦的吸附等温过程，但由于 DWTR 的非均质性，Freundlich 方程所取得拟合结果更好，其拟合所得的相关系数（R^2）高达 0.994。

同时，表 3-4 列出了脱水铝泥（DAS）（Hu et al., 2011）对草甘膦的吸附参数。通过参数对比可知，DWTR 与 DAS 吸附得出的 n 值相近，表示这两种吸附剂对草甘膦吸附特征类似。但与 DAS 相比，DWTR 对草甘膦的吸附容量更高（K=10.35），而单分子层最大吸附量较低（q_m=37.90 mg/g）。

表 3-4 草甘膦等温吸附模型拟合参数

模型及吸附条件	吸附参数	DWTR	DAS[a]
Langmuir 模型	q_m/(mg/g)	37.90	85.88
	b/(L/mg)	0.19	0.21
	R^2	0.936	0.990
Freundlich 模型	K/[(mg^{1-n}·L)/g]	10.35	5.16
	n	0.31	0.29
	R^2	0.994	0.955
吸附条件	溶液初始 pH	7.0	5.2
	粒径/mm	0.15	0.063
	温度/℃	25	22
	平衡时间/h	36	52
	草甘膦初始浓度	5~100	50~100
	固液比	0.02 mg/40 mL	0.5 mg/100 mL

a. DAS 为 Hu 等（2011）文献报道的脱水铝泥

3. 溶液化学环境条件对 DWTR 吸附草甘膦的影响

（1）溶液 pH

pH 对 DWTR 吸附草甘膦的影响如图 3-9 所示。草甘膦吸附量随着溶液初始 pH 的升高显著降低。当溶液 pH 由 4.5 升高到 10.2，草甘膦吸附量由 18.99 mg/g 减少为 12.01 mg/g，降低了 36.76%。因此，低 pH 条件能促进 DWTR 对草甘膦的吸附。

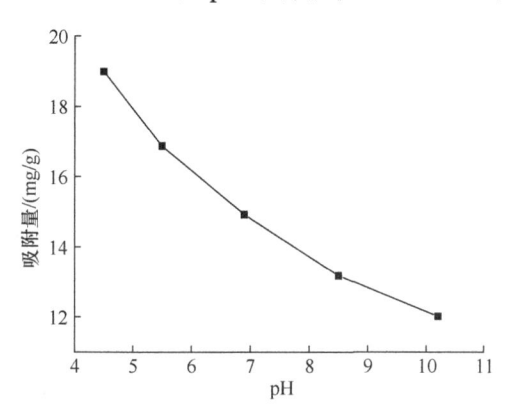

图 3-9 pH 对 DWTR 吸附草甘膦的影响
草甘膦初始浓度为 10.00 mg/L

（2）离子强度

K$^+$和 Ca^{2+}对 DWTR 吸附草甘膦的影响见图 3-10。草甘膦吸附量随溶液中 K$^+$浓度的变化较小，因此 K$^+$对 DWTR 吸附草甘膦的影响并不显著。而与对照组相比，当 Ca^{2+}浓度为 0.005 mol/L 时，吸附量由 10.66 mg/g 增加为 14.44 mg/g。当 Ca^{2+}浓度升高为 0.01 mol/L 时，吸附量继续增加为 15.21 mg/g；当 Ca^{2+}浓度高于 0.01 mol/L 时，草甘膦吸附量随其浓度变化较小，吸附量在 14.92~15.21 mg/g 波动。可见，Ca^{2+}的加入能促进 DWTR 对草甘膦的吸附，但这种促进作用与 Ca^{2+}浓度有关，当 Ca^{2+}达到一定浓度时，促进作用将保持不变。

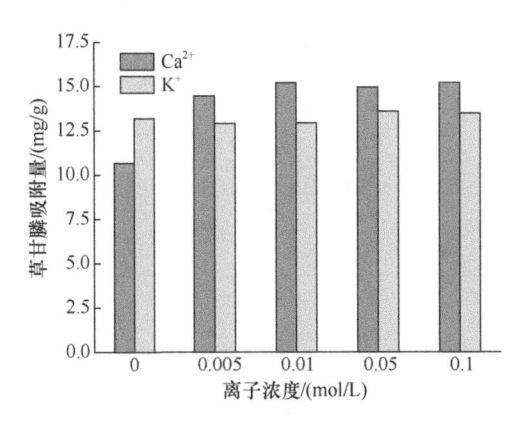

图 3-10 溶液中离子种类与浓度对 DWTR 吸附草甘膦的影响
K⁺和 Ca²⁺实验组溶液中草甘膦初始浓度分别为 10.14 mg/L 和 8.80 mg/L

（3）低分子量有机酸

苹果酸（MA）和柠檬酸（CA）对 DWTR 吸附草甘膦的影响如图 3-11 所示。与空白相比，MA 和 CA 均显著抑制了 DWTR 对草甘膦吸附。且与 MA 相比，CA 对 DWTR 吸附毒死蜱的抑制作用较大。但苹果酸和柠檬酸抑制作用皆随着小分子有机酸浓度的升高而增强，苹果酸和柠檬酸浓度由 10 mg/L 增加为 60 mg/L 时，草甘膦吸附量分别降低了 29.17%和 38.89%。

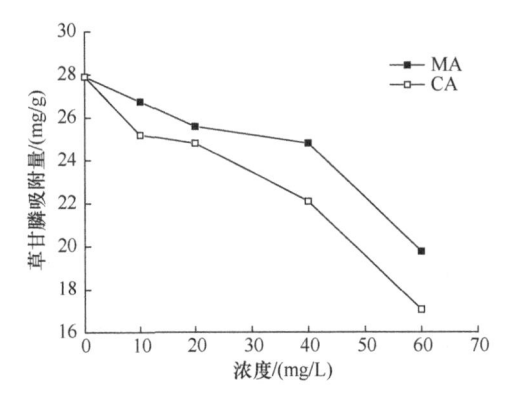

图 3-11 小分子有机酸苹果酸（MA）和柠檬酸（CA）对 DWTR 吸附草甘膦的影响
溶液中草甘膦初始浓度为 20 mg/L，溶液初始 pH 为 6.85~7.05

（4）磷酸盐

不同 pH 条件下，磷酸盐对 DWTR 吸附草甘膦影响如图 3-12 所示。同一草甘膦浓度条件下，随着溶液初始 pH 的上升，DWTR 对草甘膦的吸附量下降，当 pH 由 3 升至 11 时，草甘膦的吸附量下降了 70%~80%。在相同 pH 条件下，随着磷酸盐浓度的不断上升，DWTR 对于草甘膦的吸附量显著下降。当磷酸盐浓度由 0 mg/L 上升至 18 mg/L 时，DWTR 对于草甘膦的吸附量下降了 30%~70%。可见溶液中磷酸盐的存在大大降低了 DWTR 对草甘膦的吸附能力，主要是由于磷酸盐与草甘膦吸附机制相似，存在竞争吸附（Glass，1987；Vereecken，2005）。

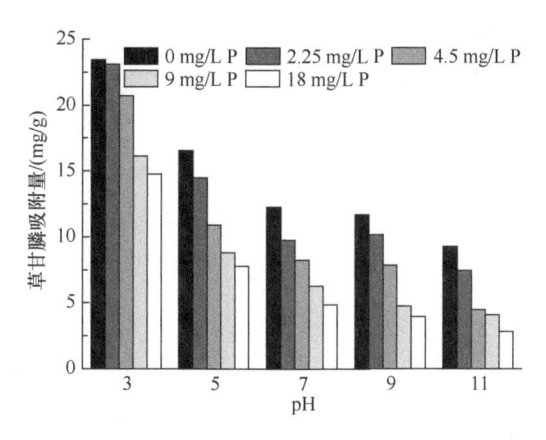

图 3-12 不同 pH 条件下磷酸盐对 DWTR 吸附草甘膦的影响

4. 溶液化学环境条件对 DWTR 中草甘膦吸附稳定性的影响

不同初始吸附量条件下，草甘膦的 4 次解吸量如表 3-5 所示。草甘膦解吸量随着解吸次数的增加而减少，且草甘膦初始吸附量越高，解吸量越大。总体而言，4 次累积解吸量较小。当初始吸附量为 37.60 mg/g 时，解吸率仅为 0.44%。可见，DWTR 与草甘膦吸附具有结合牢固和不易解吸的特点。

表 3-5　DWTR 中草甘膦的解吸量

Q_0^a/ (mg/g)	$Q_{t\text{-des}}^b / \times 10^{-3}$ (mg/g) 解吸次数				总解吸量/ (mg/g)
	1	2	3	4	
15.31	13.5	13.0	9.14	7.68	0.043
37.60	57.6	36.6	27.6	10.6	0.163

a. 草甘膦初始吸附量；b. 草甘膦解吸量

不同浓度磷酸盐存在条件下，DWTR 所吸附草甘膦的解吸量与解吸率如图 3-13 所示，图中草甘膦的初始吸附量为 20 mg/g。解吸附过程中，解吸液中磷酸盐的吸附率达到了 100%。随着磷酸盐浓度的增加，DWTR 中草甘膦的解吸量显著升高。当解吸液中磷酸盐浓度由 0 mg/L 增加为 18 mg/L 时，草甘膦的解吸量增加了 3.5 倍。然而，草甘膦的解吸率在高磷酸盐浓度下（18 mg/L）也仅为 1.8%。以上数据结果表明，被 DWTR 吸附的草甘膦能稳定存在，不易被溶液中的磷酸盐所取代，同时，DWTR 具有足够的吸附位点供磷酸盐与草甘膦吸附。

5. 讨论

前人研究已表明草甘膦与磷酸盐吸附机制相似，均通过含磷基团发生吸附，且土壤矿物质等对草甘膦的吸附主要与其所含的无定形铁铝含量有关（Glass，1987）。根据本研究草甘膦在吸附过程中溶液 pH 变化和等温线特征，与羟基的离子交换作用可能是 DWTR 吸附草甘膦的主要机制。DWTR 表面疏松多孔，无明显铁铝晶体存在，其主要

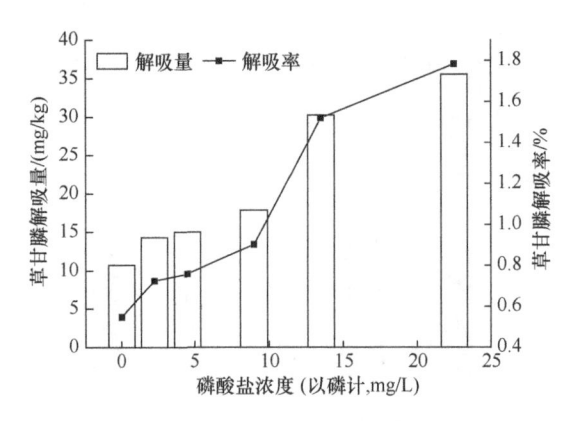

图 3-13 磷酸盐对 DWTR 吸附草甘膦稳定性影响

由无定型铁铝化合物组成。结合前人与本文的研究结果,可进一步推知:草甘膦主要通过膦酸基与 DWTR 中无定形铁铝化合物表面羟基的配体交换发生吸附作用。DWTR 对草甘膦的吸附非常快速,18 h 后吸附即达到动态平衡,这与 DWTR 对草甘膦的吸附属于化学吸附有关。Gimsing 等(2004)研究也表明草甘膦在铁铝化合物上的吸附是一个非常快速的过程。与 DAS 相比(Hu et al., 2011),DWTR 所含的铁铝含量更高,因而其对草甘膦具有更高的吸附容量,K 值是 DAS 的两倍。但 DWTR 单分子层吸附量比 DAS 低,这可能与实验条件(表 3-4)有关,与 DWTR 实验样品相比,所测试的 DAS 粒径较小,固液比大,因此,DAS 与草甘膦吸附时具有更大的比表面积,从而导致 Langmuir 模拟得出的 DAS 单分子层吸附量更高。

草甘膦是一种两性离子,其存在 4 个解离常数(pK_a),分别为 2、2.6、5.6 和 10,因此其存在形态与溶液 pH 密切相关。现有许多研究已表明 pH 是影响草甘膦吸附的主要因素(McConnell and Hossner,1985)。在本实验 pH(4.5~10.2)范围内,草甘膦皆以负离子形态存在,且随着 pH 的升高,膦酸基进一步解离,草甘膦所带负电荷增多,同时,DWTR 表面所带正电荷逐渐减少,导致 DWTR 与草甘膦之间的静电引力逐步减弱,吸附受到抑制。当 pH 达到 10.2 时,DWTR 表面呈负电,草甘膦酸性基团中大部分氢离子已解离,两者间静电斥力达到最大,此时 DWTR 与草甘膦可能主要通过其中水溶性二价离子的架桥作用发生吸附。pH 对针铁矿、赤铁矿、高岭土及一些土壤吸附草甘膦的影响,与本文研究结果一致(McConnell and Hossner,1985;Pessagno et al.,2008;Sheals et al.,2002)。

溶液中 K^+ 浓度对 DWTR 吸附草甘膦基本无影响,而 Ca^{2+} 明显促进了 DWTR 对草甘膦的吸附,吸附量增加了 42.7%。这是因为 Ca^{2+} 这种多价金属离子的加入能增加物质表面正电荷量,提高矿物质的等电点(Walsch and Dultz,2010),从而增加 DWTR 对阴离子化合物草甘膦的吸附能力。同时,随着离子强度的增加,双电层被压缩,使得更多的 Ca^{2+} 吸附于 DWTR 表面,DWTR 对草甘膦的吸附量也因此进一步提高。Gimsing 等(2001)研究表明离子强度的增加促进了针铁矿对草甘膦的吸附,且相同浓度下,Ca^{2+} 比 K^+ 促进作用强,但总体而言,电解质溶液中离子种类和离子浓度对吸附影响较小。其与本文实验结果的差异可能是由于 DWTR 中有机质含量比针铁矿高,Ca^{2+} 可与吸附剂表面有机质络合，通过架桥作用为草甘膦提供更多的吸附位点，因此 Ca^{2+} 的存在对 DWTR 吸附草甘膦的影响更加显著。

在本实验条件下（pH=6.85~7.05），低分子量有机酸以有机阴离子形态存在，其与铁/铝具有较强的络合能力（Ding et al., 2011; Zhang and Dong, 2008），因此，小分子有机酸会与草甘膦竞争吸附位点，减少 DWTR 对草甘膦的吸附量。与 MA 相比，CA 对 DWTR 吸附毒死蜱的抑制作用较大，主要与此两种有机酸的结构有关，CA 含有更多的羧基，其与铁/铝化合物结合的能力更高，能占据更多的吸附位点。DWTR 吸附草甘膦具有不易解吸的特点，同时，溶液中竞争离子磷酸盐的存在虽然显著增加了草甘膦从 DWTR 中的解吸量，但总解吸率较低。这主要与两个方面因素有关：DWTR 与草甘膦通过离子交换作用结合，吸附作用不易被破坏。另外，DWTR 具有较大的比表面积，且无定型态铁/铝含量较高，可为草甘膦及其竞争吸附离子提供足够的吸附位点。

总体而言，DWTR 对草甘膦的吸附具有快吸附和不易解吸的特点，且主要通过铁/铝化合物表面羟基配体交换作用吸附草甘膦。DWTR 与 DAS 具有类似的吸附特征，但 DWTR 对草甘膦的吸附容量更高（K=10.35）。溶液化学性质对 DWTR 吸附草甘膦影响较大：草甘膦吸附量随着溶液 pH 升高而减少；二价金属离子 Ca^{2+} 的加入显著促进了 DWTR 对草甘膦的吸附，而 K^+ 对吸附基本无影响；此外，溶液中低分子量有机酸（MA 和 CA）的存在则显著抑制了 DWTR 对草甘膦的吸附，且抑制强度随着有机酸浓度的提高而增强。

3.2 DWTR 对重金属的吸附

3.2.1 DWTR 对镉的吸附

1. 吸附动力学

DWTR 对 Cd^{2+} 的吸附动力学曲线见图 3-14。从图可知，在前 6 h，DWTR 对 Cd^{2+} 的吸附速率最快，在第 6 小时时已经达到饱和吸附量的 90%。随后 DWTR 对 Cd^{2+} 的吸附速率逐渐降低，在第 24 小时时已达到平衡。因此，DWTR 吸附 Cd^{2+} 可分为这两个过程，并且吸附过程为快速吸附。

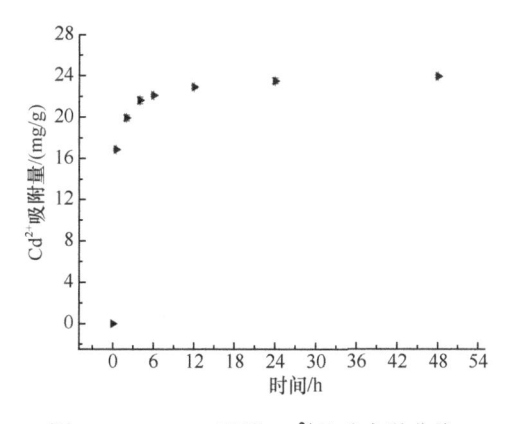

图 3-14 DWTR 吸附 Cd^{2+} 的动力学曲线

分别采用一级动力学、二级动力学对 DWTR 对 Cd^{2+} 的吸附动力学曲线拟合,结果见表 3-6。通过对相关系数的比较可知,一级(R^2=0.97)和二级(R^2=0.99)动力学模型均对数据的拟合较好。由于一级和二级动力学模型的相关系数相差很小,此时借助平衡吸附量和实际吸附量的相对误差来分析比较。通过比较可知,一级动力学模型的相对误差较大,并不能完全反映 DWTR 对 Cd^{2+} 的吸附过程。因此,二级动力学模型对数据的拟合相对较好,相对误差小于 0.7%,较适用于解释吸附动力学过程。通常,二级动力学模型假设吸附是化学吸附(Lodeiro et al., 2006),在吸附的前 6 h,由于 DWTR 表面具有较多的吸附位点,因此 Cd^{2+} 的吸附速率较高,吸附量增加较快,并且溶液中 Cd^{2+} 的浓度较高,使得吸附的驱动力较大,所以更容易克服 DWTR 和溶液界面之间的传质阻力。当吸附时间为 6~48 h 时,DWTR 表面的吸附位点已经接近吸附饱和,并且溶液中 Cd^{2+} 的浓度降低使得吸附驱动力减小,因此吸附速率也逐渐降低为零。

表 3-6　DWTR 吸附 Cd^{2+} 的动力学模型拟合数据

动力学模型	C_0/(mg/L)	q_e/(mg/g)	k_1	k_2	R^2	q_{e-e}^a/(mg/g)	相对误差/%
一级动力学	500	22.35	2.75	—	0.97	23.94	7.11
二级动力学	500	24.10	—	0.09	0.99	23.94	0.68

a. 表示达到吸附平衡后 Cd^{2+} 的吸附量

注:相对误差计算方法 $\left|\dfrac{Q_e - X_e}{X_e} \times 100\%\right|$

2. 吸附等温线

不同 Cd^{2+} 浓度对 DWTR 吸附 Cd^{2+} 的影响见图 3-15。由图可见,Cd^{2+} 浓度升高时,DWTR 对 Cd^{2+} 的吸附量也随之升高,但当溶液浓度升高到 1600 mg/L 时,DWTR 对 Cd^{2+} 的吸附量便基本保持不变。这是因为 DWTR 表面的活性吸附位点有限,当 Cd^{2+} 的浓度较低时,DWTR 表面的活性位点相对较多,因此吸附量升高得比较快;但是随着初始溶液浓度的升高,DWTR 表面的吸附位点变得相对较少,易达到吸附饱和,此时 DWTR 对 Cd^{2+} 的吸附量达到平衡(Patrón-Prado and Acosta-Vargas,2010)。

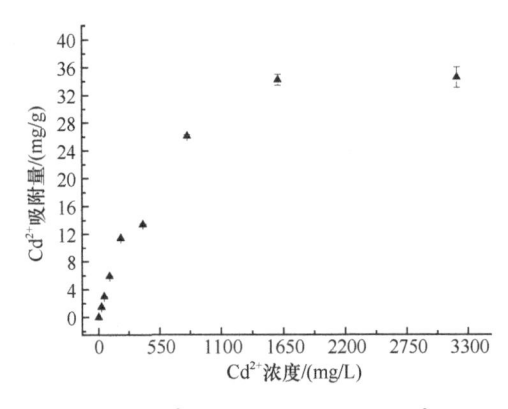

图 3-15　不同 Cd^{2+} 浓度对 DWTR 吸附 Cd^{2+} 的影响

用 Langmuir 和 Freundlich 模型对 DWTR 吸附 Cd^{2+} 的实验数据进行拟合，具体结果见表 3-7。两个等温模型均可较好反映 DWTR 对 Cd^{2+} 的等温吸附过程。但是通过比较相关系数，Langmuir 模型（R^2=0.99）的拟合结果要优于 Freundlich 模型（R^2=0.90）。这表明 DWTR 吸附 Cd^{2+} 可能为单分子层吸附，通过方程得到的拟合饱和吸附量时 35.39 mg/g。综上所述，DWTR 可很好地用于吸附水体中的 Cd^{2+}。

表 3-7 Langmuir 和 Freundlich 模型的拟合结果

模型 [a]	b	q_m	K	$1/n$	R^2
Langmuir	0.02	35.39	—	—	0.99
Freundlich	—	—	3.34	3.12	0.90

a. 模型方程见表 2-6

3. pH 影响

图 3-16 为初始溶液 pH 对 DWTR 吸附 Cd^{2+} 的影响。从图中可知，溶液 pH 的升高有利于 DWTR 对溶液中 Cd^{2+} 的去除。当溶液的 pH 由 3.0 升到 8.0 时，DWTR 对 Cd^{2+} 的吸附量增加。因此，在一定范围内，溶液 pH 的升高有利于 DWTR 对溶液中 Cd^{2+} 的去除。当初始溶液的 pH 为 9.0 时，DWTR 对 Cd^{2+} 的去除率最大，可达 97.06%。当溶液的 pH 较低时，溶液中的 H$^+$ 与 Cd^{2+} 之间存在着竞争作用，并且会和 DWTR 中的其他阳离子进行交换（Teutli-Sequeira et al., 2009），使得平衡后整个溶液的 pH 增加，DWTR 表面质子化，阻碍了 DWTR 对 Cd^{2+} 的吸附。当初始溶液 pH 继续升高时，离子之间的竞争作用相对变小，吸附量逐渐变大。

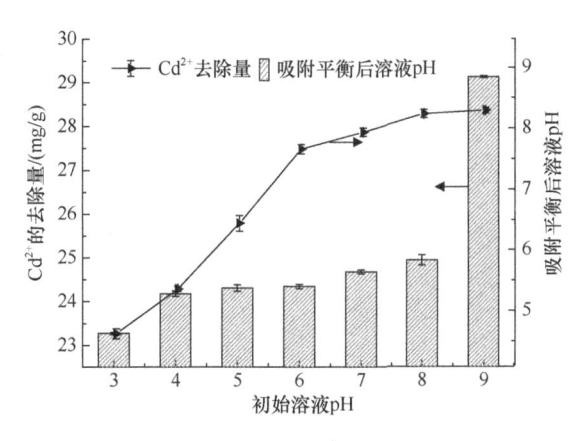

图 3-16 溶液初始 pH 对 DWTR 吸附 Cd^{2+} 的影响及平衡后溶液 pH 的变化

4. 离子强度影响

不同离子强度（KCl）对 DWTR 吸附 Cd^{2+} 的影响见图 3-17。离子强度对 DWTR 吸附 Cd^{2+} 的影响显著，溶液离子强度增加时，DWTR 对 Cd^{2+} 的吸附量显著减小。当溶液 KCl 浓度高于 0.2 mol/L 时，DWTR 对 Cd^{2+} 的吸附率降低到 50% 以下。这是由于溶液中的 K$^+$ 与 Cd^{2+} 之间存在离子交换竞争，离子强度的增加会导致 DWTR 对 Cd^{2+} 的吸附量减小（吴志坚等，2010）；与此同时，DWTR 与 Cd^{2+} 之间可能以较弱的非化学键结合，因此表现出吸附量随离子强度的增加而减小（Lützenkirchen，1997）。

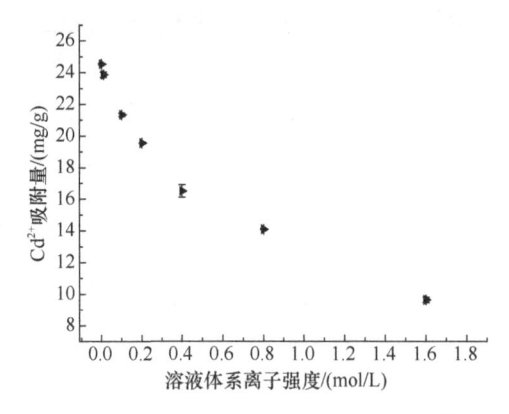

图 3-17　溶液体系离子强度对 DWTR 吸附 Cd^{2+} 的影响

5. 厌氧培养对吸附的影响

厌氧培养实验溶液体系的氧化还原电位（ORP）变化见图 3-18。在厌氧培养前，含 DWTR 混合溶液的 ORP 在 215 mV 左右。在厌氧罐中培养 2 d 后，DWTR 混合溶液的 ORP 降至 –172 mV。随后，溶液 ORP 回升至 –150 mV，之后又降低并保持在 –180 mV 左右。厌氧培养罐中前 8 d，ORP 降低可能与溶液中存在的 Fe^{2+} 和 NO_2^- 等还原性物质有关。该研究与 2.4 节研究基本一致。

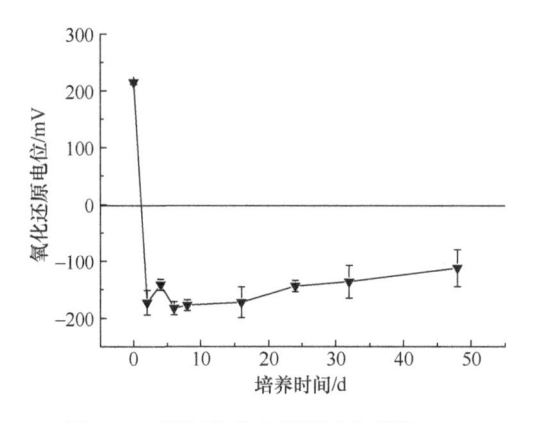

图 3-18　厌氧培养实验溶液体系的 ORP

厌氧培养条件下 DWTR 对 Cd^{2+} 的吸附效果见图 3-19。DWTR 在厌氧环境条件下对 Cd^{2+} 的吸附能力明显增强，从第 0 天的 24.4 mg/g 增加到 26.8 mg/g。相比较而言，在第 16 天，DWTR 对 Cd^{2+} 的吸附量都维持在 26.4 mg/g。研究表明，DWTR 中铁/锰的氧化作用会增加其表面的吸附位点（Makris et al.，2006），进而会使 DWTR 对 Cd^{2+} 的吸附能力变强。此外，随着在水溶液中培养的时间增加，DWTR 中与铁铝结合的某些物质可能发生水解作用（Yang et al.，2006），进而增加了 DWTR 表面吸附位点，促进对 Cd^{2+} 的吸附作用。

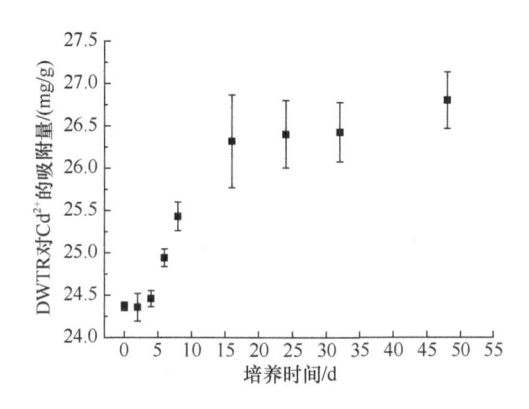

图 3-19　厌氧条件培养后 DWTR 对 Cd^{2+}的吸附效果

6. 不同类型有机酸的影响

不同浓度的柠檬酸、酒石酸和水杨酸影响 DWTR 对 Cd^{2+}的吸附结果见图 3-20。和不含有机酸的对照组相比，当溶液中柠檬酸的浓度升高时，DWTR 对 Cd^{2+}的吸附量由 25.0 mg/g 降低为 2.62 mg/g，这主要是由于溶液中的柠檬酸和 Cd^{2+}之间存在竞争吸附作用。当溶液中存在酒石酸和水杨酸时，DWTR 对 Cd^{2+}的吸附量微弱增加，增加量均低于 3 mg/g。但当酒石酸浓度升高时，其促进吸附 Cd^{2+}的作用减弱，当浓度为 40 mmol/L 时，酒石酸则抑制了 DWTR 对 Cd^{2+}的吸附。这主要是因为有机酸浓度较低时，有机酸被吸附，导致 DWTR 表面的负电荷的数量变多，电荷 ZPC 下降（Violante，1992），所以促进了 DWTR 对 Cd^{2+}的吸附；随着有机酸浓度的升高，DWTR 对有机酸的吸附达到饱和，此时溶液中的有机酸浓度相对较高，导致在固相分配中，有机酸所占比例降低，有机酸对 Cd^{2+}的络合作用增强（Harter and Naidu，1995），溶液中 Cd^{2+}的含量减小，使得双电层之间的电势差也随之降低（Collins et al.，1999），并且抑制 Cd^{2+}的水解，甚至已被 DWTR 吸附的 Cd^{2+}因络合作用而重新释放到溶液中，从而导致了 DWTR 对 Cd^{2+}的吸附量降低。

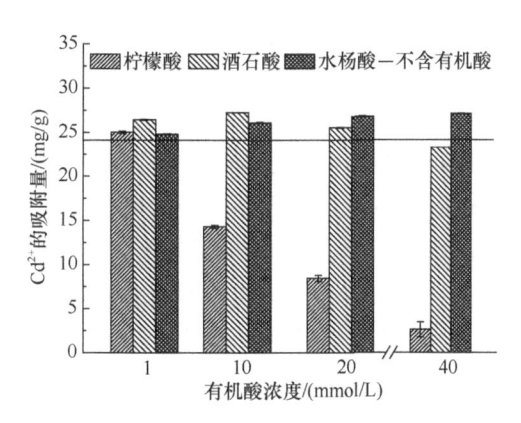

图 3-20　不同类型有机酸对 DWTR 吸附 Cd^{2+}的影响

7. 温度影响

标准吉布斯自由能变计算如下：根据式（2-1）计算出 K_d 值，结果见表 3-8。然后，根据式（2-2），分别以 $1/T$ 和 $\ln K_d$ 为横坐标和纵坐标进行线性拟合，结果见图 3-21。由结果可知，$1/T$ 和 $\ln K_d$ 具有较好的线性关系（R^2=0.96），且经过计算可得，$\Delta H°$ 为 16.74 kJ/mol，$\Delta S°$ 为 102.65 J/(mol·K)。$\Delta H°>0$，说明 DWTR 吸附 Cd^{2+} 是一个吸热过程；$\Delta S°>0$ 间接表明 DWTR 对 Cd^{2+} 的吸附过程复杂，包含多个过程。根据式（2-3），由 $\Delta H°$ 和 $\Delta S°$ 可计算得到 $\Delta G°$，结果见表 3-8。$\Delta G°<0$，这说明 DWTR 吸附 Cd^{2+} 是一个自发的过程，并且 $\Delta G°$ 随温度升高而减小，说明温度升高有利于 Cd^{2+} 吸附向正向反应进行。

表 3-8　不同温度下，DWTR 对 Cd^{2+} 的吸附量、平衡浓度和吸附热力学参数

T/K	q_e/(×10^{-4} mol/g)	K_d/(mL/g)	C_e/(×10^{-4} mol/L)	$\Delta G°$/(kJ/mol)
288	2.11	226.41	9.32	−12.82
298	2.17	259.06	8.36	−13.85
308	2.24	209.16	7.23	−14.87
318	2.32	405.29	5.74	−15.90
328	2.40	528.81	4.53	−16.93

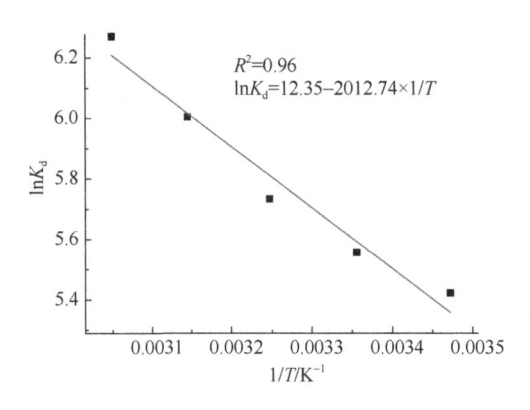

图 3-21　$1/T$ 和 $\ln K_d$ 的线性拟合结果

8. pH 对解吸的影响

pH 对 Cd^{2+} 解吸的影响见图 3-22。随着 pH 的升高，Cd^{2+} 解吸量呈现下降趋势。当溶液 pH 为 3.0 时，Cd^{2+} 解吸量为 3.02 mg/g，解吸率最高为 11.0%，当溶液 pH 在 4.0~8.0 时，Cd^{2+} 解吸量均较低，最大仅为 0.30 mg/g。结果表明，当溶液的 pH 升高时，被 DWTR 吸附的 Cd^{2+} 解吸量降低，但是自然水体的 pH 一般为 6.0~8.0，表明 DWTR 与 Cd^{2+} 的结合作用力较强，能够较好吸附水体中的 Cd^{2+}，使其较难从 DWTR 中解吸出来。

3.2.2　镉吸附机制

1. BCR 分级提取

批量吸附等温实验结束后，采用 BCR 分级提取对吸附饱和的 DWTR 中的镉进行分

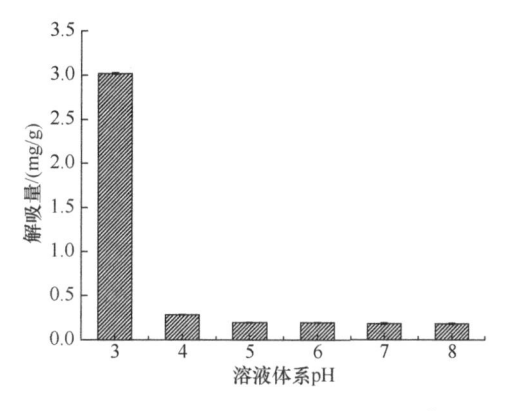

第 3 章 DWTR 对有机磷农药、重金属和硫化氢的吸附

图 3-22 不同溶液 pH 对 DWTR 中被吸附 Cd^{2+} 的解吸量

级提取，具体结果见图 3-23。不同初始 Cd^{2+} 浓度下，被 DWTR 吸附的镉的形态比例大体相同，酸溶态和残渣态为主要存在形态。当初始 Cd^{2+} 浓度较低时，DWTR 中的镉主要是以酸溶态存在，约为总吸附量的 94%，这可能由于 DWTR 吸附后的镉主要存在于吸附剂的表面（Strawn and Sparks，1999）。当 Cd^{2+} 吸附量逐渐增加，DWTR 中酸溶态的镉所占比例降低，残渣态和氧化态立即升高。上述研究结果表明被 DWTR 吸附的镉主要以酸溶态和残渣态存在。

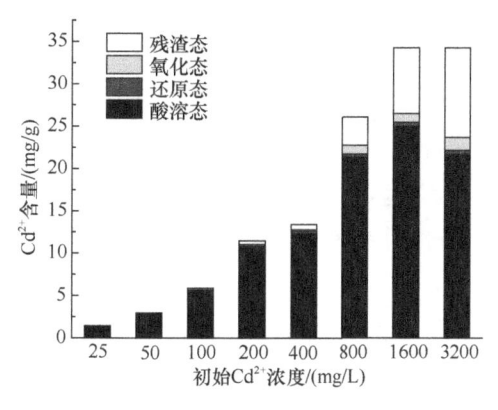

图 3-23 吸附后 DWTR 中镉的分级提取结果

2. 傅里叶红外分析

吸附实验前后 DWTR 的 FTIR 分析结果见图 3-24。该实验点选取等温实验初始溶液浓度为 3200 mg/L 吸附平衡后样品。如图所示，在红外光谱带 3420~430 cm^{-1} 代表—OH 振动峰（Mayumi et al.，2004）。在 525~540 cm^{-1} 归属于 Fe^{3+}—O^{2-} 伸缩振动（Mohapatra et al.，2009）。吸附后，3421.78 cm^{-1} 处峰振动频率略大，可见 OH 的变形振动参与了吸附过程。但是在 536.39 cm^{-1} 出峰移到 527.75 cm^{-1} 处，表明 Cd^{2+} 缔结在 Fe—O 结构上，即在 DWTR 表面上形成了 Fe—O—（Cd）结构。因此，DWTR 表面点位与镉的吸附结合能力较强。

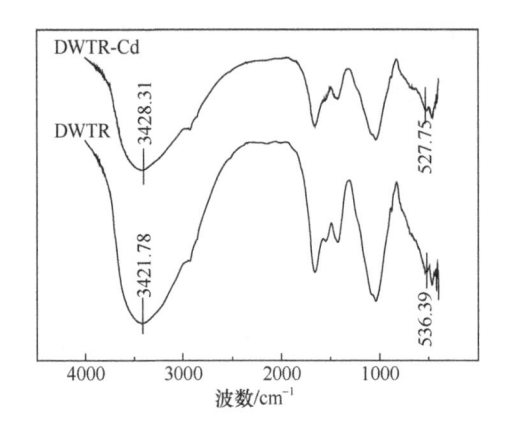

图 3-24　吸附实验前后 DWTR 的 FTIR 分析结果

3.2.3　DWTR 对钴的吸附

1. 吸附动力学

吸附时间对 DWTR 吸附 Co^{2+} 的影响见图 3-25。从图中可以看到，DWTR 吸附 Co^{2+} 是一个相对快速的过程，在第 30 小时时达到了吸附平衡（相对），平衡吸附量为 16.0 mg/g。然而，为了保证吸附平衡，后续吸附实验均将反应时间设定在 48 h。

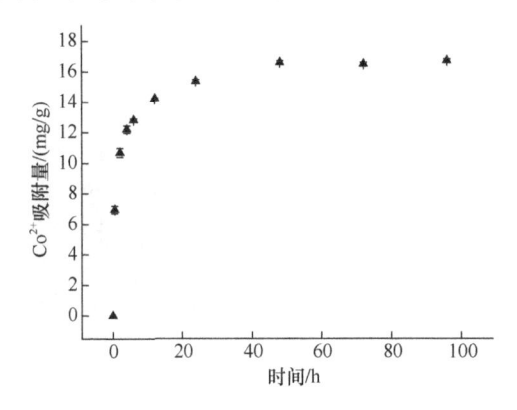

图 3-25　DWTR 对 Co^{2+} 的吸附动力学特征

将一级动力学和二级动力学模型用于对动力学数据拟合以进一步了解 DWTR 对 Co^{2+} 的吸附动力学特征（表 3-9）。二级动力学模型（$R^2=0.99$）的拟合效果要比一级动力学模型（$R^2=0.90$）拟合效果较好，表明二级动力学模型更适合用于 Co^{2+} 的动力学拟合。这表明，DWTR 吸附 Co^{2+} 的速率受化学反应控制（Ho，2006；Ho and Mckay，1999）。除此之外，有文献报道称 DWTR 表面的非晶态结构主要是由铁或铝的氧化物或氢氧化物形成的（Makris et al.，2005）。先前的研究表明，氧化物或者氢氧化物吸附重金属通常分为两个过程（Axe and Trivedi，2002）：①重金属离子先被吸附到颗粒的表层，这是一个快速的过程；②然后在颗粒的孔隙内部进行液膜扩散，这是相对慢速的过程。这两个过程可以较好地描述 DWTR 吸附 Co^{2+} 的过程。

表 3-9　DWTR 吸附 Co^{2+} 的动力学模型拟合结果

吸附剂	一级动力学方程			二级动力学方程		
	q_e/(mg/g)	K_1/h^{-1}	R^2	q_e/(mg/g)	K_2/[g/(mg·h)]	R^2
DWTR	16.72	0.08	0.90	16.72	0.03	0.99

2. 吸附等温线

不同初始浓度下，DWTR 对 Co^{2+} 的吸附效果见图 3-26。DWTR 对 Co^{2+} 的吸附量与初始溶液浓度密切相关。并且，DWTR 对 Co^{2+} 的吸附量随着溶液 Co^{2+} 浓度的升高而增大。这表明，在达到吸附平衡之前，溶液浓度的升高会使得 Co^{2+} 与 DWTR 表面的接触概率增加。分别用 Langmuir 和 Freundlich 模型对实验数据进行拟合以了解 DWTR 对 Co^{2+} 的等温吸附特征。

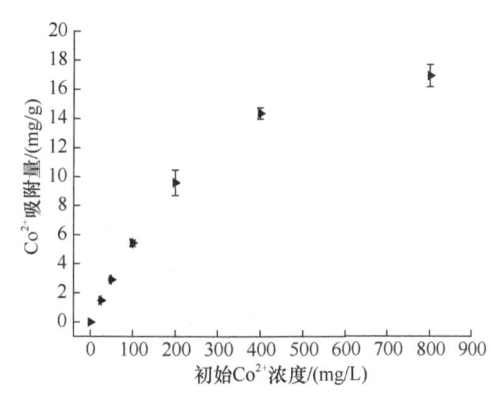

图 3-26　不同初始浓度条件下，DWTR 对 Co^{2+} 的吸附效果

Langmuir 和 Freundlich 模型对 DWTR 吸附 Co^{2+} 的相关拟合数据见表 3-10。Langmuir 和 Freundlich 模型均可较好地反映 DWTR 对 Co^{2+} 的吸附过程。但是通过对相关系数的比较，Langmuir（R^2=0.99）模型的拟合效果更好。这表明吸附活性位点较均匀地分布在 DWTR 表面上，因为 Langmuir 模型假设吸附发生在吸附剂特定而均匀的表面上（Bektaş et al.，2004）。通过 Langmuir 模型拟合，DWTR 对 Co^{2+} 的最大饱和吸附量可达到 17.3 mg/g，该吸附量均高于其他常见吸附剂的吸附量（坡缕石，8.88 mg/g；沸石，14.4 mg/g；海泡石，7.57 mg/g；高岭土，0.92 mg/g；飞灰，0.40 mg/g；活性炭，13.88 mg/g）。通常在 Freundlich 模型中，基质的吸附强度 1/n>2 便认为吸附剂有较好的吸附特性（Babatunde et al.，2009）。然而，本试验的 n 为 3.15，表明 DWTR 对 Co^{2+} 的吸附是较易进行的。

表 3-10　Langmuir 和 Freundlich 模型的拟合结果

吸附剂	Langmuir			Freundlich		
	q_m/(mg/g)	b/(L/mg)	R^2	K/(L/g)	1/n	R^2
DWTR	17.3	0.05	0.99	2.65	3.15	0.96

3. pH 影响

溶液的不同初始 pH 对 DWTR 吸附 Co^{2+} 的影响见图 3-27。随着初始溶液 pH 由 3.0 升高到 8.0,DWTR 对 Co^{2+} 的去除量由 14.63 mg/g 增加到 16.54 mg/g,去除率由 48.8% 升至 55.5%。在溶液 pH 为 3.0~7.0 时,钴在溶液中是以 Co^{2+} 的形式存在(Smičiklas et al., 2006),DWTR 对 Co^{2+} 的吸附量增加。在初始溶液 pH 为 3.0 时,溶液中的 H^+ 会和 Co^{2+} 竞争 DWTR 表面的吸附位点,因此,吸附量较低。当初始溶液 pH 由 4.0 升到 7.0 时,由于溶液中 H^+ 含量减少,DWTR 对 Co^{2+} 的吸附量增加(Chen and Wang, 2007)。除此之外,当 pH 升高时,DWTR 的表面电位会变为负值,这在一定程度上也会促进 DWTR 对 Co^{2+} 的吸附(Wang et al., 2011)。此外,当初始溶液 pH 为 8.0 时,溶液中的钴一部分是以 $Co(OH)_2$ 沉淀存在,另一部分是以 $Co(OH)^+$ 的形式存在(He et al., 2011; Smičiklas et al., 2006),因而 DWTR 对 Co^{2+} 的去除量较高。综上可知,溶液 pH 的升高有助于 DWTR 对 Co^{2+} 的去除。

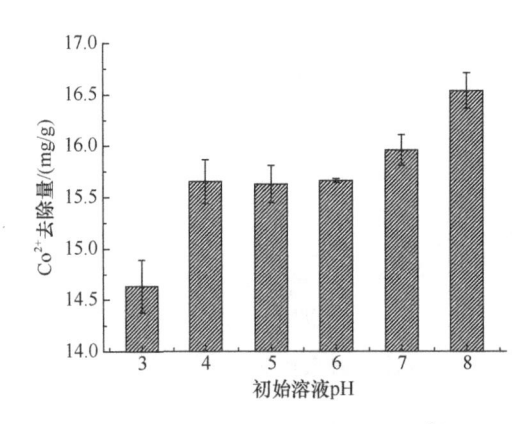

图 3-27 初始溶液 pH 对 DWTR 吸附 Co^{2+} 的影响

4. 离子强度影响

离子强度对 DWTR 吸附 Co^{2+} 的影响见图 3-28。当离子强度增加时,DWTR 对 Co^{2+} 的吸附量明显减小。当溶液 KCl 的浓度从 0 mol/L 升高到 0.16 mol/L 时,DWTR 对 Co^{2+} 的吸附量由 16.56 mg/g 降低至 13.18 mg/g,约减为原来的 2/3。这一现象可归因于两个因素(Li et al., 2003):一是加入到体系中的 K^+ 与 Co^{2+} 产生离子竞争吸附,增加离子强度导致吸附量减少;二是离子强度会影响 Co^{2+} 的活度系数,它降低了 Co^{2+} 在溶液中的活性,因而限制了 Co^{2+} 向 DWTR 表面的迁移。

5. 厌氧培养对吸附影响

厌氧培养实验溶液体系的 ORP 见图 3-29。由图可见,培养体系 ORP 的变化趋势和之前研究的趋势大体一致(3.2.1 节第 5 部分),随着培养天数的增加,溶液的 ORP 逐渐降低,在第 6 天左右趋于稳定,最终稳定在 –260 mV 左右。间接表明 DWTR 在厌氧环境条件下稳定性较强。

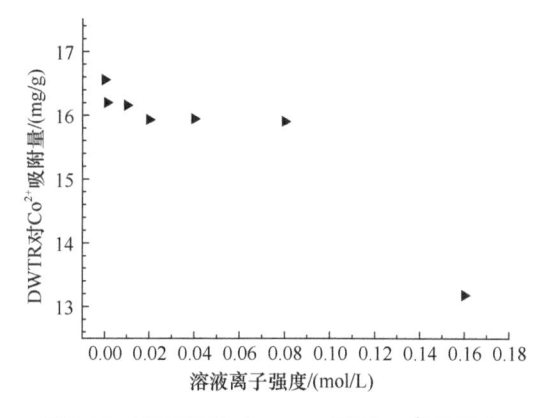

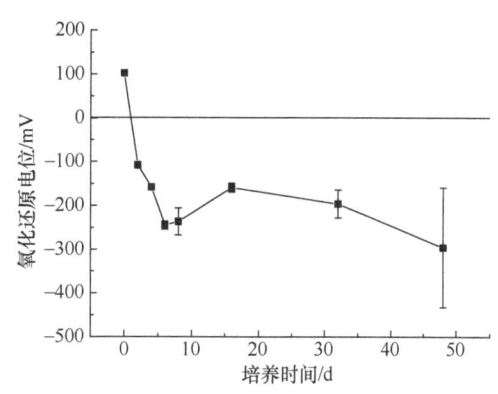

图 3-28 离子强度对 DWTR 吸附 Co^{2+} 的影响　　图 3-29 厌氧培养溶液体系 ORP 变化

DWTR 在厌氧环境条件下 Co^{2+} 的吸附效果见图 3-30。DWTR 对 Co^{2+} 的吸附量随着培养时间的增加而降低，从第 0 天的 17.45 mg/g 降低到第 48 天的 7.47 mg/g。该研究结果与 DWTR 对 Cd^{2+} 的吸附效果存在差异。这可能是因为，在厌氧环境条件下，由于还原作用的存在（如铁和锰的还原），促使 DWTR 对部分污染物的吸附作用降低（Olila and Reddy，1997；Pant and Reddy，2001）。本研究仅是对可能存在的影响因素推理，具体的影响机制需要更深入的研究。

6. 不同类型有机酸影响

在不同浓度条件下，酒石酸、水杨酸和草酸对 DWTR 吸附 Co^{2+} 影响见图 3-31。与对照组相比，酒石酸表现出抑制 DWTR 对 Co^{2+} 吸附的作用，随着酒石酸浓度的升高，吸附量由 11.43 mg/g 降低为 3.04 mg/g。在低浓度条件下，水杨酸对 DWTR 吸附 Co^{2+} 的抑制作用较为微弱，当浓度高于 20 mmol/L 时，水杨酸则对 DWTR 表现出促进作用，这可能是 DWTR 表面电荷的变化从而导致吸附量变化。草酸对吸附表现出促进作用，并且，随着草酸浓度的升高，吸附量由 14.70 mg/g 升高为 21.23 mg/g，但是当草酸浓度为 40 mmol/L 时，DWTR 对 Co^{2+} 的吸附量便开始降低。进一步比较可知，本研究的 3 种有机酸对 DWTR 吸附 Co^{2+} 的影响与它们的浓度有明显的关系。

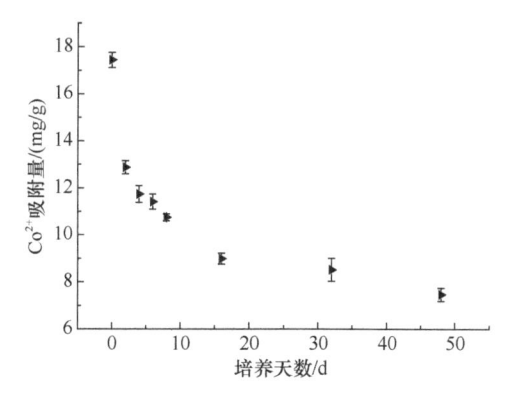

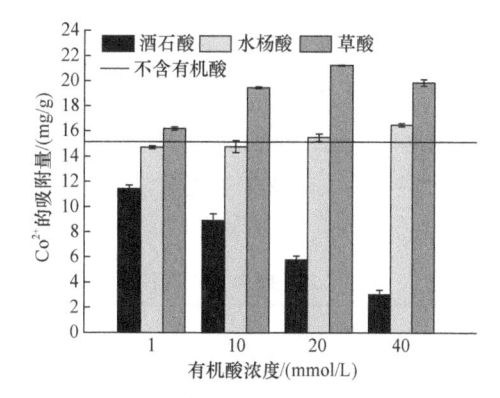

图 3-30 厌氧条件培养后 DWTR 对 Co^{2+} 的吸附效果　　图 3-31 低分子量有机酸对 DWTR 吸附 Co^{2+} 的影响

7. 温度影响

不同温度影响下，DWTR 对 Co^{2+} 的吸附量、平衡浓度及吸附热力学参数见表 3-11。由表可知，q_e 和 K_d 和温度呈正相关，说明 DWTR 吸附 Co^{2+} 是吸热的过程（Kara et al., 2003）。$1/T$ 和 $\ln K_d$ 的线性拟合结果见图 3-32。经过计算可得，$\Delta H°$ 和 $\Delta S°$ 分别为 22.18 kJ/mol 和 110.74 J/(mol·K)，表明 DWTR 吸附 Co^{2+} 是较为复杂的吸热过程，且受温度影响。由表 3-11 可知，$\Delta G°<0$，表明 DWTR 吸附 Co^{2+} 是一个自发的过程，并且 $\Delta G°$ 随温度升高而减小，表明温度升高有利于吸附向正向反应进行。

表 3-11 不同温度条件下，DWTR 对 Co^{2+} 的吸附量、平衡浓度和吸附热力学参数

T/K	q_e/(mg/g)	K_d/(mL/g)	C_e/(×10^{-4} mol/L)	$\Delta G°$/(kJ/mol)
288	14.71	57.72	43.24	−9.71
298	17.13	79.80	36.41	−10.82
308	18.90	102.10	31.40	−11.93
318	21.13	142.98	25.08	−13.04
328	22.40	176.82	21.49	−14.14

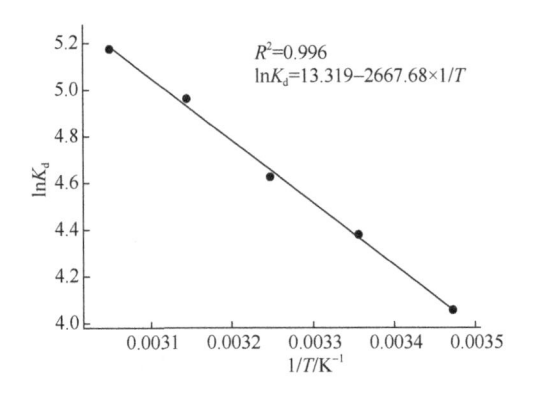

图 3-32 $1/T$ 和 $\ln K_d$ 的线性拟合结果

8. pH 对解吸量

不同 pH 条件下，DWTR 中被吸附 Co^{2+} 的解吸量见表 3-12。由表可见，和平均吸附量（15.4 mg/g）相比，Co^{2+} 的解吸量很低（不到 1 mg/g）。在吸附量一定的情况下，随 pH 升高，Co^{2+} 的解吸量逐渐降低，并且在碱性条件下 Co^{2+} 的解吸量基本不变。因此，在酸性条件下，被吸附的 Co^{2+} 容易从 DWTR 中释放，但是释放量较小。

表 3-12 不同 pH 条件下，DWTR 中被吸附 Co^{2+} 的解吸量

初始浓度/(mg/L)	平均吸附量/(mg/g)	解吸量/(mg/g) pH=3.0	pH=5.0	pH=7.0	pH=9.0
500	15.4	0.93	0.65	0.63	0.63

3.2.4 钴吸附机制

1. BCR 分级提取

初始溶液浓度为 500 mg/L 的吸附实验结束后，采用 BCR 法对吸附饱和的 DWTR 进行分级提取，分级提取结果见表 3-13。由表可知，被吸附的 Co^{2+} 大部分以酸溶态形式存在，并且占全部被吸附的钴的 87.13%，而氧化态和还原态所占比例极低，均不到 4%，残渣态所占比例约为 6.50%。

表 3-13 被 DWTR 吸附的 Co^{2+} 的分级提取结果

初始浓度/(mg/L)	吸附量/(mg/g)	BCR 分级提取态/(mg/g, %)			
		酸溶态	氧化态	还原态	残渣态
500	15.4	13.4, 87.13	0.58, 3.74	0.41, 2.64	1.00, 6.50

2. 傅里叶红外分析

吸附实验前后 DWTR 的 FTIR 分析结果见图 3-33。图中，3430~3410 cm^{-1} 为—OH 官能团振动吸收峰（Mayumi et al., 2004）。1040~1030 cm^{-1} 为 Al—OH 振动峰（Bihan et al., 2002）。在 530~540 cm^{-1} 和 460~470 cm^{-1} 两处峰和 Fe—O 结构有关（Mohapatra et al., 2009）。当 DWTR 吸附 Co^{2+} 后，536.39 cm^{-1} 和 1038.88 cm^{-1} 处吸收峰分别转移为 531.702 cm^{-1} 和 1035.97 cm^{-1}，表明 Fe(Al)—O 结构和 Co^{2+} 强烈缔合。除此之外，3421.78 cm^{-1} 处吸收峰也发生变化，表明—OH 官能团也参与了吸附过程。因此，推断 DWTR 对 Co^{2+} 吸附的可能的机制为 Co^{2+} 与 DWTR 表面或者孔隙内表面的 Fe(Al)—OH 络合形成 Fe(Al)—O—Co 结构。

3.2.5 镉钴的竞争吸附

1. 吸附动力学

图 3-34 为 Cd^{2+} 和 Co^{2+} 在 DWTR 中的竞争吸附动力学曲线。从图中可以看到，竞争吸附条件下，DWTR 对 Cd^{2+} 的吸附量远大于 Co^{2+}，与单一离子的吸附表现出同样的规律。这主要是由于两种离子与 DWTR 亲和力不同，显然，Cd^{2+} 的亲和力明显大于 Co^{2+}。Cd^{2+} 在吸附的第 24 小时左右就达到了吸附平衡，而 Co^{2+} 则是在第 40 小时左右。此外，吸附过程中，两种金属离子的竞争吸附曲线出现了吸附量极大值，通常称该点为"过饱和点"（刘继芳等，2000）。

亲和力的大小决定了 Cd^{2+} 和 Co^{2+} 在 DWTR 中最终吸附量的大小。由图 3-34 可知，该竞争吸附大体分为 3 个阶段。第一阶段，即吸附的起始阶段，在图中为时间为 0 的点到线 a（过饱和点所对应时间，约为 4 h）之间，DWTR 对 Cd^{2+} 和 Co^{2+} 的吸附量迅速增加，吸附曲线变化趋势接近。说明，在这一区间段，DWTR 对 Cd^{2+} 和 Co^{2+} 的活性吸附位点较多，混合体系中，Cd^{2+} 和 Co^{2+} 对吸附位点竞争不明显。该阶段吸附时间受许多因素影响，如 Cd^{2+} 和 Co^{2+} 的初始溶液浓度越高、DWTR 吸附位点相对较多，则此阶段时间越短。第二阶段，即线 a 到线 b 之间（"过饱和点"到吸附趋于平衡之间，为 4~12 h），该阶段离子间竞争程度较高，Cd^{2+} 和 Co^{2+} 与 DWTR 亲和力大小不断体现，Cd^{2+} 和 Co^{2+}

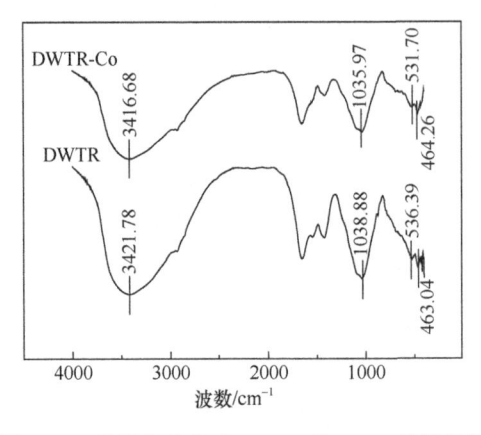

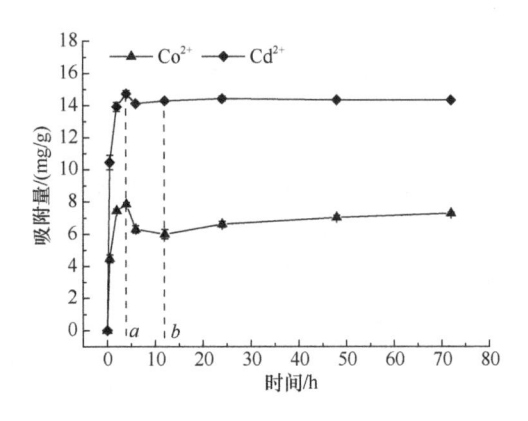

图 3-33 吸附实验前后 DWTR 的 FTIR 分析结果　图 3-34　DWTR 对 Cd^{2+} 和 Co^{2+} 的吸附动力学特征

之间吸附量的差距不断加大。第三阶段为吸附趋于平衡的阶段，Cd^{2+} 和 Co^{2+} 对吸附位点的竞争趋于稳定，吸附量变化不大，最终达到吸附平衡。

吸附过程中出现过饱和点，表明在竞争吸附过程中也存在着离子间吸附位点交换的现象。图 3-34 中可见，在 a 点之后，Cd^{2+} 和 Co^{2+} 均出现吸附量下降的现象，这主要是由于溶液中的 K^+ 和两种金属竞争吸附的结果。但是，从吸附位点重新分配的结果来看，Cd^{2+} 吸附量的变化相对于 Co^{2+} 来说较小，说明 Cd^{2+} 的竞争性较强。但是仔细观察可知，在 b 点之后，Cd^{2+} 和 Co^{2+} 的吸附量出现微弱升高的趋势，这可能是 Cd^{2+} 和 Co^{2+} 的吸附过程和 K^+ 吸附位点被交换过程同时存在的结果，两种金属不断与 K^+ 已占有的位点交换，直至达到平衡。

2. 吸附等温线

在二元体系中，DWTR 对 Cd^{2+} 和 Co^{2+} 竞争吸附等温吸附曲线见图 3-35。在竞争吸附存在时，DWTR 对 Cd^{2+} 的吸附量要高于 Co^{2+}。随着两种金属浓度的升高，DWTR 对其的吸附量也逐渐增加。表 3-14 为 Cd^{2+} 和 Co^{2+} 在 DWTR 上竞争的等温吸附参数。由表可知，在 Cd^{2+} 和 Co^{2+} 的二元竞争吸附系统中，Langmuir 模型对 Cd^{2+} 和 Co^{2+} 的拟合均好于 Freundlich 模型，并且由 Langmuir 模型拟合出 Cd^{2+} 和 Co^{2+} 的最大吸附量分别为 34.56 mg/g 和 15.32 mg/g。

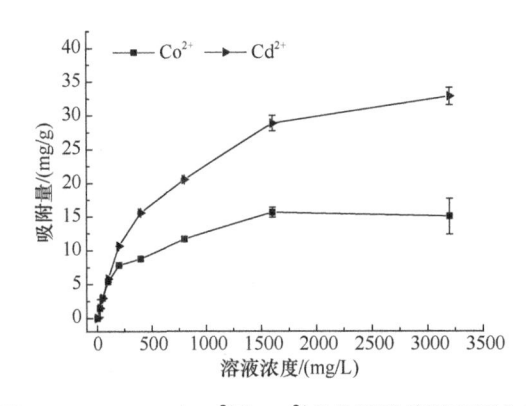

图 3-35　DWTR 对 Cd^{2+} 和 Co^{2+} 竞争吸附等温吸附曲线

表 3-14　Cd^{2+} 和 Co^{2+} 在 DWTR 上竞争的等温吸附参数

模型	离子	b	q_m	K	$1/n$	R^2
Langmuir	镉	0.008	34.56	—	—	0.98
	钴	0.016	15.32	—	—	0.99
Freundlich	镉	—	—	3.20	3.12	0.91
	钴	—	—	3.07	4.72	0.96

Freundlich 模型无法计算最大吸附量，且基质的吸附强度参数 $1/n$ 往往大于 1，其值越大，吸附等温拟合曲线的非线性特性则越显著。如果溶液浓度变化范围很大，实验拟合数据和 Freundlich 模型会有偏离。但是，在比较窄的浓度范围内，许多吸附体系都符合 Freundlich 模型。当 $1/n$ 等于 1 时，Freundlich 模型拟合曲线符合 Henry 定律，模型可变换为式（3-2）。此时，K 为溶质在吸附剂界面的分配系数，即吸附量 q_e 与溶质浓度 C_e 的比值，因此，在竞争吸附的情况下，用分配系数来分析比较吸附剂对重金属离子的选择吸附顺序尤为重要（Covelo et al.，2005）。

$$q_e = KC_e \tag{3-2}$$

从图 3-35 中可以看出，在浓度很低时，Cd^{2+} 和 Co^{2+} 之间的竞争吸附效应并不是很明显。因此，本次研究选取 Cd^{2+} 和 Co^{2+} 初始浓度均为 100 mg/L 时的分配系数来分析 Cd^{2+} 和 Co^{2+} 之间的竞争吸附特点。用分配系数 K_{100}（g/L）代表 Cd^{2+} 和 Co^{2+} 浓度为 100 mg/L 时 DWTR 上重金属的吸附量（X_e，mg/g）与吸附平衡时溶液中 Cd^{2+} 和 Co^{2+} 的浓度（C_e，mg/L）的比值。经计算，Cd^{2+} 和 Co^{2+} 的分配系数 K_{100} 分别为 2.29 和 0.55，因此，DWTR 对 Cd^{2+} 和 Co^{2+} 的选择顺序为 $Cd^{2+} > Co^{2+}$，这也与实验结果一致。

3. pH 影响

pH 对二元系统中 Cd^{2+} 和 Co^{2+} 吸附的影响见图 3-36。由图可见，在相同 pH 变化的条件下，DWTR 对 Cd^{2+} 吸附量要高于 Co^{2+}，并且 DWTR 对两种重金属的吸附量随着 pH 的增大而变大，这种趋势和 DWTR 对单一 Cd^{2+} 和 Co^{2+} 的吸附规律相似，但是不同的是，竞争吸附条件下，在 pH=3.0 时，DWTR 对 Cd^{2+} 的吸附量为 13.20 mg/g，当 pH 大于 4.0 时，DWTR 对 Cd^{2+} 的吸附量变化较小，均维持在 14.11 mg/g 左右。造成上述现象的原因主要是在酸性条件下，重金属离子和溶液中的 H^+ 相互竞争、相互抑制的情况较为明显，因而吸附量较小，随着溶液 pH 的升高，离子间的竞争作用减弱，两种金属会表现出不同的吸附特征。在 pH 为 8.0 时，Cd^{2+} 和 Co^{2+} 在 DWTR 表面易形成沉积物，从而表现出去除量较高的现象。此外，pH 的增加会使得 Cd^{2+} 和 Co^{2+} 的复杂水合物形式增多，也会有利于重金属的去除（Richmond et al.，2004）。

4. 离子强度影响

通常，若吸附质和吸附剂之间形成较弱的非化学键时，则吸附量随离子强度的增加而减小（Lützenkirchen，1997）。同时，离子强度也可以影响吸附剂和吸附质之间的静电作用，此时，离子强度的增加会阻碍吸附作用进行（吴志坚等，2010）。在同一个体系中可能同时存在以上几种机制。离子强度对二元体系中 Cd^{2+} 和 Co^{2+} 吸附的影响见图 3-37。

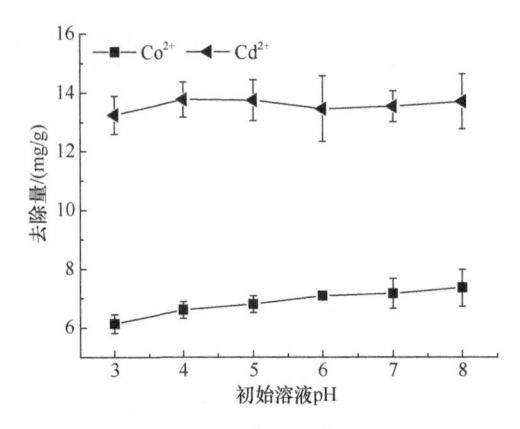

图 3-36 pH 对 Cd^{2+}和 Co^{2+}吸附的影响

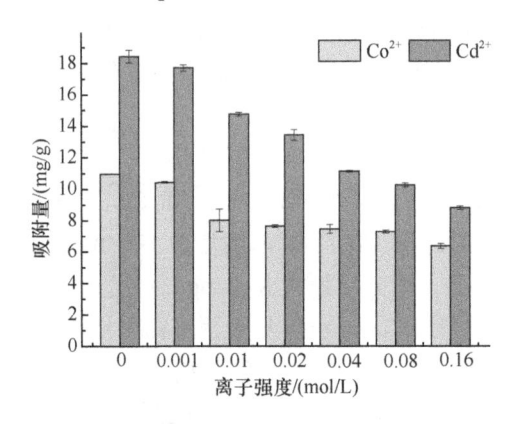

图 3-37 离子强度对 Cd^{2+}和 Co^{2+}吸附的影响

由图可见，DWTR 对 Cd^{2+}和 Co^{2+}的吸附量随着离子强度的增加而减小。但通过比较发现，Cd^{2+}受离子强度的影响更为大些，当溶液离子强度由 0 mol/L 升高到 0.16 mol/L 时，DWTR 对 Cd^{2+}的吸附量降低了 48.1%，说明其受静电吸附影响所占比例较高。而 Co^{2+}所受影响较小，其吸附量降低了 36.2%，说明受专性吸附影响较大。

3.3 DWTR 对硫化氢的吸附特征

3.3.1 柱状实验

DWTR 吸附硫化氢的柱状实验结果见图 3-38。比较不同浓度条件下，DWTR 吸附硫化氢的特征可知，当浓度为 800 mg S/L 时，出水和进水硫化氢浓度比值高于 95%（吸附饱和）所需时间为 1560 min；当浓度为 400 mg S/L 时，到达吸附饱和所需时间为 3120 min；然而，3120 min 的吸附时间对于浓度为 200 mg S/L 的进水而言，出进水浓度比值仅在 70% 左右。因此，DWTR 吸附硫化氢的柱状实验饱和时间，随着吸附浓度的增高而变短。此外，比较不同 pH 条件下，DWTR 吸附硫化氢的过程可知，当吸附 pH 为 7.2 时，DWTR 吸附硫化氢的柱状实验饱和时间最长；然而吸附 pH 为 8.2 和 10.2 的差异较小。该结果表明低 pH 有利于 DWTR 对硫化氢的吸附作用。进一步比较可知，在吸附作用初期,当吸附 pH 为 10.2 时,DWTR 对硫化氢的吸附能力最强(出进水浓度比值最低),其次分别是吸附 pH 为 7.2 和 8.2 时;当吸附时间达到 390 min 时,DWTR 在 pH 为 7.2 条件下的吸附能力最强,其次分别是吸附 pH 为 10.2 和 8.2 时;然而,当时间达到 720 min 时,DWTR 在 pH 为 7.2 条件下的吸附能力仍最强,但在 pH 为 10.2 和 8.2 条件差异较小,且该现象一直持续到实验结束。

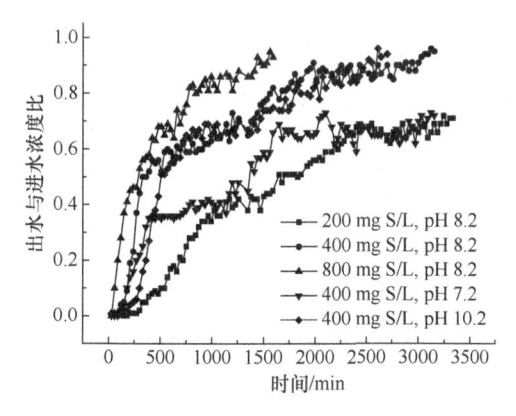

图 3-38 DWTR 吸附硫化氢的柱状实验结果

为了深入了解 DWTR 对硫化氢的吸附特征,分别用式(3-3)Thomas 模型和式(3-4)Yan 模型(Yan et al.,2001;Pokhrel and Viraraghavan,2008)来拟合吸附穿透实验的数据。拟合结果见表 3-15。

$$\frac{C_e}{C_0} = \frac{1}{1 + \exp\left(\frac{k_T X_T m}{Q} - k_T C_0 t\right)} \quad (3-3)$$

$$\frac{C_e}{C_0} = 1 - \frac{1}{1 + \left(\frac{Q^2 t}{k_Y X_Y m}\right)(k_Y C_0 / Q)} \quad (3-4)$$

式中,C_0 和 C_e 为进水和出水的硫化氢浓度(mg S/L);Q 为实验的进水流量(mL/min);m 为吸附剂的质量(g);X_T 和 X_Y 分别是 Thomas 模型和 Yan 模型估算的最大吸附量(mg/g);k_T 是 Thomas 模型的速率常数[L/(min·mg)];k_Y 是 Yan 模型的动力学速率常数[L/(min·mg)]。

表 3-15 Thomas 模型和 Yan 模型的拟合结果

模型	浓度/(mg/L)	200	400	400	400	800
	pH	8.2	7.2	8.2	10.2	8.2
Thomas	k_T/[L/(min·mg)]	3.6×10^{-4}	1.2×10^{-4}	1.8×10^{-4}	2.8×10^{-4}	1.6×10^{-4}
	X_T/(mg/g)	36	54	29	39	22
	R^2	0.75	0.69	0.71	0.70	0.87
Yan	k_Y/[L/(min·mg)]	1.6×10^{-3}	4.7×10^{-4}	6.6×10^{-4}	8.4×10^{-4}	2.9×10^{-4}
	X_Y/(mg/g)	17	40	15	15	15
	R^2	0.95	0.89	0.91	0.92	0.96

从表 3-15 中可知，Yan 模型（$R^2>0.89$）比 Thomas 模型（$R^2<0.87$）更适合描述 DWTR 对硫化氢的吸附过程。这可能是因为 Thomas 模型适于描述吸附质在吸附剂表面和内部扩散不受限制的吸附过程（Srivastava et al.，2008）；然而，Yan 模型适合描述不同柱状实验时间（吸附穿透时间）的吸附过程（Yan et al.，2001）。在两个模型的拟合结果中，k_T 和 k_Y 都随着吸附浓度的增高和 pH 的降低而降低，但 X_Y 比 X_T 小很多。这种差异应与模型的自身特点有关。对于 Thomas 模型而言，当吸附时间为 0 时，出进水浓度的比值不仅不是 0，反而是正值，这与实际情况不符，并且该设置会间接缩短吸附运行时间，进而促使 Thomas 模型对 DWTR 最大吸附量的估算不准（Yan et al.，2001）。因此，本研究用 Yan 模型来估算 DWTR 对硫化氢的最大吸附量。根据结果可知，DWTR 对硫化氢的最大吸附量是在 pH 为 7 的条件下，而在 pH 为 8.2 和 10.2 条件下的相近。

3.3.2 吸附前后 DWTR 的表征

以进水 pH 8.2 和硫化氢浓度 400 mg S/L 的柱状实验后的 DWTR 为对象，考察吸附前后 DWTR 的基本性质变化，结果见表 3-16。DWTR 吸附硫化氢后的 pH 有明显提高，且高于进水 pH（8.2），但总铁和总铝的含量差异较小，这表明在吸附硫化氢过程中 DWTR 中铁铝溶出作用较弱。吸附后每克 DWTR 中硫的总量增加了 12 mg，这与 Yan 模型估算的 DWTR 在吸附浓度为 400 mg S/L（pH=8.2）时吸附量很接近（15 mg/g），这进一步表明了 Yan 模型可以很好地描述 DWTR 对硫化氢的吸附过程。吸附硫化氢后 DWTR 的比表面积和总孔体积都有一定减小，平均孔径有所增大。

DWTR 吸附硫化氢前后，不同孔径条件下孔体积分布差异见图 3-39。DWTR 在吸附硫化氢之后，孔径在 2~5 nm 的孔体积明显减小，但是经仔细观察可知，孔径约为 2 nm 的孔体积却有所增加。Makris 等（2006b）研究表明在厌氧条件下，DWTR 中铁的还原作用可能会促使新吸附位点的生成。因此，在本研究中，铁的还原作用可能促使了 DWTR 中孔径为 2 nm 的孔体积增加。

表 3-16　DWTR 吸附硫化氢前后的表征

性质	吸附前	吸附后
pH	6.67	9.59
总铝/（mg/g）	47	47
总铁/（mg/g）	100	99
总硫/（mg/g）	1.7	14
比表面积/（m²/g）	81	48
平均孔径/nm	1.7	2.1
总孔体积/（cm³/g）	0.070	0.050

吸附硫化氢前后 DWTR 的微商热重（DTG）分析结果见图 3-40。以往研究表明，DTG 曲线中硫酸或亚硫酸的出峰位置是在 200~300℃，而元素硫的出峰位置在 400℃ 左右（Adib et al.，1999，2000；Bagreev et al.，2001）。比较可知，在本研究中，尽管 DWTR 在吸附硫化氢前后的 DTG 曲线出峰位置并无较大差异，但是吸附硫化氢后 DWTR 的 DTG 曲线在 250℃ 左右的峰值要高于吸附前的，因此，在吸附硫化氢后，DWTR 中硫酸

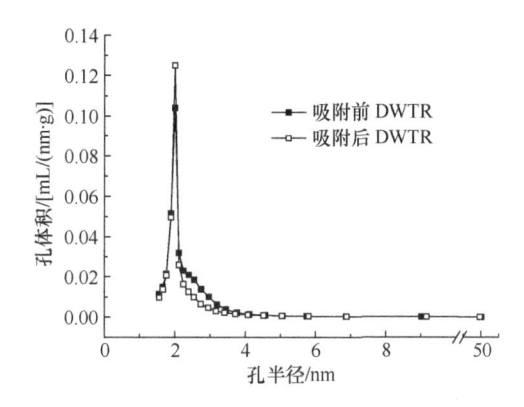

图 3-39 吸附前后 DWTR 孔体积的分布

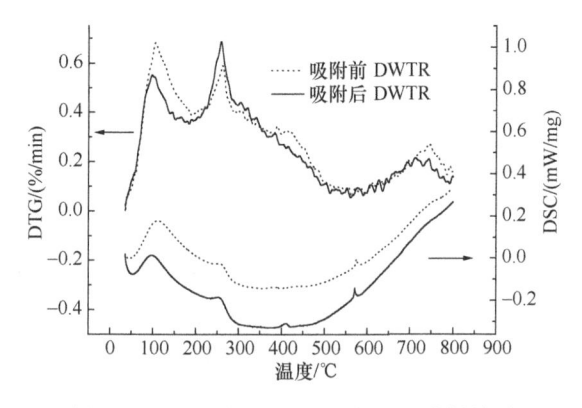

图 3-40 吸附前后 DWTR 的 DTG 分析结果

或亚硫酸有所增加。这也进一步导致了 DWTR 中其他物质比例相对减少，进而使 DTG 曲线中 100℃、400℃和 700℃的峰值减小。由于 DWTR 较复杂，DTG 也许不能充分反映其吸附硫化氢前后的差异，因此差示扫描量热法（DSC）也被用于分析吸附前后 DWTR 的成分变化（图 3-40）。DWTR 在吸附硫化氢前后的 DSC 曲线差异也较小，但吸附后 DWTR 的 DSC 曲线在 410℃处有新峰出现，这表明 DWTR 在吸附硫化氢后形成了新的物质。根据硫或硫酸在 DTG 曲线中出峰位置可知，DWTR 在吸附硫化氢后应产生了元素硫。

3.3.3 厌氧培养实验

吸附硫化氢后 DWTR 的厌氧培养实验结果见图 3-41。在整个实验中，系统 ORP 一直保持为负值。在实验的前 3 d 里，系统 ORP 快速降低，从-78 mV 降低到-394 mV，之后出现波动，并最终稳定在-480 mV 左右。系统的 pH 在整个实验期间一直降低，并最终保持在 7.35 左右。同样通过观察可知，在实验的前 2 d，系统中硫化氢含量低于检测线，而到第 3 天时，硫化氢的浓度迅速升高到 0.52 mg S/L，之后逐渐降低并稳定在 0.09 mg S/L 左右。系统中硫化氢浓度降低说明发生了硫化氢的重吸附作用，这也从侧面表明吸附后 DWTR 的表面吸附位点有所增加。该现象的原因可能与上文提到的厌氧环境下 DWTR 中铁还原作用有关。无论如何，吸附后 DWTR 在厌氧环境条件下硫化氢释放量较低,最多可释放 0.026 mg S/g 的硫化氢(第 3 天),约占总吸附量的 0.19%。因此,DWTR 对硫化氢吸附作用稳定。

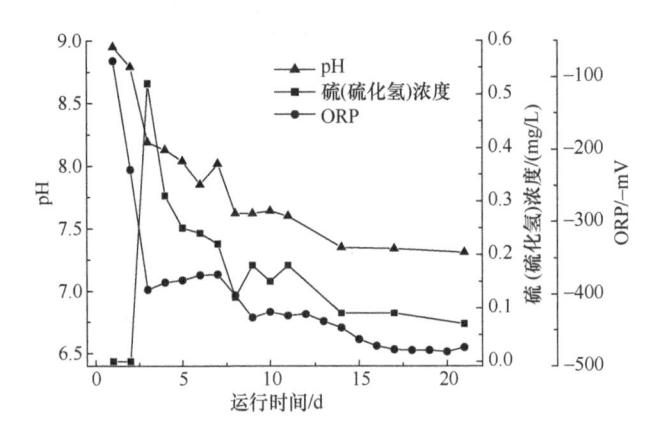

图 3-41 吸附后 DWTR 的厌氧培养实验结果

3.3.4 硫化氢吸附机制

DWTR 吸附硫化氢的机制:DWTR 成分复杂,主要由铁铝、原水中悬浮颗粒物和活性炭等组成,所以本研究对于 DWTR 吸附机制探索,是基于 DWTR 吸附硫化氢前后性质的变化和其他类似研究推测的。

从热分析结果可知(图 3-40),在吸附硫化氢后,DWTR 中(亚)硫酸根和元素硫都有所增加,这表明氧化作用是 DWTR 吸附硫化氢的机制之一。根据 DWTR 的成分特点,将硫化氢氧化成硫酸根和元素硫的活性位点应主要存在于活性炭表面。由于在 pH 为 8.2 时,溶液中硫化氢主要形态是 HS^-(Haimour et al.,2005),因此溶液中硫化氢被氧化成元素硫、SO_2 和 H_2SO_4 可分别由式(3-5)~式(3-7)来表示(Bagreev et al.,2001;Yan et al.,2002;Bagreev and Bandosz,2004)。

$$HS^- + O \rightarrow S + OH^- \tag{3-5}$$

$$HS^- + 3O \rightarrow SO_2 + OH^- \tag{3-6}$$

$$SO_2 + O + H_2O \rightarrow +H_2SO_4 \tag{3-7}$$

$$H^+ + OH^- \rightarrow H_2O \tag{3-8}$$

上述反应式中,O 表示游离氧。在厌氧条件下,金属离子的还原作用也会促进 HS^- 的氧化,如式(3-9)(Bagreev et al.,2001)。

$$HS^- + 2Fe^{3+} \rightarrow 2Fe^{2+} + S + H^+ \tag{3-9}$$

当然,式(3-10)和式(3-11)也可能发生(Holmer and Storkholm,2001)。

$$Fe_2O_3 + 6HS^- \rightarrow 2FeS + 3H_2O + S + 3S^{2-} \tag{3-10}$$

$$2H_2S + SO_2 \rightarrow 3S + 2H_2O \tag{3-11}$$

以往很多研究的结果表明在吸附硫化氢后,吸附剂的 pH 一般会降低(Bagreev et al.,2001;Bagreev and Bandosz,2004;Bandosz and Block,2006)。这可能是因为在吸附过

程中有更多的硫化氢被氧化成硫酸（亚硫酸）。然而在本研究中，DWTR 在吸附硫化氢后，其 pH 不仅要比吸附前 DWTR 的 pH 高（表 3-16），而且还比进水 pH 高，这表明 DWTR 在吸附硫化氢过程中可能会释放 OH⁻。因此，DWTR 对硫化氢的吸附作用不局限于式（3-5）~式（3-11）的反应。

众所周知，吸附剂对阴离子的吸附作用主要存在以下几种过程：物理吸附、静电吸附、沉淀作用和配位交换作用（Sparks，2003）。其中，可能会引起 OH⁻释放作用的是后 3 种。静电作用与 DWTR 表面所带电荷密切相关。随着 pH 的升高，DWTR 表面电荷表现出由正电荷向负电荷转化的趋势。所以静电交换吸附作用应不是 DWTR 吸附硫化氢时释放 OH⁻的主要机制。又因为在柱状实验过程中，DWTR 铁铝释放的作用较弱（表 3-16），所以，硫化氢与 DWTR 中金属离子之间的沉淀作用也应较弱。综上所述，配位交换作用应是 DWTR 在吸附硫化氢时释放 OH⁻的主要机制。此外，配位交换作用也会降低 DWTR 的等电点（Sparks，2003），继而导致在测定 pH 时，吸附后 DWTR 会吸附溶液中更多的 H⁺，继而进一步促进测定值升高。DWTR 对磷酸根离子的吸附机制也主要是配位交换作用，由于硫化氢和磷酸根在溶液中都是阴离子，因此 DWTR 对它们的吸附过程应存在一定的相似性。所以，根据以往研究可知（Yang et al.，2006），DWTR 吸附硫化氢的配位交换作用反应式可通过式（3-12）来表达。

$$\mathrm{=\!Fe/Al\!-\!X + HS^- \rightarrow\, =\!Fe/Al\!-\!SH + X^-} \qquad (3\text{-}12)$$

综上所述，氧化作用和配位交换作用是 DWTR 吸附硫化氢的主要机制。从上述分析可知，DWTR 吸附硫化氢的反应总体上是释放 OH⁻的，因此 DWTR 吸附硫化氢的主要机制应是式（3-5）或式（3-6）和式（3-12）的反应，所以低 pH 有利于 DWTR 对硫化氢的吸附。但是从图 3-38 和表 3-15 可知，在 pH 为 8.2 和 10.2 时，DWTR 对硫化氢的吸附效果差异较小。高 pH 有利于式（3-7）和式（3-9）的反应。因此，在较高 pH 条件下，DWTR 对硫化氢吸附的主要机制可能发生了变化。

3.4 本章小结

DWTR 是一种高效的有机磷农药吸附材料。溶液 pH 对 DWTR 吸附毒死蜱的影响并不显著，低分子量有机酸对 DWTR 吸附毒死蜱的抑制作用强度与其浓度密切相关。DWTR 对有机磷除草剂草甘膦的吸附主要基于配体交换作用。DWTR 所吸附的草甘膦不易解吸，具有较强的吸附稳定性。DWTR 对镉、钴具有强而稳定的吸附作用，也主要通过配位交换作用进行，但相比较而言，DWTR 对镉的吸附作用明显高于钴。DWTR 对硫化氢也具有较强的吸附能力，主要机制是氧化作用和配位交换作用，被吸附的硫化氢在厌氧条件下不易被解吸。

第 4 章 DWTR 用于废水的处理

4.1 以 DWTR 为介质模拟湿地对城镇二级出水的处理

4.1.1 模拟湿地系统的构建

构建两个以 DWTR 为基质的单级模拟人工湿地，如图 4-1 所示。考察在两种运行方式（连续流和潮汐流）下对城镇二级出水的处理效果，DWTR 粒径为 1~3 cm，孔隙度为 42%，有效体积为 2 L。以某污水厂二级出水作为进水，水质指标见表 4-1。

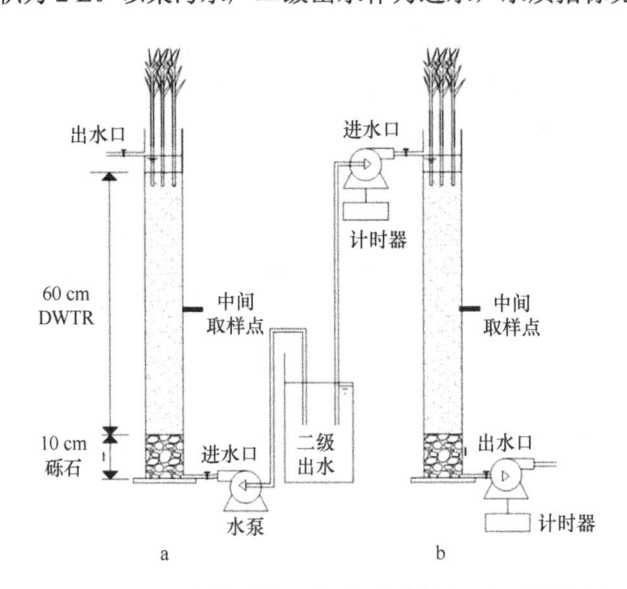

图 4-1 DWTR 为基质的两种运行方式的人工湿地装置图
a. 连续流；b. 潮汐流

连续流人工湿地如图 4-1a 所示，其运行方式为"底部进水，顶部出水"。潮汐流人工湿地如图 4-1b 所示，其运行方式为"顶部进水，底部出水"，并以循环式进水和出水。每个循环共有 4 个阶段：进水、反应、出水、静置。进水阶段初期，人工湿地下半部留有上个循环的废水，处于淹没状态，上半部处于裸露状态。然后控制进水泵从湿地顶部快速进水，待液面升至淹没整个基质时关闭进水，进入反应阶段。经过适当反应时间后，控制出水泵从湿地底部快速出水，待液面将至原液面的一半时关闭出水泵。此时上半部回到裸露状态，与空气接触进行复氧，而下半部仍处于淹没状态，继续在下一个循环中反应。整个运行周期内潮汐流人工湿地的工艺参数和采样频率与连续流人工湿地相同，如表 4-1 所示。

表 4-1　两种运行方式的人工湿地在整个运行期间的水质特性及平均负荷

平均值±标准偏差	阶段 1（15~100 d）	阶段 2（100~200 d）	阶段 3（200~600 d）
水力停留时间/d	1	2	3
水力负荷/[m³/(m³·d)]	0.45	0.22	0.15
COD_{cr}/(mg/L)	49.34±19.83	54.55±18.89	54.33±21.98
氨氮/(mg/L)	0.65±0.64	0.28±0.21	0.69±0.67
亚硝酸氮/(mg/L)	0.24±0.17	0.04±0.02	0.39±0.29
硝酸氮/(mg/L)	16.70±2.28	15.80±4.15	11.10±1.93
总氮/(mg/L)	17.88±2.54	16.61±4.15	12.96±2.74
COD_{cr}/N	2.75	3.28	4.19
总磷/(mg/L)	1.88±0.45	1.83±0.68	1.15±0.50
总悬浮物/(mg/L)	2.10±0.24	2.47±0.44	2.73±0.31
溶解氧/(mg/L)	5.23±1.08	7.80±1.96	4.50±0.72
pH	8.29±0.18	8.36±0.19	8.18±0.40
有机物负荷/[g COD_{cr}/(m³·d)]	20.25	11.83	10.67
氮负荷/[g N/(m³·d)]	8.04	3.66	1.95
磷负荷/[g P/(m³·d)]	0.84	0.40	0.18

4.1.2　两种人工湿地对总悬浮物和 COD_{cr} 的去除及比较

两种人工湿地对总悬浮物和 COD_{cr} 的去除如图 4-2 所示，在所有 HRT 下总悬浮物的去除效率均较好，连续流人工湿地进水、中部采样点和出水的平均总悬浮物浓度分别为 6.44 mg/L、1.62 mg/L、0.88 mg/L，平均去除率达 86%。潮汐流人工湿地进水、中部采样点和出水的平均总悬浮物浓度分别为 6.44 mg/L、1.52 mg/L、0.65 mg/L，平均去除率达 90%。尽管在阶段 3 进水中的总悬浮物含量较高，但两种人工湿地的出水总悬浮物浓度仍较低。有机质方面，连续流人工湿地的进水、中部采样点和出水的平均 COD_{cr} 浓度分别为 52.37 mg/L、32.29 mg/L、24.73 mg/L，平均去除率为 53%；潮汐流人工湿地分别为 52.37 mg/L、35.81 mg/L、26.24 mg/L，平均去除率为 50%。总体来说，两种人工湿地对总悬浮物和 COD_{cr} 具有很强的去除效果。

人工湿地中总悬浮物的去除主要依靠基质的物理截留作用，并且生物膜的富集可以加强截留作用。COD_{cr} 的去除通常是物理和微生物的协同作用：物理作用首先将有机物固体分离出来，继而微生物进一步降解。此外，DWTR 较大的表面积可为附着的微生物富集提供条件，促进化学反应（Babatunde et al.，2011）。因此，DWTR 的物理性质有利于总悬浮物和 COD_{cr} 的去除。

采用 One-Way ANOVA 分析表明潮汐流人工湿地的出水总悬浮物浓度比连续流人工湿地低 0.23 mg/L，存在显著性差异（$P<0.05$）。这是因为连续流人工湿地为上向流出水，水流自下而上通过湿地，可带出部分 DWTR 溶解颗粒，造成总悬浮物浓度增加。相反，潮汐流人工湿地为下向流出水，水流自上而下通过 DWTR 基质，底部的砾石可以截留住 DWTR 溶解颗粒，故出水总悬浮物浓度较低。需要指出，DWTR 经过强度脱水后密

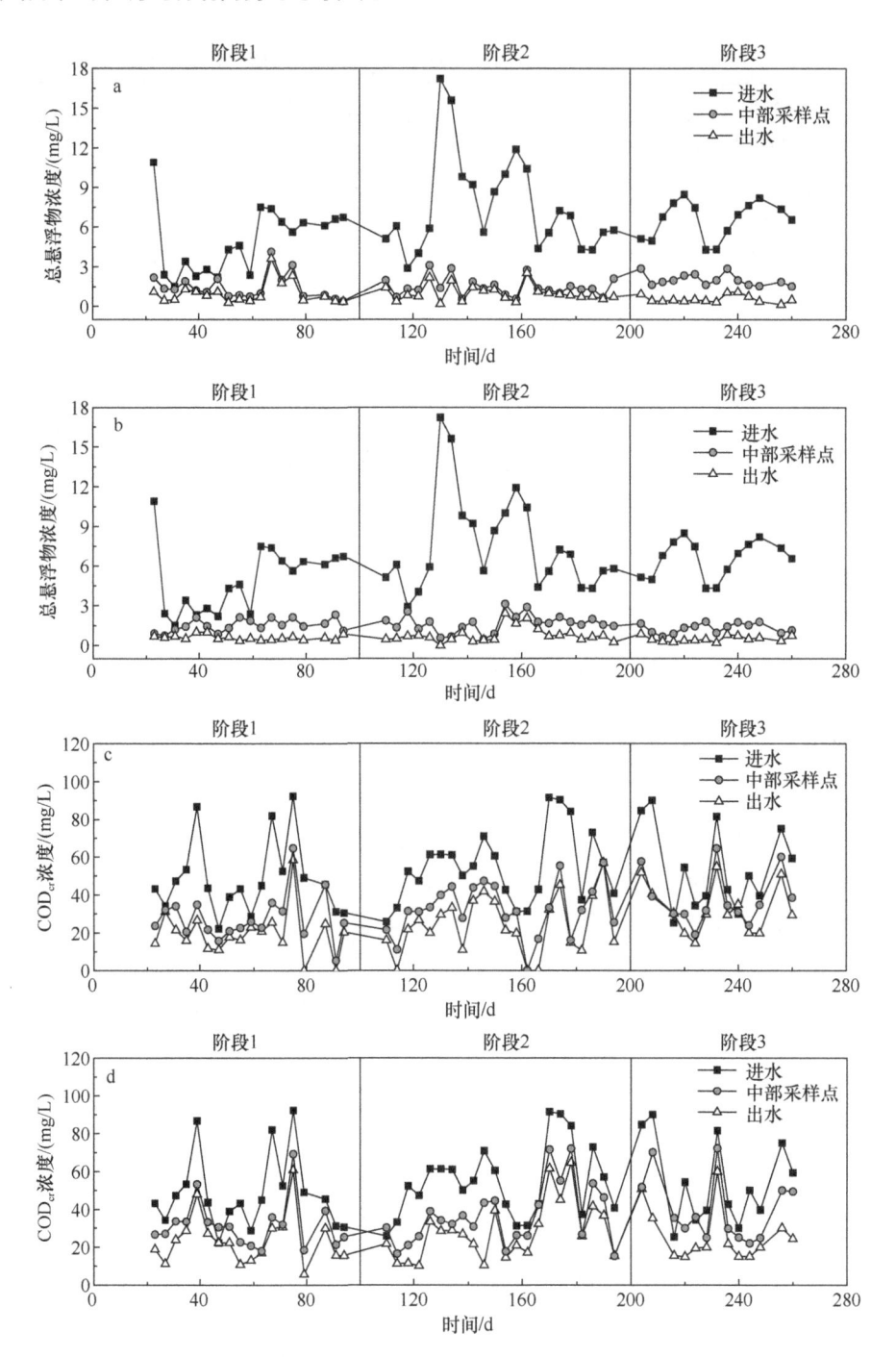

图 4-2　两种运行方式的人工湿地在整个运行期间的总悬浮物和 COD_{cr} 去除

a，c. 连续流人工湿地；b，d. 潮汐流人工湿地

度增加，不易解体，溶解潜力较低，所以连续流人工湿地出水中的总悬浮物浓度仍满足排放标准（SEPA，2003）。对比两种人工湿地中中部采样点和出水的总悬浮物浓度，结果表明连续流人工湿地中部采样点的总悬浮物浓度显著高于出水（$P<0.05$），差值为 0.74 mg/L；潮汐流人工湿地中部采样点的总悬浮物浓度也显著高于出水（$P<0.05$），差

值为 0.87 mg/L。因此，在连续流人工湿地中，前半程对总悬浮物的去除贡献了 87%，后半程贡献了 13%；在潮汐流人工湿地中，前半程贡献了 85%，后半程贡献了 15%。综上所述，总悬浮物进入两种人工湿地后在初期即被截留，然后随着水流方向进一步得到去除。

同样，采用 One-Way ANOVA 分析表明连续流人工湿地的出水 COD_{cr} 浓度和潮汐流人工湿地不存在显著性差异（$P>0.05$），意味着两种运行方式对 COD_{cr} 的去除没有明显影响。对比中部采样点和出水的 COD_{cr} 浓度，结果表明连续流人工湿地中部采样点的 COD_{cr} 浓度显著高于出水（$P<0.05$），差值为 7.55 mg/L；潮汐流人工湿地中部采样点的 COD_{cr} 浓度显著高于出水（$P<0.05$），差值为 9.58 mg/L。因此，在连续流人工湿地中，前半程贡献了 COD_{cr} 去除的 73%，后半程贡献了 27%；在潮汐流人工湿地中，前半程贡献了 63%，后半程贡献了剩下的 37%。可以看出前半程是两种人工湿地中主要的反应区域，这可能是因为 COD_{cr} 浓度降低到一定程度时，残余的有机物大部分为难降解有机物，导致后半程去除效率很低。

4.1.3 两种人工湿地对氮的去除效果及比较

两种人工湿地中氮的去除及转化如图 4-3 所示。在整个运行周期内连续流人工湿地的进水、中部采样点和出水的平均总氮浓度分别为 16.17 mg/L、10.38 mg/L、5.29 mg/L，平均去除率为 67%；平均氨氮浓度分别为 0.52 mg/L、3.53 mg/L、2.04 mg/L；平均亚硝酸氮+硝酸氮浓度分别为 15.11 mg/L、6.37 mg/L、2.99 mg/L，去除率为 80%。潮汐流人工湿地的进水、中部采样点和出水的平均总氮浓度分别为 16.17 mg/L、8.90 mg/L、6.66 mg/L，平均去除率为 66%；平均氨氮浓度分别为 0.52 mg/L、1.30 mg/L、0.84 mg/L；平均亚硝酸氮+硝酸氮浓度分别为 15.11 mg/L、6.90 mg/L、5.63 mg/L，去除率为 63%。总氮去除速率分别为 3.00 g N/（m³·d）（连续流人工湿地）和 2.38 g N/（m³·d）（潮汐流人工湿地），并且在阶段 3 效果最稳定，去除率高达 75%。氨氮方面，连续流人工湿地在初期的出水氨氮浓度高于 6 mg/L，然后降低并稳定在 1.35 mg/L±1.15 mg/L，整个运行周期内的氨氮浓度显著高于进水（$P>0.05$）。与之不同，潮汐流人工湿地的出水氨氮与进水氨氮不存在显著差异，稳定浓度为（0.75±0.75）mg/L。另外，连续流人工湿地出水的亚硝酸氮+硝酸氮浓度显著低于潮汐流人工湿地（$P>0.05$）。总体来说，以 DWTR 为基质的连续流人工湿地存在轻微的氨氮释放现象，但亚硝酸氮+硝酸氮的去除效果较好；潮汐流人工湿地氨氮释放现象不明显，亚硝酸氮+硝酸氮的去除率低于连续流人工湿地。

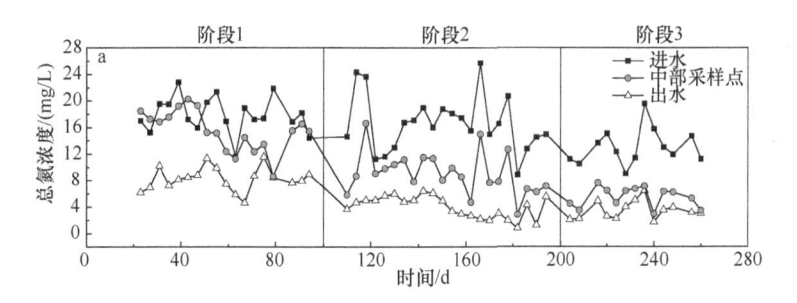

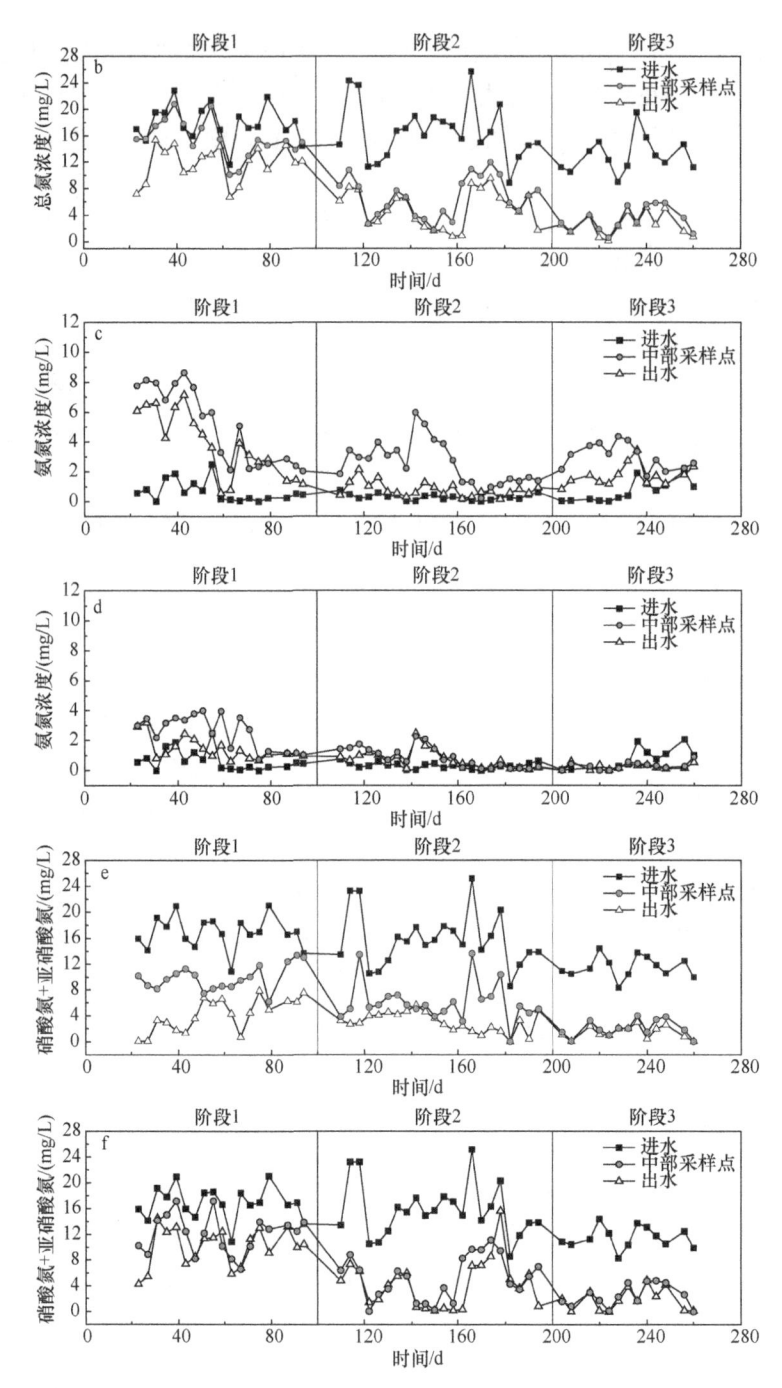

图 4-3　两种运行方式的人工湿地在整个运行期间的氮去除
a, c, e. 连续流人工湿地；b, d, f. 潮汐流人工湿地

以 DWTR 为基质的人工湿地对总氮的去除速率分别为 2.95 g N/（m³·d）（连续流）和 2.38 g N/（m³·d）（潮汐流），与文献报道具有可比性（Lin et al., 2002）。虽然人工湿地中氮的去除机制很复杂，但生物作用通常是主要的去除途径（Vymazal, 2007）。DWTR 的表面积较大，有利于微生物的附着和生长。因此，DWTR 是一种有利于生物脱氮的人

工湿地基质。

本研究发现连续流人工湿地出水的氨氮浓度有稍微的上升,在运行的前 100 d 尤为明显。这部分新产生的氨氮可能来自于城镇二级出水和 DWTR 中的残余有机氮的氨化作用。但进水中的有机氮含量较低(<0.50 mg/L),所以 DWTR 的有机氮氨化是主导机制。此外,虽然整个系统在前 100d 内稳定运行,出水中的氨氮却逐渐降低也表明 DWTR 自身不断释放氨氮。前人采用藻团粒作为人工湿地基质处理低氨氮污水时发现了类似的氨氮富集作用(Gray et al., 2000)。然而,潮汐流人工湿地中并未发生明显的氨氮释放现象,这是因为潮汐流人工湿地的氧气供给较好,促进了氨氮转化为亚硝酸氮和硝酸氮。需要指出,尽管总氮的去除显著强于氨氮的增加,但仍有必要降低氨氮的释放作用。

采用 DWTR 作为人工湿地基质处理养殖废水时并未发现 DWTR 中的有机氮的氨化作用(Hu et al., 2012a, 2012b)。造成这种差异主要有两个原因:一是 DWTR 中的有机氮含量显著低于养殖废水中的氨氮含量,氨化作用不明显;二是 DWTR 中的有机氮一般来自于原始水源中的有机氮,所以不同的水源和采样季节等会影响 DWTR 中有机氮含量的差异。综上所述,可以通过筛选氮含量较低的 DWTR,以及采用特殊的操作策略(如曝气和复合人工湿地系统)来降低有机氮的氨化作用。

一般来说,亚硝酸氮和硝酸氮的去除主要包括 3 种途径:反硝化作用、甲烷化作用、硝酸盐异化还原氨作用(Akunna et al., 1992)。这 3 种去除机制主要受进水的 C/N 影响:当 C/N>53 时,硝酸盐异化还原氨作用和甲烷化作用为主要机制;当 8.86≤C/N≤53 时,甲烷化作用和反硝化作用为主要机制;当 C/N<8.86 时,反硝化作用为主要机制。由于本研究进水的 COD_{cr} 和硝酸氮+亚硝酸氮的平均浓度分别为 52.37 mg/L 和 15.11 mg/L(C/N 为 3.47),因此硝酸氮和亚硝酸氮主要通过反硝化作用去除。根据 3 个运行阶段内进水和出水的硝酸氮+亚硝酸氮浓度可知连续流人工湿地和潮汐流人工湿地的平均反硝化速率分别为 3.34 g N/(m³·d)和 2.43 g N/(m³·d),优于类似材料(Wendling et al., 2013)。

反硝化作用受到许多因素的影响,包括湿地基质特性、植被种类和数量、微生物群落、氧气环境及进水中的有机质和硝酸氮浓度(Vymazal, 2007)。其中进水有机质和硝酸氮浓度比例较低会导致碳源不足,限制反应的进行(Yang et al., 2012)。根据反硝化反应和生物氧化公式:

$$0.613C_2H_5OH+NO_3^- \rightarrow 0.102C_5H_7NO_2 + 0.716CO_2 + 0.286OH^- + 0.980H_2O+0.449N_2 \quad (4-1)$$

$$C_2H_5OH+3O_2 \rightarrow 2CO_2 +3H_2O \quad (4-2)$$

可以得出反硝化去除 1 g 氮理论上需要消耗 4.2 g COD_{cr}(Carrera et al., 2004)。两种人工湿地中的反硝化速率和 COD_{cr} 消耗速率如图 4-4 所示,COD_{cr} 的消耗速率大部分低于理论值。实际的 COD_{cr} 消耗速率和反硝化速率之比的平均值分别为 2.37(连续流人工湿地)和 3.36(潮汐流人工湿地),意味着虽然进水的碳源浓度较低,但反硝化作用仍然很强。这可能是因为 DWTR 的有机质含量高于普通土壤和砾石,可以为附着在表面的微生物提供有机质和其他营养物质。此外,人工湿地中反硝化微生物也可以利用植被分泌的有机物作为碳源(Bialowiec et al., 2011)。综上所述,DWTR 作为人工湿地基质有利于反硝化作用,并且受进水有机质浓度影响较小。

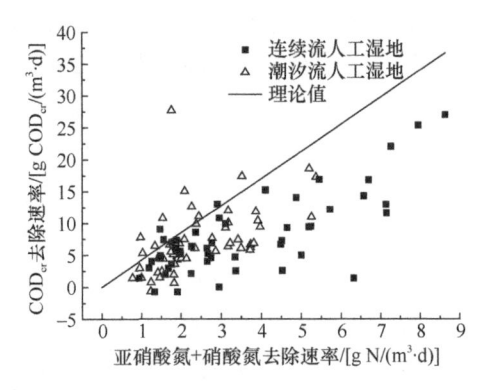

图 4-4　两种运行方式的人工湿地在整个运行期间的反硝化速率与 COD_{cr} 消耗速率

采用 One-way ANOVA 对比连续流人工湿地和潮汐流人工湿地对亚硝酸氮+硝酸氮的去除,结果表明存在显著性差异($P<0.05$)。两种运行方式的差异主要是氧气的传输:连续流人工湿地中氧气主要来自于进水的溶解氧供给和液面的大气扩散作用,但两者的复氧能力很有限,故系统处在持续厌氧的环境中;潮汐流人工湿地中氧气主要来源于排水和静置阶段大气快速扩散作用,复氧能力较强,有研究指出潮汐流人工湿地的平均氧气供给量高于传统的人工湿地(Wu et al., 2011)。由于反硝化作用受到氧气的抑制作用,因此潮汐流人工湿地出水的亚硝酸氮+硝酸氮浓度高于连续流人工湿地。此外,DWTR自身有机氮的氨化作用,在好氧条件下部分的氨氮转化为亚硝酸氮和硝酸氮,导致潮汐流人工湿地出水中亚硝酸氮+硝酸氮浓度较高。虽然潮汐流人工湿地出水中亚硝酸氮+硝酸氮浓度较高,但其氨氮浓度显著低于连续流人工湿地($P<0.05$),因此两种人工湿地对总氮的去除差异性不显著($P>0.05$)。综上所述,以 DWTR 为基质的连续流人工湿地的反硝化作用较强,但对氨氮的去除能力较差,适合以硝酸氮为主的水体;而以 DWTR 为基质的潮汐流人工湿地不仅对氨氮具有较好的去除作用,而且通过调整运行参数,反硝化作用也可以得到增强。

比较连续流人工湿地不同高度的总氮浓度,结果表明中部采样点的总氮浓度显著高于出水的总氮浓度 5.08 mg/L($P<0.05$),潮汐流人工湿地中情况类似,但相差较小(2.24 mg/L)。换言之,连续流人工湿地中前半程和后半程分别贡献了总氮去除的 53%和 47%,而潮汐流人工湿地中前半程和后半程分别贡献了总氮去除的 76%和 24%。造成差异的原因主要是在连续流人工湿地中,水流流态为推流式,进水中的氮随着水流方向逐步去除;而在潮汐流人工湿地中,进水阶段结束后水流流态类似于完全混合式,进水中的氮与上个循环的残留水体发生混合现象,因此浓度在前半程剧烈下降。同理,氨氮和亚硝酸氮+硝酸氮浓度呈现同样的趋势。总体来说,连续流人工湿地中氮为阶梯式去除,潮汐流人工湿地中的氮浓度先剧烈降低,继而缓慢去除。

4.1.4　两种人工湿地对磷的去除效果及比较

与氮的去除相比,两种人工湿地中磷的去除更有效且更稳定(图 4-5)。在整个运行周期中出水磷浓度均接近于 0 mg/L，并且经过 260 d 后，在磷负荷为 0.18 g/（m³·d）的条件下，磷的去除率仍高达 98%。

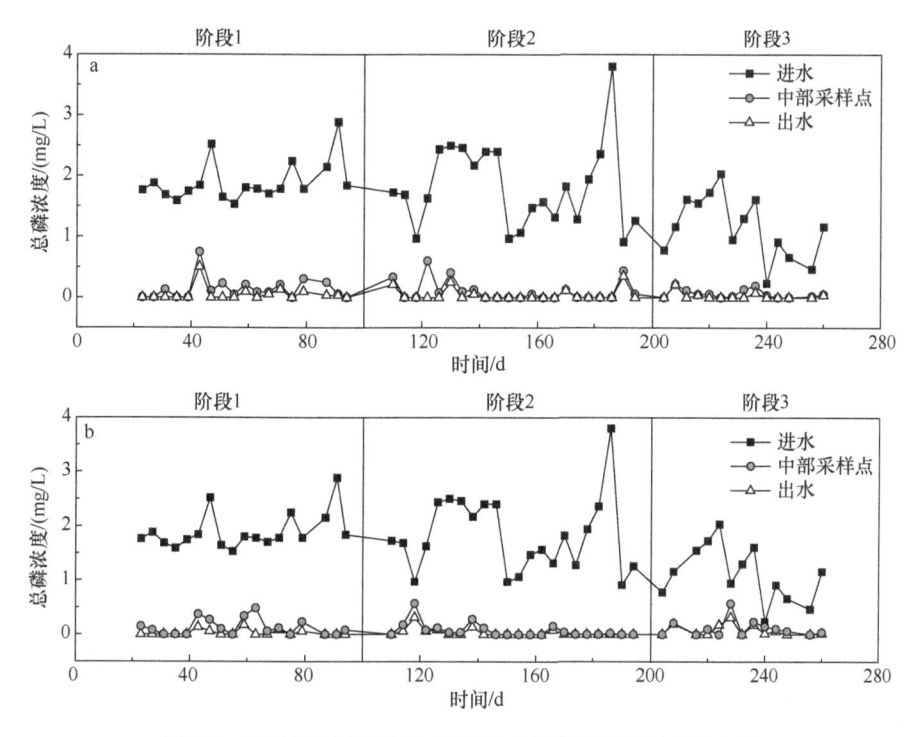

图 4-5　两种运行方式的人工湿地在整个运行期间的磷去除
a. 连续流人工湿地；b. 潮汐流人工湿地

吸附是人工湿地中主要的磷去除途径（Babatunde et al.，2010）。据报道，DWTR 为基质的人工湿地在处理乳业废水时对活性磷和可溶性磷的去除率分别为 86%和 89%（Zhao et al.，2009）。

统计学分析表明两种人工湿地的总磷去除之间没有显著性差异（$P>0.05$），这是因为两种人工湿地的氧含量的不同对 DWTR 吸附磷影响并不显著（见第 2 章）。比较不同高度的磷浓度，连续流人工湿地的出水和中部采样点之间的差异不显著（$P>0.05$），意味着进水中大部分磷在前半程去除，潮汐流人工湿地中发现了类似的结果。换言之，两种人工湿地中前半程的 DWTR 是主要的磷吸附剂，而后半程的 DWTR 未发挥显著作用，仍具有较大的吸附潜力。有研究指出人工湿地的运行寿命可利用饱和吸附量得出（Cucarella and Renman，2009；Xu et al.，2006），因此根据 DWTR 的饱和吸附量（7.42 mg/g），即使在最高的磷负荷 [0.84 g P/（m·d）] 条件下，两种运行方式的人工湿地寿命仍可达 7.9 年以上，而且由于人工湿地中常常存在其他除磷途径，如物理截留、过滤和沉降，故运行寿命应高于计算值（Zhao et al.，2009）。综上所述，DWTR 作为人工湿地基质可以有效地去除城镇二级出水中的磷。

4.1.5　水力停留时间对两种人工湿地的影响

在连续流人工湿地中 HRT 对总悬浮物的去除影响较小，在所有 HRT 条件下总悬浮物去除率为 80%~92%（表 4-2）。对不同 HRT 下总悬浮物去除速率和负荷之间进行相关性分析，斜率和 R^2 均差异不大（图 4-6），证实 HRT 对总悬浮物的去除影响不显著。潮汐流人工湿地的结果与连续流类似，总悬浮物去除率在 88%~93%。COD_{cr} 方面，尽管在 3 种 HRT 下去除率相近，但 HRT 为 3 d 时 COD_{cr} 去除速率与负荷的相关性最强（R^2>0.56）。

表 4-2　两种运行方式的人工湿地在不同水力停留时间下的污染物去除率（%）

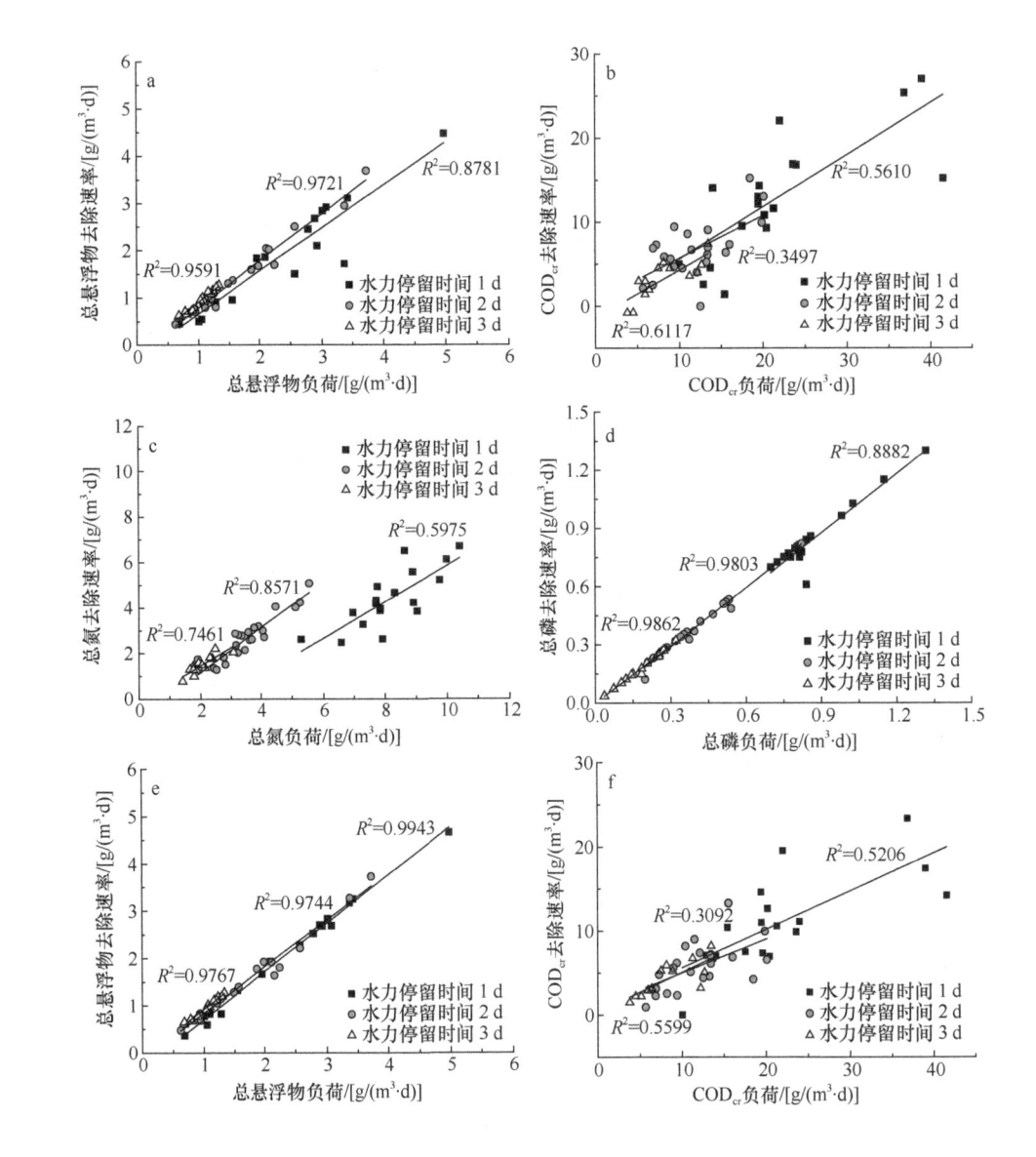

指标	连续流人工湿地			潮汐流人工湿地		
	阶段 1	阶段 2	阶段 3	阶段 1	阶段 2	阶段 3
总悬浮物	80	87	92	88	90	93
COD_{cr}	59	56	40	50	48	52
总氮	54	77	77	34	70	79
总磷	97	98	98	95	96	98

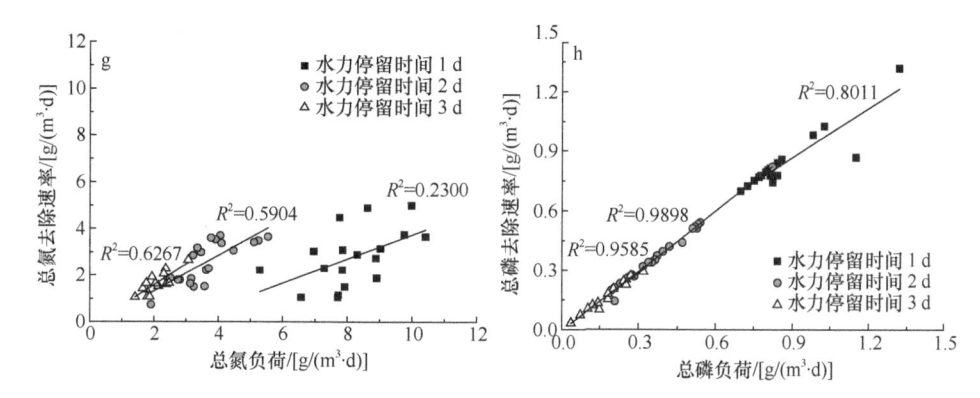

图 4-6 不同水力停留时间条件下污染物负荷和去除速率的相关性
a~d. 连续流人工湿地；e~h. 潮汐流人工湿地

总氮受 HRT 影响较显著，对于连续流人工湿地，随 HRT 从 1 d 变为 2 d，总氮去除率从 54%升至 77%。但从 2 d 变为 3d，总氮去除没有显著变化。总氮去除速率和总氮负荷呈现出与去除率相同的趋势，HRT 为 2 d 和 3 d 时的 R^2 和斜率均差异不大。对于潮汐流人工湿地，HRT 为 3 d 时的总氮去除率约为 1 d 时的两倍，同时去除速率和负荷的相关性最强（R^2=0.6267）。然而，两种人工湿地在所有 HRT 下总磷去除率均大于 94%，去除速率和负荷的相关性没有显著不同：R^2 均大于 0.80，斜率近似于 1。总体来说，HRT 较长时，不仅污染物去除率较高，而且去除稳定性也较强。

前人研究潜流式人工湿地中 HRT 对污染物去除的影响发现随 HRT 延长出水质量提高（Ghosh and Gopal，2010）。虽然有研究指出 HRT 对有机物的去除影响较小（Toet et al.，2005），但也有研究表明当 HRT 超过 8 d 时，潜流人工湿地中有机物去除率可高达 92%（Akratos and Tsihrintzis，2007）。本研究中在 HRT 最长时（3 d），总悬浮物和 COD_{cr} 的去除率最高，稳定性最强。这是因为污染物负荷随 HRT 延长而降低，去除更加稳定。总氮方面，HRT 从 1 d 升至 2 d，两种人工湿地的总氮去除率明显上升，但从 2 d 延长至 3 d 并未显著变化，与前人的研究结果类似（Ghosh and Gopal，2010）。一般情况下 HRT 降低有利于促进好氧环境的营造，抑制反硝化过程，所以 HRT 较长有利于反硝化作用去除亚硝酸氮和硝酸氮。此外，与前人发现 HRT 为 20 d 时总磷去除率最高（88%）不同（Akratos and Tsihrintzis，2007），本研究中 HRT 对总磷的去除影响较小。这是因为对于 DWTR 吸附磷而言，48 h 的反应时间可使其达到平衡，故虽然本研究采用的 HRT 较短，但总磷的去除仍然较好。

此外，经过 260 d 的运行在两种人工湿地中并未发现明显的堵塞现象，这可能是因为二级出水的进水悬浮物和有机质浓度较低，难以聚集形成大颗粒，在短期内不会造成堵塞问题。因此，虽然堵塞是人工湿地普遍存在的一个问题，但对于污染物浓度较低的二级出水来说，堵塞影响较小；对于高浓度废水，则需要采用反粒径人工湿地、轮流工作等手段来缓解堵塞（Zhao et al.，2011）。

4.1.6 两种人工湿地的金属释放风险

由于两种人工湿地运行 171 d 后，出水中的金属浓度低于检测限，因此只对前 171 d

的铁和铝释放进行评估（图 4-7）。结果表明，两种运行方式的铁和铝释放量很低，出水中的铁和铝浓度均低于饮用水标准值：铁为 0.30 mg/L，铝为 0.20 mg/L。铝释放量仅为 DWTR 自身铝含量的 0.01%。这是因为 DWTR 中铝的存在形式主要为较稳定的水解态和有机复合态，而不是自由离子态。所以，DWTR 作为人工湿地基质的金属释放风险很低（Ippolito et al.，2011）。

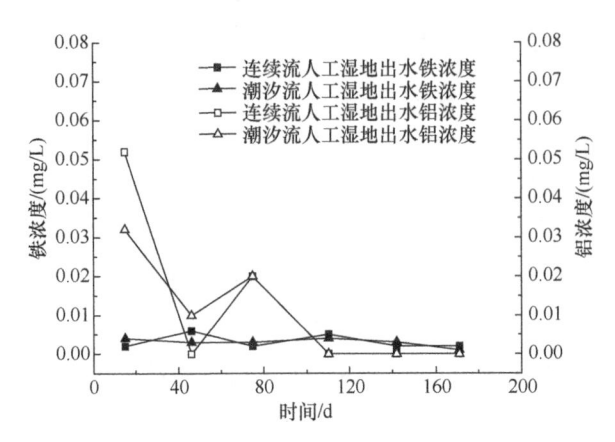

图 4-7 两种运行方式的人工湿地在整个运行期间的铁和铝释放

4.1.7 DWTR 的主要形态表征

分别沿水流方向采集连续流人工湿地和潮汐流人工湿地不同段的 DWTR（0~15 cm、15~30 cm、30~45 cm、45~60 cm），并标记：连续流人工湿地的 DWTR 为 CF-15、CF-30、CF-45、CF-60；潮汐流人工湿地的 DWTR 为 TF-15、TF-30、TF-45、TF-60。运行 10 个月后两种人工湿地中不同深度 DWTR 的主要物质含量如表 4-3 所示。连续流人工湿地和潮汐流人工湿地中 DWTR 的铁含量分别为 106~110 mg/g 和 105~115 mg/g，不同深度 DWTR 之间差异较小，没有明显的趋势，同时平均值分别为 108 mg/g 和 109 mg/g，略高于原始 DWTR 的铁含量（103 mg/g）。铝、钙、磷与铁情况类似：经过 10 个月的运行，原始 DWTR 中的铝含量平均值从 112 mg/g 分别升至 122 mg/g（连续流人工湿地）和 121 mg/g（潮汐流人工湿地）；钙含量平均值从 12 mg/g 分别升至 16 mg/g 和 18 mg/g；磷含量平均值从 1.47 mg/g 分别升至 2.20 mg/g 和 2.19 mg/g。与金属含量不同，有机质呈微弱降低趋势，含量平均值分别从 158 mg/L 降低至 151 mg/L（连续流人工湿地）和 149 mg/L（潮汐流人工湿地），并且随着深度的增加，有机质含量越来越高。总体上，DWTR 的铁、铝和钙总量微弱增加，磷含量显著增加。

表 4-3 连续流人工湿地和潮汐流人工湿地不同深度 DWTR 中的主要物质含量

物质含量/(mg/g)	原始 DWTR	CF-15	CF-30	CF-45	CF-60	TF-15	TF-30	TF-45	TF-60
铁	103	106	110	109	107	105	107	115	108
铝	112	120	123	123	125	116	117	127	123
钙	12	13	16	16	17	19	16	15	20
磷	1.47	3.37	1.95	1.83	1.66	2.80	2.75	1.66	1.56
有机质	158	148	150	150	155	148	147	147	152

DWTR 的有机质含量降低可能是因为表面附着的微生物生命活动消耗了有机物，并且随着深度的增加水体中的硝酸氮越来越少，有机物消耗逐渐降低，所以有机物含量逐渐减少。鉴于进水的铁和铝含量极低，DWTR 中铁、铝和钙相对含量的增加可归结为由于微生物的分解作用消耗氮类、有机质等物质，促使质量比升高。此外，铁和铝的相对含量升高也证实 DWTR 中的铁和铝以稳定态存在，释放风险很低，与图 4-7 所示结果一致。磷含量显著增加是由于进水中的磷通过配位基交换和共沉淀等机制被吸附到 DWTR 颗粒表面，并向颗粒内部微孔扩散（Makris et al., 2004; Yang et al., 2006）。同时，磷含量显著增加也证实在人工湿地中磷主要依靠吸附作用去除，植物摄取作用贡献较小。进一步分析不同深度的 DWTR 中磷增加量及比例（表 4-4），连续流人工湿地和潮汐流人工湿地在 10 个月的运行中分别富集 900 mg 和 934 mg 磷，其中连续流人工湿地中 15~30 cm、30~45 cm、45~60 cm 中磷增加量显著低于 0~15 cm（75%），潮汐流人工湿地中 0~15 cm 和 15~30 cm 两层中的磷增加量类似，比例分别为 41%和 42%。可以看出连续流人工湿地中磷呈阶梯状去除，0~15 cm 是主要的去除区域，而潮汐流人工湿地中上半部（0~30 cm）是主要的去除区域，与前文结论一致。总体上，虽然两种人工湿地中 DWTR 磷的分布不同，但去除总量接近。

表 4-4 连续流人工湿地和潮汐流人工湿地不同深度 DWTR 中总磷的增加量及比例

总磷	CF-15	CF-30	CF-45	CF-60	CF 总	TF-15	TF-30	TF-45	TF-60	TF 总
增加量/mg	679	140	54	27	900	379	393	106	55	934
比例/%	75	16	6	3	100	41	42	11	6	100

两种人工湿地中 DWTR 的铁和铝形态如图 4-8 所示。连续流人工湿地的 Fe_{ox} 和 Al_{ox}[①]平均含量分别为 59.74 mg/g 和 82.48 mg/g，不同层差异较小；潮汐流人工湿地 Fe_{ox} 和 Al_{ox} 平均含量分别为 39.27 mg/g 和 57.53 mg/g，不同层之间的含量基本持平。与原始 DWTR 中 Fe_{ox}（44%）和 Al_{ox}（46%）的重量比相比，连续流人工湿地中 Fe_{ox} 占铁总量的重量比为 50%~58%，平均值为 55%；Al_{ox} 占铝总量的重量比为 64%~73%，平均值为 68%。潮汐流人工湿地中 Fe_{ox} 占铁总量的重量比为 33%~40%，平均值为 36%；Al_{ox} 占铝总量的重量比为 45%~49%，平均值为 47%。因此，连续流人工湿地中 Fe_{ox} 和 Al_{ox} 含量均升高，而潮汐流人工湿地中 Fe_{ox} 含量明显降低，而 Al_{ox} 含量变化不大。

Fe_{ox} 和 Al_{ox} 一般表示 DWTR 中以无定形态存在的铁和铝，有研究指出随着时间的延长，DWTR 中的无定形态铁和铝逐渐转变为晶体态，活性降低（Agyin-Birikorang and O'Connor, 2009）。然而，连续流人工湿地中 DWTR 的无定形态铁和铝含量高于原始 DWTR，这是因为连续流人工湿地中氧含量很低，铁氢氧化物的还原溶解可以阻止 DWTR 中铁和铝的老化（见第 2 章）。相反，潮汐流人工湿地的氧含量高于连续流人工湿地，铁和铝的老化作用相对较强，因此铁和铝含量呈降低或不变趋势。此外，虽然无定形态铁和铝含量与磷吸附能力之间没有明确的数量关系（Dayton and Basta, 2005），但由于 DWTR 中磷通常以铁和铝结合态存在，因此高铁和高铝含量有利于磷的吸附。同时，铁氢氧化物的还原溶解可以增加 DWTR 颗粒表面的吸附位点，从而增加磷的吸附能力（Makris et al., 2006）。综上所述，在人工湿地中 DWTR 的铁和铝形态转化有利于磷的长期吸附。

① Fe_{ox} 和 Al_{ox} 为浓度 200 mmol/L 草酸可提取态。

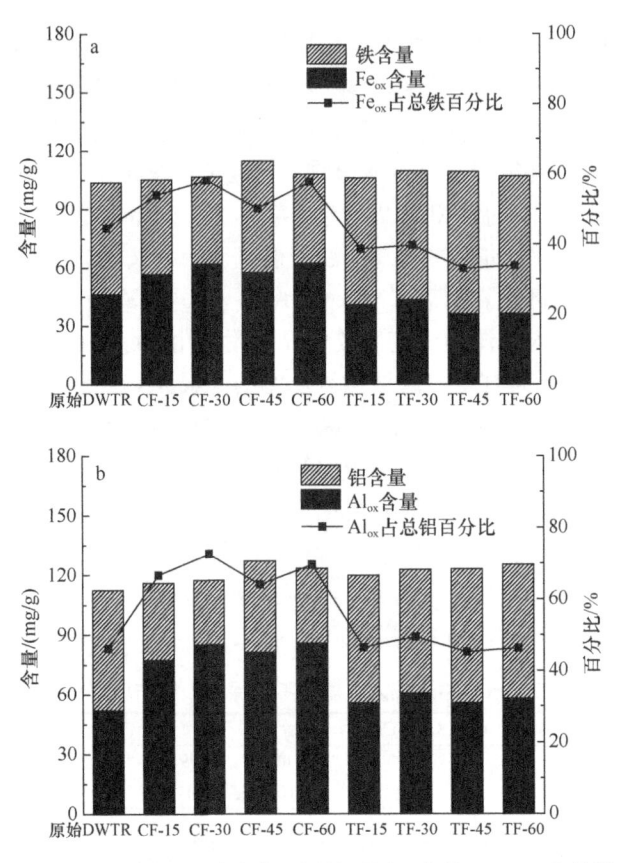

图 4-8 连续流人工湿地和潮汐流人工湿地不同深度的 DWTR 中的铁和铝形态

4.1.8 不同深度 DWTR 中无机磷分布及形态

对 DWTR 中的磷采用连续分级提取方法,提取为 NH_4Cl-P、BD-P、NaOH-P、HCl-P(Christophoridis and Fytianos,2006),结果如图 4-9 所示。可以看出,在 DWTR 中 NaOH-P 是磷的主要存在形态,BD-P 和 HCl-P 的含量不足 5%,而 NH_4Cl-P 近似为零。连续流人工湿地中 CF-15、CF-30、CF-45 和 CF-60 中提取的磷总量分别为 2.93 mg/g、1.04 mg/g、0.73 mg/g、0.62 mg/g;潮汐流人工湿地中 TF-15、TF-30、TF-45 和 TF-60 中分别为 2.05 mg/g、1.77 mg/g、0.95 mg/g、0.66 mg/g。不同深度 DWTR 中 NaOH-P 的增加量大部分高于总磷的增加量(表 4-5),表明 DWTR 吸附的磷主要以 NaOH-P 存在,同时比例大于 1 也表明随着时间的推移,原始 DWTR 中其他形态存在的磷也会逐渐转化为 NaOH-P。总体上,NaOH-P 在两种人工湿地中不同深度的趋势与 DWTR 的总磷趋势相同。

通常 NH_4Cl 用来提取直接可利用态或松散结合态的磷;BD-P 代表与铁和锰的氧化物或氢氧化物表面结合的磷,这部分磷对氧化还原电位较敏感;NaOH 提取的主要为铝结合态磷;HCl 可以提取钙和镁等矿物固定的磷(Christophoridis and Fytianos,2006)。其中 NH_4Cl-P 和 BD-P 很容易释放到水体中,而 NaOH-P 和 HCl-P 很稳定,不易释放。NaOH-P 是 DWTR 中磷的主要存在形态。此外,随着时间推移,DWTR 中的部分有机

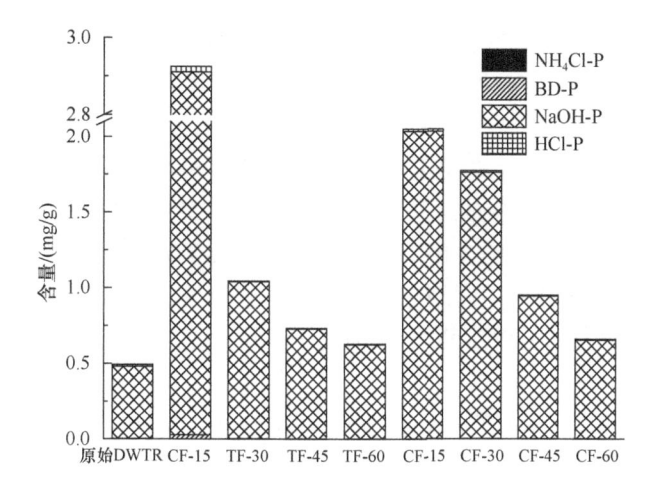

图 4-9 连续流人工湿地和潮汐流人工湿地不同深度的 DWTR 中无机磷的形态

表 4-5 连续流人工湿地和潮汐流人工湿地不同深度 DWTR 中 NaOH-P 和总磷的增加量

磷	CF-15	CF-30	CF-45	CF-60	TF-15	TF-30	TF-45	TF-60
NaOH-P 增加量/（mg/g）	2.41	0.56	0.25	0.14	1.55	1.28	0.46	0.17
总磷增加量/（mg/g）	1.9	0.48	0.36	0.19	1.33	1.28	0.19	0.09
NaOH-P：总磷	1.27	1.17	0.69	0.74	1.17	1.00	2.42	1.89

磷也可以转化 NaOH-P，故两种人工湿地中 DWTR 的 NaOH-P 大于总磷的增加量。综上所述，两种人工湿地中 DWTR 吸附的磷很难释放，可长期稳定存在。

根据 Fe_{ox}、Al_{ox}、P_{ox} 的摩尔浓度得出两种人工湿地中不同深度 DWTR 的磷饱和指数 PSI（图 4-10），连续流人工湿地的平均 PSI 为 0.68%，CF-15 层的最高为 1.24%；潮汐流人工湿地的平均 PSI 为 0.87%，TF-15 最高为 1.46%，其次 TF-30 为 1.12%。与原始 DWTR 的 PSI（0.23%）相比，经过 10 个月的运行，DWTR 的 PSI 略微升高，潮汐流增幅高于连续流。

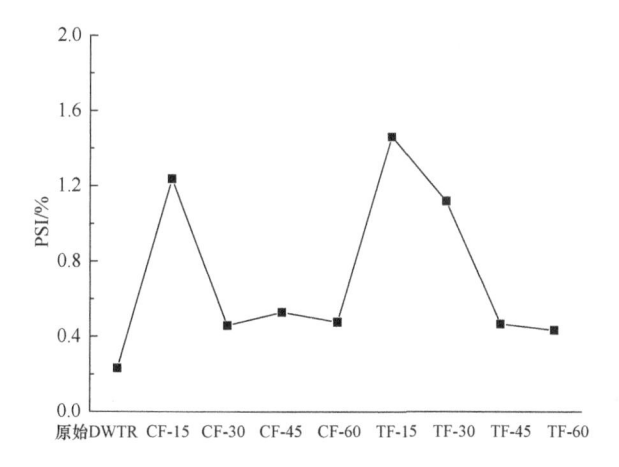

图 4-10 连续流人工湿地和潮汐流人工湿地不同深度的 DWTR 的磷饱和指数

潮汐流人工湿地中 DWTR 的 PSI 高于连续流人工湿地主要是因为连续流的厌氧环境抑制铁和铝的晶体化，Fe_{ox} 和 Al_{ox} 含量较高。尽管 PSI 与 DWTR 的磷吸附能力之间没有显著关系，但其值往往用来评估磷吸附潜力。前人研究发现 41 种土壤中随着 PSI 增加，磷的溶解度显著增加（$R^2=0.70$）（Pautler and Sims，2000），而且土壤与 PSI 高于 1.25%的生物污泥混合后，磷释放远高于与 PSI 低于 1.25%的生物污泥混合（Elliott et al.，2002）。因此，对于以铁和铝为主的 DWTR，PSI 较低意味着磷饱和程度很低。换言之，经过 10 个月的运行，两种人工湿地中的 DWTR 仍然有很强的磷吸附潜力，并且连续流人工湿地的磷吸附潜力高于潮汐流人工湿地。

4.2 DWTR 对养殖废水的混凝处理

4.2.1 养殖场废水与 DWTR 的特性分析

养殖场废水和 DWTR 的特性分析见表 4-6。养殖废水采集于河北省衡水市某大型养牛场，主要来源有动物排泄的尿液、冲洗粪便的污水和地面清洗水。养殖场废水的 SS 浓度范围为 8100~8900 mg/L，COD 浓度范围为 4700~5500 mg/L，属于高浓度有机废水。溶解态 COD（SCOD）浓度范围为 1640~1750 mg/L，占 COD 浓度的 30%~37%，表明废水中 COD 主要以悬浮态 COD 为主。废水中总磷浓度范围为 120~140 mg/L，TSP 浓度范围为 20~25 mg/L，所占比例仅约为总磷浓度的 1/6，表明废水中磷主要以悬浮颗粒态存在。DWTR 主要采集于某自来水厂二沉池[①]。DWTR 的含泥量为 3.9%~4.6%，DWTR 的铁和铝含量范围分别为 99.1~100.2 mg/g 和 135.2~137.1 mg/g，钙含量范围为 17.4~19.4 mg/g，而镁和锰含量相对较低。另外，养殖废水和 DWTR 的 Zeta 电位均为负值。

表 4-6 养殖场废水和 DWTR 的特性分析

养殖场废水		DWTR	
pH	7.6~7.8	pH	7.4~7.5
SS 值/（mg/L）	8100~8900	含泥量/（w/w%）	3.9~4.6
COD/（mg/L）	4700~5500	铁含量/（mg/g）	99.1~100.2
SCOD/（mg/L）	1640~1750	铝含量/（mg/g）	135.2~137.1
总磷/（mg/L）	120~140	钙含量/（mg/g）	17.4~19.4
TSP/（mg/L）	20~25	镁含量/（mg/g）	2.5~3.7
总氮/（mg/L）	270~330	锰含量/（mg/g）	3.8~4.4
Zeta 电位/mV	−29.5~−23.1	Zeta 电位/mV	−13.5~−10.5

4.2.2 单因素实验研究

1. DWTR 投加量的影响

DWTR 投加量对混凝效果的影响见图 4-11。随着 DWTR 投加量的不断增加，SS、COD 和总磷的出水浓度均呈现不断降低的趋势，以至于当 DWTR 投加量为 2800 mg/L

---

① 在本专著中，除在混凝应用中，DWTR 是采集于自来水厂二沉池，其余的均采集于脱水车间。

时，出水 SS、COD 和总磷的浓度分别由 4380 mg/L、3640 mg/L 和 98 mg/L（投加量为 0）下降到 2360 mg/L、2300 mg/L 和 54 mg/L，对应的去除率分别由 45.2%、21.3% 和 20.1%（投加量为 0）增加到 71.2%、50.4% 和 57.3%。然而，当 DWTR 投加量继续增加时，SS 和 COD 去除率的增长趋势逐渐变缓，但此时，总磷的去除率则持续增加。

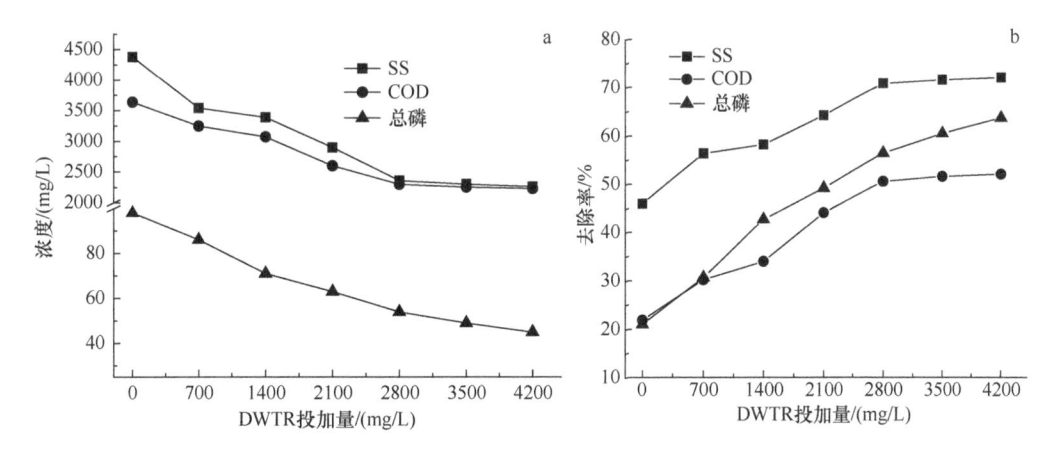

图 4-11 DWTR 投加量对混凝效果的影响

SS、COD 和总磷去除率的增加表明了 DWTR 在预处理过程中发挥了絮凝剂的作用，然而当 DWTR 投加量大于 2800 mg/L 时，SS 和 COD 的去除率增长缓慢，这可能和 DWTR 本身的特性有关。在混凝过程中，DWTR 可能会释放自身的一些物质到原废水中。有文献报道，当 DWTR 投加量为 20 mg Al/L 时，释放的 COD 量占到了其预处理后废水上清液的 15%（Guan et al.，2005）。因此，SS 和 COD 的去除率取决于 DWTR 从原废水中去除的污染物和其自身释放的污染物，而后者与 DWTR 的投加量呈正相关。而 DWTR 对于总磷的去除率一直保持着增长，这主要是由于 DWTR 对磷有很强的吸附能力（Gibbons and Gagnon，2011）。

2. pH 的影响

原水 pH 对投加 DWTR 后出水效果的影响见图 4-12。与空白实验对比，添加 DWTR 后的出水中 SS、COD 和总磷含量均要低很多。同时，在添加 DWTR 的实验中，随着 pH 的增大，出水上清液中 SS、COD 和总磷浓度呈不断下降的趋势。添加 DWTR 后，当 pH 为 4.75 时，出水上清液中 SS、COD 和总磷的浓度分别为 4000 mg/L、2375 mg/L 和 62 mg/L，当 pH 为 8.75 时，对应的 SS、COD 和总磷的浓度分别为 1840 mg/L、2127 mg/L 和 45 mg/L。

混凝机制主要包括：压缩双电层、吸附电中和、网捕卷扫和吸附架桥，而对于铁盐和铝盐絮凝剂来说，一般以吸附电中和和网捕卷扫作用为其主要机制（Li et al.，2006）。DWTR 的等电点一般在 7.0 左右，其在较低的 pH 条件下会携带更多的正电荷，废水中悬浮颗粒物携带负电荷，如果吸附电中和作用在这个过程中起主导作用，在较低的 pH 条件下会产生较好的絮凝效果，但实验中并没有观察到这个现象，反而是随着 pH 的增加，污染物去除率不断增加，这可能主要是由于 DWTR 中铁和铝的氢氧化物沉淀在慢

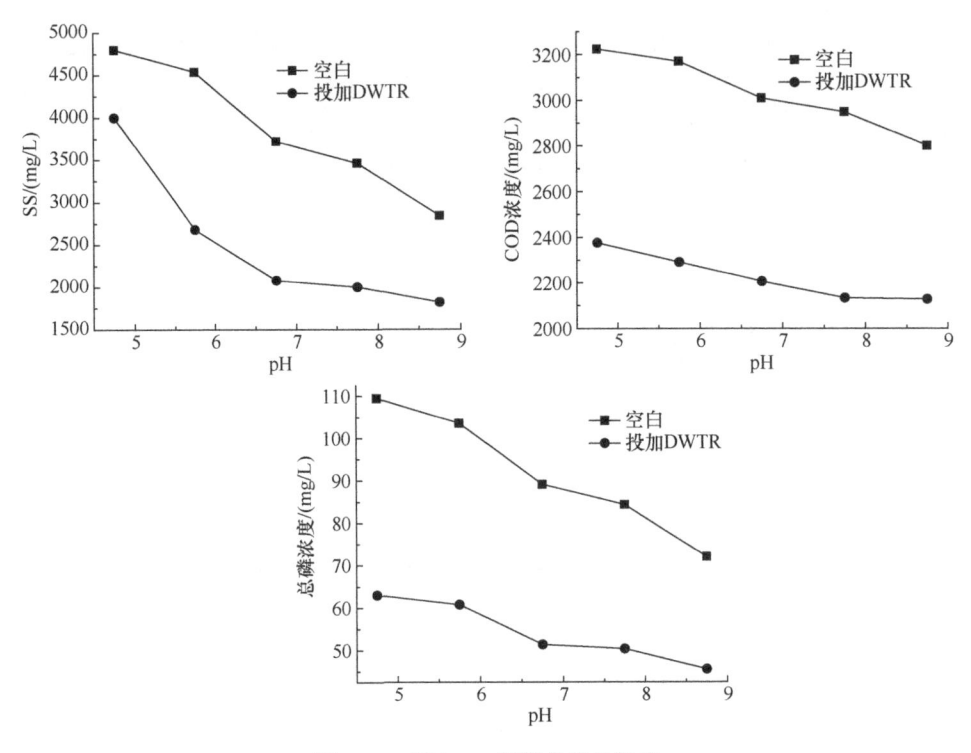

图4-12 原水pH混凝效果的影响

速搅拌和沉淀静止过程中的网捕卷扫作用,这与前人的研究结论一致。Guan等(2005b)回用DWTR预处理城镇废水,提出网捕卷扫作用是DWTR降低悬浮物浓度的主要机制。Basibuyuk和Kalat(2004)将DWTR应用到蔬菜油加工厂废水的预处理中,得出DWTR去除废水中油脂、化学需氧量和悬浮物浓度的主要机制是其网捕卷扫作用。

3. 快速搅拌速度的影响

快速搅拌速度对投加DWTR后出水效果的影响见图4-13。当转速从100 r/min升高到300 r/min时,出水SS和COD的浓度分别从2880 mg/L和2802 mg/L降低到2310 mg/L和2158 mg/L,对应的去除率分别从66.1%和31.2%提高到73.6%和46.6%,转速继续升高到500 r/min时,SS和COD的浓度则升高为2700 mg/L和2730 mg/L,对应去除率则降为68.9%和32.1%。总磷的去除率呈现类似的趋势,当转速从100 r/min升高到200 r/min时,总磷浓度从56 mg/L降低为45 mg/L,去除率则从50.1%提高到61.3%,而后当转速为500 r/min时,总磷浓度变为52 mg/L,去除率则变为53.3%。

快速搅拌速度是废水混凝过程中的一个关键因素。快速搅拌可以使絮凝剂与废水进行充分混匀,从而将更多的胶体和悬浮颗粒物进行吸附和捕集。同时,有文献指出,随着快速搅拌速度的提高,DWTR表面附着的颗粒物会被暂时分离,导致其接触面不断增大,这将使得污染物有相对更多的结合位点,在慢速搅拌和沉淀过程中更多的悬浮颗粒物被吸附和捕集(Guan et al., 2005; Sheng et al., 2006)。但是如果搅拌速度太快,会形成较大的剪切力,使得DWTR与悬浮颗粒物之间的结合力降低,从而导致废水中污染物去除率下降。

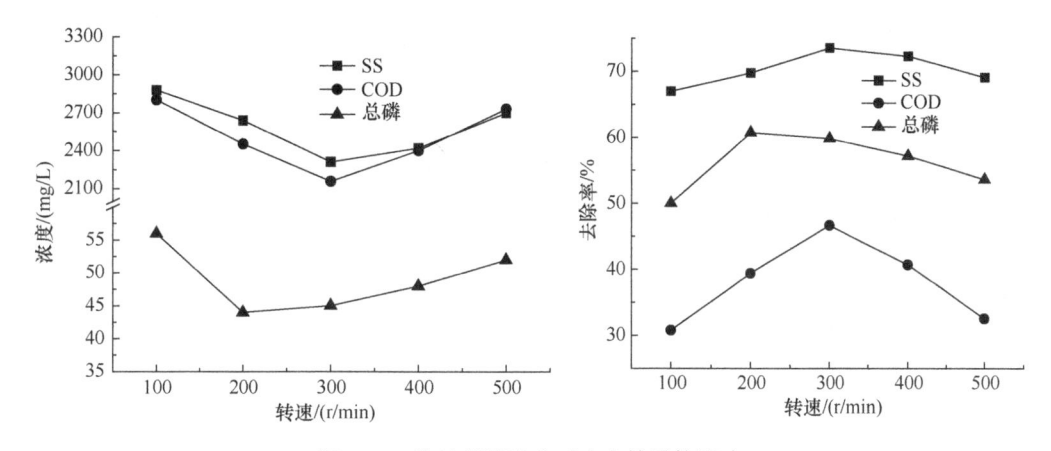

图 4-13 快速搅拌速度对出水效果的影响

4. 沉淀时间的影响

沉淀时间对投加 DWTR 后出水效果的影响见图 4-14。随着沉淀时间的延长，出水上清液中 SS、COD 和总磷的去除率不断增加，对比沉淀 5 min 和 15 min 时的出水情况，SS 浓度从 4100 mg/L 降低到 2300 mg/L，去除率则从 52.8%提高到 73.9%，COD 浓度从 3345 mg/L 降低到 2395 mg/L，去除率从 35.1%提高到 53.9%，总磷浓度从 71 mg/L 降低到 53 mg/L，相应地，去除率则从 46.1%提高到 58.2%。随着时间的继续延长，SS、COD 和总磷的去除率变化不明显。

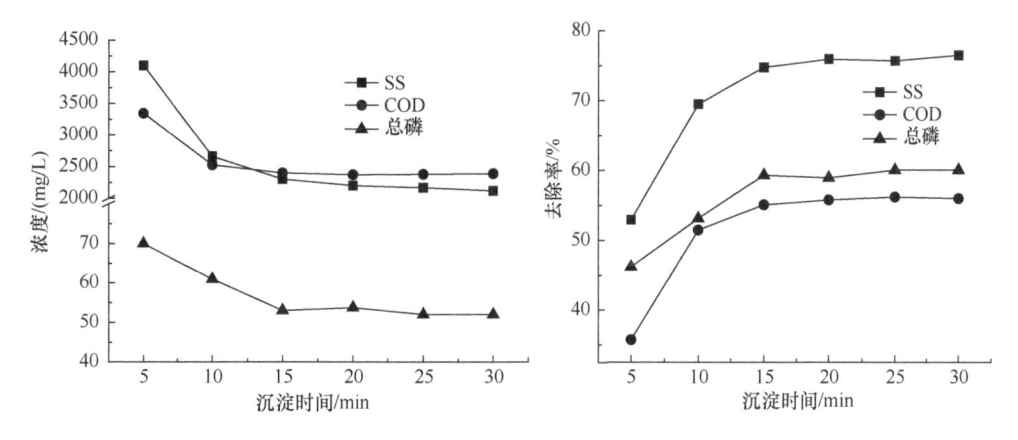

图 4-14 沉淀时间对出水效果的影响

4.2.3 正交实验研究

1. 正交实验设计与分析

根据 pH 影响的实验结果可知，pH 为 8.75 时，出水水质最佳，但此时碱浪费量较多，而在 pH 为 7.75（原水 pH）时，出水情况比 pH 在 8.75 时相差不大，而后续的生物处理又需要一个 pH 为 7~8 的环境，结合工程实际和本实验的结果，故原水 pH 可不作调整，即取自同排污口的原水 pH 不作为影响混凝效果的因素考虑。因此，正交实验的因素选取为 DWTR 的投加量、快速搅拌速度、沉淀静置时间。从单因素的实验结果可知,当 DWTR 投加量超过 2800 mg/L 时,沉积污泥的体积会不断增大,从而导致污泥处理成本增加,所以投加量的水平最大值确定为 2800 mg/L。快速搅拌速度的水平最大值依照前期实验结果设定为 500 r/min。由于沉淀时间为 15 min 时,絮体分离得已经很充分,再延长时间没有太大意义,因此沉淀时间的水平最大值确定为 15 min。

本实验因素选取为 DWTR 的投加量、快速搅拌速度、沉淀静置时间,各因素选取 3 个水平操作,使每个水平尽量覆盖要考察的范围(表 4-7)。对表 4-8 的正交实验结果进行方差分析,结果见表 4-9~表 4-11。

表 4-7 正交实验因素及水平表

水平	DWTR 投加量/(mg/L) A	快速搅拌速度/(r/min) B	沉淀静置时间/min C
1	800	100	5
2	1800	300	10
3	2800	500	15

表 4-8 $L_9(3^3)$ 正交实验设计及结果

试验号	因素 A	B	C	D[a]	出水水质/(mg/L) SS	COD	总磷
1	1	1	1	1	5900	4580	109
2	1	2	2	2	3790	3349	86
3	1	3	3	3	3834	3470	83
4	2	1	2	3	3554	3140	79
5	2	2	3	1	2805	2715	60
6	2	3	1	2	5274	4035	87
7	3	1	3	2	2592	2590	59
8	3	2	1	3	4100	3340	70
9	3	3	2	1	2589	2673	58

a. D 列为误差列

表 4-9 出水 SS 浓度正交实验方差分析结果

因素	A	B	C	D[a]
K_1	4 508.0	4 015.3	5 091.3	3 764.7
K_2	3 877.6	3 565.0	3 311.0	3 885.3
K_3	3 093.6	3 899.0	3 077.0	3 829.3
极差(R)	1 414.3	450.3	2 014.3	120.7
平方和(SS)	3 012 314.8	327 889.5	7 281	21 878.2
自由度(df)	2	2	2	2
F 值	137.6	14.9	332.8	
显著性	高度显著	有影响	高度显著	

a. D 列为误差列;查表得 $F_{0.01}(2,2)=99$;$F_{0.05}(2,2)=19$;$F_{0.1}(2,2)=9$

表 4-10　出水 COD 正交实验方差分析结果

因素	A	B	C	D[a]
K_1	3 799.7	3 436.7	3 985.0	3 322.7
K_2	3 296.7	3 134.7	3 054.0	3 324.7
K_3	2 867.7	3 392.7	2 925.0	3 316.7
极差（R）	932.0	302.0	1 060.0	8.0
平方和（SS）	1 305 674	159 704	2 007 002	104
自由度（df）	2	2	2	2
F 值	12 554.5	1 535.6	19 298.1	
显著性	高度显著	高度显著	高度显著	

a. D 列为误差列；查表得 $F_{0.01}(2,2)=99$；$F_{0.05}(2,2)=19$；$F_{0.1}(2,2)=9$

表 4-11　出水总磷正交实验方差分析结果

因素	A	B	C	D[a]
K_1	92.7	82.3	88.7	75.7
K_2	75.3	72.0	74.3	77.3
K_3	62.3	76.0	67.3	77.3
极差（R）	30.3	10.3	21.3	1.7
平方和（SS）	1389.5	162.8	709.5	5.6
自由度（df）	2	2	2	2
F 值	250.1	29.3	127.7	
显著性	高度显著	显著	高度显著	

a. D 列为误差列；查表得 $F_{0.01}(2,2)=99$；$F_{0.05}(2,2)=19$；$F_{0.1}(2,2)=9$

对表 4-9 进行分析，DWTR 的投加量的 F 值为 137.6，沉淀时间的 F 值为 332.8，均大于 $F_{0.01}(2,2)=99$，因此，DWTR 的投加量和沉淀时间这两个因素的水平变化对出水 SS 浓度的影响是极显著的，快速搅拌速度的 F 值为 14.9，大于 $F_{0.1}(2,2)=9$，所以，快速搅拌速度对出水 SS 浓度是有一定影响的。从表 4-9 的 R 值的大小可以看出各影响因素从大到小依次为沉淀时间>DWTR 投加量>快速搅拌速度。从表中 K 值（各因素各水平出水 SS 浓度平均值）可以得出各因素的最佳水平为：沉淀时间为 15 min，DWTR 的投加量为 2800 mg/L，搅拌速度为 300 r/min。

对表 4-10 进行分析，DWTR 的投加量的 F 值为 12 554.5，快速搅拌速度的 F 值为 1535.6，沉淀时间的 F 值为 19 298.1，三者均大于 $F_{0.01}(2,2)=99$，因此，DWTR 的投加量、快速搅拌速度和沉淀时间这 3 个因素的水平变化对出水 COD 浓度的影响是极显著的。从表 4-10 的 R 值的大小可以看出各影响因素从大到小依次为沉淀时间>DWTR 投加量>快速搅拌速度。从表中 K 值（各因素各水平出水 COD 浓度平均值）可以得出各因素的最佳水平为：沉淀时间为 15 min，DWTR 的投加量为 2800 mg/L，搅拌速度为 300 r/min。

对表 4-11 进行分析，DWTR 的投加量的 F 值为 250.1，沉淀时间的 F 值为 127.7，均大于 $F_{0.01}(2,2)=99$，因此，DWTR 的投加量和沉淀时间这两个因素的水平变化对出水总磷浓度的影响是极显著的,快速搅拌速度的 F 值为 29.3,大于 $F_{0.05}$(2, 2)=19,所以,快速搅拌速度对出水总磷浓度是有显著影响的。从表 4-11 的 R 值的大小可以看出各影响因素从大到小依次为 DWTR 投加量>沉淀时间>快速搅拌速度。从表中 K 值(各因素各水平出水总磷浓度平均值)可以得出各因素的最佳水平为:DWTR 的投加量为 2800 mg/L,沉淀时间为 15 min,搅拌速度为 300 r/min。

综上所述,DWTR 回用作絮凝剂的最佳混凝条件为投加量 2800 mg/L,搅拌速度 300 r/min,沉淀时间 15 min。

2. 重现性实验

按照"正交实验设计与分析"所得的最佳混凝条件,进行三组重现性实验,实验结果见表 4-12。经过 DWTR 预处理后的出水中 SS、COD 和总磷平均浓度分别为 2194 mg/L、2358 mg/L 和 51.7 mg/L,对应的去除率均达到了 74.8%、54.6%和 60.5%,出水水质均优于表 4-8 中 9 组条件下的出水水质。所以通过验证,我们得到的最佳反应条件是合理的。

表 4-12 重现性实验结果表

实验序号	SS/(mg/L)	COD/(mg/L)	总磷/(mg/L)
原废水	8700	5200	131
出水 1	2190	2380	52
出水 2	2140	2355	52
出水 3	2253	2340	51
出水平均值	2194	2358	51.7
出水 1 去除率/%	74.8	54.2	60.3
出水 2 去除率/%	75.4	54.7	60.3
出水 3 去除率/%	74.1	55.0	61.0
去除率平均值/%	74.8	54.6	60.5

3. 絮凝前后粒径的变化

在最佳混凝条件下,对原废水、未添加 DWTR 和添加 DWTR 处理后的出水中颗粒物进行粒径分析,结果见图 4-15。与原水对比,在未添加 DWTR 的空白实验中,出水的粒径大于 180 μm 的颗粒物得到了去除,而粒径小于 180 μm 的颗粒物只得到了小部分去除。而在添加 DWTR 的实验中,粒径大于 40 μm 的所有颗粒物得到了去除,这就表明 DWTR 的投加可能使得粒径在 40~180 μm 的颗粒物得到了去除,从而导致出水中 SS、COD 和总磷的去除率增加。而在添加 DWTR 处理的实验中,出水中粒径小于 8 μm 的颗粒物所占比例有所增加,这可能是由于 DWTR 在混凝过程中会释放一些颗粒物进入到原废水中(Guan et al., 2004)。

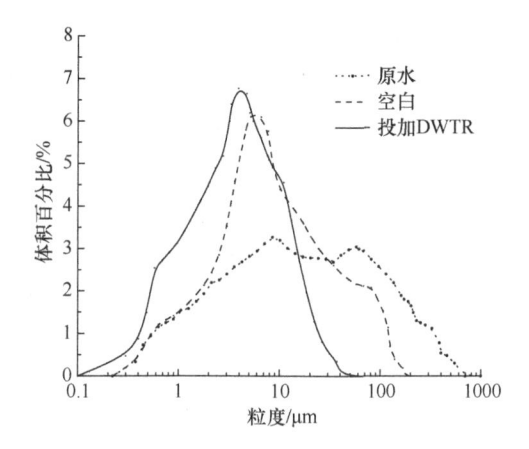

图 4-15 原废水、未添加 DWTR 和添加 DWTR 处理后的出水中颗粒物的粒径分析

4.3 DWTR 与商品絮凝剂联用的混凝处理养殖废水

4.3.1 DWTR 与商品絮凝剂混凝效果比较

1. 聚合硫酸铁（PFS）最佳混凝效果

（1）最佳 pH 确定

PFS 在不同 pH 下对养殖场废水的混凝效果见图 4-16。pH 较小时有利于 SS 的去除，pH 为 5 时，SS 较低，为 1262 mg/L，去除率为 84.1%，随着 pH 增大，SS 去除效果降低，SS 浓度增高。COD 和总磷浓度随着原水 pH 的增大，呈现先减小后增大的趋势，COD 值最低为 1660 mg/L，此时去除率为 61.2%，对应的原水 pH 为 7。当原水 pH 为 6 时，总磷浓度最低为 16.6 mg/L，对应的去除率为 86.4%。通过实验发现，PFS 处理养殖场废水的最佳 pH 为 6，此时对 SS、COD 和总磷均有较高的去除率。

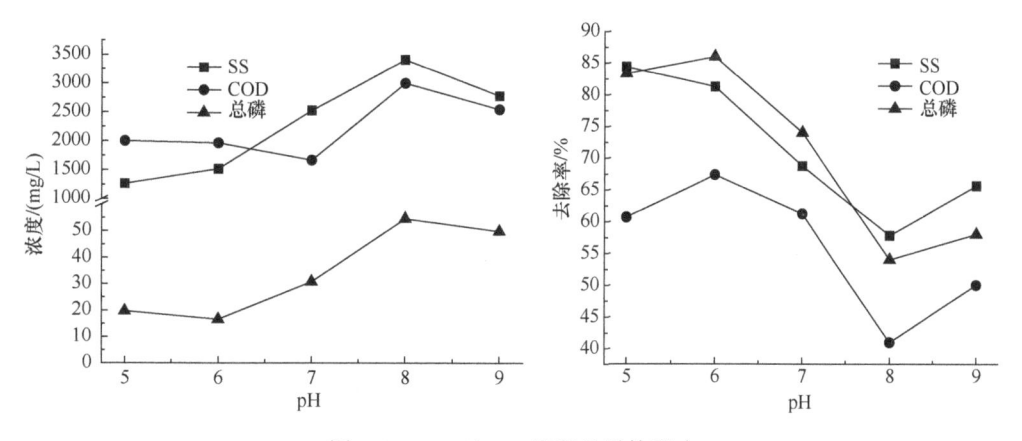

图 4-16 pH 对 PFS 混凝效果的影响

PFS 中铁离子在使用前已发生了水解、聚合，本身含有多种核羟基聚合物，如 $Fe_2(OH)_3^{3+}$、$Fe_2(OH)_2^{4+}$、$Fe_3(OH)_4^{5+}$ 等络离子，并随着 pH 升高，水解产生疏水性的氢氧

化物聚合体。在 pH<6 时，一般溶液中 PFS 水解产生带正电的聚合物将占多数，可以通过电荷的中和作用而使悬浮颗粒物脱稳，但随着 pH 的下降，不利于 Fe(OH)$_3$ 沉淀的产生，会减弱体系的网捕卷扫作用（Amuda and Amoo，2007）。

（2）PFS 最佳投加量确定

在原水 pH 为 6 时，PFS 投加量对养殖场废水混凝效果的影响见图 4-17。当 PFS 投加量为 200 mg/L 时，出水 SS 浓度为 4440 mg/L，对应的去除率为 44.9%，当投加量增加时，SS 逐渐降低，用量为 1200 mg/L 时，SS 最低，为 805 mg/L，去除率达到了 90.2%，当投加量继续增加时，出水 SS 却反而增加，为 1530 mg/L。这主要是较高浓度的 PFS 会使得悬浊颗粒表面带上正电荷，胶体产生再稳定，絮凝效果反而恶化（Amuda et al.，2006）。出水 COD 和总磷浓度也存在一个先降低后增加的趋势，当投加量为 1200 mg/L 时，COD 浓度最低，为 1560 mg/L，此时对应的去除率为 69.3%。总磷浓度的最低值出现在投加量为 1400 mg/L 时，此时总磷浓度为 11.8 mg/L，对应的去除率为 90.1%，而在投加量为 1200 mg/L，出水总磷的浓度为 12.5 mg/L。综合比较，PFS 的最佳投加量为 1200 mg/L。

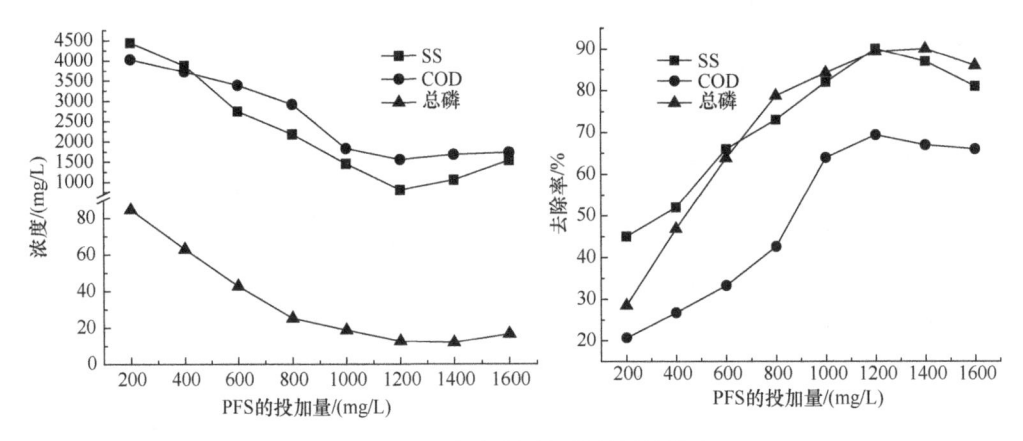

图 4-17 PFS 投加量对混凝效果的影响

2. 聚合氯化铝（PAC）最佳混凝效果

（1）最佳 pH 确定

pH 对 PAC 混凝效果的影响见图 4-18。随着原水碱性的不断增加，出水 SS、COD 和总磷的去除率均呈现出不断下降的趋势，对应的出水浓度逐渐升高。当 pH 为 9 时，SS、COD 和总磷的浓度分别为 2650 mg/L、3375 mg/L、67.6 mg/L，对应的去除率分别为 66.7%、34.2%和 43.1%。而当 pH 为 5 时，SS、COD 和总磷的浓度分别为 890 mg/L、2035 mg/L 和 27.2 mg/L，对应的去除率分别为 89.1%、60.2%和 76.7%。对比分析后，确定 PAC 混凝的最佳 pH 为 5。资料表明，pH 影响着溶液中铝存在的形态。pH 小于 3 时，水合铝离子为主要形态，随着 pH 升高，水合铝离子发生配位水分子离解，生成各种羟基铝离子，当 pH 在 4 以上时，羟基铝离子增多，可与其他离子通过羟基桥联作用结合形成多核羟基配合物，如 Al$_2$(OH)$_2^{4+}$、Al$_{13}$(OH)$_{34}^{5+}$。当 pH 大于 7 时，氢氧化铝聚合体成为铝的主要形态，而在 pH 为 5 时氢氧化铝仅是开始出现。因此，在 pH 为 5 时的絮凝作用可能主要是 PAC 中多种羟基配合物的吸附电中和作用。

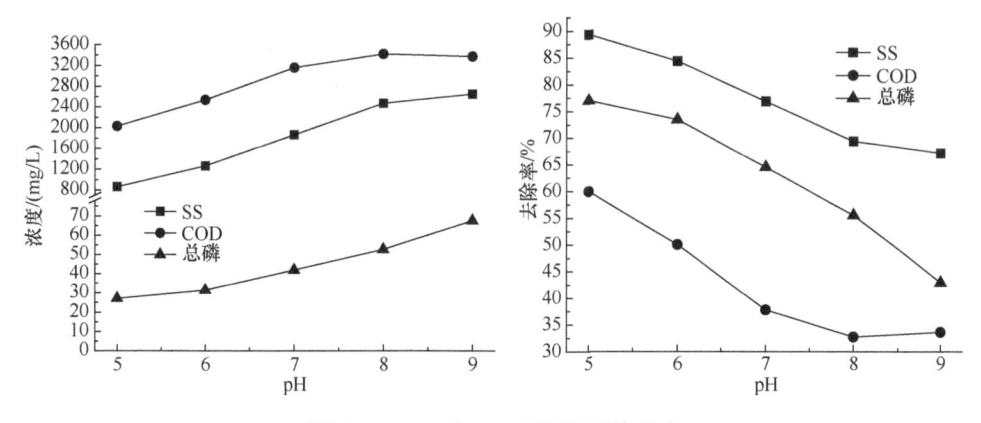

图 4-18　pH 对 PAC 混凝效果的影响

（2）PAC 最佳投加量的确定

在原水 pH 为 5 时，PAC 投加量对养殖场废水混凝效果的影响见图 4-19。随着 PAC 投加量的不断增加，SS、COD 和总磷的去除率不断增加，出水 SS、COD 和总磷的浓度不断降低，当 PAC 投加量为 1400 mg/L 时，出水 SS、COD 和总磷的浓度分别为 710 mg/L、1125 mg/L 和 13.5 mg/L，此时对应的去除率分别为 91.2%、77.9%和 88.9%。然而，当 PAC 投加量继续增加时，出水 SS 的浓度却有所升高，主要是因为过剩的絮凝剂离子会吸附于脱稳颗粒的表面，引起重新稳定，进而絮凝效果变差（Yang et al., 2011）。对比分析，PAC 的最佳投加量为 1400 mg/L。

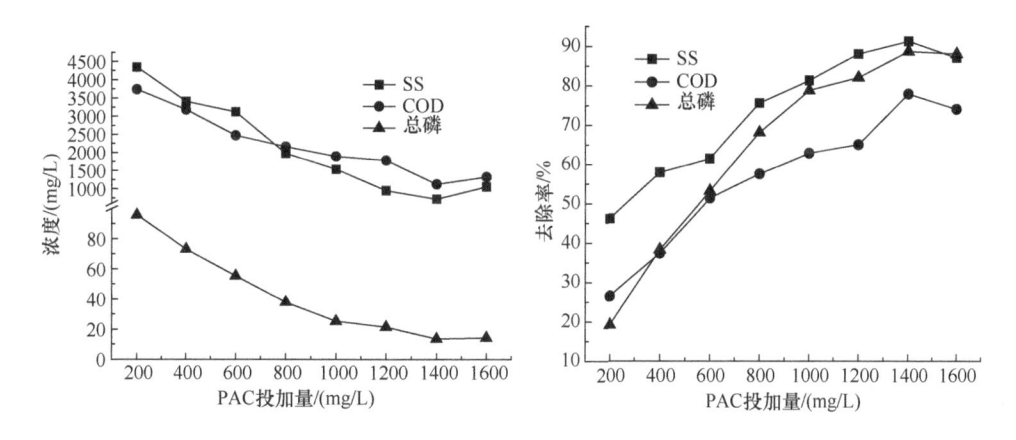

图 4-19　PAC 投加量对混凝效果的影响

3. DWTR 与商品絮凝剂最佳混凝效果比较

在最佳混凝条件下，DWTR 与商品絮凝剂的最佳混凝效果对比见表 4-13。在最佳反应条件下，经 DWTR 混凝后的出水 SS、COD 和总磷浓度分别为 2192 mg/L、2360 mg/L 和 51.7 mg/L，对应的去除率分别为 74.8%、54.6%和 60.5%。而商品化絮凝剂（如 PFS

和 PAC）处理养殖场废水时，其出水 SS、COD 和总磷浓度范围分别为 710~805 mg/L、1125~1560 mg/L 和 12.6~13.5 mg/L，对应的去除率分别为 90.2%~91.2%、69.3%~77.9% 和 88.9%~89.4%。显然，与商品化絮凝剂相比，DWTR 的絮凝效果还存在一定的差距。因此，根据本研究结果，DWTR 不能完全取代商品化絮凝剂，但由于其自身对污染物有一定的絮凝效果，可以尝试将其回用替代部分商品化絮凝剂，从而减少商品化絮凝剂的使用量，进而降低废水的处理成本。

表 4-13　DWTR 与商品絮凝剂最佳混凝效果对比

指标	DWTR	PFS	PAC
出水 SS 浓度/(mg/L)	2192	805	710
SS 去除率/%	74.8	90.2	91.2
出水 COD 浓度/(mg/L)	2360	1560	1125
COD 去除率/%	54.6	69.3	77.9
出水总磷浓度/(mg/L)	51.7	12.6	13.5
总磷去除率/%	60.5	89.4	88.9

4.3.2　DWTR 与商品絮凝剂的联合使用

1. DWTR 与 PFS 的联合使用

（1）PFS 最佳投加量的确定

在 DWTR 投加量一定的情况下，PFS 投加量对养殖场废水混凝效果的影响见图 4-20。当 DWTR 投加量为 2100 mg/L 时，随着 PFS 投加量的增加，SS、COD 和总磷的去除率不断增加，出水 SS、COD 和总磷的出水浓度不断降低，以至于当 PFS 投加量为 600 mg/L 时，出水 SS、COD 和总磷的浓度分别为 1725 mg/L、2120 mg/L 和 38.5 mg/L，对应的去除率分别为 78.8%、58.1%和 68.2%。当 PFS 投加量继续增加时，出水中 SS、COD 和总磷的浓度并没有明显降低。综合分析，PFS 的最佳投加量为 600 mg/L。

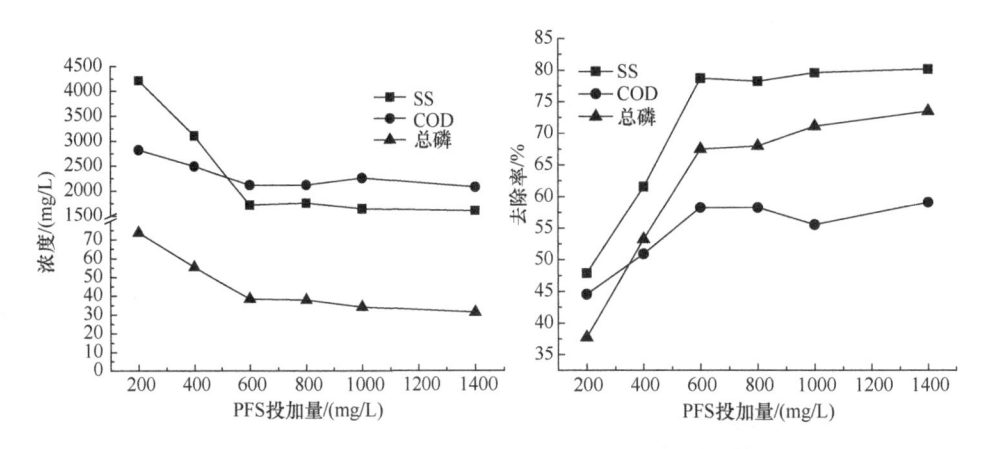

图 4-20　DWTR 投加量一定，PFS 投加量对混凝效果的影响

（2）DWTR 最佳投加量的确定

当 PFS 投加量为 600 mg/L 时，DWTR 投加量对养殖场废水混凝效果的影响见图

4-21。随着 DWTR 投加量增加，出水 SS、COD 和总磷的浓度逐渐下降，当 DWTR 投加剂量为 2100 mg/L 时，出水 SS、COD 和总磷的浓度分别为 1680 mg/L、1995 mg/L 和 30.7 mg/L，此时对应的去除率为 79.1%、61.2%和 73.9%。当 DWTR 投加量继续增加，出水 SS 和 COD 浓度并没有明显降低，这可能是由于 DWTR 在去除污染物的过程中也会释放自身吸附的颗粒物（Jangkorn et al.，2011）。总磷的浓度则继续下降为 24.8 mg/L，这表明 DWTR 投加量的增加使得吸附剂的总表面积和磷的有效吸附位点增加，更有利于磷吸附到 DWTR 表面（Jellali et al.，2010）。

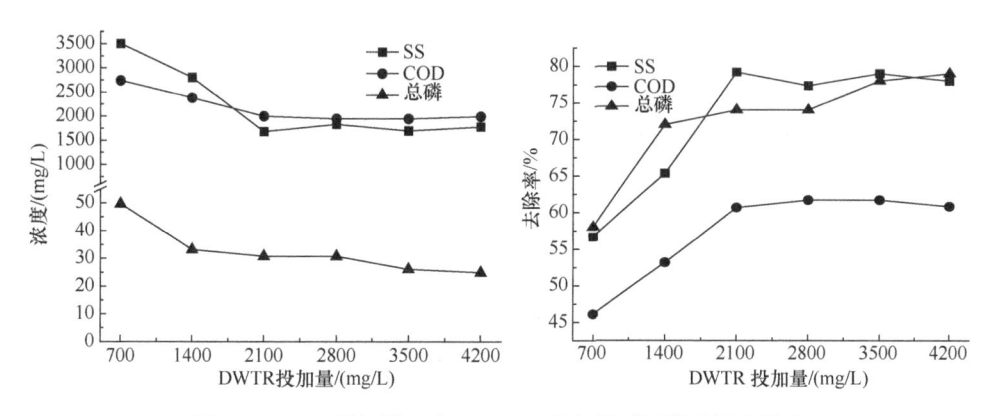

图 4-21　PFS 投加量一定，DWTR 投加量对混凝效果的影响

（3）最佳 pH 的确定

当 PFS 投加量为 600 mg/L，DWTR 投加量为 2100 mg/L 时，pH 对养殖场废水混凝效果的影响见图 4-22。随着废水碱性的增强，出水 SS、COD 和总磷的浓度不断升高。在 pH 为 9 时，SS 和总磷的浓度达到最高，分别为 1930 mg/L 和 41.3 mg/L，对应的去除率为 75.8%、65.4%。在 pH 为 8 时，出水 COD 浓度最高，为 1970 mg/L，对应的去除率为 61%。当 pH 为 5 时，SS、COD 和总磷的浓度最低，分别为 610 mg/L、1380 mg/L 和 8.3 mg/L，对应的去除率分别达到了 92.1%、73.2%和 92.9%。

综上所述，DWTR 与 PFS 联合使用的最佳混凝条件为 PFS 600 mg/L、DWTR 2100 mg/L 和 pH 为 5，在此条件下，SS、COD 和总磷的去除率分别达到了 92.1%、73.2%和 92.9%。与 PFS 单独使用时相比，DWTR 与 PFS 联合使用，使得污染物去除率得到了提升，并且商品絮凝剂使用量降低了 50%，与前人研究结果具有可比性。Basibuyuk 和 Kalat（2004）回用 DWTR 预处理提炼植物油所产生的废水，12.5 mg/L 的氯化铁与 1000 mg/L 的 DWTR 联合使用，可有效去除废水中的油脂、SS 和 COD 含量，去除率分别达到了 99%、83%和 99%，可有效减少絮凝剂氯化铁的使用量。

2. DWTR 与 PAC 的联合使用

（1）PAC 最佳投加量的确定

当 DWTR 投加量一定的情况下，PAC 投加量对养殖场废水混凝效果的影响见图 4-23。随着 PAC 投加量的增加，出水 SS 基本呈现先减小后增加的趋势，当 PAC 投加量为 400 mg/L 时，出水 SS 浓度为 1825 mg/L，对应的去除率为 76.8%，投加量为 1000 mg/L

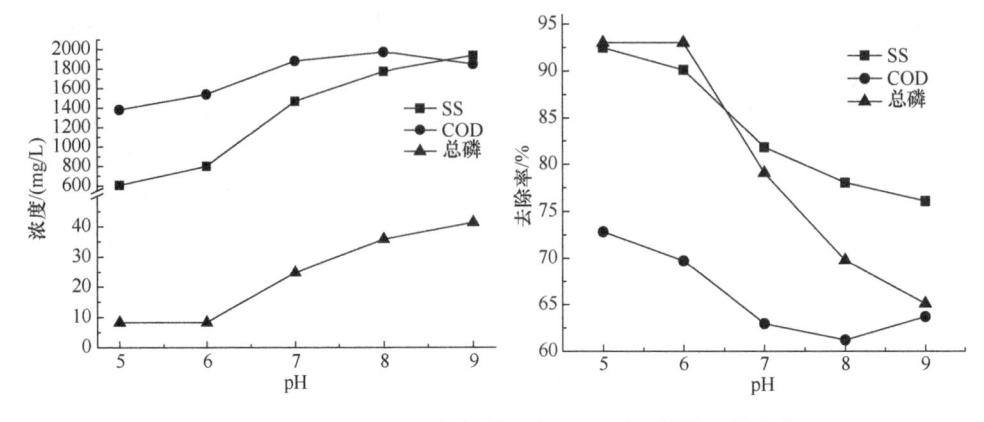

图 4-22　PFS 和 DWTR 投加量一定，pH 对混凝效果的影响

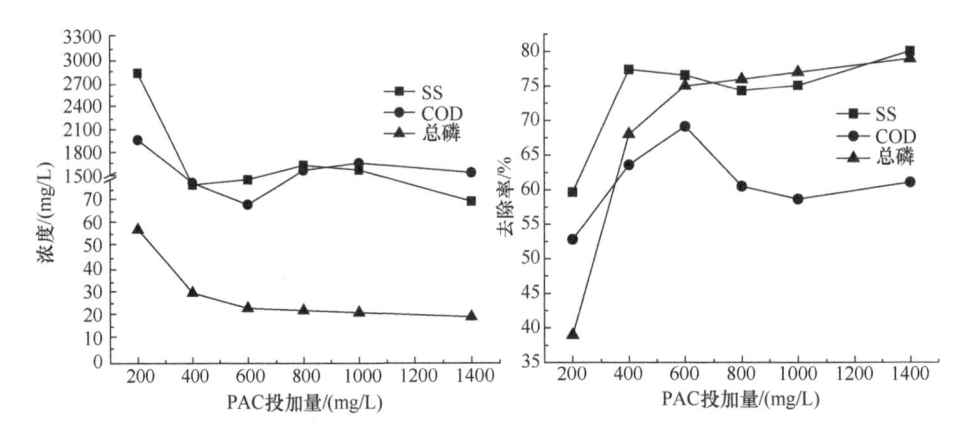

图 4-23　DWTR 投加量一定，PAC 投加量对混凝效果的影响

时，出水 SS 浓度增加到 2015 mg/L，对应的去除率为 75.1%，继续增加投加量为 1400 mg/L 时，出水 SS 浓度又下降到 1610 mg/L，去除率达到了 80.2%。而出水 COD 浓度随 PAC 投加量增加呈现先减后增的趋势，当 PAC 投加量为 600 mg/L 时，出水 COD 浓度最小，为 1600 mg/L，去除率达到了 69.1%。出水总磷浓度在 PAC 投加量为 600 mg/L 时为 29.6 mg/L，对应去除率为 75.1%，继续增加 PAC 投加剂量，总磷去除率并没有明显增长。对比分析，PAC 的最佳投加量确定为 600 mg/L。

（2）DWTR 最佳投加量的确定

当 PAC 投加量为 600 mg/L 时，DWTR 投加量对养殖场废水混凝效果的影响见图 4-24。随着 DWTR 投加量的增加，出水 SS、COD 和总磷的出水浓度均不断下降，当 DWTR 投加量为 2800 mg/L 时，出水 SS、COD 和总磷的浓度分别 1605 mg/L、1560 mg/L 和 27.3 mg/L，对应的去除率分别为 79.9%、69.3%和 76.8%。DWTR 投加量继续增加时，出水 SS 和 COD 浓度并没有明显的下降，这一现象可能是由于 DWTR 在发挥絮凝作用的同时，自身也会释放一些污染物到废水中（Jangkorn et al., 2011），但总磷浓度继续下降，表明了 DWTR 对磷高效的吸附能力，但也有研究表明 DWTR 在吸附磷时可能会释放表面的有机质（Yang et al., 2006），这也是导致废水中 COD 浓度没有继续降低的原因。对比分析，DWTR 的最佳投加量为 2800 mg/L。

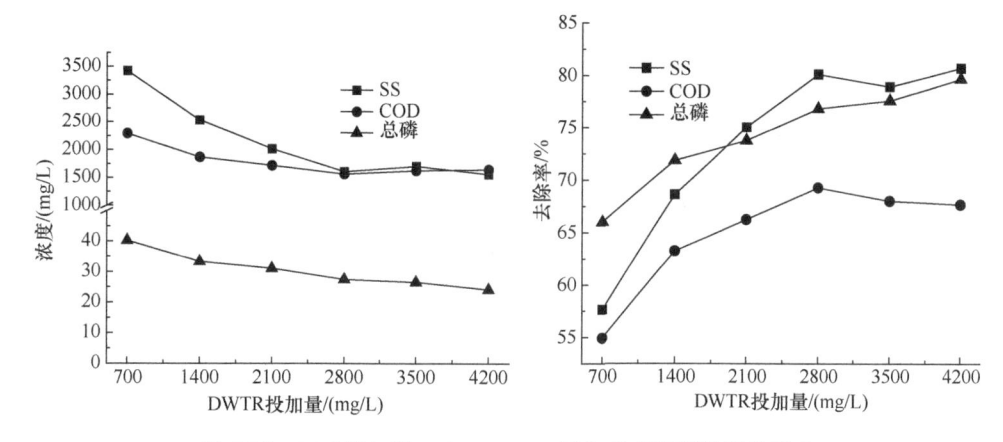

图 4-24　PAC 投加量一定，DWTR 投加量对混凝效果的影响

（3）最佳 pH 的确定

当 PAC 投加量为 600 mg/L，DWTR 投加量为 2800 mg/L 时，原水 pH 对混凝效果的影响见图 4-25。随着废水碱性的增强，出水 SS、COD 和总磷浓度呈现不断升高的趋势，当 pH 为 9 时，出水 SS、COD 和总磷浓度分别为 1490 mg/L、1980 mg/L 和 31.9 mg/L，对应的去除率分别为 81.5%、61.4%和 73.1%，而当 pH 为 5 时，出水 SS、COD 和总磷的浓度分别为 510 mg/L、1235 mg/L 和 5.2 mg/L，去除率分别达到了 94.2%、76.1%和 95.6%。对比分析，最佳 pH 为 5。

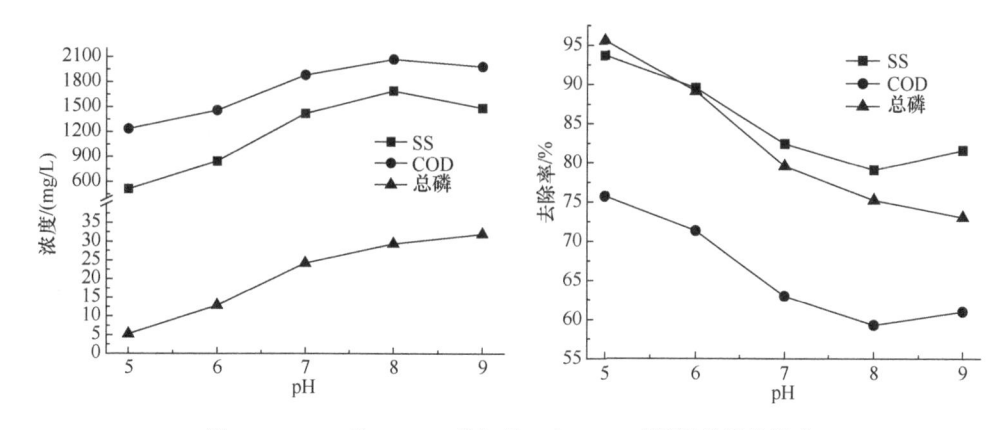

图 4-25　PAC 和 DWTR 投加量一定，pH 对混凝效果的影响

综上所述，DWTR 与 PAC 联合使用的最佳混凝条件为 PAC 600 mg/L、DWTR 2800 mg/L、pH 为 5，在此条件下出水 SS、COD 和总磷的去除率分别为 94.2%、76.1%和 95.6%。与 PAC 单独使用时相比，DWTR 与 PAC 联合使用使得污染物去除率得到了提升，并且商品絮凝剂 PAC 的投加量降低了 57%。这与前人的研究具有可比性，Chu（1999）回用 DWTR 与铝盐联合使用去除废水中的铅，使得铅的去除率从 79%提高到 96%，但铝盐的使用量从 175 mg/L 下降到 50 mg/L。随后，Chu（2001）将 DWTR 回用去除印染废水中的疏水性染料，染料去除率达到了 88%，同时节省了 1/3 的铝盐投加量。

3. DWTR 与 PAM 的联合使用

（1）PAM 最佳投加量的确定

当 DWTR 投加量一定时，聚丙烯酰胺（PAM）投加量对混凝效果的影响见图 4-26。PAM 是一种聚电解质，分子链上含有多种活性基团，可有效吸附带负电的胶体，通过吸附架桥和电中和作用使悬浮颗粒物凝聚成较大的絮体，从而达到絮凝的效果（Ahmad et al.，2008）。随着 PAM 投加量的增加，出水 SS、COD 和总磷的浓度先减后增。当投加量为 20 mg/L 时，出水 SS 和 COD 浓度最低，分别为 1225 mg/L 和 1474 mg/L，对应的去除率分别为 84.7%和 71.0%，随后继续增加 PAM 投加剂量，出水 SS、COD 的浓度均出现了一定程度的升高。而总磷浓度在 PAM 投加量为 30 mg/L 时去除率达到了最大值，为 78%，出水浓度为 26.1 mg/L，而在投加量为 20 mg/L 时，出水浓度为 27.2 mg/L，与最低总磷出水浓度相差无几。综合考虑，PAM 的最佳投加量为 20 mg/L。

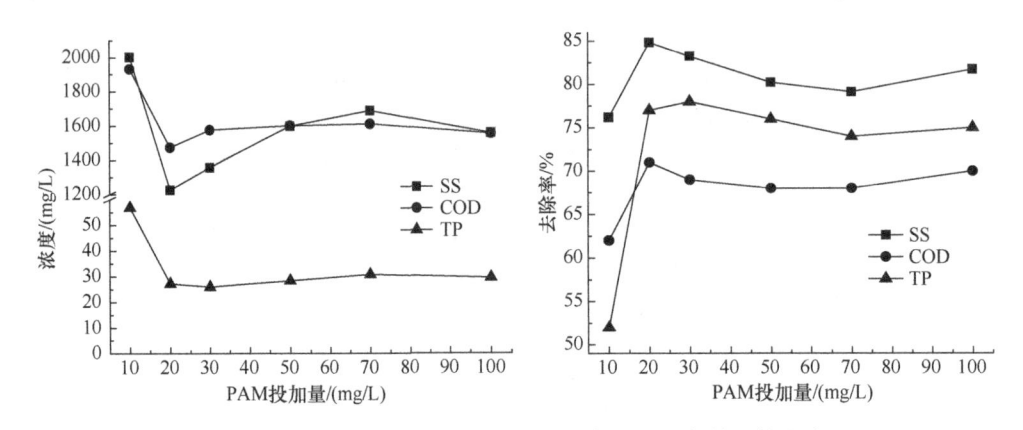

图 4-26 DWTR 投加量一定，PAM 投加量对混凝效果的影响

（2）DWTR 最佳投加量的确定

当 PAM 投加量为 20 mg/L 时，DWTR 投加量对养殖场废水混凝效果的影响见图 4-27。随着 DWTR 投加量的增加，出水 SS、COD 和总磷浓度呈不断下降的趋势，当 DWTR 投加量为 2800 mg/L 时，出水 SS、COD 和总磷的浓度分别为 970 mg/L、1370 mg/L 和 22.5 mg/L，此时对应的去除率分别为 88.1%、73.2%和 80.8%。随后继续增加 DWTR 投加剂量，出水 SS 和 COD 浓度不降反增，而总磷浓度下降趋势也逐渐变缓。综合分析，DWTR 的最佳投加量为 2800 mg/L。

随着 DWTR 投加量的增加，其对废水的 SS 和 COD 的去除效果呈现先增强然后又逐渐减弱的趋势，这与之前实验得到的结果类似，主要可能是 DWTR 自身的网捕卷扫作用导致较好的絮凝效果（Nair and Ahammed，2013；Nansubuga et al.，2013），但过量的 DWTR 会抢占架桥作用的吸附位点，减弱 PAM 的吸附架桥作用，另外，在快速搅拌过程中，DWTR 自身也会释放出部分污染物（Guan et al.，2004），过量的 DWTR 投加剂量会恶化絮凝效果。

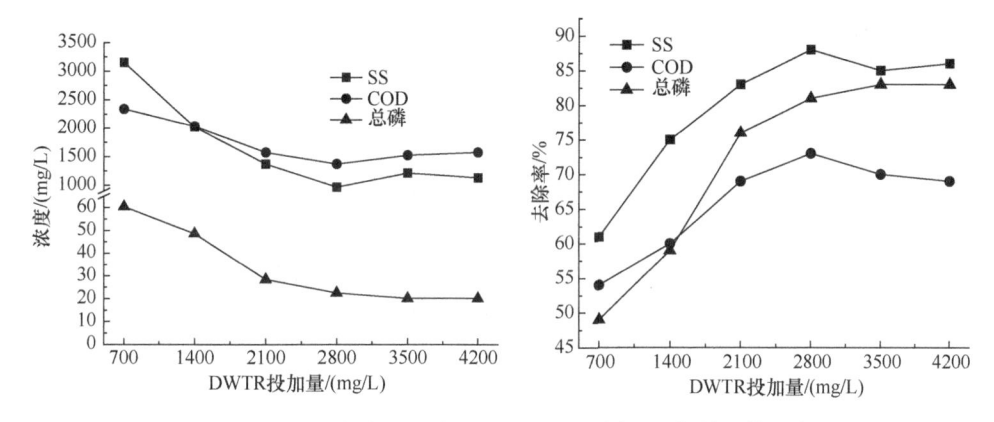

图 4-27 PAM 投加量一定，DWTR 投加量对混凝效果的影响

(3) 最佳 pH 的确定

当 PAM 投加量为 20 mg/L，DWTR 投加量为 2800 mg/L 时，原水 pH 对混凝效果的影响见图 4-28。随着废水碱性的增强，出水 SS 和总磷浓度呈现先减小后增加的趋势，当 pH 为 8 时，出水 SS 和总磷浓度达到最小值，分别为 890 mg/L 和 18.8 mg/L，对应的去除率分别为 89.2%和 83.9%。出水 COD 浓度随废水碱性的增强呈不断降低的趋势，在 pH 为 9 时达到出水 COD 最小值，为 1320 mg/L，对应的去除率为 74.1%，而在 pH 为 8 时，出水 COD 浓度为 1370 mg/L，对应的去除率为 73.5%，与 pH 为 9 时相差不大。因此，综合分析，最佳的 pH 定为 8。

综上所述，DWTR 与 PAM 联合使用的最佳混凝条件为 PAM 20 mg/L、DWTR 2800 mg/L 和 pH 为 8，在此条件下对 SS、COD 和总磷的去除率分别为 89.2%、73.5%和 83.9%。与 DWTR 单独使用时相比，DWTR 与 PAM 联合使用后对污染物的去除效果显著增强，因为由 DWTR 自身作用形成的絮体细小，易破碎，而加入 PAM 后，可以发挥其吸附架桥和电中和作用，使所形成的絮体体积增大，沉速增快，从而增强絮凝效果。

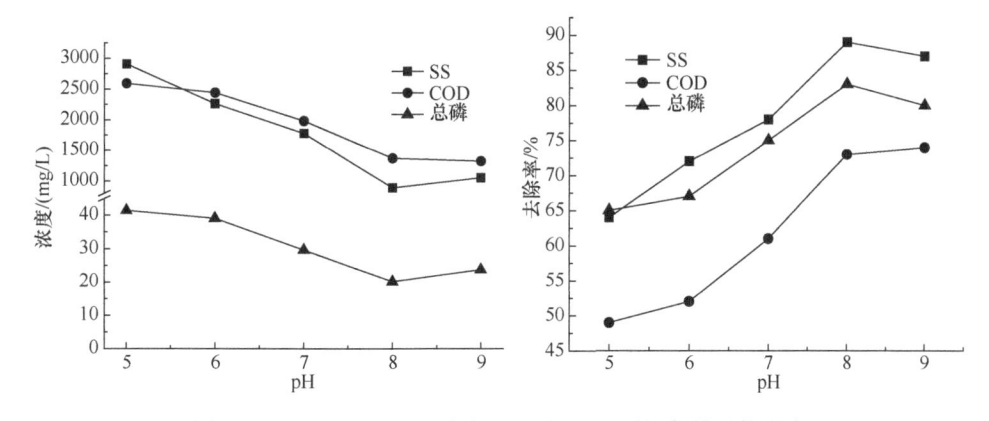

图 4-28 PAM 和 DWTR 投加量一定，pH 对混凝效果的影响

4. 养殖场废水混凝效果对比

(1) DWTR 和 PFS 联合使用与 PFS 单独使用时混凝效果的比较

DWTR 和 PFS 联合使用与 PFS 单独使用时混凝效果的比较见表 4-14。DWTR 与 PFS 联合使用时 PFS 的投加量为 600 mg/L，相比 PFS 单独使用时的 1200 mg/L，投加量降低了 50%。在混凝效果上，DWTR 与 PFS 联合使用时出水 SS、COD、总磷、PO_4^{3-} 和总氮的浓度分别为 610 mg/L、1380 mg/L、8.3 mg/L、0.82 mg/L 和 240 mg/L，均低于 PFS 单独使用时相应指标的出水浓度。对于 NH_4-N 的去除，无论是 DWTR 与 PFS 联合使用还是 PFS 单独使用，两者均没有达到较好的去除效果。此外，DWTR 与 PFS 的联合使用产生的污泥体积为 220 mL，较 PFS 单独使用时要更多。

表 4-14　DWTR 和 PFS 联合使用与 PFS 单独使用时混凝效果的比较

指标	PFS 单独使用	2100 mg/L DWTR 和 PFS 联合使用
PFS 投加量/(mg/L)	1200	600
pH	6.0	5.0
出水 SS 浓度/(mg/L)	805	610
出水 COD 浓度/(mg/L)	1560	1380
出水总磷浓度/(mg/L)	12.6	8.3
出水 PO_4^{3-} 浓度/(mg/L)	0.98	0.82
出水总氮浓度/(mg/L)	247	240
出水 NH_4-N 浓度/(mg/L)	195	205
污泥体积/mL	190	220

DWTR 和 PFS 联合使用与 PFS 单独使用时，对（类）重金属污染物去除效果对比见图 4-29。DWTR 与 PFS 联合使用后对砷、镉、铬、铜、铅和锌的去除率分别为 62.5%、61.5%、68.2%、97.3%、70.7% 和 68.7%，去除效果整体上要优于 PFS 单独处理。

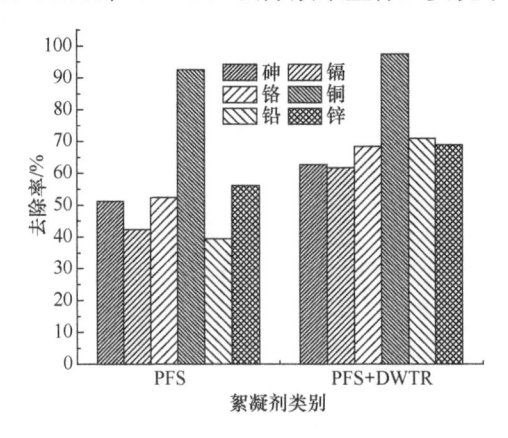

图 4-29　DWTR 和 PFS 联合使用与 PFS 单独使用时对（类）重金属去除效果比较

(2) DWTR 和 PAC 联合使用与 PAC 单独使用混凝效果的比较

DWTR 和 PAC 联合使用与 PAC 单独使用时混凝效果比较见表 4-15。DWTR 与 PAC 联合使用时，PAC 的投加量为 600 mg/L，较 PAC 单独使用时的投加量 1400 mg/L，投加量降低了 57%。同时，DWTR 与 PAC 联合使用时，出水 SS、总磷、PO_4^{3-}、总氮的浓度分别为 510 mg/L、5.2 mg/L、0.93 mg/L 和 222 mg/L，均优于 PAC 单独使用时相应指标的去除效果。对于 NH$_4$-N 的去除，无论是 DWTR 与 PAC 联合使用还是 PAC 单独使用，两者均没有达到较好的去除效果。此外，DWTR 与 PAC 的联用产生的污泥体积为 230 mL，较 PAC 单独使用时要多。

表 4-15 DWTR 和 PAC 联合使用与 PAC 单独使用时混凝效果的比较

指标	PAC 单独使用	2800 mg/L DWTR 和 PAC 联合使用
PAC 投加量/(mg/L)	1400	600
pH	5.0	5.0
出水 SS 浓度/(mg/L)	710	510
出水 COD 浓度/(mg/L)	1125	1235
出水总磷浓度/(mg/L)	13.5	5.2
出水 PO$_4^{3-}$ 浓度/(mg/L)	1.92	0.93
出水总氮浓度/(mg/L)	240	222
出水 NH$_4$-N 浓度/(mg/L)	190	198
污泥体积/mL	200	230

DWTR 和 PAC 联合使用与 PAC 单独使用时，对（类）重金属污染物去除效果对比见图 4-30。DWTR 与 PAC 联合使用后对砷、镉、铬、铜、铅和锌的去除率分别为 58.8%、100%、46.4%、96.9%、84.9% 和 80.3%，去除效果整体上要优于 PAC 单独处理。

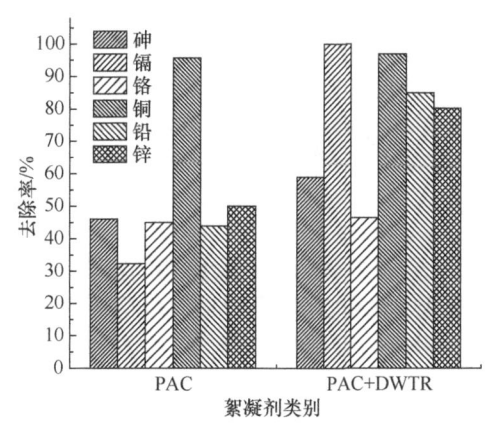

图 4-30 DWTR 和 PAC 联合使用与 PAC 单独使用时对重金属去除效果比较

（3）DWTR 和 PFS、PAC 和 PAM 联合使用混凝效果比较

DWTR 和 PFS、PAC 和 PAM 联合使用混凝效果比较见表 4-16。DWTR 和 PAM 联合使用处理养殖场废水时，出水 SS、COD、总磷、PO$_4^{3-}$ 和总氮的浓度分别为 890 mg/L、1370 mg/L、18.8 mg/L、1.62 mg/L 和 252 mg/L，对砷、镉、铬、铜、铅和锌的去除率分别为 47.4%、73.7%、55.2%、96.8%、68.9% 和 68.7%（图 4-31）。虽然相应的去除效果较 DWTR 与 PFS 联合使用和 DWTR 与 PAC 联合使用时要略低，但 DWTR 与 PAM 联合使用时污染物的去除效果要优于 DWTR 单独使用时，且最佳 pH 为 8.0，最接近养殖场废水原始 pH，此外，其产生的污泥体积最低，在实际处理养殖场废水时应优先考虑。

表 4-16 DWTR 和 PFS、PAC 和 PAM 联合使用混凝效果比较

指标	DWTR+PFS	DWTR+PAC	DWTR+PAM
商品絮凝剂投加量/mg	600	600	20
pH	5.0	5.0	8.0
出水 SS 浓度/(mg/L)	610	510	890
出水 COD 浓度/(mg/L)	1380	1235	1370
出水总磷浓度/(mg/L)	8.3	5.2	18.8
出水 PO_4^{3-} 浓度/(mg/L)	0.82	0.93	1.62
出水总氮浓度/(mg/L)	240	222	252
出水 NH_4-N 浓度/(mg/L)	205	198	203
污泥体积/mL	220	230	140

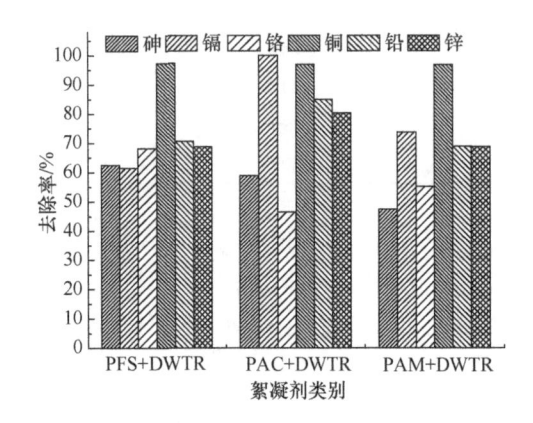

图 4-31 DWTR 分别与 PFS、PAC 和 PAM 联合使用对（类）重金属去除效果比较

4.3.3 DWTR 预处理的小试实验装置研究

1. 小试实验装置设计

DWTR 回用于养殖场废水的小试实验装置图如图 4-32 所示。养殖场废水经过蠕动泵以一定的流量进入机械搅拌混凝池，与此同时溶药箱中的药剂经过蠕动泵定量打入混凝池中与养殖场废水混合。经过一定时间的搅拌过程后混合液进入沉淀池静置沉淀，上清液由出水口流出，污泥由排泥阀排出。

（1）机械搅拌混凝池

混凝池尺寸为长×宽×高=150 mm×70 mm×130 mm，有效水深为 90 mm，设计水力停留时间为 18 min。池体有一块隔板沿长度方向分为 2 格，在隔板的下端设置流口。在每格小池各设有 1 台搅拌机，通过设置不同的搅拌速度，以实现混合和絮凝两个阶段所需的不同的水力条件。在机械混凝池的池底设置 1 根放空管。

（2）加药装置

加药装置由加药桶、搅拌机和加药计量泵组成。其中加药桶有 2 个，分别为给水厂污泥（DWTR）加药桶和聚丙烯酰胺（PAM）加药桶，各配置一台搅拌机和 1 台加药计量泵，药剂经搅拌机搅拌混合均匀后由加药计量泵送至混凝池中。

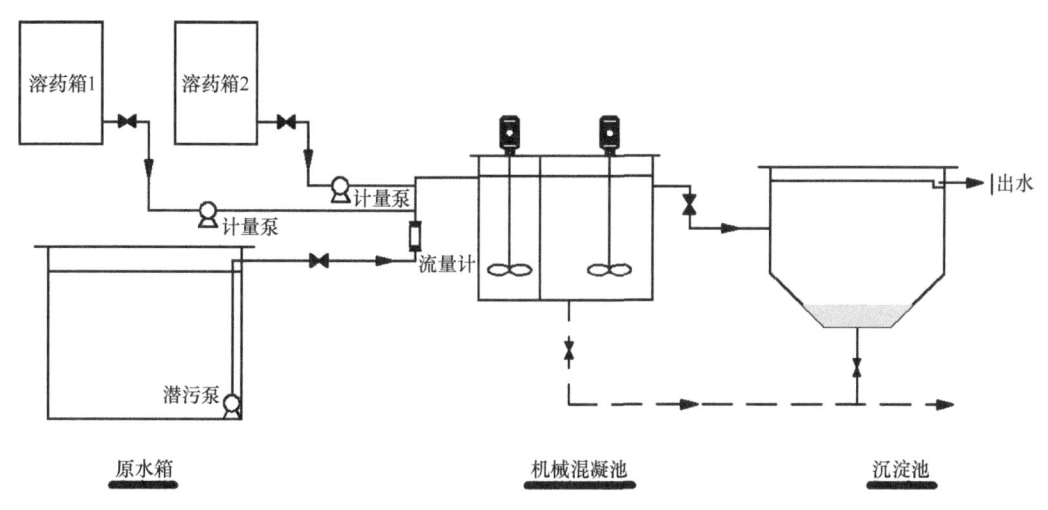

图 4-32 小试实验示意图
实线为废水路线，虚线为污泥或排空路线

(3) 沉淀池

沉淀池直径为 190 mm，表面负荷 0.4 m³/(m²·h)，有效水深为 50 mm，池底坡度采用 0.05，底部直径 130 mm。实验操作中，以沉淀池出水时间点计为 0，每隔 10 min 取一次样，直至 80 min，共取 8 个废水样，用于分析系统出水的稳定性。

2. 不同处理量对混凝效果的影响

不同处理量对养殖场废水混凝效果见图 4-33。4 种不同废水处理量（q_v）条件下出水 SS、COD 和总磷浓度随时间延长呈现下降趋势，经过 30 min 后逐渐达到平衡。当 q_v 从 2 L/h 增加到 5 L/h 时，出水 SS、COD 和总磷的平衡浓度先降低后升高。当 q_v 为 3 L/h 时，混凝效果最好，出水 SS、COD 和总磷的浓度分别为 1915 mg/L、1820 mg/L 和 29.5 mg/L，对应的去除率分别为 76.5%、64.3%和 75.8%。综合分析，废水最佳处理量为 3 L/h。

当 q_v=2 L/h 时污染物出水浓度最高，这可能是较低的流量使得废水在混凝搅拌阶段停留时间过长，经过 DWTR 网捕卷扫和吸附的胶体及颗粒物可能又被重新释放到废水中，PAM 吸附架桥形成的絮体容易被重新打碎，总的来说是，没有形成絮凝所需的适宜搅拌条件，影响了絮凝和沉淀的分离效果。而当 q_v 为 4 L/h 和 5 L/h 时，污染物出水浓度不降反而增加，主要是因为较大的流量缩短了絮凝和沉淀的停留时间，一方面 DWTR 和 PAM 未能充分与废水中的胶体和悬浮物混合，达不到较好的絮凝效果，另一方面沉淀时间的缩短很大程度上影响了固液分离的效果。

3. 不同 DWTR 投加量对混凝效果的影响

当废水处理量为 3 L/h 时，不同 DWTR 投加量对混凝效果的影响见图 4-34。在 4 种不同的 DWTR 投加量条件下，出水 SS、COD 和总磷的浓度均随时间的延长呈现下降的趋势，30 min 后出水浓度逐渐达到平衡。当 DWTR 投加量从 2500 mg/L 增加到 4000 mg/L 时，出水 SS、COD 和总磷的去除率先增加后减小。当 DWTR 投加量从 2500 mg/L 增加

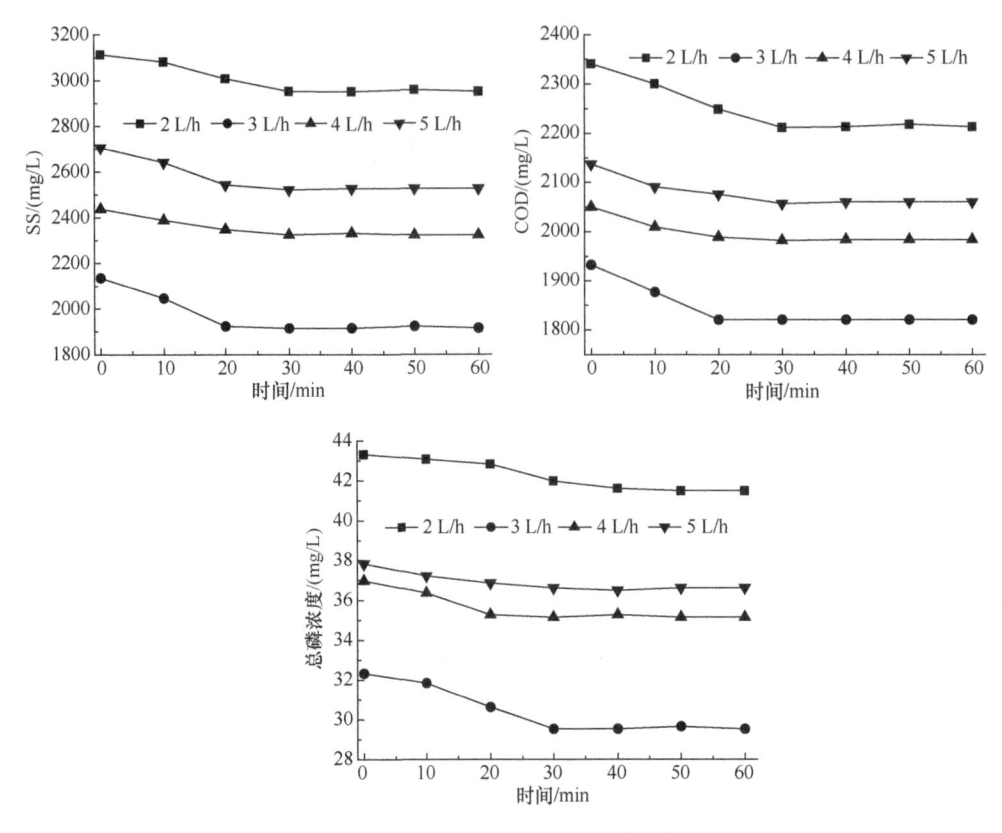

图 4-33　不同处理量对混凝效果的影响

到 3500 mg/L 时，出水 SS、COD 和总磷的平衡浓度分别从 2780 mg/L、2145 mg/L 和 39.8 mg/L 降低到 1815 mg/L、1680 mg/L 和 25.9 mg/L，相应的去除率也从 65.7%、58.4% 和 68.1%增加到 77.6%、67.3%和 79.3%。继续增加 DWTR 至 4000 mg/L 时，出水 SS、COD 和总磷去除率不增反降，平衡时浓度分别为 1960 mg/L、1890 mg/L 和 27.7 mg/L。综合比较，DWTR 的最佳投加量为 3500 mg/L。

随着 DWTR 投加量的增加，污染物的可结合位点也不断增加，导致了废水中更多的胶体和悬浮物得以吸附，同时，大量的氢氧化铝和氢氧化铁沉淀物在慢速搅拌和沉淀过程中网捕卷扫更多的胶体和悬浮物，从而导致污染物去除率不断升高。但 DWTR 在发挥絮凝作用的过程中，自身也可能会释放一些所吸附的颗粒物，这也导致了当 DWTR 达到一定量时，废水中 SS、COD 的去除率出现下降（Guan et al., 2004，2005）。

4. 不同 PAM 投加量对混凝效果的影响

当废水处理量为 3 L/h，DWTR 投加量为 3500 mg/L 时，不同 PAM 投加量对混凝效果的影响见图 4-35。在 4 种不同的 PAM 投加量下，随着装置运行时间的延长，出水 SS、COD 和总磷的浓度逐渐降低，在取水时间为 30 min 时，污染物出水浓度逐渐达到平衡。随着 PAM 投加量的增加，出水 SS、COD 和总磷浓度先降低后升高。当 PAM 投加量为 10 mg/L 时，稳定后的 SS、COD 和总磷去除效果最差，去除率分别为 62%、60.1%和 70.5%，出水浓度分别为 3040 mg/L、2035 mg/L 和 34.0 mg/L。PAM 投加量为 30 mg/L

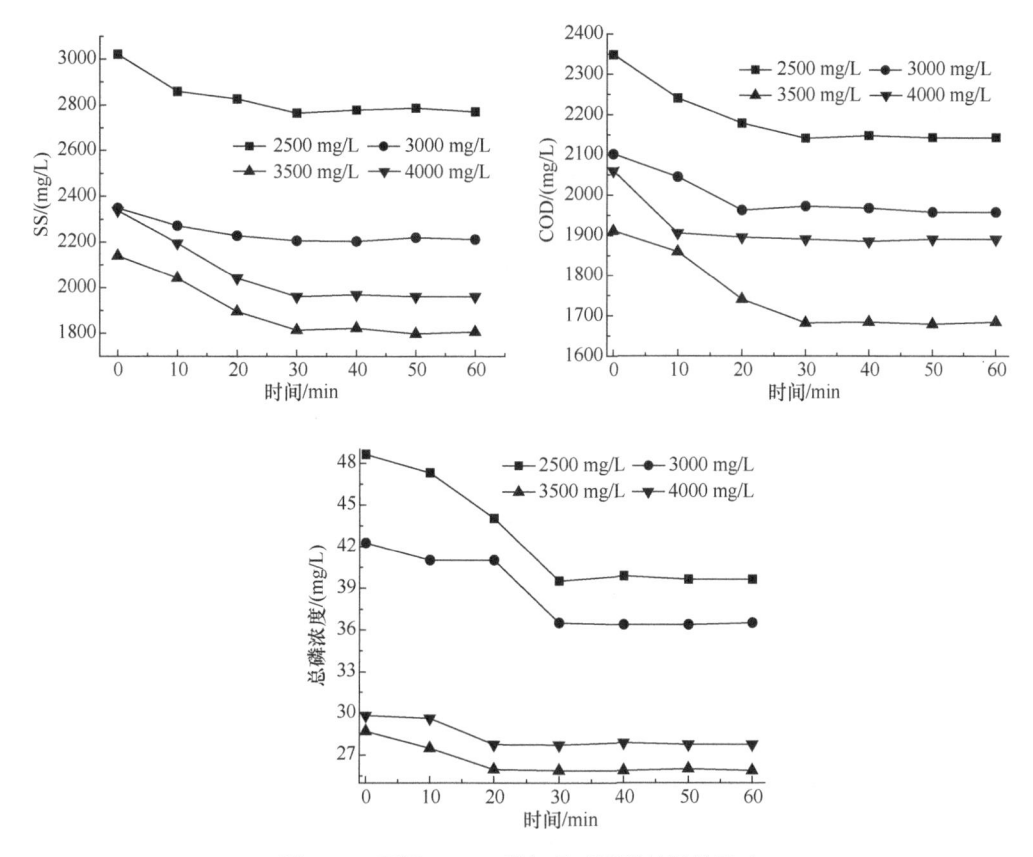

图 4-34 不同 DWTR 投加量对混凝效果的影响

时,SS、COD 和总磷的去除率分别达到了 79.3%、68.2%和 82.3%,出水浓度为 1660 mg/L、1620 mg/L 和 21.2 mg/L,与其他 PAM 投加量出水效果相比,SS、COD 和总磷处理效果最佳。综合分析,PAM 的最佳投加量为 30 mg/L。

PAM 投加量较低时,其可通过吸附架桥作用将两个或者更多的微粒搭桥联结为一个絮凝体,从而起到絮凝作用。但是,当 PAM 投加过量时,一方面,胶粒和细微悬浮物的表面已全部被所吸附的 PAM 所覆盖,此时 PAM 对颗粒有一定的稳定保护作用,不会再通过吸附架桥作用而发生絮凝(Ahmad et al.,2008)。另一方面,过量的 PAM 会使微粒电荷符号发生变化,造成重稳现象,而使得絮凝效果变差(Haydar and Aziz,2009)。

5. 不同搅拌速度对混凝效果的影响

当废水处理量为 3 L/h,DWTR 投加量为 3500 mg/L 时,PAM 投加量为 30 mg/L,不同搅拌速度对混凝效果的影响见图 4-36。在任一搅拌速度下,随着装置运行时间的延长,出水 SS、COD 和总磷的去除率逐渐提升,在取水时间为 30 min 时,出水污染物浓度趋于稳定。随着搅拌速度的提高,出水污染物浓度先降低后升高。当搅拌速度为 400 r/min 时混凝效果最好,出水 SS、COD 和总磷的浓度分别为 1245 mg/L、1490 mg/L 和 18.2 mg/L,对应的去除率分别为 84.6%、70.2%和 83.1%。

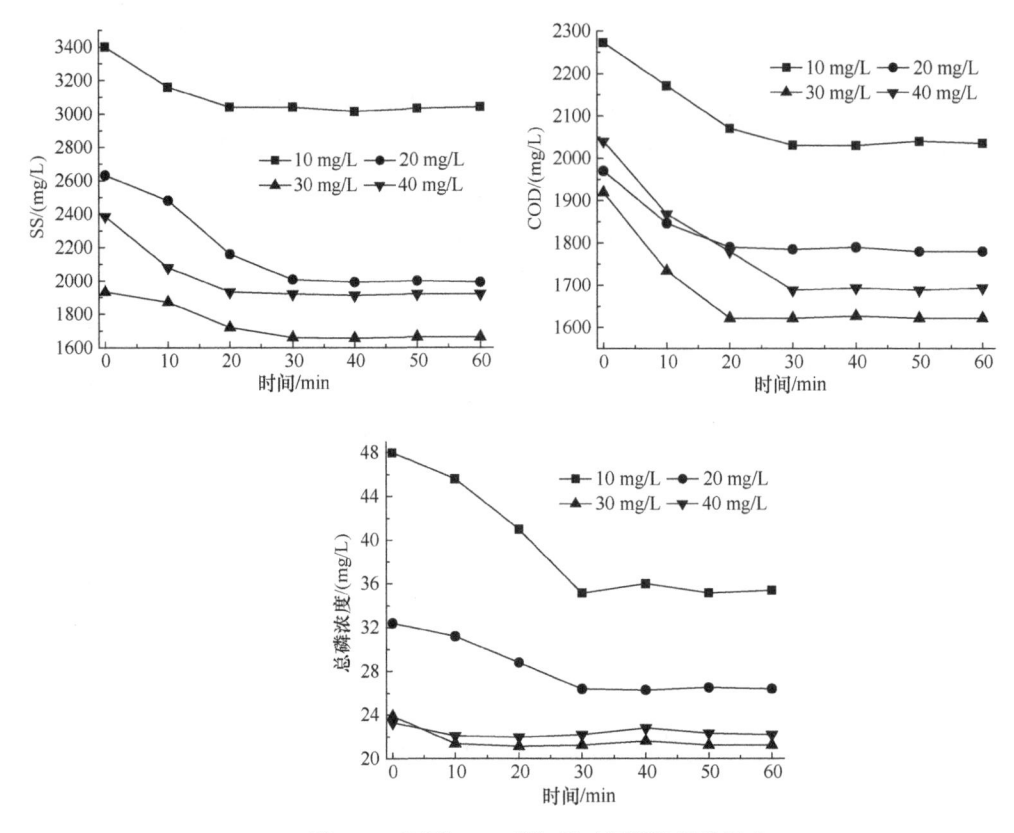

图 4-35　不同 PAM 投加量对混凝效果的影响

搅拌速度的提高有助于 DWTR 和 PAM 对胶体和悬浮颗粒物进行凝聚，使形成的絮凝体逐渐变大，对周围的细小颗粒物形成一定的吸附和网捕卷扫作用。但是如果搅拌速度太快，则不易形成大絮凝颗粒，甚至把刚成形还比较松散的絮体破碎，从而导致废水中污染物去除率下降。

6. 小试实验与静态实验混凝效果对比分析

通过以上实验分析可知，小试实验最佳混凝条件为废水处理量 3 L/h，DWTR 投加量 3500 mg/L，PAM 投加量为 30 mg/L，搅拌速度为 400 r/min。在最佳条件下，小试实验与静态实验混凝效果对比见表 4-17。小试实验装置下出水的 SS、COD、总磷、PO_4^{3-}、总氮和 NH_4-N 浓度分别为 1245 mg/L、1490 mg/L、18.2 mg/L、2.75 mg/L、263 mg/L 和 206 mg/L，除出水总磷浓度相当外，其他污染物浓度都要高于静态混凝实验下的出水浓度。而小试实验下 DWTR 和 PAM 的药剂投加量却较大，约为静态混凝实验下的 1.25 倍。这一结果与程海鹰和张洁（2003）的研究结果具有一致性。

这主要是因为静态实验的混凝过程是一个完全混合的间歇过程，且在沉降过程中，其自身并没有受到外界水动力学的干扰。而小试动态实验是连续流，在混凝过程中废水与混凝剂的混凝效果无法达到静态混凝实验的效果，且在流动的过程中会因局部湍流而导致絮体破碎。因此，与静态混凝实验相比，小试实验的污染物出水浓度稍有升高。静态混凝实验结果更接近理想条件，而小试实验评价结果更接近实际水处理结果。

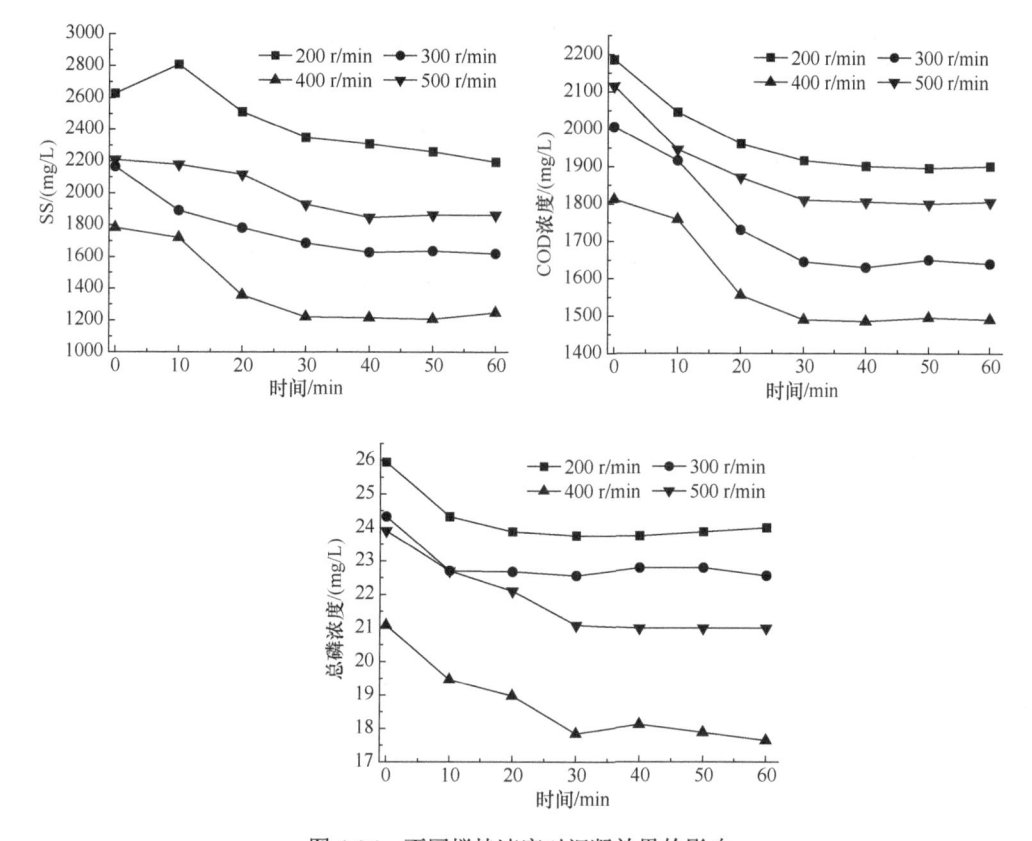

图 4-36　不同搅拌速度对混凝效果的影响

表 4-17　小试实验与静态实验混凝效果对比

出水指标	小试实验	静态实验
出水 SS 浓度/(mg/L)	1245	890
出水 COD 浓度/(mg/L)	1490	1370
出水总磷浓度/(mg/L)	18.2	18.8
出水 PO_4^{3-} 浓度/(mg/L)	2.75	1.62
出水总氮浓度/(mg/L)	263	252
出水 NH_4-N 浓度/(mg/L)	206	203

4.4　以 DWTR 为介质模拟湿地对养殖废水的处理

4.4.1　模拟湿地的构建

实验室规模的人工湿地系统如图 4-37 所示。装置高 100 cm，内径 9 cm，底部承托层砾石的高度为 10 cm，然后将选取的给水厂污泥 DWTR 作为填料填充，高度为 60 cm，间歇曝气人工湿地（intermittent aeration constructed wetland，IACW）中 DWTR 质量为 2.85 kg（含水率为 10.8%），有效体积（V）为 1.8 L，孔隙率为 40%。垂直间歇流人工湿地（VFCW）中 DWTR 质量为 3.5 kg（含水率为 22.2%），有效体积也为 1.8 L，孔隙率为 40%。模拟系统的进水水质特性如表 4-18 所示。IACW 系统运行采用分段进水和间歇曝气模式,由进水泵、排水泵和计时器控制进出水流量和时间,计时器控制空气压缩机对系统进行间歇曝气。养殖废水由进水泵从上层进入人工湿地,系统每天 3 个循环,每个循环分 3 阶段进水(进水比率为 60%、30%和 10%),即每 160 min 进一次水;每个循环进水 0.2 L,因此进水流量为 0.6 L/d,水力停留时间为 3 d。同时每个循环曝气 80 min,使反应器保持缺氧/好氧的状态。系统每 8 h 排水一次,每次排水 0.2 L。

养殖废水经过 IACW 处理后,排水进入 VFCW 进一步处理,进水由上向下流过填料层,经排水泵抽出,即系统进水由 IACW 的出水控制,其排水完全进入 VFCW 中,每天排水一次,每次排水 0.6 L,系统经历:出水→闲置 4 h→进水 0.2 L→反应 8 h→进水 0.2 L→反应 8 h→进水 0.2 L→反应 4 h 的循环,因此水力停留时间为 2 d。每个循环共有 4 个阶段:进水、反应、排水和闲置。

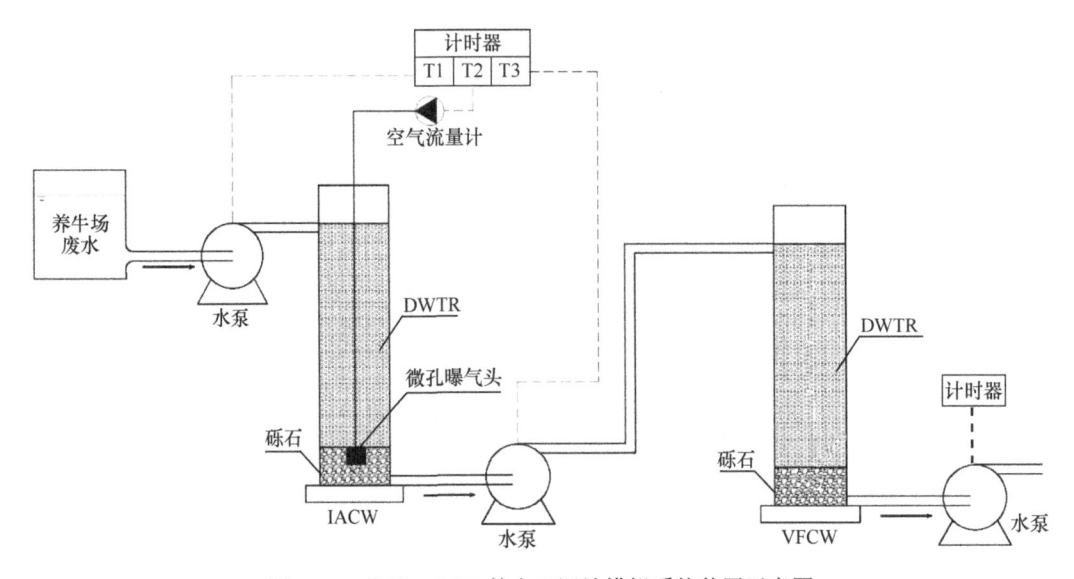

图 4-37 基于 DWTR 的人工湿地模拟系统装置示意图

表 4-18 进水水质特征和污染负荷

指标单位	COD/ (mg/L)	总氮/ (mg/L)	NH_4^+-N/ (mg/L)	总磷/ (mg/L)	浊度/NTU	pH	OLR[a]/[kg COD/($m^2 \cdot d$)]	NLR[b]/[g N/ ($m^2 \cdot d$)]	PLR[c]/[g P/ ($m^2 \cdot d$)]
阶段 1 (0~48 d)	1388 ±449	240 ±12	227 ±18	32±12	1181 ± 551	8.2 ± 0.3	0.13	22.6	3.0
阶段 2 (49~235d)	2297 ±724	211 ±51	169 ±48	41±20	1062 ± 615	8.3 ± 0.4	0.22	19.9	3.8

a. 氮负荷率;b. 磷负荷率;c. 有机负荷率

4.4.2 模拟湿地的效果

1. 人工湿地中溶解氧和 pH

人工湿地进出水中溶解氧(dissolved oxygen,DO)和 pH 的变化情况如图 4-38 和图 4-39 所示。如图 4-38 所示,进水中溶解氧浓度在 0.07~0.97 mg/L 波动,平均 DO 浓度为 0.50 mg/L。IACW 的出水平均 DO 浓度为 2.02 mg/L,而 VFCW 出水平均 DO 浓度为 1.00 mg/L。由于系统内间歇曝气，IACW 中溶解氧浓度最高，VFCW 次之，两者均高于进水中溶解氧浓度。图 4-39 所示，系统进水和 IACW 出水 pH 在 7.50~9.00 波动，进水的平均 pH 为 8.35，IACW 出水的平均 pH 为 8.27，VFCW 的出水 pH 最低，平均 pH 为 7.69。

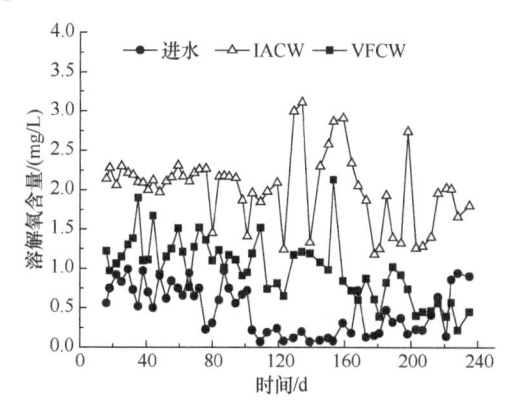

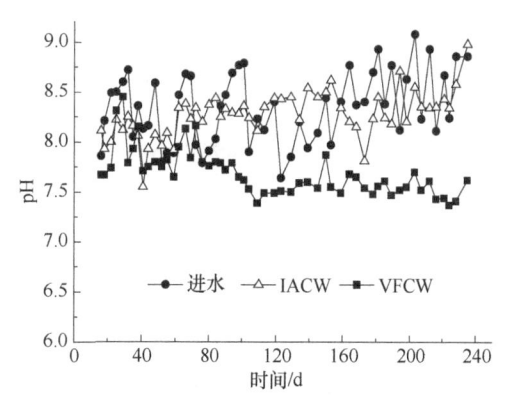

图 4-38　模拟人工湿地中溶解氧浓度变化　　　图 4-39　模拟人工湿地中 pH 的变化情况

进水进入 IACW 系统后，间歇曝气为系统提供好氧/缺氧的状态，发生硝化-反硝化作用。VFCW 中上部自然复氧，处于好氧状态，下部淹没处于缺氧或厌氧状态。在好氧条件下，通过氨氧化细菌和亚硝酸氧化细菌将 NH_4^+-N 氧化成 NO_3^--N；缺氧或厌氧状态下，反硝化细菌则将 NO_3^--N 还原成 N_2。因此，硝化作用加强时，会出现溶解氧浓度的降低，反硝化作用较强时，系统出水溶解氧会略有升高。在前 90 d，IACW 系统内曝气频率较高，导致反硝化作用较弱，出水中溶解氧浓度波动较小。

由于进水中 pH 不断波动，养牛场废水进入 IACW 处理，而 IACW 中特殊的运行条件（间歇曝气）使得废水进入系统后能分散均匀，经过一段时间的处理排出，因此 IACW 出水 pH 也出现波动。随着运行时间增加，VFCW 出水 pH 逐渐稳定并呈现下降趋势。研究表明在高氨氮废水中硝化作用的适宜 pH 为 6.45~8.95（Ruiz et al., 2003），因此 IACW 和 VFCW 系统中 pH 条件适宜于高氨氮废水的脱氮作用。

综上所述，两级人工湿地中溶解氧和 pH 条件有利于硝化作用和反硝化作用的进行。

2. 人工湿地对总悬浮物和 COD_{cr} 的去除

两级人工湿地进出水中悬浮物和 COD_{cr} 的去除如图 4-40 所示，进入系统的养牛场废水的平均浊度为 1013.02 NTU，IACW 和 VFCW 出水的平均浊度为 161.08 NTU 和 74.88 NTU，平均去除率分别达到 84.10% 和 92.61%。有机质方面，人工湿地进水平均 COD_{cr} 浓度为 2115.48 mg/L，IACW 和 VFCW 出水的平均 COD_{cr} 浓度分别为 873.82 mg/L 和 836.70 mg/L，经过两级模拟人工湿地的处理后，COD_{cr} 的平均去除率达到 58.70% 和 60.45%。总体来说，经过间歇曝气和间歇进水人工湿地处理后，悬浮物和 COD_{cr} 得到很好的去除。

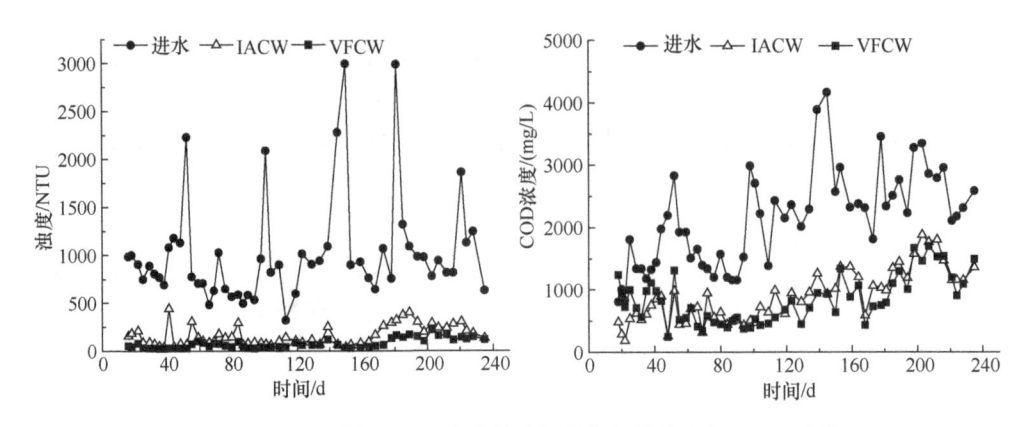

图 4-40 两级模拟人工湿地在整个运行期间的浊度和 COD_{cr} 去除

人工湿地中总悬浮颗粒物的去除主要依靠基质的物理截留作用，同时生物膜的富集可以加强截留作用。进水中悬浮物浓度有较大波动，但是出水中悬浮物浓度保持较平稳趋势。经过两级人工湿地的处理，出水中悬浮物浓度大幅度降低。COD_{cr} 的去除主要是物理和微生物的协同作用，物理作用将有机物固体分离出来，进而被微生物降解。DWTR具有较大的比表面积，有利于微生物的富集。养牛场废水经过 VFCW 后，COD_{cr} 的去除率只略高于 IACW，这说明养牛场废水经过 IACW 处理后 COD_{cr} 浓度降低，含有的多数为难降解有机物，导致 VFCW 的去除效率较低。

3. 人工湿地对氮的去除

两级人工湿地中各形态氮的去除如图 4-41 所示。在整个运行周期内进水、IACW 和 VFCW 出水中的平均总氮浓度分别为 217.67 mg/L、56.25 mg/L、42.23 mg/L，平均去除率分别为 70.50%和 80.20%；平均氨氮浓度分别为 187.30 mg/L、13.13 mg/L、18.53 mg/L，平均氨氮去除率分别为 94.08%和 88.97%。进水、IACW 和 VFCW 出水中的亚硝酸盐氮的平均浓度分别为 0.10 mg/L、0.30 mg/L、0.04 mg/L；同时平均硝酸氮浓度分别为 15.81 mg/L、23.40 mg/L、6.26 mg/L。IACW 和 VFCW 总氮的去除速率分别为 23.08 g N/($m^3 \cdot d$) 和 25.08 g N/($m^3 \cdot d$)，氨氮的去除速率分别为 24.44 g N/($m^3 \cdot d$) 和 23.09 g N/($m^3 \cdot d$)。

VFCW 中出水氨氮浓度略高于 IACW，即出水氨氮浓度高于进水氨氮浓度，在 VFCW 中存在轻微的氨氮释放现象。新产生的氨氮可能来自于 IACW 出水和 DWTR 中有机氮的氨化作用。由于养殖废水经过 IACW 处理后有机氮含量较低，因此 DWTR 的有机氮氨化是主导机制。而在 IACW 中未发现 DWTR 的氨化作用，可能是因为进水氨氮浓度较高，DWTR 中有机氮含量显著低于养牛场废水中的氨氮含量，氨化作用不明显，并且由于 IACW 中氧气供给较好，有利于硝化作用将氨氮向硝酸盐氮转化。

本研究中氨氮的去除率保持稳定状态，系统硝化作用较强，同时也表明硝化作用不是总氮有效去除的限制步骤。总氮去除率先下降后上升，说明开始阶段反硝化作用较弱，随着实验的运行反硝化作用增强。因此，DWTR 作为人工湿地基质有利于生物脱氮作用。

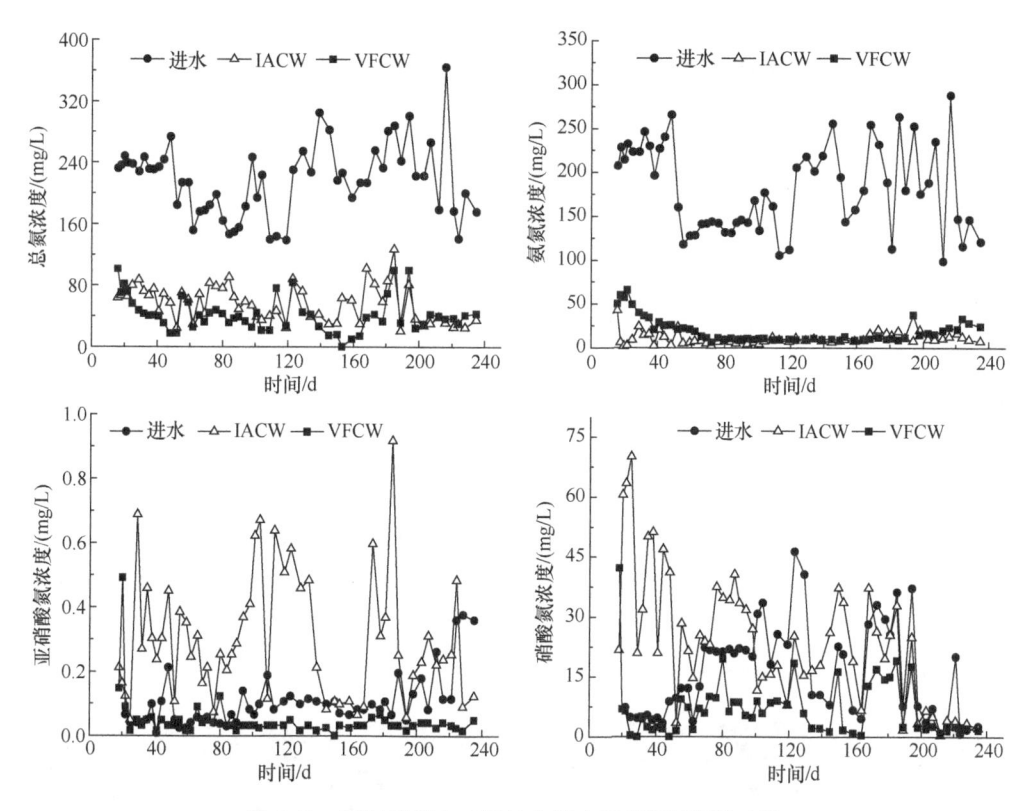

图 4-41 两级模拟人工湿地在整个运行期间氮的去除

4. 人工湿地对磷的去除

如图 4-42 所示,两级人工湿地中总磷的去除效率较高且相对稳定。进水平均磷浓度为 39.43 mg/L,在整个运行期间出水中总磷含量均接近于 0 mg/L,经过 IACW 处理后总磷的去除率达 92.7%,进一步通过 VFCW 处理,去除率达到 96.9%。尽管进水中总磷浓度在不断波动,但出水总磷一直保持稳定。

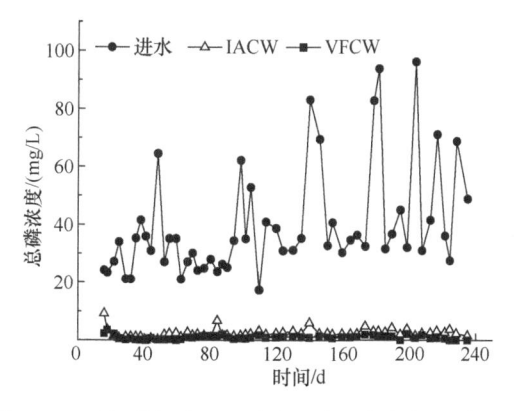

图 4-42 两级模拟人工湿地在整个运行期间的磷去除

4.4.3 模拟湿地中氮循环菌的多样性

本研究对人工湿地氮循环菌群的分析包括 5 个样品，分别为 IACW 的上层基质 IA 和下层基质 IB；VFCW 中的 VA、VB 和 VC 上中下 3 层基质。通过基因组 DNA 提取、目标片段的扩增、分子克隆和系统发育树建立，分析模拟湿地中氮循环菌群的多样性。

1. 目标片段扩增结果

人工湿地不同深度基质样品氮循环菌群 PCR 扩增产物电泳检验结果如图 4-43 所示。由图可知，扩增氨氧化细菌（AOB）*amoA* 功能基因所用的引物为 amoA-1F 和 amoA-2R，扩增产物的长度约为 490 bp，在 400~500 bp 的 DNA marker 之间出现了较为明亮的 DNA 条带，说明 PCR 扩增成功。扩增亚硝酸氧化菌（NOB）*nxrA* 的引物为 nxrAF1370 和 nxrAR2843，扩增产生的目标片段约为 322 bp，而在 300~400 bp 的 DNA marker 之间出现了较为明亮的 DNA 条带。反硝化细菌 *nosZ* 基因 PCR 扩增所用的引物为 nosZ-F 和 nosZ-R，扩增产物的长度约为 700 bp，在 600~800 bp 的 DNA marker 之间出现了较为明亮的 DNA 条带，表明有目的基因片段的出现。综上所述，人工湿地不同深度基质样品中均分布有 AOB、NOB 和反硝化细菌。

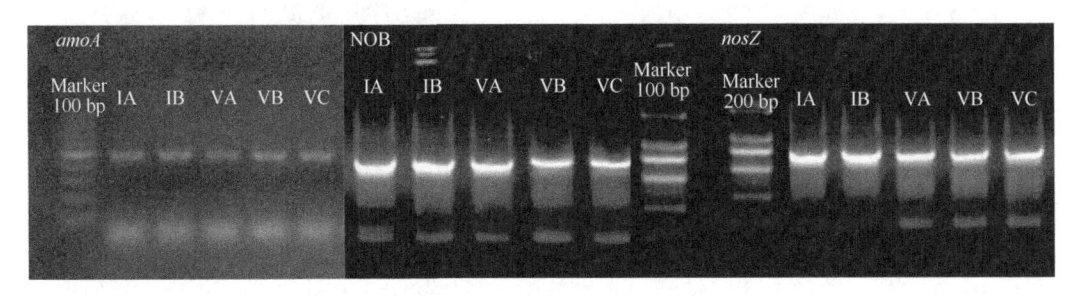

图 4-43 人工湿地不同深度基质样品氮循环菌群 PCR 扩增产物电泳检验结果

2. 多样性分析

（1）氨氧化细菌多样性

两级人工湿地不同深度基质样品中氨氧化细菌（AOB）*amoA* 基因多样性如表 4-19 所示。由表可知，经过测序后 IACW 获得 22~28 条 AOB *amoA* 基因有效序列，香农-维纳指数（*H*）表明 IACW 中 AOB *amoA* 基因的多样性在 1.28~1.40，上层基质样品 IA 的多样性较高为 1.40，下层基质 IB 的多样性指数较低，基质样品多样性沿深度总体变化较小。辛普森指数（1/*D*）在 3.32~4.05，不同深度基质样品的辛普森指数相差较小，说明样品中 AOB 菌群落集中性较低，各个物种个体数量之间的配比较均匀，群落构成的生态系统也最稳定。克隆文库的覆盖范围为 95.5%~96.4%，表明克隆文库的覆盖范围相对较好，能够很好地涵盖 IACW 不同深度 AOB 的多样性。样品均匀性指数在 0.38~0.45。

表 4-19　人工湿地基质中氨氧化细菌 *amoA* 基因多样性

样品	有效序列数/条	OTU 数	香农-维纳指数（*H*）	辛普森指数（1/*D*）	均匀性指数（*E*）	克隆文库覆盖范围/%
IA	22	5	1.40	4.05	0.45	95.5
IB	28	5	1.28	3.32	0.38	96.4
VA	24	6	1.57	4.76	0.49	95.8
VB	29	5	1.48	4.56	0.44	100
VC	24	4	1.28	3.68	0.40	100

OTU. 操作分类单元聚类分析

VFCW 人工湿地每个深度经过测序后获得 24~29 条序列 AOB *amoA* 有效序列。VFCW 中不同深度基质样品 AOB 的香农-维纳指数在 1.28~1.57，AOB 多样性沿着基质深度呈现下降趋势。辛普森指数在 3.68~4.76，表层（VA）的辛普森指数最大，表明 AOB 群落集中度最高，微生物个体数量的配比最不均匀，而底层（VC）的辛普森指数最小，个体数量配比较均匀。克隆文库的覆盖范围在 95.8%~100.0%，覆盖范围要高于 IACW AOB 克隆文库的覆盖范围，能够很好地涵盖 AOB *amoA* 的多样性。VFCW 基质样品的均匀性指数在 0.40~0.49。

克隆文库的稀缺性曲线是根据阳性克隆数和 OTU 数量绘制，如图 4-44 所示。曲线趋于平缓，说明在 IACW 和 VFCW 中不同基质深度下挑取的阳性克隆可以代表文库中大部分 AOB 的类型。文库要有较好的代表性则需要较高的覆盖程度和较大的库容。不同深度基质样品的 AOB 克隆文库的库容值为 95.5%~100%。上述分析说明本研究建立的 *amoA* 基因克隆文库能够较好地代表人工湿地基质样品 AOB 的多样性。

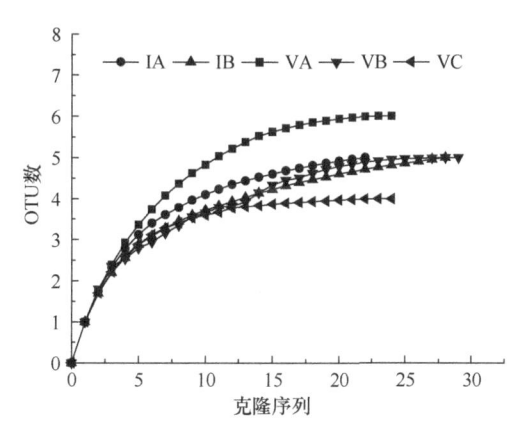

图 4-44　人工湿地不同深度基质样品中氨氧化细菌 *amoA* 基因克隆文库的稀缺性曲线

（2）亚硝酸氧化菌多样性

两级人工湿地不同深度基质样品中亚硝酸氧化菌（NOB）*nxrA* 基因多样性如表 4-20 所示。由表可知，经过测序后 IACW 每个深度获得 27 条 NOB *nxrA* 有效序列。香农-维纳指数（*H*）表明 IACW 中 NOB *nxrA* 基因的多样性在 1.46~1.52，上层基质 IA 的多样性指数较低，为 1.46，而下层基质 IB 的多样性指数较高，为 1.52，基质样品多样性沿深度总体变化较小。辛普森指数在3.94~4.28，不同深度基质样品的辛普森指数（1/D）相差较小，说明样品中NOB菌群落集中性较低，各个物种个体数量之间的配比较均匀，群落构成的生态系统也最稳定。克隆文库的覆盖范围在92.6%~96.3%，基本上能够涵盖基质样品NOB nxrA的多样性。样品均匀性指数在0.44~0.46。

表4-20　人工湿地基质中亚硝酸氧化细菌 nxrA 基因多样性

样品	有效序列数/条	OTU数	香农-维纳指数（H）	辛普森指数（1/D）	均匀性指数（E）	克隆文库覆盖范围/%
IA	27	6	1.46	3.94	0.44	92.6
IB	27	6	1.52	4.28	0.46	96.3
VB	27	8	1.88	6.88	0.57	92.6
VB	22	5	1.43	4.13	0.46	100
VC	25	4	1.25	3.49	0.39	100

VFCW人工湿地每个深度经过测序后获得22~27条序列NOB nxrA有效序列。表明VFCW中不同深度基质样品NOB的香农-维纳指数在1.25~1.88，NOB多样性沿着基质深度呈降低趋势。辛普森指数在3.49~6.88，表层（VA）的辛普森指数最大，表明NOB群落集中度最高，微生物个体数量的配比最不均匀，而底层（VC）的辛普森多样性指数最小，个体数量配比较均匀。克隆文库的覆盖范围在92.6%~100.0%，覆盖范围要高于IACW NOB克隆文库的覆盖范围，能够很好地涵盖NOB nxrA基因的多样性。VFCW基质样品的均匀性指数在0.39~0.57。

如图4-45所示，nxrA基因克隆文库的稀缺性曲线趋于平缓，说明在IACW和VFCW中不同基质深度下所挑取的阳性克隆能够代表文库中大部分NOB的类型。人工湿地不同深度NOB克隆文库的库容值为92.6%~100%。上述分析说明本研究建立的nxrA基因克隆文库能够较好地代表人工湿地基质样品NOB的多样性。

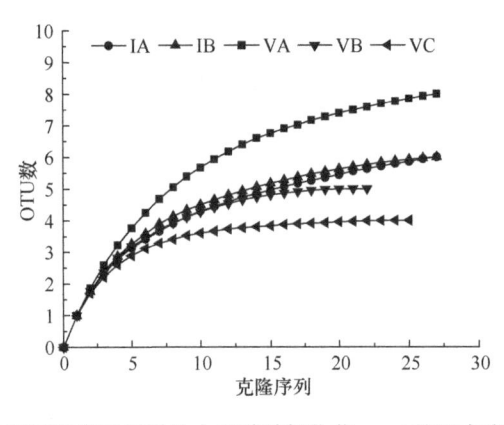

图4-45　人工湿地不同深度基质样品中亚硝酸氧化菌 nxrA 基因克隆文库的稀缺性曲线

（3）反硝化细菌多样性

两级人工湿地不同深度基质样品中反硝化细菌 nosZ 基因多样性如表4-21所示。由表可知，经过测序后IACW每个深度获得20~22条有效序列。香农-维纳多样性指数（H）

表明 IACW 不同深度基质样品中反硝化细菌 nosZ 基因的多样性在 1.49~1.57，上层基质 IA 的多样性指数较高，为 1.57，而下层基质 IB 的多样性指数较低，为 1.49，基质样品多样性沿深度总体变化较小。辛普森指数在 3.73~4.87，不同深度基质样品的辛普森指数（1/D）相差较小，说明样品中反硝化菌群落集中性较低，各个物种个体数量之间的配比较为均匀，群落构成的生态系统也最稳定。克隆文库的覆盖范围在 95%~100%，基本上能够涵盖基质样品反硝化细菌 nosZ 的多样性，样品均匀性指数在 0.48~0.52。

表 4-21　人工湿地基质中反硝化细菌 nosZ 基因多样性

样品	有效序列数/条	OTU 数	香农-维纳指数（H）	辛普森指数（$1/D$）	均匀性指数（E）	克隆文库覆盖范围/%
IA	20	6	1.57	4.87	0.52	95
IB	22	6	1.49	3.73	0.48	100
VA	24	6	1.60	4.68	0.50	100
VB	22	5	1.52	4.91	0.49	100
VC	13	4	1.31	4.33	0.51	100

VFCW 人工湿地每个深度经过测序后获得 13~24 条反硝化细菌 nosZ 有效序列，表明 VFCW 中不同深度基质样品反硝化细菌的香农-维纳指数（H）在 1.31~1.60，反硝化细菌 nosZ 多样性沿着基质深度呈现下降趋势。辛普森指数在 4.33~4.91，中间层（VB）的辛普森指数最大，表明反硝化群落集中度最高，微生物个体数量的配比最不均匀，而底层（VC）的辛普森多样性指数最小，个体数量配比较均匀。克隆文库的覆盖范围均为 100%，覆盖范围要高于 IACW 中反硝化细菌 nosZ 克隆文库的覆盖范围，能够很好地涵盖反硝化细菌 nosZ 的多样性。VFCW 基质样品的均匀性指数在 0.49~0.51。

如图 4-46 所示，反硝化细菌 nosZ 基因克隆文库的稀缺性曲线趋于平缓，说明在 IACW 和 VFCW 中不同基质深度下所挑取的阳性克隆能够代表文库中大部分亚硝酸氧化菌的类型。人工湿地不同深度亚硝酸氧化菌克隆文库的库容值为 95%~100%。上述分析说明本研究建立的 nosZ 基因克隆文库能够较好地代表人工湿地基质样品反硝化细菌的多样性。

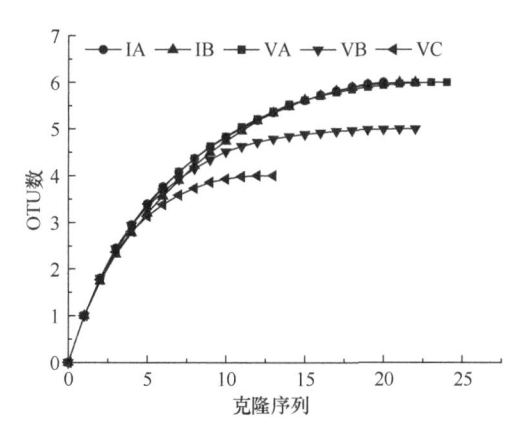

图 4-46　人工湿地不同深度基质样品中反硝化细菌 nosZ 基因克隆文库的稀缺性曲线

3. 系统发育分析

(1) 氨氧化细菌的系统发育分析

IACW 中氨氧化细菌（AOB）*amoA* 基因系统发育树如图 4-47 所示。由图可知，不同基质深度得到的 50 条 AOB *amoA* 基因有效序列均为 β 亚纲氨氧化菌-亚硝化单胞菌属 (*Nitrosomonas*)，并且共进化为 4 个分支，分别为 Cluster 1、Cluster 2、Cluster 3 及 Cluster 4。大部分序列归属于 *Nitrosomonas europaea* 和 uncultured *Nitrosomonas* 序列，Cluster 2 和 Cluster 3 中分别包含 2 个和 3 个 OTU；Cluster 1 中包含 2 个 OTU，并归属于 *Nitrosomonas* 菌种，而 Cluster 4 中包含 3 个 OTU 并归属于 uncultured Nitrosomonadaceae。

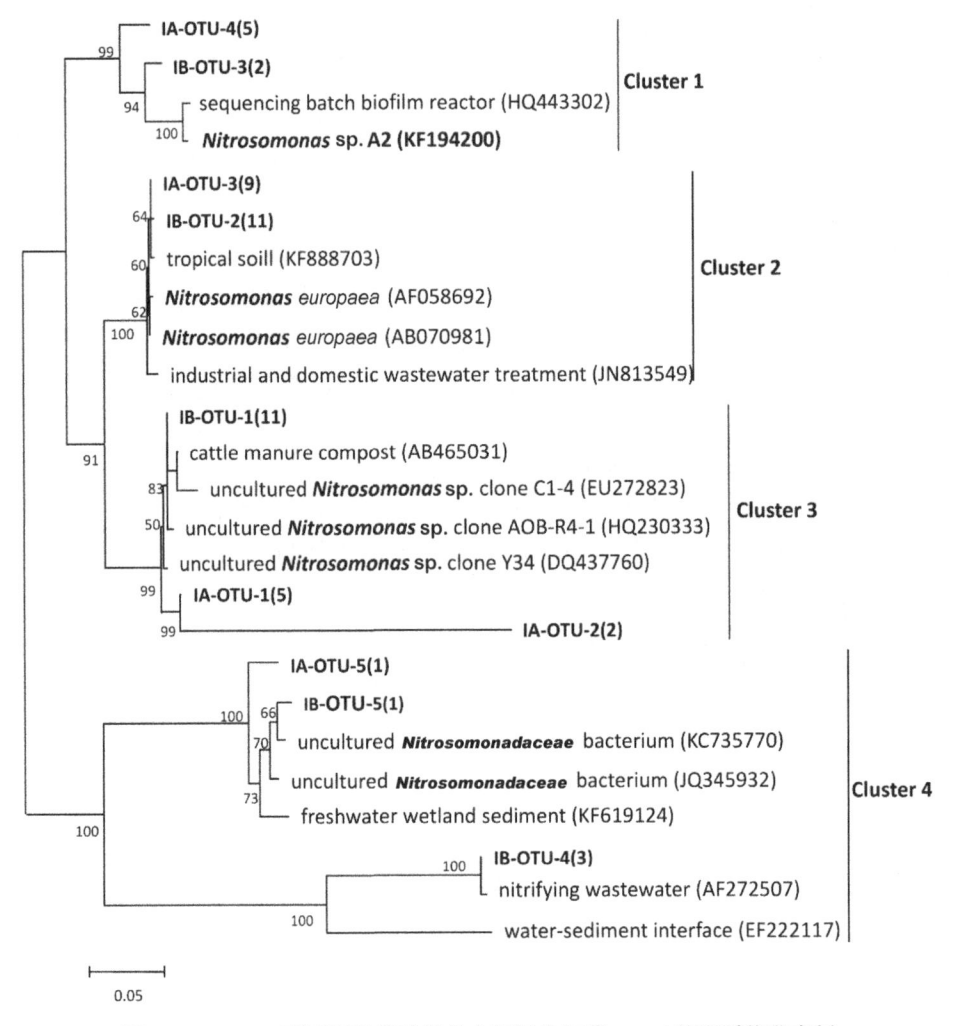

图 4-47 IACW 不同深度基质样品中氨氧化细菌 *amoA* 基因系统发育树

Cluster 1 进化分支含有 7 条序列，主要来自 IA（5 条）和 IB（2 条）。Cluster 1 亚进化分支的序列与从序批式生物膜反应器中分离得到的 KF194200 *Nitrosomonas* sp. A2 有较高的相似性（>94%）。Cluster 2 进化分支含有 20 条序列，主要来自 IA（9 条）和 IB（11 条）。Cluster 2 亚进化分支的序列与从工业和生活污水处理系统分离得到的

JN813549 序列和 AF058692 *Nitrosomonas europaea* 序列具有很高的相似性。Cluster 3 进化分支含有 18 条序列，主要来自 IA（7 条）和 IB（11 条）。Cluster 3 亚进化分支的序列与从牛粪便堆肥中分离得到的 AB465031，强化硝化系统中得到的 EU272823 uncultured *Nitrosomonas* sp. clone C1-4 序列，氮负荷较高的硝化系统中分离的 HQ230333 uncultured *Nitrosomonas* sp. clone 序列 AOB-R4-1 和曝气垃圾填埋反应器中分离得到的 DQ437760 uncultured *Nitrosomonas* sp. clone Y34 序列有较高的相似性（99%）。Cluster 4 进化分支含有 5 条序列，主要来自 IA（1 条）和 IB（4 条）。Cluster 4 亚进化分支的序列与从长江河口沉积物分离得到的 KC735770 uncultured Nitrosomonadaceae bacterium 序列，淡水湿地中得到的 KF619124 序列，硝化废水处理厂分离的 AF272507 序列有很高相似性。

VFCW 中 AOB *amoA* 基因系统发育树如图 4-48 所示。由图可知，不同基质深度得到的 77 条 AOB *amoA* 基因有效序列均为 β-亚纲氨氧化菌—亚硝化单胞菌属（*Nitrosomonas*），并且共进化为 2 个大的分支，分别为 N1 和 N2，N1 包含有 9 个 OTU，所测序列归属于 *Nitrosomonas europaea* 和 uncultured *Nitrosomonas*，N2 中包含 6 个 OTU，并归属于 uncultured Nitrosomonadaceae。

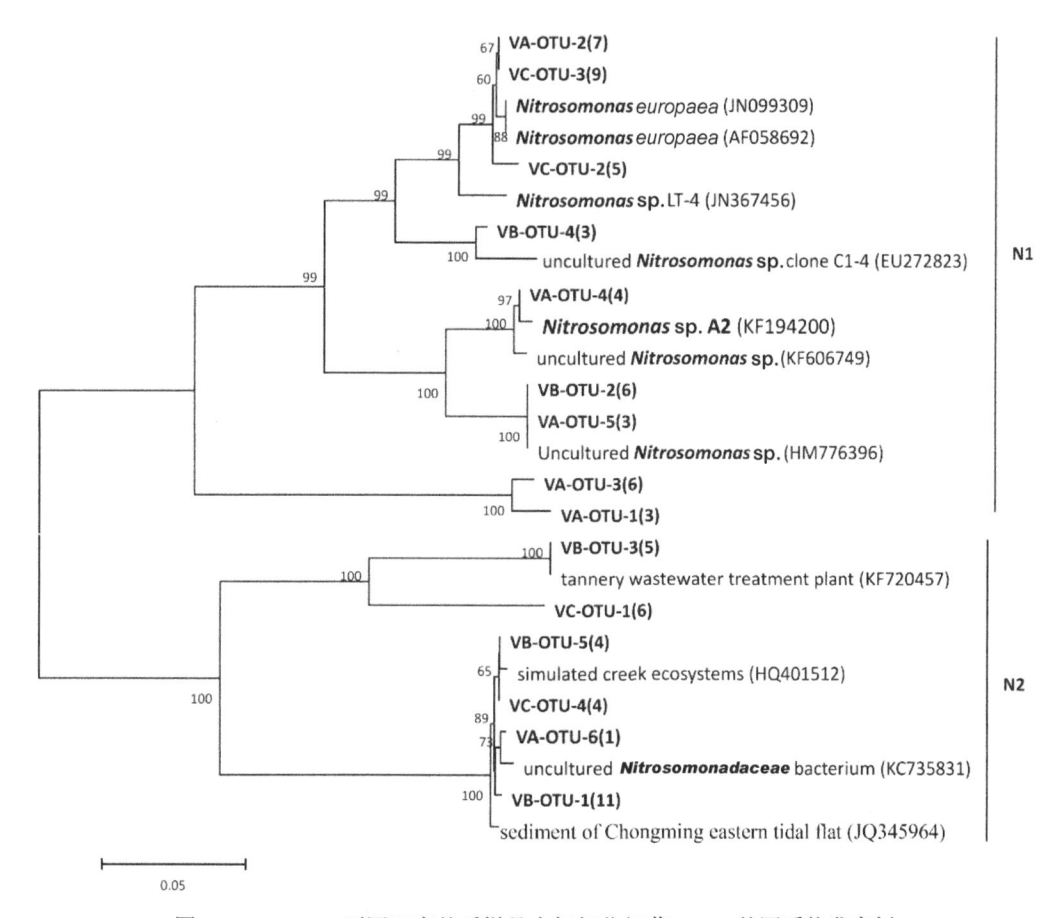

图 4-48　VFCW 不同深度基质样品中氨氧化细菌 *amoA* 基因系统发育树

N1 进化分支含有 46 条序列，主要来自 VA（23 条），VB（9 条）和 VC（14 条）。所测序列与从序批式生物膜反应器中分离得到的 KF194200 *Nitrosomonas* sp. A2 和从全程自养脱氮 CANON 反应器中分离得到的 JN367456 *Nitrosomonas* sp. LT-4 有较高的相似性（97%）。N1 中所含序列与自移动床生物膜反应器得到的 KF606749 uncultured *Nitrosomonas* sp.相似性较高（100%）。N2 进化分支含有 31 条序列，主要来自 VA（1 条），VB（20 条）和 VC（10 条）。N2 亚进化分支的序列与从制革污水处理厂分离得到的 KF720457，崇明东部潮间带沉积物分离的 JQ345964 和长江河口潮间带沉积物分离得到的 KC735831 uncultured Nitrosomonadaceae bacterium 具有很高的相似性。这是由于潮间带环境系统与本研究的垂直潜流人工湿地运行条件相似。

（2）亚硝酸氧化细菌系统发育分析

IACW 中亚硝酸氧化细菌 *nxrA* 基因系统发育树如图 4-49 所示。由图可知，不同基质深度得到的 54 条 NOB *nxrA* 基因有效序列均为 *Nitrobacter winogradskyi*，并且聚集在 1 个分支。OTU1 中包含 IA 和 IB 中共 7 条序列，而 OTU2 中包含有 42 条序列，OTU3 中仅包含来自 IB 的 5 条序列。OTU1 中包含 IA 中 11.1%的序列和 IB 中 14.8%的序列，与此同时，OTU2 中分别包含有 IA 和 IB 中 88.9%、66.7%的序列。OTU1 和 OTU2 与 OTU3 亲缘关系较近，三者中包含的序列与从养殖水体中分离出来的 JN969906 序列，施用猪粪的牧草根际分离得到的 KC152665 序列，在一定放牧强度下草原土壤中分离得到的 DQ514262 和 CANON 反应器的 JX020942 具有较高的相似性。

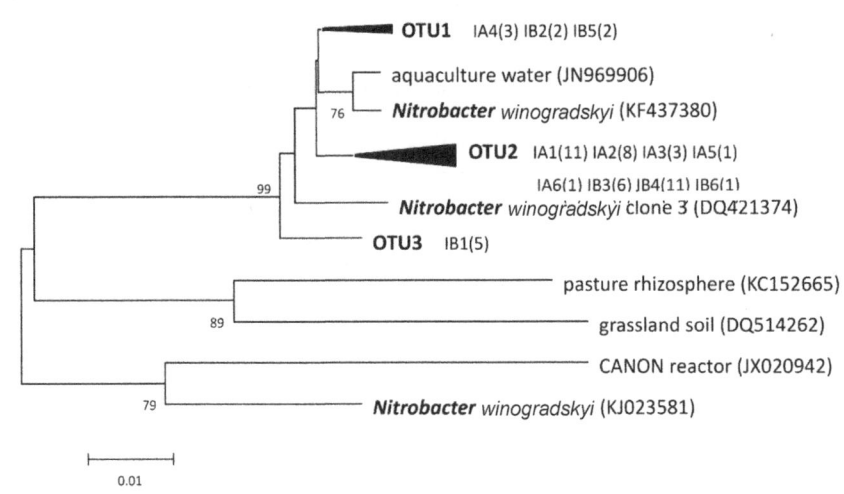

图 4-49　IACW 不同深度基质样品中亚硝酸氧化细菌 *nxrA* 基因系统发育树

VFCW 中亚硝酸氧化细菌 *nxrA* 基因系统发育树如图 4-50 所示。由图可知，不同基质深度得到的 74 条 NOB *nxrA* 基因有效序列均为 *Nitrobacter winogradskyi*，并且进化为 2 个分支，分别为 Cluster 1 和 Cluster 2。Cluster 1 中包含 VA、IB 和 VC 共 63 条序列，Cluster 2 中仅包含 VA 中 11 条序列，VB 和 VC 所有序列均包含在 Cluster 1 中。Cluster 1 中序列与从养殖水体中分离出来的 JN969906 序列，CANON 反应器的 JX020942 序列具有较高的相似性。Cluster 2 中序列与施用猪粪的牧草根际分离得到的 KC152665 序列和在一定放牧强度下草原土壤中分离得到的 DQ514262 序列有很高的相似性。

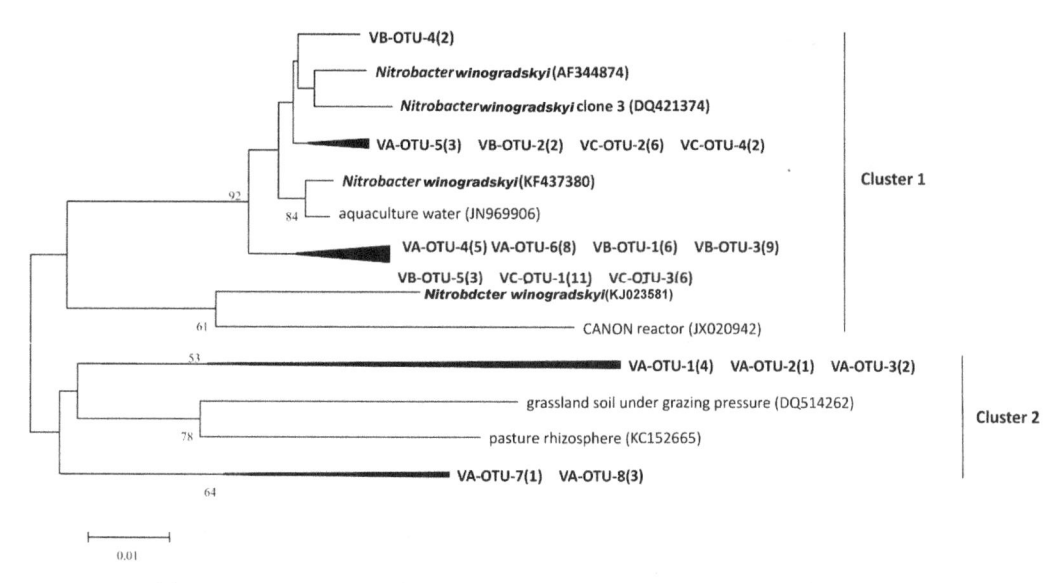

图 4-50　VFCW 不同深度基质样品中亚硝酸氧化细菌 nxrA 基因系统发育树

（3）反硝化细菌系统发育分析

从 IACW 内共获得 IA 和 IB 42 条 nosZ 基因序列，如图 4-51 所示，获得的反硝化细菌主要归属于 α-变形菌门和 β-变形菌门。IA 中所有序列均归属于 α-变形菌门，而 IB 中 13 条序列在一个进化分支，属于 β-变形菌门。所有 IA 序列和 IB 中 9 条序列相似性较高，归属于根瘤菌属 Mesorhizobium sp. 和螯台球菌属 Chelatococcus daeguensis，并与来自猪粪堆肥土壤中发现的序列（DQ010764），人工湿地中分离的序列（EU271751），用牛粪施肥的土壤发现的序列（JF310547）和微生物燃料电池中分离得到的序列（JX237242）表现出很高的相似性。此外，IB 中 13 条序列都归属于 β-变形菌门下的草螺菌属 Herbaspirillum 和固氮弧菌属 Azoarcus。因此，IACW 中存在反硝化细菌，IA 中反硝化细菌主要归属于 α-变形菌门的 Mesorhizobium 和 Chelatococcus daeguensis。IB 中反硝化细菌则主要归属于 α-变形菌门的根瘤菌属和 β-变形菌门的草螺菌属和固氮弧菌属。

VFCW 中反硝化细菌 nosZ 基因系统发育树如图 4-52 所示，从 VFCW 内共获得 VA、VB 和 VC 59 条 nosZ 基因序列，获得的反硝化细菌主要归属于 α-变形菌门和 β-变形菌门。VC 中所有序列均归属于 α-变形菌门，而 VA 和 VB 中序列同时属于 α-变形菌门和 β-变形菌门。所有 VC 序列和 VA 中 15 条序列相似性较高，归属于根瘤菌属 Mesorhizobium sp.，螯台球菌 Chelatococcus daeguensis 和球形红杆菌 Rhodobacter sphaeroides f. sp. denitrificans，并与处理猪粪的生物反应器中发现的序列（EU885268），农业土壤中分离得到的序列（EF644957）和集水区沉积物中发现的序列（DQ324401）表现出很高的相似性。与此同时，VA 和 VB 中共 13 条序列都归属于 β-变形菌门下的红长命菌属 Rubrivivax，与猪场废水厌氧塘中发现的序列（HQ123233）和微生物燃料电池中分离的序列（JX237316）有较高相似性。另一进化分支中 VA 和 VB 中序列归属于 α-变形菌门的慢生根瘤菌 Bradyrhizobium，并与稻田土壤中分离得到的序列（AB608718）有很好的相似性。因此，VFCW 中存在反硝化细菌，VA 和 VB 中反硝化细菌主要归属于 α-变形菌门的 Mesorhizobium、Chelatococcus daeguensis、Rhodobacter sphaeroides f. sp.

denitrificans 和 *Bradyrhizobium*，β-变形菌门的 *Rubrivivax*；VC 中反硝化细菌则主要归属于 α-变形菌门的 *Mesorhizobium*。

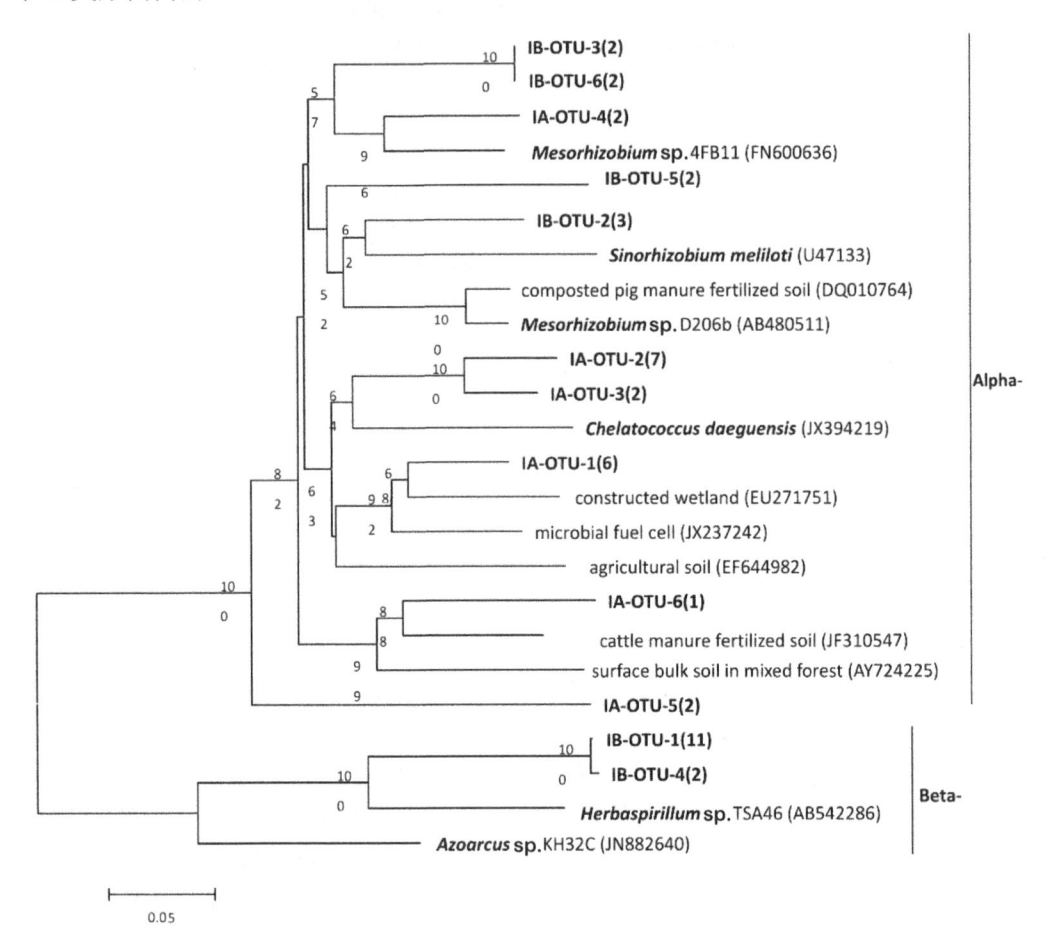

图 4-51　IACW 不同深度基质样品中反硝化细菌 *nosZ* 基因系统发育树

4.4.4　模拟湿地中氮循环菌的丰度

1. 氨氧化细菌

模拟人工湿地不同基质深度 AOB *amoA* 基因丰度，定量结果如图 4-53 所示。从空间角分析，IACW 中氨氧化细菌丰度为 $1.91 \times 10^5 \sim 2.31 \times 10^5$ copies/g DW，上层基质样品 IA 的 AOB 丰度为 2.31×10^5 copies/g DW，下层基质样品 IB 的 AOB 丰度为 1.91×10^5 copies/g DW。上层基质样品 IA 的 AOB 丰度略高于其下层基质样品（IB）AOB 丰度。VFCW 中氨氧化细菌丰度为 $4.40 \times 10^4 \sim 1.34 \times 10^5$ copies/g DW，表层基质样品 VA 的 AOB 丰度为 1.34×10^5 copies/g DW，中间层基质样品 VB 的 AOB 丰度为 7.73×10^4 copies/g DW，底层基质样品 VC 的 AOB 丰度为 4.40×10^4 copies/g DW。由图可以看出，沿着水流方向，氨氧化细菌的丰度逐渐降低，这与氨氮浓度变化一致。水流方向由上至下，经过微生物的作用，氨氮浓度降低，这说明氨氧化细菌丰度与氨氮浓度呈正相关关系。统计分析显

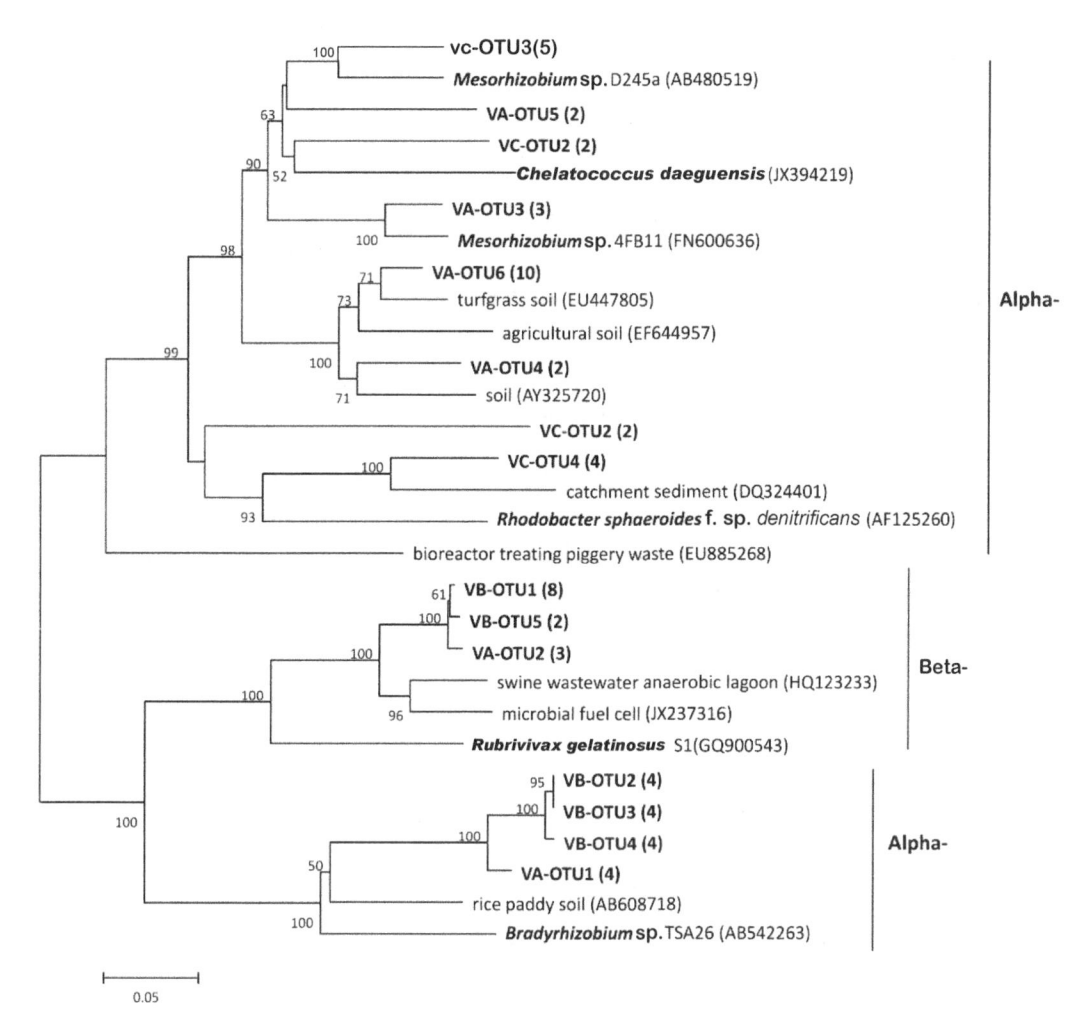

图 4-52　VFCW 不同深度基质样品中反硝化细菌 *nosZ* 基因系统发育树

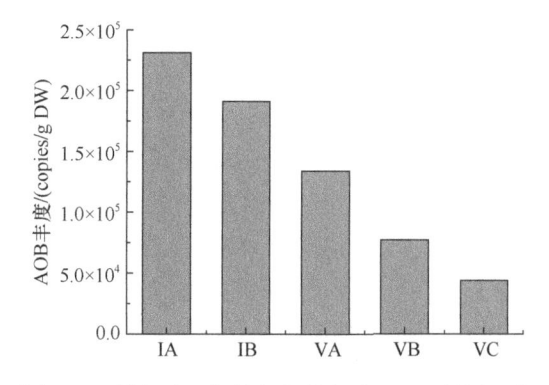

图 4-53　模拟人工湿地氨氧化细菌 *amoA* 基因丰度

示，IA 和 IB 样品 AOB 丰度无显著性差异，而 VA、VB 和 VC 样品 AOB 丰度则存在显著性差异（$P<0.05$）。综上所述，模拟人工湿地中氨氧化细菌 AOB 丰度沿基质深度呈现缓慢下降的空间变化趋势，间歇曝气人工湿地中氨氧化细菌丰度变化较小，而在间歇进

水人工湿地中呈现明显的空间变化。

2. 亚硝酸氧化菌

模拟人工湿地不同基质深度亚硝酸氧化细菌（NOB）nxrA 基因丰度，定量结果如图 4-54 所示。从空间角分析，IACW 中亚硝酸氧化细菌丰度为 $6.29×10^5$~$7.88×10^5$ copies/g DW，上层基质样品 IA 的亚硝酸氧化细菌丰度为 $7.88×10^5$ copies/g DW，下层基质样品 IB 的 NOB 丰度为 $6.29×10^5$ copies/g DW。两者相差较小，上层基质样品 IA 的 NOB 丰度略高于其下层基质样品（IB）NOB 丰度。VFCW 中亚硝酸氧化细菌丰度为 $5.02×10^5$~$1.62×10^6$ copies/g DW，表层基质样品 VA 的 NOB 丰度为 $1.62×10^6$ copies/g DW，中间层基质样品 VB 的 NOB 丰度为 $9.20×10^5$ copies/g DW，底层基质样品 VC 的 NOB 丰度为 $5.02×10^5$ copies/g DW。由图可以看出，IACW 中沿着水流方向，NOB 的丰度略微降低，而在 VFCW 中随着深度增加，NOB 的丰度逐步下降。综上所述，模拟人工湿地中亚硝酸氧化细菌 NOB 丰度沿基质深度呈现缓慢下降的空间变化趋势，间歇曝气人工湿地中亚硝酸氧化细菌丰度变化较小，而在间歇进水人工湿地中变化较明显一些。

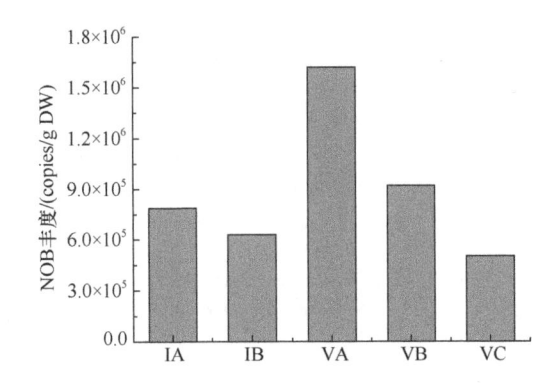

图 4-54 模拟人工湿地亚硝酸氧化细菌 nxrA 基因丰度

3. 反硝化细菌

模拟人工湿地不同基质深度反硝化细菌 nosZ 基因丰度，定量结果如图 4-55 所示。从空间角分析，IACW 中反硝化细菌丰度为 $7.53×10^5$~$1.70×10^6$ copies/g DW，上层基质样品 IA 的亚硝酸氧化细菌丰度为 $1.70×10^6$ copies/g DW，下层基质样品 IB 的 NOB 丰度为 $7.53×10^5$ copies/g DW。两者相差较小，上层基质样品 IA 的反硝化细菌丰度略高于其下层基质样品（IB）反硝化细菌丰度，这是因为模拟装置中微孔曝气头放置在基质底层，导致底层相对上层空气更充足，不利于反硝化细菌的生长。VFCW 中反硝化细菌丰度为 $3.09×10^5$~$4.45×10^7$ copies/g DW，表层基质样品 VA 的反硝化细菌丰度为 $3.09×10^5$ copies/g DW，中间层基质样品 VB 的反硝化细菌丰度为 $4.89×10^5$ copies/g DW，底层基质样品 VC 的反硝化细菌丰度为 $4.45×10^7$ copies/g DW。由图可以看出，在 VFCW 中随着深度增加，反硝化细菌的丰度显著增加，尤其底层基质样品丰度显著高于其他深度，主要是由于反硝化细菌适宜于缺氧或厌氧环境生长，在 VFCW 中无曝气行为，表层依靠大气富氧，随着深度增加溶解氧含量逐渐降低，底层基质中溶解氧含量最低，因此有利于反硝化菌群生长繁殖。综上所述，间歇曝气人工湿地中反硝化细菌丰度变化较小，而在二级间歇进水人工湿地中呈现明显的空间变化。间歇曝气人工湿地中反硝化细菌的丰度沿基质深度呈现略微下降的空间变化趋势，而在二级间歇进水人工湿地中沿基质深度显著升高。

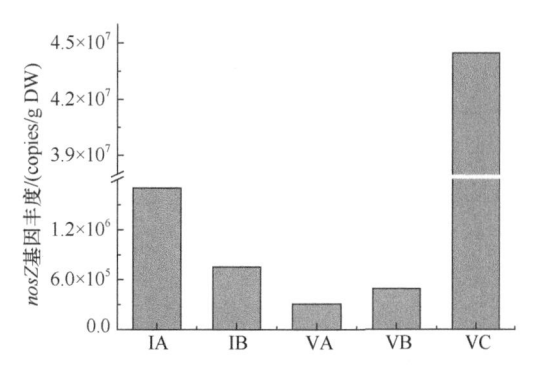

图 4-55 模拟人工湿地反硝化细菌 *nosZ* 基因丰度

4.4.5 模拟湿地中氮循环菌的活性

1. 氨氧化势

模拟人工湿地不同基质深度氨氧化势（potential for ammonia oxidation，PAO）如图 4-56 所示。从空间角度来看，IACW 中上层基质样品 IA 的 PAO 为 166.35 ng NO$_2^-$-N/(g·h)，下层基质样品 IB 的 PAO 为 162.28 ng NO$_2^-$-N/(g·h)。上层基质样品 IA 的 PAO 略高于其下层基质样品（IB）PAO，两者差距较小。VFCW 中上层基质样品 VA 的 PAO 为 171.24 ng NO$_2^-$-N/(g·h)，中间层基质样品 VB 的 PAO 为 147.65 ng NO$_2^-$-N/(g·h)，下层基质样品 VC 的 PAO 为 118.58 ng NO$_2^-$-N/(g·h)。VFCW 中随着基质深度的增加，氨氧化势逐渐下降。IACW 中 IA、IB 氨氧化菌活性差异较小；VFCW 中沿水流方向氨氧化菌活性降低，这与氨氧化菌丰度变化趋势一致。综上所述，模拟人工湿地中氨氧化势沿基质深度呈现缓慢下降的空间变化趋势，即表层基质样品氨氧化势略高，随基质深度增加，氨氧化势降低。间歇曝气人工湿地中氨氧化势变化较小，而在二级间歇进水人工湿地中空间变化较明显些。

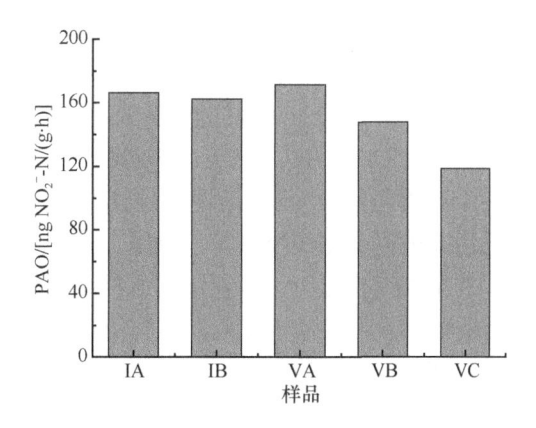

图 4-56 模拟人工湿地中氨氧化势

2. 亚硝酸氧化势

模拟人工湿地不同基质深度亚硝酸氧化势（potential for nitrite oxidation，PNO）如图 4-57 所示。从空间角度来看，IACW 中上层基质样品 IA 的 PNO 为 5.52 mg NO$_2^-$-N/(g·h)，下层基质样品 IB 的 PNO 为 4.88 mg NO$_2^-$-N/(g·h)。上层基质样品 IA 的 PNO 略高于其下层基质样品（IB）PNO，但两者差距较小。VFCW 中上层基质样品 VA 的 PNO 为 5.45 mg NO$_2^-$-N/(g·h)，中间层基质样品 VB 的 PNO 为 4.31 mg NO$_2^-$-N/(g·h)，下层基质样品 VC 的 PNO 为 3.88 mg NO$_2^-$-N/(g·h)。VFCW 中随着基质深度的增加，亚硝酸氧化势逐渐下降。IACW 中 IA、IB 亚硝酸氧化细菌活性差异较小；VFCW 中沿水流方向亚硝酸氧化菌活性降低，这与亚硝酸氧化菌丰度变化趋势一致。综上所述，模拟人工湿地中亚硝酸氧化势随基质深度呈现缓慢下降的空间变化趋势，即表层基质样品亚硝酸氧化势略高，随基质深度增加，亚硝酸氧化势降低。间歇曝气人工湿地中亚硝酸氧化势变化较小，而在二级间歇进水人工湿地中空间变化较明显些。

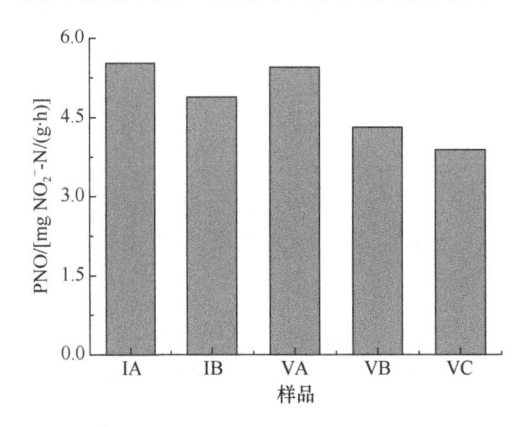

图 4-57 模拟人工湿地亚硝酸氧化势

3. 反硝化势

模拟人工湿地不同基质深度反硝化势（potential for denitrification，PDN）如图 4-58 所示。从空间角度来看，IACW 中上层基质样品 IA 的 PDN 为 23.64 mg NO$_2^-$-N/(g·h)，下层基质样品 IB 的 PDN 为 22.05 mg NO$_2^-$-N/(g·h)。上层基质样品 IA 的 PDN 略高于其下层基质样品（IB）PDN，但两者差距较小。VFCW 中上层基质样品 VA 的 PDN 为 24.11 mg NO$_2^-$-N/(g·h)，中间层基质样品 VB 的 PDN 为 21.35 mg NO$_2^-$-N/(g·h)，下层基质样品 VC 的 PDN 为 17.27 mg NO$_2^-$-N/(g·h)。VFCW 中随着基质深度的增加，反硝化势逐渐下降。IACW 中 IA、IB 反硝化细菌活性差异较小；VFCW 中沿水流方向反硝化菌活性降低，这与反硝化菌丰度变化相反。综上所述，模拟人工湿地中亚硝酸氧化势沿基质深度呈现缓慢下降的空间变化趋势，即表层基质样品反硝化势略高，随基质深度增加，反硝化势降低。间歇曝气人工湿地中亚硝酸氧化势变化较小，而在二级间歇进水人工湿地中空间变化较明显些。

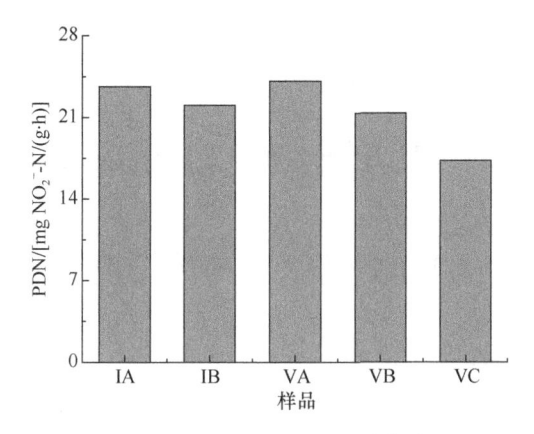

图 4-58 模拟人工湿地反硝化势

4.5 本章小结

以 DWTR 构建的连续流人工湿地和潮汐流人工湿地对城镇二级出水的处理效果明显,对各种污染物都有较好的去除效果。回用 DWTR 预处理养殖废水具有可行性。DWTR 与 PFS 或 PAC 联合使用的混凝效果要优于 PFS 或 PAC 单独使用时的效果,且 PFS 和 PAC 投加量都有降低。DWTR 与 PAM 联用时,pH 无须调节,且产生的污泥体积较小,并进一步在小试实验装置中得到验证。以 DWTR 为基质构建的间歇曝气和间歇进水两种人工湿地对高氨氮养殖废水具有较好的处理效果,*amoA*、*nxrA* 和 *nosZ* 基因在湿地中广泛分布;相比较而言,氨氧化细菌、亚硝酸氧化细菌和反硝化细菌在间歇曝气湿地中分布较均匀。

第 5 章　DWTR 对土壤有机磷农药污染的控制

5.1　农业区农药污染现状

5.1.1　农业区基础资料收集

1. 农业区农药施用情况

天津西青和山东寿光两个研究区均以大棚内种植果蔬为主,而江苏武进和湖北荆门研究区主要以水田为主,实行水稻和小麦轮作制。采用资料收集和现场调查的方式,调查了典型种植区农药的施用量、种类、施用方式、施用周期等。通过分析整理,筛选能反映农业活动区地下水污染状态的特征农药。

1) 江苏武进研究区所使用的农药共 20 多种,具体如表 5-1 所示。该研究区使用的杀虫剂种类最多,其次为除草剂和杀菌剂。

表 5-1　武进研究区农药种类及使用规模(亩[a])

农药名称	使用剂量	备注
甲维毒	150 g(1.5 包)	杀虫剂
烯啶虫胺	25 mL(0.5 瓶)	杀虫剂
毒死蜱 EC[b]	40%乳油,用量 75~100 mL	杀虫剂
丙溴氟铃脲	55 g(1.2 瓶)	杀虫剂
扑虱灵	1 包	杀虫剂
智增	1 瓶	杀虫剂
甲维盐	7.5 g(1.5 包)	杀虫剂
吡蚜酮	20 g(1 包)	杀虫剂
康宽	10 mL(2 包)	杀虫剂
氯氰辛硫磷 EC	40 mL(1 瓶)	杀虫剂
丁草胺 EC	80~100 mL	除草剂
客权欢 WP[c]	50 g(1 包)	除草剂
苄嘧磺隆	20 g(2 包)	除草剂
麦极 WP	30 g(1.5 包)	除草剂
异丙隆 WP	120 g	除草剂
骠马 EC	50 mL	除草剂
农达(草甘膦)	200~500 mL	杀菌剂
己唑醇	55 mL(1.3 瓶)	杀菌剂
三环唑	20 g(1 包)	杀菌剂
多酮 WP	70 g(2 包)	杀菌剂
井冈霉素	1.75 kg	杀菌剂

a. 1 亩≈666.7 m^2；b. EC 表示乳油；c. WP 表示可湿性粉剂。

2)湖北荆门研究区农田主要施用的农药以杀虫剂和除草剂为主,主要包括毒死蜱、灭定磷、喹硫磷、甲胺磷、久效磷、对硫磷、稻丰散、倍硫磷、甲基异硫磷、杀螟松、水胺硫磷、哒嗪硫磷、磷胺、呋喃丹、乐果、醚菊酯、噻嗪酮、氟苯脲、马拉硫磷、除虫脲、辛硫磷、杀虫环、多噻烷。主要施用的除草剂包括草甘膦、禾大壮、丁草胺、杀草丹、乙草胺、扑草净、草克星、丙草胺、百草稀等。

3)天津西青研究区作物种植及农药施用量和施用强度见表5-2。西青研究区以蔬菜种植为主,其次是小麦;在农药的施用量方面,蔬菜种植区农药施用量最大,约占总施用量的40%,且其施用强度也最高。该研究区蔬菜种植区使用的农药种类可分为四大类,使用情况如表5-3所示。

表5-2 天津西青研究区作物种植、农药施用量和施用强度

作物	蔬菜	小麦	棉花	果树	大豆	水稻	玉米
种植面积/万亩	151	176	78	77	45	20	9.5
农药施用量/10^4 kg	71.7	44.0	31.9	26.9	3.6	2.9	0.9
农药施用强度/(kg/亩)	0.47	0.25	0.41	0.35	0.08	0.15	0.10

表5-3 天津西青研究区蔬菜种植区农药种类、农药施用量和施用强度

农药种类	杀菌剂	杀虫剂	除草剂	植物调节剂
农药种类数量	106	41	43	11
农药施用量/10^4 kg	45.3	22.7	3.0	0.8
农药施用强度/(kg/亩)	0.3	0.15	0.02	0.005

4)山东寿光大棚蔬菜种植区使用的农药主要为杀菌剂和杀虫剂,明细如表5-4所示。

表5-4 山东寿光大棚蔬菜种植区农药施用情况

类别	农药名称	施用强度	类别	农药名称	施用强度
杀虫剂	吡虫啉	3.30	杀菌剂	氢氧化铜	40.20
	啶虫脒	4.50		百菌清	32.85
	阿维菌素	0.75		代森锰锌	28.20
	甲维盐	0.45		甲基硫菌灵	23.55
	甲氰菊酯	1.80		异菌脲	16.65
	毒死蜱	2.95		多菌灵	14.25
	噻嗪酮	4.05		甲霜灵	4.20
	丁醚脲	5.55		福美双	12.00
	哒螨灵	1.50		琥珀肥酸铜	20.40

注:表中为2011年数据,单位为kg/hm^2。

2. 农业区灌溉特点

农业区采用的灌溉方式与灌溉水质会直接影响农药在农业区的迁移能力,为此本研究对4个农业区灌溉特点进行了调查,具体结果见表5-5。

表 5-5　农业区灌溉特点

农业活动区名称	灌溉方式	水源
天津西青大棚蔬菜种植区	漫灌	地下水
山东寿光大棚蔬菜种植区	漫灌	地下水
江苏武进稻麦轮作区	漫灌	河水
湖北荆门稻麦轮作区	漫灌	河水

5.1.2　农业区土壤农药残留特征及污染风险评价

1. 土壤样品采集

武进农业研究区位于江苏省常州市武进区，占地约 4.25 km^2。该研究区所处的具体地理位置与采样点分布情况如图 5-1 所示，在该研究区共设置了 15 个土壤分层采样点与地下水采样点，所有采样点均设置在农田中。此外，在研究区临近河流设置了两个地表水采样点，以此监测该区域水稻田地表灌溉水水质情况。

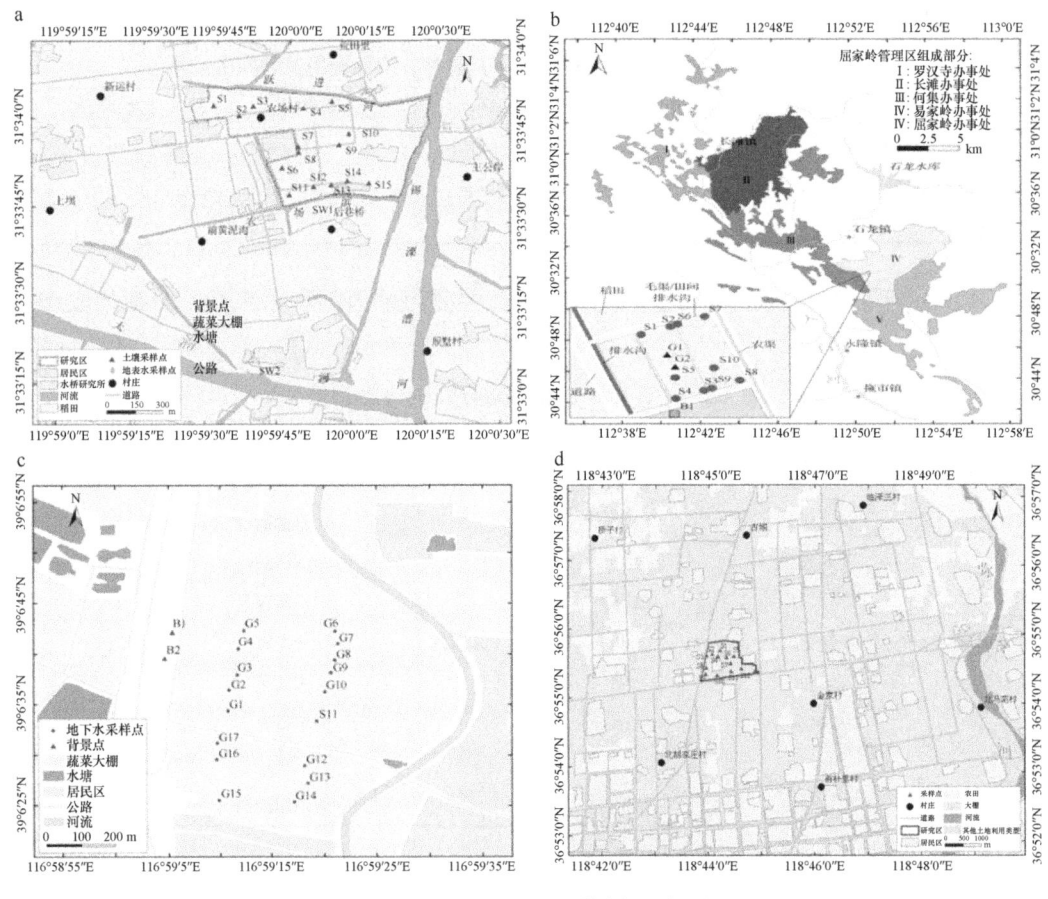

图 5-1　研究区位置与采样点分布图

a. 常州武进研究区；b. 荆门研究区；c. 西青研究区；d. 寿光研究区

荆门农业研究区位于湖北省荆门市屈家岭管理区（五三农场），面积为 5600 m^2，是南方具有代表性的平原水稻种植区。如图 5-1 所示，该水稻种植区采样点设置在每块稻田的四角和对角线交点上,两块稻田共设 10 个采样点 S1~S10,G1 与 G2 为两个地下水监测井,用以采集和监测不同深度地下水水位和农药污染状况。该研究区地下水埋深较浅,在 1.2 m 以内。

西青农业研究区位于天津市西青区,该研究区耕地面积为 3.71×10^5 hm²,蔬菜种植面积约占总耕地面积的 1/3,所选择的农业研究区为该区的大棚蔬菜种植基地,此基地长年种植西红柿、萝卜、芹菜等,种植年限超过 15 年。该研究区采样面积共 2.53×10^5 m²,在蔬菜大棚中设置了共 17 个土壤分层采样点和地下水采样点(S1~S17),作为背景对照,在草地上设置了 2 个土壤采样点 B1 和 B2,在研究区边上的运河设置了两个地表水采样点。详细采样点位置见图 5-1。

寿光农业研究区位于山东省寿光市,该区为当地典型的蔬菜生产基地。此研究区共有约 26 口地下水水井,主要用于农田灌溉。选择其中的 12 口井作为长期定位监测井,在每年的丰水期及枯水期各取样两次,对大棚蔬菜种植区的土壤及地下水中的农药含量进行长期定位监测,采样点具体信息见图 5-1。

2. 农业区土壤理化性质

4 个农业区不同层土壤的理化性质见表 5-6。江苏常州武进地区因酸雨频繁,表层水稻土偏酸性,荆门土壤偏中性,北方山东寿光和天津土壤呈碱性。常州武进研究区表层水稻土黏粒含量较高,其他土壤黏粒含量相近。土壤矿物含量随深度变化较小,但由于天津和寿光研究区以地下水为灌溉水,土壤矿物含量(主要是铝、钙和镁)高于常州土壤,且天津研究区矿物含量最高,主要是该区地下水硬度高所致。此外,4 个地区土壤有机质含量随土壤深度变化显著,呈递减趋势。

表 5-6 农业区土壤理化性质

土壤剖面 /cm		pH (1:2.5)	CEC /(cmol/kg)	TOC /%	铁 /(mg/g)	铝 /(mg/g)	钙 /(mg/g)	镁 /(mg/g)	锰 /(mg/g)	土壤机械组成			土壤类型
										黏粒 /%	粉砂粒 /%	砂粒 /%	
常州	0~20	6.01	9.77	1.11	26.19	45.22	3.65	2.67	0.33	25.16	44.15	30.69	壤质黏土
	20~60	6.76	10.43	0.47	29.22	53.46	4.00	2.65	0.47	12.06	52.52	35.42	粉砂质壤土
	60~100	6.84	8.69	0.26	39.65	67.31	5.63	3.21	0.63	12.57	45.28	42.15	
荆门	0~30	6.90	24.75	0.84	—	—	—	—	—	18.0	43.5	38.5	
	30~60	7.00	23.10	0.53	—	—	—	—	—	19.5	36.8	43.7	壤质黏土
	60~90	7.10	21.57	0.33	—	—	—	—	—	18.5	50.6	30.9	
天津	0~20	7.4	7.34	2.11	35.02	80.89	12.91	36.72	0.63	10.72	51.73	37.55	
	20~55	7.72	7.14	0.61	39.64	82.19	14.34	37.15	0.67	12.02	68.64	19.34	粉砂质壤土
	55~110	7.62	7.40	0.35	35.01	75.91	14.00	35.22	0.62	14.02	62.34	23.64	
寿光	0~20	7.42	8.99	0.76	24.87	50.80	6.87	7.11	0.48	10.14	42.79	47.07	壤土
	20~40	7.64	9.56	0.42	27.53	51.39	7.03	5.86	0.52	10.59	41.73	47.68	
	40~60	7.61	9.30	0.46	30.77	57.87	7.40	6.16	0.56	11.31	47.04	41.65	
	60~80	7.51	10.69	0.42	31.21	58.23	7.70	6.71	0.54	10.78	46.09	43.13	粉砂质壤土
	80~110	7.54	8.88	0.30	28.31	47.60	6.55	5.24	0.45	13.09	50.80	36.11	

CEC:阳离子交换量;TOC:总有机碳;—:无相关数据。

3. 农业区农药残留特征

考虑到各类农药的毒性与施用量，本研究所考察的农业区农药污染物主要为有机氯和有机磷农药。有机氯农药主要包括六六六、滴滴涕（DDT）、七氯、环氧七氯、α-硫丹、β-硫丹、硫丹硫酸盐、顺式-氯丹、反式-氯丹、艾氏剂、狄氏剂、异狄氏剂、异狄氏剂酮、甲氧氯及异狄氏剂醛。有机磷农药主要包括敌敌畏、久效磷、乐果、二嗪农、甲基对硫磷、甲基毒死蜱、马拉硫磷、毒死蜱、倍硫磷、乙基嘧啶磷、对硫磷、顺式-毒虫畏、反式-毒虫畏、溴硫磷、虫胺磷、丙硫磷、三硫磷、乙硫磷和谷硫磷。

（1）江苏武进稻麦轮作农业区

毒死蜱在土壤与地下水样品中的具体检测结果如图 5-2 所示。总体而言，武进水稻田农业区主要特征污染物为有机氯农药滴滴涕与六六六，以及有机磷农药毒死蜱。

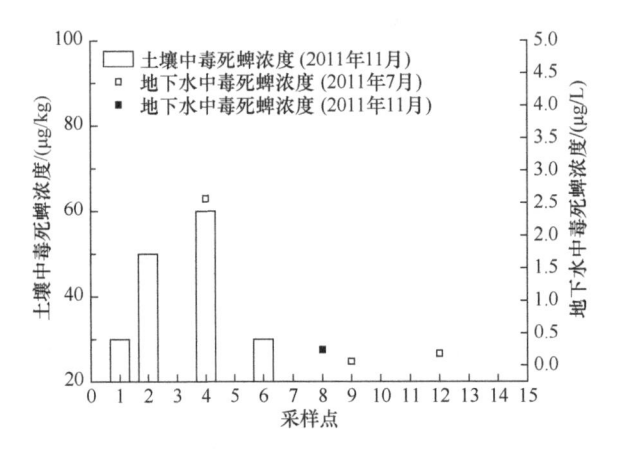

图 5-2 武进农业区土壤与地下水样品中毒死蜱浓度

根据 2011 年 7 月第一次采样检测结果，在 15 个土壤采样点中，六六六检出率为 60%，浓度高达 0.6 μg/kg；滴滴涕检出率为 100%，浓度高达 6.8 μg/kg；毒死蜱在土壤中未检出。地下水中，15 号采样点检测出滴滴涕，浓度为 0.26 μg/L；毒死蜱检出率为 26.7%，浓度高达 3.82 μg/L。

根据 2011 年 11 月第二次采样检测结果，滴滴涕在每个表层土壤采样点均有检出，浓度高达 38 μg/kg，土壤中毒死蜱的检出率为 26.7%，浓度高达 60 μg/kg；六六六在土壤中未检测出。此外，毒死蜱主要在表层土壤中检出，滴滴涕和六六六主要残留在亚表层土壤中。在地下水中，在 8 号采样点检测到毒死蜱，浓度为 0.24 μg/L。

（2）湖北荆门稻麦轮作农业区

荆门农业区农药在不同表层与亚土层土壤中的残留量如图 5-3 所示。在表层土壤中，滴滴涕的平均浓度最高，为 2.832 μg/kg，其次为毒死蜱（1.052 μg/kg）、七氯（0.934 μg/kg）、六六六（0.690 μg/kg）、异狄氏剂醛（0.368 μg/kg）和狄氏剂（0.184 μg/kg）。表层土壤农药均低于土壤质量二级标准（500 μg/kg）。亚表层土壤中，毒死蜱、滴滴涕、七氯的平均浓度明显高于其他农药，其次为六六六、硫丹和狄氏剂，其他农药的平均浓度水平较低。

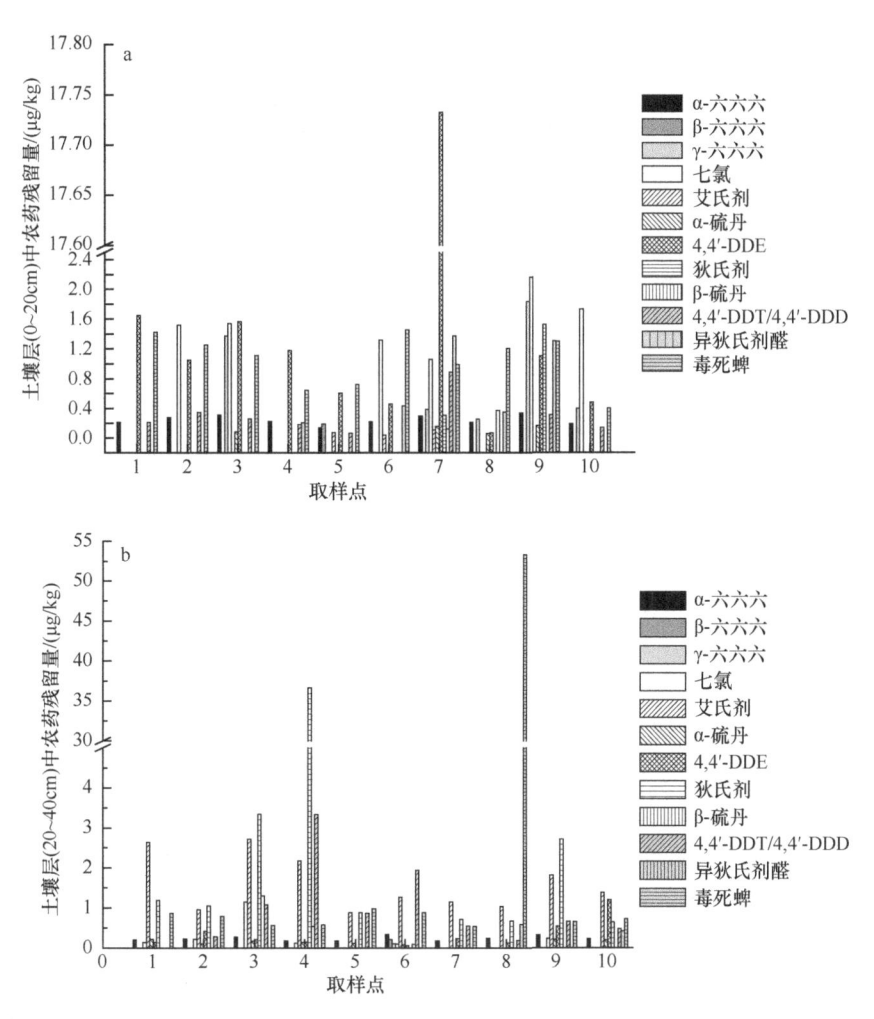

图 5-3 荆门农业区农药在不同土壤层中的残留量

a. 表层土壤 0~20 cm；b. 亚表层土壤 20~40 cm

地下水中各种农药的残留量如表 5-7 所示。七氯是该区域地下水中主要的有机氯农药污染物，其在地下水中的残留量占总残留量的 40%，其次是异狄氏剂（6.31%）。该研究区地下水有机磷农药检出种类较多，主要包括毒死蜱、对硫磷、甲基毒虫畏和毒虫畏，这 4 种农药检出浓度较低，在 0.31~0.88 μg/L，但检出率均较高。与其他 3 种有机磷农药相比，毒死蜱在土壤与地下水中均有检出。

表 5-7 荆门农业区地下水中农药残留特征

检出农药	检出浓度范围/（μg/L） G1 采样点	检出浓度范围/（μg/L） G2 采样点	检出率/%	残留水平
α-六六六	0.41	0.10	100	2.92
β-六六六	0.16	ND	50	0.92
δ-六六六	0.58	0.13	100	4.07
γ-六六六	0.85	0.15	100	5.75
七氯	5.84	1.11	100	40.03

续表

检出农药	检出浓度范围/(μg/L) G1 采样点	检出浓度范围/(μg/L) G2 采样点	检出率/%	残留水平
环氧七氯	0.31	0.03	100	1.96
艾氏剂	0.98	ND	50	5.65
反式-氯丹	0.33	0.05	100	2.18
α-硫丹	0.25	ND	50	1.47
顺式-氯丹	0.42	ND	50	2.45
4,4′-DDE	0.23	ND	50	1.32
狄氏剂	0.27	ND	50	1.54
异狄氏剂	0.83	0.27	100	6.31
β-硫丹	0.08	ND	50	0.47
4,4′-DDT/4,4′-DDD	0.06	ND	50	0.32
毒死蜱	0.34	0.31	100	3.72
对硫磷	0.38	0.32	100	4.04
甲基毒虫畏	0.43	0.68	100	6.35
毒虫畏	0.59	0.88	100	8.51

(3) 天津西青大棚蔬菜种植区

在天津西青大棚蔬菜种植区土壤与地下水中仅检测出有机氯农药，有机磷农药未检出。有机氯农药在表层和亚表层土壤中的残留量如图 5-4 所示。土壤表层与亚表层中，滴滴涕（DDT）、六六六（HCH）与环氧七氯的检出率均高达 100%，其中 DDT 在土壤中的残留量一般高于 50 μg/kg。此外，其他检出农药残留量一般在 10 mg/kg 以内，但检出率均较高，七氯为 79%、氯丹为 84%、异狄氏剂酮为 68%、异狄氏剂为 63%、艾氏剂为 53%、异狄氏剂醛为 53%、硫丹为 47%、狄氏剂为 32%、硫丹硫酸酯为 26%。地下水中农药的检测结果如图 5-5 所示。该研究区地下水中仅检测出 HCH、艾氏剂与异狄氏剂，检出率分别达到了 68%、53% 与 95%。其中，异狄氏剂的残留量一般达到了 0.2 μg/L。

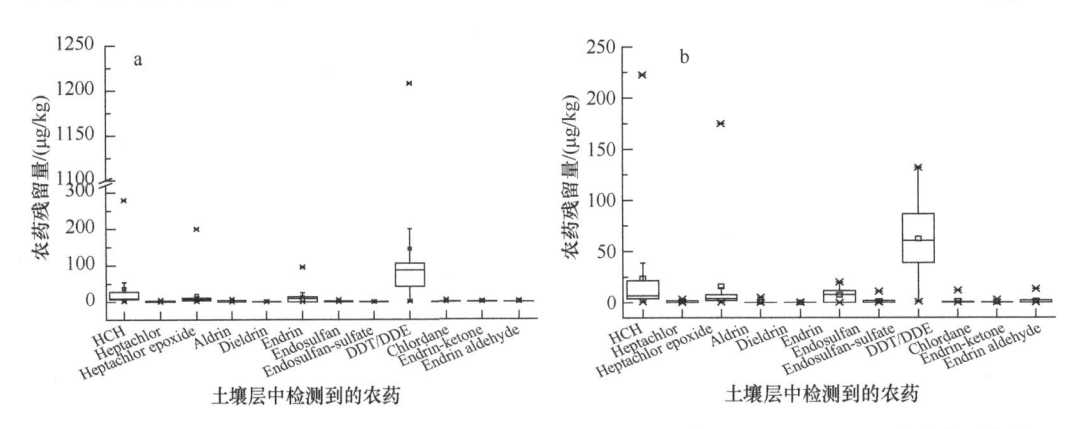

图 5-4 天津西青农业区表层土壤（0~25 cm）（a）与亚表层土壤（25~50 cm）（b）中农药残留量

HCH. 六六六；Heptachlor. 七氯；Heptachlor epoxide. 环氧七氯；Aldrin. 艾氏剂；Dieldrin. 狄氏剂；Endrin. 异狄氏剂；Endosulfan. 硫丹；Endosulfan-sulfate. 硫丹硫酸酯；DDT/DDE. 滴滴涕；Chlordane. 氯丹；Endrin-ketone. 异狄氏剂酮；Endrin aldehyde. 异狄氏剂醛

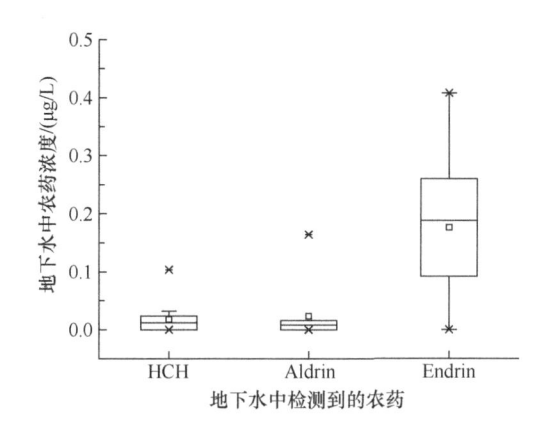

图 5-5　西青农业区地下水中农药的残留浓度

HCH. 六六六；Aldrin. 艾氏剂；Endrin. 异狄氏剂

（4）山东寿光农业区

图 5-6 为 2012 年夏季与冬季山东寿光蔬菜种植物各层土壤中农药残留检测结果。如图 5-6 所示，2012 年夏季在表层土壤（0~30 cm）中共检测出 4 种农药，包括有机磷杀虫剂久效磷和毒死蜱，以及吡虫啉和哒螨灵，其中，久效磷与吡虫啉在各层土壤中均有检出。在残留水平方面，久效磷浓度残留浓度较高，总残留浓度高达 14 mg/kg，其次是哒螨灵（4.7 mg/kg）和毒死蜱（2.7 mg/kg）。在 2012 年冬季只在表层土壤中检测出毒死蜱（2.0 mg/kg）与哒螨灵（2.6 mg/kg）。

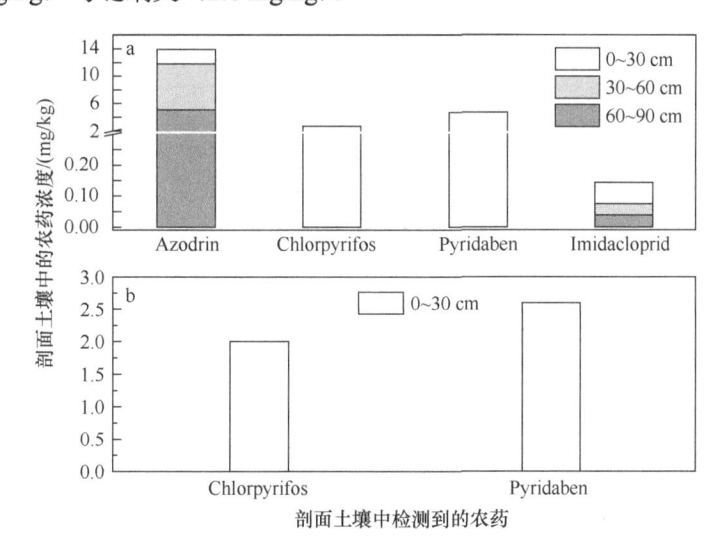

图 5-6　寿光蔬菜种植区剖面土壤中农药的残留特征

a 和 b 分别为夏季和冬季剖面土壤中农药检测结果；Azodrin. 久效磷；Chlorpyrifos. 毒死蜱；Pyridaben. 哒螨灵；Imidacloprid. 吡虫啉

图 5-7 为寿光蔬菜种植区地下水中农药残留情况。在 12 个水井中，仅检测出 2 种有机磷农药二嗪磷和毒死蜱，检出率分别为 17%与 42%。该区域地下水普遍受到吡虫啉污染，其检出率为 92%。这 3 种农药在地下水中的残留浓度变异系数较大，其中毒死蜱在一些水井中的浓度可达 0.62 μg/L。

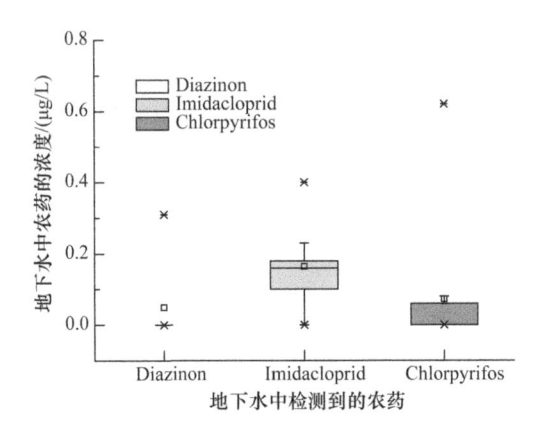

图 5-7　2012 年冬季寿光蔬菜种植区地下水中农药的残留特征
Diazinon. 二嗪磷；Imidacloprid. 吡虫啉；Chlorpyrifos. 毒死蜱

5.1.3　农业区地下水农药污染风险评价

本章在全面分析农药污染地下水影响因素的基础上，分别建立了地下水脆弱性、污染源特性与健康风险等 3 个子评价体系，并以此构建了典型农业活动区地下水农药污染风险评价方法。主要通过指标筛选、指标赋值与权重计算等步骤分别对 3 个子体系进行评价，利用 GIS 图层或加权叠加法对 3 个评价结果进行耦合与风险表征。

污染风险评价流程如图 5-8 所示。

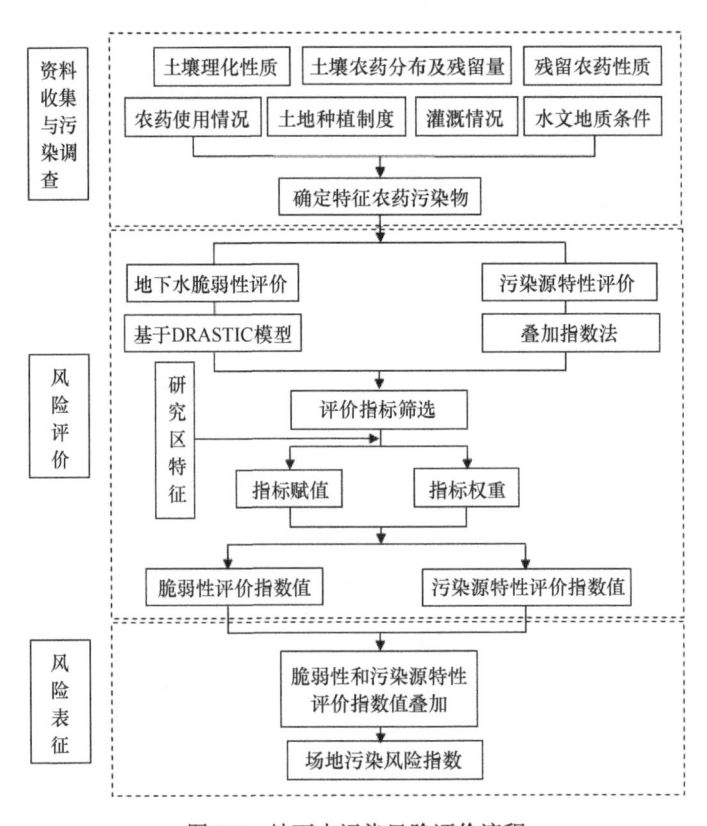

图 5-8　地下水污染风险评价流程

1. 农业区地下水农药污染风险评价步骤

（1）地下水脆弱性评价

地下水脆弱性是指地下水自身抵御外界污染的能力。目前，国内外主要采用了 DRASTIC 评价法研究地下水脆弱性（孙才志和潘俊，1999，周亚楠等，2012）。不同农业区地下水脆弱性影响因素之间的相对重要程度有差异，因此，实际评价中需根据农业区自身特点，并结合现有参数资料或数据，合理筛选 DRASTIC 评价法中的指标（杨彦等，2013），常用于表征地下水脆弱性的指标如表 5-8 所示。

表 5-8 地下水脆弱性评价指标

评价指标	主要表征参数
土壤介质	介质类型、有机质含量、黏土矿物含量、土壤渗透系数
包气带介质	包气带岩性
含水层介质	含水层介质岩性、有效孔隙度
含水层导水系数	
地形	地面坡度、植物覆盖程度
补给量	净补给量、年降水量
地下水埋深	
人口密度	

参考 DRASTIC 指标法对地下水固有脆弱性进行评价，DRASTIC 模型：

$$R_v = D_r D_w + R_r R_w + A_r A_w + S_r S_w + T_r T_w + I_r I_w + C_r C_w \tag{5-1}$$

式中，D_r、R_r、A_r、S_r、T_r、I_r 和 C_r 分别为各因子的分级值，分别表示地下水埋深、净补给量、含水层介质、土壤类型、坡度、包气带介质、水力传导系数；D_w、R_w、A_w、S_w、T_w、I_w 和 C_w 分别为各因子的权重值（杨庆和栾茂田，1999）。R_v 值越小，地下水脆弱性越低，反之越高。

通过专家咨询法对所选指标进行分级与评分，参考此分级评分表，根据农业区各指标实测值对指标进行赋值，以此确定指标分值。农药污染地下水脆弱性指标权重采用模糊层次分析法确定。层次分析法确定指标权重具体步骤如下（陈南祥等，2005；申利娜和李广贺，2010；杨彦等，2013）。

1）将所选指标重要性两两对比，可按照表 5-9 所示标度法进行比较，建立指标判断矩阵。

$$A = \{a_{ij} | i, j = 1 \sim n\}_{n \times m} \tag{5-2}$$

式中，a_{ij} 表示 a_i 对 a_j 的相对重要性。

表 5-9 地下水脆弱性判断矩阵标度分级及其意义

标度	意义
1	表示两个因子相比，具有同等重要性
3	前者比后者略重要
5	前者比后者较重要

续表

标度	意义
7	前者比后者非常重要
9	前者比后者绝对重要
2,4,6,8	表示上述标度的中间值，重要性介于两者之间
倒数	若因子 i 与 j 重要性之比为 a_{ij}，则因子 j 与 i 之比为 $a_{ji}=1/a_{ij}$

2）通过判断矩阵计算出最大特征值所对应的特征向量：

$$\bar{w} = \sqrt[n]{\prod_{i=1}^{n} a_{ij}} \tag{5-3}$$

$w_i = 1, 2, \cdots, n$；n 为指标个数，得到 $\bar{w} = (\bar{w}_1 \cdots \bar{w}_n)^T$。

将 $\bar{w}_i$ 归一化，即计算

$$\bar{w}_i = \frac{\bar{w}_i}{\sum_{j=1}^{n} \bar{w}_j} \tag{5-4}$$

式中，$i=1, \cdots, n$；得到 $\bar{w}_i = (w_1 w_2 \cdots w_n)$。

计算判断矩阵的最大特征值 $\lambda_{\max}$。

$$\lambda_{\max} = \sum_{j=1}^{n} \frac{(A\bar{w})i}{n\bar{w}_i} \tag{5-5}$$

式中，$(A\bar{w})i$ 为向量的第 i 个元素（A 为判断矩阵）。

3）计算判断矩阵一致性：

$$CI = \frac{\lambda_{\max} - n}{n-1} \tag{5-6}$$

若 CI≤0.1，则所建立的判断矩阵一致性可以接受。

根据各指标分值与权重，基于 DRASTIC 模型计算地下水易污性指数：

$$R_v = \sum_{j=1}^{n} w_i r_{ij} \tag{5-7}$$

（2）污染源特性评价

主要从污染源的特性及污染物的性质两方面筛选多项参数，构建污染源危害性评价的参数体系。本文选择污染物毒性、迁移性、持久性、存在形式、排放量与评价区域灌溉特征等 6 个指标构建污染源特性评价的参数体系（表 5-10）。污染源特性评价方法与脆弱性评价相似，均采用指数评价法，各指标分值与权重分别通过分级赋值和模糊层次分析法确定。污染源特性指数计算公式如（5-8）所示：

$$R_s = \sum_{i=1}^{n} S_{ri} S_{wi} \tag{5-8}$$

式中，n 为所选指标个数；S_{ri} 为指标分值；k_{wi} 为指标权重。

表 5-10　污染源特性评价指标

评价指标	主要表征参数
农药迁移性	辛醇水分配系数（K_{ow}）、土壤有机碳分配系数（K_{oc}）、溶解度（S_w）
农药毒性	大鼠口服半致死剂量（LD_{50}）
持久性	农药在土壤中的半衰期（$t_{1/2}$）
排放量	土壤中残留量、农药施用量
存在形式	固体药剂、乳剂
灌溉	灌溉水质（溶解性有机质含量、pH、盐度）、灌溉方式（滴灌、浸灌、漫灌）

（3）农药污染地下水风险表征

将农业活动区地下水污染风险表示为 $R=R_v+R_s$，式中，R_v 与 R_s 分别代表区域地下水脆弱性与污染源特性造成的风险，是依据式（5-7）和式（5-8）计算得到的，R_v 与 R_s 值可计算农业活动区地下水污染风险值。

2. 4 个农业区地下水农药污染风险评价

（1）地下水脆弱性评价

地下水脆弱性各指标评分结果见表 5-11。

表 5-11　4 个农业区地下水脆弱性指标评分结果

场地	地下水埋深（D）/m	降雨入渗补给量（P）/(mm/年)	含水层介质（A）	土壤类型（S）	坡度（T）/%	非饱和带介质（I）	渗透系数（C）/(m/d)
天津西青	1.95（8）	46（2.5）	块状砂岩（5）	砂质亚黏土（5）	3.3（9）	含粉砂、黏土的砾石（4）	13.5（2.2）
山东寿光	70（1）	50（2.6）	块状砂岩（5）	亚黏土（6）	2.8（9）	含粉砂、黏土的砾石（4）	1.36（1）
湖北荆门	1.5（8.5）	79（3.4）	砂砾岩（3）	粉（砂）质黏土（7）	25.4（1）	粉砂或黏土（8）	4.18（1）
江苏武进	6.65（5.7）	146（6.7）	玄武岩（3）	黏土质亚黏土（8）	5.7（9）	粉砂或黏土（8）	2.94（1）

注：括号内为各指标分值

选择 4 个典型农业活动区的共同特征污染农药毒死蜱为研究对象，利用 Hydrus 1D 迁移转化模型分析地下水埋深、吸附系数、降解系数与剖面质地等 4 个因素对农药下渗的影响。模拟结果表明，地下水埋深对农药下渗影响最大。北方蔬菜种植区土壤剖面质地对地下水影响最大。在以上研究结果基础上，对南北场地地下水脆弱性指标重要性进行两两比较，确定关系矩阵，进一步得出各指标权重，计算结果见表 5-12。

表 5-12　地下水脆弱性评价指标权重

	指标	D_w	P_w	A_w	S_w	T_w	I_w	C_w
权重	荆门与常州活动区	0.28	0.08	0.16	0.05	0.08	0.17	0.18
	天津与山东活动区	0.17	0.08	0.16	0.05	0.08	0.28	0.18

（2）污染源特性评价

4 个农业活动区的灌溉特点见表 5-13。根据 4 个场地土壤中农药检出结果，选择各个场地特征污染农药，见表 5-14。Hydrus 1D 迁移转化模型得出灌溉方式对 4 个场地农药下渗影响较大,因此将灌溉方式、污染物荷载量、农药吸附性能、土壤中降解性能及污染物毒性等5个指标表征污染源特性。特征农药如滴滴涕和六六六及其异构体和代谢产物、艾氏剂、狄氏剂、异狄氏剂、七氯、环氧七氯等,其特征为毒性大、半衰期长、易富集、难降解,鉴于此,欧美等发达国家已于20世纪70年代开始逐步禁止其生产与使用,我国也于80年代开始禁用。然而由于有机氯农药的难以降解,在这些曾经大量使用有机氯农药的农业区土壤中仍可以检出。鉴于此,这些已禁用农药的污染物荷载量用其在土壤中的残留量表示,正在使用农药如毒死蜱、百菌清等的荷载量主要考虑其田间实际施用量。农药吸附性能通过污染物的辛醇水分配系数(K_{ow})表示,K_{ow}越大,表明其对土壤有机质的亲和力越强,越容易与土壤吸附,4个场地各指标的评分结果见表5-14。对南北场地污染源特性指标重要性进行两两比较,确定关系矩阵,进一步得出各指标权重(表5-15)。

表5-13 4个农业活动区的灌溉特点

农业活动区名称	灌溉方式	水源	赋值
天津西青农业活动区	漫灌	地下水	4
山东寿光农业活动区	漫灌	地下水	4
江苏武进农业活动区	大水地面灌溉	降雨及地表水	8
湖北荆门农业活动区	大水地面灌溉	降雨及地表水	8

表5-14 4个农业区污染源特性指标评分结果表

农业区	检出农药	污染物荷载 土壤负载量平均值/(mg/kg)	施用量	赋值	吸附性能 K_{ow}	赋值	降解性能 半衰期(25℃)/d	赋值	农药毒性 大鼠口服 LD_{50}/(mg/kg)	赋值
天津市西青农业区	六六六	32.3	—	8	7.8×10^3	2.4	>720	10	180	3.4
	七氯	1.7	—	2	2.6×10^4	1	>720	10	40	8.4
	艾氏剂	1.3	—	2	2.0×10^5	1	>720	10	39	8.5
	狄氏剂	0.1	—	1	3.5×10^3	3.8	>720	10	38	8.5
	异狄氏剂	9.6	—	3	3.5×10^3	3.8	>720	10	17.5	9.4
	硫丹	1.5	—	2	0.02	10	>720	10	18	9.4
	滴滴涕	114.2	—	10	9.1×10^5	1	202	8	113	3.7
	氯丹	0.6	—	1	3.0×10^5	1	200	8	145	3.6
	甲氧氯	0.2	200~300倍液喷雾(50%可湿性粉剂)	2	1.3×10^5	1	360~720	9	6 000	2
山东寿光农业区	滴滴涕	5.78	—	3	9.1×10^5	1	202	8	113	3.7
	六六六	0.13	—	1	7.8×10^3	2.4	>720	10	180	3.4
	硫丹	0.74	—	1	0.02	10	48~105	7	18	9.4
	百菌清	1.14	100 g/亩(75%可湿性粉剂)	10	8.71×10^2	5.5	8.6~21.5	3	10 000	2
	五氯硝基苯	0.36	14.7 g/亩(40%可湿性粉剂)	6	174	7.8	4~6	1	1 540	2
	联苯菊酯	0.08	0.5~1g/亩	3	1.0×10^6	1	10~16	3	54.5	7.8
	氯氰菊酯	0.10	8 mL/亩(10%乳油)	1	2.0×10^6	1	19.8~30.3	3	251	3.1
	吡虫啉	0.51	3~10 g/亩	6	3.7	10	11	1	450	2.2
	毒死蜱	0.51	80~150 mL/亩(40.7%乳油)	8	1.0×10^5	2	36.5	3	163	3.5

续表

农业区	检出农药	污染物荷载 土壤负载量平均值/（mg/kg）	施用量	赋值	吸附性能 K_{ow}	赋值	降解性能 半衰期（25℃）/d	赋值	农药毒性 大鼠口服 LD$_{50}$/（mg/kg）	赋值
江苏武进农业区	滴滴涕	0.005 0	—	1	9.1×10^5	1	202	10	113	3.7
	六六六	0.005 0	—	1	7.8×10^3	2	>720	10	180	3.4
	毒死蜱	0.007 1	80~150 mL/亩（40.7%乳油）	8	1.0×10^5	2	36.5	3	163	3.5
湖北荆门农业区	六六六	0.578	—	1	7.8×10^3	2	>720	10	180	3.4
	DDT	2.902	—	2	9.1×10^5	1	202	8	113	3.7
	七氯	1.267	—	2	2.6×10^4	1	>720	10	100	3.8
	硫丹	0.251	—	1	0.02	10	>720	10	18	9.4
	艾氏剂	0.011	—	1	2.0×10^5	1	>720	10	39	8.5
	狄氏剂	0.188	—	1	3.5×10^3	3.8	>720	10	38	8.5
	毒死蜱	4.179	80~150 mL/亩（40.7%乳油）	8	1.0×10^5	1	36.5	3	163	3.5

"—"表示无相关数据

表 5-15　农药污染源特性评价指标权重

指标	排放量	迁移性	灌水方式	衰减特征	污染物毒性
权重	0.35	0.05	0.1	0.05	0.35

（3）农业区场地地下水污染风险总值

场地地下水污染风险总值为脆弱性指数值和污染源特性指数值之和，4 个场地地下水污染风险值见表 5-16。由表 5-16 可知，4 个场地地下水污染风险均较高，高低顺序为：天津西青农业活动区>江苏武进农业活动区>山东寿光农业活动区>湖北荆门农业活动区。

表 5-16　农业区地下水污染风险总值

场地	脆弱性指数 R_v	污染源特性指数 R_s	农药污染风险值（$R=R_v+R_s$）
天津西青农业活动区	4.8	38.3	43.1
山东寿光农业活动区	3.5	31.7	35.2
湖北荆门农业活动区	5.1	24.8	29.9
江苏武进农业活动区	5.3	33.4	38.7

所考察的 4 个农业区土壤和地下水中残留的农药污染物主要为 DDT 和六六六等有机氯农药及有机磷农药毒死蜱。污染风险评价结果表明各农业区土壤中残留的农药污染物均具有较高的地下水污染风险。土壤和地下水中所检测的有机氯农药均为早期禁用农药，其检出可能主要源于它们在土壤中的强持久性，而具有较高检出率的毒死蜱是农业区正大量且频繁使用的有机磷杀虫剂，其对生物和人体具有较强的毒性作用。综合农业区农药污染风险评价和农药检出与分析结果，可以得出有机磷农药是农业区农药污染控制的关键，其中，毒死蜱应为优先控制的主要有机磷农药污染物之一。

5.2 DWTR掺杂土壤对有机磷农药的吸附特征

5.2.1 DWTR掺杂土壤对毒死蜱及其代谢产物三氯苯酚（TCP）的吸附

不同DWTR掺杂量下（0、2%、5%和10%），土壤对毒死蜱与TCP的吸附等温线如图5-9所示。随着DWTR掺杂量的增加，常州（CZ）与山东寿光（SD）土壤对毒死蜱与TCP的吸附量均显著增加。这说明在农业区土壤中掺杂DWTR能有效提高毒死蜱与TCP在土壤中的吸附能力。与毒死蜱相比，CZ与SD土壤，尤其SD土壤，对TCP呈现出较低的吸附能力。在本研究实验条件下，SD土壤对TCP所吸附的量非常低，接近0 mg/kg，TCP在CZ土壤中的最高吸附量则为1.51 mg/kg，但是实验中两种土壤对毒死蜱的吸附量可达到24 mg/kg。掺杂相同量DWTR（0~10%，w/w）后，CZ土壤对TCP的吸附量仍显著高于SD土壤。相比之下，两种土壤在掺杂等量DWTR后，其对毒死蜱的吸附量差异并不显著。这表明：除了DWTR掺杂量外，与毒死蜱相比，TCP在DWTR掺杂土壤中的吸附能力受其自身理化性质的影响较大。

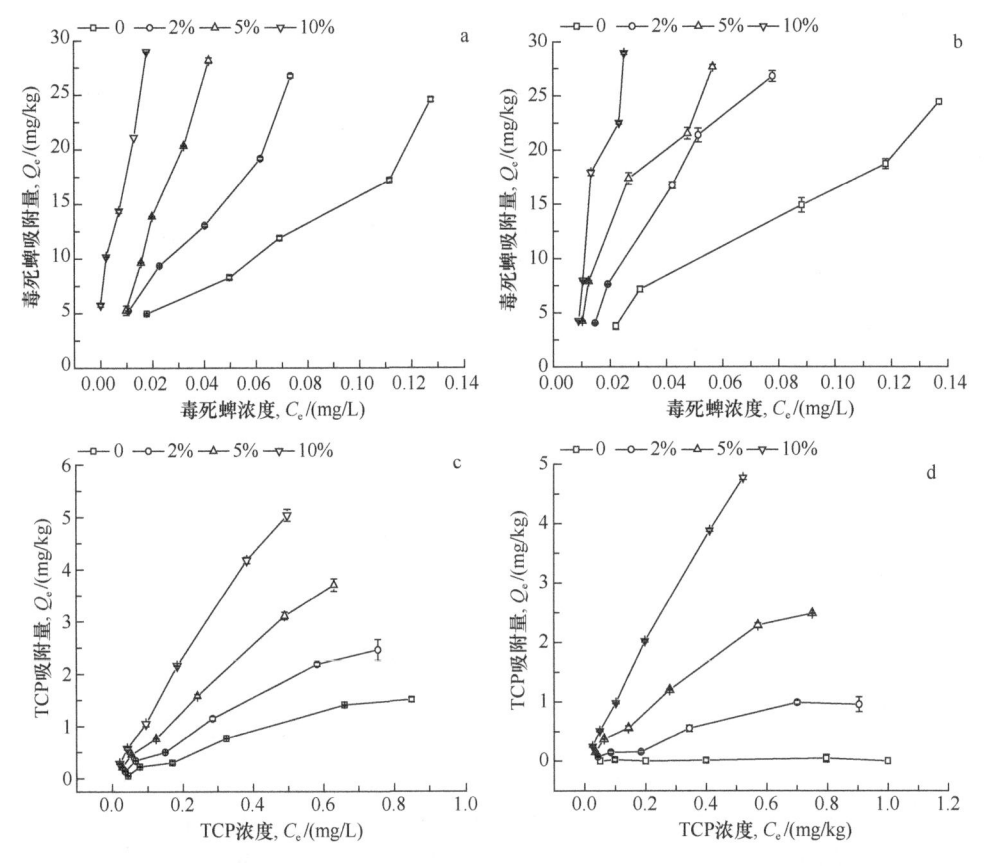

图5-9 DWTR掺杂（0~10%，w/w）土壤对毒死蜱与TCP的吸附等温线
毒死蜱和TCP初始浓度分别为0.14~0.75 mg/L和0.05~1 mg/L；a和c为CZ土壤，b和d为SD土壤

DWTR 的比表面积是 CZ 和 SD 土壤的 4 倍，有机质含量则是它们的 5 倍，第 3 章的研究结果已表明 DWTR 对毒死蜱具有较强的吸附能力，因此，在两种土壤对毒死蜱的吸附能力随着 DWTR 掺杂量的增加而升高。与毒死蜱相比，其代谢产物 TCP 具有较高的水溶性（80.9 mg/L）与较低的辛醇水分配系数（log K_{ow} = 3.21），TCP 的这一理化特性表明其与土壤有机质具有较弱的亲和力。此外，TCP 的解离常数为 4.5，因此，在本实验 pH（7.00~7.06）条件下，TCP 主要以负离子形态存在。TCP 自身所带的负电荷与土壤颗粒表面所带的负电荷会产生静电斥力，不利于 TCP 在土壤中的吸附。以上两个因素可能是导致 CZ 和 SD 土壤对 TCP 具有较低吸附能力的主要原因。Baskaran 等（2003）研究结果表明 TCP 的吸附受土壤 pH 影响较大，较低的土壤 pH 有助于 TCP 吸附。CZ 土壤为酸性土壤，pH 为 6.00，远低于 SD 土壤 pH（7.40），且其有机质含量高于 SD 土壤，因而 CZ 土壤对 TCP 的吸附能力明显高于 SD 土壤。掺杂 DWTR 能增加土壤有机质含量与比表面积，土壤中 TCP 的有效吸附位点可能因此而增加（Tureli et al., 2015）。DWTR 的主体成分是铁铝氢氧化物，它们具有较高的等电点，所以，DWTR 的掺杂可以减少土壤在水环境溶液中的表面电荷量，从而降低 TCP 与土壤表面之间的电荷斥力。掺杂 DWTR 之后 CZ 和 SD 土壤对 TCP 吸附能力增强可能是由以上因素综合作用造成的。

5.2.2 DWTR 掺杂土壤对草甘膦及其代谢产物（AMPA）的吸附

DWTR 掺杂量为 0、2%、5% 和 10%（w/w）时，SD 与 TJ 土壤对草甘膦的吸附等温线如图 5-10a 和图 5-10b 所示。DWTR 掺杂量对两种土壤吸附草甘膦均有显著影响，随着掺杂量由 0 的增加为 10%，两种土壤对草甘膦的吸附能力均显著增强。当掺杂量为 10% 时，两种土壤对草甘膦的吸附量均至少可达 3000 mg/kg。此外，未掺杂 DWTR 时，SD 与 TJ 土壤对草甘膦的吸附能力无明显差异。掺杂相同量的 DWTR 后（2%~10%），两种土壤对草甘膦的吸附等温线数据无显著差异。上述结果说明掺杂 DWTR 的土壤对草甘膦的吸附能力可能主要与 DWTR 掺杂量有关。DWTR 掺杂量为 0、2%、5% 和 10%（w/w）时，SD 土壤对草甘膦代谢产物 AMPA 的吸附等温线如图 5-11 所示。与草甘膦

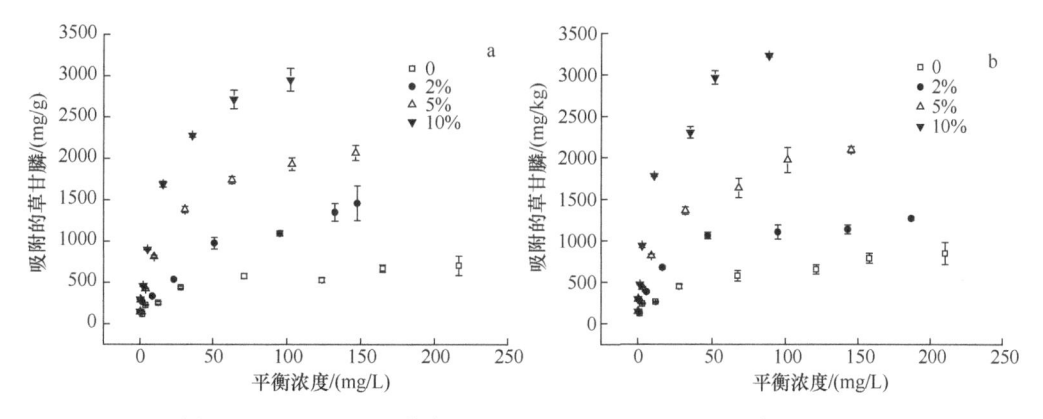

图 5-10 不同 DWTR 掺杂量下（0~10%，w/w）SD（a）与 TJ（b）
土壤对草甘膦的吸附等温线（pH=7.0）

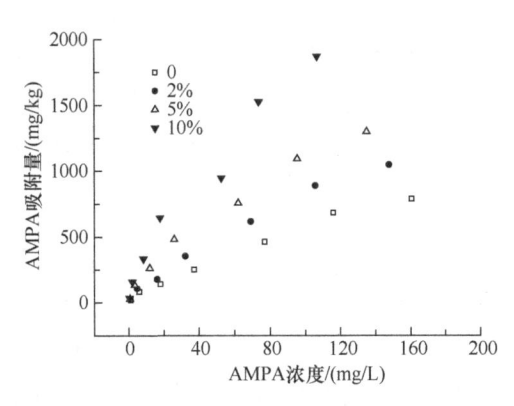

图 5-11　不同 DWTR 掺杂量下（0~10%，w/w），SD 土壤对 AMPA 的吸附等温线

在 DWTR 掺杂土壤中吸附相似，随着 DWTR 掺杂量增加，土壤对 AMPA 的吸附量也显著增加。本实验条件下，掺杂 10% DWTR 时 SD 土壤对 AMPA 的最大平衡吸附量是未掺杂 DWTR 土壤的 2.4 倍。

为进一步探究掺杂 DWTR 对土壤吸附草甘膦与 AMPA 的影响，本研究分别采用 Langmuir 方程和 Freundlich 方程描述土壤对草甘膦的吸附等温过程。方程模拟结果见表 5-17。两种等温线模型均能描述草甘膦和 AMPA 在土壤中的吸附等温过程，拟合所得的相关系数（R^2）为 0.911~0.997。掺杂与未掺杂 DWTR 的土壤对草甘膦的吸附等温线均符合 L 形曲线（n<1），这表明吸附位点将随着吸附量的增加而减少（Giles et al., 1960），土壤对草甘膦或 AMPA 的吸附也因此逐渐趋于饱和。其他类型土壤与草甘膦的吸附也具有类似特点（Yu and Zhou，2005）。TJ 和 SD 土壤对草甘膦的最大吸附量均较低，分别为 870 mg/kg 和 690 mg/kg。DWTR 对草甘膦的最大吸附量（见第 3 章）是 TJ 和 SD 的 44 倍以上。两种土壤对草甘膦的最大吸附量随着 DWTR 掺杂量的增加均显著增加。当掺杂量为 10% 时，两种土壤对草甘膦的最大吸附量可达 3300 mg/kg。随着 DWTR 掺杂量的增加，AMPA 在土壤中的最大吸附量也同样随之增加。与草甘膦相比，土壤对 AMPA 的最大吸附量较高，但 AMPA 在土壤中的吸附受 DWTR 掺杂的影响程度明显较小。进一步计算所得的 K_{oc} 值（表 5-17）可知，草甘膦与土壤中有机质的亲和力要远远高于 AMPA，这可能主要是因为草甘膦比 AMPA 多一个羧基（—COOH），所以与有机质的结合能力更强。

表 5-17　DWTR 掺杂土壤对草甘膦与 AMPA 的吸附等温参数

样品		DWTR 掺杂量/%	Freundlich 方程					Langmuir 方程		
			K	n	$\log K_{oc}$			R^2	b	q_m	R^2
					$0.005S_w$	$0.05S_w$	$0.5S_w$				
草甘膦吸附	TJ 土壤	0	140	0.30	3.46	3.76	4.06	0.947	0.066	690	0.922
		2	147	0.45	3.29	3.74	4.19	0.981	0.020	1836	0.951
		5	493	0.30	4.00	4.30	4.60	0.937	0.058	2255	0.984
		10	525	0.39	3.92	4.31	4.70	0.981	0.070	3307	0.990
	SD 土壤	0	132	0.35	3.81	4.16	4.51	0.982	0.040	871	0.911
		2	278	0.30	4.20	4.50	4.80	0.956	0.082	1284	0.966
		5	374	0.35	4.26	4.61	4.96	0.991	0.059	2231	0.967
		10	644	0.37	4.48	4.85	5.22	0.982	0.104	3389	0.973

续表

样品	DWTR 掺杂量/%	Freundlich 方程					Langmuir 方程		
		K	n	\multicolumn{3}{c}{$\log K_{oc}$}	R^2	b	q_m	R^2
				$0.005S_w$	$0.05S_w$	$0.5S_w$				
AMPA SD 吸附 土壤	0	17	0.76	2.19	2.95	3.71	0.994	0.004	2049	0.994
	2	29	0.73	2.46	3.19	3.92	0.995	0.005	2391	0.996
	5	57	0.64	2.90	3.54	4.18	0.997	0.009	2312	0.990
	10	79	0.67	2.99	3.66	4.33	0.980	0.008	3973	0.966

K、n 为吸附常数；b 为吸附平衡常数；q_m 为最大吸附量

上述结果表明掺杂 DWTR 可以有效增加农业区土壤对草甘膦及其代谢产物 AMPA 的吸附能力。已有研究表明无定形态铁铝含量与土壤 pH 是影响土壤吸附草甘膦能力的决定性因素（Gimsing et al.，2004，Piccolo et al.，1995）。AMPA 与草甘膦的结构类似，有报道指出其吸附机制与草甘膦类似，主要是其磷酸基通过配位作用与铁铝化合物表面结合（Barja and dos Santos Afonso，2005）。TJ 和 SD 土壤对草甘膦的吸附能力较低，可能是由于两种土壤均呈碱性，且其所含的无定形态铁铝含量均较少。较低的土壤 pH 有助于草甘膦在土壤中的吸附，而随着 DWTR 掺杂量的增加，TJ 和 SD 土壤的 pH 均逐步降低（表 5-18）。当 DWTR 掺杂量为 10% 时，TJ 与 SD 土壤 pH 分别降低了 0.15 与 0.28 个单位。因此，DWTR 掺杂所引起的土壤 pH 的稍微降低有利于促进 TJ 与 SD 土壤对草甘膦的吸附。另外，DWTR 中无定形态铁铝含量分别为 114.52 mg/g 和 91.45 mg/g，分别至少是 TJ 和 SD 土壤的 50 倍。在这两种土壤中掺杂 10%（w/w）的 DWTR 可使得其中无定形态铁铝含量增加 10~13 倍；当 DWTR 掺杂量仅为 2% 时，两种土壤中无定形态铁铝含量也可增加 2~2.6 倍。可见，掺杂 DWTR 之所以能显著增加土壤对草甘膦的吸附，主要是因为掺杂少量的 DWTR 即可大大增加土壤中无定形态铁铝含量，使草甘膦的吸附位点增多，从而提高土壤对草甘膦的吸附量。TJ 土壤对草甘膦的最大吸附量（870 mg/kg）高于 SD 土壤（690 mg/kg），这可能与两种土壤中有机质与磷含量有关，土壤中的磷酸盐能与草甘膦竞争吸附位点，而有机质可能会阻塞草甘膦有效的吸附位点（de Jonge et al.，2001；Vereecken，2005）。因而，与 SD 土壤相比，TJ 土壤中所含有的较高含量的有机质与磷酸盐可能会减少其对草甘膦的吸附量。

表 5-18 DWTR 掺杂土壤 pH

土壤样品	SD 土壤：DWTR 掺杂量（w/w）				TJ 土壤：DWTR 掺杂量（w/w）			
	0	2%	5%	10%	0	2%	5%	10%
pH	7.44	7.31	7.24	7.16	7.51	7.43	7.39	7.36

5.3 DWTR 掺杂土壤对有机磷农药的吸附稳定性

5.3.1 DWTR 掺杂土壤对毒死蜱及其代谢产物 TCP 的吸附稳定性

图 5-12a~d 分别显示了掺杂不同量 DWTR（0~10%，w/w）的 CZ 与 SD 土壤中，其

所吸附的毒死蜱与其代谢产物 TCP 的解吸附曲线。毒死蜱与 TCP 在 CZ 与 SD 土壤中表现出相似的解吸附特征。在掺杂等量 DWTR 条件下，从这两种土壤中所解吸的毒死蜱或 TCP 的量与先前它们在土壤中所吸附的量成正比。尽管掺杂 DWTR 能显著增加毒死蜱与 TCP 在土壤中的吸附量，毒死蜱与 TCP 在土壤中的解吸量或解吸率却随着 DWTR 掺杂量的增加而减少。这一结果表明 DWTR 的掺杂能增加毒死蜱与 TCP 在土壤中的吸附稳定性，这可能与 DWTR 中有机质特性有关。

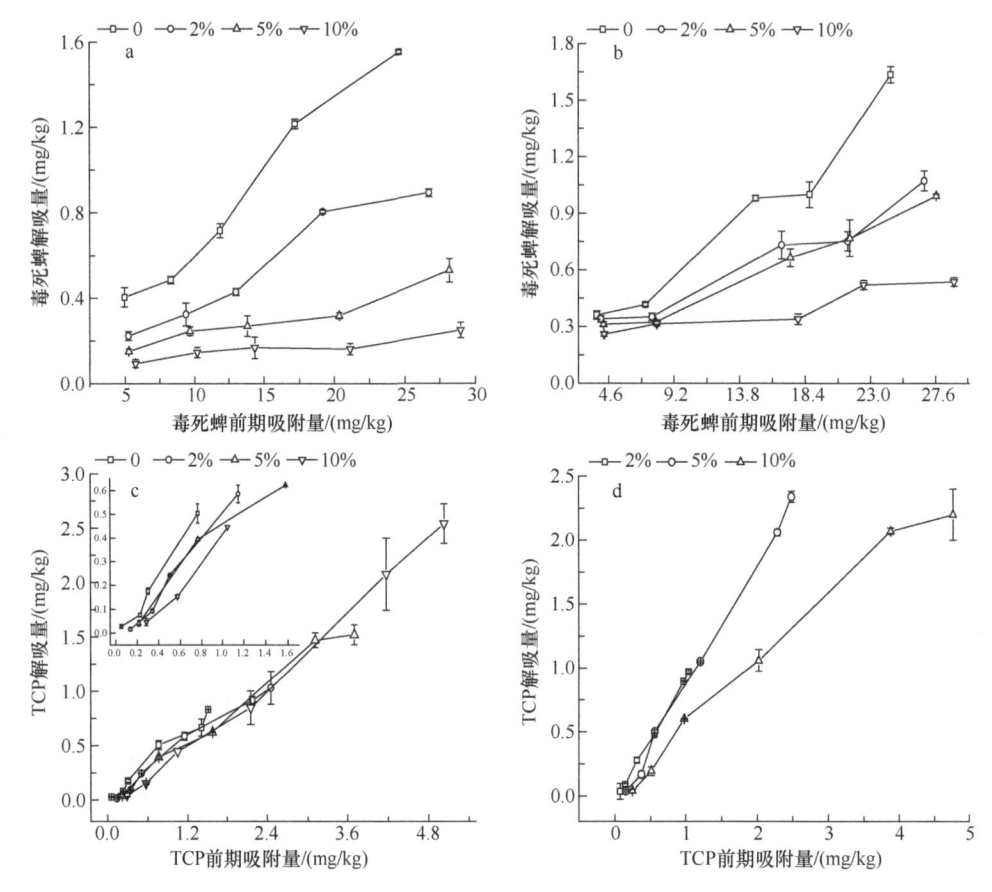

图 5-12 毒死蜱与 TCP 在 DWTR 掺杂（0~10%，w/w）土壤中的解吸附曲线
a 和 c 为 CZ 土壤，b 和 d 为 SD 土壤

与毒死蜱相比，土壤中所吸附的 TCP 更容易解吸到水溶液中。本实验条件下，毒死蜱在土壤中达到最大平衡吸附量时，随着 DWTR 掺杂量由 0 增加至 10%（w/w），毒死蜱在 CZ 土壤中的解吸率由 6.3% 降为 0.9%，在 SD 土壤中，解吸率则由 6.7% 降为 1.8%。而对 TCP 而言，其在 DWTR 掺杂的 CZ 和 SD 土壤中的解吸率则分别高达 55% 和 88%。与毒死蜱相比，TCP 亲水性较强，与土壤样品中有机质亲和性较弱，因而可能导致土壤中 TCP 吸附的不稳定性。掺杂等量的 DWTR（2% 和 5%，w/w）后，TCP 从 SD 土壤中的解吸量高于 CZ 土壤。但是当 DWTR 掺杂量为 10% 时，TCP 在两种土壤中的解吸率相近，这表明 TCP 在土壤中的吸附稳定性与土壤自身理化性质及其中 DWTR 掺杂量均相关。

5.3.2 DWTR掺杂土壤对草甘膦及其代谢产物AMPA的吸附稳定性

图5-13为不同DWTR掺杂量（0~10%，w/w）下TJ和SD土壤对草甘膦与AMPA的解吸等温线。由图可知，草甘膦在两种土壤中具有相似的解吸特征。在相同DWTR掺杂量下，随着草甘膦负载量的增加，其在土壤中的解吸量显著提高。此外，两种土壤中草甘膦的解吸量均与DWTR掺杂量成反比，可见，掺杂DWTR有助于草甘膦在土壤中的固定。在达到最大平衡吸附量情况下，未掺杂DWTR的TJ与SD土壤中草甘膦解吸率分别达到了20%和33%，而当掺杂量为10%时，尽管TJ与SD土壤中草甘膦负载量增加了约4倍，但其解吸率分别仅为8.1%和5.6%。这一分析结果表明掺杂DWTR后两种土壤对草甘膦均具有低解吸率特点。AMPA在SD土壤中的解吸特征与草甘膦类似，其解吸量也与初始吸附量和DWTR在土壤中掺杂量有关，掺杂DWTR同样能增强AMPA在土壤中的稳定性。掺杂10%的DWTR土壤中，不同初始吸附量下，AMPA的解吸率在10%~22%；而在未掺杂DWTR土壤中，其解吸率为42%~100%。与草甘膦相比，AMPA在土壤中的吸附稳定性明显较弱，更容易再次释放到水相中。

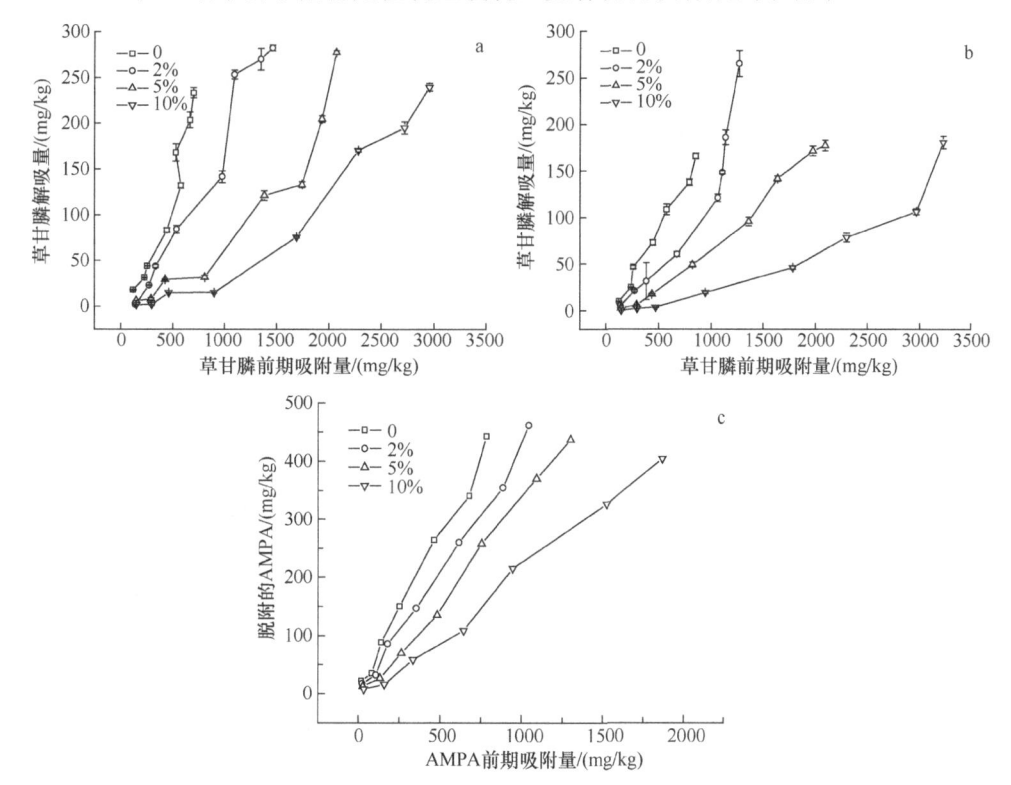

图5-13 草甘膦与AMPA在DWTR掺杂土壤中（0~10%，w/w）的解吸附曲线
a与b分别为草甘膦在TJ和SD土壤中的解吸附曲线，c为AMPA在SD土壤中的解吸附曲线

5.3.3 DWTR掺杂土壤中毒死蜱与草甘膦的吸附形态提取与分析

1. 毒死蜱提取与存在形态分析

毒死蜱为非离子疏水型有机物，本研究根据其释放到水溶液中被生物利用的可能

性，将其在土壤中的存在形态分为两大类，即可生物利用态与残渣态。可生物利用态毒死蜱能释放到水溶液中被生物利用，残渣态毒死蜱则与土壤结合牢固，很难再次释放到水溶液中被生物利用，利用 Tenax 法和耗尽性溶剂提取法得出这两种毒死蜱存在形态在土壤中的含量。图 5-14 为不同 DWTR 掺杂量下 CZ 和 SD 两种土壤中可生物利用态毒死蜱含量及所占的百分比。CZ 和 SD 土壤中可生物利用态毒死蜱所占比例均随着 DWTR 掺杂量的增加而显著降低。该实验结果表明土壤中 DWTR 掺杂量越高，其所吸附的毒死蜱中残渣态含量比例越高，吸附越稳定，不易解吸到水溶液中。

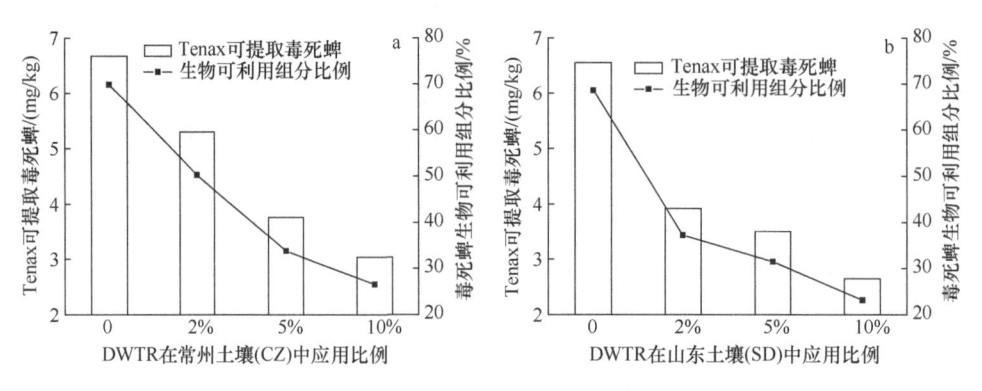

图 5-14　DWTR 掺杂 CZ（a）与 SD（b）土壤中毒死蜱吸附形态分析

2. 草甘膦分级提取与吸附形态分析

为进一步阐释掺杂 DWTR 土壤对草甘膦的吸附基质与其中草甘膦的解吸附行为特征，在参考有机磷形态提取方法基础上（Ivanoff et al.，1998，Zhang et al.，2008），分级提取了 DWTR 与 DWTR 掺杂土壤中草甘膦的 4 种主要形态，依次为 NaHCO$_3$-草甘膦（NaHCO$_3$-GLY）、HCl-草甘膦（HCl-GLY）、NaOH-草甘膦（NaOH-GLY），以及残渣态草甘膦（Residual-GLY）。正如一般分级提取实验，随着提取步骤的进行与深入，所提取的草甘膦在 DWTR 或 DWTR 掺杂土壤中愈发能稳定存在。因此，参考有机磷分级提取后各形态分析结果（Beauchemin et al.，2003），依据本研究所采用的提取顺序，所提取的 4 种形态中，NaHCO$_3$-GLY 为吸附在矿物表面的松散态草甘膦，稳定性最差，HCl-GLY 为矿物结合态草甘膦，NaOH-GLY 为与腐殖酸和富里酸结合的草甘膦，而残渣态草甘膦则为最稳定的草甘膦结合形态。

图 5-15 显示了草甘膦在 DWTR 与 DWTR 掺杂土壤（TJ 和 SD）中各吸附形态组成与含量。如图所示，未掺杂 DWTR 时，两种土壤中草甘膦主要以 NaHCO$_3$-GLY 形态存在，该形态含量分别占 TJ 和 SD 土壤中草甘膦总含量的 86% 和 98%。在 DWTR 中，所吸附的草甘膦主要以 NaHCO$_3$-GLY 和 HCl-GLY 形态存在，其含量所占比例分别为 51% 和 42%。在 TJ 和 SD 土壤中掺杂 10%（w/w）DWTR 后，NaHCO$_3$-GLY 形态含量所占比例分别降为 68% 和 70%，同时，稳定性相对较强的吸附形态——HCl-GLY，其含量所占比例则分别增加为 28% 和 22%。但是 DWTR 掺杂对 NaOH-GLY 与 Residual-GLY 两种形态所占含量比例影响较小。

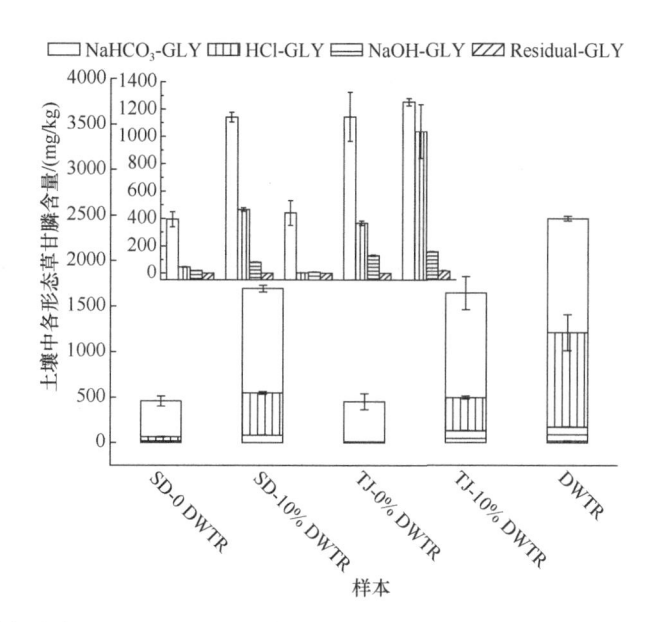

图 5-15　草甘膦在 DWTR 与 DWTR 掺杂土壤（TJ 和 SD）中各吸附形态组成与含量图

草甘膦在土壤中的解吸量与 DWTR 的掺杂量成反比（图 5-13），DWTR 的掺杂能增强草甘膦在土壤中的稳定性。草甘膦分级提取实验结果（图 5-15）进一步揭示：与未掺杂 DWTR 土壤相比，在 DWTR 掺杂土壤中草甘膦能以相对而言更加稳定的吸附形态（HCl-GLY）存在，从而使得草甘膦在其中的稳定性更强，不易解吸。表 5-19 为分级提取过程中铁铝的溶出情况，如表所示，HCl 提取草甘膦过程伴随着绝大部分铁铝的溶出，由此可推知，被 DWTR 及 DWTR 掺杂土壤中铁铝化合物所吸附的草甘膦主要为 HCl 提取态草甘膦，即 HCl-GLY。对比掺杂与未掺杂 DWTR 土壤在 HCl 提取过程中铁铝溶出量可知，DWTR 的掺杂使得此过程土壤中铁铝溶出量大幅度增加。结合以上结果可知：

表 5-19　草甘膦分级提取过程中铁铝溶出情况　　　　　　（单位：mg/g）

样品	NaHCO₃ 铝	NaHCO₃ 铁	HCl 铝	HCl 铁	NaOH 铝	NaOH 铁
TJ-0-GLY	0.01	0.04	4.98	4.16	0.66	0.03
TJ-10%-GLY	0.02	0.12	11.60	12.83	0.66	0.05
SD-0-GLY	0.00	0.02	2.84	2.81	0.63	0.03
SD-10%-GLY	0.03	0.11	10.56	11.60	0.64	0.06
DWTR-GLY	0.04	0.21	76.76	93.69	0.47	0.29
TJ-0	0.00	0.03	5.19	4.27	0.67	0.03
TJ-10%	0.02	0.07	11.63	12.31	0.63	0.05
SD-0	0.00	0.01	3.23	3.17	0.57	0.03
SD-10%	0.02	0.06	10.41	11.90	0.63	0.05
Fe/Al DWTR	0.06	0.11	73.34	89.87	1.15	0.28

注：TJ-0-GLY、TJ-10%-GLY、SD-0-GLY 与 SD-10%-GLY 分别代表负载了草甘膦的 TJ 与 SD 土壤，其中 DWTR 的掺杂量分别为 0 和 10%（w/w）

掺杂 DWTR 之所以能增强土壤中草甘膦的稳定性，可能主要是因为掺杂 DWTR 使得土壤中铁铝含量增加，以此提高了铁铝结合态草甘膦含量，其中相对稳定的 HCl-GLY 吸附形态所占含量比例也因此而增加。

5.4 溶液化学性质对 DWTR 掺杂土壤中有机磷农药吸附与解吸的影响

5.4.1 溶液化学性质对 DWTR 掺杂土壤中毒死蜱吸附与解吸的影响

图 5-16 为中性水溶液条件下柠檬酸和苹果酸对 DWTR 掺杂（0~10%，w/w）土壤中毒死蜱解吸的影响。与对照组解吸数据相比，柠檬酸和苹果酸对未掺杂与掺杂 DWTR 土壤中毒死蜱解吸影响均不显著。这表明被吸附的毒死蜱能稳定存在于掺杂或未掺杂 DWTR 的土壤中。

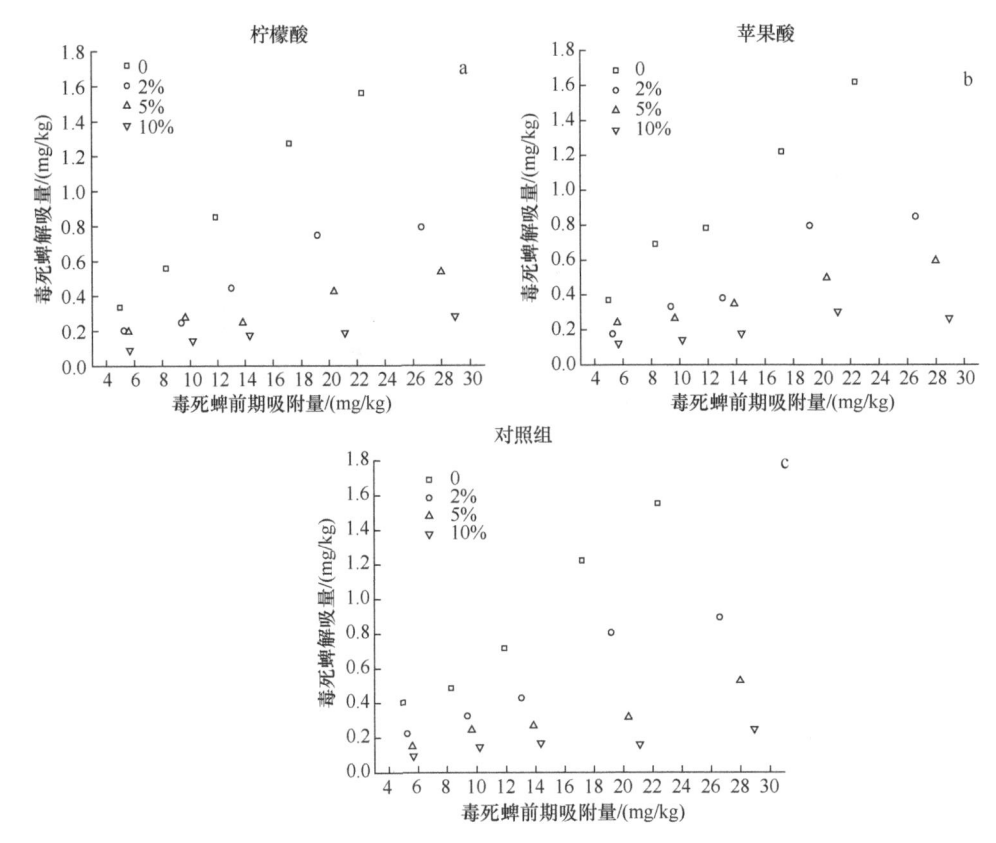

图 5-16 小分子有机物柠檬酸（a）和苹果酸（b）（浓度为 2 mmol/L，溶液 pH 呈中性）对 DWTR 掺杂土壤（CZ）中毒死蜱吸附稳定相影响（c 为对照组）

柠檬酸和苹果酸存在条件下，毒死蜱从 DWTR 掺杂土壤解吸后水溶液 pH 如图 5-17 所示。解吸后溶液 pH 随着 DWTR 掺杂量的增加而升高，且与苹果酸相比，解吸液中柠檬酸的存在使得毒死蜱解吸后水溶液 pH 更高。这可能是因为苹果酸和柠檬酸具有多个羧基（—COOH）与醇羟基（—OH）等功能基团，其可通过羟基配体交换作用与土壤中铁铝化合物发生吸附（van Hees et al.，2000；Zhang and Dong 2008；Ding et al.，2011），从而使得溶液 pH 升高，柠檬酸所具有的功能基团比苹果酸多，因此柠檬酸存在时解吸液 pH 升高的程度高于苹果酸。低分子量有机酸的存在能促进 DWTR 中有机质释放到水溶液中（第 2 章），但 DWTR 掺杂土壤所吸附的毒死蜱解吸行为并未受此影响，这可能因为在 1∶40 固液比条件下，土壤的 pH 缓冲能力能减弱低分子量有机酸吸附所导致的 pH 变化，从而降低在高 pH 条件下有机物的溶出量。

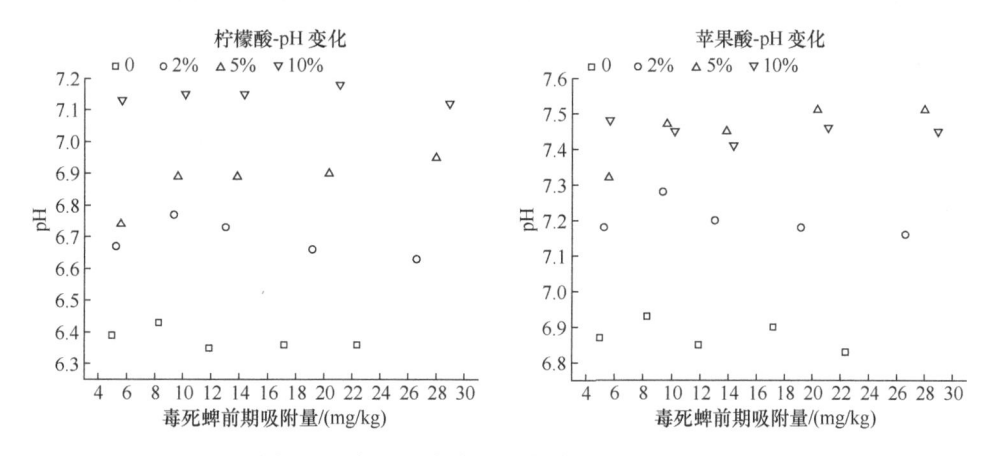

图 5-17 解吸后溶液 pH（初始 pH=6.95~7.05）

5.4.2 溶液化学性质对 DWTR 掺杂土壤中草甘膦吸附与解吸的影响

1. 溶液 pH

pH 对 DWTR 掺杂土壤吸附草甘膦的影响如图 5-18 所示。随着溶液初始 pH 的升高，未掺杂 DWTR 的 TJ 与 SD 土壤对草甘膦吸附量均显著降低，但是，掺杂 DWTR 后 pH 升高对这两种土壤吸附草甘膦的不利影响并不显著。具体而言，当溶液 pH 从 4.5 升高

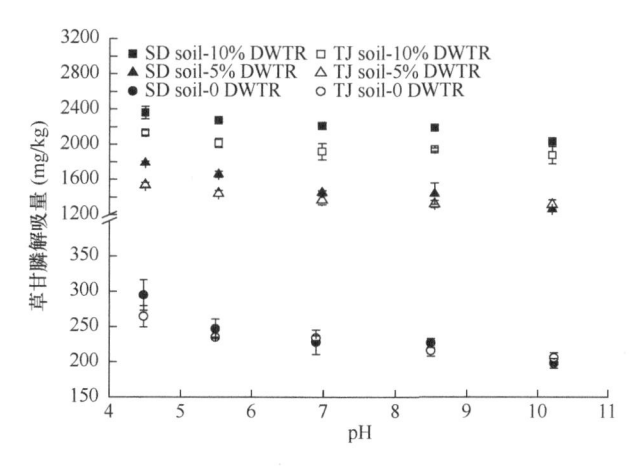

图 5-18 溶液 pH 对 DWTR 掺杂土壤吸附草甘膦的影响

soil-0 DWTR、soil-5% DWTR 与 soil-10% DWTR，分别代表土壤中 DWTR 掺杂量为 0、5% 与 10%（w/w）

为 10.2，未掺杂 DWTR 的 TJ 与 SD 土壤对草甘膦的吸附量分别降低了 22%（TJ-0）和 33%（SD-0）；当在这土壤中掺杂 10% DWTR（w/w）时，草甘膦的吸附量分别降低 12%（TJ-10%）和 14%（SD-10%）。由此可见，高 pH 条件不利于土壤对溶液中草甘膦的吸附，掺杂 DWTR 能降低这种不利影响。

2. 溶液离子强度与组成

不同 DWTR 掺杂量下（0~10%，w/w），K$^+$和 Ca^{2+}及其离子强度对土壤吸附草甘膦的影响见图 5-19。水溶液中阳离子组成成分显著影响了草甘膦在土壤中的吸附。与 K$^+$相比，Ca^{2+}能显著提高 TJ 和 SD 土壤对草甘膦的吸附量。不管是 K$^+$或 Ca^{2+}作为溶液主体阳离子，对于未掺杂 DWTR 的 TJ 与 SD 土壤而言，草甘膦的吸附量均随溶液中 K$^+$或 Ca^{2+}离子强度的增加而显著升高。当溶液中 K$^+$和 Ca^{2+}浓度从 0.005 mol/L 增加为 0.05 mol/L 时，在未掺杂 DWTR 的 TJ 土壤中草甘膦吸附量分别提高了 21%和 32%，在未掺杂 DWTR 的 SD 土壤中则分别提高了 15%和 38%。相比之下，K$^+$或 Ca^{2+}浓度的增加对掺杂 DWTR 的 TJ 和 SD 土壤吸附草甘膦的影响并不显著。当 DWTR 掺杂量为 10%时，随着离子强度的增加，TJ 和 SD 土壤中草甘膦吸附量最大增加幅度分别仅为 14%和 9%。以上结果表明 DWTR 的掺杂能减少离子强度对土壤吸附草甘膦的影响。

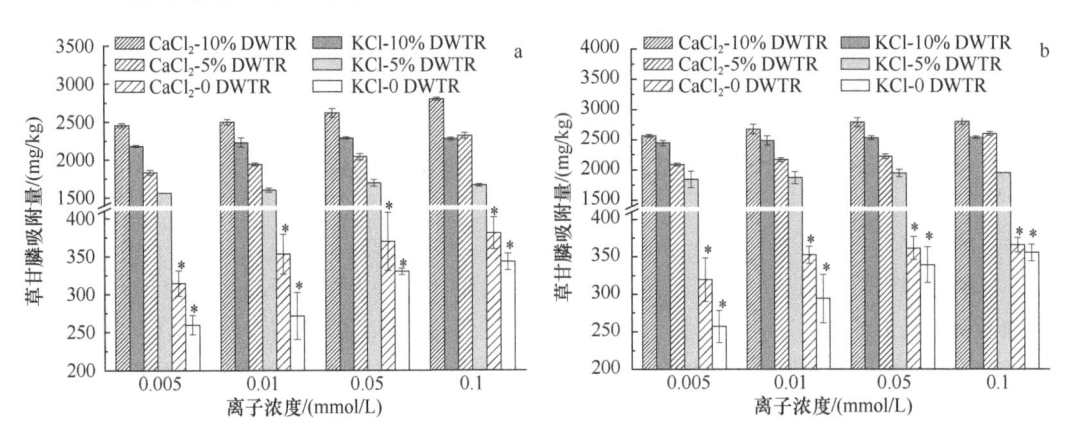

图 5-19 溶液中离子强度与阳离子种类对草甘膦在 TJ（a）与 SD（b）土壤中吸附的影响

3. 磷酸盐

磷酸盐对 TJ 和 SD 土壤中草甘膦解吸的影响如图 5-20 所示。相同 DWTR 掺杂量下，草甘膦在这两种土壤（除未掺杂 DWTR 的 TJ 土壤外）中的解吸量均随着溶液中磷酸盐浓度的增加而显著增加（图 5-20a、b）。因此，总体而言，溶液中磷酸盐的存在增加了 DWTR 掺杂与未掺杂土壤中草甘膦二次释放的风险。这可能是由于磷酸盐能与草甘膦竞争吸附位点，甚至可能取替土壤中某些吸附位点上的草甘膦，从而与土壤发生吸附。草甘膦解吸过程中，磷酸盐在土壤中的吸附量如图 5-21 所示。从图 5-20a、b 可知，相同磷酸盐浓度下，草甘膦在土壤中解吸量随着 DWTR 掺杂量的增加而增加，这主要因为初始吸附量是影响吸附质解吸量的重要因素之一，本研究中不同 DWTR 掺杂量土壤对草甘膦初始吸附量差异明显（图 5-22）。为进一步评价不同磷酸盐浓度下不同 DWTR 掺杂量土壤中草甘膦吸附稳定性，利用解吸率（解吸量/初始吸附量）来表示磷酸盐对 DWTR 掺杂土壤中草甘膦解吸的影响。由图 5-20c、d 所示，不同磷酸盐浓度条件下，随着 DWTR 掺杂量的增加，草甘膦在土壤中的解吸率随之降低。这表明在水溶液环境中磷酸盐存在条件下，DWTR 掺杂土壤对草甘膦的吸附稳定性仍高于未掺杂 DWTR 土壤。

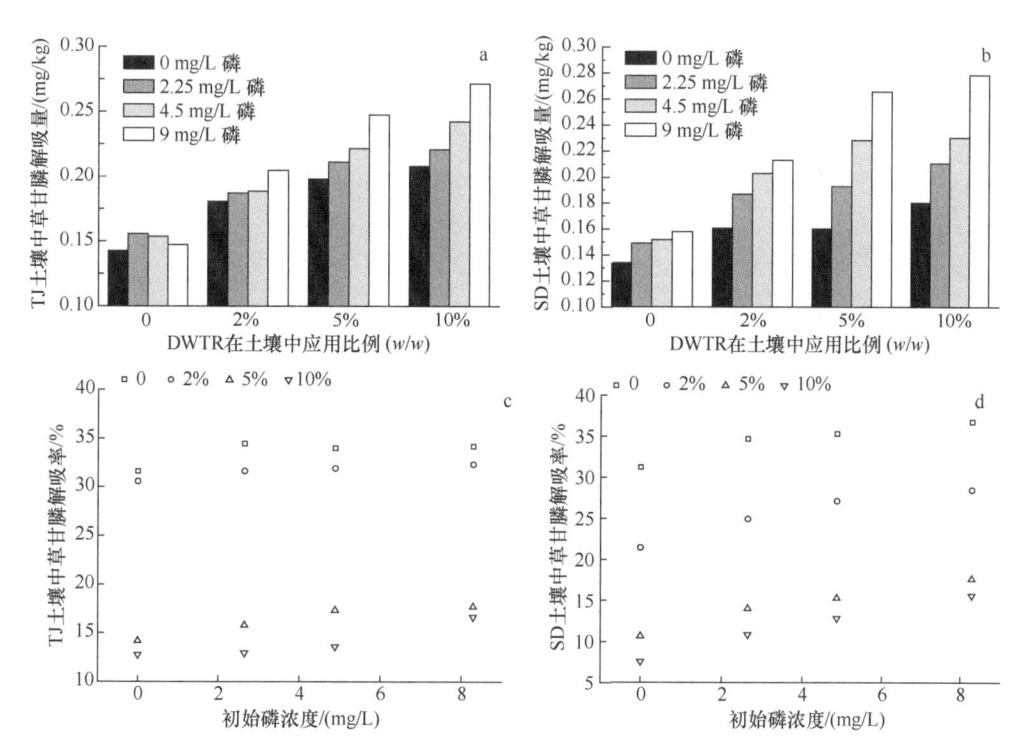

图 5-20　磷酸盐对土壤中草甘膦解析的影响
a~d 分别为草甘膦从 TJ 和 SD 土壤中的解吸量与解吸率

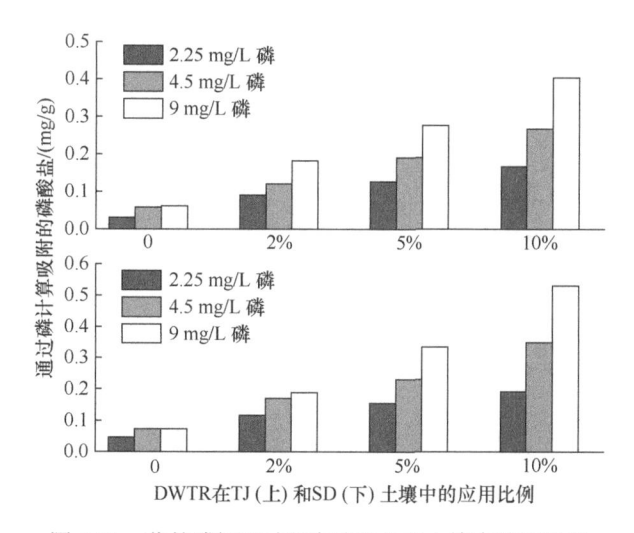

图 5-21　草甘膦解吸过程中磷酸盐在土壤中的吸附量

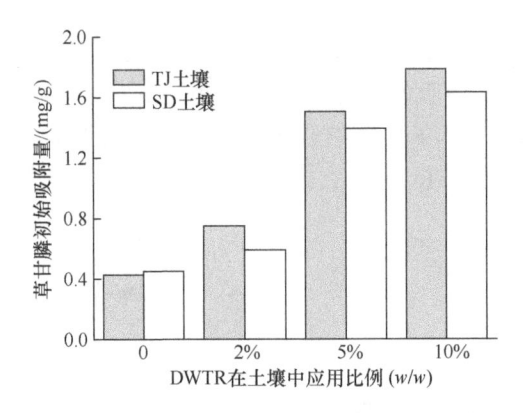

图 5-22 DWTR 掺杂土壤中草甘膦初始吸附量

4. 低分子量有机酸

图 5-23 为中性水溶液环境中低分子量有机酸对 DWTR 及其所掺杂土壤（SD）中草甘膦解吸的影响。在相同初始草甘膦吸附量（360 mg/kg）条件下，DWTR 与 DWTR 掺杂土壤中草甘膦解吸量随着溶液中苹果酸和柠檬酸浓度的升高而增加；但是柠檬酸对 DWTR 及土壤中草甘膦解吸的不利影响显著大于苹果酸。此外，虽然不同苹果酸和柠檬酸浓度下 DWTR 及 DWTR 掺杂土壤（10%，w/w）中草甘膦解吸量均小于未掺杂 DWTR 土壤，但是，DWTR 掺杂土壤中，低分子量有机酸浓度增加引起的草甘膦解吸量增加的幅度高于未掺杂土壤。具体而言，与空白组相比，当苹果酸和柠檬酸浓度为 20 mmol/L 时，DWTR 掺杂土壤中草甘膦解吸量分别增加了 90 mg/kg 和 220 mg/kg，而未掺杂土壤中则分别增加了 30 mg/kg 和 90 mg/kg。由以上结果可知，苹果酸和柠檬酸，尤其是柠檬酸，能大大增加草甘膦在土壤中的二次释放风险；虽然草甘膦在掺杂 DWTR 中解吸量均小于未掺杂 DWTR 土壤，但是，低分子量有机酸存在对 DWTR 掺杂土壤中草甘膦稳定性所造成的不利影响程度更高。

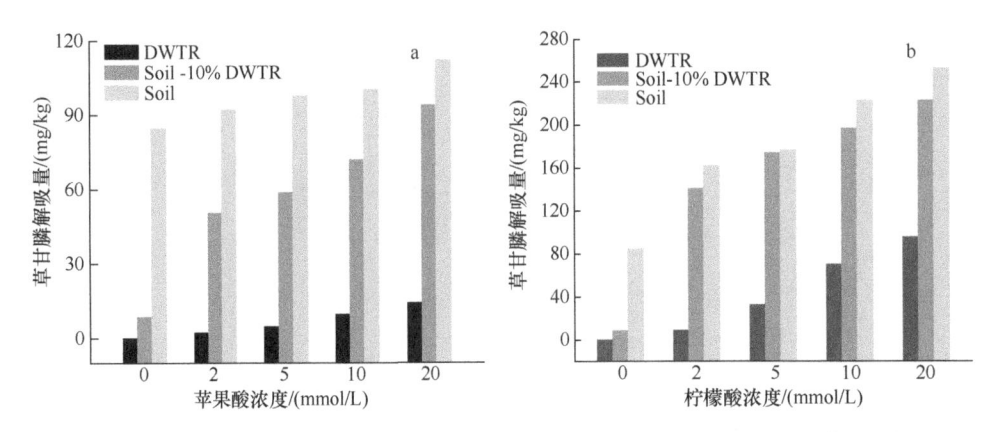

图 5-23 小分子有机酸苹果酸（a）和柠檬酸（b）对 DWTR 及 DWTR 掺杂土壤（SD）中草甘膦解吸的影响

草甘膦在 DWTR 及土壤中的初始吸附量均为 360 mg/kg
Soil、Soil-10% DWTR 分别代表土壤中 DWTR 的掺杂量为 0 和 10%

5. 讨论

在土壤中掺杂 DWTR 能有效降低溶液 pH 升高对土壤吸附草甘膦的不利影响，以及减缓离子强度增加对其吸附的影响。土壤中的草甘膦大部分以 NaHCO$_3$-GLY 形态存在，即大部分草甘膦吸附于土壤矿物表面，这表明静电斥力作用在土壤吸附草甘膦过程中起着重要作用。草甘膦是一种两性离子，存在 4 个解离常数（pK_a），分别为 2、2.6、5.6 及 10（Sprankle et al., 1975），在本实验 pH（4.5~10.2）范围内，草甘膦皆以负离子形态存在。溶液 pH 升高不利于草甘膦在土壤中的吸附，可能主要是由于随着 pH 的升高，膦酸基和氨基逐步解离，草甘膦所带净负电荷量增多，同时，土壤表面所带负电荷量也随之增加，从而导致土壤与草甘膦之间的静电斥力逐步增加，表面吸附态草甘膦（NaHCO$_3$-GLY）也因此减少（McConnell and Hossner, 1985）。pH 对针铁矿、赤铁矿、高岭土及其他一些土壤吸附草甘膦的影响，与本文研究结果一致（McConnell and Hossner, 1985；Pessagno et al., 2008；Sheals et al., 2002）。与 K$^+$ 相比，二价 Ca^{2+} 能通过架桥作用使草甘膦与带负电的土壤颗粒吸附，因此提高土壤对草甘膦的吸附能力。离子强度的增加使得双电层被压缩，土壤与草甘膦之间的静电斥力减弱，从而离子强度的增加有助于草甘膦在土壤中的吸附。溶液 pH 的升高与离子强度的增加显著影响了未掺杂 DWTR 土壤对草甘膦的吸附量（$P<0.05$）。这可能与以下两方面因素有关：DWTR 掺杂后，铁铝结合态草甘膦（HCl-GLY）含量所占比例增加，降低了在土壤吸附草甘膦过程中表面吸附（NaHCO$_3$-GLY）所具有的相对重要性；同时，DWTR 富含铁铝化合物，与土壤相比，其等电点（IEP）较高，所以在相同 pH 条件下，DWTR 表面负电荷量小于土壤。因此，掺杂 DWTR 可能有助于减少土壤与草甘膦的静电斥力，从而降低 pH 升高对草甘膦吸附造成的影响。

溶液中磷酸盐与小分子有机酸的存在均提高了 DWTR 掺杂与未掺杂土壤中草甘膦二次释放风险。这主要是因为磷酸盐与草甘膦吸附机制相似，均可通过磷酸基与土壤中铁铝化合物结合（Gimsing and Borggaard, 2002），而低分子量有机酸与土壤中铁铝化合物同样具有更强的络合能力（van Hees et al., 2000，Zhang and Dong 2008，Ding et al., 2011），所以磷酸盐与小分子有机物均能与草甘膦竞争土壤铁铝化合物的吸附位点，从而可能使得草甘膦在土壤中的吸附稳定性降低。与未掺杂 DWTR 土壤相比，在磷酸盐与小分子有机酸存在的条件下，DWTR 掺杂土壤所吸附的草甘膦仍更加稳定，但是这两种竞争性阴离子对 DWTR 掺杂土壤中草甘膦吸附稳定性的不利影响更大。依据磷酸盐、小分子有机酸与草甘膦的吸附机制，3 种物质在土壤中的吸附竞争主要集中于对其中铁铝化合物吸附位点的争夺，因而磷酸盐与小分子有机酸在溶液中的浓度直接影响了土壤中铁铝结合态草甘膦（HCl-GLY）含量。DWTR 的掺杂大大增加了土壤中 HCl-GLY 的相对含量，因此，随着溶液中磷酸盐与小分子有机酸浓度的增加，掺杂 DWTR 土壤中草甘膦解吸量的增加幅度高于未掺杂 DWTR 土壤。

5.5 DWTR 对土壤中毒死蜱降解行为的影响

5.5.1 毒死蜱在好氧条件下的降解特征

1. 毒死蜱在土壤中的降解动态

不同培养时间下，毒死蜱在掺杂与未掺杂 DWTR 土壤中的浓度如图 5-24 所示。由图可知，随着降解时间的增加，在未掺杂 DWTR 的 CZ 土壤中，由水提取的毒死蜱浓度由 3.24 mg/kg 减少为 0.96 mg/kg；在未掺杂 DWTR 的 SD 土壤中则由 4.63 mg/kg 减少为 0.43 mg/kg。掺杂 5%（w/w）DWTR 后，整个降解过程中，CZ 和 SD 土壤中由水提取的毒死蜱浓度均接近于 0 mg/kg。此外，DWTR 的掺杂显著减少了 CZ 和 SD 土壤中由 Tenax 提取的可生物利用的毒死蜱含量，与此同时，显著提高了这两种土壤中残留态毒死蜱的含量。具体而言，当降解时间为 56 d 时，在未掺杂 DWTR 的 CZ 与 SD 土壤中，毒死蜱总残留量分别为 12.0 mg/kg 和 3.83 mg/kg，其中 Tenax 所提取的可生物利用态毒死蜱含量分别占总残留量的 50.6% 和 46.4%。相比之下，在土壤中掺杂 5%（w/w）DWTR 后，

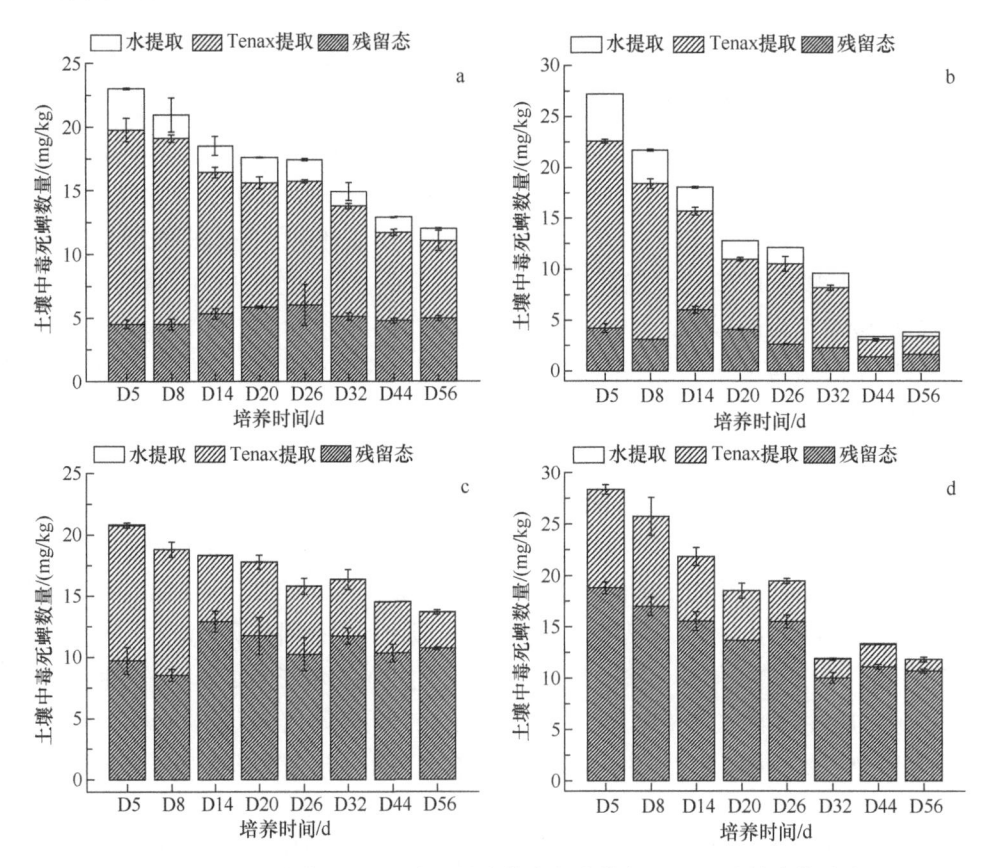

图 5-24　不同培养时间下，毒死蜱在掺杂与未掺杂 DWTR 土壤中的浓度
a 和 b 分别为未掺杂 DWTR 的 CZ 与 SD 土壤，c 和 d 分别为掺杂 DWTR（5%，w/w）的 CZ 与 SD 土壤；
毒死蜱在所有土壤样品中的初始浓度为 50 mg/kg

在 CZ 与 SD 土壤中所提取的毒死蜱总量为 13.7 mg/kg 和 11.8 mg/kg，其中 Tenax 所提取的可生物利用态毒死蜱含量分别仅占 21.6%和 9.4%，而残留态毒死蜱含量则分别占 73.8%和 90.6%。

现有文献所报道的土壤中毒死蜱半衰期为 10 天至 4 年（Gebremariam et al., 2012）。在本研究中，在培养时间为 5 d 时土壤中约 50%的毒死蜱（初始浓度为 50 mg/kg）已降解/水解。为进一步探明掺杂 DWTR 对土壤中毒死蜱降解的影响，采用一级降解动力学方程对降解 5 d 以后土壤中毒死蜱降解数据进行拟合，拟合结果见表 5-20。方程拟合得到的相关系数（R^2）在 0.877~0.938 之间。由表可知，掺杂 DWTR 后，毒死蜱在 CZ 土壤中的降解速率由 0.014 mg/(kg·d) 降低为 0.009 mg/(kg·d)，在 SD 土壤中的降解速率则由 0.043 mg/(kg·d) 降低为 0.018 mg/(kg·d)。以上结果表明 DWTR 的掺杂降低了土壤中毒死蜱的降解速率，这可能主要是因为 DWTR 的掺杂大大减少了土壤中可生物利用态毒死蜱含量。SD 土壤中毒死蜱的降解速率高于 CZ 土壤则可能与土壤中微生物丰度有关。

表 5-20　DWTR 掺杂与未掺杂土壤中毒死蜱的一级降解动力学参数

土壤样品		一级降解动力学方程[a] $\ln\left(\dfrac{c_t}{c_0}\right)=-kt$		
		k/[mg/(kg·d)]	C_0/(mg/kg)[b]	R^2
CZ 土壤	0 DWTR	0.014	23.0	0.937
	5% DWTR	0.009	20.8	0.877
SD 土壤	0 DWTR	0.043	27.2	0.933
	5% DWTR	0.018	28.3	0.938

a. C_0 表示初始浓度，C_t 表示 t 时刻浓度，t 表示时间
b. 毒死蜱在土壤中的初始浓度，从降解时间为 5 d 时开始算起
k. 速率常数

2. 毒死蜱降解期间土壤中 TCP 的残留动态与稳定性分析

由于 TCP 水溶性较高（80.9 g/L），与毒死蜱相比，土壤中 TCP 较易被水提取。因此本研究采用水提取态和有机溶剂提取的残渣态表征其在土壤中的稳定性，它们分别表示易释放到水溶液中生物可给态 TCP，以及能稳定存在于土壤中难以被生物利用的 TCP。图 5-25 为毒死蜱降解期间掺杂与未掺杂 DWTR 土壤中 TCP 含量变化。降解时间为 5 d 时，土壤中已存在较高含量的 TCP。结合图 5-24 可推知，降解 5 d 后，土壤中毒死蜱的浓度之所以降低为初始浓度的一半左右，主要是因为土壤中大部分毒死蜱快速水解为 TCP。毒死蜱在 CZ 和 SD 土壤中的快速水解能力主要与土壤的理化性质有关，如土壤 pH、机械组成、水分含量和微生物活性等（Racke et al., 1996；Singh et al., 2003, 2006）。毒死蜱降解期间，在掺杂与未掺杂 DWTR 的 CZ 与 SD 土壤中 TCP 主要以水提取态存在，这表示毒死蜱降解产生的 TCP 易释放到水溶液中。但是，与未掺杂 DWTR 土壤相比，掺杂 DWTR 后，CZ 和 SD 土壤中残渣态 TCP 含量均显著增加。具体而言，

当降解时间为 56 d 时，掺杂 DWTR 后，CZ 土壤中残渣态 TCP 含量所占比例由 5.18% 增加为 22.6%，SD 土壤中则由 2.84% 增加为 28.8%。尽管 DWTR 的掺杂减少了可生物利用的 TCP 含量（水提取态），但它对毒死蜱降解期间 CZ 和 SD 土壤所含 TCP 总量并未产生显著影响。以上结果表明掺杂 DWTR 可增强土壤中毒死蜱代谢产物 TCP 稳定性，同时对毒死蜱降解过程中 TCP 的形成与 TCP 自身降解影响较小，因此土壤中掺杂 DWTR 可降低毒死蜱降解过程中产生的 TCP 污染风险。

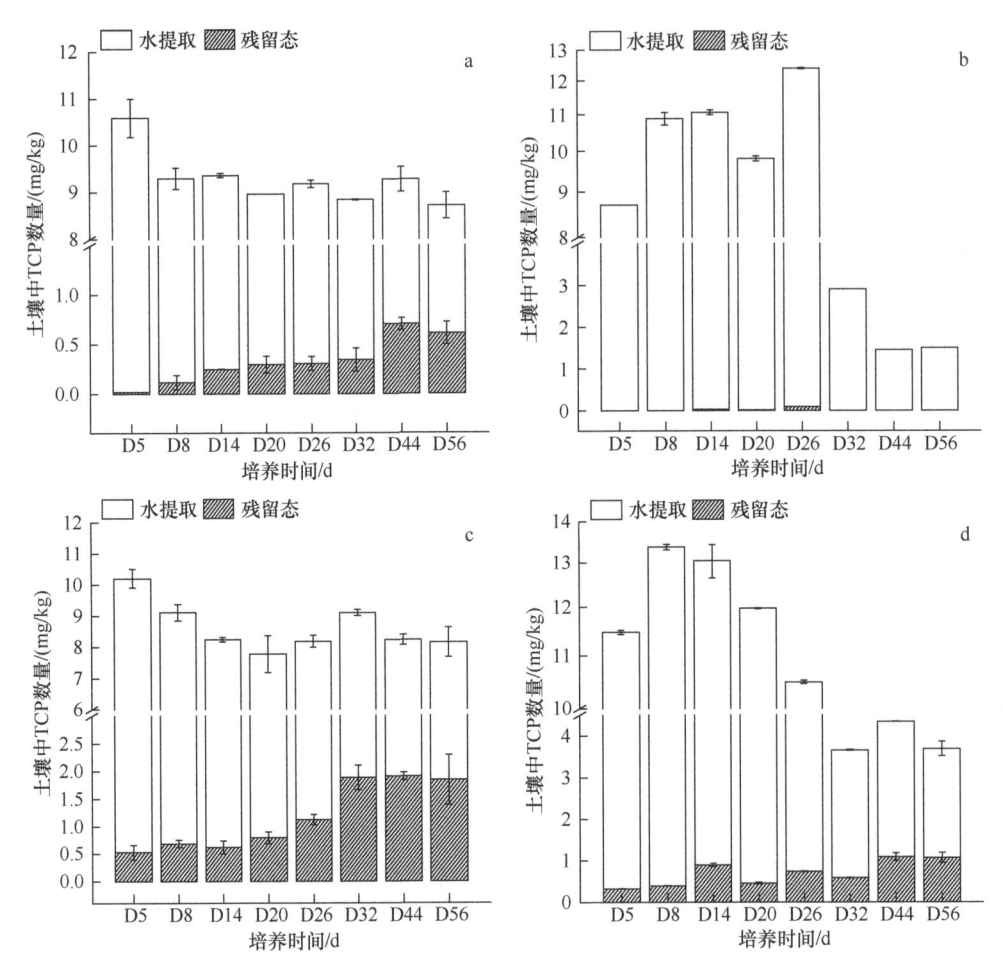

图 5-25　毒死蜱降解过程中其代谢产物 TCP 含量变化

a 和 b 分别为未掺杂 DWTR 的 CZ 与 SD 土壤，c 和 d 分别为掺杂了 5%（w/w）DWTR 的 CZ 与 SD 土壤

3. 毒死蜱降解期间土壤总菌丰度变化

毒死蜱降解期间掺杂与未掺杂 DWTR 的 CZ 与 SD 土壤中总菌丰度变化如图 5-26 所示。未施加毒死蜱前，CZ 与 SD 土壤总菌丰度分别为 1.45×10^{14} copies/g 和 3.97×10^{14} copies/g。土壤中施加毒死蜱（50 mg/kg）后，其在 56 d 内的降解过程中 SD 土壤总菌丰度均是 CZ 土壤总菌丰度的 2.7 倍以上，这可能是导致 SD 土壤中毒死蜱降解速率更快（图 5-24，表 5-20）的主要原因之一。毒死蜱施加 5 d 后，与初始总菌丰度相比，CZ 和

SD 土壤总菌丰度分别降低了 85.6% 和 86.0%。这表明：当毒死蜱浓度达到 50 mg/kg 时，土壤中大部分微生物会受到致命影响。相比之下，毒死蜱施加 5 d 后，在掺杂 DWTR 的 CZ 土壤中总菌丰度并未减少，反而增加了 5.42 倍，在掺杂 DWTR 的 SD 土壤中总菌丰度则降低了 77.5%。由此可知，掺杂 DWTR 可以减缓毒死蜱对土壤微生物的毒性作用，这可能是因为 DWTR 的掺杂降低了土壤中生物有效态毒死蜱的含量（图 5-24）。进一步比较分析 56 d 降解全过程中掺杂与未掺杂 DWTR 土壤总菌丰度得出，毒死蜱施加后 DWTR 的掺杂显著增加了 CZ 土壤总菌丰度，但是，其对 SD 土壤中总菌丰度影响并不显著。DWTR 掺杂对 CZ 与 SD 土壤总菌丰度影响的差异可能与土壤自身微生物组成与结构有关。

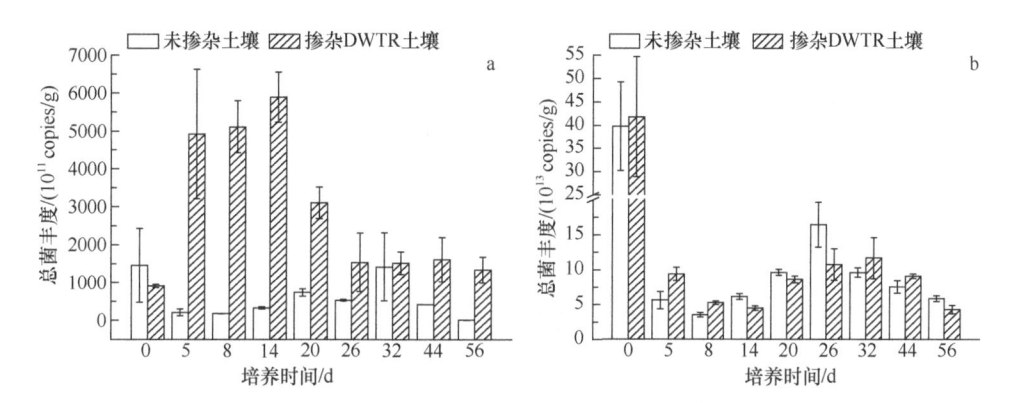

图 5-26 毒死蜱降解期间掺杂与未掺杂 DWTR 土壤总菌丰度变化
a 和 b 分别为掺杂与未掺杂 DWTR 的 CZ 与 SD 土壤

5.5.2 毒死蜱在厌氧土壤水溶液环境中的降解特征

1. DWTR 掺杂土壤中毒死蜱的残留动态

不同厌氧培养时间下，毒死蜱在掺杂与未掺杂 DWTR 土壤中的浓度如图 5-27 所示。由图可知，厌氧培养 2 d 后，在未掺杂 DWTR 土壤中毒死蜱残留量由初始施加量 50 mg/kg 减少为 12 mg/kg，厌氧培养 7 d 后，土壤中毒死蜱总残留量变化并不显著，但其中由水和 Tenax 提取的毒死蜱含量所占比例逐渐增加，残渣态毒死蜱含量则逐渐减少。与未掺杂土壤相似，厌氧培养 7 d 后，各 DWTR 掺杂土壤中毒死蜱总残留量变化均不显著，不同的是，其中由水和 Tenax 提取的毒死蜱含量，以及残渣态毒死蜱含量所占比例均变化较小。同时，DWTR 掺杂对土壤中毒死蜱总残留量及各提取态毒死蜱含量均影响显著。具体而言，随着 DWTR 掺杂量的增加，土壤中毒死蜱总残留量显著增加，其中，由水与 Tenax 提取的毒死蜱含量均显著降低，残渣态毒死蜱含量则显著增加。此外，培养时间 72 d 内，未掺杂 DWTR 土壤中毒死蜱均主要以生物可利用态（由水和 Tenax 提取）存在，此形态毒死蜱含量所占比例在 50%~79%；而在 DWTR 掺杂土壤中毒死蜱均以残渣态存在，残渣态毒死蜱含量所占比例在 72%~95%，生物可利用态毒死蜱含量所占比例最高仅为 28%。由上述结果可知：DWTR 的掺杂虽然增加了土壤中毒死蜱的总残留量，但其中所残留的毒死蜱主要以残渣态存在，可生物利用态含量较低，因此，与未掺杂

DWTR 土壤相比，掺杂 DWTR 有利于降低毒死蜱对厌氧土壤水溶液体系微生物的毒害作用。

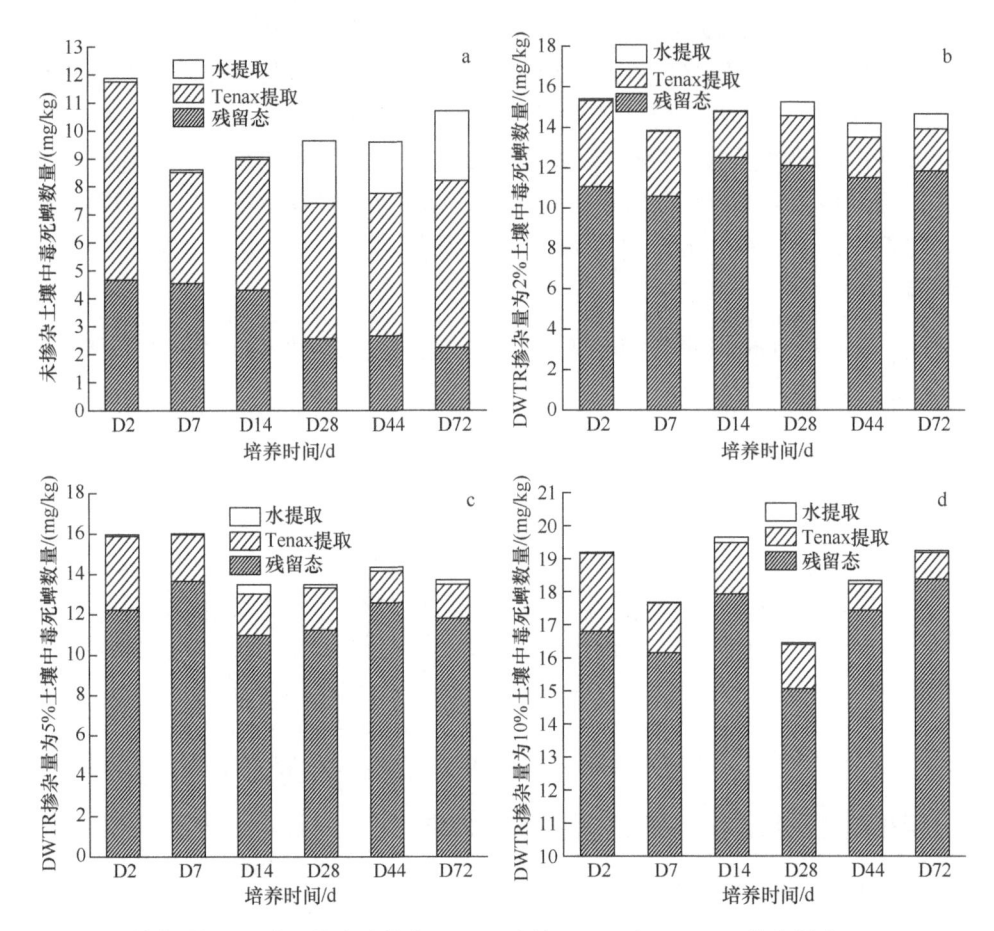

图 5-27　不同培养时间下，毒死蜱在未掺杂 DWTR 土壤（a），以及 DWTR 掺杂量为 2%（b）、5%（c）和 10%（d）土壤中的浓度

毒死蜱在所有土壤样品中的初始浓度为 50 mg/kg

2. DWTR 掺杂土壤中 TCP 残留动态与稳定性分析

毒死蜱降解期间土壤中 TCP 含量变化如图 5-28 所示。在掺杂与未掺杂 DWTR 土壤中，随着培养时间的增加，残渣态 TCP 含量均逐渐增加，而水提取态 TCP 含量均呈逐渐减小趋势。当培养时间从 2 d 增加为 72 d，未掺杂土壤中残渣态 TCP 含量由 0.085 mg/kg 增加为 0.30 mg/kg，水提取态 TCP 含量则由 10.44 mg/kg 降低为 3.59 mg/kg；在掺杂 10%（w/w）DWTR 土壤中残渣态 TCP 含量则由 0.48 mg/kg 增加为 1.91 mg/kg，水提取态 TCP 含量则由 2.3 mg/kg 降低为 0.9 mg/kg。不同的是，在未掺杂 DWTR 与 DWTR 掺杂量为 2% 土壤中，TCP 总残留量随着培养时间的增加而逐渐减少；但是在 DWTR 掺杂量为 5% 与 10% 的土壤中，TCP 总残留量随培养时间增加变化较小，但均在 28 d 时达到最大（7~72 d 培养期间）。尽管如此，在毒死蜱降解的 72 d 内，DWTR 掺杂土壤中 TCP 总残留量与水提取态含量显著低于未掺杂土壤，且总残留量与水提取态 TCP 含量均随

着 DWTR 掺杂量的增加而显著减少。此外，未掺杂 DWTR 土壤中 TCP 以水提取态为主，其含量占 92% 以上，残渣态 TCP 含量较少；培养 72 d 后，掺杂了 2%、5% 与 10% 的 DWTR 土壤中残留态 TCP 含量所占比例可分别达到 47%、54% 与 68%。可见，DWTR 的掺杂不仅降低了土壤中 TCP 总含量，而且大大提高了 TCP 在土壤中的稳定性。

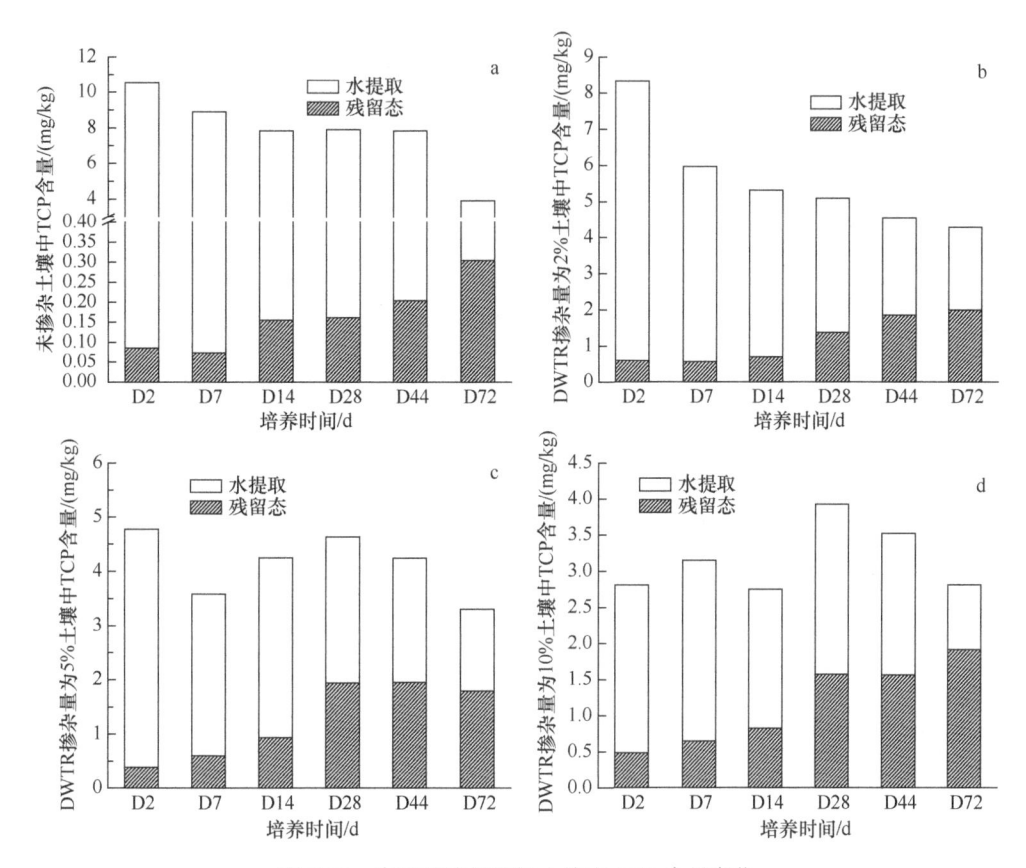

图 5-28 毒死蜱降解期间土壤中 TCP 含量变化
a 为未掺杂 DWTR 土壤；b、c 和 d 分别为掺杂了 2%、5% 和 10%（w/w）DWTR 的土壤

3. 上覆水中毒死蜱与 TCP 浓度随培养时间变化特征

厌氧培养的 DWTR 掺杂土壤水溶液体系中，上覆水毒死蜱与 TCP 浓度变化如图 5-29 所示。在培养时间为 2 d 时，各个 DWTR 掺杂的土壤水溶液体系上覆水中毒死蜱浓度均达到最大，而后，随着培养时间的增加，毒死蜱的浓度逐渐降低。DWTR 的掺杂显著降低了从土壤释放到上覆水中的毒死蜱含量。如图 5-29a 所示，培养时间为 2 d 时，未掺杂 DWTR 土壤水溶液体系上覆水中毒死蜱浓度高达 537 μg/L，土壤中掺杂 2%、5% 与 10% DWTR（w/w）后，上覆水毒死蜱浓度依次为 229 μg/L、74 μg/L 与 23 μg/L。当培养时间达到 72 d 时，未掺杂 DWTR 土壤水溶液体系上覆水中毒死蜱浓度为 250 μg/L，与培养时间 2 d 时相比降低了 53%；在掺杂 DWTR 土壤水溶液体系上覆水中毒死蜱浓度为 12~68 μg/L，与培养时间 2 d 时相比则降低了 48%~70%。与毒死蜱浓度变化趋势不同，在各个土壤水溶液体系上覆水中 TCP 浓度均呈现出先增加后降低的趋势。但是，DWTR

的掺杂同样显著降低了毒死蜱降解期间上覆水中 TCP 的浓度。具体而言，如图 5-29b 所示，未掺杂与掺杂 2% DWTR 的土壤水溶液体系中，上覆水 TCP 浓度在 44 d 时达到最高，且分别高达 1750 μg/L 和 1190 μg/L；当 DWTR 掺杂量为 5% 和 10% 时，上覆水 TCP 浓度在 28 d 时达到最高，且分别为 902 μg/L 和 511 μg/L。所有土壤水溶液体系上覆水中 TCP 浓度在 44 d 或 28 d 达到最高后均逐渐降低，72 d 时 TCP 浓度分别降低为 496 μg/L、362 μg/L、166 μg/L 和 122 μg/L（DWTR 掺杂量依次为 0、2%、5% 和 10%）。总体上，毒死蜱降解全过程中，相同培养时间条件下，DWTR 掺杂的土壤水溶液体系上覆水中 TCP 浓度均小于未掺杂 DWTR 土壤。根据上述结果可知，掺杂 DWTR 可大大降低厌氧降解期间毒死蜱从土壤释放到水中的含量，以及所形成的 TCP 含量。

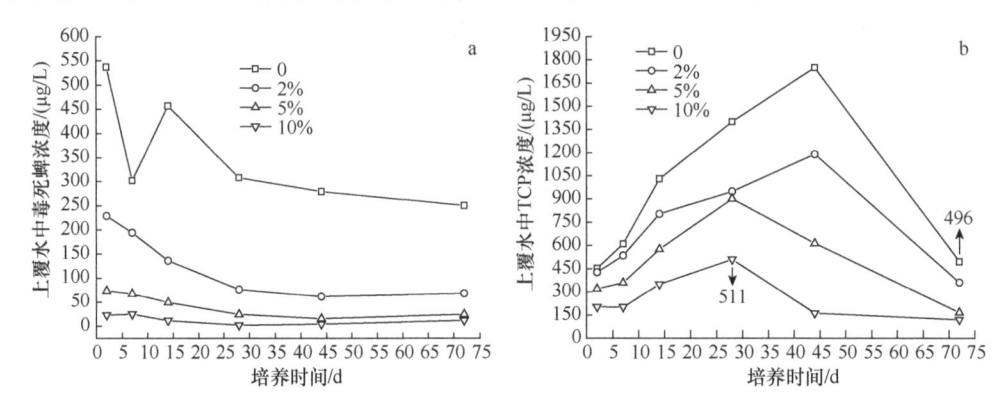

图 5-29　上覆水中毒死蜱浓度与 TCP 浓度（固液比为 1:25）
a. 上覆水中毒死蜱浓度；b. 上覆水中 TCP 浓度

4. DWTR 掺杂土壤水溶液体系氧化还原电位（Eh）、pH 与电导率（EC）随培养时间变化特征

厌氧培养期间土壤水溶液体系上覆水 Eh、pH 与 EC 变化特征如图 5-30 所示。厌氧培养 2 d 时，DWTR 掺杂与未掺杂土壤水溶液体系均已达到厌氧状态（图 5-30a），随后，溶液体系 Eh 值继续降低，到 28 d 或 44 d 时，Eh 达到最低，所有土壤溶液 Eh 在 −205~−176 mV。当培养时间达到 72 d 时，土壤溶液体系 Eh 有所升高，但均在 −141~−108 mV。各土壤溶液体系 EC 均随着培养时间的增加而增强，且 DWTR 掺杂量越高，溶液中 EC 值越大（图 5-30b），说明 DWTR 的掺杂增加了溶液中电解质溶液的浓度。如图 5-30c 所示，前 28 d 内各土壤水溶液 pH 均有所波动，而后溶液 pH 随着培养时间的增加而逐渐降低。与未掺杂 DWTR 土壤相比，掺杂 DWTR 土壤水溶液体系 pH 略高，尤其是掺杂 10%（w/w）DWTR 土壤的水溶液 pH（5.98~7.25）在毒死蜱降解过程中均高于未掺杂 DWTR 土壤水溶液 pH（5.46~6.85）。

5. 上覆水中铁、铝、锰与有机质（TOC）浓度随培养时间变化

厌氧培养期间上覆水中铁、铝、锰与 TOC 浓度变化如图 5-31 所示。总体而言，在 DWTR 掺杂量相同情况下，土壤释放到上覆水中铁、铝、锰与有机质（TOC）的含量随着培养时间的增加而升高。同时，培养时间达到 72 d 时，从毒死蜱污染土壤释放到上覆

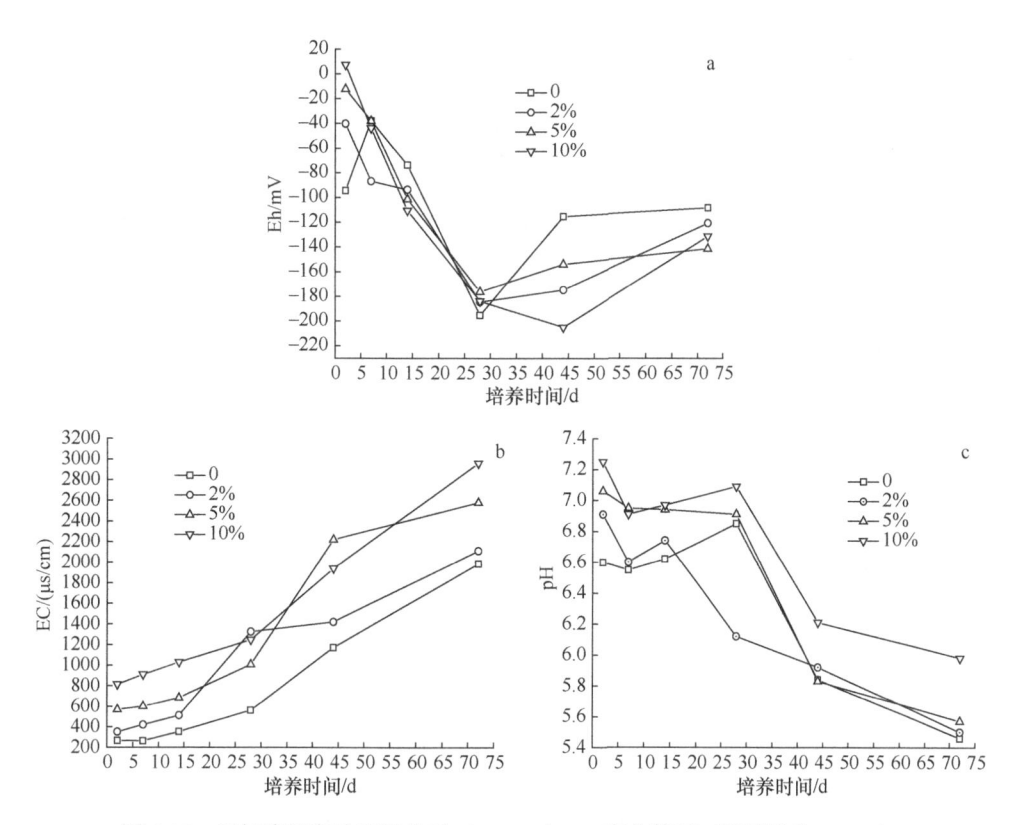

图 5-30　厌氧降解实验溶液体系 Eh、EC 与 pH 变化特征（固液比为 1∶25）

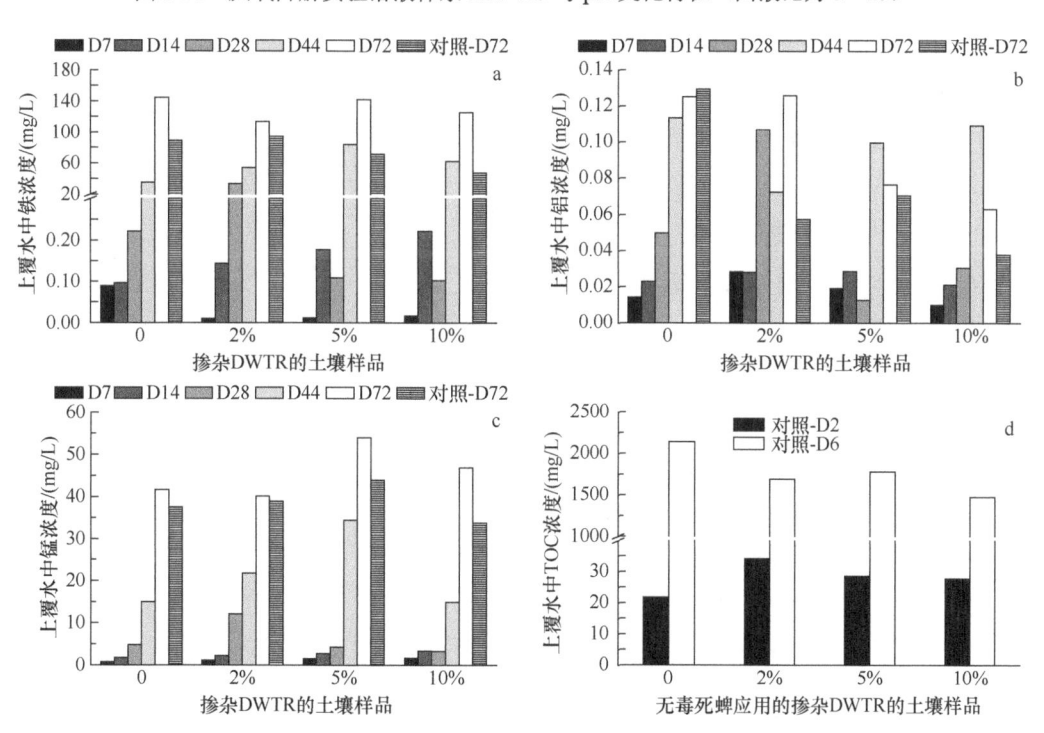

图 5-31　厌氧培养期间上覆水中铁、铝、锰与 TOC 浓度变化（固液比为 1∶25）

中的总铁含量显著高于空白组土壤，可见毒死蜱的存在促进了土壤中铁溶出；但是，相比之下，毒死蜱的存在对土壤中锰与铝释放的促进作用并不显著，这可能主要与毒死蜱或 TCP 降解过程中三价铁可以作为电子受体有关，现有研究也同样表明有机质的分解能促进铁的释放（Tiedje et al., 1984）。尽管 DWTR 中铁、铝、锰的含量均高于 CZ 土壤（表 5-6），但是掺杂 DWTR 并未对土壤在厌氧培养过程中所释放的中铁、铝和锰含量产生显著影响。这说明以上 DWTR 所含有的主要金属元素具有较强的稳定性，土壤中掺杂 DWTR（2%~10%，w/w）不会造成二次释放风险。

厌氧培养 2 d 后，DWTR 掺杂（0~10%，w/w）土壤中残留的毒死蜱分别仅为初始浓度（50 mg/kg）的 23.7%~38.3%，这是因为土壤中施加的毒死蜱小部分（0.1%~2.7%）释放到水溶液中，大部分毒死蜱（22.3%~81.1%）水解为 TCP（由图 5-27~图 5-29 数据换算得出）。此结果说明毒死蜱在厌氧的土壤水溶液体系中首要降解途径是快速水解为 TCP。Das 和 Adhya（2015）的研究结果也同样表明滞水与非滞水条件下土壤中毒死蜱好氧或厌氧的主要降解途径均为化学水解为 TCP。在初始培养时间 2 d 内，土壤中毒死蜱完成了快速水解为 TCP 过程，而后，其在掺杂与未掺杂 DWTR 土壤中的降解均较为缓慢。Singh 等（2003）研究指出毒死蜱在 pH 较低（5.5~6.5）的土壤环境中降解较慢。本研究厌氧培养过程中由于土壤有机物水解酸化作用（Tiedje et al., 1984），溶液 pH 逐步降低，特别是对与未掺杂 DWTR 土壤，其溶液 pH 从 6.85 降低为 5.46（图 5-30c），从而不利于土壤中毒死蜱的降解，导致毒死蜱降解缓慢。

与未掺杂 DWTR 土壤相比，掺杂 DWTR 土壤中毒死蜱降解更为缓慢，主要是因为：一方面 DWTR 的掺杂增强了土壤中毒死蜱的稳定性，使得生物可利用的毒死蜱含量减少（见 5.3 节）；另一方面，现有研究表明土壤溶液离子强度的增加（EC 表征）不利于毒死蜱的降解（Das and Adhya, 2015），而 DWTR 中可溶性盐类较多，从而使得掺杂 DWTR 的土壤水溶液 EC 升高（图 5-30b）。上覆水中毒死蜱和 TCP 含量均随 DWTR 掺杂量的增加而降低，这主要是因为掺杂 DWTR 后土壤对毒死蜱和 TCP 的吸附能力增强（见 5.2 节），能有效减少土壤中毒死蜱及其水解产生的 TCP 向上覆水中迁移的量。

6. 毒死蜱降解期间土壤总菌丰度变化特征

厌氧培养 2 d 和 72 d 时，毒死蜱初始施加浓度为 50 mg/kg 条件下，DWTR 掺杂土壤（0~10%，w/w）中总菌丰度如图 5-32 所示。培养时间为 2 d 时，各 DWTR 掺杂量下土壤中总菌丰度并无差异，这可能是因为此时各 DWTR 掺杂土壤及其上覆水中生物可利用态或水溶态毒死蜱与 TCP 的含量均较高（图 5-27~图 5-29），毒死蜱与 TCP 对土壤中微生物的毒害作用均较强。培养时间达到 72 d 后，各 DWTR 掺杂土壤总菌丰度进一步降低，这可能是由毒死蜱与 TCP 长时间毒害作用、溶液水质变化（如 pH 降低）与营养盐减少等共同作用导致的；此外，72 d 时土壤总菌丰度随着 DWTR 掺杂量的增加而升高，这可能是因为 DWTR 的掺杂有助于减少土壤生物可利用态及上覆水中水溶态毒死蜱含量，且相比之下 DWTR 掺杂量越高，土壤溶液 pH 降低程度越低（图 5-30c），有利于微生物生长。在不施加毒死蜱的空白组中（图 5-31），也同样发现 DWTR 的掺杂有助于提高总菌丰度。由以上结果可知，DWTR 的掺杂有利于缓解毒死蜱污染的土壤水溶液环境对微生物的毒害作用。

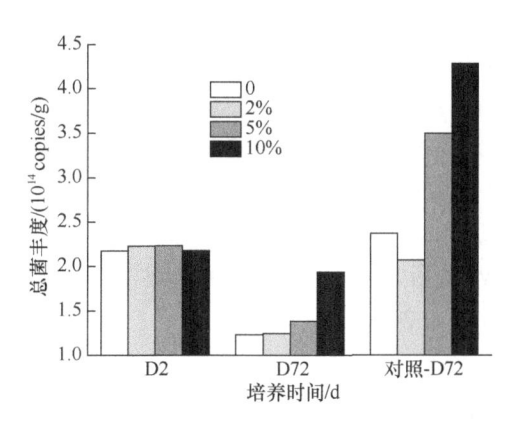

图 5-32 毒死蜱降解期间土壤中微生物丰度变化

5.6 DWTR 对土壤中草甘膦降解行为的影响

5.6.1 DWTR 掺杂土壤中草甘膦的残留特征

1. 施加一次草甘膦条件下，DWTR 掺杂土壤中草甘膦与 AMPA 的残留特征

施加 1 次不同浓度草甘膦后，培养 21 d 时，土壤中草甘膦与 AMPA 残留量如图 5-33 所示。由图 5-33a 可知，土壤中草甘膦与 AMPA 的残留量随着初始施加浓度的增加而增加。初始施加浓度为 10 mg/kg、50 mg/kg、100 mg/kg 时，草甘膦在 DWTR 掺杂土壤中的残留量分别为 1.22~1.59 mg/kg、7.68~8.05 mg/kg、17.4~21.4 mg/kg。进一步分析得出，初始浓度为 10 mg/kg 和 50 mg/kg 时，DWTR 掺杂土壤中草甘膦残留量无显著差异；当初始浓度增加为 100 mg/kg 时，其残留量则显著增加。草甘膦在土壤中降解 21 d 后，AMPA 在 DWTR 掺杂土壤中的残留量如图 5-33b 所示，由图可知，不同草甘膦初始施加浓度条件下，AMPA 在土壤中的残留量均较低，小于 0.11 mg/kg。

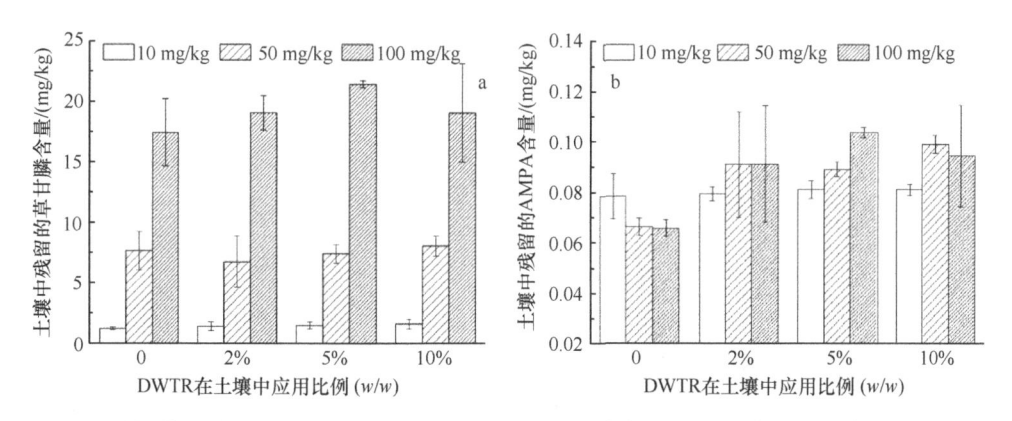

图 5-33 施加草甘膦 1 次后土壤中残留的草甘膦及其代谢产物 AMPA 的含量（培养时间为 21 d）

土壤中残留的草甘膦分别由 $NaHCO_3$ 和 KOH 提取，$NaHCO_3$（0.5 mol/L，pH=8.5）

提取的草甘膦为表面吸附态，容易释放到水溶液中，进而被微生物利用，因此本研究将其视为生物可利用态草甘膦。相比之下，KOH 提取的草甘膦相对稳定，不易被生物利用。培养 21 d 后，土壤中由 NaHCO$_3$ 和 KOH 提取的草甘膦含量分别如图 5-34 所示。NaHCO$_3$ 和 KOH 提取的草甘膦含量均随着初始施加浓度的增加而显著升高。当初始浓度分别为 10 mg/kg 和 50 mg/kg 时，DWTR 掺杂量对 NaHCO$_3$ 和 KOH 提取的草甘膦含量影响较小，当初始浓度为 100 mg/kg 时，随着 DWTR 掺杂量的增加，土壤中由 NaHCO$_3$ 提取的草甘膦含量逐渐降低，而 KOH 提取的草甘膦含量则逐渐升高。与未掺杂 DWTR 土壤相比，掺杂 10% DWTR 后，土壤中 NaHCO$_3$ 提取的草甘膦含量减少了 41.2%，KOH 提取的草甘膦含量则增加了 2.24 倍。

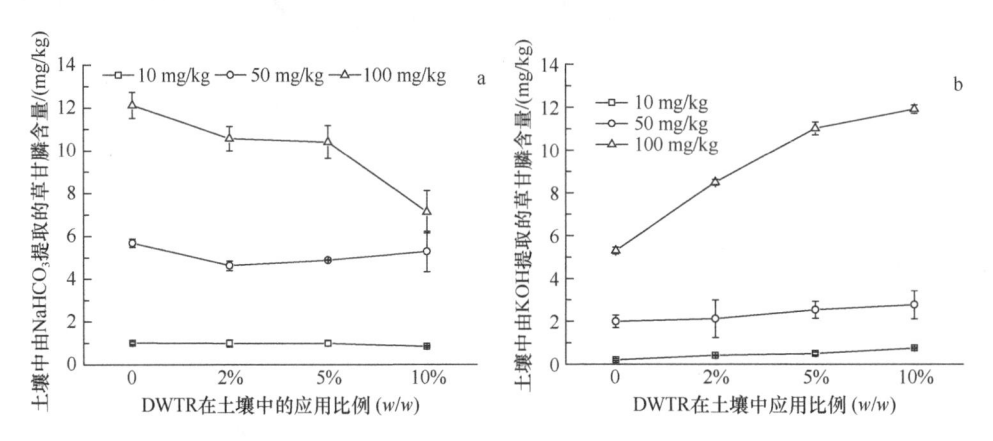

图 5-34　施加草甘膦 1 次后 DWTR 掺杂土壤中分别由 NaHCO$_3$ 和 KOH 提取的草甘膦含量（培养时间为 21 d）

2. 反复施加草甘膦条件下，DWTR 掺杂土壤中草甘膦与 AMPA 的残留特征

分别反复施加 10 mg/kg、50 mg/kg、100 mg/kg 草甘膦 2 次条件下，DWTR 掺杂土壤中草甘膦与 AMPA 的残留特征如图 5-35 所示。土壤中草甘膦和 AMPA 残留量随初始施加浓度的增加而显著增加。与施加 1 次时相比（图 5-33），土壤中草甘膦和 AMPA 残留量均有所增加，且 AMPA 残留量增加幅度较为显著。与施加 1 次（培养时间为 21 d）时相比，在掺杂了 0、2%和 5% DWTR 的土壤中草甘膦降解率增加了 1.5%~10%；在

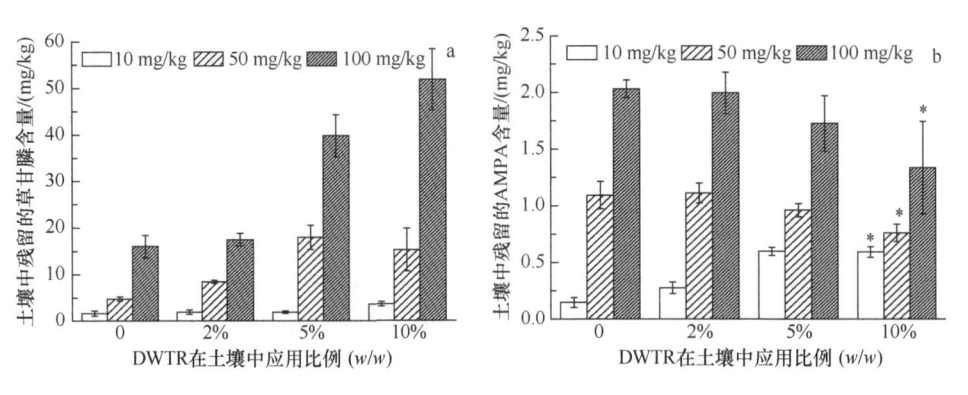

图 5-35　施加草甘膦 2 次后 DWTR 掺杂土壤中残留的草甘膦及其代谢产物 AMPA 的含量

掺杂 10% DWTR 的土壤中，草甘膦降解率则降低了 1.9%~6.8%。可见，反复施加草甘膦会导致草甘膦与 AMPA，特别是 AMPA，在土壤中的积累，但是并不会降低土壤中草甘膦的降解率（除 10% DWTR 掺杂土壤以外）。与未掺杂 DWTR 土壤相比，当两次施加草甘膦浓度分别为 10 mg/kg 时，掺杂 DWTR 后，土壤中残留的草甘膦含量相近，AMPA 残留量则随着 DWTR 掺杂量的增加而稍有增加；当两次施加浓度分别增加至 50 mg/kg 和 100 mg/kg 时，土壤中草甘膦和 AMPA 残留量基本上随着 DWTR 掺杂量的增加分别升高与降低。

土壤中所残留的表面吸附态（NaHCO$_3$ 提取）和相对稳定的 KOH 提取态草甘膦含量如图 5-36 所示。土壤中表面吸附态和 KOH 提取态草甘膦含量随着 DWTR 掺杂量的增加而增加。但是，KOH 提取的稳定态草甘膦含量增加幅度更大，这使得 DWTR 掺杂土壤中表面吸附态草甘膦所占比例逐渐减小，因此，与图 5-34 分析结果相似，DWTR 的掺杂有助于增强草甘膦在土壤中的稳定性。具体而言，施加草甘膦 2 次后，未掺杂 DWTR 土壤所残留的草甘膦中 91.3%~97.7% 为表面吸附态草甘膦，随着 DWTR 掺杂量由 0 增加为 10%，表面吸附态草甘膦含量所占比例逐渐减少为 41.4%~49.8%，而 KOH 提取的稳定态含量所占比例则相应增加。

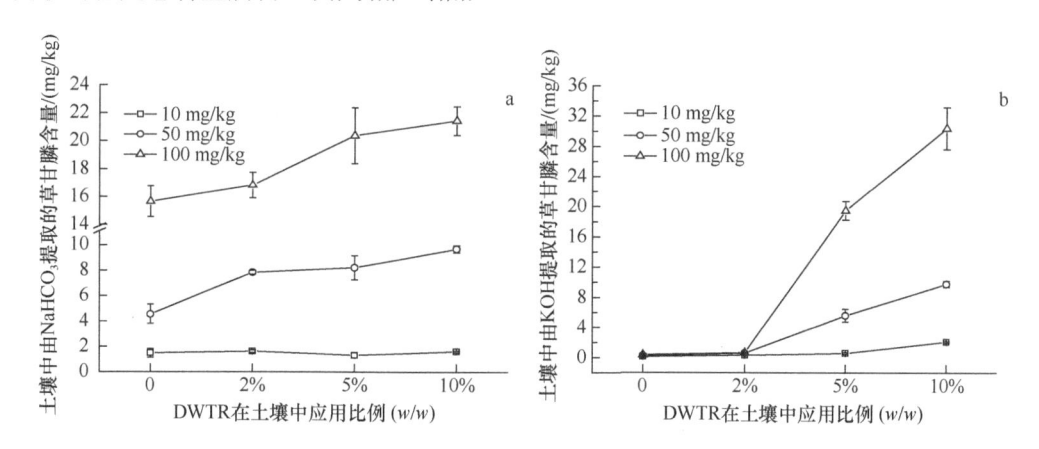

图 5-36　施加草甘膦 2 次后 DWTR 掺杂土壤中分别由 NaHCO$_3$ 和 KOH 提取的草甘膦含量

5.6.2　草甘膦对 DWTR 掺杂土壤酶活性的影响

DWTR 掺杂土壤中总磷酸酶如图 5-37a 和图 5-37c 所示。施加 1 次草甘膦条件下，随着其初始施加浓度的增加，DWTR 掺杂土壤中总磷酸酶活性均有所升高。但是当初始施加浓度达到 100 mg/kg 时，掺杂与未掺杂 DWTR 土壤总磷酸酶活性显著下降。重复施加草甘膦条件下，与空白组相比，当 2 次所施加的草甘膦浓度为 10 mg/kg 时，土壤中总磷酸酶活性较高，且 DWTR 的掺杂进一步提高了总磷酸酶活性；当两次所施加的草甘膦浓度为 50 mg/kg 或 100 mg/kg 时，土壤中总磷酸酶活性开始降低，甚至远小于空白组；此条件下，DWTR 的掺杂对土壤总磷酸酶活性影响较小。将施加 1 次与 2 次草甘膦土壤中总磷酸酶活性对比分析得出，草甘膦重复施加对土壤总磷酸酶活性影响并不显著。DWTR 掺杂土壤中脱氢酶活性如图 5-37b 和图 5-37d 所示，施加 1 次草甘膦条件下，对未掺杂和掺杂 2% DWTR 土壤而言，土壤中脱氢酶活性随草甘膦初始施加浓度的升高均有所降低。掺杂量为 5%和 10%时，随着草甘膦初始施加浓度的升高，脱氢酶活性呈现低浓度升高而高浓度降低的趋势。重复施加草甘膦条件下，DWTR 掺杂土壤中草甘膦初始浓度对脱氢酶活性的影响均表现为低浓度激活与高浓度抑制，且 DWTR 掺杂量越高，脱氢酶活性受到抑制时草甘膦初始施加浓度越高；此外，与未掺杂 DWTR 土壤相比，DWTR 的掺杂降低了低浓度时脱氢酶活性，提高了高浓度时脱氢酶活性。将施加 1 次与重复施加草甘膦中脱氢酶活性对比分析得出，草甘膦重复施加显著降低了土壤中脱氢酶活性。本研究中草甘膦对土壤总磷酸酶活性的影响与程凤侠等（2009）研究结果一致。

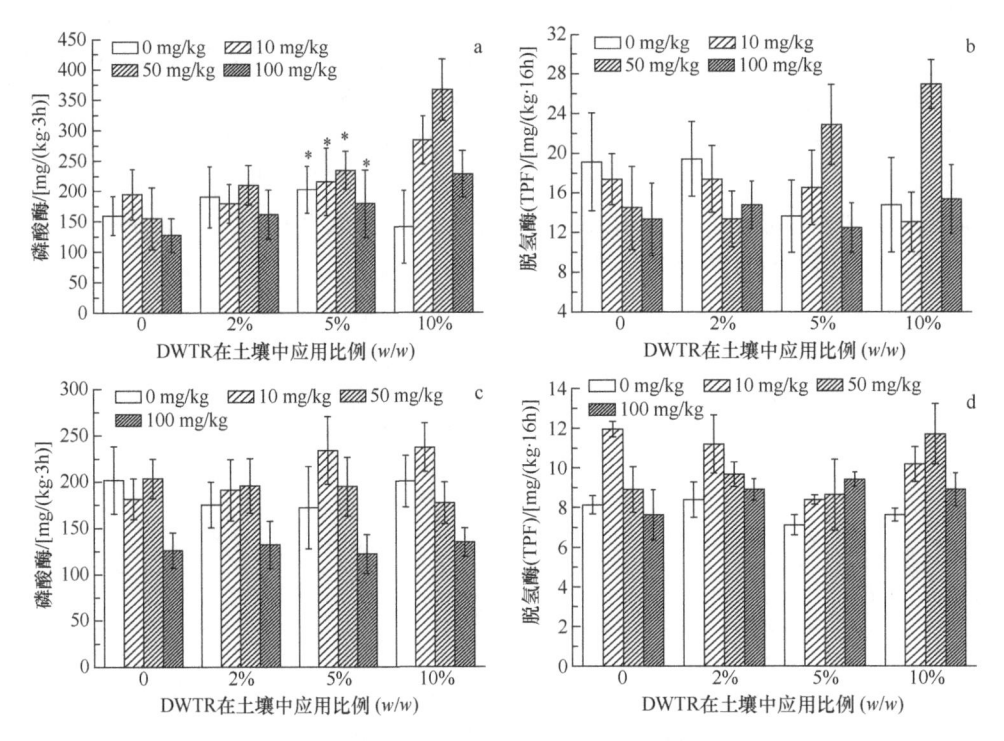

图 5-37　DWTR 掺杂土壤中总磷酸酶（a 和 c）与脱氢酶（b 和 d）活性

a 和 b 为施加 1 次草甘膦后，土壤磷酸酶与脱氢酶活性；c 和 d 为反复施加草甘膦 2 次后，总磷酸酶与脱氢酶活性

5.6.3　草甘膦降解期间 DWTR 掺杂土壤微生物丰度变化

分别施加 1 次与 2 次不同浓度（0~100 mg/kg）草甘膦条件下，DWTR 掺杂土壤中总菌丰度如图 5-38 所示。由图 5-38a 可知，培养 21 d 后，未掺杂 DWTR 土壤总菌丰度随着草甘膦初始施加浓度的增加而升高，可见草甘膦的存在促进了土壤微生物的生长。草甘膦施加浓度为 0~50 mg/kg 时，总体上，与未掺杂 DWTR 土壤相比，DWTR 掺杂土壤总菌丰度较高。但当草甘膦施加浓度达到 100 mg/kg 时，DWTR 掺杂土壤微生物丰度仅为未掺杂土壤总菌丰度的 50%。由图 5-38b 可知，每隔 21 d 施加草甘膦 2 次后，随着草甘膦初始施加浓度由 0 mg/kg 增加至 50 mg/kg，掺杂与未掺杂 DWTR 土壤总菌丰度均逐步升高。同时，在相同草甘膦施加浓度条件下，土壤总菌丰度随着 DWTR 掺杂量的增加而升高。当草甘膦施加浓度达到 100 mg/kg 时，掺杂与未掺杂 DWTR 土壤总菌丰

度均有所降低。然而，与施加 1 次时相比（培养 21 d），施加相同浓度草甘膦 2 次（培养 42 d）以后，土壤总菌丰度显著降低。对比分析不施加草甘膦的空白组土壤总菌丰度可推知，这可能是由培养时间延长后土壤中有效营养元素减少引起的。以上结果表明，土壤中草甘膦的存在及 DWTR 的掺杂均能促进微生物的生长，提高土壤总菌丰度。这是因为草甘膦对土壤微生物的毒害主要是由短时间内的急性毒性作用引起的（Weaver et al.，2007），长时间培养时，微生物对草甘膦耐受性增强，并以其作为有机底物进行降解，以此获取能源。掺杂 0~10% DWTR 后，土壤 pH 由 7.57 降至 7.26，土壤水溶液离子强度由 208 μs/cm 增加至 410 μs/cm，阳离子交换量则由 19.8 cmol/kg 升高至 24.5 cmol/kg，同时活性有机质含量由 65.7 mg/g 提高到 79.6 mg/g（以 C 含量计），DWTR 对土壤微生物生长的促进作用可能主要是通过改善以上土壤理化性质与增加活性有机质含量等实现。

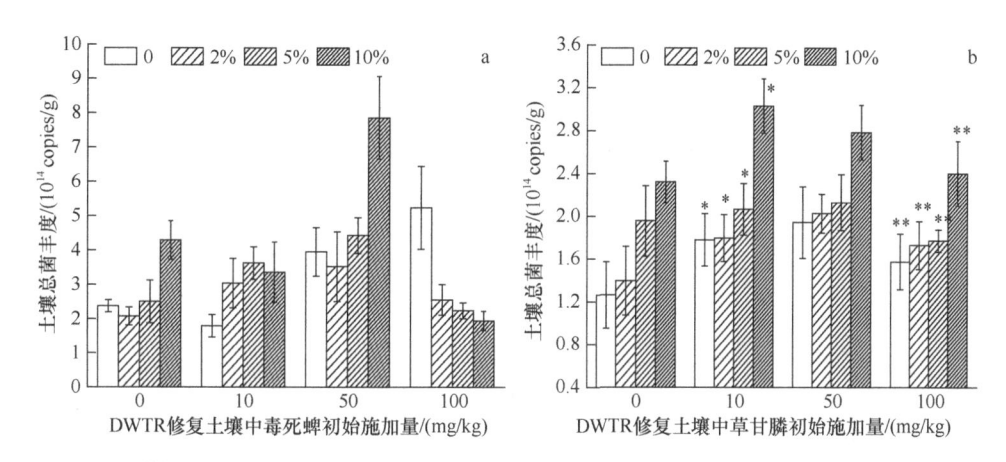

图 5-38 施加 1 次（a）与重复施加（b）不同浓度草甘膦对 DWTR 掺杂土壤总菌丰度影响

5.6.4 讨论

施加 1 次不同浓度（10~100 mg/kg）的草甘膦条件下，DWTR 的掺杂对土壤中草甘膦降解影响并不显著。这可能是以下两个因素综合作用的结果：一方面，草甘膦的降解与土壤酶活性和微生物丰度紧密相关，掺杂 DWTR 能促进微生物生长，进一步增强低浓度草甘膦对土壤酶活性的激活作用，缓解高浓度时对土壤酶活性的抑制作用；另一方面，草甘膦的降解与其在土壤中的可生物利用态含量密切相关，DWTR 掺杂土壤中草甘膦仍主要以可生物利用态为主，表面吸附态草甘膦占 70%以上。

田间土壤草甘膦的施加浓度约为 50 mg/kg（0.84 kg/hm²，2 mm 深土壤）。在土壤中分别施加一次 10 mg/kg、50 mg/kg、100 mg/kg 草甘膦条件下，培养 21 d 后，掺杂与未掺杂 DWTR 土壤中，草甘膦降解率分别为 84.1%~87.8%、83.9%~86.5%与 78.6%~82.6%。在此条件下，分别再次施加相同浓度草甘膦，培养 21 d 后，土壤中草甘膦降解率进一步提高（除 10% DWTR 掺杂土壤外），最高可达 97.7%，这可能是因为施加第 2 次草甘膦时，土壤微生物对草甘膦的耐受性增强。尽管如此，重复施加草甘膦条件下，掺杂与未掺杂 DWTR 土壤中草甘膦与 AMPA 残留量均显著增加，出现累积现象，容易造成水体污染。与未掺杂 DWTR 土壤相比,掺杂 DWTR 土壤中草甘膦稳定性增强,生物可利用态含量所占比例减少,草甘膦降解率降低,这主要是因为草甘膦在土壤中的吸附和存在形态与其所含无定型态铁铝(Fe_{ox} 和 Al_{ox})密切相关(Glass,1987),DWTR 的掺杂将增强土壤对草甘膦的结合能力。因此,在短时间内频繁使用大量草甘膦的农业区,通过土壤中掺杂 DWTR 方式不能降低草甘膦对农业区水体或土壤造成的污染风险。相比之下,在施用草甘膦时间间隔较长的农业区,掺杂 DWTR 既不会影响土壤中草甘膦的降解能力,又能增强草甘膦稳定性,减少其在降解过程中由土壤向水体迁移的风险。

5.7 本章小结

综合农业区农药污染风险评价和农药检出与分析结果,可以得出有机磷农药是农业区农药污染控制的关键,其中,毒死蜱应为优先控制的主要有机磷农药污染物之一。掺杂 DWTR 能有效增强农业区土壤中毒死蜱、草甘膦及其代谢产物的固定能力,对毒死蜱、草甘膦的吸附具有较高稳定性,减少土壤中毒死蜱与 TCP 的生态风险。DWTR 对草甘膦在土壤中归迁的影响与草甘膦施加次数相关,但总体而言,DWTR 会显著提高土壤对草甘膦的吸附能力,降低草甘膦的生态风险。

第6章 DWTR 对沉积物中磷的固定

6.1 DWTR 对沉积物中磷形态影响

6.1.1 无机磷变化

DWTR 修复前后，沉积物无机磷的分级提取结果见图 6-1。沉积物中各种形态无机磷的含量在不同时间点变化较小，这表明 DWTR 对沉积物中无机磷的固定在 10 d 内就可完成。因此，在分析 DWTR 对沉积物中无机磷形态影响时，本研究是基于第 10 天的实验数据。

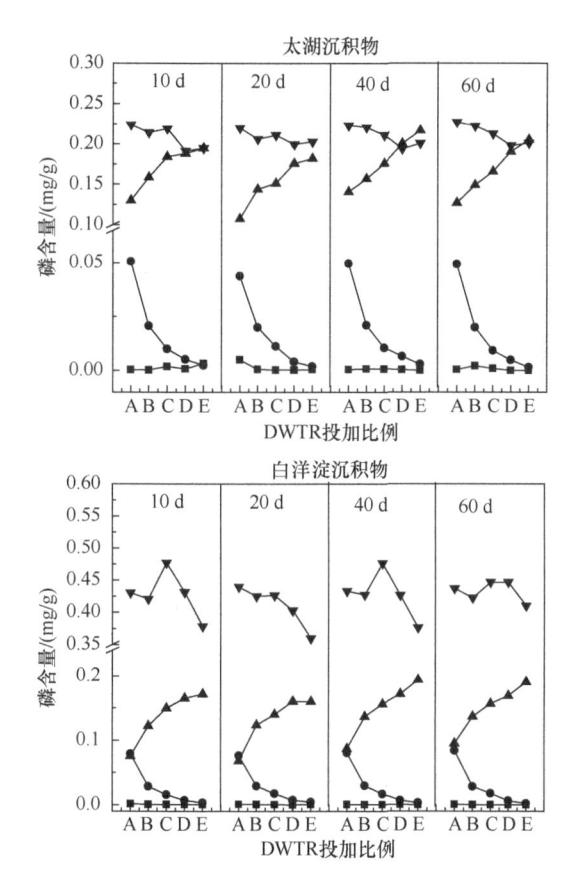

图 6-1 无机磷分级提取结果

■、●、▲和▼分别表示 NH_4Cl-P、BD-P、NaOH-P 和 HCl-P；A、B、C、D 和 E 分别表示 DWTR 的投加比例 0（对照）、2.5%、5%、10%和 15%

从图中可知，太湖和白洋淀沉积物中 NH_4Cl-P 含量都较低，但 DWTR 修复前后，两种沉积物中 BD-P、NaOH-P 和 HCl-P 都发生了明显变化。对于太湖沉积物而言，随着DWTR投加比例增加到15%,其含有的BD-P从0.051 mg/g降低到0.0024 mg/g,HCl-P从0.22 mg/g降低到0.19 mg/g,而NaOH-P却从0.13 mg/g增加到0.19 mg/g。修复后白洋淀沉积物中各无机磷含量变化与太湖沉积物中的相似:随着DWTR投加比例增加到15%,沉积物中含有的BD-P从0.079 mg/g降低到0.0033 mg/g,HCl-P从0.43 mg/g降低到0.38 mg/g,而NaOH-P却从0.076 mg/g增加到0.17 mg/g。在本研究中,DWTR最大投加比例为15%(DWTR中Ca-P含量较低,所以DWTR与沉积物混合作用对各形态无机磷的影响比例应在15%以内,如稀释作用)。通过计算可知,太湖和白洋淀沉积物中BD-P减少比例约为95%,太湖NaOH-P增加了约46%,白洋淀NaOH-P增加了1.2倍,而HCl-P减少比例却低于15%。上述结果表明,DWTR对沉积物中HCl-P的影响可能与其和沉积物的混合作用有关。

NH_4Cl-P和BD-P属于沉积物中可移动磷,而NaOH-P和HCl-P在沉积物中相对较稳定。因此,DWTR对沉积物中无机磷的固定是通过将可移动磷(如BD-P)转化为NaOH-P来实现的。NaOH-P主要包括一些铁铝结合态磷(Christophoridis and Fytianos,2006),这表明DWTR对沉积物中磷的固定作用与其富含的铁铝元素有关。另外,在本研究中,尽管随着投加比例的增加,BD-P逐渐减少,但当DWTR投加比例达到10%时,沉积物中BD-P变化较小,尤其修复后的白洋淀沉积物。因此,考虑到实际应用时DWTR的投加量应越少越好,DWTR 10%的投加比例可被用于固定太湖和白洋淀沉积物中无机磷。

6.1.2 有机磷变化

根据6.1.1节研究可知,DWTR投加量达到10%时,太湖和白洋淀沉积物中活性无机磷基本固定完成,因此,根据这一比例,本研究重点考察了DWTR对太湖和白洋淀沉积物中有机磷的影响,结果见图6-2。

从图6-2中可知,在整个实验期间,修复前后沉积物(太湖和白洋淀)中活性有机磷的含量保持在较低水平,但中度活性有机磷和非活性有机磷的含量随着时间增加逐渐减少。相比较而言,中度活性有机磷的降低主要表现在后20 d,而非活性有机磷的降低主要表现在前20 d。此外,随着培养时间的增加,沉积物中总有机磷含量逐渐减少,这表明在本实验中沉积物中存在有机磷向无机磷的转化作用。进一步比较可知,DWTR修复后沉积物中总有机磷含量都有提高。其中,修复后沉积物中活性有机磷增加不明显,但中度活性有机磷和非活性有机磷均有明显增加。在第10天,中度活性磷含量由0.032 mg/g(太湖)和0.039 mg/g(白洋淀)分别增加到0.035 mg/g和0.044 mg/g;非活性磷含量由0.022 mg/g(太湖)和0.047 mg/g(白洋淀)分别增加到0.053 mg/g和0.056 mg/g。修复后沉积物中有机磷的增加应来源于投加的DWTR中的有机磷。

通过上述研究可知,DWTR对沉积物中有机磷无明显的固定作用。相反地,DWTR中有机磷会增加沉积物中有机磷的含量。由于增加的是中度活性和非活性有机磷,因此DWTR的应用不会对沉积物中有机磷活性有较大影响。总的来说,通过分析DWTR对沉积物中无机磷和有机磷的影响可知,DWTR会使沉积物中可移动无机磷含量明显降低,但对有机磷活性无明显影响。

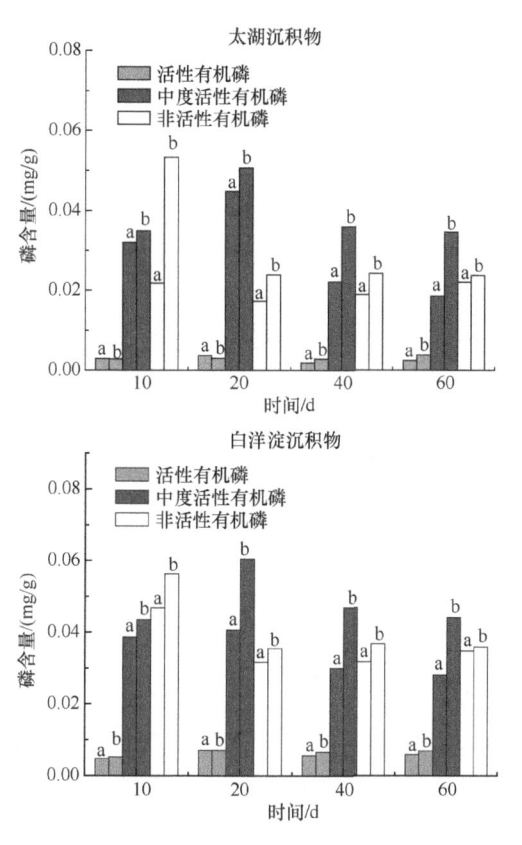

图 6-2 有机磷的分级提取结果

未修复沉积物为对照组，DWTR 投加比例为 0；修复后沉积物中 DWTR 投加比例为 10%
a. 未修复沉积物；b. 修复后沉积物

6.2 pH、有机质等常规因子对固磷能力的影响

6.2.1 pH 的影响

pH 对 DWTR 固定沉积物中磷能力的影响如图 6-3 所示。不同 pH 条件下，太湖沉积物和白洋淀沉积物中磷的稳定性变化相似。磷的解吸作用可分为 pH<5、pH 5~8 和 pH>8 3 个阶段。首先，当 pH<5 时，沉积物中磷的解吸量随着 pH 的降低而升高；其次，当 pH 5~8 时，沉积物中磷的解吸作用变化较小，且解吸作用也最弱；最后，当 pH>8 时，沉积物中磷的解吸量随着 pH 的升高而升高。进一步比较可知，当 pH<11 时，DWTR 修复后的白洋淀和太湖沉积物中磷的解吸量明显低于修复前，但当 pH>11 时，修复后太湖沉积物的磷解吸量要高于修复前。因此，当 pH<11 时，DWTR 可以显著提高沉积物中磷的稳定性。

pH 对沉积物中磷稳定性的影响与沉积物中磷形态密切相关（Eggleton and Thomas, 2004）。修复前后太湖和白洋淀沉积物中主要以 NaOH-P 和 HCl-P 存在（图 6-1）。在 pH 低时，沉积物中钙结合态磷不稳定；在 pH 高时，铁铝结合态磷不稳定（Christophoridis and Fytianos, 2006），但这些磷在中性 pH 环境条件下均较稳定。这些理论可解释本研

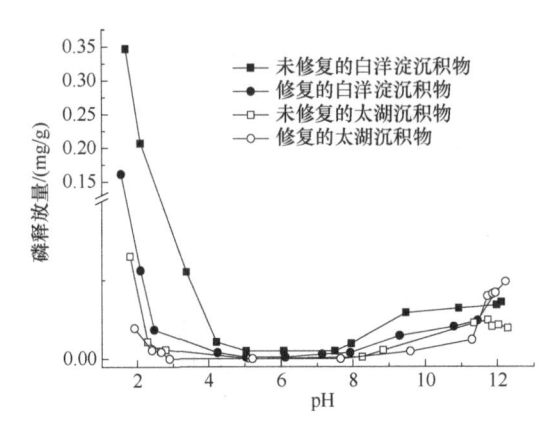

图 6-3　pH 对修复前后沉积物中磷的稳定性影响

究沉积物中磷在不同 pH 条件下的解吸特征。另外，由于在沉积物被 DWTR 修复后，沉积物中更多的磷以 NaOH-P 存在，因此含有 DWTR 的沉积物在中性和酸性条件下磷的解吸量要低于原始沉积物，但在碱性较强的条件下（pH>11），其磷解吸量要高于原始沉积物。无论如何，在正常 pH 范围内（5~9），DWTR 可使沉积物中的磷更加稳定。

6.2.2 沉积物中的有机质影响

湖泊沉积物在被 H_2O_2 处理前后的 pH 和有机质含量见表 6-1。从表中可知，沉积物中有机质含量随着 H_2O_2 投加量的增加而减少，但 pH 变化较小。另外，含有 DWTR 的沉积物比对照组沉积物（不含 DWTR）含有更多的有机质，这可能与 DWTR 中含有较多的有机质有关。

表 6-1　在被 H_2O_2 处理后湖泊沉积物 pH 和残余有机物量

沉积物	样品	性质	H_2O_2 投加比例/(mL/g) 0	2	4
太湖沉积物	未修复	有机质/(mg/g)	76	50	39
		pH	7.48	7.47	7.48
	DWTR 修复后	有机质/(mg/g)	82	68	58
		pH	7.56	7.47	7.43
白洋淀沉积物	未修复	有机质/(mg/g)	80	69	60
		pH	7.34	7.31	7.33
	DWTR 修复后	有机质/(mg/g)	94	83	76
		pH	7.54	7.56	7.61

沉积物中有机质对 DWTR 修复前后沉积物中磷稳定性的影响见图 6-4。在经 H_2O_2 处理的太湖和白洋淀沉积物磷解吸作用表现出相似特征。从图中可知，在未修复的沉积物中，随着 H_2O_2 投加量的增加（沉积物中有机质含量的减少），沉积物中磷的解吸量逐渐增加；然而，DWTR 修复后沉积物磷解吸作用比修复前的明显弱：对于太湖沉积物而言，磷的解吸作用与有机质含量无明显关系，基本保持在 0.0023 mg/g；但对于白洋淀沉积物而言，磷的解吸作用随着沉积物中残余有机质含量的减少而减少。

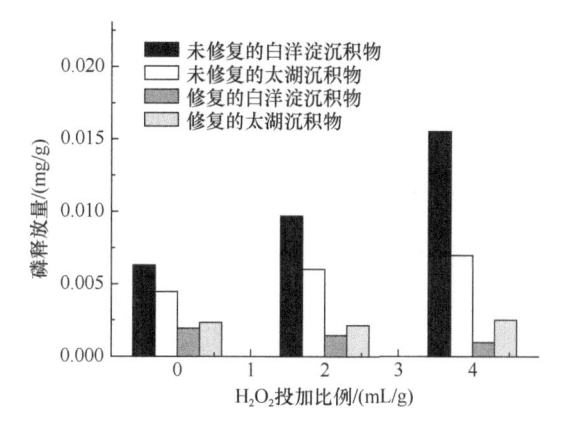

图 6-4　沉积物中有机质对 DWTR 修复前后沉积物中磷的稳定性影响

在不同剩余有机质条件下，修复前后白洋淀和太湖沉积物磷解吸量都在 $P<0.05$ 水平下呈显著差异

在经 H_2O_2 去除有机质后，沉积物 pH 变化较小（表 6-1），所以含有不同有机质的沉积物磷解吸作用的差异应与 pH 无关。有机质中羧基和羟基会在沉积物颗粒表面形成一种"抑制扩散"层，进而抑制沉积物表面不稳定磷的释放作用（Wang et al., 2011）。因此，在本研究中，对于未修复沉积物而言，H_2O_2 的氧化作用可能会破坏"抑制扩散"层，从而使沉积物中的磷容易被释放出来。然而，对于 DWTR 修复后的沉积物而言，由于 DWTR 已经将沉积物中不稳定的磷转化为其他较稳定磷，因此，该沉积物中磷解吸作用受其含有的有机质影响小。此外，"抑制扩散"层可能阻止一些不稳定磷被 DWTR 固定，所以当该层被 H_2O_2 破坏后，这些不稳定磷会进一步被 DWTR 固定，进而表现出 DWTR 修复后沉积物磷解吸作用随着沉积物（白洋淀）中有机质含量减少而变弱的现象。综上所述，沉积物中有机质不会对 DWTR 固磷作用产生明显影响。

6.2.3　硅酸根的影响

硅酸根离子对沉积物中磷稳定性的影响见图 6-5。硅酸根离子在水溶液中会水解产生 OH^-，促使水溶液 pH 升高。从上文中可知，pH 对沉积物中磷的解吸作用影响较大，所以在解吸附实验以后，有必要测定混合液的 pH，结果如表 6-2 所示。随着硅酸根离子浓度的增高，实验后混合液的 pH 也在增高。这表明在不同浓度硅酸根离子条件下，沉积物中磷解吸作用差异的部分原因与 pH 有关。然而，从上文分析可知（图 6-3），对于未修复沉积物而言，当 pH 在 7~10 时，太湖沉积物中磷解吸量在 0~0.011 mg/g，白洋淀沉积物的在 0.0020~0.016 mg/g；但在该 pH 范围内，伴有硅酸根离子影响时（图 6-5），太湖沉积物中磷解吸量在 0.010~0.039 mg/g，白洋淀沉积物的在 0.0080~0.047 mg/g。同样，对于 DWTR 修复后的沉积物而言，当 pH 在 7~10 时（图 6-3），太湖沉积物中磷解吸量在 0~0.0060 mg/g，白洋淀沉积物的在 0.0010~0.010 mg/g；但在该 pH 范围内，伴有硅酸根离子影响时（图 6-5），太湖沉积物中磷解吸量在 0.0060~0.027 mg/g，白洋淀沉积物的在 0.0030~0.021 mg/g。因此，硅酸根离子可以增强沉积物中磷解吸作用，但相比较而言，DWTR 修复后沉积物中磷解吸作用较弱。

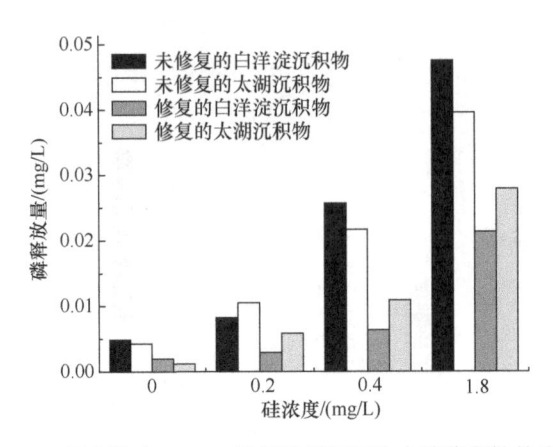

图 6-5　硅酸根对 DWTR 修复前后沉积物中磷稳定性的影响

表 6-2　解吸附实验后沉积物和 SiO$_4^{2-}$ 混合物的 pH

沉积物	样品	\multicolumn{4}{c}{SiO$_4^{2-}$ 浓度/（mmol/L）}
		0	0.2	0.4	1.8
太湖沉积物	未修复	7.41	8.90	9.43	10.93
	DWTR 修复后	7.45	8.36	9.01	10.75
白洋淀沉积物	未修复	7.17	7.15	7.50	9.50
	DWTR 修复后	7.23	7.73	8.00	9.86

在沉积物中，硅与磷具有类似的结合物（Hartikainen et al., 1996），且硅可以竞争磷的吸附位点（Tuominen et al., 1998）。所以，在本研究中，硅酸根离子表现出促进沉积物中磷解吸的现象。但是，由于 DWTR 表面有丰富的磷吸附位点，因此 DWTR 可能对硅酸根也有一定的吸附能力。所以，当沉积物被 DWTR 修复后，DWTR 可能增加了沉积物表面硅的吸附位点，进而提高沉积物对硅的吸附能力，降低硅对沉积物中磷的竞争作用。

6.2.4　离子强度的影响

离子强度对沉积物中磷稳定性的影响如图 6-6 所示。在该实验完成后，含有修复前后沉积物混合溶液的 pH 分别维持在 7.10~7.30（太湖沉积物）和 7.40~7.50（白洋淀沉积物），这表明在不同离子强度条件下沉积物中磷的解吸特征与 pH 无关。从图中可知，随着离子强度的增高，太湖和白洋淀沉积物中磷的解吸作用没有明显差异。并且，与修复前沉积物相比，DWTR 修复后沉积物中磷解吸作用明显较弱。

高离子强度可促进沉积物中因静电作用而被吸附磷的解吸作用（Wang et al., 2006）。在化学提取方法中，这些磷属于松散结合态磷。然而，本研究的太湖和白洋淀沉积物中松散结合态磷很少（见 6.1.1 节），因此，离子强度对沉积物中磷解吸作用的影响并未显现出来。由于 DWTR 可将沉积物中不稳定的磷转化为稳定形态存在（见 6.1.1 节），因此，在使用 DWTR 固定沉积物中磷时，只要 DWTR 的使用剂量合适，沉积物中不稳定磷的含量应会明显减少，基于此推测离子强度应不会对 DWTR 固定沉积物中磷能力有显著影响。

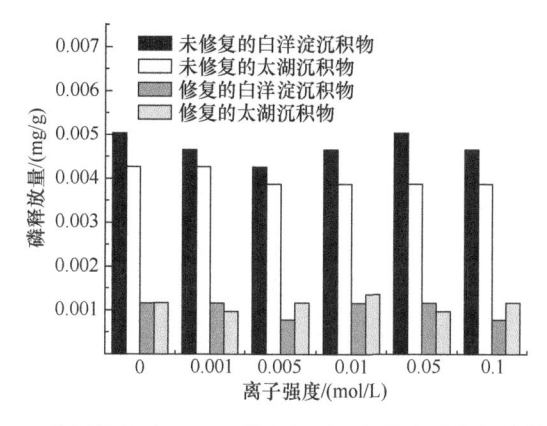

图 6-6　离子强度对 DWTR 修复前后沉积物中磷稳定性的影响

6.2.5　厌氧环境的影响

通过厌氧培养实验考察了厌氧环境对 DWTR 固定沉积物中磷能力的影响，结果见表 6-3。在厌氧条件下，被 DWTR 修复前后太湖和白洋淀沉积物的氧化还原电位（ORP）都保持在−70~50 mV，且 pH 差异较小，这表明本研究成功使实验条件在厌氧环境下，且在厌氧条件下，沉积物中磷解吸作用的变化与 pH 无关。从表中可知，在厌氧条件下，随着时间的推移，未修复的太湖和白洋淀沉积物中磷解吸作用逐渐增强：在第 30 天，磷解吸量分别达到了 0.017 mg/g 和 0.015 mg/g。并且与好氧条件相比（图 6-6），未修复沉积物在厌氧条件下释放的磷较多。然而，进一步比较可知，DWTR 修复后沉积物中磷的释放作用明显变弱，且在厌氧条件下不同时间差异较小。

表 6-3　厌氧环境条件下，混合溶液的 pH 和 ORP 及修复前后沉积物磷的释放量

参数	沉积物	第 15 天		第 30 天	
		太湖	白洋淀	太湖	白洋淀
磷释放量 /（mg/g）	未修复	0.0090	0.0060	0.017	0.015
	DWTR 修复后	ND	ND	0.0010	0.0010
pH	未修复	8.11	7.80	8.19	7.94
	DWTR 修复后	8.23	7.74	8.13	7.89
ORP/mV	未修复	−63.25	−50.35	−57.86	−53.15
	DWTR 修复后	−58.74	−60.38	−66.38	−51.23

注：ND 表示未检测出

厌氧条件的还原作用可加剧沉积物中磷的释放作用（Christophoridis and Fytianos，2006）。这也就是未修复太湖和白洋淀沉积物在厌氧条件下解吸作用较强的主要原因。然而，在 6.1.1 节的研究已表明 DWTR 会明显降低厌氧条件下沉积物中不稳定磷（BD-P）的含量。因此，厌氧环境不会显著影响 DWTR 对沉积物中磷的固定作用。

6.2.6　外源磷的影响

1. 磷浓度的影响

不同磷浓度条件下，DWTR 修复前后沉积物中磷的吸附特征如图 6-7 所示。修复前

后沉积物对磷的吸附量随着磷浓度的增高而增大。并且，经 DWTR 修复后，沉积物对磷的吸附作用明显变强。用 Langmuir 方程拟合实验数据，结果见表 6-4。

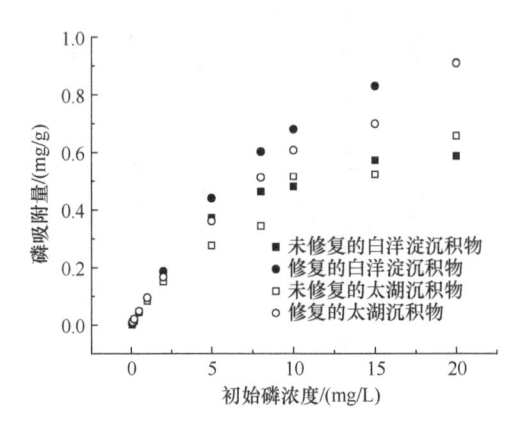

图 6-7 不同初始磷浓度条件下，DWTR 修复前后沉积物对磷的吸附特征

表 6-4 Langmuir 和二级动力学方程的拟合结果

沉积物	样品	Langmuir 方程			伪二级动力学方程			
		b	q_m	R^2	K_2	q_e	R^2	Kq_e^2
太湖沉积物	未修复	0.22	0.96	0.96	13	0.28	0.99	0.98
	DWTR 修复后	0.36	1.00	0.98	8.3	0.38	0.98	1.2
白洋淀沉积物	未修复	1.3	0.60	0.99	17	0.29	0.99	1.4
	DWTR 修复后	1.9	0.91	0.99	12	0.43	0.99	2.2

从表 6-4 中可知，Langmuir 模型可以很好地描述修复前后沉积物对磷的等温吸附过程（R^2>0.96）。通过比较可知，DWTR 明显提高了沉积物对磷的饱和吸附量，从 0.96 mg/g（太湖沉积物）和 0.60 mg/g（白洋淀沉积物）分别提高到 1.00 mg/g 和 0.91 mg/g。因此，DWTR 会提高沉积物对磷的吸附能力。

2. 动力学

DWTR 修复前后沉积物对磷的吸附动力学特征见图 6-8。太湖和白洋淀沉积物对磷的吸附作用是一个"快吸附、慢平衡"过程。沉积物在 1 h 的磷吸附量占据 24 h 磷吸附量的 75%~85%。并且通过比较可知，DWTR 修复后沉积物对磷的吸附作用明显变快，尤其是在 0~1 h。

本研究使用伪二级动力学方程对实验数据进行拟合，拟合结果见表 6-4。从表中可知，伪二级动力学方程可以很好地描述修复前后沉积物对磷的吸附动力学过程。所以，DWTR 的应用可能没有改变沉积物对磷的吸附机制。对伪二级动力学方程进行变形，可得如下方程：

$$\frac{q_t}{t} = \frac{k_2 q_e^2}{1+k_2 q_e t} \tag{6-1}$$

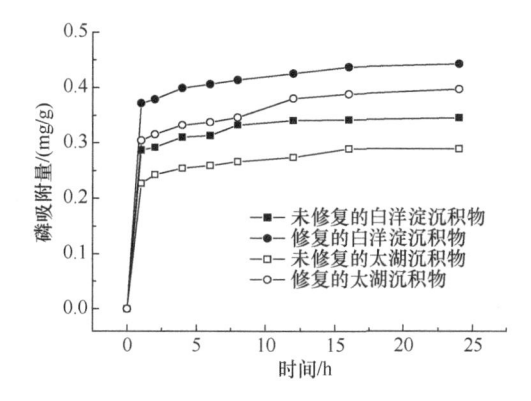

图 6-8 DWTR 修复前后沉积物对磷的吸附动力学特征

式中，$\dfrac{q_t}{t}$ 是沉积物对磷的吸附速率；q_t 为 t 时间内基质对磷的吸附量，mg/g；q_e 为方程估算的磷平衡吸附量，mg/g；k_2 为伪二级动力学速率常数。当 $t\rightarrow 0$ 时，可得沉积物对磷吸附的初始速率：$k_2 q_e^2$（mg/(g·h)），结果见表 6-4。

从表 6-4 中可知，未修复太湖和白洋淀沉积物磷吸附初始速率分别为 0.98 mg/(g·h)（太湖）和 1.4 mg/(g·h)（白洋淀）；经 DWTR 修复后，它们对磷的吸附初始速率分别变为 1.2 mg/(g·h) 和 2.2 mg/(g·h)。因此，DWTR 会提高沉积物对磷的初始吸附速率。

6.3 光照、微生物活性和沉积物再悬浮对固磷能力的影响

6.3.1 上覆水性质变化

1. pH 和 DO

上覆湖水中 DO 和 pH 的变化如表 6-5 所示。从表中可知，在黑暗、低微生物活性和沉积物再悬浮条件下，DWTR 修复前后沉积物上覆湖水中 DO 和 pH 的差异较小。然而，与对照组相比，上覆湖水中 DO 水平在不同条件下都相对较低，尤其是在沉积物再悬浮条件下的前 20 d，DO 由 4.2~5.6 mg/L 降低到 0.86~2.3 mg/L，但之后又有升高，且与另外两个条件下的相近。另外，上覆湖水的 pH 在不同条件下也比对照组的低。因此，沉积物再悬浮、黑暗和低微生物活性条件，不利于湖水富氧，且会使湖水 pH 有降低趋势；然而，DWTR 对湖水的 DO 和 pH 影响小。

表 6-5 不同条件下上覆湖水 DO 和 pH

沉积物	组号[a]	条件	DO/(mg/L) 10 d	DO/(mg/L) 20 d	DO/(mg/L) 30 d	pH 10 d	pH 20 d	pH 30 d
未修复沉积物	1	对照组	4.9	4.6	5.9	8.1	8.3	8.3
	2	黑暗	4.0	4.0	3.8	7.6	7.6	8.1
	3	低微生物活性	3.4	3.8	3.9	7.5	7.8	8.2
	4	再悬浮	2.3	0.86	4.1	7.6	7.2	7.4

续表

沉积物	组号[a]	条件	DO/(mg/L) 10 d	DO/(mg/L) 20 d	DO/(mg/L) 30 d	pH 10 d	pH 20 d	pH 30 d
修复后沉积物	5	对照组	4.2	5.6	5.8	7.9	8.3	8.4
	6	黑暗	4.2	4.1	3.6	7.5	7.9	8.0
	7	低微生物活性	3.4	3.2	3.6	7.6	7.6	8.1
	8	再悬浮	1.8	0.98	4.3	7.7	7.3	7.5

a. 对于 DO 而言，组 1 与组 4、7 和 8，组 5 与组 4、7 和 8 在 $P<0.05$ 水平下呈显著差异；对于 pH 而言，组 1 与组 4、7 和 8，组 5 与组 4 和 8 在 $P<0.05$ 水平下呈显著差异

2. 磷浓度

上覆湖水中磷浓度的变化如表 6-6 所示。与对照组相比，在黑暗、低微生物活性和沉积物再悬浮条件下，DWTR 修复前后沉积物上覆水磷浓度都有不同程度的提高；未修复沉积物上覆水磷浓度在不同条件下提高非常明显，而 DWTR 修复后沉积物上覆水仅在再悬浮条件下较明显地相对提高。进一步比较可知，DWTR 修复后沉积物上覆水磷浓度在不同条件下都明显低于修复前沉积物上覆水的。因此，黑暗、低微生物活性和沉积物再悬浮可以促使上覆水磷浓度变高，但 DWTR 可显著降低上覆水磷浓度。

表 6-6　不同条件下上覆湖水磷浓度

沉积物	组号[a]	条件	磷浓度/(mg/L) 10 d	磷浓度/(mg/L) 20 d	磷浓度/(mg/L) 30 d
未修复沉积物	1	对照组	0.037	0.035	0.041
	2	黑暗	0.13	0.12	0.12
	3	低微生物活性	0.12	0.10	0.090
	4	再悬浮	0.16	0.15	0.13
修复后沉积物	5	对照组	ND	0.010	ND
	6	黑暗	0.013	ND	0.021
	7	低微生物活性	ND	0.021	ND
	8	再悬浮	0.041	0.035	ND

a. 组 1 与组 2、3、4、5、6、7 和 8 在 $P<0.05$ 水平下呈显著相关；组 2 与组 5、6、7 和 8 在 $P<0.001$ 水平下呈显著相关；组 3 与组 4、5、6、7 和 8 在 $P<0.001$ 水平下呈显著相关；组 4 与组 5、6、7 和 8 在 $P<0.001$ 水平下呈显著相关；组 5 与组 8 在 $P<0.05$ 水平下呈显著相关

注：ND 表示未检出

6.3.2　磷的分级提取

不同培养条件下，沉积物磷分级提取结果见图 6-9。从图中可知，在黑暗条件下，修复前沉积物中 NH_4Cl-P 和 BD-P 含量有增加，但 HCl-P 和 NaOH-P 无明显变化；DWTR 修复后沉积物中 NH_4Cl-P、BD-P 和 NaOH-P 含量都有增加，但 HCl-P 无明显变化。在低微生物活性条件下，修复前沉积物中 NH_4Cl-P、BD-P 和 HCl-P 含量都有降低，但 NaOH-P 增高；DWTR 修复后沉积物中 NH_4Cl-P 含量有增高，BD-P 有降低，但 NaOH-P

和 HCl-P 无明显变化。在沉积物再悬浮条件下，修复前沉积物中 NH₄Cl-P 含量有增高，HCl-P 和 NaOH-P 有降低，但 BD-P 变化较小；DWTR 修复后沉积物中 NH₄Cl-P、BD-P、NaOH-P 和 HCl-P 含量都有提高。总的来说，在黑暗、低微生物活性和沉积物再悬浮条件下，DWTR 修复前后沉积物中磷形态的变化存在差异。此外，正如 6.1.1 节研究结果所述，与修复前沉积物相比，DWTR 修复后沉积物中 NH₄Cl-P、BD-P 和 HCl-P 含量都较低，尤其是 NH₄Cl-P 和 BD-P，但 NaOH-P 明显升高。因此，在各种条件下，DWTR 的应用会促使沉积物中 NH₄Cl-P、BD-P 和 HCl-P 含量减少，但 NaOH-P 增加。

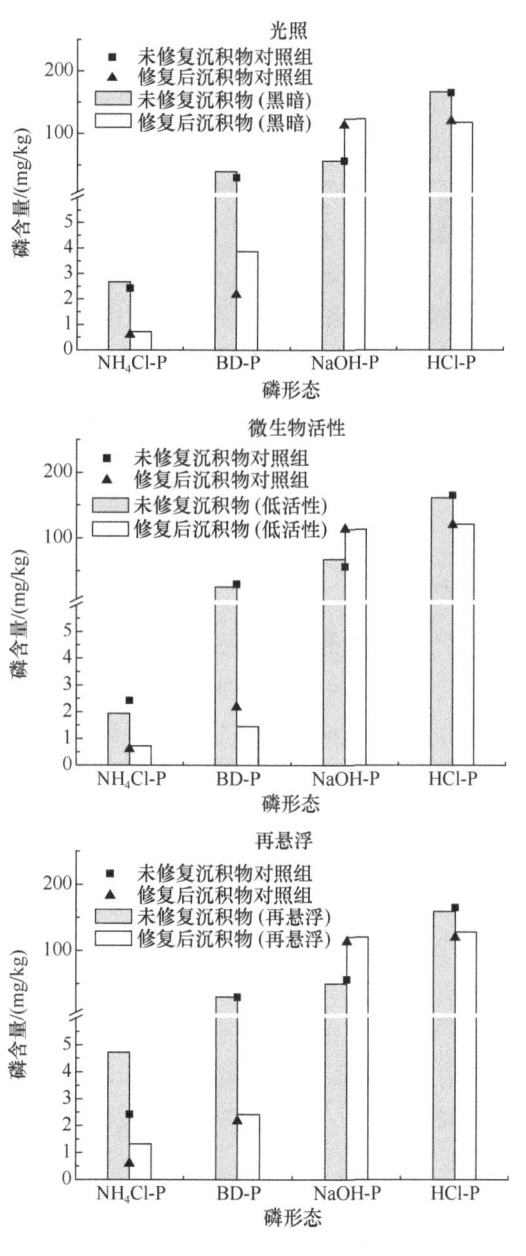

图 6-9 磷分级提取结果

6.3.3 影响机制解析

1. 对上覆水 DO 和 pH 的影响

DO 和 pH 一般被认为是促使沉积物中营养盐释放的两个重要因素（Eggleton and Thomas，2004）。因此，本研究着重考察了在光照、微生物活性和沉积物再悬浮对上覆湖水 DO 和 pH 的影响。结果表明黑暗、低微生物活性和沉积物再悬浮会促使上覆湖水 DO 和 pH 的降低（表6-5）。在黑暗条件下，由于缺乏光照会抑制湖水的光合作用（Larkum and Wood，1993），因此 DO 在湖水中会降低。在低微生物活性条件下，湖水中一些杂质（如有机质等）难被降解，这可导致湖水浊度变高（本研究中也观察到该现象），进而抑制光合作用，降低湖水中的 DO。沉积物再悬浮作用对上覆湖水中 DO 的影响应包括以下几个方面：①沉积物中还原性物质与上覆湖水混合，促使 DO 降低；②提高上覆湖水的浊度，抑制光合作用，降低 DO；③搅拌作用会有利于上覆湖水富氧，提高 DO。第一和第二个作用可能在实验前 20 d 起到主导作用，进而导致在沉积物再悬浮条件下，上覆湖水 DO 比在其他条件下的明显要低（表6-5）。然而，在实验后期（第 30 天），对 DO 变化起主要作用的可能是第二和第三个作用，进而促使在沉积物再悬浮条件下，上覆湖水 DO 增高（与前 20 d 相比），但与其他条件（黑暗和低微生物活性）下的一样，都低于对照组。对于 pH 而言，其在黑暗、低微生物活性和沉积物再悬浮条件下降低的原因可能与上覆湖水中有机质的组成和结构发生变化有关（Chróst et al.，1989）。无论如何，DWTR 修复前后沉积物上覆湖水的 DO 和 pH 差异较小，因此，在黑暗、低微生物活性和沉积物再悬浮条件下，DWTR 不会对湖水的 DO 和 pH 产生明显影响。

2. 对沉积物中磷形态的影响

本研究结果表明在黑暗、低微生物活性及沉积物再悬浮条件下，上覆湖水中磷浓度有不同程度的提高（表6-6）。然而，相比较而言，DWTR 修复后沉积物上覆水磷浓度明显低于修复前沉积物的。因此，在黑暗、低微生物活性和沉积物再悬浮条件下，DWTR 修复后沉积物中的磷具有较高的稳定性。此外，正如 1.2.1 节所述，沉积物中磷的释放作用与沉积物中磷形态密切相关，因此，不同条件下沉积物中磷的释放机制应从不同条件下沉积物中磷形态变化特征这一角度来探究。

在黑暗条件下（图 6-9），修复前沉积物中 NH_4Cl-P 和 BD-P 含量有增加，但 HCl-P 和 NaOH-P 无明显变化；DWTR 修复后沉积物中 NH_4Cl-P、BD-P 和 NaOH-P 含量都有增加，但 HCl-P 无明显变化。上述结果表明，在修复前后提取的（无机）磷的总量都高于对照组的。因此，在黑暗条件下，沉积物中存在相对较强的有机磷向无机磷的转化作用，进而导致沉积物中磷活性有提高，磷释放潜能变强。事实上，以往也有研究发现，在黑暗条件下，沉积物中磷释放作用与微生物活动密切相关（Spears et al.，2008；Jiang et al.，2008）。

在低微生物活性条件下（图 6-9），修复前沉积物中 NH_4Cl-P、BD-P 和 HCl-P 含量都有降低，但 NaOH-P 增高；DWTR 修复后沉积物中 NH_4Cl-P 含量有增高，BD-P 有降低,但 NaOH-P 和 HCl-P 无明显变化。在修复前的沉积物中,NH$_4$Cl-P 的减少应与细胞裂解作用有关(Montigny and Prairie,1993)。沉积物中微生物对磷的固定作用已被有关研究证实(Huang et al.,2011)。因此,在低微生物活性条件下,修复前沉积物中微生物对磷的固定作用变弱,进而促使 NH$_4$Cl-P 的减少。此外,修复前沉积物中 BD-P 和 HCl-P 的减少可能与较低的 DO 浓度和 pH 有关(表 6-5)(Christophoridis and Fytianos,2006)。这些减少的磷一部分转化为 NaOH-P,而另一部分则被释放,使得修复前沉积物上覆湖水磷浓度在低微生物活性条件下增高(表 6-6)。在 DWTR 修复后沉积物中,低微生物活性下,BD-P 的减少应与上覆湖水较低的 DO 浓度有关(与对照组相比)。除去一部分磷被释放到上覆湖水中外,其余的磷都转化为 NH$_4$Cl-P,这与修复前沉积物中磷形态在低微生物活性下的变化存在差异。造成上述差异的原因可能是:在低微生物活性条件下,尽管沉积物中微生物固磷作用变弱,但是由于 DWTR 具有较大比表面积,因此修复后沉积物比表面积会变大,进而促使少量减少的 BD-P 被吸附为松散态磷(NH$_4$Cl-P)。

在沉积物再悬浮条件下(图 6-9),修复前沉积物中 NH$_4$Cl-P 含量有增高,HCl-P 和 NaOH-P 有降低,但 BD-P 变化较小;DWTR 修复后沉积物中 NH$_4$Cl-P、BD-P、NaOH-P 和 HCl-P 都有提高。在修复前沉积物中,沉积物再悬浮一方面促使沉积物与上覆湖水混合,之后,上覆湖水中有机质会与沉积物中的磷发生竞争作用,促使沉积物中 NaOH-P 含量减少(Koenings and Hooper,1976;Liu et al.,2009);另一方面会促使 pH 的降低(表 6-5),进而导致沉积物中 HCl-P 含量的减少。这些减少的磷一部分转化为 NH$_4$Cl-P,而其余的则被释放到上覆湖水中。Søndergaard 等(1992)的研究也发现沉积物再悬浮会促进沉积物中磷的释放趋势;但 Huang 和 Liu(2009)的研究发现沉积物再悬浮会促使沉积物中磷更加稳定。这些研究结果的差异可能与各沉积物的性质不同有关。对于 DWTR 修复的沉积物而言,在沉积物再悬浮条件下,有机磷向无机磷的转化作用可能起到了主导作用。该作用进一步导致修复后沉积物中各种形态磷的含量都有增加。沉积物中有机磷向无机磷的转化是一种常见的现象(Jiang et al.,2008),但是与修复前的沉积物相比,该现象在 DWTR 修复后的沉积物中更加突出。正如 6.1.2 节研究所述,这可能与 DWTR 中的有机磷有关。无论如何,如图 6-9 所示,这种转化作用在 DWTR 修复后沉积物中并不显著。因此,DWTR 修复后沉积物中有机磷矿化作用对磷稳定性影响小。

总的来说,在黑暗、低微生物活性和沉积物再悬浮条件下,DWTR 的应用会促使沉积物中 NH$_4$Cl-P、BD-P 和 HCl-P 的含量明显减少,但会促使 NaOH-P 增加(图 6-9),所以与 6.1.1 节的研究结果一致,DWTR 会促使沉积物中可移动磷(NH$_4$Cl-P 和 BD-P)转化为其他更加稳定形态的磷(NaOH-P),进而促使 DWTR 修复后沉积物上覆水中磷浓度明显低于修复前的(表 6-6)。然而进一步计算可发现,与 6.1.1 节研究结论不同的是,DWTR 促使 HCl-P 减少的原因不仅包括稀释作用,还包括化学固定作用。根据图 6-9 结果计算可得,所有 DWTR 修复后沉积物中 HCl-P 降低比例都约为 25%,高于 DWTR 修复沉积物的投加比例(10%)。这表明 DWTR 还会促使沉积物中部分 HCl-P 转化为 NaOH-P。已有研究表明,HCl-P 中包括一部分具有潜在可移动的磷(Kisand and Nõges,2003)。因此,DWTR 在修复沉积物时,可能将一部分具有潜在可移动性的 HCl-P 转化为 NaOH-P，进而促使修复后沉积物中 HCl-P 含量的减少。综上所述，在黑暗、低微生物活性和沉积物再悬浮条件下，DWTR 修复后沉积物中的磷具有较高的稳定性，磷的释放作用也明显较弱。

6.4 硫化氢对固磷能力的影响

6.4.1 硫化氢对修复后沉积物中磷的稳定性影响

1. 硫化氢对磷解吸动力学的影响

硫化氢对 DWTR 修复前后湖泊沉积物中磷解吸动力学的影响见图 6-10。在 DWTR 修复前后，沉积物对磷的解吸动力学都包括两个过程，即"快吸附、慢平衡"。相比较而言，在各个时间点，DWTR 修复后沉积物对磷的解吸量和对硫化氢的吸附量都变高。在第 96 小时，DWTR 修复后沉积物中磷的解吸量从 0.14 mg/g 降到 0.025 mg/g，硫化氢的吸附量从 4.5 mg/g 升高到 6.7 mg/g。上述结果表明 DWTR 修复后沉积物中磷的解吸速率变慢，解吸量变少；硫化氢的吸附速率变快，吸附量变大。另外，根据图中可知，修复前后沉积物中磷的解吸量及硫化氢的吸附量在 48~96 h 差异较小，因此，本研究在后续的批量实验中以 96 h 为相对平衡时间。

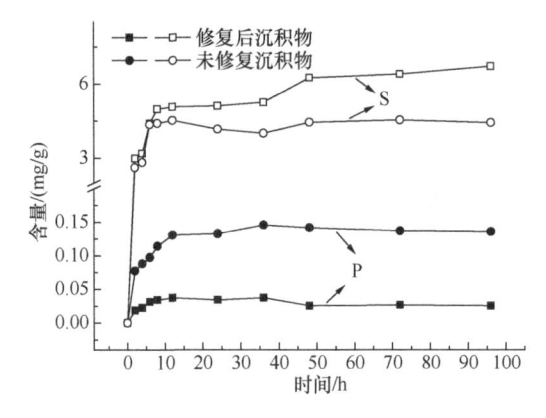

图 6-10 硫化氢对 DWTR 修复前后沉积物中磷解吸动力学的影响
S 表示硫化氢吸附量；P 表示磷的解吸量

2. 不同 pH 条件下，硫化氢对磷解吸的影响

不同 pH 条件下，硫化氢对 DWTR 修复前后沉积物中磷解吸作用的影响见图 6-11。随着 pH 升高，DWTR 修复前后沉积物磷解吸作用逐渐增强，但硫化氢的吸附作用无明显变化。并且，沉积物（修复前后）磷的解吸作用与硫化氢的吸附作用在不同 pH 条件下也无明显关系。这些结果表明硫化氢对沉积物中磷可移动性的影响在不同 pH 条件下差异不明显。无论如何，与修复前沉积物相比，在不同 pH 条件下，DWTR 修复后沉积物中磷解吸作用明显较弱，而硫化氢的吸附作用却明显较强。另外，高 pH 条件下，磷解吸作用较大的原因还应包括溶液中 OH$^-$ 的竞争作用。

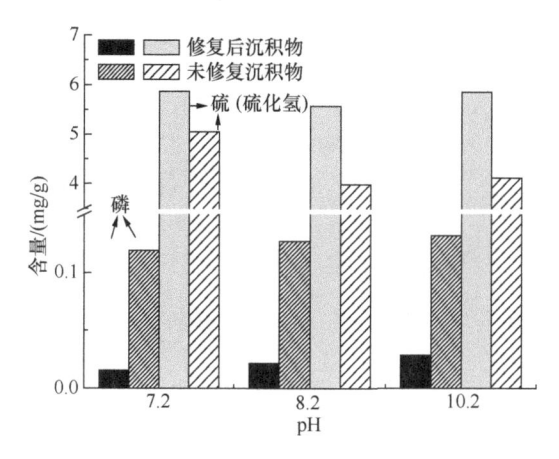

图 6-11　不同 pH 条件下，硫化氢对 DWTR 修复前后沉积物中磷解吸作用影响
硫表示硫化氢吸附量；磷表示磷的解吸量

3. 不同硫化氢浓度条件下，硫化氢对磷解吸的影响

不同浓度硫化氢对 DWTR 修复前后沉积物中磷解吸作用的影响见图 6-12。随着硫化氢初始浓度的增高，DWTR 修复前后沉积物对磷的解吸作用逐渐变大。然而，相比较而言，修复后沉积物对磷的解吸作用明显较弱。不同初始浓度条件下，DWTR 促使沉积物中磷的解吸量分别从 0.043~0.17 mg/g 降低到 0.0068~0.068 mg/g。因此，在不同硫化氢浓度条件下，修复后沉积物中磷的稳定性更高。从图 6-12 同样可知，随着硫化氢初始浓度的升高，DWTR 修复前后沉积物对硫化氢的吸附量逐渐增加，且 DWTR 修复后沉积物对硫化氢的吸附作用变强。

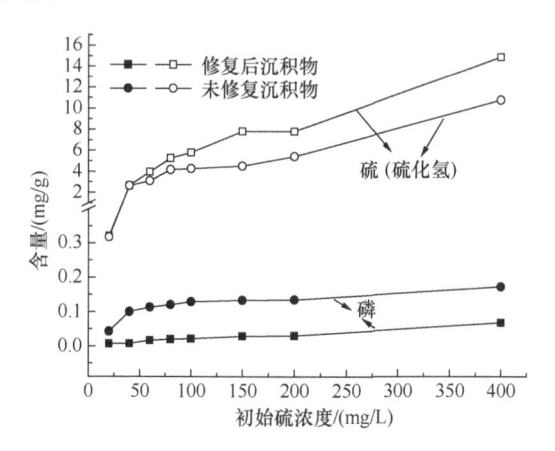

图 6-12　不同初始硫化氢浓度条件下，硫化氢对 DWTR 修复前后沉积物中磷解吸作用影响
硫表示硫化氢吸附量；磷表示磷的解吸量

4. 硫化氢对磷的动态解吸影响

硫化氢对沉积物中磷的动态解吸作用影响见图 6-13。对于 DWTR 修复前的沉积物而言，磷解吸作用在前 2 d 内，快速上升，解吸浓度可达 9.0 mg/L，之后又快速下降，并在第 5 天之后保持在 0.050~0.20 mg/L。然而，在 DWTR 修复之后，沉积物对磷的解

吸作用明显降低，磷的解吸浓度一直保持在 0.030~0.20 mg/L。这些研究结果表明 DWTR 修复后沉积物中磷的稳定性受硫化氢影响较小。

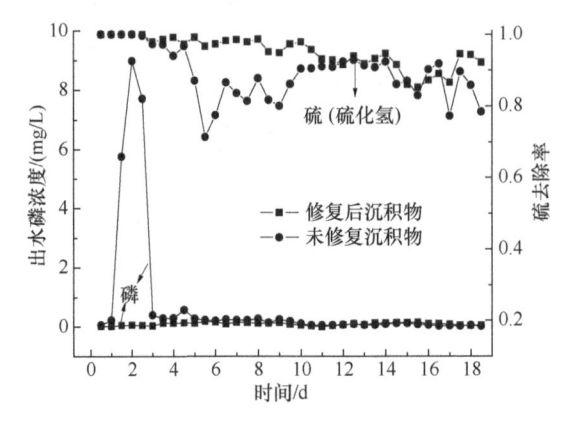

图 6-13　硫化氢对 DWTR 修复前后沉积物中磷解吸作用影响
硫表示硫化氢吸附量；磷表示磷的解吸量

从图 6-13 同样可知，对于修复前的沉积物而言，在 0~5.5 d 中，硫化氢的去除率逐渐下降至 71%；在 5.5~12.5 d 中，硫化氢的去除率又有上升，最终达到 93%，在这之后，硫化氢去除率又表现出下降趋势。对于修复后的沉积物而言，在 0~15.5 d 内，硫化氢的去除率逐渐降至 85%，之后又有上升，并在第 17.5 天时达到 94%，随后表现出下降趋势。总的来说，修复前后沉积物对硫化氢的去除率也并非一直在降低；相反地，它们对硫化氢的吸附作用可分成 3 个阶段：起初逐渐降低，之后表现出回升趋势，最后又降低。因此，在柱状实验中，随着时间的推移，沉积物（修复前后）对硫化氢的吸附能力并没有逐渐降低，而是包括一个回升阶段。正如上述研究，硫化氢吸附能力的回升应与修复前后沉积物中铁的还原作用有关。无论如何，DWTR 修复后沉积物对硫化氢的吸附能力有所增强。

5. 柱状图实验后沉积物的表征

柱状实验前后沉积物的 pH 和磷形态分布情况见表 6-7。在吸附硫化氢后，未修复沉积物中 L-P、Al-P、Fe-P、O-P 和 Ca-P 的含量都有减少。然而，DWTR 修复后沉积物中只有 L-P 和 O-P 含量有所减少，而 Al-P 和 Fe-P 含量却有所增加，Ca-P 含量保持不变。进一步比较可知，吸附硫化氢后，未修复沉积物中可提取磷的总量明显降低，而修复后沉积物的不变。未修复沉积物中减少的磷应与柱状实验中磷的解吸作用有关。另外，在吸附硫化氢后，未修复沉积物的 pH 有所下降，而 DWTR 修复后沉积物 pH 却有所上升。

表 6-7　柱状实验前后沉积物的 pH 和磷形态

磷形态	修复后沉积物		未修复沉积物	
	吸附前	吸附后	吸附前	吸附后
pH	7.7	7.9	7.4	7.3
L-P[a]/（mg/g）	0.0010	ND	0.0030	0.0010
Al-P/（mg/g）	0.037	0.039	0.032	0.024

续表

磷形态	修复后沉积物		未修复沉积物	
	吸附前	吸附后	吸附前	吸附后
Fe-P/（mg/g）	0.020	0.024	0.019	0.015
O-P/（mg/g）	0.012	0.0070	0.0050	0.0040
Ca-P/（mg/g）	0.23	0.23	0.33	0.32
总磷/（mg/g）	0.30	0.30	0.39	0.36

a. 松散结合态磷
注：ND 表示未检测出

柱状实验前后沉积物热分析结果见图 6-14。DTG 曲线在吸附硫化氢前后差异并不明显，但相比较而言，吸附硫化氢前沉积物（修复前后）的热失重量要小于吸附后，这可能是与在吸附穿透实验中沉积物中有少量的物质随溶液流出有关。然而，在吸附硫化氢前后，DSC 曲线却存在一定的差异：未修复沉积物在吸附硫化氢之后在 1250℃有明显的尖峰出现，修复后沉积物在 1400℃有明显的尖峰出现。研究表明金属硫化物的出峰位置应在 1000℃之上（Bagreev et al., 2001）。因此，修复前后沉积物在吸附硫化氢后可能会生成金属硫化物。并且，比较金属硫化物在 DSC 曲线的出峰位置可知，被吸附的硫化氢以更稳定的形态存在于 DWTR 修复后沉积物中。

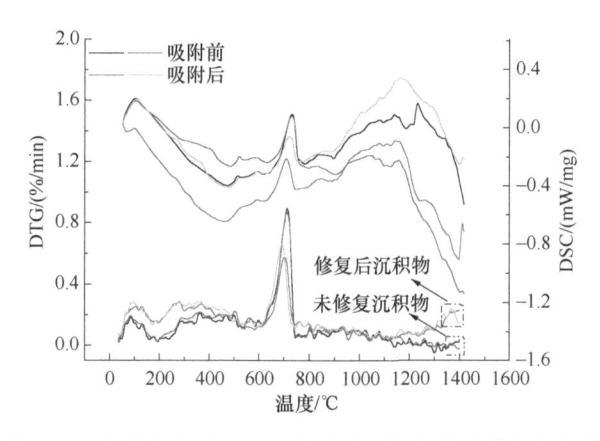

图 6-14 柱状实验后 DWTR 修复前后沉积物的热分析结果

6.4.2 硫化氢的影响机制解析

从表 6-7 可知，未修复沉积物在吸附硫化氢后 pH 有降低，而 DWTR 修复后沉积物在吸附硫化氢后 pH 却升高。这表明 DWTR 的应用改变了沉积物对硫化氢的吸附机制。pH 降低表明沉积物在吸附硫化氢时可能产生了 H^+，而 pH 升高表明沉积物在吸附硫化氢时可能产生了 OH^-。因此，对于未修复的沉积物而言，吸附硫化氢应以产 H^+ 的反应为主。对于修复后沉积物而言，吸附硫化氢应以产 OH^- 的反应为主。从图 6-14 的结果可知，修复前后沉积物中都有类金属硫化物产生。由于 DWTR 修复后沉积物在吸附硫化氢后 pH 有升高（表 6-7），硫化氢与 OH^- 的反应也应在修复后的沉积物中有较明显发生。另外，在不同 pH 条件下，各种反应的强度可能会有不同，因此，沉积物（DWTR 修复前后）对硫化氢吸附的主要机制可能随 pH 变化而改变，进而造成沉积物对硫化氢的吸附作用受 pH 影响小（图 6-11）。

从表 6-7 中可知，对于未修复的沉积物而言，在硫化氢影响下，其解吸的磷是 L-P、Al-P、Fe-P、O-P 和 Ca-P，O-P 属于一种被铁胶体包裹的磷（Cox et al.，1997），所以，根据硫化氢的吸附机制可知，硫化氢与磷酸盐可以根据式（6-2）的反应发生配位交换作用，进而使沉积物中 Al-P、Fe-P 和 O-P 被解吸下来，也可以通过式（6-3）和式（6-4）促使少量的 Fe-P 和 O-P 被解吸出来。L-P 在沉积物中主要是可溶性磷和依靠静电引力吸附的磷，它的解吸作用应该与磷的溶解作用和硫化氢与磷的静电交换作用有关（Yang et al.，2006）。另外，由于未修复的沉积物吸附硫化氢的主要机制是产生 H^+，因此，Ca-P 可能与 H^+ 反应而被解吸（Christophoridis and Fytianos，2006）。然而，对于修复后的沉积物而言，其在吸附硫化氢后，L-P 和 O-P 减少，Al-P 和 Fe-P 增加。L-P 应该也是通过溶解作用和静电交换作用被解吸的。硫化氢与磷酸盐可能根据式（6-2）和式（6-3）的反应，进而使 O-P 含量减少。然而，被释放磷可能进一步与被 DWTR 修复后沉积物中其他的铁铝结合，从而使修复后沉积物中磷的解吸作用较弱（图 6-13），且可提取磷的总量在吸附硫化氢前后差异不明显（表 6-7）。DWTR 应该是通过这一机制促使沉积物中磷的可移动性较小地受硫化氢影响。

$$=\!Fe/Al\!-\!X + HS^- \rightarrow\, =\!Fe/Al\!-\!SH + X^- \tag{6-2}$$

$$HS^- + 2Fe^{3+} \rightarrow 2Fe^{2+} + S + H^+ \tag{6-3}$$

$$Fe_2O_3 + 6HS^- \rightarrow 2FeS + 3H_2O + S + 3S^{2-} \tag{6-4}$$

6.5 沉降作用对固磷能力的影响

6.5.1 沉降前后 DWTR 和湖水性质分析

沉降实验前后，DWTR 的基本性质见表 6-8。在实验后，湖水含有的铁、钙、镁和 DOC 浓度变化较小，但是铝和磷的浓度变化较大：铝的浓度明显升高；磷的浓度明显

表 6-8　沉降模拟实验前后湖水的性质

性质	原始湖水 沉降前	原始湖水 沉降后	富磷湖水 沉降前	富磷湖水 沉降后
铝/（mg/L）	ND	0.064	ND	0.073
铁/（mg/L）	0.0090	0.0030	0.0070	0.0030
钙/（mg/L）	59	68	59	69
镁/（mg/L）	23	19	24	19
磷/（mg/L）	0.23	0.030	1.4	0.030
DOC/（mg/L）	13	13	15	14
pH	8.33	7.78	8.33	7.72

注：ND 表示未检测出

降低。所以，DWTR 在湖水中会释放铝，同时也会吸附磷。通过计算可知，在湖水中，DWTR 释放出 0.064~0.073 mg/g 的铝，约占 DWTR 中总铝量的 0.010%（见第 2 章）；DWTR 在富磷湖水中吸附磷的量为 1.37 mg/g，在原始湖水中吸附磷的量为 0.020 mg/g。这些结果表明 DWTR 在湖水中铝的释放作用很弱，且在湖水中沉降后，DWTR 对磷的固定能力有可能降低。另外，在实验后，原湖水和富磷湖水的 pH 有所降低，这可能与 DWTR 对湖水 pH 的缓冲作用有关（Ippolito et al.，2003）。

沉降实验前后，DWTR 的基本性质见表 6-9。沉降后 DWTR 的 pH 有明显升高，这应与 DWTR 对湖水 pH 的缓冲作用有关（Ippolito et al.，2003）。此外，沉降 DWTR 中 Fe_{ox} 和 Al_{ox} 均有提高。造成该变化的原因应与 2.2.4 节研究的结论相近，即在 DWTR 与湖水相互作用时，湖水中有机质（酸）可能活化了 DWTR 中晶体态铁铝，促使沉降后 DWTR 中铁铝更多地以无定形态（Fe_{ox} 和 Al_{ox}）存在。DWTR 中无定形态铁铝含量越高，DWTR 对磷的吸附能力越强（Dayton and Basta，2005）。这表明在湖水中沉降后，DWTR 对磷的固定能力也有可能会提高。

表 6-9 沉降实验前后 DWTR 的基本性质

DWTR	pH	Al_{ox}	Fe_{ox}
沉降前	7.04	36	44
沉降于原始湖水	8.14	45	57
沉降于富磷湖水	8.18	44	58

6.5.2 沉降前后 DWTR 磷吸附能力的变化

1. 动力学变化

沉降前后 DWTR 对磷吸附动力学实验结果见图 6-15。沉降前 DWTR、沉降于原始湖水 DWTR 和沉降于富磷湖水 DWTR 的磷吸附动力学过程基本一致，但在 2~12 h，它们磷吸附能力表现出显著差异：沉降前 DWTR 磷吸附能力明显要高于沉降后 DWTR；对于沉降后 DWTR 而言，沉降于原始湖水的磷吸附能力要略高于沉降于富磷湖水的。无论如何，在第 12 小时后，3 个 DWTR 的磷吸附能力差异变小。该结果表明，与沉降前 DWTR 相比，沉降后 DWTR 的磷吸附速率变慢，但最终磷吸附量无明显变化。另外，从图 6-15 中同样可知，3 种 DWTR 在 24 h 和 48 h 磷吸附量的差异较小，因此，48 h 被确定为相对平衡时间，用于后续研究。

DWTR 的磷吸附过程包括表面吸附和微孔扩散两种作用。表面吸附作用发生得很快，主要在吸附作用初期，而微孔扩散作用较慢，主要发生在吸附作用后期（Makris et al.，2004）。在本研究中，沉降后 DWTR 已经吸附了湖水中磷（表 6-8）；由于吸附量较少，因此可能主要是表面吸附作用，该过程可能进一步导致沉降后 DWTR 在动力学实验初期对磷的吸附作用变弱。并且，DWTR 沉降时吸附湖水中磷越多（表 6-8），表面吸附作用可能越强，进而导致此情况下，沉降后 DWTR 在实验初期的磷吸附作用也越弱。该作用可解释沉降于富磷湖水 DWTR 在实验初期的磷吸附作用弱于沉降于原始湖水 DWTR 的原因。无论如何，在实验后期 3 个 DWTR 对磷的吸附量差异变小，这表明沉

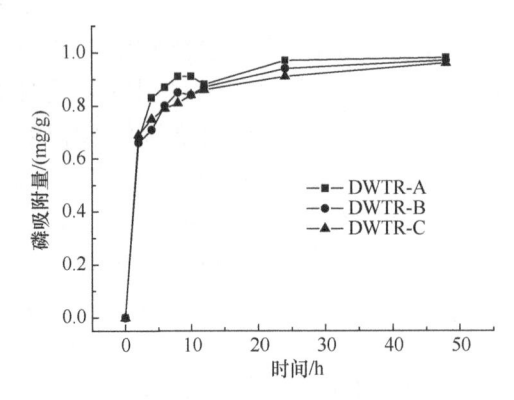

图 6-15　沉降前后 DWTR 对磷的吸附动力学
DWTR-A、DWTR-B 和 DWTR-C 分别表示沉降前、沉降于原始湖水和沉降于富磷湖水的 DWTR

降后 DWTR 对磷吸附表现出更强的微孔扩散作用（若微孔扩散作用没有强化，3 种 DWTR 对磷吸附作用应在表面吸附作用之后继续保持较大的差异）。如上文所述，湖水中有机质对 DWTR 中晶体铁铝的活化作用，可能促使 DWTR 中产生了新的微孔，进而使 DWTR 吸附磷的微孔扩散作用变强。

2. 初始磷浓度影响

在不同初始磷浓度条件下，沉降前后 DWTR 对磷的吸附效果如图 6-16 所示。沉降前 DWTR、沉降于原始湖水 DWTR 和沉降于富磷湖水 DWTR 对磷的吸附量，随着初始磷浓度的升高而升高。相比较而言，尽管 3 种 DWTR 磷吸附在初始磷浓度为 32 mg/g 时存在微弱差异：沉降前 DWTR 的磷吸附量为 2.8 mg/g；沉降于原始湖水 DWTR 的为 2.6 mg/g；沉降于富磷湖水 DWTR 的为 2.4 mg/g，但当初始磷浓度低于 16 mg/g 时，3 种 DWTR 之间磷吸附量无明显差异。因此，沉降前后 DWTR 在不同初始磷浓度条件下对磷吸附量的差异较小。

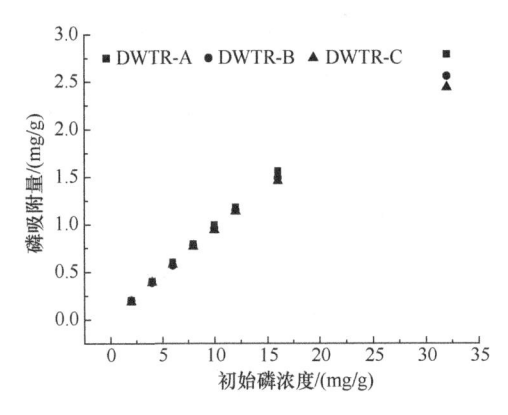

图 6-16　在不同初始磷浓度条件下，沉降前后 DWTR 对磷的吸附效果
DWTR-A、DWTR-B 和 DWTR-C 分别表示沉降前、沉降于原始湖水和沉降于富磷湖水的 DWTR

为了更好地了解沉降前后 DWTR 在不同初始磷浓度条件下磷的吸附特征，本研究用 Langmuir 和 Freundlich 方程拟合实验数据，结果见表 6-10。

表 6-10　Langmuir 和 Freundlich 方程的拟合结果

DWTR	Langmuir 方程			Freundlich 方程		
	b	q_m	R^2	K	n	R^2
沉降前	4.2	2.84	0.93	1.9	0.29	0.95
沉降于原始湖水	1.4	2.74	0.95	1.6	0.36	0.98
沉降于富磷湖水	1.1	2.65	0.98	1.2	0.38	0.97

从表 6-10 中可知，Langmuir 和 Freundlich 方程都可以很好地拟合这 3 种 DWTR 在不同初始磷浓度条件下的吸附数据（$R^2>0.93$）。根据 Langmuir 方程的拟合结果可知，和沉降前 DWTR 相比，沉降后 DWTR 磷的饱和吸附量有降低，且沉降于原始湖水的 DWTR 磷饱和吸附量要高于沉降于富磷湖水 DWTR 的。然而，通过计算可知，与沉降前 DWTR 相比，沉降于原始湖水和富磷湖水 DWTR 磷饱和吸附量分别仅降低了 3.5%和 6.7%。因此，沉降前后 DWTR 的磷饱和吸附量差异小。Freundlich 方程中参数 n 为吸附指数（刘绮，2004），当 $0.1<n<0.5$ 时，表明该吸附过程容易发生。本研究 3 种 DWTR 拟合得到的 n 值都在该范围内，说明 3 种 DWTR 磷的吸附作用均易发生。该结果进一步表明沉降前后 DWTR 磷的吸附作用相似。

3. pH 影响

pH 对沉降前后 DWTR 磷吸附作用的影响如图 6-17 所示。沉降前 DWTR、沉降于原始湖水 DWTR 和沉降于富磷湖水 DWTR 的磷吸附量表现出随着 pH 升高逐渐减小的趋势，但在不同 pH 条件下差异较小。在不同 pH 条件下，3 种 DWTR 之间的磷吸附量大小顺序依次为：沉降前 DWTR、沉降于原始湖水 DWTR 和沉降于富磷湖水 DWTR。然而，相比较而言，3 种 DWTR 之间磷吸附量差异比例在 2.1%~3.1%。因此，在不同 pH 条件下，沉降前后 DWTR 的磷吸附量差异较小。

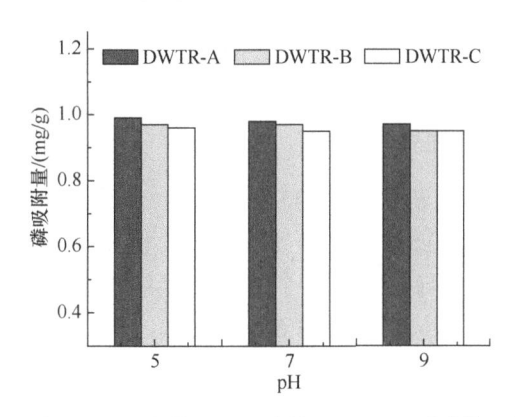

图 6-17　在不同 pH 条件下，沉降前后 DWTR 对磷的吸附效果
DWTR-A、DWTR-B 和 DWTR-C 分别表示沉降前、沉降于原始湖水和沉降于富磷湖水的 DWTR

6.5.3　沉降前后 DWTR 固定沉积物磷能力的变化

沉降前后 DWTR 对白洋淀沉积物中磷形态的影响见图 6-18。沉降前 DWTR、沉

于原始湖水 DWTR 和沉降于富磷湖水 DWTR 对沉积物中磷形态有较明显的影响，但 3 种 DWTR 对沉积物中磷形态影响差异不明显。沉降前后 DWTR 对沉积物中 NH_4Cl-P 影响较小，然而，DWTR 对沉积物中 BD-P、NaOH-P 和 HCl-P 有明显的影响。DWTR 促使沉积物中 BD-P 的含量从 1.1 mg/g 降低到 0.26 mg/g 左右，使 NaOH-P 从 1.6 mg/g 左右升高到 2.2 mg/g 左右，使 HCl-P 从 1.8 mg/g 降低到 1.7 mg/g 左右。总的来说，3 种 DWTR 对沉积物中可移动磷（BD-P）的降低作用基本一致，这表明沉降前后 DWTR 对磷的固定能力相近。

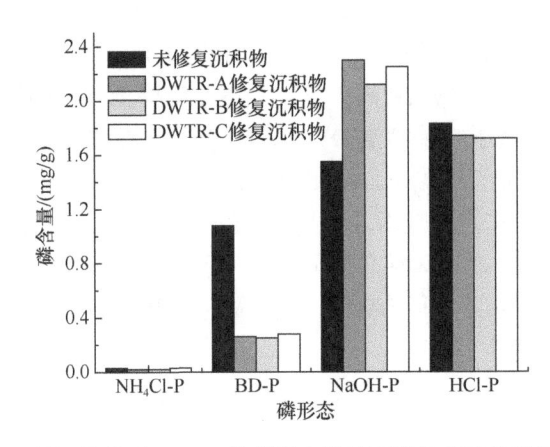

图 6-18 被沉降前后 DWTR 修复的白洋淀沉积物中磷分级提取结果
DWTR-A、DWTR-B 和 DWTR-C 分别表示沉降前、沉降于原始湖水和沉降于富磷湖水的 DWTR

综上研究可知，无论是在原始湖水中沉降，还是在富磷湖水中沉降，DWTR 仅对磷的吸附速率变慢，而磷的吸附量在不同 pH 和初始磷浓度条件下变化较小。不仅如此，沉降前后 DWTR 具有相近的固定沉积物中磷的能力。因此，湖水中沉降对 DWTR 磷固定能力影响小。

6.6 投加量的影响

6.6.1 DWTR 和沉积物的性质

DWTR 的基本性质见表 6-11。DWTR 中铁铝的含量存在明显差异。北京某水厂两种 DWTR（BJ1-DWTR 和 BJ2-DWTR）富含铁铝，杭州某水厂 DWTR（HZ-DWTR）富含铝。这些铁铝含量的差异应是由各个给水厂絮凝剂的使用量不同造成的。通过比较可知，DWTR 中 Al_{ox} 的含量占总铝的 55%~70%，而 Fe_{ox} 占总铁的 27%~57%。各个 DWTR 中总磷的含量在 42~92 μmol/g。对于可提取无机磷而言，其在 BJ1-DWTR 和 BJ2-DWTR 中含量占总磷的 20%~25%，而 HZ-DWTR 中有 85%的总磷为可提取磷。在可提取磷中，BJ1-DWTR、BJ2-DWTR 和 HZ-DWTR 都主要以 NaOH-P 存在。各个沉积物中 NH_4Cl-P 和 BD-P 含量均较低，约占总磷的 0.15%。因此，DWTR 中磷具有较高的稳定性。

表 6-11 DWTR 中铁铝磷的形态分布

性质	DWTR		
	BJ1	BJ2	HZ
总铝/（μmol/g）	2160	3630	3130
总铁/（μmol/g）	2150	2380	550
Al_{ox}/（μmol/g）	1470	2010	2210
Fe_{ox}/（μmol/g）	1050	1360	150
总磷/（μmol/g）	45	42	92
NH_4Cl-P/（μmol/g）	ND	ND	ND
BD-P/（μmol/g）	0.070	0.080	0.13
NaOH-P/（μmol/g）	8.9	10	72
HCl-P/（μmol/g）	ND	0.39	5.7

注：ND 表示未检测出

沉积物中各种形态磷的分布情况如表 6-12 所示。海河沉积物中总磷含量最高，其次分别是白洋淀、黄河、长江、太湖、珠江和巢湖。然而，对于可提取磷而言，其在白洋淀沉积物中含量最高（18 μmol/g），约占总磷的 59%，其余沉积物可提取磷占总磷的 30%左右。在可提取磷中，各个沉积物中 NH_4Cl-P 浓度都较低，都<0.1 μmol/g。相比较而言，白洋淀、巢湖、黄河和长江的沉积物中磷较多以 HCl-P 存在；太湖、珠江和海河的沉积物中磷主要以 BD-P 和 HCl-P 存在。对于沉积物中可移动磷（NH_4Cl-P 和 BD-P）而言，其在海河沉积物中含量最高，其次分别是白洋淀、珠江、太湖、长江、黄河和巢湖。由于可移动磷主要以 BD-P 存在，因此各个沉积物在低氧化还原电位条件下（如厌氧环境）具有较高的磷释放风险。

表 6-12 沉积物中磷形态的分布

性质	白洋淀	巢湖	太湖	长江	海河	珠江	黄河
NH_4Cl-P/（μmol/g）	0.070	0.020	0.023	0.043	0.055	0.043	0.063
BD-P/（μmol/g）	3.1	0.82	2.1	1.9	4.0	2.1	1.1
NaOH-P/（μmol/g）	3.4	0.77	1.1	0.50	1.1	0.71	0.25
HCl-P/（μmol/g）	11	1.4	2.5	3.9	4.1	1.7	5.2
总磷/（μmol/g）	30	10	17	19	32	12	21

6.6.2 沉积物中活性磷的变化

DWTR 修复后白洋淀沉积物中剩余的可移动磷（NH_4Cl-P 和 BD-P）量的变化如图 6-19 所示。随着 3 种 DWTR 投加比例的增加，沉积物中剩余可移动磷量逐渐减少。但是，当投加比例高于 0.060 时，沉积物中可移动磷量变化较小，维持在 0.30 μmol/g 左右。因此，沉积物中有少量的可移动磷不能被 DWTR 固定。这可能主要与沉积物的基本性质有关。例如，沉积物中有机质可能在沉积物颗粒表层形成一层抑制扩散层，进而阻止可移动磷被 Fe_{ox} 和 Al_{ox} 的固定（Wang et al.，2011）。无论如何，3 种 DWTR 对沉积物中可移动磷表现出很强的固定能力。通过计算可知，白洋淀沉积物中约有 90%的可移动磷可被 DWTR

固定。

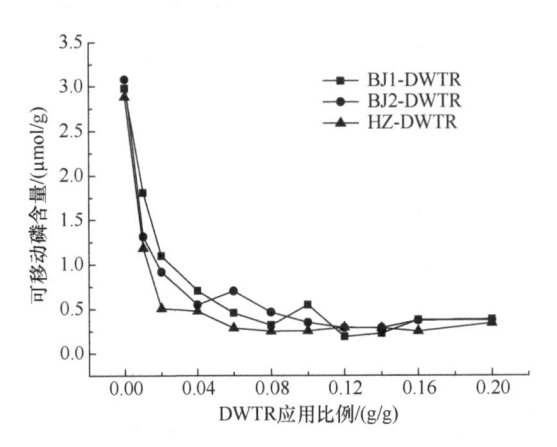

图 6-19 白洋淀沉积物中可移动磷在不同 DWTR 应用比例下的含量

6.6.3 沉积物中 Al_{ox} 和 Fe_{ox} 的变化

DWTR 修复后沉积物中 Al_{ox} 和 Fe_{ox} 量的变化见图 6-20。沉积物中 Al_{ox} 和 Fe_{ox} 量随着 DWTR 投加比例的增加，由 140 μmol/g（Al_{ox}+Fe_{ox}，DWTR 投加比例为 0 时，即对照组）分别增加到 859 μmol/g（BJ1-DWTR 投加比例为 20%时）、1081 μmol/g（BJ2-DWTR 投加比例为 20%时）和 726 μmol/g（HZ-DWTR 投加比例为 20%时）。此外，将投加到沉积物的 DWTR 中 Al_{ox} 和 Fe_{ox} 量与沉积物中增加的 Al_{ox} 和 Fe_{ox} 量进行线性拟合，结果见图 6-21。从结果可知，投加沉积物中 Al_{ox} 和 Fe_{ox} 量与沉积物中 Al_{ox} 和 Fe_{ox} 的增加量呈非常好的线性关系（R^2=0.99）。因此，沉积物中增加的 Al_{ox} 和 Fe_{ox} 应主要来自于 DWTR。

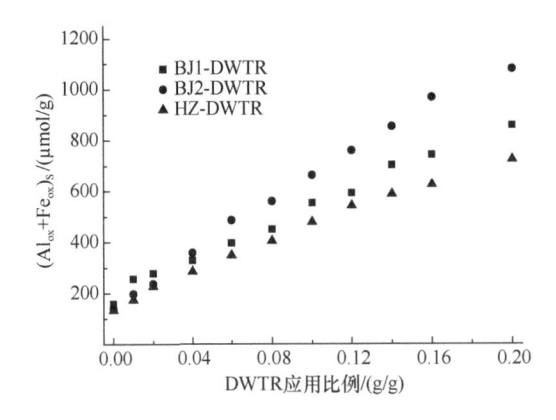

图 6-20 白洋淀沉积物中 Fe_{ox} 和 Al_{ox} [$(Fe_{ox}+Al_{ox})_s$] 在不同 DWTR 应用比例下的含量

6.6.4 DWTR 中 Fe_{ox} 和 Al_{ox} 固定沉积物中磷能力的确定

根据 6.6.2 节的分析可知，当 3 种 DWTR 的投加比例高于 0.060 时，沉积物中可移动磷无明显变化，因此，以投加比例 0.060 为临界点，根据图 6-19，确定 DWTR 在各个投加比例条件下沉积物中可移动磷的减少量；根据图 6-20，确定 DWTR 在各个投加比例条件下沉积物中 Fe_{ox} 和 Al_{ox} 增加量，然后对它们之间的数值进行线性拟合，结果见图 6-22。

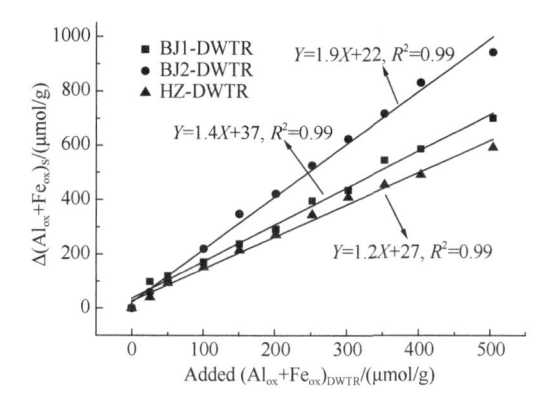

图 6-21 白洋淀沉积物中 Fe_{ox} 和 Al_{ox} 增加量 [$\Delta(Al_{ox}+Fe_{ox})_s$] 与 DWTR 在不同比例下投加的 Fe_{ox} 和 Al_{ox} 量 [Added$(Al_{ox}+Fe_{ox})_{DWTR}$] 的线性拟合结果

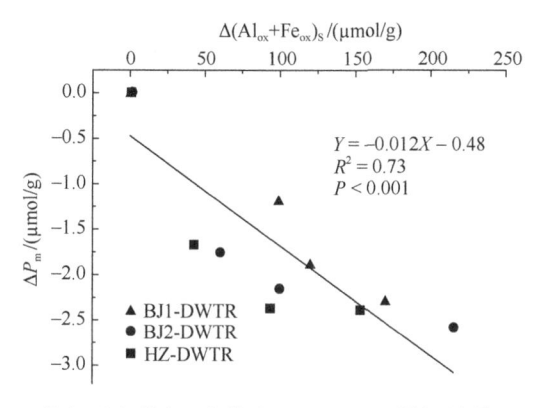

图 6-22 DWTR 修复后白洋淀沉积物中 Fe_{ox} 和 Al_{ox} 增加量 [$\Delta(Al_{ox}+Fe_{ox})_s$] 与可移动磷减少量 ($\Delta P_m$) 的关系

从图中可知，沉积物中减少的可移动磷量和增加的 Al_{ox} 和 Fe_{ox} 量呈显著线性相关（$R^2=0.73$，$P<0.001$）。根据结果可得式（6-5）：

$$\Delta P_m = -0.012 \times \Delta(Al_{ox} + Fe_{ox})_s - 0.48 \tag{6-5}$$

式中，ΔP_m 为沉积物中可移动磷的减少量，$\mu mol/g$；$\Delta(Al_{ox}+Fe_{ox})_s$ 为沉积物中 Al_{ox} 和 Fe_{ox} 增加量，$\mu mol/g$。

在本研究中，根据图 6-21 的拟合结果可知，以沉积物中增加的 Al_{ox} 和 Fe_{ox} 量为因变量，投加的 DWTR 中 Al_{ox} 和 Fe_{ox} 量为自变量的线性等式斜率略大于 1。因此，沉积物中增加的 Al_{ox} 和 Fe_{ox} 量略高于投加的 DWTR 中 Al_{ox} 和 Fe_{ox} 量。这可能与沉积物中有机质有关。正如第 2 章所述，有机酸会活化 DWTR 中的晶体铁铝，提高 DWTR 中无定形铁铝量（Al_{ox} 和 Fe_{ox}）。上述结果也表明，基于沉积物中增加的 Al_{ox} 和 Fe_{ox} 量计算的最适 DWTR 投加量应略大于基于实际投加的 DWTR 中 Al_{ox} 和 Fe_{ox} 量计算的。然而，为保证沉积物中磷可被充分固定，本研究以沉积物中增加的 Al_{ox} 和 Fe_{ox} 量为所需的 DWTR 中 Al_{ox} 和 Fe_{ox} 量。因此，式（6-5）可被转换为式（6-6）：

$$\Delta P_m = -0.012 \times (Al_{ox} + Fe_{ox})_{DWTR} - 0.48 \tag{6-6}$$

式中，$(Al_{ox} + Fe_{ox})_{DWTR}$ 为所需的 DWTR 中 Al_{ox} 和 Fe_{ox} 量，$\mu mol/g$。

式（6-6）也可被转为式（6-7）：

$$(Al_{ox} + Fe_{ox})_{DWTR} = 83 \times (-\Delta P_m) - 40 \qquad (6-7)$$

在实际应用中，DWTR 固定沉积物中磷最理想的情况是将沉积物中可移动磷（P_m）全部固定，即 $-\Delta P_m = P_m$，因此，可得式（6-8）：

$$(Al_{ox} + Fe_{ox})_{DWTR} = 83 \times P_m - 40 \qquad (6-8)$$

在应用时，可根据式（6-8），并结合要修复的沉积物中 P_m 含量，计算出所需要的（$Al_{ox}+Fe_{ox}$）$_{DWTR}$ 量。另外，当沉积物中 P_m 小于 0.48 μmol/g 时，式（6-8）不能确定最佳 DWTR 使用量。

6.6.5 DWTR 各种沉积物中磷的固定

根据式（6-8），结合表 6-13 中巢湖、太湖、长江、海河、珠江和黄河沉积物中可移动磷（P_m）的含量，计算出所需的（$Al_{ox}+Fe_{ox}$）$_{DWTR}$ 量。然后，根据表 6-13 中各个 DWTR 中 Al_{ox} 和 Fe_{ox} 含量，计算得出最适 DWTR 投加量，结果见表 6-13。按照计算出的投加量，将 DWTR 与沉积物混合，进行培养修复。

表 6-13 根据式（6-8），计算的最适 DWTR 投加量（干重）

沉积物	DWTR/（g/g）		
	BJ1-DWTR	BJ2-DWTR	HZ-DWTR
巢湖	0.012	0.0088	0.013
太湖	0.053	0.040	0.058
长江	0.048	0.036	0.051
海河	0.12	0.089	0.13
珠江	0.055	0.041	0.058
黄河	0.022	0.017	0.024

巢湖、太湖、长江、海河、珠江和黄河沉积物在被 DWTR 修复前后的可移动磷变化如图 6-23 所示。从图中可知，在被 DWTR 修复后，尽管各个沉积物中可移动磷含量存在差异，但是这些磷含量基本低于 0.35 μmol/g。该值也与 DWTR 修复后（投加量高

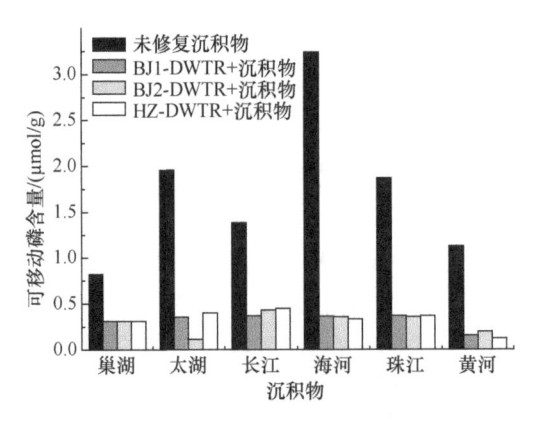

图 6-23 基于估算最适投加量条件下，各个沉积物在被 DWTR 修复后沉积物中可移动磷含量

于 0.060 g/g）白洋淀沉积物含有的可移动磷含量相近。并且，DWTR 修复后沉积物中可移动磷的含量与以往报道的被铁铝盐修复后的沉积物中可移动磷含量相近（Egemose et al.，2009；Hansen et al.，2003；Kopáček et al.，2005）。综上所述，本研究确定的式（6-8）可被用于估算最适 DWTR 投加量。

一般而言，表层 10 cm 沉积物中磷会参与整个水环境系统的磷循环（Søndergaard et al.，2003）。因此，在实际应用中，尽管可移动磷含量会随着沉积物的深度不同而变化，但是我们可以采集表层 10 cm 沉积物，计算沉积物中平均可移动磷含量，进而以此为依据计算 DWTR 最适用量。本研究通过将沉积物和 DWTR 完全混合的方式，来确定 DWTR 中 Al_{ox} 和 Fe_{ox} 对沉积物中可移动磷的固定能力。在实际应用时，尽管 DWTR 与沉积物很难充分混合，但是式（6-8）是以沉积物中所有可能释放的磷为基础；由于沉积物中可移动磷很难全部被释放，因此由式（6-8）确定的 DWTR 用量应足够控制沉积物中磷的释放作用。

6.7 DWTR 控制沉积物磷释放的特征

6.7.1 模拟装置的构建

不同 DO 水平条件下，DWTR 对沉积物磷释放的控制效果的实验原理如图 6-24 所示。4 个沉积物柱状样（白洋淀沉积物），其中有两个柱状样品的表层铺上 DWTR；DWTR 的投加量为 25 g，约占沉积物干重的 10%。4 个柱子中分别加入 1.25 L、离子强度为 0.01 mol/L 的 KCl 溶液（固液高度比约为 1∶5），并且在加入过程中要保证沉积物没有悬浮。然后进行柱状培养实验，该实验分为两组，每组使用两个柱子，一个柱子的沉积物上铺有 DWTR（实验组），另一个没有铺（对照组）。其中一组是通过将上覆水 DO 依次保持在<1 mg/L（低 DO 水平）、2~4 mg/L（中 DO 水平）和 5~8 mg/L（高 DO

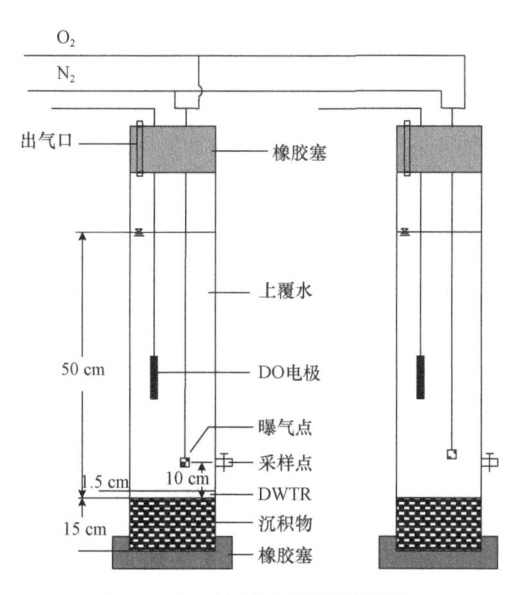

图 6-24 柱状培养实验原理图

水平）3 个水平，考察上覆水的富氧过程对 DWTR 控制沉积物释磷作用的影响。另外一组是通过将上覆水 DO 依次保持在 5~8 mg/L（高 DO 水平）、2~4 mg/L（中 DO 水平）和<1 mg/L（低 DO 水平）3 个水平，考察上覆水消氧过程对 DWTR 控制沉积物释磷作用的影响。每个 DO 水平保持 21 d，每 7 d 取样，测定上覆水的 pH 及磷和总铁铝的浓度。每隔 21 d（进入下一个 DO 水平实验阶段）在柱中补充离子强度为 0.01 mol/L 的 KCl 溶液，保证固液高度比为 1∶5。DO 水平的控制方法：使用在线 DO 检测仪，确定上覆水 DO 的浓度，然后根据实验要求，通过向上覆水中曝 N_2 或 O_2（保证底泥不悬浮），使上覆水的 DO 保持一定范围。

6.7.2　上覆水性质变化

DWTR 在富氧过程和消氧过程中对上覆水性质的影响结果分别见表 6-14 和表 6-15。DWTR 对上覆水水质有明显的影响，并且在不同 DO 水平条件下，这种影响也表现出一定差异。具体分析如下。

表 6-14　在富氧过程中，DWTR 对上覆水性质变化的影响

DO 浓度	时间/d	磷浓度/(mg/L) 对照	磷浓度/(mg/L) 控制	总铁/(mg/L) 对照	总铁/(mg/L) 控制	总铝/(mg/L) 对照	总铝/(mg/L) 控制	pH 对照	pH 控制
低	7	0.32	0.051	0.0031	0.039	0.0081	0.14	7.42	7.44
低	14	0.32	0.062	0.012	0.059	0.010	0.14	7.32	7.22
低	21	0.41	0.040	0.0093	0.068	0.0042	0.12	7.13	7.21
中	28	0.21	0.033	0.0051	0.055	0.0027	0.078	6.99	7.13
中	35	0.23	0.022	0.0050	0.043	0.0026	0.12	7.01	7.09
中	42	0.21	0.046	0.0044	0.041	0.0053	0.046	6.95	7.14
高	49	0.11	ND	0.0044	0.029	0.0033	0.052	7.04	7.11
高	56	0.17	ND	0.0051	0.022	0.010	0.050	7.08	7.14
高	63	0.11	ND	0.0038	0.021	0.0064	0.046	7.03	7.08

注：ND 表示未检测出

表 6-15　在消氧过程中，DWTR 对上覆水性质变化的影响

DO 浓度	时间/d	磷浓度/(mg/L) 对照	磷浓度/(mg/L) 控制	总铁/(mg/L) 对照	总铁/(mg/L) 控制	总铝/(mg/L) 对照	总铝/(mg/L) 控制	pH 对照	pH 控制
低	7	0.17	0.011	0.0042	0.031	0.0081	0.100	7.21	7.32
低	14	0.12	0.012	0.0043	0.016	0.0093	0.100	7.22	7.24
低	21	0.14	ND	0.0051	0.017	0.0085	0.098	7.11	7.34
中	28	0.22	0.033	0.0064	0.035	0.0060	0.085	7.01	7.21
中	35	0.21	0.042	0.0065	0.054	0.0071	0.084	6.99	7.09
中	42	0.28	0.021	0.0041	0.057	0.0063	0.066	7.04	7.13
高	49	0.37	0.059	0.010	0.067	0.0082	0.047	7.00	7.04
高	56	0.45	0.048	0.0092	0.082	0.0054	0.057	6.91	7.02
高	63	0.42	0.064	0.014	0.074	0.0089	0.038	6.94	6.99

注：ND 表示未检测出

1. 磷浓度

从表 6-14 和表 6-15 中可知,在富氧和消氧过程中,随着 DO 的降低,上覆水中磷浓度都逐渐升高。然而,DWTR 控制后(沉积物上覆盖 DWTR)的上覆水磷浓度明显低于对照组。DWTR 控制后,上覆水的磷浓度在低、中和高 DO 水平条件下,依次从 0.14~0.40 mg/L、0.21~0.28 mg/L 和 0.11~0.42 mg/L 降低到 0~0.040 mg/L、0.021~0.046 mg/L 和 0~0.064 mg/L。因此,DWTR 可明显使上覆水磷浓度降低,尤其在高 DO 水平条件下,控制效率接近 100%。

2. 铁铝浓度

从表 6-14 和表 6-15 中可知,对于铁而言,随着 DO 的降低,其在上覆水中浓度逐渐升高,且 DWTR 控制后的要高于对照组的。对于铝而言,其在上覆水浓度的变化与 DO 无明显关系:对照组上覆水铝浓度在不同时间和 DO 下维持在 0.010 mg/L 左右;而 DWTR 控制后,铝浓度随培养时间的增加而减少,但高于对照组。因此,在不同 DO 水平条件下,DWTR 会释放铁铝。进一步计算可知,DWTR 促使沉积物释放的铁和铝含量(平均值)分别增加了 0.051 mg 和 0.094 mg,占投入 DWTR 中总量的 0.0020%(铁)和 0.0080%(铝)。因此,在不同 DO 下,DWTR 中铁铝具有较高稳定性。

3. pH 变化

从表 6-14 和表 6-15 中可知,在富氧和消氧过程中,随着培养时间的增加,DWTR 控制组和对照组的 pH 都表现出降低趋势,并且 DWTR 控制后的 pH 略高于对照组的。在实验最终,DWTR 控制组和对照组的 pH 为 6.90~7.44,因此,DWTR 的投加对上覆水 pH 影响小。

6.7.3 磷的分级提取

不同层沉积物中磷的分级提取结果见图 6-25。DWTR 控制组和对照组沉积物中都含有较少的 NH_4Cl-P(约为 0.0020 mg/g),然而,两组表层 0~2 cm 沉积物中 BD-P、NaOH-P

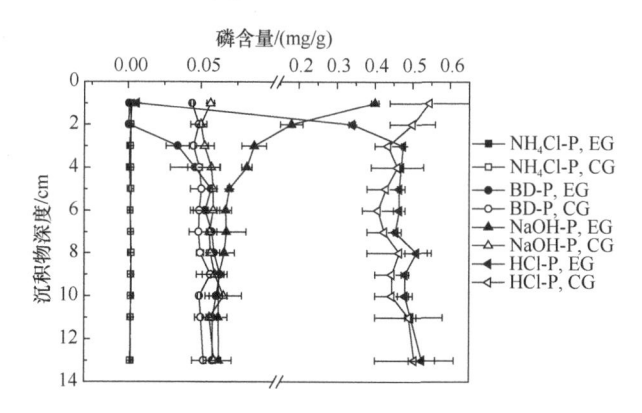

图 6-25 磷的分级提取结果

EG. DWTR 控制组;CG. 对照组;误差线为富氧和消氧柱子沉积物中磷之间波动

和 HCl-P 含量却存在显著差异：对于 BD-P 和 HCl-P 而言，它们在对照组沉积物中含量稳定，分别约为 0.045 mg/g 和 0.45 mg/g，但在 DWTR 控制组中含量明显较低，尤其是 0~1 cm 表层沉积物，分别约为 0.00075 mg/g 和 0.0060 mg/g；对于 NaOH-P 而言，其在对照组中含量约为 0.050 mg/g，但在 DWTR 控制组中明显较多，含量达到 0.40 mg/g。综上所述，DWTR 投加对沉积物中磷形态有明显影响。

6.7.4　^{31}P NMR 分析

从上述分析可知，在富氧和消氧过程中，DWTR 控制组和对照组表层 0~2 cm 的性质差异较为明显，所以本研究使用 ^{31}P NMR 分析了表层 0~3 cm 沉积物中有机磷种类的差异。沉积物 ^{31}P NMR 分析的图谱如图 6-26 所示。环境样品中磷化合物的化学位移主要在–25~25ppm。根据它们各自的共振频率，可分为磷酸盐（phosphonate），17.5~21 ppm；正磷酸盐（orthophosphate，简称 Ortho-P），6~8 ppm；磷酸单酯（orthophosphate monoesters，简称 Monoester-P），3~6 ppm；磷酸二酯（orthophosphate diesters，简称 Diester-P），–1~2.5 ppm；焦磷酸盐（pyrophosphate，简称 Pyro-P），–5~–2.5 ppm；聚磷酸盐（polyphosphates，简称 Poly-P），–20 ppm 左右。从图 6-26 中可知，沉积物的 NaOH-EDTA 提取物中主要含有 Ortho-P、Monoester-P、Diester-P 和 Pyro-P。不同层沉积物中磷化合物的含量见表 6-16。从表中可知，与对照组相比，Ortho-P 在 DWTR 控制组表层 0~3 cm 沉积物中含量较低，尤其是在 0~1 cm；Monoester-P 在表层 0~1 cm 中含量也明显较低，但在 1~3 cm 沉积物中含量偏高；Pyro-P 在表层 0~3 cm 都较低，而 Diester-P 都较高。总的来说，DWTR 控制组表层 0~3 cm 中提取的总磷和总无机磷含量都低于对照组；表

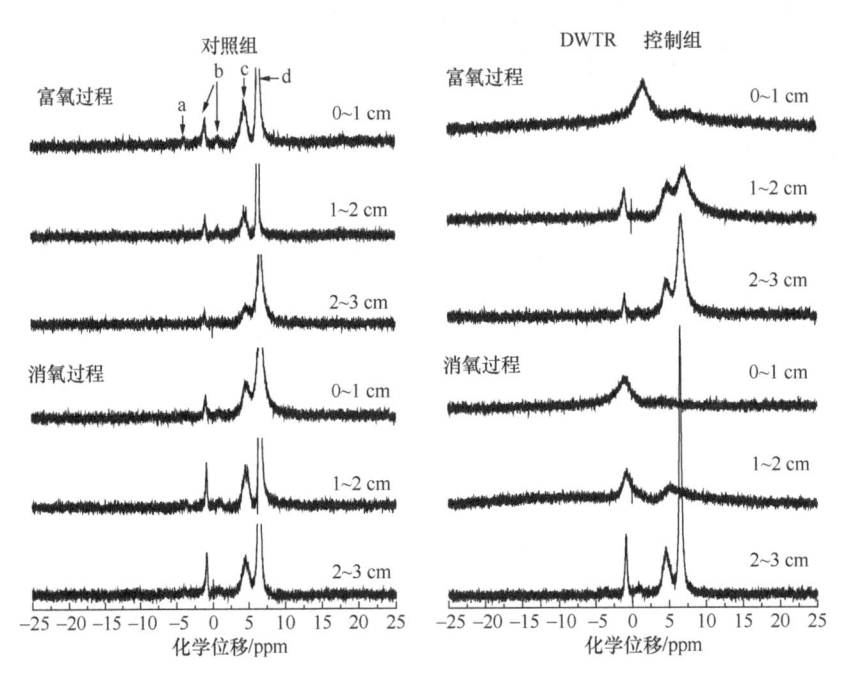

图 6-26　表层 0~3 cm 沉积物 ^{31}P NMR 分析结果

a、b、c 和 d 分别指 Pyro-P、Diester-P、Monoester-P 和 Ortho-P

表 6-16 不同层沉积物 NaOH-EDTA 提取物中各种有机磷的含量

组分	深度/cm	Ortho-P /(μg/g)	Monoester-P /(μg/g)	Diester-P /(μg/g)	Pyro-P /(μg/g)	TIP[a] /(μg/g)	TOP[b] /(μg/g)	总磷
对照	0~1	56±8.6[c]	17±5.2	3.8±0.38	0.23±0.23	56±8.9	21±5.6	77±14
	1~2	61±4.2	11±1.8	4.1±0.74	0.31±0.20	61±4.4	15±2.5	77±6.9
	2~3	61±4.0	17±1.9	5.4±2.1	0.47±0.47	61±4.5	22±4.1	83±8.5
DWTR 控制	0~1	0.82±0.82	0.99±0.99	9.6±1.9	ND	0.82±0.82	11±2.9	11±1.7
	1~2	10±10	15±4.5	10±1.7	ND	10±10	26±6.2	35±17
	2~3	52±4.2	20±0.20	9.7±1.5	0.19±0.19	52±4.4	30±1.7	83±6.1

a. 提取的总无机磷（Ortho-P 和 Pyro-P）；b. 提取的总有机磷（Monoester-P 和 Diester-P）；c. 平均值±波动值（两个柱子）
注：ND 表示未检测出

层 0~1 cm 中提取的总有机磷含量也低于对照组，但表层 1~3 cm 中提取的总有机磷含量高于对照组。

6.7.5 控制磷释放机制解析

本研究结果表明，上覆水磷浓度随着 DO 的降低而升高。这应与厌氧条件下，沉积物具有较强的还原作用有关（Smith et al.，2011）。无论如何，DWTR 可以显著降低上覆水中磷浓度，尤其是在好氧条件下。该结果表明 DWTR 具有较好的控制湖泊沉积物磷释放的效果。

磷在沉积物中释放作用与其赋存形态密切相关。此外，本研究，DWTR 控制组中沉积物表面覆盖了 1.5 cm 厚的 DWTR，这表明控制组表层 0~1 cm 样品主要为 DWTR，1~2 cm 样品主要为沉积物和 DWTR 混合物，2~3 cm 主要为沉积物。由于本研究采用 4 个沉积物柱子，各个柱子沉积物性质肯定具有一定的差异，因此，DWTR 控制组和对照组表层 1~3 cm 样品性质差异应在不同程度上与各沉积物自身的异质性有关系。因此，本研究重点分析了 DWTR 控制组和对照组表层 0~1 cm 样品中磷分布的差异。

磷的分级提取结果（图 6-25）表明 DWTR 控制组和对照组表层 0~1 cm 沉积物中都含有较少的 NH_4Cl-P，但前者沉积物中 BD-P 含量明显低于后者，这表明 DWTR 控制组表层沉积物中磷更稳定。此外，比较 DWTR 控制组表层 0~1 cm 沉积物（纯 DWTR）与应用前 DWTR 中 NH_4Cl-P、BD-P、NaOH-P 和 HCl-P 含量可知（图 6-25，表 6-12），两个样品中都含有少量的 NH_4Cl-P、BD-P 和 HCl-P，但 NaOH-P 较多。其中，作为表层沉积物的 DWTR 含有 NaOH-P 的量明显高于应用前 DWTR 的。该结果表明 DWTR 可以固定底层沉积物中释放的磷，进而达到降低上覆水中磷浓度的目的。

^{31}P NMR 对沉积物 NaOH-EDTA 提取物的分析结果表明沉积物中存在 Ortho-P、Pyro-P、Monoester-P 和 Diester-P。其中，Diester-P 在 DWTR 控制组表层 0~1 cm 沉积物中含量高于对照组。有研究表明 Diester-P 含量与沉积物的生物量呈正相关（Ahlgren et al.，2011）。DWTR 含有较大的比表面积和丰富的营养物质（Babatunde et al.，2009），所以 DWTR 作为表层沉积物时，可能会有利于微生物生长，进而使其含有较多的 Diester-P。无论如何，与对照组相比，NaOH-EDTA 从 DWTR 控制组表层 0~1 cm 沉积物中提取出较少的总磷，以及总有机磷和无机磷。因此，作为"表层沉积物"的 DWTR

具有较低的磷释放潜能。结合 6.1 节研究可知，DWTR 控制沉积物中磷释放的机制应包括两点：①与最表层沉积物接触，稳定沉积物中可移动磷；②固定底层沉积物释放的磷。

6.8 本章小结

DWTR 对沉积物中无机磷有较好的固定效果，主要是将沉积物中可移动磷转化为 NaOH-P，但对沉积物中有机磷活性影响小。在正常 pH 范围、不同硅酸根离子浓度、离子强度和沉积物中有机质含量，以及厌氧环境、黑暗、低微生物活性和沉积物再悬浮条件下，DWTR 明显降低沉积物中磷的释放潜力。DWTR 还可以提高沉积物对外源磷的缓冲能力；提高沉积物对硫化氢的吸附能力，削弱硫化氢与沉积物中磷的竞争能力。此外，沉降前后 DWTR 具有相近的固定沉积物中磷的能力。DWTR 中 Fe_{ox} 和 Al_{ox} 对沉积物中可移动磷固定能力符合线性关系。DWTR 通过固定底层沉积物释放的磷及表层沉积物中的磷，显著降低了上覆水在不同 DO 水平下的磷浓度。

第7章 DWTR 金属污染风险

7.1 不同 DWTR 中的金属活性

7.1.1 DWTR 的元素分布特征

北京某水厂 DWTR（BJ-DWTR）、包头某水厂 DWTR（BT-DWTR）、广州某两个水厂 DWTR（GZ1-和 GZ2-DWTR）、杭州某水厂 DWTR（HZ-DWTR）和兰州某水厂 DWTR（LZ-DWTR）表面元素分布如表 7-1 所示。DWTR 表面主要分布有碳（18%~42%）、氧（35%~49%）、氮（1.0%~2.5%）、硅（7.7%~18%）、铝（8.1%~13%）、钙（0.65%~2.8%）、铁（0.45%~0.86%）和镁（0.26%~1.4%），也含有少量的硫（0~0.78%）、氯（0~0.58%）和钠（0~0.35%）。所以，DWTR 表面含有的主要金属元素是铝、钙、铁和镁。

表 7-1 DWTR 表面元素分布情况（XPS 结果，%）

元素	BJ-DWTR	BT-DWTR	GZ1-DWTR	GZ2-DWTR	HZ-DWTR	LZ-DWTR
碳	42	20	18	19	29	19
氧	35	48	49	49	44	48
氮	2.5	1.0	1.2	1.1	1.2	1.4
氯	0.37	ND	0.58	ND	ND	ND
硫	0.78	ND	ND	ND	ND	ND
硅	7.7	18	17	15	13	17
铝	9.1	8.1	12	13	12	11
铁	0.86	0.84	0.85	0.82	0.45	0.63
钙	1.1	2.8	0.65	0.81	0.75	1.9
镁	0.26	1.4	0.38	0.35	0.48	0.97
钠	ND	0.33	0.35	0.21	ND	ND

注：ND 表示未检测出

DWTR 中金属全量分析结果见表 7-2。DWTR 中检测出金属铝、砷、钡、铍、钙、镉、钴、铬、铜、铁、镁、锰、钼、镍、铅、锶、钒和锌，但没有检测到金属银、汞、锑和硒。DWTR 中相对含有较多的铝、钙、铁、镁和锰，且铝和铁金属元素含量最高，共占 DWTR 的 4.4%~17%。该结果与 XPS 的分析结果相近。另外，通过比较可知，铜在 GZ1-DWTR（0.14 mg/g）中含量、镁在 BT-DWTR（11 mg/g）和 LZ-DWTR（15 mg/g）中含量、镍在 GZ1-DWTR（0.075 mg/g）中含量、铅在 GZ2-DWTR（0.20 mg/g）中含量，以及锌在 HZ-DWTR（0.41 mg/g）中含量都比其他 DWTR 的明显高。因此，各种金属在 DWTR 中含量都有一定差异。

表 7-2　DWTR 中各种金属的总量　　　　　　　　（单位：mg/g）

元素	BJ-DWTR	BT-DWTR	GZ1-DWTR	GZ2-DWTR	HZ-DWTR	LZ-DWTR
铝	74	19	52	68	94	50
砷	0.056	0.016	0.039	0.011	0.033	0.037
钡	0.33	0.13	0.19	0.20	0.21	0.23
铍	0.0004	0.0008	0.0031	0.0015	0.0026	0.0016
钙	17	54	6.2	19	4.9	50
镉	0.0013	0.0004	0.0010	0.0011	0.0003	0.0006
钴	0.0070	0.010	0.014	0.020	0.010	0.015
铬	0.055	0.029	0.089	0.046	0.048	0.063
铜	0.049	0.022	0.14	0.026	0.033	0.047
铁	97	25	37	62	28	40
镁	1.4	11	2.6	2.0	5.1	15
锰	1.9	0.52	2.0	4.6	2.6	0.79
钼	0.0020	0.0010	0.0060	0.0020	0.0040	0.0010
镍	0.015	0.025	0.075	0.020	0.026	0.039
铅	0.010	0.013	0.093	0.20	0.030	0.026
锶	0.11	0.14	0.030	0.060	0.030	0.16
钒	0.098	0.037	0.047	0.072	0.071	0.065
锌	0.070	0.060	0.28	0.10	0.41	0.12
银	ND	ND	ND	ND	ND	ND
汞	ND	ND	ND	ND	ND	ND
锑	ND	ND	ND	ND	ND	ND
硒	ND	ND	ND	ND	ND	ND

注：ND 表示未检测出

7.1.2　DWTR 中金属赋存形态

各 DWTR 中金属分级提取结果如图 7-1 所示。对于 DWTR 中 BCR 可提取金属而言，（平均比例）可氧化态>酸溶态>可还原态的金属有铝、砷、铍、铬、铜和镍；可氧化态>可还原态>酸溶态的有铁、铅和钒；酸溶态>可还原态>可氧化态的有钡、钙、锰和锶；酸溶态>可氧化态>可还原态的有镉、钴和镁；酸溶态>可氧化态≈可还原态的有锌；仅以可氧化态存在的有钼。总的来说，DWTR 中可提取态金属主要以酸溶态和可氧化态存在，而可还原态金属相对较少。进一步观察可知，DWTR 中残渣态金属（非 BCR 可提取）占总金属平均比例>50%的有铝（63%±27%）、铁（81%±26%）、砷（52%±19%）、铍（53%±21%）、钴（71%±17%）、铬（58%±22%）、铜（64%±18%）、镁（63%±26%）、钼（56%±29%）、镍（65%±25%）、铅（59%±13%）、钒（70%±20%）和锌（51%±27%）；平均比例在 10%~50%的有钡（27%±14%）、镉（39%±17%）、锰（16%±21%）和锶（14%±17%）；平均比例为 100%的有钙。因此，DWTR 中大部分金属主要以非可提取态存在。事实上，本研究中金属在各个 DWTR 中形态有较大的差异（具有较高的标准方差）。

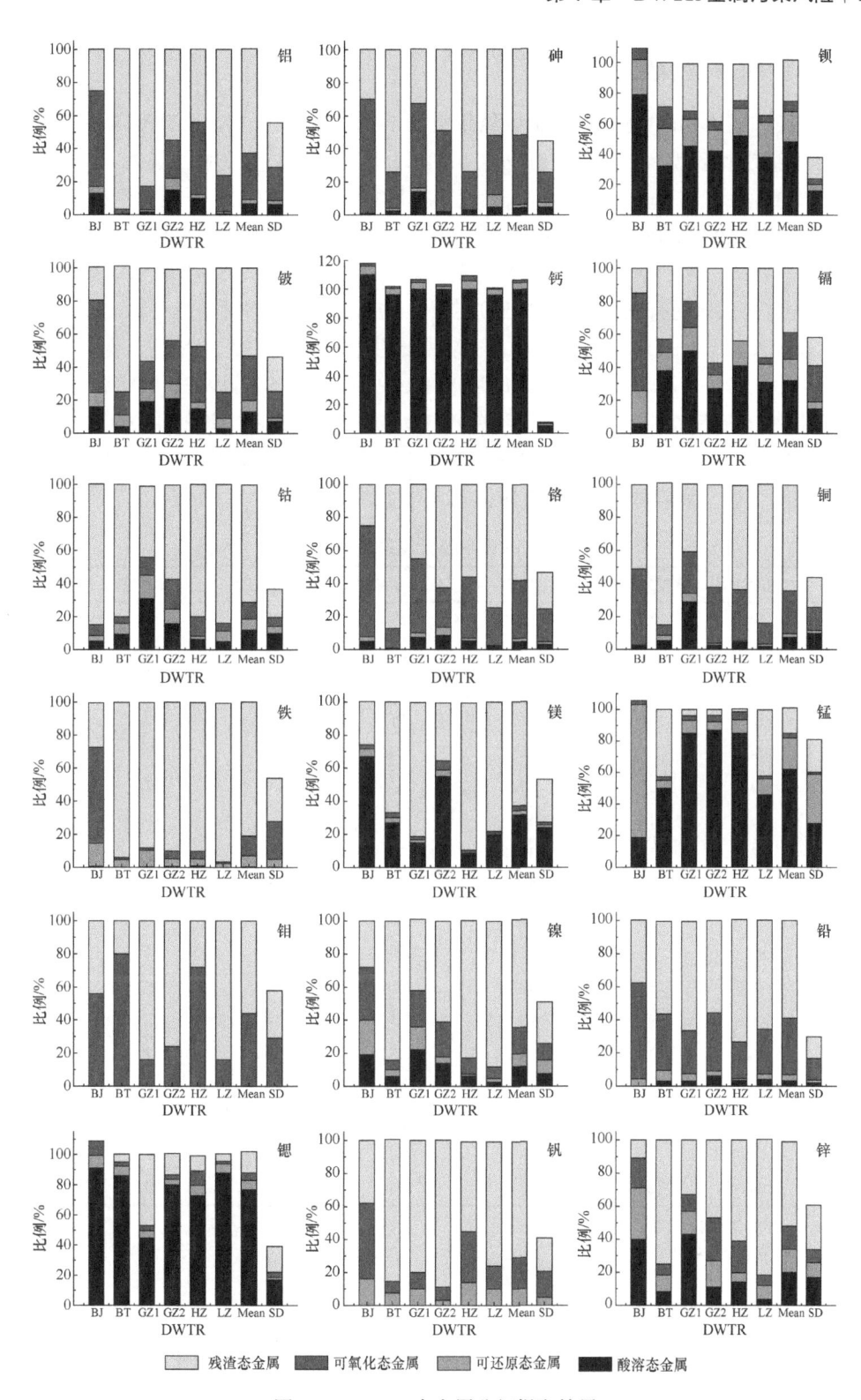

图 7-1 DWTR 中金属分级提取结果

Mean 表示 6 种 DWTR 中各形态金属的平均值；SD 表示 6 种 DWTR 中各形态金属的方差

7.1.3 DWTR 中金属生物可给性

DWTR 中生物可给态金属的提取结果见表 7-3。从表中可知，各 DWTR 中金属的平均生物可给性比例高于 70%的有钙（102%±3.0%）和锶（82%±18%）；平均比例在 50%~70%的有钡（62%±13%）、锰（66%±22%）和锌（54%±19%）；平均比例在 20%~50%的有铝（35%±23%）、砷（33%±13%）、铍（44%±20%）、镉（45%±9.4%）、钴（26%±15%）、铬（23%±11%）、铜（49%±12%）、镁（31%±22%）、镍（24%±15%）和铅（39%±16%）；平均比例低于 20%的有铁（10%±8.6%）、钼（5.7%±7.1%）和钒（13%±7.1%）。总的来说，本研究结果表明 DWTR 中金属具有较高的生物可给性，尤其是钙、锶、钡、锰和锌（>50%）。另外，从表中还可知，BT-DWTR 中铝和铬、HZ-DWTR 中镁和 BJ-DWTR 中铅的生物可给态比例都明显低于其他 DWTR 的；BJ-DWTR 中铁的生物可给性明显高于其他 DWTR 的；钼仅在 GZ1-DWTR、GZ2-DWTR 和 HZ-DWTR 具有生物可给性。这些结果表明一些金属在不同 DWTR 中具有不同的生物可给性。

表 7-3 DWTR 中各金属的生物可给性 （%）

元素	BJ-DWTR	BT-DWTR	GZ1-DWTR	GZ2-DWTR	HZ-DWTR	LZ-DWTR	Mean±SD[a]
铝	64	2.7	19	53	41	28	35±23
砷	18	37	28	55	28	30	33±13
钡	88	52	58	55	57	61	62±13
铍	70	16	42	61	46	27	44±20
钙	100	102	100	100	102	108	102±3.0
镉	33	53	59	44	40	42	45±9.4
钴	27	14	41	46	12	16	26±15
铬	33	2.9	31	30	25	19	23±11
铜	45	38	71	50	45	43	49±12
铁	26	3.4	6.8	12	6.4	3.3	10±8.6
镁	57	26	15	60	8.4	22	31±22
锰	33	54	80	91	81	57	66±22
钼	ND	ND	5.1	15	14	ND	5.7±7.1
镍	38	9.2	39	35	11	9.2	24±15
铅	10	42	45	57	33	46	39±16
锶	91	100	50	83	73	94	82±18
钒	7.3	8.6	13	5.1	24	17	13±7.1
锌	74	25	57	56	39	70	54±19

a. 6 种 DWTR 中各形态金属的平均值±标准方差
注：ND 表示未被检测出

7.1.4 DWTR 中金属浸出毒性

根据预实验对 DWTR 的 pH 缓冲性分析，BJ-DWTR、GZ1-DWTR、GZ2-DWTR 和 HZ-DWTR 采用 Solution Ⅰ确定浸出毒性，BT-DWTR 和 LZ-DWTR 采用 Solution Ⅱ确定浸出毒性。DWTR 中金属的浸出毒性分析（TCLP）结果见表 7-4。除钡（浸出量占总

表 7-4　DWTR 金属浸出特征和 TCLP 标准（USEPA，2004b）

元素		BJ-DWTR	BT-DWTR	GZ1-DWTR	GZ2-DWTR	HZ-DWTR	LZ-DWTR	Mean±SD[a]	标准
铝	mg/L	0.55	2.9	0.25	0.052	5.7	7.1	2.8±3.0	—
	%[b]	0.015	0.31	0.009 6	0.001 5	0.12	0.28	0.12±0.14	
砷	mg/L	0.014	0.054	0.019	0.019	0.013	0.06	0.030±0.021	5.0
	%	0.50	6.9	0.97	3.5	0.79	3.2	2.6±2.4	
钡	mg/L	2.3	1.9	1.5	1.2	1.6	2.9	1.9±0.62	100
	%	14	29	16	12	15	25	19±6.8	
铍	mg/L	ND	0.002 5	0.000 60	ND	ND	0.005 6	0.001 5±0.002 3	—
	%	ND	6.3	0.39	ND	ND	6.9	2.3±2.4	
钙	mg/L	520	3 000	250	610	190	2700	1 200±1 300	—
	%	61	110	81	64	78	110	84±22	
镉	mg/L	ND	0.008 2	0.010	0.001 9	0.001 8	0.010	0.005 3±0.004 6	1.0
	%	ND	40	20	3.5	12	33	18±16	
钴	mg/L	0.003 4	0.051	0.039	0.002 2	0.0010	0.055	0.025±0.026	—
	%	0.97	10	5.6	0.22	0.20	7.3	4.0±4.2	
铬	mg/L	0.000 50	0.018	0.005 8	ND	0.002 5	0.16	0.031±0.063	5.0
	%	0.018	1.2	0.13	ND	0.10	5.1	1.1±2.0	
铜	mg/L	0.005 0	0.10	0.12	0.005 8	0.005 0	0.11	0.058±0.058	—
	%	0.20	9.1	1.7	0.46	0.30	4.7	2.7±3.5	
铁	mg/L	0.048	5.6	0.041	0.017	0.095	7.7	2.3±3.5	—
	%	0.000 99	0.44	0.002 2	0.000 55	0.006 9	0.38	0.14±0.21	
镁	mg/L	31	175	13	32	11	178	73±80	—
	%	44	32	10	32	4.3	24	24±15	
锰	mg/L	3.6	14	52	56	68	22	36±26	—
	%	3.8	54	50	24	54	56	40±22	
钼	mg/L	0.001 8	ND	ND	ND	ND	ND	0.000 30±0.000 74	—
	%	1.8	ND	ND	ND	ND	ND	0.30±0.73	
镍	mg/L	0.013	0.081	0.17	0.007 9	0.010	0.083	0.061±0.064	—
	%	1.7	6.4	4.5	0.80	0.77	4.4	3.1±2.3	
铅	mg/L	ND	0.043	0.008 9	ND	0.009 3	0.13	0.032±0.051	5.0
	%	ND	6.6	0.19	ND	0.63	10	2.9±4.3	
锶	mg/L	2.3	6.5	0.50	1.6	0.74	7.1	3.1±2.9	—
	%	42	93	33	53	50	88	60±25	
锌	mg/L	0.062	0.29	0.56	0.17	0.058	0.33	0.25±0.19	—
	%	1.7	9.7	3.9	3.4	0.29	5.5	4.1±3.3	

a. 6 种 DWTR 中各形态金属的平均值±方差；b. 总量百分比；—. 无相关标准
注：ND 表示未检测出

量的平均比例为 19%±6.8%)、钙（84%±22%)、镉（18%±16%)、镁（24%±15%)、锰（40%±22%）和锶（60%±25%），其余金属在 DWTR 中浸出量都较低（钒在所有 DWTR 中都未浸出)。进一步与废物浸出毒性标准（USEPA，2004b）相比可知，各 DWTR 中砷、钡、镉、铬和铅的浸出浓度都明显低于标准值。因此，本研究 DWTR 都属于无害废物。

7.1.5 DWTR 应用评估

1. DWTR 中金属富集特征

到目前为止，国际上还没有关于回用 DWTR 的金属限值标准。因此，本研究主要参照"城市污水处理厂污泥的土地利用标准"，且选用中国、美国、欧盟和新西兰的标准来评价 DWTR 回用的金属污染风险。4 个国家和地区的详细标准可见表 7-5。在回用污泥时，砷、镉、铬、铜、汞、钼、镍、铅、硒和锌易对环境健康产生危害，所以这些标准只关注了这些金属（USEPA，1995)。首先，与中国污泥农用标准相比较，本研究 DWTR 中砷（0.011~0.056 mg/g)、镉（0.0003~0.0013 mg/g)、铬（0.029~0.089 mg/g)、铜（0.022~0.140 mg/g)、汞（未检测出)、镍（0.015~0.075 mg/g)、铅（0.010~0.260 mg/g) 和锌（0.060~0.410 mg/g）含量（表 7-2）全部都较低，因此，在中国，DWTR 可被回收农用。其次，与美国标准相比，本研究 DWTR 中砷、镉、铬、铜、汞、钼（0.001~0.006 mg/g)、镍、铅、硒（未检测出）和锌含量都低于规定的最大允许浓度限值。所以，DWTR 具有回收作为土地利用的潜力。此外，美国标准还规定了污染物浓度限值。当污泥中金属含量低于该限值时，则污泥可被回用到各种类型的土地中，然而，当高于污染物浓度限值时（但低于最大浓度限值)，则污泥回用量需受控制。通过比较可知，仅 BJ-DWTR 中砷含量（0.056 mg/g）高于污染物浓度限值。因此，除 BJ-DWTR 回用会受一定限

表 7-5 中国、美国、欧盟和新西兰的城市污泥回用标准

金属	中国[a] /（mg/g)	欧盟[b] /（mg/g)	新西兰[b] /（mg/g)	美国[c]/（mg/g) 最大允许浓度	浓度限值
砷	0.075		0.015	0.075	0.041
镉	0.015	0.0020	0.00125	0.085	0.039
铬	1.0	0.60	0.075	4.3	1.2
铜	1.5	0.60	0.075	3.0	1.5
铅	1.0	0.20	0.10	0.84	0.30
汞	0.015	0.0020	0.00075	0.057	0.017
钼				0.075	
镍	0.20	0.10	0.030	0.42	0.42
硒				0.10	0.036
锌	3.0	1.5	0.30	7.5	2.8

a. 参考中华人民共和国住房和城乡建设部（2009)；b. 参考 Iranpour 等（2004)；c. 参考 USEPA（1995)

制外，其余 DWTR 可被回用到美国各种类型土地中。再次，与欧盟标准相比（砷、钼和硒不在标准中），本研究 DWTR 中镉、铬、铜、汞、镍和锌的含量均在限值范围内。这表明在欧盟中，本研究 DWTR 可被用于土地利用。最后，与新西兰标准相比（钼和硒不在标准中），可发现所有 DWTR 都不适合回用。其中，BJ-DWTR 中砷和镉超标，HZ-DWTR 中砷和锌超标，LZ-DWTR 中砷和镍超标，BT-DWTR 中砷超标，GZ1-DWTR 中砷、铬、铜和镍超标，GZ2-DWTR 中铅超标。

DWTR 中金属含量存在差异（表 7-2）；同时，从上述分析结果可知，不同国家标准的评价结果存在差异，其中基于中国、美国和欧盟标准的结果相近，即表明 DWTR 具有土地利用潜力；而新西兰的评价结果表明 DWTR 不适于土地利用。因此，回用 DWTR 还需根据其自身金属含量及各个国家或地区标准来定。与金属总量相比，DWTR 中活性金属可以更加准确反映其对环境的金属污染风险。在本研究中，分级提取结果表明 DWTR 中金属的可移动性较低，大部分金属为不可提取态（图 7-1），并且也低于前期其他研究中城市污水厂污泥中金属可移动性（Ščančar et al.，2000；Walter et al.，2006）。所以，DWTR 中金属要比城市污泥中金属更加稳定。这表明回用 DWTR 对环境造成金属污染风险的最值应高于回用城市污泥的最值。为了促进 DWTR 的回收利用，制定 DWTR 的回用标准很有必要。

2. DWTR 中金属的活性分析

在 BCR 可提取金属中，酸溶态金属容易在酸性条件下释放，可还原态金属在厌氧条件下容易释放，而可氧化态金属可能会在碱性条件下因有机质的溶解作用而被释放出（Yuan et al.，2004）。本研究结果表明 DWTR 可提取的金属主要以酸溶态和可氧化态存在（图 7-1）。因此，在实际应用时，pH 对 DWTR 中金属应具有明显影响。事实上，已有的部分研究也表明 DWTR 中金属在低 pH 条件下会变弱（Mahdy et al.，2008；Lombi et al.，2010），且被 DWTR 处理过的酸性废水电导率会变高（Rensburg and Morgenthal，2003）。此外，在可提取金属中，由于 DWTR 中金属很少以还原态存在（<1%）（图 7-1），因此环境中氧化还原势对 DWTR 中金属离子活性影响可能较小。

尽管 DWTR 中大部分金属以不可提取的残渣态存在，但是本研究发现 DWTR 中金属的生物可给性很高（表 7-3）。这可能与不同的提取方法有关。分级提取主要是把样品金属按照不同环境因子条件下活性来分类（如 pH 和氧化还原电位），而 SBET 方法（生物可给性分析）是基于人体健康风险评价，以摄入 DWTR 到人体内为暴露途径建立的（Oomen et al.，2002；Yuan et al.，2004）。因此，在实际情况下，DWTR 应避免被摄入人体。浸出毒性实验结果（表 7-4）表明 DWTR 中钡、钙、镉、镁、锰和锶具有相对较高的浸出量，这进一步表明 DWTR 中金属受 pH 影响大。无论如何，基于美国的浸出毒性标准的评价，DWTR 可被认为是无害废物。类似的结果也被其他研究得出（Dayton and Basta，2001）。无论如何，本研究结果还表明不同 DWTR 之间金属的含量、形态及生物可给性存在一定的差异。

7.2 风干过程对 DWTR 中金属活性的影响

7.2.1 风干前后 DWTR 的表征

风干前后 DWTR 的基本性质见表 7-6。新鲜 DWTR 的 pH 略高于风干 DWTR 的。新鲜 DWTR 和风干 DWTR 中有机质含量相同，均为 120 mg/g，然而它们的有机质组分差异明显。新鲜 DWTR 中有机质主要是以 FA 存在（61 mg/g），而风干 DWTR 中有机质主要以 HM 存在（98 mg/g），并且新鲜 DWTR 中 HA 和 FA 的含量分别高于风干 DWTR 的。这些结果表明风干后 DWTR 中有机质更加稳定。新鲜 DWTR 中 Al_{ox} 含量要高于风干 DWTR 的。有趣的是，新鲜 DWTR 中 Fe_{ox} 含量却低于风干 DWTR 的，这可能与新鲜 DWTR 具有相对较高 pH 有关（Baltpurvins et al., 1996）。比较 Mehlich 3 提取结果可知，新鲜 DWTR 中钙、铜、铁、钾、镁、锰、钠、锌、硼、磷和硫的有效含量都高于风干 DWTR 的。所以，新鲜 DWTR 中营养元素含量更高。总的来说新鲜 DWTR 和风干 DWTR 的基本性质存在一定差异。

表 7-6 风干前后 DWTR 的基本性质

性质		风干 DWTR	新鲜 DWTR
pH		6.82	7.04
TOM/（mg/g）		120	120
HA/（mg/g）		2.6	27
FA/（mg/g）		17	61
HM/（mg/g）		98	32
Al_{ox}/（mg/g）		65	73
Fe_{ox}/（mg/g）		56	51
Mehlich 3 extraction /（mg/g）	钙	3.9	11
	铜	0.0018	0.0026
	铁	0.25	0.95
	钾	0.097	0.14
	镁	0.24	0.64
	锰	1.6	4.3
	钠	0.13	0.21
	锌	0.0041	0.0087
	硼	0.0032	0.0086
	磷	0.0023	0.0063
	硫	0.043	0.081

TOM. 总有机物；HA. 腐殖酸；FA. 富里酸；HM. 胡敏素

新鲜 DWTR 和风干 DWTR 中各金属的含量见表 7-7。DWTR 中并未检测出银、汞、锑和硒。新鲜 DWTR 和风干 DWTR 中含有较多的铝、钙、铁、镁和锰，其中铝和铁的含量明显较高。两种 DWTR 也都含有一定量的砷、钡、铍、镉、钴、铬、铜、钼、镍、铅、锶、钒和锌。进一步比较可知，风干前后 DWTR 中金属总量的差异较小。因此，两种样品的前处理过程应都未引入其他金属。另外，XRD 分析结果（图 7-2a）表明新鲜和风干 DWTR 中仅含有石英，且 SEM 分析结果（图 7-2b）表明两种 DWTR 主要以无定形态存在。

表 7-7　风干前后 DWTR 中各金属总量　　　　（单位：mg/kg）

元素	风干 DWTR	新鲜 DWTR	元素	风干 DWTR	新鲜 DWTR
铝	100	110	铁	90	95
砷	0.10	0.11	镁	1.6	1.7
钡	0.36	0.39	锰	8.4	8.9
铍	0.000 64	0.000 62	钼	0.007 0	0.008 4
钙	12	13	镍	0.022	0.024
镉	0.001 1	0.001 1	铅	0.015	0.012
钴	0.008 0	0.008 5	锶	0.10	0.11
铬	0.72	0.74	钒	0.072	0.078
铜	0.034	0.033	锌	0.082	0.097

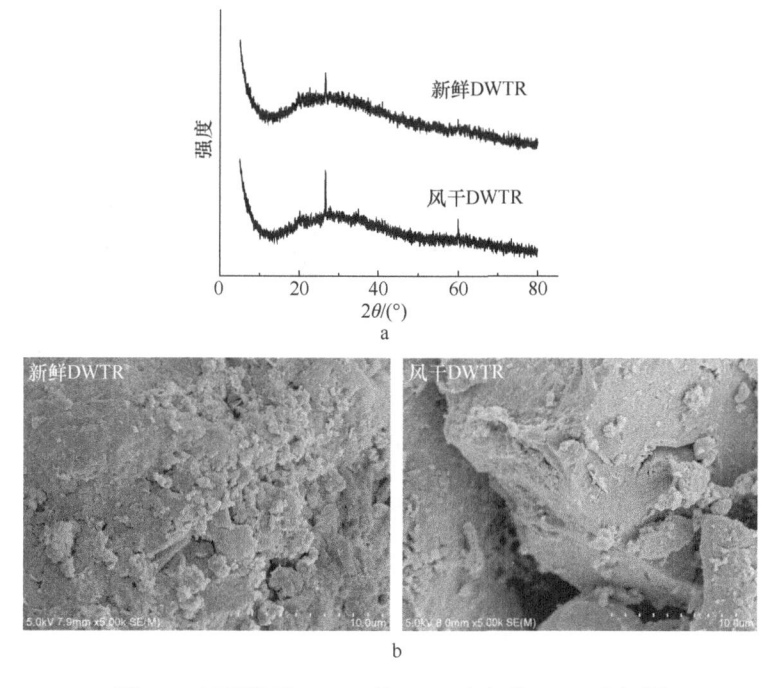

图 7-2　风干前后 DWTR 的 XRD（a）和 SEM（b）图

7.2.2　风干前后 DWTR 中金属赋存形态

风干前后 DWTR 中金属分级提取结果见图 7-3。从图中可知，新鲜 DWTR 和风干 DWTR 中钡、钙、锰和锶主要以酸溶态存在，铝、铍、钴、铜和铁主要以可氧化态存在，镉、铬、钼和镍主要以残渣态存在，砷、铅、钒和锌主要以可还原态和残渣态存在，镁

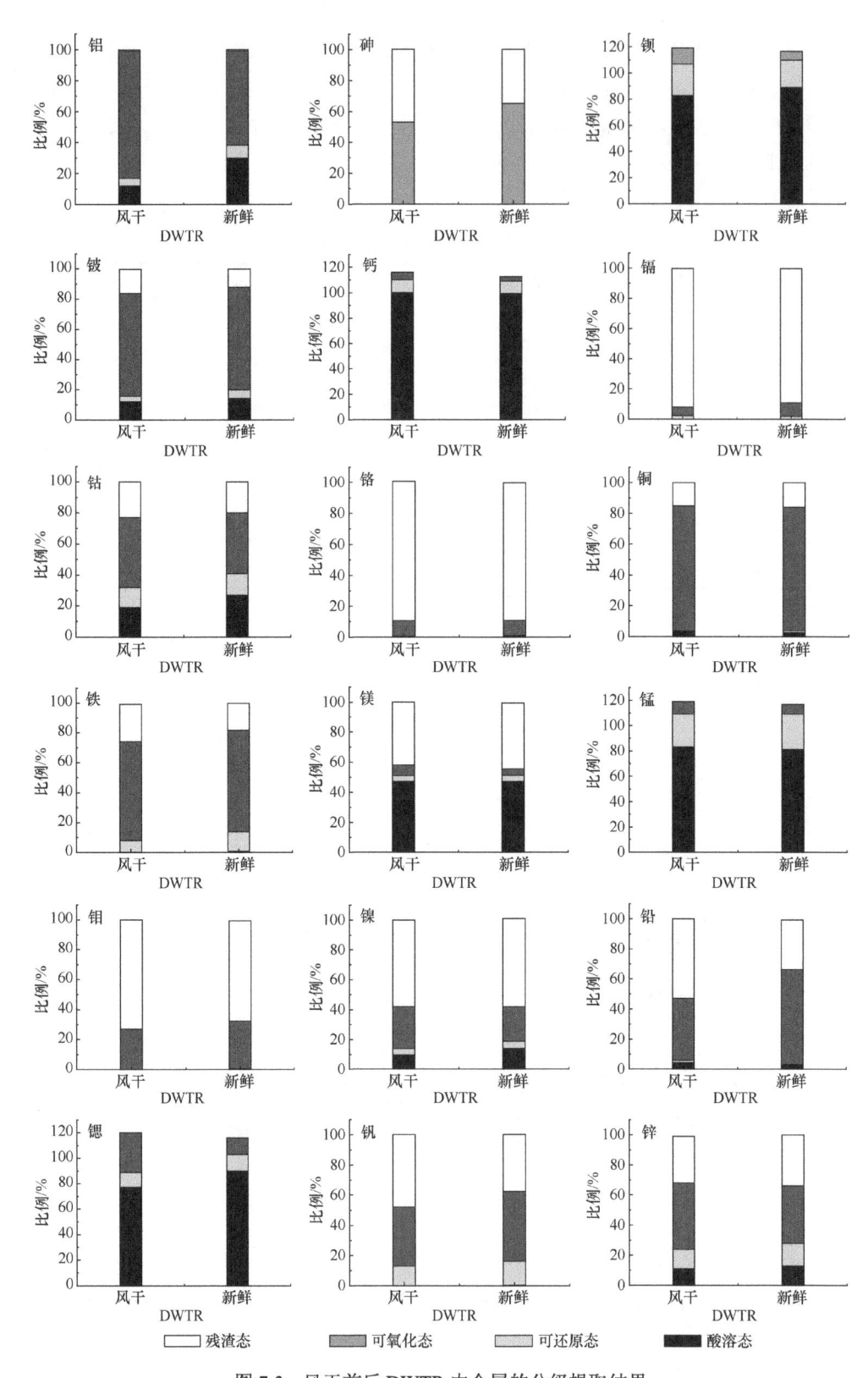

图 7-3 风干前后 DWTR 中金属的分级提取结果

主要以酸溶态和残渣态存在。相比较而言，在新鲜 DWTR 被风干后，其含有的铝和锶表现出由酸溶态向氧化态转化，砷、铅和钒表现出由可氧化态向残渣态转化，而其他金属形态变化则相对较小（金属各形态之间的偏差小于 10%[①]。在分级提取的各形态金属中，残渣态属于最稳定形态，其次分别是可氧化态、可还原态和酸溶态(Yuan et al.,2004)。根据本研究结果可知，风干 DWTR 中铝、砷、铅、锶和钒比新鲜 DWTR 中的具有相对较低的活性。因此，风干过程可以促使 DWTR 中的一些金属更加稳定。

7.2.3 风干前后 DWTR 中金属生物可给性

DWTR 中生物可接近态金属的提取结果见图 7-4。新鲜和风干 DWTR 中砷、镉和铅都不以生物可给态存在，但其余金属都表现出不同程度的生物可给性。两种 DWTR 中铬、铁和钒的生物可给性较低，其余金属都具有较高的生物可给性，尤其是铝、钡、铍、钙、铜、锰、锶和锌，它们的生物可给性都高于 50%。相比较而言，风干后，DWTR 中铝、铍和铁的生物可给性有明显降低，钡、钙、铬、钴、铜、镁、锰、钼、镍、锶和钒变化较小（偏差小于 10%），但锌的生物可给性有提高。在环境中，当锌含量富集到一定水平后就可能对环境产生毒害作用(USEPA,1995)。然而，从定量角度来看，DWTR 中锌含量（0.082~0.097 mg/g）（表 7-7）远低于各国（0.3~7.5 mg/g）（表 7-5）的生物污泥回用标准（Iranpour et al.,2004）。所以，风干 DWTR 应不会对环境造成锌污染。相反，对于某些含量很高的毒性金属（如 Al）（表 7-7）而言，风干过程可明显促使它们的生物可给性降低。因此，根据生物可给性分析结果可知，风干 DWTR 比新鲜 DWTR 造成环境金属污染的风险低。

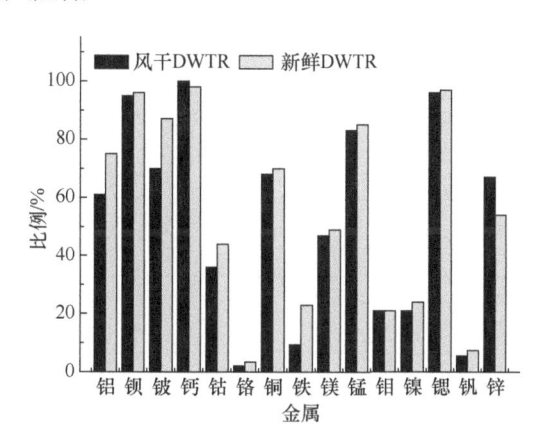

图 7-4　风干前后 DWTR 中金属的生物可给性

7.2.4 风干前后 DWTR 中金属浸出毒性

根据预实验对风干前后 DWTR 的 pH 缓冲性分析，采用 Solution Ⅰ 分析 DWTR 中金属的浸出毒性，结果见表 7-8。新鲜 DWTR 和风干 DWTR 中均未发现有铝、砷、铍、

[①] 在比较 DWTR 中金属活性在不同条件下变化时，本章节以变化比例 10%为临界点，高于 10%则认为变化明显，低于 10%则认为变化不明显。这是因为 DWTR 中金属活性分析的平行样误差一般都在 10%内。由于 DWTR 中金属含量的异质性，其金属污染风险定量研究的参考价值较低。因此，本章节针对 DWTR 中金属污染风险的评估主要是基于定性研究。

铬、钼和钒的浸出，但其他金属都有不同程度的浸出量。其中，镉、钴、铜、铁、镍、铅和锌的浸出量很低，浸出量占总量的<2%，而钡、钙、镁、锰和锶的浸出量相对较高，浸出量占总量的>10%。进一步比较可知，风干前后 DWTR 中各金属的浸出量差异较小（偏差小于 10%）。这表明风干过程对 DWTR 的金属浸出毒性影响小。无论如何，两种 DWTR 的毒性金属浸出浓度都低于 TCLP 浸出标准值（USEPA，2004b），因此，风干前后 DWTR 都可被认为是无害的。

表 7-8　风干前后 DWTR 金属浸出特征和 TCLP 标准（USEPA，2004b）

元素	单位	风干 DWTR	新鲜 DWTR	标准
钡	mg/L	3.2	3.4	100
	%[a]	18	17	/
钙	mg/L	330	360	/
	%	56	56	/
镉	mg/L	0.000 26	0.0002 7	1
	%	0.47	0.49	/
钴	mg/L	0.003 2	0.004 1	/
	%	0.81	0.96	/
铜	mg/L	0.012	0.015	/
	%	0.71	0.91	/
铁	mg/L	0.002 2	0.002 6	/
	%	0.000 048	0.000 055	/
镁	mg/L	25	30	/
	%	31	36	/
锰	mg/L	100	110	/
	%	24	24	/
镍	mg/L	0.005 3	0.006 8	/
	%	0.5	0.57	/
铅	mg/L	0.008 3	0.009 2	5
	%	1.1	1.5	/
锶	mg/L	1.5	1.8	/
	%	30	32	/
锌	mg/L	0.004 9	0.004 9	/
	%	0.11	0.1	/

a. 总量百分比；/. 无相关值

7.2.5　风干前后 DWTR 中金属生物有效性

在本研究中，风干 DWTR 和新鲜 DWTR 都未表现出对玉米种子发芽的抑制作用，两组玉米种子的发芽率均为 100%，这进一步表明两种 DWTR 是无害废物。富集实验后玉米的生物量如图 7-5 所示。在新鲜 DWTR 上生长的玉米生物量（1.9 g）要略高于风干 DWTR 的（1.8 g）。这应该与新鲜 DWTR 含有较多的营养物质有关（表 7-6）。

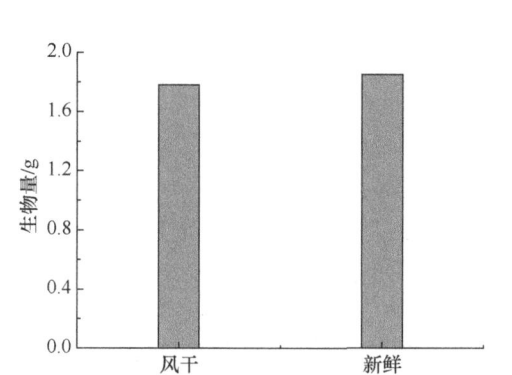

图 7-5 植物富集实验的玉米生物量

金属在玉米的根和茎叶中富集特征见表 7-9。除砷和铅在玉米的根和茎叶中都没有富集外，其余金属都在玉米的根和（或）茎叶中有不同程度的富集。与新鲜 DWTR 相比，在风干 DWTR 上生长的玉米根和茎叶富集量都降低的金属有：铝、钡、铍、钙、铜、铁、锰、钼、锶和硒；根富集量降低，而茎叶无变化的有：钴和钒；根富集量升高，而茎叶降低的有：镉和镁；根和茎叶富集量都升高的有：铬和镍。进一步计算可知，前三组金属在风干 DWTR 上生长的玉米（根和茎叶）富集量都低于在新鲜 DWTR 上生长的玉米的，而第四组却较高。在环境中，富集到一定水平的铬和镍可能对环境产生危害（USEPA，1995）。然而，定量比较结果可知，在风干 DWTR 上生长的玉米富集的铬和镍与在新鲜 DWTR 上生长的玉米的差异很小（偏差在 5%内）。并且，由于其他金属在风干 DWTR 上生长的玉米富集量明显比新鲜 DWTR 的低，因此，风干过程会降低 DWTR 中金属的生物有效性。

表 7-9 玉米中富集的金属

元素	风干 DWTR/（mg/kg）				新鲜 DWTR/（mg/kg）			
	根		茎和叶		根		茎和叶	
	含量	SD[a]	含量	SD	含量	SD	含量	SD
铝	3400	1300	460	470	6900	190	570	550
钡	71	15	33	7.3	240	43	52	6.8
铍	0.052	0.046	ND	ND	0.098	0.028	0.058	0.019
钙	4600	530	6900	1300	8300	5400	8500	1200
镉	0.65	0.21	0.67	0.36	0.52	0.042	1.1	0.37
钴	1.1	1.8	ND	ND	1.5	1.3	ND	ND
铬	950	80	530	78	900	50	520	24
铜	22	7.4	13	3.7	26	7.2	15	2.4
铁	2500	230	350	60	5300	540	440	79
镁	3400	970	5200	890	3200	210	7000	460
锰	2500	810	840	110	5000	400	1700	170
钼	9.1	0.52	5.2	1.4	11	2.8	5.7	1.3

续表

元素	风干 DWTR/（mg/kg）				新鲜 DWTR/（mg/kg）			
	根		茎和叶		根		茎和叶	
	含量	SD[a]	含量	SD	含量	SD	含量	SD
镍	26	0.34	11	2.5	25	2.6	10	0.43
锶	31	6.2	35	7.3	35	12	38	4.4
钒	4.6	0.18	1.4	0.10	7.2	0.55	1.4	0.090
锌	140	17	80	18	270	220	88	4.2

a. 标准方差

注：ND 表示未检测出

7.2.6 风干过程的影响评估

本研究结果表明尽管风干前后 DWTR 都属于无害废物（表 7-8，图 7-5），但是风干过程可以使 DWTR 中部分金属转化为其他更稳定的形态（图 7-3），降低 DWTR 中各金属的生物可给性（图 7-4）和生物有效性（表 7-9）。因此，风干过程可以降低 DWTR 中金属的活性。风干前后 DWTR 中金属活性变化应与其性质的变化相关，如有机质性质的变化（表 7-6）。风干后 DWTR 中有机质稳定性的提高可能促使其含有的金属活性降低。该推测可进一步由分级提取结果证实（图 7-3），在风干后，DWTR 中更多的铝和锶以可氧化态（有机质结合态）存在。另外一个导致金属活性降低的原因可能与 DWTR 中金属的老化作用有关（Agyin-Birikorang and O'Connor，2009）。

7.3 pH 对 DWTR 中金属活性的影响[①]

7.3.1 DWTR 中金属在不同 pH 条件下的释放特征

DWTR 中金属在不同 pH 条件下的释放特征见图 7-6。在本研究的 pH 范围（3~12）内，DWTR 中金属释放趋势可以归纳为以下 4 种：①随着 pH 升高，DWTR 中铝、钴、铬、铜、铁和镍的释放量先降低，之后稳定在一定范围内，最后又上升。②随着 pH 升高，DWTR 中钡、铍、钙、镉、镁、锰、锶和锌的释放量逐渐减低，之后保持在较低水平。③随着 pH 升高，砷、钼和钒的释放量起初保持在较低水平，之后逐渐升高。④铅的释放作用仅在一定低 pH 范围内存在［pH（4.04±0.07）~（4.58±0.28）］。比较各金属在不同 pH 条件下的释放量可知，在低 pH（酸性）条件下释放量相对较大的金属有钡、铍、钙、镉、钴、铬、铁、镁、锰、铅、锶和锌；在高 pH（碱性）条件下释放量相对较大的金属有砷、钼和钒；在酸性和碱性条件下都具有相对较高释放量的金属有：铝、铜和镍。因此，DWTR 中大部分金属在酸性条件下释放作用较强。然而，进一步比较可知，在 pH 6~9 时，DWTR 中金属释放作用相对较低，尤其是在弱碱性条件下。

---

① 在该节研究中，批量实验后 DWTR 中金属的赋存形态、生物可给性及浸出毒性特征实验数据提供的是金属含量，这是因为 DWTR 中金属在批量实验过程中已有部分被释放出，实验后 DWTR 中金属分布特征的分析，采用金属含量的数据将有利于更加直观地了解 pH 的影响。

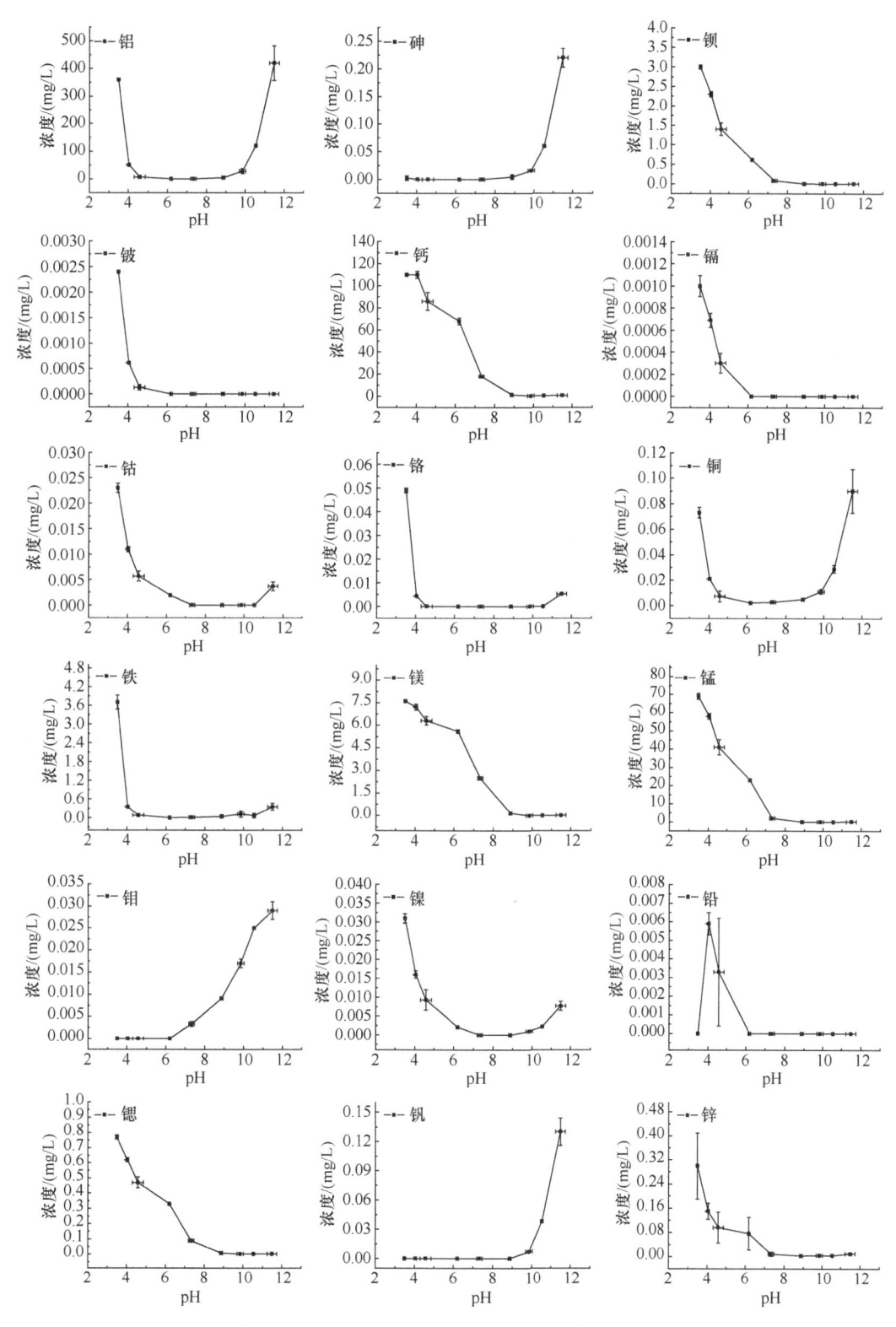

图 7-6　不同 pH 条件下，DWTR 中金属的释放特征

7.3.2 批量实验后 DWTR 中金属赋存形态

DWTR 中金属的分级提取结果见图 7-7。正如上文所述，在提取的各种形态金属中，残渣态金属（不可被 BCR 提取的金属）属于一种稳定形态的金属，对环境危害小，而 BCR 可提取金属在不同条件下可能具有较高的活性：酸溶态金属在酸性条件下较易释放，可氧化态金属中包含有机质结合态金属，这些金属在碱性条件下可能会被释放出来，而可还原态金属在低氧化还原电位条件下较易释放（Yuan et al., 2004）。

从图中可知，与实验前 DWTR 中 BCR 可提取的金属相比，在经 pH 3.49±0.04 淋滤后 DWTR 中铝、钡、铍、钙、镉、钴、镁、锰、镍、锶和锌，在经 pH 4.58±0.28 淋滤后 DWTR 中钡、钙、镉、镁、锰、铅和锶，在经 pH 7.33±0.14 淋滤后 DWTR 中钙、镉、镁、钼和铅，在经 pH 9.85±0.17 淋滤后 DWTR 中钼和铅，以及在经 pH 11.49±0.25 淋滤后 DWTR 中铝、砷、镉、铜、钼和钒的可提取含量都有降低，而其余金属在 DWTR（淋滤后）中可提取态含量却有升高。因此，pH 会促使 DWTR 中部分金属 BCR 可提取量降低，但也会促使更多金属的 BCR 可提取量增高。此外，通过比较可知，淋滤前后 DWTR 中可提取金属都主要以酸溶态和氧化态金属存在。因此，在不同 pH 条件下淋滤后 DWTR 中金属稳定性仍主要受 pH 影响。

7.3.3 批量实验后 DWTR 中金属生物可给性

DWTR 中金属生物可给性提取结果见表 7-10。除去砷和钼外，实验前后 DWTR 中其他金属都存在一定量的生物可给态。与实验前 DWTR 比较可知，在 pH 3.49±0.04 下淋滤后 DWTR 中钡、钙、镉、钴、镁、锰、镍、锶和锌，在 pH 4.58±0.28 下淋滤后 DWTR 中钡、钙、镁、锰、铅、锶和钒，以及在 pH 7.33±0.14 下淋滤后 DWTR 中镁可给态金属都有降低，而其余存在于淋滤后 DWTR 中金属的生物可给态含量都有不同程度的增加。并且，通过观察可知，生物可给态金属含量提高的现象主要发生在经高 pH 淋滤后的 DWTR 中。因此，pH 可以促使 DWTR 中部分金属的生物可给性降低，但也可以促使其他更多金属的生物可给性变高，尤其是在高 pH 条件下淋滤后的 DWTR。

7.3.4 批量实验前后 DWTR 中金属浸出毒性

根据 DWTR 对 pH 的缓冲能性，本研究采用 Solution I 进行 TCLP 分析，结果见表 7-11。实验前后 DWTR 中，除砷和钒外，其余金属都有不同程度的浸出。与实验前 DWTR 相比，在 pH 3.49±0.04 下淋滤后 DWTR 中铝、铍、钴、铬、铁、镍和锌，在 pH 4.58±0.28 下淋滤后 DWTR 中铝、钡、镉、铁、镍和锌，在 pH 7.33±0.14 下淋滤后 DWTR 中钡、钙、镉、铜、锰、镍、铅和锶，在 pH 9.85±0.17 下淋滤后 DWTR 中钙、镁、铅和锶，以及在 pH 11.49±0.25 下淋滤后 DWTR 中铝、钙和钼的 TCLP 浸出浓度都升高；此外，在 pH 3.49±0.04 下淋滤后 DWTR 中钡、钙、镉、铜、镁、锰和锶，在 pH 4.58±0.28 下淋滤后 DWTR 中钴、铜、镁、锰和锶，在 pH 7.33±0.14 下淋滤后 DWTR 中铝、钴、铁、镁和锌，在 pH 9.85±0.17 下淋滤后 DWTR 中铝、钡、镉、钴、铜、铁、锰、镍和锌，以及在 pH 11.49±0.25 下淋滤后 DWTR 中钡、镉、钴、铜、铁、镁、锰、

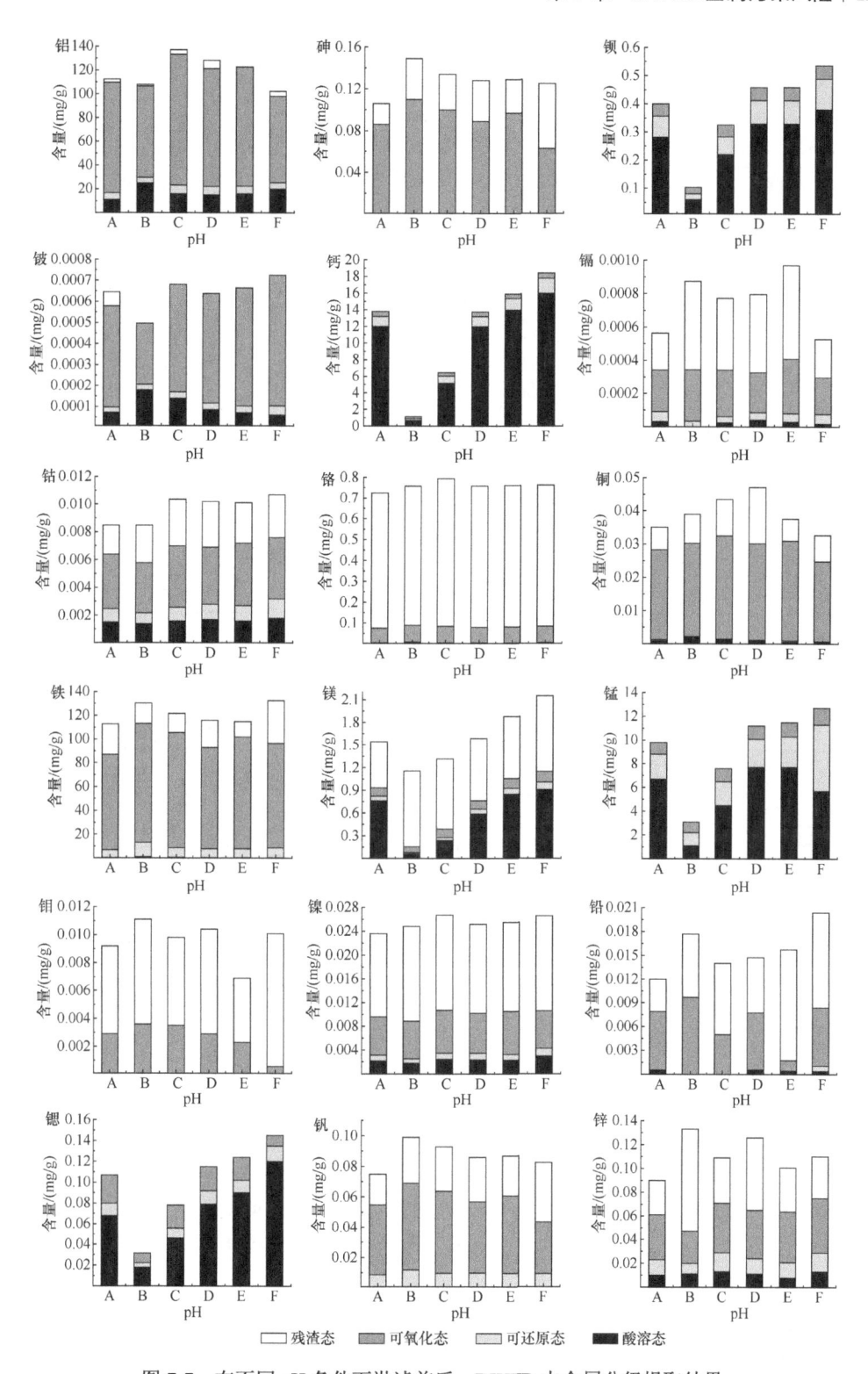

图 7-7　在不同 pH 条件下淋滤前后，DWTR 中金属分级提取结果

A、B、C、D、E 和 F 分别表示实验前 DWTR，以及在 pH 3.49±0.04、4.58±0.28、7.33±0.14、9.85±0.17 和 11.49±0.25 下淋滤后的 DWTR

表 7-10　淋滤后 DWTR 中金属的生物可给性　　　　　　　（单位：mg/g）

元素	实验前 DWTR	DWTR-A[a]	DWTR-B	DWTR-C	DWTR-D	DWTR-E
铝	29	43	44	44	44	48
钡	0.22	0.054	0.20	0.31	0.32	0.38
铍	0.000 18	0.000 26	0.000 29	0.000 29	0.000 29	0.000 46
钙	8.8	0.79	4.6	10	13	15
镉	0.000 06	ND	0.000 06	0.000 08	0.000 09	0.000 09
钴	0.001 7	0.001 3	0.002 0	0.002 3	0.002 4	0.003 3
铬	0.005 7	0.008 9	0.007 6	0.007 5	0.008 7	0.018
铜	0.012	0.016	0.016	0.016	0.016	0.015
铁	3.7	7.6	3.8	4.3	5.9	19
镁	0.55	0.052	0.16	0.47	0.72	0.83
锰	5.2	0.79	3.9	7.1	7.0	6.6
镍	0.002 1	0.001 8	0.002 4	0.002 9	0.003 0	0.004 7
铅	0.001 5	0.002 9	0.001 2	0.001 8	0.002 3	0.003 3
锶	0.056	0.018	0.046	0.076	0.085	0.11
钒	0.002 5	0.003 0	0.002 3	0.002 7	0.002 8	0.003 3
锌	0.031	0.029	0.034	0.037	0.038	0.047

a. DWTR-A、DWTR-B、DWTR-C、DWTR-D 和 DWTR-E 分别表示在 pH 3.49±0.04、4.58±0.28、7.33±0.14、9.85±0.17 和 11.49±0.25 下淋滤后的 DWTR

注：ND 表示未检测出

表 7-11　淋滤后 DWTR 金属浸出特征和 TCLP 标准（USEPA，2004b）　（单位：mg/L）

元素	实验前 DWTR	DWTR-A[a]	DWTR-B	DWTR-C	DWTR-D	DWTR-E	标准
铝	0.042	110	6.8	0.021	0.026	0.31	/
钡	3.7	1.7	5.0	4.1	3.3	0.27	100
铍	ND	0.000 25	ND	ND	ND	ND	/
钙	36	23	190	380	400	84	/
镉	0.000 39	0.000 32	0.000 79	0.000 42	ND	ND	1.0
钴	0.005 1	0.006 3	0.004 6	0.003 6	0.002 8	ND	/
铬	ND	0.021	ND	ND	ND	ND	5.0
铜	0.010	0.005 6	0.005 7	0.013	0.008 4	0.005 1	/
铁	0.005 5	1.3	0.052	0.003 3	0.002 3	0.001 3	/
镁	25	2.0	7.5	19	29	9.6	/
锰	160	37	140	170	12	1.3	/
钼	ND	ND	ND	ND	ND	0.001 7	/
镍	0.011	0.022	0.018	0.013	0.005 1	ND	/
铅	0.016	ND	0.016	0.023	0.018	ND	5.0
锶	1.7	0.49	1.5	2.1	2.2	0.52	/
锌	0.010	0.016	0.022	0.008 4	0.004 5	0.000 81	/

a. DWTR-A、DWTR-B、DWTR-C、DWTR-D 和 DWTR-E 分别表示在 pH 3.49±0.04、4.58±0.28、7.33±0.14、9.85±0.17 和 11.49±0.25 下淋滤的 DWTR；/. 无相关值

注：ND 表示未检测出

镍、铅、锶和锌的 TCLP 浸出浓度都降低,而其余金属在 DWTR 中 TCLP 浸出浓度保持不变。因此,pH 对 DWTR 的 TCLP 淋滤特征影响明显,且高 pH 主要表现出减少 DWTR 的 TCLP 浸出液中金属浓度的作用。无论如何,与毒性标准相比(USEPA,2004b),在淋滤前后 DWTR 中砷、钡、镉、铬和铅的浸出浓度都较低,所以淋滤前后 DWTR 都可被认为是无害的。此外,值得注意的是,在低 pH(酸性)条件下淋滤后 DWTR 中铝浸出浓度明显较高。

7.3.5 pH 对 DWTR 中金属活性影响的解析

根据上述结果可知,pH 对 DWTR 中金属释放特征有明显影响,其中,在低 pH(酸性)条件下 DWTR 的金属释放作用最强(图 7-6)。pH 对 DWTR 中金属释放作用的影响一般包括以下几个方面:①在酸性条件下,金属可因酸溶作用而被释放。本研究中,碱金属钡、铍、钙、镁和锶在低 pH 条件下强烈的释放作用(图 7-6)应与该原因有关。其他研究也表明土壤中钴、锰和锌在酸性条件下容易释放,且较多地以离子态存在(Sanders,1983)。②在碱性条件下,一方面部分金属以可溶性酸根存在(如铝可以 AlO_2^- 存在),另一方面与可溶性配位体(如有机质)结合的金属也可能被释放出来。类似的研究也表明溶解性有机质的存在也促使土壤中砷、铬和铜的释放(Strobel et al.,2001;Kalbitz and Wennrich,1998)。钼在环境中可移动性也被证明主要受有机质影响(Nissenbaum,1976)。③在碱性条件下,金属也可能会因为配位交换作用而被释放出来(如 OH^- 与 AsO_4^{3-} 的配位交换作用)(Nagar et al.,2010)。④沉淀作用和络合作用可能发生在某些酸根离子(PO_4^{3-}、CO_3^{2-} 等)和金属之间(Harter,1983),进而促使金属的释放作用变弱。例如,在本研究 DWTR 中铅的释放作用仅表现在一定低 pH 范围内[pH(4.04±0.07)~(4.58±0.28)]。这可能是因为在较低 pH 条件下(pH 3.49±0.04),DWTR 中会溶出磷酸盐,进而与铅发生沉淀作用(Hettiarachchi and Pierzynski,2002),导致 DWTR 中铅在该 pH 条件下释放作用不明显。⑤在不同 pH 条件下,DWTR 表面电荷的变化可影响其含有金属的释放作用。DWTR 等电点中性(见第 4 章),因此,在 pH 低于该值时,DWTR 表面带正电荷,进而抑制(促进)DWTR 对阳离子金属(金属酸根离子)的吸附,促进(抑制)阳离子金属(金属酸根离子)的释放;在 pH 高于该值时,DWTR 表面带负电,进而促进(抑制)DWTR 对阳离子金属(金属酸根离子)的吸附,抑制(促进)阳离子金属(金属酸根离子)的释放。此外,进一步基于图 7-6 的数据,对 DWTR 中各金属的释放量进行相关性分析,结果见表 7-12。根据结果可知,DWTR 中砷、铜和钒的释放量与铝的释放量,钡、镉、钴、镁、锰、镍、锶和锌的释放量与钙的释放量,钡、铍、镉、钴、铬、镍和锌的释放量与铁的释放量,钡、钙、钴、锰、镍、锶和锌的释放量与镁的释放量,以及钡、铍、钙、镉、钴、镁、镍、锶和锌的释放量与锰的释放量都表现出显著正相关。铝、钙、铁、镁和锰是许多金属稳定剂的主要组成元素(Hettiarachchi and Pierzynski,2002;Kumpiene et al.,2008),且在 DWTR 中含量明显高于其他金属(图 7-7),因此,DWTR 中铝、钙、铁、镁和锰在不同 pH 条件下的稳定性也会影响其他金属的释放作用。

本研究结果还表明 pH 对 DWTR 中金属的可提取性影响较大(图 7-7,表 7-10,

表 7-12 相关性分析结果

	铝	砷	钡	铍	钙	镉	钴	铬	铜	铁	镁	锰	钼	镍	铅	锶	钒	锌
铝	1.0																	
砷	**0.71***	1.0																
钡	0.26	−0.36	1.0															
铍	0.53	−0.22	**0.85***	1.0														
钙	0.046	−0.45	**0.94***	0.66	1.0													
镉	0.38	−0.29	**0.97***	**0.92***	**0.84***	1.0												
钴	0.54	−0.15	**0.94***	**0.96***	**0.79***	**0.97***	1.0											
铬	0.65	−0.076	**0.73***	**0.98***	0.53	**0.83***	**0.90***	1.0										
铜	**1.0***	**0.73***	0.27	0.51	0.054	0.38	0.54	0.62	1.0									
铁	0.64	−0.095	**0.74***	**0.98***	0.53	**0.83***	**0.90***	**1.0***	0.60	1.0								
镁	−0.015	−0.49	**0.90***	0.62	**0.99***	**0.78***	**0.74***	0.49	−0.013	0.49	1.0							
锰	0.19	−0.39	**0.99***	**0.79***	**0.97***	**0.94***	**0.90***	0.66	0.20	0.67	**0.94***	1.0						
钼	0.44	**0.81***	−0.64	−0.39	−0.78*	−0.52	−0.44	−0.26	0.45	−0.26	−0.83**	−0.69**	1.0					
镍	0.60	−0.07	**0.92***	**0.94***	0.77	**0.96***	**1.0***	**0.90***	0.60	**0.90***	**0.71***	**0.88***	−0.36	1.0				
铅	−0.25	−0.25	0.55	0.063	0.62	0.45	0.30	−0.13	−0.18	−0.12	0.58	0.59	−0.43	0.31	1.0			
锶	0.16	−0.42	**0.98***	**0.78***	**0.99***	**0.92***	**0.88***	0.66	0.16	0.66	**0.96***	**1.0***	−0.74*	**0.86***	0.56	1.0		
钒	**0.70***	**1.0***	−0.36	−0.22	−0.45	−0.29	−0.15	−0.082	**0.73***	−0.10	−0.48	−0.39	**0.81***	−0.071	−0.24	−0.42	1.0	
锌	0.38	−0.32	**−0.96***	**−0.94***	**0.87***	**0.96***	**0.97***	**0.87***	0.37	**0.87***	**0.84***	**0.94***	−0.59	**0.95***	0.30	**0.94***	−0.32	1.0

* 显著性相关在 $P<0.05$
** 显著性相关在 $P<0.01$
加粗表示相关性较高

表 7-11）。pH 对 DWTR 中金属的可提取性影响的主要原因可概括为以下几点：①在不同 pH 条件下，各金属的释放作用，促使 DWTR 中可提取金属含量减少。②在不同 pH 条件下，金属及其他物质的溶出作用，也起到对 DWTR 中金属浓缩作用，进而促使可提取金属含量的增高。③pH 可能会促进 DWTR 中各种形态金属之间的相互转化（Cao et al., 2001）。在本研究中，尽管 TCLP 结果表明淋滤前后 DWTR 都可认为是无害废物（表 7-11），但是在低 pH 条件下淋滤后 DWTR TCLP 浸提液中铝的浓度很高。不仅如此，淋滤后 DWTR 中许多金属的化学可提取性（BCR 可提取态）（图 7-7）和生物可给性（表 7-10）都有提高，且 pH 仍是影响淋滤后 DWTR 中金属活性的主要因子（图 7-7）。这表明淋滤后 DWTR 的潜在金属释放作用可能变强。

无论如何，在比较各金属在不同 pH 释放特征可知（图 7-7），DWTR 中大部分金属的释放量在 pH 为 6~9 时都保持在最低水平，尤其是在弱碱性条件下。因此，在实际应用时，DWTR 应用的 pH 应保证在 6~9。一般情况下，植物最适的生长 pH 在 6~7.5，该 pH 范围正好在本研究推荐的 DWTR 应用 pH 范围内。这表明 DWTR 的应用应不会对植物体造成金属毒害作用。此外，环境中正常 pH 在 5~9，因此，大多数应用情况下，没有必要着重观察 DWTR 中金属的释放作用，但当 pH 不在最适合范围时，应用 DWTR 时要注意避免其对环境造成金属污染。

7.4 厌氧环境条件对 DWTR 中金属活性的影响

7.4.1 厌氧培养前后 DWTR 的基本特征

DWTR 中各金属的含量见表 7-13。与前几节研究一样，DWTR 中检测到了铝、砷、钡、铍、钙、镉、钴、铬、铜、铁、镁、锰、钼、镍、铅、锶、钒和锌，而未检测到银、汞、锑和硒。很明显，DWTR 中铝、钙、铁、镁和锰的含量要高于其他金属的，尤其是铝和铁。进一步比较可知，实验前后 DWTR 中各金属含量在厌氧培养前后无明显差异，这表明整个实验过程中没有引入其他外源金属的污染。实验前后 DWTR 的基本性质见表 7-14。DWTR 的 pH 随着培养时间的增加而降低。总有机质含量在整个实验期间变化较小，维持在 109~116 mg/g。该结果间接说明 DWTR 中有机质较稳定。实验前后，DWTR 中铝和铁都主要以 Al_{ox} 和 Fe_{ox} 形态存在，分别占总量的 64%~74% 和 65%~75%。通过比较可知，在厌氧培养后，DWTR 中 Al_{ox} 和 Fe_{ox} 的提取量都有减少，这表明在厌氧培养过程中 DWTR 中铁铝存在晶体化作用。然而，Al_{ox} 和 Fe_{ox} 的减少比例较低，约为 8.0%，因此，厌氧条件下，DWTR 铁铝具有较高的稳定性。

7.4.2 厌氧培养前后 DWTR 中金属赋存形态

DWTR 中金属的分级提取结果见图 7-8。在厌氧培养后，DWTR 中金属形态都有不同程度的变化。然而，相比较而言，除钴和锰外，其余金属的主要形态在厌氧培养前后 DWTR 中无变化[①]。厌氧培养前后 DWTR 中主要以酸溶态存在的金属有钡（占总量的

---

① 除砷外，各金属主要形态在厌氧环境下变化比例在 10% 内。培养后 DWTR 中砷残渣态增加的原因应与晶体化作用有关。

表 7-13　厌氧培养前后 DWTR 中金属的含量　　　　　（单位：mg/g）

元素	原始 DWTR	厌氧培养的 DWTR			
		30 d[a]	60 d	120 d	180 d
铝	85	86	87	86	86
砷	0.070	0.073	0.070	0.070	0.072
钡	0.42	0.42	0.42	0.41	0.42
铍	0.000 47	0.000 46	0.000 45	0.000 46	0.000 47
钙	20	20	20	20	20
镉	0.000 72	0.000 71	0.000 73	0.000 70	0.000 71
钴	0.010	0.009 1	0.009 3	0.008 7	0.009 1
铬	0.77	0.79	0.80	0.79	0.81
铜	0.065	0.064	0.064	0.060	0.062
铁	116	116	117	114	117
镁	1.5	1.6	1.6	1.5	1.6
锰	2.5	2.6	2.6	2.5	2.5
钼	0.006 1	0.006 2	0.006 4	0.006 3	0.006 0
镍	0.032	0.031	0.031	0.030	0.030
铅	0.022	0.023	0.020	0.020	0.021
锶	0.13	0.13	0.13	0.13	0.13
钒	0.13	0.13	0.13	0.13	0.13
锌	0.10	0.10	0.11	0.10	0.11

a. 培养时间

表 7-14　厌氧培养前后 DWTR 的部分性质

性质	原始 DWTR	厌氧培养 DWTR			
		30 d[a]	60 d	120 d	180 d
pH	7.23	7.06	7.03	7.02	6.96
TOM/（mg/g）	113	116	113	109	114
Al_{ox}/（mg/g）	63	57	56	57	59
Fe_{ox}/（mg/g）	86	78	76	76	77

a. 培养时间；TOM. 总有机物

75%~84%）、钙（101%~105%）、镁（59%~68%）和锶（80%~88%），主要以氧化态存在的有铝（76%~79%）、砷（66%~80%）、铍（64%~69%）、铜（60%~68%）、铁（73%~79%）和钒（50%~60%），主要以残渣态存在的有镉（57%~69%）、铬（88%~89%）、钼（74%~77%）和镍（44%~53%），而铅主要以氧化态（36%~49%）和残渣态（51%~64%）存在，锌主要以酸溶态（22%~30%）、氧化态（24%~28%）和残渣态（28%~36%）存在。对于钴和锰而言，在厌氧培养前，它们在 DWTR 中主要以还原态存在，分别占对应金属总量的51%（钴）和 74%（锰），但是在培养后，随着培养时间的增加，还原态的含量逐渐减少，而酸溶态的含量逐渐增多，并在实验最终 DWTR 中钴和锰主要以酸溶态存在，分别占对应金属总量的 42%和 84%。上述研究结果表明，DWTR 中钴和锰形态受厌氧环

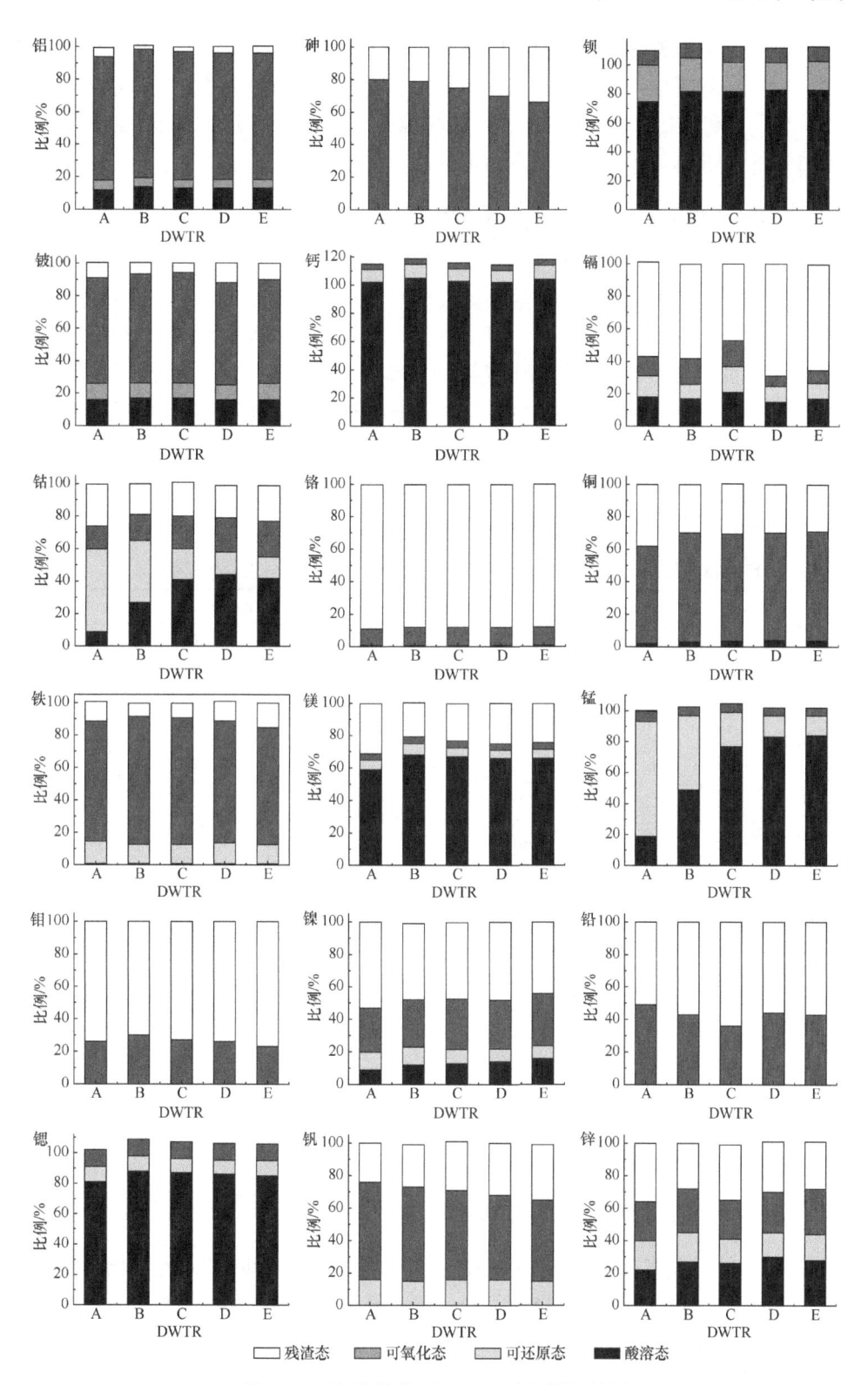

图 7-8 厌氧培养前后 DWTR 分级提取结果

A、B、C、D 和 E 分别表示原始 DWTR 和在厌氧条件下培养 30 d、60 d、120 d 和 180 d 的 DWTR

境条件影响大,主要表现出由还原态向酸溶态转化的趋势,而其他金属受厌氧环境条件影响小。对于分级提取而言,先提出的金属可移动性往往高于后提出的(Gomes et al.,2012)。因此,根据上述结果可知,在厌氧环境条件下,DWTR 中大部分金属可移动性变化较小,但钴和锰的可移动性会有所提高。

7.4.3　厌氧培养前后 DWTR 中金属生物可给性

金属的生物可给性提取结果表明在厌氧培养前后,DWTR 中都不存在生物可给性的是砷、镉和钼,其余金属的生物可给性见表 7-15。从表中可知,除钴、铜和锰外,厌氧培养前后 DWTR 中其余金属(铝、钡、铍、钙、铬、铁、镁、镍、铅、锶、钒和锌)的生物可给性变化都不明显,变化比例都在 10%内。对于钴、铜和锰而言,它们在厌氧培养后 DWTR 中生物可给性有明显提高。其中,锰的变化最为显著:随着培养时间的增加,锰的生物可给性比例分别从 23%(原始 DWTR)增加到 80%(厌氧培养 180 d 后)。综上所述,厌氧环境条件对 DWTR 中大部分金属的生物可给性影响较小,但对钴、铜、和锰影响较大,尤其是对锰。

表 7-15　厌氧培养前后 DWTR 中金属的生物可给性(占总量的比例,%)

元素	原始 DWTR	厌氧培养的 DWTR			
		30 d[a]	60 d	120 d	180 d
铝	38	40	40	37	36
钡	70	73	74	74	73
铍	46	50	52	47	45
钙	90	94	96	95	94
钴	17	35	48	49	46
铬	1.5	1.6	1.7	1.7	1.7
铜	29	39	41	42	42
铁	15	14	14	14	13
镁	47	54	55	54	55
锰	23	53	76	81	80
镍	15	19	20	21	23
铅	8.5	10	8.1	11	11
锶	70	76	77	76	76
钒	4.6	4.5	6.0	7.6	7.7
锌	38	41	38	38	39

a. 培养时间

7.4.4　厌氧培养前后 DWTR 中金属浸出毒性

根据实验前后 DWTR 对 pH 的缓冲性,本研究采用 Solution I 进行浸出毒性提取。DWTR 的金属浸出特征见表 7-16。除砷、铍、镉、铬、钼、铅和钒外,厌氧培养前后 DWTR 中其余金属均有浸出,且存在一定差异。相比较而言,厌氧培养前后 DWTR 中铝、钡、钙、钴、铁、镁、镍、锶、铜和锌浸出量占总量的比例差异较小,均在 5%以内,而锰的比例变化较大,从厌氧培养前的 3.0%(原始 DWTR)增加到 34%(厌氧培养的180 d后）。综上所述，厌氧培养环境对DWTR中大部分金属的TCLP浸出毒性影响小，但对锰的影响较明显。无论如何，与废物鉴别标准相比（USEPA，2004b），DWTR中砷、钡、镉、铬和铅的浸出浓度较低。因此，厌氧培养前后DWTR都可被视为无害物。

表7-16 厌氧培养前后DWTR中金属浸出毒性特征和TCLP标准（USEPA，2004b）

元素		原始DWTR	厌氧培养的DWTR				标准
			30 d[a]	60 d	120 d	180 d	
铝	浓度[b]	0.16	0.18	0.030	0.064	0.033	/
	%[c]	0.003 8	0.004 2	0.000 69	0.001 5	0.000 76	
钡	浓度	2.3	2.4	2.5	2.4	2.4	100
	%	11	12	12	12	12	
钙	浓度	630	640	640	630	630	/
	%	62	65	65	65	64	
钴	浓度	0.002 5	0.009 0	0.015	0.016	0.015	/
	%	0.50	2.0	3.3	3.6	3.3	
铜	浓度	0.003 8	0.009 0	0.009 2	0.012	0.0070	/
	%	0.12	0.28	0.29	0.41	0.22	
铁	浓度	0.037	0.15	0.011	0.048	0.011	/
	%	0.000 65	0.002 5	0.000 20	0.000 84	0.000 18	
镁	浓度	31	32	32	32	32	/
	%	40	41	41	42	41	
锰	浓度	3.8	20	39	42	43	/
	%	3.0	16	30	33	34	
镍	浓度	0.009 3	0.011	0.012	0.012	0.013	/
	%	0.58	0.74	0.75	0.81	0.84	
锶	浓度	2.4	2.9	2.9	2.9	2.8	/
	%	36	44	44	44	43	
锌	浓度	0.029	0.032	0.027	0.022	0.019	/
	%	0.58	0.62	0.50	0.44	0.36	

a. 培养时间；b. 单位：mg/L；c. 总量%；/. 无相关值

7.4.5 厌氧环境条件影响解析

金属污染风险评估应同时包括总量分析和活性分析。正如7.1节研究可知，大部分DWTR的金属含量低于各个国家的污泥回用标准。然而，为了确保DWTR在实际应用过程中金属污染风险降到最低，确定DWTR中金属在不同环境条件下稳定性变化特征十分必要，这将有助于掌握DWTR最适的应用条件。

本研究结果表明厌氧培养前后，DWTR中大部分金属的可移动性、生物可给性和浸出特征变化不明显（图7-8，表7-15，表7-16），且DWTR都可被视为无害的（表7-16）。

然而，厌氧培养后，DWTR 中钴和锰的可移动性（图 7-8），钴、铜和锰的生物可给性（表 7-15）以及锰的 TCLP 浸出浓度都有明显提高（表 7-16），其中锰提高得最显著。

在厌氧环境下，DWTR 中钴、铜和锰活性变化的原因可能有：①金属还原作用（Pakhomova et al.，2007）。厌氧环境下，DWTR 中锰还原态比例的降低（图 7-8）应与该作用有关。此外，与锰等还原性较强金属相结合的各种金属（如钴）的可移动性，可能会因锰等金属的活性变化而变化(Chuan et al.，1996; Antić-Mladenović et al.，2011)。②DWTR pH 降低作用（表 7-14）。厌氧环境下，DWTR 中铜生物可给性提高（表 7-15）可能与该作用有关（Lombi et al.，2010）。此外，从图 7-8 可知，厌氧培养后，DWTR 中有少量残渣态转为可氧化态（其余形态变化较小）。正如上文所述，可氧化态金属主要包括有机质结合态金属，因此，DWTR 中有机质在厌氧培养过程中可能活化了残渣态铜，进而提高了铜的活性。

7.5 DWTR 对沉积物中金属释放作用的影响

7.5.1 湖水中 pH、ORP 和 DO 的变化

上覆湖水中 pH、ORP 和 DO 的变化见表 7-17。从表中可知，在不同 pH 和好氧厌氧环境条件下，DWTR 投加前后沉积物上覆水 DO 相近。相比较而言，在 pH 5.5~6.0 和 8.5~9.0 条件下上覆湖水 DO 在不同时间下相近。在好氧条件下，上覆湖水 DO 都高于（4.3±0.03）mg/L；厌氧条件下，上覆湖水 ORP 都低于（−87±60）mV，该结果表明本研究成功实现了培养实验系统的好氧和厌氧环境。此外，厌氧条件下的上覆湖水 pH 要低于好氧条件。

7.5.2 金属的释放作用变化

不同 pH 条件下，DWTR 的投加对沉积物金属和磷释放作用的影响见表 7-18。从表中可知，除铍、镉、钴、铬和铅外，DWTR 投加前后沉积物中其余金属在不同 pH 条件下存在不同程度的释放作用。随着 pH 增高，沉积物（投加前后）中铝、砷、铜、钼、镍和钒有增高，而钡、钙、铁、镁、锰、锶和锌都有降低。相比较而言，在 pH 5.5~6.0 时，DWTR 投加后，沉积物金属释放作用升高的有铝、钡、钙、铁、镁、锰、钼和镍，降低的有砷、锶和锌，而铜和钒则相等（都未释放）。在 pH 8.5~9.0 时，DWTR 投加后，沉积物中金属释放作用升高的有铝、砷、钙、铜、铁、锰、钼、镍和锌，降低的有钡、镁、锶和钒。

在好氧和厌氧条件下，DWTR 的投加对沉积物金属和磷释放作用的影响见表 7-19。从表中可知，除铍、镉、钴、铬和铅外，DWTR 投加前后沉积物中其余金属在好氧/厌氧条件下存在不同程度的释放作用。与好氧条件相比，厌氧条件下沉积物（投加前后）中金属释放量增高的有铝、砷、钡、钙、铜、铁、锰、镍、锶、钒和锌，降低的有钼，而镁的释放则无明显变化规律。相比较而言，在好氧条件下，DWTR 投加后，沉积物金属释放作用升高的有铝、砷、铁、镁和钼，降低的有钡、锰、镍、锶、钒和锌，而钙和铜（未释放）则相等。在厌氧条件下，DWTR 投加后，沉积物中金属释放作用升高的有钡、钙、铁、镁、锰、钼、镍和锌，降低的有铝、砷、铜、锶和钒。

表 7-17a 不同 pH 条件下湖水中 DO 的变化

pH	时间/d	沉积物	DO/(mg/L)
5.5~6.0	10	含 DWTR	6.7±0.63[①]
		不含 DWTR	7.0±0.46
	20	含 DWTR	6.2±0.21
		不含 DWTR	6.3±0.43
	30	含 DWTR	5.4±0.17
		不含 DWTR	5.5±0.21
8.5~9.0	10	含 DWTR	5.0±0.24
		不含 DWTR	6.2±0.49
	20	含 DWTR	5.0±0.30
		不含 DWTR	5.0±0.02
	30	含 DWTR	4.8±0.13
		不含 DWTR	5.2±0.02

①平均值±方差，$n=2$

表 7-17b 在好氧和厌氧条件下湖水中 pH、ORP 和 DO 的变化

氧化环境	时间/d	沉积物	pH	ORP/mV	DO/(mg/L)
好氧	10	含 DWTR	7.8±0.11	—	4.6±0.19
		不含 DWTR	7.8±0.07	—	5.6±0.11
	20	含 DWTR	8.1±0.02	—	4.7±1.2
		不含 DWTR	8.3±0.04	—	6.3±0.07
	30	含 DWTR	8.1±0.07	—	4.3±0.03
		不含 DWTR	8.1±0.03	—	5.1±0.29
厌氧	10	含 DWTR	6.6±0.04	−222±1.3	—
		不含 DWTR	6.7±0.03	−246±1.5	—
	20	含 DWTR	6.7±0.10	−87±60	—
		不含 DWTR	6.7±0.02	−275±11	—
	30	含 DWTR	6.7±0.03	−308±33	—
		不含 DWTR	6.7±0.02	−232±4.6	—

"—"表示未检测

表 7-18 不同 pH 条件下，DWTR 的投加对沉积物中金属和磷释放作用的影响（单位：mg/L）

条件	pH 5.5~6.0 含 DWTR		pH 5.5~6.0 不含 DWTR		pH 8.5~9.0 含 DWTR		pH 8.5~9.0 不含 DWTR	
元素	Mean[a]	SD[b] (±)	Mean	SD (±)	Mean	SD (±)	Mean	SD (±)
铝 [e*]	0.003 1	0.003 4	ND[c]	ND	0.011	0.004 5	0.000 83	0.001 4
砷	ND	ND	0.002 4	0.002 6	0.006 2	0.001 5	0.005 0	0.004 3
钡	0.42	0.075	0.33	0.045	0.21	0.010	0.22	0.035
钙	241	52	226	59	114	8.2	111	25
铜	ND[c]	ND	ND	ND	0.000 64	0.000 57	ND	ND
铁 [d*]	0.29	0.090	0.055	0.009 5	0.013	0.009 7	0.005 4	0.003 4
镁	65	6.5	64	8.0	52	3.5	54	7.1
锰 [d**]	3.4	0.82	0.27	0.20	0.010	0.001 6	0.008 6	0.007 9
钼 [d**]	0.006 5	0.002 2	0.005 9	0.000 42	0.011	0.001 2	0.007 4	0.000 49
镍	0.002 6	0.000 59	0.001 4	0.001 4	0.002 9	0.000 56	0.002 1	0.000 10

续表

条件	pH 5.5~6.0				pH 8.5~9.0			
	含 DWTR		不含 DWTR		含 DWTR		不含 DWTR	
元素	Mean[a]	SD[b] (±)	Mean	SD (±)	Mean	SD (±)	Mean	SD (±)
锶	1.7	0.30	1.9	0.39	1.0	0.082	1.3	0.27
钒	ND	ND	ND	ND	0.000 29	0.000 29	0.000 76	0.000 22
锌	0.003 0	0.001 3	0.003 6	0.001 5	0.002 3	0.001 9	0.001 9	0.001 9
磷[d**]	0.030	0.001 5	0.046	0.002 1	0.034	0.003 1	0.046	0.007 1

a. 在第 10 天、第 20 天和第 30 天湖水中金属浓度的平均值，$n=6$；b. 标准方差；c. ND 表示未检测出；d[*]. 在 pH 5.5~6.0 条件下，DWTR 投加前后沉积物中各元素释放作用在 $P<0.05$ 下显著差异；d[**]. 在 pH 5.5~6.0 条件下，DWTR 投加前后沉积物中各元素释放作用在 $P<0.01$ 下显著差异；e[*]. 在 pH 8.5~9.0 条件下，DWTR 投加前后沉积物中各元素释放作用在 $P<0.05$ 下显著差异；e[**]. 在 pH 8.5~9.0 条件下，DWTR 投加前后沉积物中各元素释放作用在 $P<0.01$ 下显著差异

表 7-19　在好氧和厌氧条件下，DWTR 的投加对沉积物中金属和磷释放作用的影响（单位：mg/L）

条件	好氧				厌氧			
	含 DWTR		不含 DWTR		含 DWTR		不含 DWTR	
元素	Mean[a]	SD[b] (±)	Mean	SD (±)	Mean	SD (±)	Mean	SD (±)
铝[d*]	0.016	0.003 1	0.002 6	0.004 5	0.036	0.016	0.054	0.030
砷	0.005 2	0.003 6	0.003 3	0.005 8	0.007 6	0.004 2	0.015	0.005 3
钡	0.19	0.012	0.21	0.015	0.30	0.050	0.27	0.010
钙	101	4.9	101	15	137	17	120	2.0
铜	ND[c]	ND	ND	ND	0.000 60	0.001 0	0.000 67	0.001 2
铁	0.008 0	0.007 8	0.002 9	0.002 3	11	7.9	2.8	4.1
镁	53	3.0	52	6.0	56	5.0	50	0.58
锰	0.003 7	0.001 2	0.008 2	0.006 6	3.9	1.6	1.9	0.058
钼[d**]	0.009 4	0.000 67	0.006 9	0.000 32	0.004 3	0.001 9	0.002 1	0.003 6
镍	0.002 3	0.000 55	0.002 6	0.001 2	0.004 8	0.003 4	0.003 7	0.002 0
锶[d*]	0.95	0.045	1.2	0.15	1.2	0.12	1.3	0
钒	0.000 15	0.000 26	0.000 92	0.000 54	0.000 46	0.000 57	0.001 2	0.000 20
锌	0.000 17	0.000 29	0.000 52	0.000 29	0.040	0.017	0.021	0.008 1
磷[d*, e**]	0.034	0.003 5	0.053	0.010	0.064	0.012	1.1	0.24

a. 在第 10 天、第 20 天和第 30 天湖水中金属浓度的平均值，$n=6$；b. 标准方差；c. ND 表示未检测；d[*]. 在好氧条件下，DWTR 投加前后沉积物中各元素释放作用在 $P<0.05$ 下显著差异；d[**]. 在好氧条件下，DWTR 投加前后沉积物中各元素释放作用在 $P<0.01$ 下显著差异；e[**]. 在厌氧条件下，DWTR 投加前后沉积物中各元素释放作用在 $P<0.01$ 下显著差异

综上结果可知，DWTR 的投加对沉积物中金属释放作用影响非常复杂，且对不同金属在不同条件下的影响特征也有差异，尽管 DWTR 投加对沉积物中许多金属的释放作用影响不显著。无论如何，在不同条件下，DWTR 的投加明显降低沉积物中磷的释放作用，尤其在厌氧条件下（$P<0.01$）。该结果进一步表明 DWTR 的投加可有效控制沉积物磷污染。

7.5.3 沉积物中金属浸出毒性变化

根据沉积物（DWTR 投加前后）对 pH 的缓冲性，本研究采用 Solution Ⅰ考察沉积物中各金属的浸出特性，结果见表 7-20。从表中可知，除铝、砷、铍、铬、和铅外，其余金属在沉积物中具有不同程度的浸出特性。相比较而言，DWTR 的投加会促使沉积物（在不同条件下培养后）中镉、钴、钼、镍、钒和锌的浸出浓度降低及锰的升高。同时，DWTR 的投加也会使 pH 5.5~6.0 和好氧条件下沉积物中钡的浸出浓度降低，在 pH 8.5~9.0 条件下升高，而对其在厌氧条件下无影响；钙在 pH 5.5~6.0 和好氧/厌氧条件下降低，而在 pH 8.5~9.0 条件下升高；铜在不同 pH 条件下升高，但对在好氧/厌氧环境下无影响；铁在不同 pH 条件下及厌氧条件下升高，而好氧条件下降低；镁在 pH 5.5~6.0 及好氧/厌氧条件下的降低，而在 pH 8.5~9.0 条件下升高；锶在 pH 5.5~6.0 及厌氧条件下降低，好氧条件下升高，而对在 pH 8.5~9.0 条件下无影响。从上述结果可知，DWTR 的投加对沉积物中金属浸出特性存在影响，且影响特征也随着金属种类变化而变化。无论如何，与浸出毒性标准相比（USEPA，2004b），DWTR 中各毒性金属（砷、钡、镉、铬和铅）的浸出浓度较低。因此，DWTR 投加前后的沉积物都可被认为是无害物。

表 7-20 DWTR 投加前后沉积物中金属浸出毒性特征和 TCLP 标准（USEPA，2004b）

元素	pH 5.5~6.0 含 DWTR	pH 5.5~6.0 不含 DWTR	pH 8.5~9.0 含 DWTR	pH 8.5~9.0 不含 DWTR	标准
钡	1.3±0.058[a]	1.5±0.009 2	1.5±0.057	1.4±0.012	100
钙	844±20	868±6.0	850±2.0	841±18	—
镉	0.000 44±0.000 01	0.000 75±0.000 02	0.000 58±0.000 06	0.000 73±0.000 08	1.0
钴	0.003 9±0.000 24	0.011±0.000 08	0.004 6±0.000 76	0.012±0.000 37	—
铜	0.015±0.000 73	0.014±0.001 4	0.044±0.034	0.015±0.001 1	—
铁	0.045±0.052	0.006 4±0.000 90	0.014±0.002 5	0.008 1±0.001 8	—
镁	35±1.6	38±1.5	44±1.4	43±1.4	—
锰	10±0.70	7.1±0.13	11±0.72	6.8±0.49	—
钼	0.006 6±0.000 03	0.019±0.001 8	0.010±0.000 73	0.035±0.022	—
镍	0.011±0.001 1	0.018±0.000 13	0.017±0.007 0	0.019±0.000 46	—
锶	3.1±0.082	3.2±0.025	3.2±0.086	3.2±0.020	—
钒	0.000 88±0.000 19	0.001 2±0.000 03	0.000 72±0.000 30	0.001 5±0.000 30	—
锌	0.010±0.002 0	0.035±0.003 9	0.025±0.012	0.042±0.008 7	—
钡	1.4±0.023	1.5±0.020	1.5±0.035	1.5±0.001 2	100
钙	820±7.9	832±10	809±5.1	815±1.6	—
镉	0.000 42±0.000 01	0.000 66±0.000 09	0.000 45±0.000 04	0.000 61±0.000 01	1.0
钴	0.004 6±0.000 21	0.012±0.000 12	0.004 6±0.000 16	0.012±0.002 1	—
铜	0.015±0.002 4	0.015±0.000 06	0.017±0.000 04	0.017±0.008 5	—
铁	0.006 3±0.001 2	0.006 4±0.000 28	0.011±0.003 9	0.006 5±0.000 09	—
镁	41±2.9	45±0.14	39±0.54	42±1.5	—

续表

元素	好氧 含DWTR	好氧 不含DWTR	厌氧 含DWTR	厌氧 不含DWTR	标准
锰	11±0.90	6.9±0.078	9.7±0.11	6.7±0.098	—
钼	0.007 2±0.000 41	0.020±0.000 28	0.011±0.002 3	0.017±0.002 3	—
镍	0.012±0.000 33	0.019±0.001 2	0.013±0.000 06	0.019±0.000 12	—
锶	3.3±0.12	3.2±0.11	3.1±0.034	3.2±0.12	—
钒	0.000 95±0.00001	0.0017±0.00019	0.00055±0.00077	0.0013±0.00001	—
锌	0.024±0.0064	0.037±0.0022	0.052±0.036	0.069±0.0012	—

a. 平均值±标准方差，$n=2$

7.5.4 沉积物中金属赋存形态变化

厌氧培养实验后，沉积物中金属分级提取结果见图 7-9。在不同环境条件下，DWTR 投加前后沉积物中各金属的主要赋存形态未发生变化。其中，主要以酸溶态存在的金属有钡（40%~48%）、钙（99%~113%）、锰（61%~81%）和锶（89%~94%），主要以残渣态存在的金属有铝（79%~97%）、砷（83%~99%）、铍（76%~81%）、镉（41%~51%）、钴（74%~78%）、铬（95%~98%）、铜（86%~95%）、铁（79%~91%）、镁（71%~75%）、钼（96%~100%）、镍（86%~88%）、铅（52%~83%）、钒（79%~82%）和锌（75%~82%）。在这些形态的金属中，DWTR 的投加促使沉积物中钡、钙、锰和锶的酸溶态增加；促使沉积物中铝、铬、铜、铁和锌的残渣态减少，砷、铍、镉、钼、铅和钒的残渣态增加，而对钴、镁和镍无明显影响。相比较而言，DWTR 投加对沉积物中铝、砷、锰和铅的影响较大，变化比例都高于 10%。

在 BCR 可提取金属中，先提取的金属可移动性往往高于后提取的，而不可被 BCR 提取的残渣态金属属于环境稳定金属。基于这一理论可知，DWTR 投加会促使沉积物中铝、钡、钙、铬、铜、铁、锰、锶和锌的可移动性增高，砷、铍、镉、钼、铅和钒的可移动性降低，而对钴、镁和镍无明显影响。其中，对铝、砷、锰和铅的影响最显著。因此，DWTR 投加对沉积物中各金属的赋存形态存在影响，但是不同金属表现出不同的规律。

7.5.5 沉积物中金属生物可给性变化

厌氧培养实验后，沉积物中金属生物可给性见图 7-10。在不同条件下，DWTR 的投加会促使沉积物中铝、钡、铍、钙、钴、铬、铜、铁、镁、锰、镍和锌的生物可给性增高，砷、镉和铅的生物可给性降低；同时，也会促使沉积物中钼在不同 pH 及好氧条件下的生物可给性升高（厌氧条件下未检出钼），锶和钒在 pH 5.5~6.0 条件下降低，而在其余条件下升高。相比较而言，DWTR 投加对铝、砷、钡、镉、铜、铁、锰和铅的生物可给性影响较大，变化比例高于 10%。根据上述结果可知，DWTR 投加对沉积物中生物可给性有一定影响，但不同金属的影响特征也存在差异。

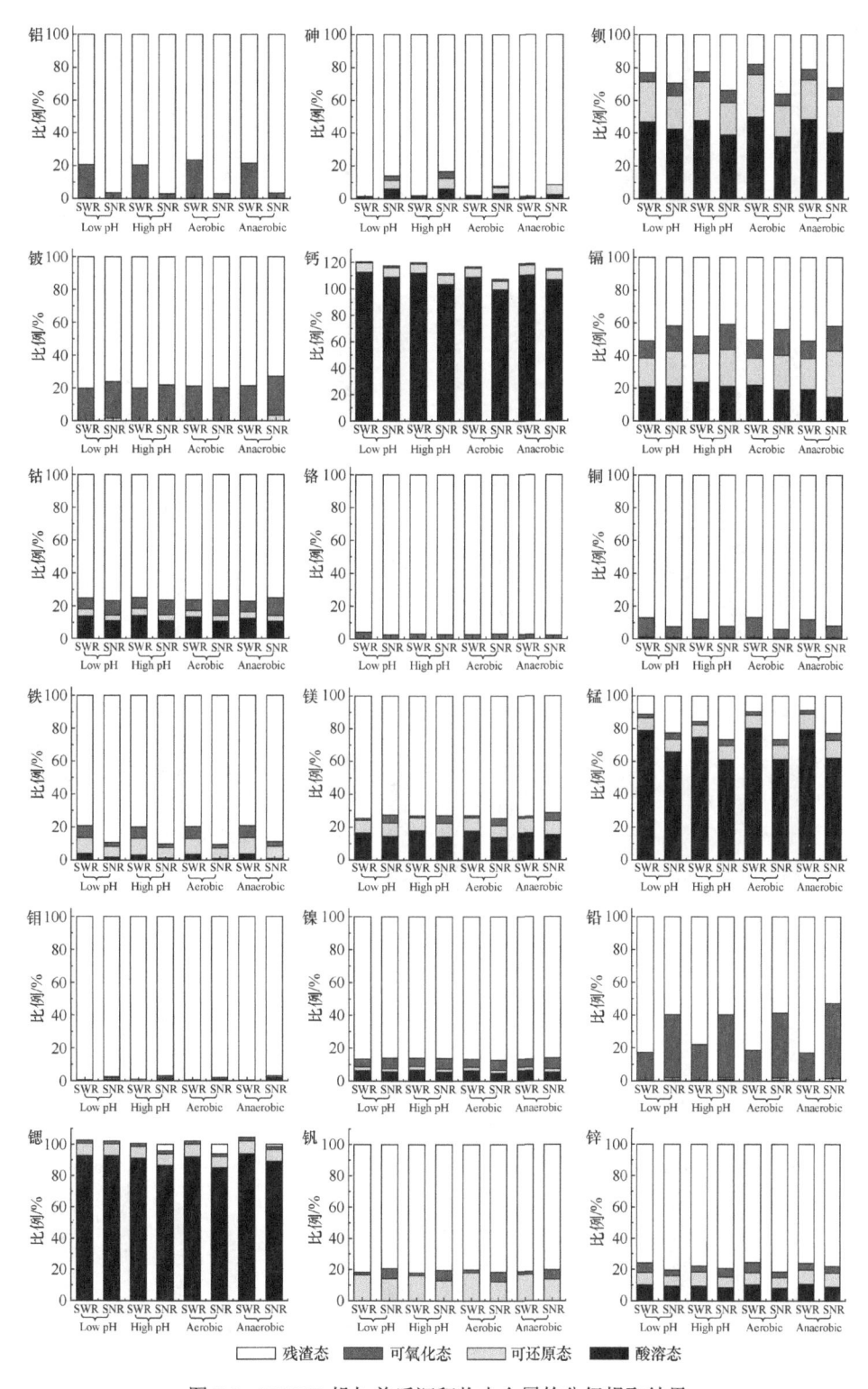

图 7-9 DWTR 投加前后沉积物中金属的分级提取结果

SWR 和 SNR 分别表示含有 DWTR 和不含 DWTR 的沉积物，Low pH 和 High pH 分别表示 pH 5.5~6.0 和 pH 8.5~9.0 的实验环境，Aerobic 和 Anaerobic 分别表示好氧和厌氧的实验环境

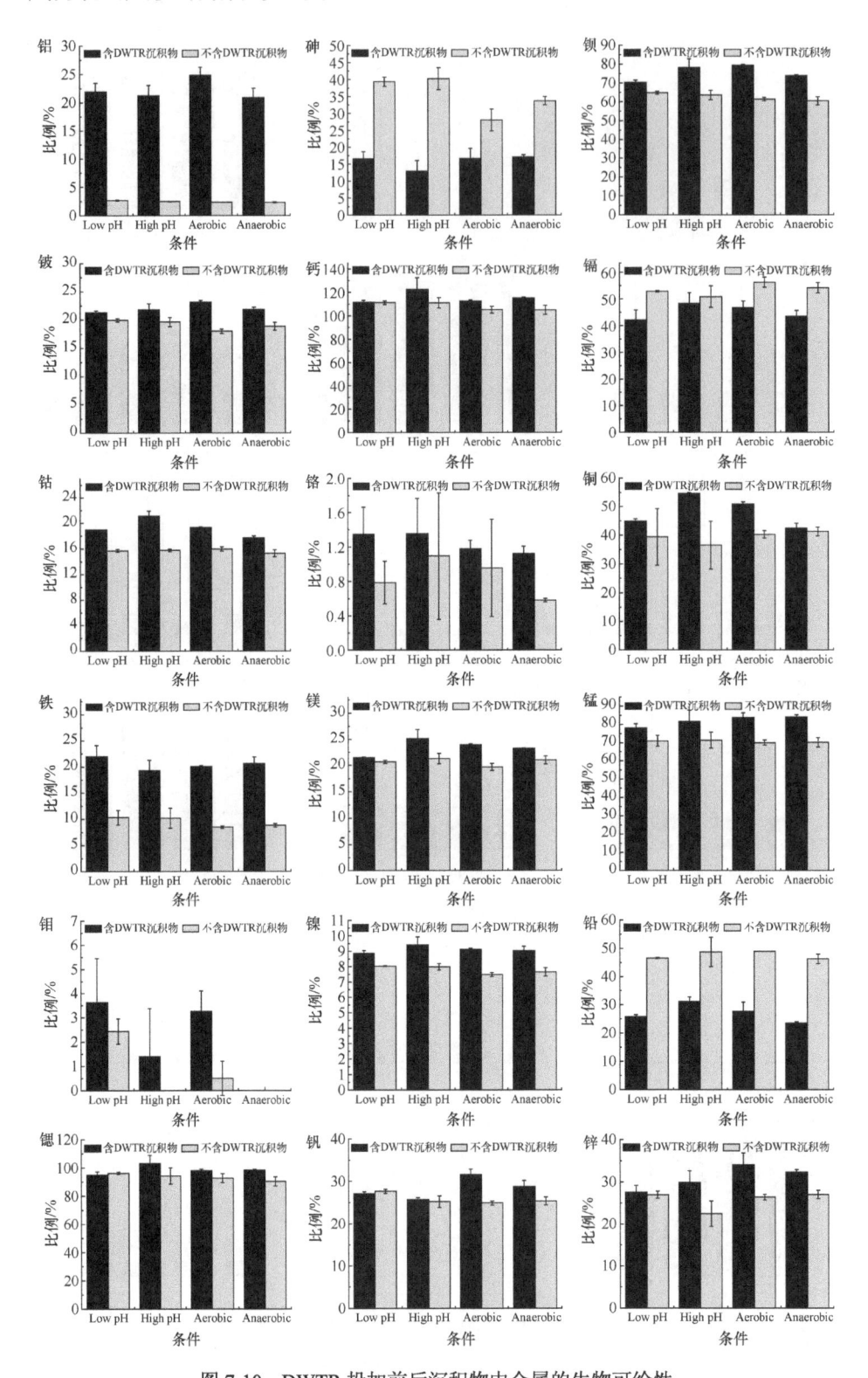

图 7-10 DWTR 投加前后沉积物中金属的生物可给性

Low pH 和 High pH 分别表示 pH 5.5~6.0 和 pH 8.5~9.0 的实验环境，Aerobic 和 Anaerobic 分别表示好氧和厌氧的实验环境；误差线是标准误差（$n=2$）

7.5.6 DWTR 应用风险评价

1. 金属释放污染风险

DWTR 对沉积物中金属释放作用存在影响（表 7-18，表 7-19）。pH 及氧化还原电势对沉积物中金属释放作用的影响应与 7.3 和 7.4 节研究所述的原因相近。然而，这种影响特征随着环境条件及金属种类不同而存在差异。这表明基于湖水金属浓度差异，很难直观评价 DWTR 投加对沉积物金属释放作用的影响。为此，本研究引入健康风险评价模型，通过分析湖水中金属的健康风险来掌握 DWTR 投加对沉积物中金属释放的影响。湖水中金属的暴露途径应主要包括摄入途径和皮肤接触途径，因此，金属的风险评价应涉及这两种途径。金属的健康风险可分为致癌风险和非致癌风险。对于致癌风险，其计算方法如下（USEPA，1989，2004a）。

$$\text{Ingestion cancer risk} = D_{\text{ingestion}} \times \text{SF}_{\text{ABS}} \tag{7-1}$$

$$\text{Dermal cancer risk} = D_{\text{dermal}} \times \text{SF}_{\text{ABS}} \tag{7-2}$$

$$D_{\text{ingestion}} = \frac{C_{\text{w}} \times \text{IR} \times \text{ED} \times \text{EF}}{\text{BW} \times \text{AT}} \tag{7-3}$$

$$D_{\text{dermal}} = \frac{K_{\text{p}} \times C_{\text{w}} \times t_{\text{event}} \times \text{EV} \times \text{ED} \times \text{EF} \times \text{SA}}{\text{BW} \times \text{AT}} \tag{7-4}$$

$$\text{SF}_{\text{ABS}} = \frac{\text{SF}_{\text{o}}}{\text{AWS}_{\text{GI}}} \tag{7-5}$$

式中，Ingestion cancer risk，摄入暴露风险；Dermal cancer risk，皮肤暴露接触风险；ABS_{GI}，肠胃吸收系数；AT，平均时间（d）（致癌性影响：AT=70 年×365 d/年，非致癌性影响：AT=ED×365 d/年）；BW，体重（70 kg）；C_{w}，水溶液中化学物浓度（mg/cm³）；$D_{\text{ingestion}}$，摄入量 [mg/（kg·d）]；D_{dermal}，皮肤接触剂量 [mg/（kg·d）]；ED，暴露时间（70 年）；EF，暴露频率（350 d/年）；EV，时间频率（1 events/d）；IR，每次摄入量（2 L/d）；K_{p}，皮肤渗透系数（cm/h）；SA，皮肤接触面积（18 000 cm²）；SF_{ABS}，吸收因子；SF_{o}，摄入因子 [mg/（kg·d）]；t_{event}，时间持续时间（0.58 h/event）。其中，ABS_{GI}、AT、BW、EF、EV、K_{p}、SA 和 t_{event} 参考文献 USEPA（1989，2004a）；ED 参考文献 Hamidin 等（2008）；SF_{o} 参考文献 USEPA（2012）。

致癌风险的计算结果见表 7-21。一般而言，致癌风险的计算值在 $1×10^{-6}~1×10^{-4}$ 属于 USEPA 的可接受范围（USEPA，1990，1991a，1991b）。在检测出的金属中，仅有砷可计算出致癌风险，因此，本研究考察了 DWTR 对湖水中砷致癌性风险影响。从表中可知，对于皮肤接触而言，砷的所有风险值都在可接受范围（$1×10^{-7}~1×10^{-5}$），这表明 DWTR 投加前后湖水中砷的皮肤致癌风险无需特别关注。对于摄入而言，在 pH 8.5~9.0 及好氧和厌氧条件下，DWTR 投加前后湖水中砷的致癌风险值都不在可接受范围内（$1×10^{-6}~1×10^{-4}$），这表明本研究的湖水应避免摄入，且 DWTR 投加不会缓解沉积物上覆湖水砷的摄入致癌风险。

表 7-21 DWTR 投加前后沉积物上覆湖水的致癌风险评价

元素	pH 5.5~6.0				pH 8.5~9.0			
	含 DWTR		不含 DWTR		含 DWTR		不含 DWTR	
	ICR[a]	DCR[b]	ICR	DCR	ICR	DCR	ICR	DCR
砷	ND	ND	9.9×10^{-5}	5.4×10^{-7}	2.5×10^{-4}	1.4×10^{-6}	2.1×10^{-4}	1.1×10^{-6}

元素	好氧环境				厌氧环境			
	含 DWTR		不含 DWTR		含 DWTR		不含 DWTR	
	ICR	DCR	ICR	DCR	ICR	DCR	ICR	DCR
砷	2.1×10^{-4}	1.2×10^{-6}	1.4×10^{-4}	7.5×10^{-7}	3.1×10^{-4}	1.7×10^{-6}	6.2×10^{-4}	3.4×10^{-6}

a. 摄入暴露致癌风险；b. 皮肤接触致癌风险

注：ND 表示未检测出

对于非致癌风险，其计算方法如下（USEPA，1989，2004a）。

$$HQ_{\text{ingestion}} = \frac{D_{\text{ingestion}}}{RfD_{\text{o}}} \tag{7-6}$$

$$HQ_{\text{dermal}} = \frac{D_{\text{dermal}}}{RfD_{\text{dermal}}} \tag{7-7}$$

$$HI = \sum HQ \tag{7-8}$$

$$RfD_{\text{dermal}} = RfD_{\text{o}} \times ABS_{\text{GI}} \tag{7-9}$$

式中，HI，多种污染物或不同暴露途径的风险指数；HQ_{dermal}，皮肤风险指数；$HQ_{\text{ingestion}}$，摄入风险指数；RfD_{dermal}，皮肤接触参考剂量 [mg/（kg·d）]；RfD_{o}，摄入参考剂量 [mg/（kg·d）]。RfD_{o} 主要参考 USEPA（2012）。

非致癌风险的计算结果见表 7-22。通常，当 HQ 或 HI 高于 1 时，湖水中金属非致癌性污染风险需要引起注意（Lim et al.，2008）。从表中可知，DWTR 投加前后沉积物上覆湖水中所有金属的 HQ_{dermal} 都低于 1。因此，DWTR 投加后湖水各金属的皮肤非致癌性风险无需特别关注。对于 $HQ_{\text{ingestion}}$ 而言，除砷和锰在特定条件下外，湖水中各金属的该值都低于 1。因此，DWTR 投加后湖水中大部分金属摄入非致癌性风险不需要引起注意。

通过比较可知，锰的 $HQ_{\text{ingestion}}$ 在 pH 5.5~6.0 和厌氧条件下含 DWTR 沉积物，以及在厌氧条件下不含 DWTR 沉积物的上覆湖水中高于 1；而砷仅在厌氧条件下不含 DWTR 沉积物上覆湖水的 $HQ_{\text{ingestion}}$ 高于 1。上述结果表明 DWTR 投加一方面需要注意湖水中锰的摄入非致癌风险（在低 pH 条件下），另一方面也可能会降低湖水中砷的摄入非致癌风险（在厌氧条件下）。

根据湖水中各金属的 HQ_{dermal} 和 $HQ_{\text{ingestion}}$ 分别计算出基于皮肤接触暴露的 HI（HI_{dermal}）和基于摄入暴露的 HI（$HI_{\text{ingestion}}$），结果见表 7-22。湖水 HI_{dermal} 在各种环境条件下都小于 1。这表明 DWTR 投加后湖水中总金属皮肤接触非致癌风险在可接受范围内。此外，在 pH 5.5~6.0 和厌氧条件下含 DWTR 沉积物，以及在厌氧条件下不含 DWTR

表 7-22 DWTR 投加前后沉积物上覆湖水的非致癌风险评价

元素	pH 5.5~6.0 含 DWTR $HQ_{ingestion}$	HQ_{dermal}	pH 5.5~6.0 不含 DWTR $HQ_{ingestion}$	HQ_{dermal}	pH 8.5~9.0 含 DWTR $HQ_{ingestion}$	HQ_{dermal}	pH 8.5~9.0 不含 DWTR $HQ_{ingestion}$	HQ_{dermal}
铝	8.5×10^{-5}	4.4×10^{-7}	ND	ND	3.0×10^{-4}	1.6×10^{-6}	2.3×10^{-5}	1.2×10^{-7}
砷	ND	ND	2.2×10^{-1}	1.2×10^{-3}	5.7×10^{-1}	3.1×10^{-3}	4.6×10^{-1}	2.5×10^{-3}
钡	5.8×10^{-2}	4.3×10^{-3}	4.5×10^{-2}	3.4×10^{-3}	2.9×10^{-2}	2.1×10^{-3}	3.0×10^{-2}	2.2×10^{-3}
铜	ND	ND	ND	ND	4.4×10^{-4}	2.3×10^{-6}	ND	ND
铁	1.1×10^{-2}	5.9×10^{-5}	2.2×10^{-3}	1.1×10^{-5}	5.1×10^{-4}	2.7×10^{-6}	2.1×10^{-4}	1.1×10^{-6}
锰	3.9	5.1×10^{-1}	3.1×10^{-1}	4.0×10^{-2}	1.1×10^{-2}	1.5×10^{-3}	9.8×10^{-3}	1.3×10^{-3}
钼	3.6×10^{-2}	1.9×10^{-4}	3.2×10^{-2}	1.7×10^{-4}	6.0×10^{-2}	3.1×10^{-4}	4.1×10^{-2}	2.1×10^{-4}
镍	3.6×10^{-3}	9.3×10^{-5}	1.9×10^{-3}	5.0×10^{-5}	4.0×10^{-3}	1.0×10^{-4}	2.9×10^{-3}	7.5×10^{-5}
锶	7.8×10^{-2}	4.1×10^{-4}	8.7×10^{-2}	4.5×10^{-4}	4.6×10^{-2}	2.4×10^{-4}	5.9×10^{-2}	3.1×10^{-4}
钒	ND	ND	ND	ND	8.8×10^{-4}	1.8×10^{-4}	2.3×10^{-3}	4.6×10^{-4}
锌	2.7×10^{-4}	8.6×10^{-7}	3.3×10^{-4}	1.0×10^{-6}	2.1×10^{-4}	6.6×10^{-7}	1.7×10^{-4}	5.4×10^{-7}
HI	4.1	5.1×10^{-1}	7.0×10^{-1}	4.5×10^{-2}	7.2×10^{-1}	7.6×10^{-3}	6.0×10^{-1}	7.1×10^{-3}

元素	好氧环境 含 DWTR $HQ_{ingestion}$	HQ_{dermal}	好氧环境 不含 DWTR $HQ_{ingestion}$	HQ_{dermal}	厌氧环境 含 DWTR $HQ_{ingestion}$	HQ_{dermal}	厌氧环境 不含 DWTR $HQ_{ingestion}$	HQ_{dermal}
铝	4.4×10^{-4}	2.3×10^{-6}	7.1×10^{-5}	3.7×10^{-7}	9.9×10^{-4}	5.1×10^{-6}	1.5×10^{-3}	7.7×10^{-6}
砷	4.7×10^{-1}	2.6×10^{-3}	3.0×10^{-1}	1.7×10^{-3}	6.9×10^{-1}	3.8×10^{-3}	1.4	7.5×10^{-3}
钡	2.6×10^{-2}	1.9×10^{-3}	2.9×10^{-2}	2.1×10^{-3}	4.1×10^{-2}	3.1×10^{-3}	3.7×10^{-2}	2.8×10^{-3}
铜	ND	ND	ND	ND	4.1×10^{-4}	2.1×10^{-6}	4.6×10^{-4}	2.4×10^{-6}
铁	3.1×10^{-4}	1.6×10^{-6}	1.1×10^{-4}	5.9×10^{-7}	4.3×10^{-1}	2.2×10^{-3}	1.1×10^{-1}	5.7×10^{-4}
锰	4.2×10^{-3}	5.5×10^{-4}	9.4×10^{-3}	1.2×10^{-3}	4.5	5.8×10^{-1}	2.2	2.8×10^{-1}
钼	5.2×10^{-2}	2.7×10^{-4}	3.8×10^{-2}	2.0×10^{-4}	2.4×10^{-2}	1.2×10^{-4}	1.2×10^{-2}	6.0×10^{-5}
镍	3.2×10^{-3}	8.2×10^{-5}	3.6×10^{-3}	9.3×10^{-5}	6.6×10^{-3}	1.7×10^{-4}	5.1×10^{-3}	1.3×10^{-4}
锶	4.3×10^{-2}	2.3×10^{-4}	5.5×10^{-2}	2.9×10^{-4}	5.5×10^{-2}	2.9×10^{-4}	5.9×10^{-2}	3.1×10^{-4}
钒	4.6×10^{-4}	9.2×10^{-5}	2.8×10^{-3}	5.6×10^{-4}	1.4×10^{-3}	2.8×10^{-4}	3.7×10^{-3}	7.3×10^{-4}
锌	1.6×10^{-5}	4.9×10^{-8}	4.7×10^{-5}	1.5×10^{-7}	3.7×10^{-3}	1.1×10^{-5}	1.9×10^{-3}	6.0×10^{-6}
HI	6.0×10^{-1}	5.8×10^{-3}	4.4×10^{-1}	6.2×10^{-3}	5.7	5.9×10^{-1}	3.8	3.0×10^{-1}

注：ND 表示未检测出

沉积物上覆湖水 $HI_{ingestion}$ 都高于 1，其余沉积物上覆湖水的都小于 1。这表明 DWTR 投加后湖水中总金属摄入非致癌风险值需引起注意。进一步计算可知，在 pH 5.5~6.0 和厌氧条件下含 DWTR 沉积物上覆湖水 $HI_{ingestion}$，分别有 95%和 79%来自于锰的 $HQ_{ingestion}$，而对在厌氧条件下不含 DWTR 沉积物上覆湖水 $HI_{ingestion}$ 而言，砷和锰的 $HQ_{ingestion}$ 分别贡献了 37%和 58%。根据上述结果可知，DWTR 投加一方面可能会通过提高上覆湖水

中锰的 $HQ_{ingestion}$ 值，进而提高 $HI_{ingestion}$ 值，造成上覆湖水基于摄入暴露的金属污染风险（在低 pH 和厌氧条件下）；另一方面也可能会降低上覆湖水中砷的 $HQ_{ingestion}$ 值，减少 $HI_{ingestion}$，削弱湖水基于摄入暴露的金属污染风险。综上所述，DWTR 在应用过程中应尽量注意避免锰的污染。

2. 沉积物金属污染风险

在本研究中，TCLP 分析结果表明 DWTR 投加前后沉积物都可被认为是无害的（表 7-20），但分级提取结果表明 DWTR 投加对沉积物中各金属的赋存形态影响明显，且不同金属表现出不同的规律，如 DWTR 投加会明显提高铝和锰的可移动性，也会明显降低砷和铅的可移动性（图 7-9）。上述结果表明根据沉积物中形态变化影响，很难直接确定 DWTR 投加对沉积物中金属污染风险的影响。因此，本研究采用金属污染因子（Nemati et al.，2011；Fathollahzadeh et al.，2014）来探索 DWTR 投加对沉积物中金属污染风险的影响，具体方程如下。

$$C_f = \frac{F_1 + F_2 + F_3}{F_4} \tag{7-10}$$

式中，C_f，金属污染因子；F_1、F_2、F_3 和 F_4 分别表示酸溶态、可还原态、可氧化态和残渣态含量。计算结果见图 7-11。此外，所有样品中钙及部分样品中锶在 DWTR 投加前后的沉积物中不以残渣态存在，因此，在计算 C_f 时本研究并未纳入这两种元素。

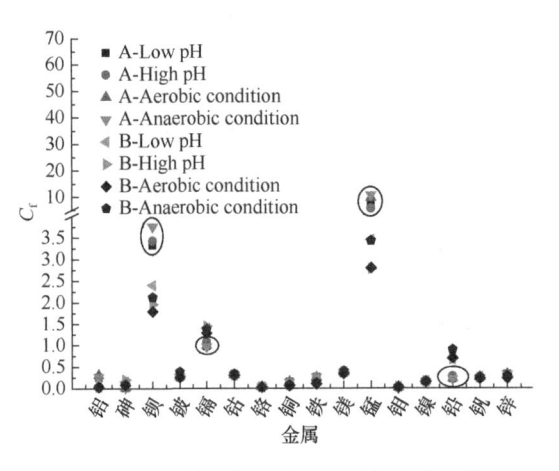

图 7-11 金属污染因子（C_f）的计算结果

A-Low pH. 在 pH 5.5~6.0 培养后的含有 DWTR 沉积物；A-High pH. 在 pH 8.5~9.0 培养后的含有 DWTR 沉积物；A-Aerobic condition. 在好氧条件下培养后的含有 DWTR 沉积物；A-Anaerobic condition. 在厌氧条件下培养后的含有 DWTR 沉积物；B-Low pH. 在 pH 5.5~6.0 培养后的不含有 DWTR 沉积物；B-High pH. 在 pH 8.5~9.0 培养后的不含有 DWTR 沉积物；B-Aerobic condition. 在好氧条件下培养后的不含有 DWTR 沉积物；B-Anaerobic condition. 在厌氧条件下培养后的不含有 DWTR 沉积物

通常，C_f 越高，则沉积物金属污染程度越严重。从图 7-11 中可知，在 DWTR 投加前后的沉积物中，铝、砷、钡、铍、钴、铬、铜、铁、镁、钼、镍、钒和锌的 C_f 都很低且差异较小，这表明 DWTR 投加应不会造成沉积物中这些金属的污染。进一步分析可知，钡的 C_f 值在不含 DWTR 的沉积物中为 1.7~2.4，而在含 DWTR 的沉积物中为

3.3~4.6；镉在不含 DWTR 的沉积物中为 1.2~1.5，而在含 DWTR 的沉积物中为 0.96~1.1；锰在不含 DWTR 的沉积物中为 2.8~3.5，而在含 DWTR 的沉积物中为 5.4~11；铅在不含 DWTR 的沉积物中为 0.60~0.90，而在含 DWTR 的沉积物中 0.20~0.30。上述结果表明 DWTR 的投加会相对较明显降低沉积物中镉和铅的污染程度，但会提高沉积物中钡和锰的污染风险。

生物可给性提取实验结果表明 DWTR 投加会明显降低沉积物中砷、镉和铅的生物可给性，但是也会明显提高沉积物中铝、钡、铜、铁和锰的生物可给性（图 7-10）。由于目前没有标准适用于评价 DWTR 投加对沉积物中各金属生物可给性的影响程度，因此本研究无法科学地给出 DWTR 在这一方面的影响，但是为最大限度地降低 DWTR 的潜在危害，在实际应用时应避免 DWTR 应用后沉积物被人摄入。

7.6 DWTR 对受复合污染土壤中金属稳定性的影响

7.6.1 土壤和 DWTR 基本性质

土壤、DWTR 及它们混合物的 pH 和金属含量见表 7-23。从表中可知，DWTR 和土壤中都富含铁铝，但土壤中也含有较多的钙和镁。相比较而言，土壤中砷、镉、铜、镍、铅、锌和钡的含量要高于 DWTR，但 DWTR 含有较多的铬。在 DWTR 与土壤混合后，pH 变化较小。此外，各金属在 DWTR 和土壤混合物中含量随着 DWTR 的投加比例不同而存在一定差异（这应与各金属在土壤和 DWTR 中含量差异有关），因此，在后续的结果中，本研究以百分比的形式展示结果，即提取的金属含量与相应金属总量之比。

表 7-23 土壤、DWTR 及它们混合物的基本性质

性质	土壤	DWTR[b]	土壤与 DWTR 混合物[a]			
			2.5%[c]	5.0%	10%	15%
pH	8.87	7.10	8.86	8.74	8.35	8.27
TOM/(mg/g)	35	8.0	36	37	38	40
铁/(mg/g)	32	97	34	38	42	46
铝/(mg/g)	55	44	52	51	48	47
钙/(mg/g)	33	8.8	33	33	33	32
镁/(mg/g)	11	7.5	11	10	10	10
锰/(mg/g)	0.64	1.8	0.66	0.72	0.82	0.86
砷/(mg/g)	0.51	0.040	0.49	0.49	0.47	0.44
镉/(mg/g)	0.021	ND	0.018	0.019	0.018	0.017
铬/(mg/g)	0.059	0.19	0.068	0.063	0.069	0.073
铜/(mg/g)	0.59	0.03	0.56	0.56	0.54	0.51

续表

性质	土壤	DWTR[b]	土壤与DWTR混合物[a]			
			2.5%[c]	5.0%	10%	15%
镍/(mg/g)	0.056	0.022	0.053	0.053	0.050	0.047
铅/(mg/g)	0.45	0.01	0.44	0.44	0.42	0.40
锌/(mg/g)	0.75	0.06	0.71	0.72	0.68	0.64
钡/(mg/g)	0.55	0.34	0.54	0.53	0.55	0.51

a. 土壤和DWTR混合物；b. 根据USEPA Method 3050B（1996）测定；c. DWTR的应用比例
注：ND表示未检测出

7.6.2 土壤中砷的形态变化

DWTR对土壤中砷形态的影响如图7-12所示。从图中可知，在第10天，随着DWTR投加量的增加，未吸附态、松散结合态和残渣态的砷均有所减少，而无定形铁铝结合态和晶体铁铝结合态的砷均有增加。随着时间增加，未吸附态、松散结合态和残渣态砷的含量变化较小，而无定形铁铝结合态砷的含量却有减小的趋势，晶体铁铝结合态砷的含量始终保持增加，且最终增加了5.3%[DWTR投加比例为15%（15% DWTR）]。

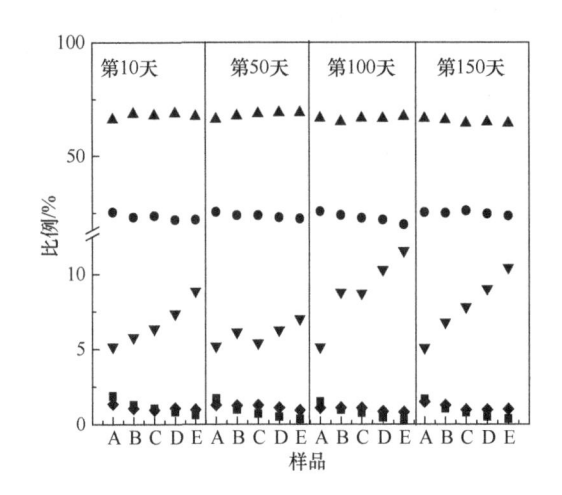

图7-12　DWTR对土壤中砷形态的影响
■、●、▲、▼和◆分别表示砷的未吸附态、松散吸附态、无定形铁铝氧化物结合态、晶体铁铝氧化物结合态和残渣态；
A、B、C、D和E分别表示DWTR的投加比例，即0、2.5%、5%、10%和15%

从上述结果可知，在受污染土壤中加入DWTR后，土壤中砷由未吸附态和松散结合态转化为更为稳定的晶体铁铝结合态。促成这种转化的原因应与DWTR投加后土壤中铁铝含量的增加有关（Matera et al.，2003）。Makris等（2007）研究也发现被DWTR吸附的砷主要以稳定双齿配位键结合。但是，本研究还发现土壤中还有部分残渣态的砷转化为晶体铁铝结合态的砷。Bauer和Blodau（2006）研究认为天然有机质具有增加土壤和沉积物中砷活性的可能性，因此，DWTR中有机质可能是造成土壤中残渣态砷减少的原因之一。由于残渣态砷降低比例低于1%，而晶体铁铝结合态最终增加比例为5.3%，因此，DWTR对土壤中砷稳定性的主导影响在于后者，即促使砷以更稳定的形态存在。

7.6.3 土壤中铜、锌、镍和铅的形态变化

DWTR 对土壤中铜、锌、镍和铅形态的影响如图 7-13 所示。对于铜而言，在第 10 天，随着 DWTR 与土壤混合比例的增加，酸溶态和可还原态铜的含量逐渐减小，而可氧化态和残渣态铜的含量逐渐增加，增加量分别占土壤中总铜的 10%和 7.0%（15% DWTR）。随着培养时间的增加，酸溶态和可还原态铜的含量仍有减小的趋势，可氧化态和残渣态有增加趋势，但在第 100 天后，各个形态铜的含量变化较小。对于锌而言，在第 10 天，土壤中酸溶态和可还原态锌的含量随着 DWTR 投加比例的增加而减小，其中酸溶态锌减少得最多。土壤中可氧化态和残渣态锌均有增加。随着培养时间的增加，土壤中酸溶态锌有减少趋势，然而，可还原态锌含量的变化却与 DWTR 投加比例的关系变弱。土壤中可氧化态锌含量在前 100 d 有增加，之后却有减小，残渣态锌始终保持着较为明显的增加趋势。和空白组相比 [DWTR 投加量为 0（0 DWTR）]，可氧化态和残渣态锌最终分别增加了 2.3%和 7.5%（15% DWTR）。对于镍而言，在第 10 天，随着 DWTR 比例的增加，酸溶态和可还原态镍的含量逐渐减小，可氧化态和残渣态镍的

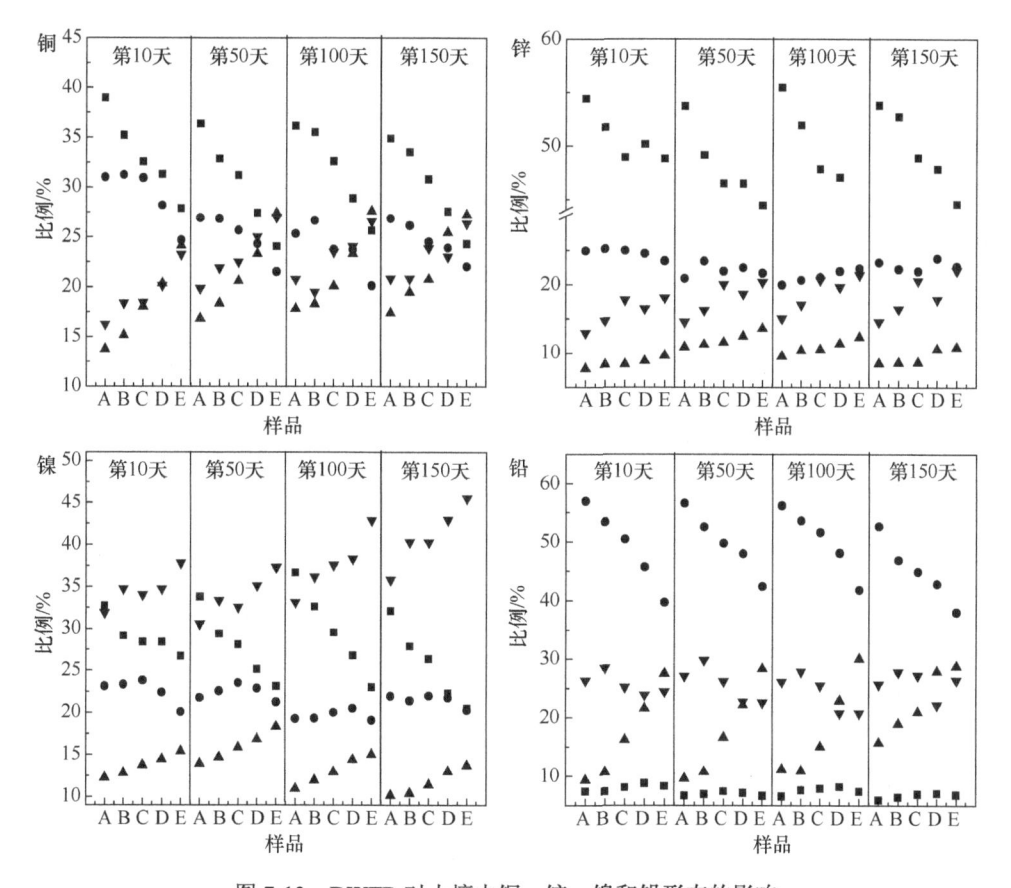

图 7-13　DWTR 对土壤中铜、锌、镍和铅形态的影响

■、●、▲和▼分别表示酸溶态、可还原态、可氧化态和残渣态金属；A、B、C、D 和 E 分别表示 DWTR 的投加比例，即 0、2.5%、5%、10%和 15%

含量逐渐上升。在第50天，随着DWTR比例的增加，土壤中酸溶态镍的含量继续减小，然而，可还原态镍的含量却与DWTR的投加比例关系变弱；可氧化态和残渣态镍的含量仍有上升。在第100天和第150天时，土壤中酸溶态镍的含量继续减小，但是土壤中可氧化态镍也有减少，残渣态镍的含量仍然有升高的表现，和空白组相比（0 DWTR），残渣态的镍最终增加了9.7%（15% DWTR）。对于铅而言，在第10天，土壤中可还原态和残渣态的铅，随着DWTR投加量的增加而降低，可氧化态铅的含量有所增加，而酸溶态铅变化较小。随着培养时间的增加，土壤及与DWTR混合的土壤中酸溶态和残渣态铅的变化较小。总的来说，与对照组相比（0 DWTR），可氧化态铅最终增加了14%（15% DWTR）。

从上述研究结果可知，DWTR可以降低土壤中铜、锌、镍和铅的活性。其中，DWTR通过将土壤中铜由酸溶态和可还原态转为可氧化态和残渣态，从而达到降低其活性目的。对于土壤中锌和镍而言，DWTR的固定作用主要是通过将它们由酸溶态转为可氧化态和残渣态，而可氧化态又再转化为残渣态来实现的。此外，DWTR主要将铅从可还原态转化为可氧化态，进而降低其活性。Qian等（2009）发现水铁矿可以将沉积物中铜、锌、镍和铅从酸溶态和可还原态转化为可氧化态和残渣态，进而达到降低这些重金属活性的目的，所以DWTR与水铁矿可能具有相似的固定重金属的机制。重金属可能因在羟基铁铝氧化物表面形成络合物而变稳定（Dermont et al.，2008）。Fan等（2011）发现富钙DWTR也可降低土壤中铜的活性。本研究DWTR是一种富含铁铝的物质，所以，本研究结果进一步促进了将DWTR作为土壤铜稳定剂进行推广和使用。对于铅而言，Zhou和Haynes（2011）的研究也表明DWTR对铅具有很好的吸附效果，但是连续分级提取的结果表明被DWTR吸附的铅主要以酸溶态和残渣态存在。造成这种差异的原因可能与研究对象和研究条件有关。例如，本研究考察的是DWTR对土壤中铅形态的影响；显然，土壤体系要比人工配制的水溶液体系要复杂，存在更多的影响铅吸附的因素。本研究还发现在土壤中加入DWTR后有少量的铅从残渣态转为可氧化态，Jin等（2005）研究发现土壤中有机质的富集作用可以增加土壤中生物有效性铅的含量，因此，造成土壤中残渣态铅减少的原因可能与DWTR中的有机质有关。

7.6.4 土壤中镉、铬和钡的形态变化

DWTR对土壤中铬、镉和钡形态的影响如图7-14所示。在本实验期间（150天）里，DWTR对土壤中铬形态影响并不明显，但是从图中可知，随实验时间的增长，土壤（无论是否含DWTR）中铬表现出由可氧化态向残渣态转变的现象，以至在第150天时，土壤中有85%左右的铬以残渣态存在。对于镉而言，在第10天，土壤中各个形态镉含量与DWTR的投加量没有明显关系。然而在第50天时，随着DWTR投加量的增加，酸溶态镉的含量逐渐减少，约减少了2.2%（15% DWTR），可还原态镉逐渐增加，但是可氧化态和残渣态镉的含量仍没有明显变化。在第100天和第150天，土壤中各个形态镉的百分比含量与第50天相近。对于钡而言，随着DWTR投加量的增加，酸溶态和可氧化态钡的含量基本保持不变，然而残渣态钡明显减少，可还原态钡有增加。随着培养时间的增加，土壤中各个形态钡含量的百分比与第10天的基本保持一致。

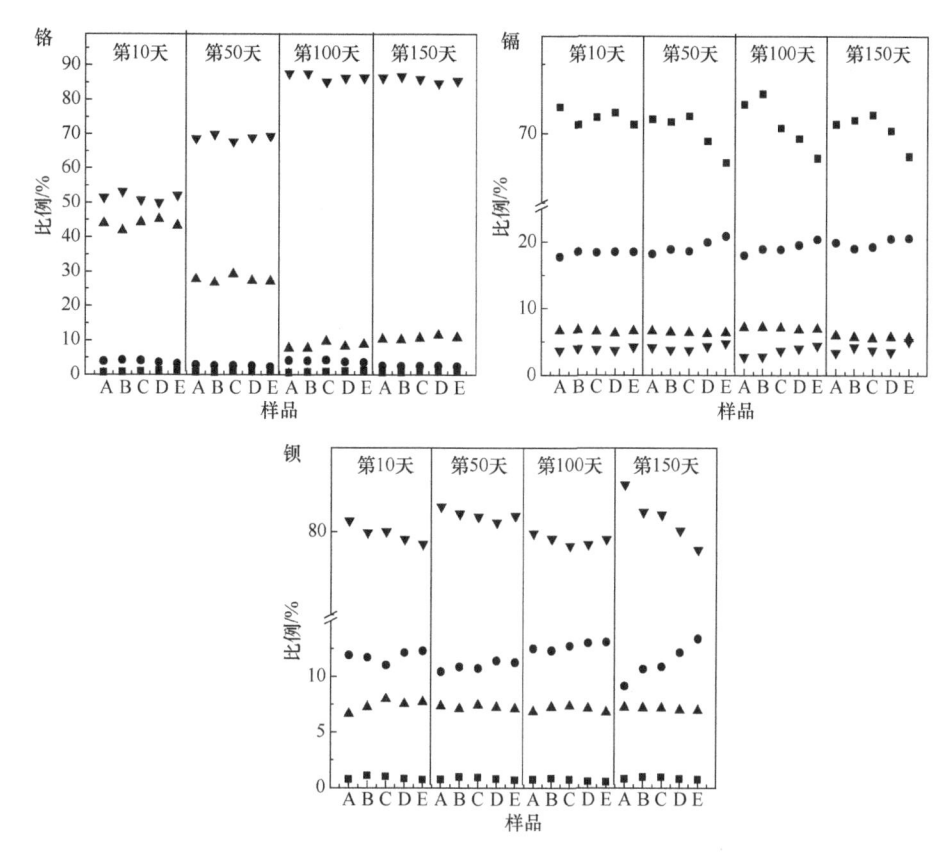

图 7-14　DWTR 对土壤中铬、镉和钡形态的影响

■、●、▲和▼分别表示酸溶态、可还原态、可氧化态和残渣态金属；A、B、C、D 和 E 分别表示 DWTR 的投加比例，即 0、2.5%、5%、10%和 15%

从上述分析结果可知，与土壤中铜、锌、镍和铅相比，DWTR 对土壤中铬、镉和钡的稳定作用相对较差。本研究中并未发现 DWTR 对土壤中铬有较好的固定效果，这与前人的研究结果存在差异（Zhou and Haynes，2011）。该差异产生的原因可能与土壤中铬的形态和含量有关，从表 7-23 和图 7-14 中可知，土壤中铬的总量很低，且主要以相对较为稳定的可氧化态和残渣态存在（占总铬含量的 95%），而从上述研究结果可知，DWTR 主要是通过将土壤中重金属从酸溶态或可还原态转化为可氧化态或残渣态，以达到稳定重金属的目的，所以 DWTR 对土壤中铬的固定作用并没有表现出来。土壤中铬由可氧化态转化为残渣态原因可能与铬的晶体化作用有关。对于土壤中镉而言，DWTR 只会将其从酸溶态转化为可还原态。关于铁铝氧化物具有吸附镉能力的研究已有报道（Sen and Sarzali，2008；Song et al.，2009），Brown 等（2005）也发现 DWTR 对土壤中的镉具有一定的固定能力。再结合本研究结果来看，DWTR 对镉应具有一定的吸附能力。然而，Floroiu 等（2001）认为当 pH 高于 6 时，天然有机质明显表现出不利于镉的吸附作用。Bäckström 等（2003）研究发现在 pH 高于 7 的条件下，富里酸会抑制针铁矿对镉的吸附作用。因此，土壤中有机质（表 7-23）可能影响了 DWTR 对镉的吸附能力，进而使其固定土壤中镉的能力变弱。对于土壤中钡而言，DWTR 将其从残渣态转化为可还原态，提高了土壤中钡的活性。有研究表明有机分子可以阻止钡的晶体化作用（Barouda

表 7-24　与 DWTR 混合前后土壤中各金属的生物可给性

元素（mg/g/%）[a]

采样时间	DWTR 比例/%	砷	铜	锌	镍	铅	铬	镉	钡
第 10 天	0	0.30/0.59	0.39/0.66	0.58/0.77	0.024/0.43	0.27/0.60	0.003/0.051	0.016/0.76	0.025/0.045
	2.5	0.28/0.57	0.40/0.71	0.56/0.78	0.023/0.43	0.28/0.64	0.003/0.044	0.017/0.94	0.029/0.054
	5	0.25/0.51	0.35/0.63	0.51/0.71	0.021/0.40	0.26/0.59	0.003/0.048	0.015/0.79	0.032/0.060
	10	0.23/0.49	0.34/0.63	0.49/0.72	0.021/0.42	0.25/0.60	0.003/0.043	0.015/0.83	0.035/0.064
	15	0.21/0.48	0.31/0.61	0.45/0.70	0.019/0.40	0.24/0.60	0.003/0.041	0.014/0.82	0.037/0.072
第 50 天	0	0.29/0.57	0.37/0.63	0.55/0.73	0.024/0.43	0.27/0.60	0.003/0.051	0.015/0.71	0.025/0.045
	2.5	0.25/0.51	0.38/0.68	0.53/0.75	0.024/0.45	0.26/0.59	0.003/0.044	0.016/0.88	0.029/0.054
	5	0.22/0.45	0.36/0.64	0.50/0.69	0.023/0.43	0.26/0.59	0.003/0.048	0.016/0.84	0.033/0.062
	10	0.18/0.38	0.32/0.59	0.47/0.69	0.020/0.40	0.25/0.59	0.003/0.043	0.015/0.83	0.037/0.067
	15	0.16/0.36	0.31/0.61	0.46/0.72	0.021/0.45	0.24/0.60	0.003/0.041	0.016/0.94	0.043/0.084
第 100 天	0	0.29/0.57	0.40/0.68	0.58/0.77	0.027/0.48	0.28/0.62	0.003/0.051	0.017/0.80	0.026/0.047
	2.5	0.25/0.51	0.37/0.66	0.53/0.75	0.023/0.43	0.27/0.61	0.003/0.044	0.016/0.89	0.030/0.056
	5	0.21/0.43	0.37/0.66	0.53/0.74	0.024/0.45	0.27/0.61	0.003/0.048	0.016/0.84	0.032/0.060
	10	0.18/0.38	0.33/0.61	0.49/0.72	0.021/0.42	0.25/0.60	0.003/0.043	0.016/0.89	0.037/0.067
	15	0.15/0.34	0.30/0.59	0.44/0.69	0.019/0.40	0.24/0.60	0.003/0.041	0.015/0.88	0.042/0.082
第 150 天	0	0.28/0.55	0.39/0.66	0.55/0.73	0.023/0.41	0.26/0.57	0.003/0.051	0.014/0.67	0.027/0.049
	2.5	0.24/0.49	0.37/0.66	0.53/0.75	0.023/0.43	0.24/0.54	0.003/0.044	0.015/0.83	0.031/0.057
	5	0.18/0.37	0.32/0.57	0.46/0.64	0.018/0.34	0.22/0.50	0.003/0.048	0.014/0.74	0.034/0.064
	10	0.15/0.32	0.31/0.57	0.46/0.68	0.018/0.36	0.22/0.52	0.003/0.043	0.014/0.78	0.042/0.076
	15	0.13/0.30	0.28/0.55	0.41/0.64	0.016/0.34	0.20/0.50	0.003/0.041	0.013/0.76	0.046/0.090

a. 提取的金属含量/比例

et al., 2007), 因此, DWTR 中有机质有可能将土壤中晶体钡活化, 使残渣态钡的含量减少; 而被活化的钡进一步以可还原态存在。

7.6.5 土壤中金属生物可给性变化

DWTR 对土壤中重金属和砷的生物可给性影响见表 7-24。从表中可知, 随着 DWTR 与土壤的混合比例增加, 土壤中砷、铜、铬、锌和镍的生物可给性逐渐减小, 并且随着培养时间的增加有逐渐减小的趋势。与空白组分相比（0 DWTR), 在第 150 天, 土壤中生物可给性砷、铜、锌、镍和铬的减少量分别占土壤中这些金属总量的 25%、11%、9%、7%和 1%（15% DWTR）。对于土壤中铅而言, 直到第 100 天, DWTR 才表现出对其生物可给性的削弱作用, 最后土壤中生物可给性铅的减少量约占土壤中该金属总量的 7%（15% DWTR)。在本研究中, DWTR 并没有减少土壤中钡和镉的生物可给性, 相反地, 随着 DWTR 投加量和培养时间的增加, 土壤中钡和镉的生物可给性却有增加。综上所述, 由生物可给性提取（表 7-24）和分级提取结果（图 7-12~图 7-14）结果可知, DWTR 对砷、铜、锌、镍和铅都有一定的固定能力, 对镉和铬的固定能力有待确定, 对钡没有固定能力[①]。

本节研究结果表明 DWTR 对土壤中某些金属具有固定能力（如铜), 这与 7.5 节研究存在差异（如该节研究并未发现 DWTR 可固定沉积物中铜）。造成这种差异的原因可能与样品中各种金属的含量和活性有关。例如, 在本节研究中, 选取的样品是受污染土壤（铜含量为 0.59 mg/g)（表 7-23), 而在 7.5 节研究采用的是相对污染程度较低的沉积物（铜含量为 0.038 mg/g)。无论如何, 基于本节研究可推测, DWTR 在控制湖泊沉积物磷污染的同时, 也可能对沉积物中某些污染严重的金属具有一定固定能力。

7.7 本章小结

DWTR 中富含金属铝、铁、钙、镁和锰, 同时也含有一定量的砷、钡、铍、镉、钴、铬、铜、钼、镍、铅、锶、钒和锌, 但不含有银、汞、锑和硒。DWTR 都属于无害废物, 且大部分金属在 DWTR 中主要以稳定形态存在, 然而, 它们的生物可给性却较高。风干作用可以使 DWTR 中大部分金属的活性降低。DWTR 中金属的释放作用在 pH 6~9 保持较低水平。在厌氧环境下, DWTR 也可被视为无害的; 然而, DWTR 中仍有少量金属（如锰）的活性有明显提高。DWTR 应用后直接饮用造成锰的非致癌性风险（在低 pH 和厌氧条件下）应引起关注。DWTR 应用不会改变湖水以摄入为暴露途径的砷致癌风险。DWTR 的应用也可能会加重沉积物中钡和锰的污染, 也会提高沉积物中许多金属的生物可给性。在土壤加入 DWTR 后, 土壤中砷、铅、镍、锌和铜会以更稳定的形态存在。基于此, 可推测 DWTR 可能具有修复受复合污染沉积物的能力。

---

① DWTR 投加后, 各形态金属含量变化的原因有: 稀释作用和固定作用。从表 7-23 中可知, 砷、铜、锌和铅在土壤中含量是 DWTR 中的 10 倍多, 所以 DWTR 应用后, 土壤中各形态金属应会被稀释。然而, 从图 7-12 和图 7-13 可知, DWTR 应用后, 某些稳定形态砷、铜、锌和铅有增多, 所以 DWTR 对这些金属有固定作用。随着时间推移, 镍在含 DWTR 土壤中残渣态含量增加, 所以 DWTR 对镍有固定作用。DWTR 中铬总量是土壤中的 3 倍多, 所以本研究无法确定 DWTR 是否可固定土壤中铬。分级提取和生物可给性提取得出的"DWTR 对土壤中镉稳定性影响"结果有出入, 所以本研究无法确定 DWTR 是否可固定土壤中镉。

第 8 章 DWTR 的生态风险

8.1 DWTR 对普通小球藻的毒性

8.1.1 DWTR 提取液的基本性质

DWTR 提取液和 OECD 培养基的基本性质见表 8-1。由表可见，提取实验之后提取剂（OECD 培养基）中的某些成分的浓度值发生了变化。显然，所有 DWTR 提取液中的 PO_4-P 浓度均降低了。具体而言，提取比例为 1∶10、1∶50 和 1∶100 的提取液中 PO_4-P 的浓度低于仪器检出限，提取比例为 1∶200 的提取液中 PO_4-P 的浓度值为 0.009 70 mg/L，远远低于 OECD 培养基中的值（0.355 mg/L）。进一步比较发现，随着提取比例的增加，电导率（EC）、总有碳（TOC）、NH_4-N 和包括钡、钙、铜、钾、镁、钠、硅及锶在内的金属浓度也随之增加，尤其是 NH_4-N 的浓度由 OECD 培养基中的 2.74 mg/L 增加到 1∶10 提取液中的 11.2 mg/L。这说明 DWTR 在提取液配制过程中释放了金属。不过，这些金属在提取液中的浓度仍然显著低于美国环保局建议的国家水质标准的规定值（USEPA，2006）。而 pH 则由 OECD 培养基中的 8.01 下降到 1∶10 提取液中的 7.58。

表 8-1 DWTR 提取液和 OECD 培养基的基本性质 [a]（除非特别说明，表中值的单位为 mg/L）

基本性质	DWTR 提取液 [b]				OECD 培养基
	1∶10	1∶50	1∶100	1∶200	
pH	7.58±0.03A	7.8±0.03B	7.84 0.00BC	7.87±0.01C	8.01±0.04D
EC[d]	1432±12.5A	476±8.39B	327±6.08C	244±5.13D	147±1.63E
PO_4-P	ND[c]	ND	ND	0.00970±0.016 8	0.355±0.005 60
NH_4-N	11.2±0.229A	4.33±0.152B	3.18±0.000C	2.79±0.132D	2.74±0.152D
NO_2-N	0.0262±0A	0.0197±0B	0.0131±0C	0.0131±0C	0.0131±0C
NO_3-N	0.521±0.0587	ND	ND	ND	ND
TOC	131±8.11A	56.7±0.391B	50.0±9.78B	31.3±1.43C	15.4±1.74D
铝	0.0164±0.003 79A	0.057 9±0.007 19B	0.064 5±0.001 44B	0.057 1±0.001 06B	0.010 5±0.002 97A
砷	ND	ND	ND	ND	ND
硼	0.263±0.010 4A	0.307±0.002 21AB	0.326±0.004 39AB	0.353±0.004 38B	0.511±0.090 6C
钡	0.274±0.007 18A	0.089±0.002 80B	0.0542±0.001 17C	0.0347±0.001 14D	0.00131±0.000 074 0E
铍	ND	ND	ND	ND	ND
钙	209±3.57A	63.2±1.80B	37.7±1.28C	23.6±1.52D	4.60±0.086 5E
镉	ND	ND	ND	ND	ND
钴	ND	ND	ND	ND	ND
铬	ND	ND	ND	ND	ND
铜	0.002 20±0.000 095 0A	0.001 30±0.000 370B	ND	ND	ND

续表

基本性质	DWTR 提取液[b]				OECD 培养基
	1∶10	1∶50	1∶100	1∶200	
铁	0.009 43±0.000 327A	0.012 2±0.000 236B	0.013 2±0.000 175C	0.013 7±0.000 185C	0.014 8±0.000 554D
钾	6.08±0.088 7A	2.17±0.042 3B	1.57±0.026 9C	1.25±0.014 7C	1.05±0.030 1D
镁	20.4±0.197A	7.15±0.147B	4.93 0.108C	3.84±0.033 1D	3.03±0.048 3E
锰	0.204±0.001 90A	0.074 5±0.001 81B	0.055 8±0.001 19C	0.050 8±0.004 25C	0.110±0.010 5D
钼	0.001 98±0.000 133A	0.002 70±0.000 261B	0.002 88±0.000 061B	0.002 57±0.000 075B	0.004 20±0.000 491C
钠	23.0±0.400A	14.7±0.146B	13.6±0.0842C	13.0±0.151D	12.9±0.045 9D
镍	ND	ND	ND	ND	ND
铅	ND	ND	ND	ND	ND
硫	13.0±0.809A	8.60±0.288B	6.48±0.372C	4.72±0.347D	2.15±0.048 3E
硅	1.44±0.065 4A	1.20±0.083 5B	1.02±0.026 7C	0.883±0.102D	0.094 4±0.002 44E
锶	0.738±0.019 1A	0.237±0.008 67B	0.139±0.005 54C	0.085 9±0.006 58D	0.003 89±0.000 546E
钒	ND	ND	ND	ND	ND
锌	0.003 75±0.000 332A	0.002 03±0.000 319B	0.001 85±0.000 151B	0.002 23±0.000 386B	0.003 25±0.000332A

a. 值以平均数±标准偏差的形式呈现（$n=3$）。同一行中数值后面标注的不同字母（A~E）代表显著性差异（$P<0.05$）
b. 提取比率分别为 1∶10、1∶50、1∶100 和 1∶200（w/v，g/mL）的 DWTR 提取液；以 OECD 培养基提取
c. 未检测到，仪器检测限分别为砷 0.005 mg/L；铍 0.000 06 mg/L；镉 0.000 21 mg/L；钴 0.000 84 mg/L；铬 0.000 57 mg/L；铜 0.000 57 mg/L；镍 0.000 6 mg/L；铅 0.002 97 mg/L；钒 0.000 96 mg/L，以上均指溶液中的浓度
d. 单位为 μs/cm

8.1.2 DWTR 提取液对小球藻的生长抑制效应

在 DWTR 提取液中生长的小球藻的细胞密度和叶绿素 a 的含量见图 8-1。提取比例为 1∶10、1∶50 和 1∶100 的提取液起初对小球藻的生长起到促进作用，24 h 之后则表现出抑制作用。有趣的是，在整个实验周期，在 1∶10 的提取液中生长的小球藻的细胞密度总是高于在 1∶50 和 1∶100 的提取液中的。相比较于对照组，除了 48 h 藻密度没有显著性差异之外，整个实验周期中 1∶200 的提取液均对小球藻的生长表现出显著性的促进作用。而对于叶绿素 a 的含量来说，24 h 时在所有提取液中生长的小球藻的叶绿素 a 含量均与对照组无显著性差异，之后则显著（$P<0.05$）低于对照组，除了 1∶200 提取液在 96 h 时生长在其中的小球藻的叶绿素 a 含量与对照组相近。

在受到饥饿的胁迫下，绿藻能够在细胞内以多磷酸盐颗粒的形式积累大量的磷（Eixler et al.，2006），然而磷是淡水系统中限制藻生长的关键营养元素（Elser et al.，1990）。这里我们进行了一个基于 OECD 培养基的磷控制实验（具体结果见图 8-2），实验结果表明，在 PO_4-P 是限制藻生长的唯一因素的条件下，从 48~120 h，磷浓度和藻细胞密度及叶绿素 a 含量均呈现出较好的线性关系，R^2 分别为 0.968~0.992 和 0.596~0.999。因此，在低 PO_4-P 浓度条件下小球藻能够生长，但是与高 PO_4-P 浓度条件下的生长相比较弱。以上的讨论解释了为何 1∶10、1∶50 和 1∶100 提取液中 PO_4-P 浓度低至无法被检测但是小球藻在其中仍然可以生长。有趣的是，即便 1∶200 提取液中的磷含量远远低于 OECD 培养基的值，但是生长于其中的小球藻的细胞密度仍大于 OECD 培养基。基于磷控制实验结果，提取液制备过程中 DWTR 释放至提取剂中的元素可能对小

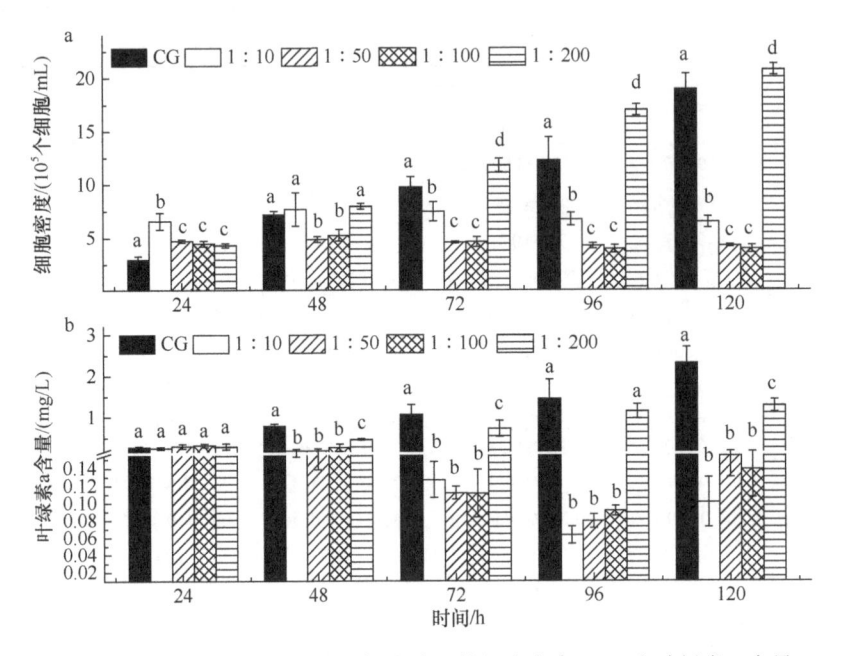

图 8-1 小球藻暴露于不同提取比例 DWTR 提取液后的细胞密度（a）和叶绿素 a 含量（chla，b）

误差棒代表平均数±标准偏差（$n=3$）；CG 表示对照组 OECD 培养基；1:10、1:50、1:100 和 1:200 分别表示提取比率为 1:10、1:50、1:100 和 1:200（w/v, g/mL）的 DWTR 提取液；以 OECD 培养基提取。图中柱上标注的不同字母（a~d）代表相同暴露时间内不同处理组（包括对照组）具有显著性差异（$P<0.05$）

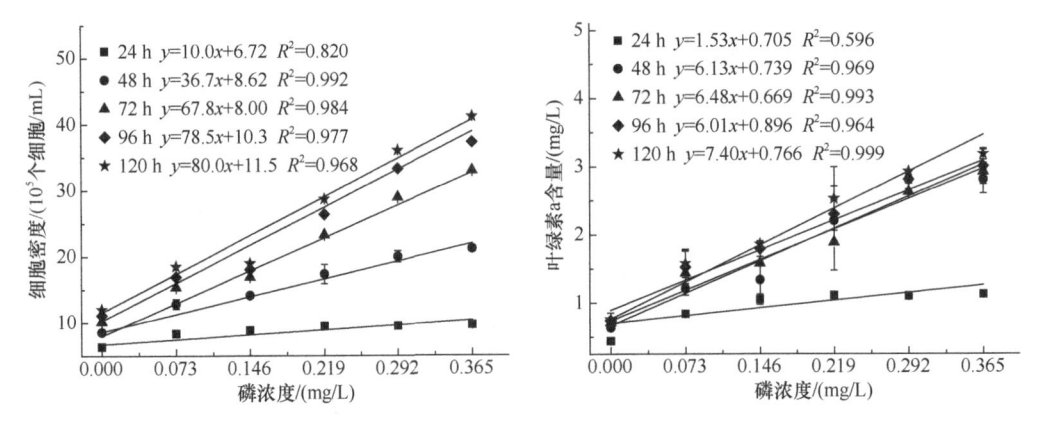

图 8-2 磷浓度与小球藻细胞密度和叶绿素 a 含量的关系图

球藻的生长产生了有利的效应。结合 8.1.1 节，DWTR 释放的金属元素的浓度值不仅显著低于美国环保局建议的国家水质标准的规定值（USEPA，2006），进一步比较发现，某些潜在毒性金属的浓度低于 EC_{50} 值，例如，研究表明当球藻（*Chlorella* sp.）的初始细胞密度由 10^2/mL 增加至 10^5/mL 时，Cu 对藻的 72 h EC_{50} 值由 0.004 60 mg/L 增加至 0.016 0 mg/L（Franklin et al.，2002）。然而，本研究中提取液中的 Cu 浓度值范围为 0.001 30~0.002 20 mg/L，远低于上述值。

另外，研究表明普通小球藻（*C. vulgaris*）能够在 NH_4^+-N 浓度为 10~1000 mg/L 的培养基中生存（Tam and Wong，1996），而本研究中提取液中的 NH_4^+-N 含量均保持在一个相对较低的水平（2.79~11.2 mg/L）。有报道称相对较低浓度（15.0 mg/L）的 NH_4^+-N 能抑制藻类生长，这是由于藻在利用 NH_4^+ 时释放 H^+，从而导致 pH 降至 5.0（Xin et al.，2010）。然而本研究中藻类抑制实验结束后提取液的 pH 介于 7.5~8.5。这可能是由于在高提取比例下获得的提取液（如 1∶10、1∶50 和 1∶100）中由于磷缺乏小球藻的生长是反常的，因此导致了藻对 NH_4^+ 的利用有限，而在低提取比例下获得的提取液（如 1∶200）中的 NH_4^+-N 含量较低，为 2.79 mg/L，与 OECD 培养基的 2.74 mg/L 值相近，故导致了 H^+ 有限的释放。另外，本研究中使用的 OECD 培养基含有 35.7 mg/L 的碳酸钙，而之前研究（Xin et al.，2010）中使用的 50%BG11 培养基仅含有 5.66 mg/L 的碳酸钙，pH 缓冲能力较弱。因此，DWTR 提取液中增加的金属和 NH_4^+-N 不可能引起小球藻的生长抑制效应。有趣的是，在同样的磷缺乏条件下（PO_4-P 含量低于检测值），1∶10 提取液中生长的小球藻的细胞密度高于 1∶50 和 1∶100，因此，DWTR 释放至提取剂中的元素可能促进了小球藻的生长。

因此，关于 DWTR 提取液对小球藻生长的潜在效应我们提出了两点假设：①小球藻生长抑制是由于 DWTR 提取液中磷缺乏导致的，这种磷缺乏则是由于在制备提取液的过程中 DWTR 吸附了提取剂中的磷；②小球藻的生长得到了促进，这是由于在制备提取液的过程中 DWTR 向提取剂释放了一些元素。为了进一步证明这两种效应，我们进行了营养素添加或削除及金属螯合实验。

首先，向提取液中添加磷，若生长于添加磷之后的 DWTR 提取液中的小球藻的生物量高于未添加磷的提取液的，则说明磷缺乏是小球藻生长抑制作用的主要原因；其次，向提取液中添加 EDTA 螯合 DWTR 释放出的金属以验证这些金属对小球藻生长产生的效应（Hull et al.，2009），如果 DWTR 提取液中增加的金属促进藻生长，那么金属被 EDTA 螯合而无法被藻吸收利用，因此将导致在添加磷和 EDTA 的提取液中生长的小球藻的生物量低于仅添加磷的提取液中的量；最后，向 DWTR 提取液中添加 NH_4^+-N 至与 OECD 培养基中 NH_4^+-N 相同的浓度，若 NH_4^+-N 的添加使得小球藻的生物量高于对照组，则说明 DWTR 提取液中增加的 NH_4^+-N 可促进小球藻生长的假设是正确的。

8.1.3 营养素添加或削除及金属螯合实验

营养素添加或削除及金属螯合实验结果见图 8-3。由图 8-3a 可见，生长于 O-P（在配制 OECD 培养基时不添加 KH_2PO_4 成分）处理组中的小球藻的细胞密度在 24 h 时显著（$P<0.05$）高于对照组，在 48 h 和 72 h 时与对照组相近，而在 96 h 暴露之后则显著（$P<0.05$）低于对照组。生长于 W（以 OECD 培养基为提取剂的固液比 1∶10 的 DWTR 提取液）处理组中的小球藻的细胞密度在 24~72 h 时均显著（$P<0.05$）高于对照组，而在 96~120 h 时则显著（$P<0.05$）低于对照组。W+P（向 DWTR 提取液中加入 KH_2PO_4 母液至终浓度与 OECD 培养基中 KH_2PO_4 浓度相等）处理组在整个实验周期中均显著（$P<0.05$）促进小球藻的生长，藻细胞密度分别达到对照组和 W 组的 2.45~2.93 倍和 1.51~3.34 倍。相比之下，W+P+EDTA（向 W+P 中加入 EDTA 母液至终浓度刚好可以将 DWTR 释放出的金属螯合）组显著（$P<0.05$）抑制小球藻的生长，藻细胞密度分别为对照组和 W+P 组的 31%~95% 和 12%~39%。O+N（向 OECD 培养基中加入 NH_4Cl 母液至

终浓度与 W 中 NH₄Cl 浓度相等)组在初始的 48 h 内对小球藻的生长没有影响,而在之后的暴露中显著($P<0.05$)促进藻生长,细胞密度最大达到对照组的 2.36 倍。

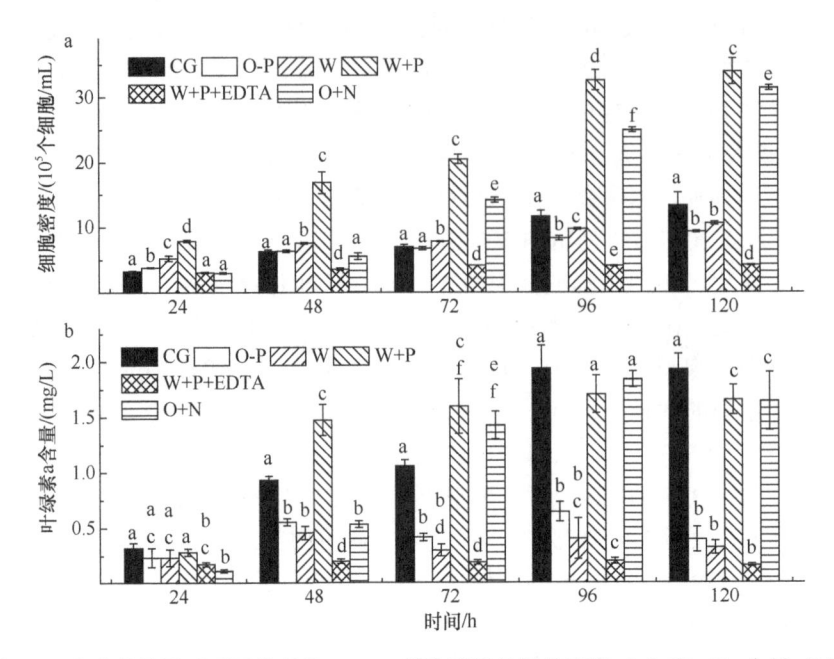

图 8-3 小球藻暴露于不同处理的 DWTR 提取液后的细胞密度(a)和 chla 含量(b)

误差棒代表平均数±标准偏差($n=3$);CG. 对照组即 OECD 培养基;以图中柱上标注的不同字母(A~F)代表相同暴露时间内不同处理组(包括对照组)具有显著性差异($P<0.05$)

由图 8-3b 可见,生长于 O+N 组、W+P 组和对照组中的小球藻的叶绿素 a 含量随着时间而增长,然而,O-P、W 和 W+P+EDTA 组中的小球藻的叶绿素 a 含量随着时间增长几乎没有变化。在 24 h 时,与对照组相比,O-P、W 和 W+P 组中生长的小球藻的叶绿素 a 含量具有很小的差异;而 W+P+EDTA 和 O+N 组中生长的小球藻的叶绿素 a 含量则显著($P<0.05$)低于对照组。经过更长时间的暴露之后(48~120h),O-P、W 和 W+P+EDTA 组中小球藻的叶绿素 a 含量显著($P<0.05$)低于对照组,最小值分别是对照组的 21%、17%和 8%;W+P 组在 48~72 h 显著($P<0.05$)增加了小球藻的叶绿素 a 含量,最大值达到对照组的 1.58 倍,O+N 组中生长的小球藻的叶绿素 a 的含量在 24~48 h 低于对照组,72 h 增长至高于对照组,96 h 与对照组无差异,120 h 低于对照组。

以上结果表明,P 的添加能够消除 DWTR 提取液对小球藻生长的抑制作用,而在相同磷条件下(包括有和无磷),DWTR 释放的金属和 NH_4^+-N 均促进了藻的生长。因此,DWTR 提取液对小球藻生长既有抑制作用又有促进作用。

8.1.4 DWTR 提取液对小球藻生理生化和分子水平指标的影响

1. DWTR 提取液对 MDA 含量和 SOD 活性的影响

整个实验周期内,小球藻暴露于 W 和 W+P 后体内的 MDA 含量表现出相似的趋势(图 8-4a)。暴露于 W 和 W+P 处理组 24 h 之后,MDA 含量分别达到对照组的 2.61 倍和 4.22 倍。经过长期的暴露(72~120 h),MDA 含量在各处理组(包括对照组)之间无显著性差异。

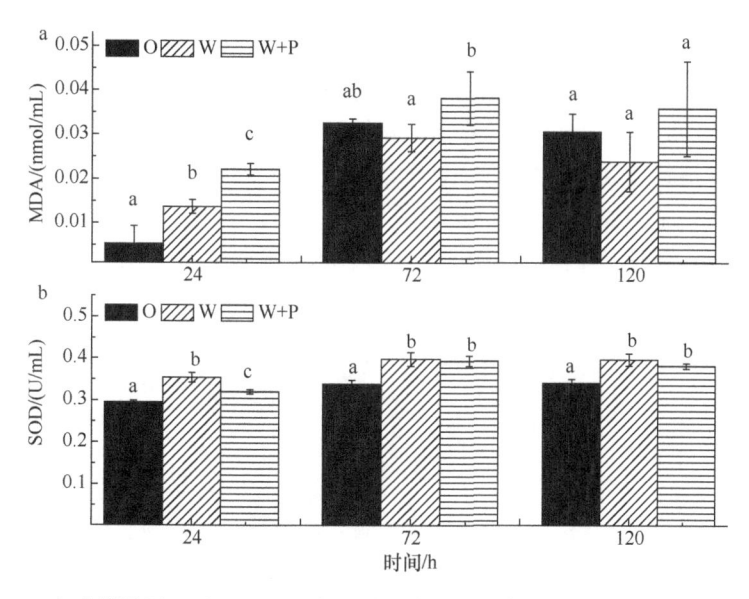

图 8-4 小球藻暴露于不同 DWTR 提取液后的 MDA 含量（a）和 SOD 活性（b）

误差棒代表平均数±标准偏差（n=3）。图中柱上标注的不同字母（a~c）代表相同暴露时间内不同处理组（包括对照组）具有显著性差异（$P<0.05$）

暴露于 W 和 W+P 处理组后的小球藻，体内 SOD 活性在整个实验周期内均显著（$P<0.05$）升高（图 8-4b）。具体而言，暴露于 W 组 24 h、72 h 和 120 h 之后，小球藻体内的 SOD 活性分别达到对照组的 1.20 倍、1.18 倍和 1.16 倍；暴露于 W+P 组 24 h、72 h 和 120 h 之后，小球藻体内的 SOD 活性分别达到对照组的 1.09、1.16 和 1.12 倍。

活性氧化物（reactive oxygen species，ROS）包括超氧化物自由基（$\cdot O_2^-$）、过氧化氢（H_2O_2）和羟基自由基（OH）。一般而言，当植物处于压力环境下，体内的 ROS 含量将升高，过量的 ROS 能引起脂质过氧化作用，并产生 MDA，从而对生物体产生氧化损伤，而生物体长期演化出一套抗氧化酶和抗氧化物质来保护机体免受 ROS 的损害作用(Qian et al.，2012)。SOD 则是一种典型的抗氧化酶，通常是消除 ROS 的第一道防御，将 $\cdot O_2^-$ 转化为 H_2O_2 和氧气，并最终将过氧化氢转变为水或者水和氧气（Liu et al.，2015）。MDA 含量在 24 h 时升高随后降低表明，DWTR 提取液起初引起了细胞内的氧化压力，然而，该压力在较短的时间内即被抗氧化酶完全清除。整个实验周期中 SOD 活性的升高也说明了 $\cdot O_2^-$ 的量增加，以及抗氧化活性酶与氧化作用对抗，对藻细胞起到保护作用。

ROS 既能扰乱光合作用色素又能损害光合作用细胞器，这两种作用均能引起叶绿素含量的降低（Qian et al.，2012）。尽管 W 和 W+P 组的小球藻体内的 MDA 含量在 24 h 升高随之降低，但是叶绿素 a 含量仅仅在小球藻暴露于 W 组 48 h 后降低，而整个实验周期中叶绿素 a 含量在 W+P 组是不低于对照组的（图 8-3）。说明 ROS 暂时的升高并不是叶绿素 a 含量降低的主要原因，而小球藻生长抑制作用主要是由于 DWTR 提取液中磷缺乏导致的。

2. DWTR 提取液对亚细胞结构的影响

暴露于 OECD 培养基和 O-P、W 及 W+P 处理组的小球藻的亚细胞结构见图 8-5。相比较于对照组，暴露于 O-P 和 W 处理组的细胞表现出许多的淀粉颗粒。与暴露于 W 组的细胞比较而言，暴露于 O-P 组的小球藻细胞内的淀粉颗粒的体积更大，甚至于某些情况下，增大的淀粉粒几乎占据了整个叶绿体。另外，暴露于 O-P 组的小球藻细胞内的蛋白核消失不见，而且细胞发生质壁分离现象。然而，暴露于 W 和 O-P 组的小球藻的细胞仍保持完整的细胞膜。暴露于 W+P 组的小球藻细胞除了出现一些小的淀粉颗粒外，表现出与对照组相似的结构。

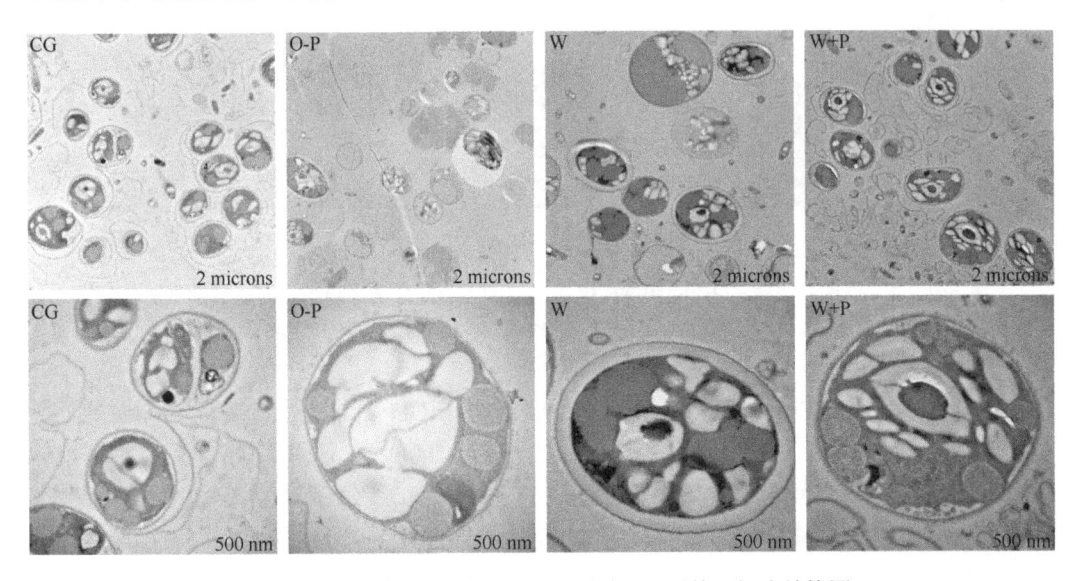

图 8-5　小球藻暴露于 O-P、W 和 W+P 5 d 后的亚细胞结构图

小球藻是一种以淀粉粒为主要储藏场所的绿藻。本研究中 W、O-P 和 W+P 处理组均促进淀粉粒数量的增加，在一定程度上促进了细胞内储藏聚合物的合成和积累。小球藻对 DWTR 和不含磷的培养基表现出了适应性。Ball 等（1990）也曾得到过相似的结果，他们发现在营养元素缺乏的条件下，藻细胞内的淀粉粒发生了增加。另外，尽管 DWTR 引起了藻细胞的质壁分离，但是 W+P 处理组中的小球藻没有观察到这种现象，因此，向 DWTR 提取液中添加磷可能消除了质壁分离现象。此外，DWTR 并没有影响藻细胞膜的完整性，表明 DWTR 对小球藻的效应是抑制性的而非致死性的。

3. DWTR 提取液对小球藻光合作用功能基因表达量的影响

暴露于 W 和 W+P 处理组的小球藻的 3 个光合作用功能基因 *rbcL*、*psbC* 和 *psaB* 的相对表达量表现出相似的变化趋势（表 8-2），在 24 h 时均低于对照组，之后则增加至高于对照组。具体而言，24 h 暴露之后，W 组的小球藻的 *rbcL*、*psbC* 和 *psaB* 表达量分别为对照组的 22%、21% 和 14%，W+P 组的小球藻的 3 个基因的表达量分别为对照组的 20%、23% 和 9%；72 h 暴露之后，W 和 W+P 组的小球藻的 *rbcL* 和 *psbC* 表达量均与对照组无差异，而 *psaB* 表达量分别为对照组的 31%和 48%；120 h 暴露之后，两组处理组的小球藻的 3 个基因表达量均升高，W 组的小球藻的 *rbcL*、*psbC* 和 *psaB* 表达量分别为对照组的 3.25 倍、3.50 倍和 5.92 倍，W+P 组的小球藻的 *rbcL*、*psbC* 和 *psaB* 表达量分别为对照组的 2.92 倍、3.03 倍和 6.90 倍。

表 8-2　*rbcL*、*psbC* 和 *psaB* 相对基因表达量（以 18S rRNA 基因为内参基因）[a]

时间/h	不同处理组	*rbcL*	*psbC*	*psaB*
24	CG[b]	1.00（0.75~1.34）	1.00（0.59~1.69）	1.00（0.69~1.45）
	W	0.22（0.14~0.35）*	0.21（0.13~0.34）*	0.14（0.10~0.21）*
	W+P	0.20（0.16~0.25）*	0.23（0.19~0.27）*	0.09（0.07~0.11）*
72	CG	1.00（0.72~1.39）	1.00（0.72~1.39）	1.00（0.78~1.29）
	W	1.27（0.95~1.69）	1.44（1.20~1.72）	0.31（0.13~0.71）*
	W+P	0.95（0.56~1.62）	0.92（0.56~1.51）	0.48（0.41~0.57）*
120	CG	1.00（0.87~1.15）	1.00（0.89~1.12）	1.00（0.57~1.75）
	W	3.25（1.75~6.03）*	3.50（2.94~4.17）*	5.92（3.68~9.51）*
	W+P	2.92（2.38~3.57）*	3.03（2.59~3.55）*	6.90（6.01~7.91）*

a. 目标基因的相对表达量的范围是根据 $2^{-\Delta\Delta C_t}$ 公式 $\Delta\Delta C_t + s$ 和 $\Delta\Delta C_t - s$ 计算的，其中 s 是 $\Delta\Delta C_t$ 的标准偏差值；b. CG 代表对照组

*表示小球藻暴露于 W 和 W+P 后目标基因相对表达量的范围与对照组有差异

相比较于宏观指标，如死亡率和种群动态，功能基因表达量的检测对受试物质具有更高的敏感度和更快的反应（van Straalen and Feder，2012）。*rbcL*、*psbC* 和 *psaB* 这 3 种基因通常被选作调查对象主要是由于 *rbcL* 编码 Rubisco 的大亚基、*psaB* 编码光合体系Ⅰ反应中心蛋白及 *psbC* 编码光合体系Ⅱ反应中心蛋白。本研究中暴露于添加和未添加磷的 DWTR 提取液的小球藻的 3 种光合作用功能基因的表达量起初降低随后增加，这表明 DWTR 导致了光合作用功能发生了可逆的抑制作用，这种抑制作用在短时间内（<120 h）被彻底消除。另外，这些基因的抑制可能诱导了氧化压力（Qian et al.，2012），因此，基因表达量的暂时性的抑制与 MDA 含量和 SOD 活性的变化趋势是一致的。

小球藻生理生化和分子水平指标的分析结果表明，DWTR 对小球藻的效应是抑制性的而非致死性的，而且这种抑制作用是由生长基质中缺乏磷导致的，而磷的缺乏则是由于 DWTR 在制备提取液的过程中吸附了提取液中的磷。然而，正如我们第三篇中所讨论的，DWTR 主要被回收利用于废水、富磷土壤及富营养化水体，在这些地方，磷固定正是 DWTR 应用的主要目的，因此，脱水后的铁铝泥在这些环境应用过程中对藻类是无毒害作用的。本研究结论与之前关于 DWTR 生态毒性的文献是不同的。George 等（1995）发现铝泥排放至水体后，其中的水溶成分对藻类生长是有害的；Kaggwa 等（2001）观察到将未脱水的铝泥直接排放至天然湿地会导致优势物种的生产力降低；Sotero-Santos 等（2007）报道称水蚤暴露于未脱水的 DWTR 之后出现了慢性毒性；Muisa 等（2011）认为未脱水 DWTR 的排放将增加铝对水生生物的潜在毒性。总结之后发现，以上研究主要关注的是未脱水的 DWTR 排放至表面水体的影响，且毒性主要是由铝所引起的。这是因为最初 DWTR 在给水厂不经脱水而直接排放至自然环境中，另外，DWTR

中含有大量的潜在毒性污染物铝,而本研究中的 DWTR 是经过脱水和风干作用的。已有研究确认脱水作用可能去除给水厂残泥中的一些有害的、水溶性成分,而且脱水风干后的 DWTR 中的金属相比较于脱水未风干的 DWTR 更具有稳定性(第 7 章)。因此,回收脱水风干后的 DWTR 应用于环境修复不会对藻类产生生态毒性风险,但是可能会导致环境缺磷现象的发生。

8.2　DWTR 修复后沉积物对普通小球藻的毒性

8.2.1　DWTR 修复前后沉积物提取液的基本性质

DWTR 修复前后沉积物提取液的成分见表 8-3。相比较于 OECD 培养基,除了 RS-10 d(培养 10 d 的空白沉积物),其他样品的提取液均表现出略微较高的 pH。所有样品提取液的 PO_4-P 含量均大幅度下降,并表现出随着 DWTR 投加量的增加 PO_4-P 含量越低的趋势,说明 DWTR 能够提升这种效应。对于培养了 10 d 的沉积物,当 DWTR 的投加量由 0 增加到 50%时,PO_4-P 含量由 0.0969 mg/L 下降到 0.0388 mg/L;对于培养了 180 d 的沉积物,DWTR 的投加使得提取液中 PO_4-P 含量低于检出限。这可能是由于在配制提取液的过程中沉积物和 DWTR 将作为提取剂的 OECD 培养基中的磷吸附了,且增加的 DWTR 投加量进一步提升了沉积物的磷吸附能力。提取液中的 NO_3^--N、NO_2^--N 和 NH_4^+-N 含量均较 OECD 培养基有所上升,说明 DWTR 修复前后的沉积物均释放了氮。

表 8-3　OECD 培养基及 DWTR 修复前后沉积物提取液(OECD 提取)的成分

性质	OECD 培养基	Leachates[c]					
		RS-10 d	WAS-10 p-10 d	WAS-50 p-10 d	RS-180 d	WAS-10 p-180 d	WAS-50 p-180 d
pH	7.35	7.30	7.38	7.44	7.48	7.48	7.53
PO_4-P [a]	0.355	0.096 9	0.058 1	0.038 8	0.096 9	ND [b]	ND
NO_3-N [a]	0.000 292	4.05	6.79	6.44	8.06	0.538	8.22
NO_2-N [a]	0.013 1	0.049 2	0.032 8	0.026 2	0.016 4	0.039 3	0.026 2
NH_4-N [a]	2.74	9.39	11.6	13.5	9.58	8.33	17.6
Al [a]	0.010 5	ND	ND	ND	ND	ND	ND
As [a]	ND	ND	ND	ND	ND	ND	ND
B [a]	0.511	0.130	0.130	0.127	0.140	0.124	0.153
Ba [a]	0.001 31	0.075 5	0.086 2	0.157	0.088 9	0.099 1	0.235
Be [a]	ND	ND	ND	ND	ND	ND	ND
Ca [a]	4.60	125	101	102	144	143	92.7
Cd [a]	ND	ND	ND	ND	ND	ND	ND
Co [a]	ND	0.001 11	0.001 14	0.001 00	0.001 94	0.001 06	0.001 13
Cr [a]	ND	ND	ND	ND	ND	ND	ND
Cu [a]	ND	0.012 7	0.010 1	0.006 92	0.005 17	0.012 5	0.006 25
Fe [a]	0.014 8	0.008 69	0.007 48	0.006 26	0.009 51	0.008 43	0.007 31
K [a]	1.05	16.7	15.6	14.0	17.2	15.8	14.8
Mg [a]	3.03	33.0	28.7	25.0	36.6	31.5	25.4

续表

性质	OECD 培养基	Leachates[c]					
		RS-10 d	WAS-10 p-10 d	WAS-50 p-10 d	RS-180 d	WAS-10 p-180 d	WAS-50 p-180 d
Mn [a]	0.110	0.708	0.903	1.23	1.19	0.827	1.04
Mo [a]	0.004 20	0.080 0	0.056 2	0.033 1	0.071 8	0.046 1	0.036 5
Na [a]	12.9	50.9	48.1	40.2	51.3	46.1	42.3
Ni [a]	ND	0.004 85	0.004 99	0.004 03	0.004 90	0.005 08	0.003 83
Pb [a]	ND	ND	ND	ND	ND	ND	ND
Sr [a]	0.003 89	0.893	0.698	0.562	1.03	0.836	0.605
V [a]	ND	0.001 72	0.001 18	0.000 975	0.001 84	0.001 10	0.000 990
Zn [a]	0.003 25	0.016 7	0.012 8	0.013 1	0.015 8	0.020 8	0.021 3

a. 单位是 mg/L。b. ND 表示未检测到。c. 以 OECD 培养基为提取剂固液比 1∶10 制备的提取液。RS-10 d. 培养 10 d 的空白沉积物；RS-180 d. 培养 180 d 的空白沉积物；WAS-10 p-10 d. 投加 10% DWTR 并培养 10 d 的沉积物；WAS-10 p-180 d. 投加 10% DWTR 并培养了 180 d 的沉积物；WAS-50 p-10 d. 投加 50% DWTR 并培养 10 d 的沉积物；WAS-50 p-180 d. 投加 50% DWTR 并培养 180 d 的沉积物

对于 DWTR 修复前后的沉积物提取液中的金属（类金属），铝、砷、铍、镉、铬和铅均没有检测到。相比较于提取剂（即 OECD 培养基），钙、钴、铜、钾、镁、锰、钼、钠、镍、锶、钒和锌在提取液中的含量均有所增加，这说明 DWTR 修复前后的沉积物在提取液配制过程中释放了金属。不过，这些金属在提取液中的浓度仍然显著低于美国环保局建议的国家水质标准的规定值（USEPA，2006）。另外，DWTR 修复后的沉积物提取液中增加的金属含量远低于原始沉积物提取液中的含量，某些金属，如铜、钾、镁、钼、钠、锶和钒，在提取液中的含量随着 DWTR 投加量的增加而降低，意味着这些增加的金属实际是由沉积物释放出的，而 DWTR 则成功地吸附了沉积物中的金属（Chiang et al.，2012）。DWTR 修复后的沉积物提取液中金属含量的增加，则可能是由于 DWTR 对这些金属相对有限的固定能力，也就是说 DWTR 不能完全地将所有沉积物中的所有金属固定。

8.2.2 DWTR 修复前后沉积物提取液对小球藻的生长抑制作用

样品 WAS-10 p-10 d（投加 10% DWTR 并培养 10 d 的沉积物）和 RS-10 d 对小球藻细胞生长动力学的影响见图 8-6。与对照组相比发现，只有浓度为 100%的提取液对小球藻生长产生了抑制作用，而浓度为 12.5%、25%和 50%的提取液对小球藻生长则起到了促进作用。相比较而言，在整个 120 h 实验周期，提取液浓度均为 100%时，暴露于样品 WAS-10 p-10 d 中的小球藻的细胞浓度显著（$P<0.05$）低于暴露于样品 RS-10 d 中的藻细胞浓度，小球藻暴露于样品 WAS-10 p-10 d 和 RS-10 d 的浓度为 100%的提取液中 120 h 后的最大藻细胞浓度分别为（12.7±1.67）×10^5 个细胞/mL 和（19.1±0.965）×10^5 个细胞/mL。综合以上结果说明 DWTR 的投加增强了沉积物对小球藻的生长抑制作用。

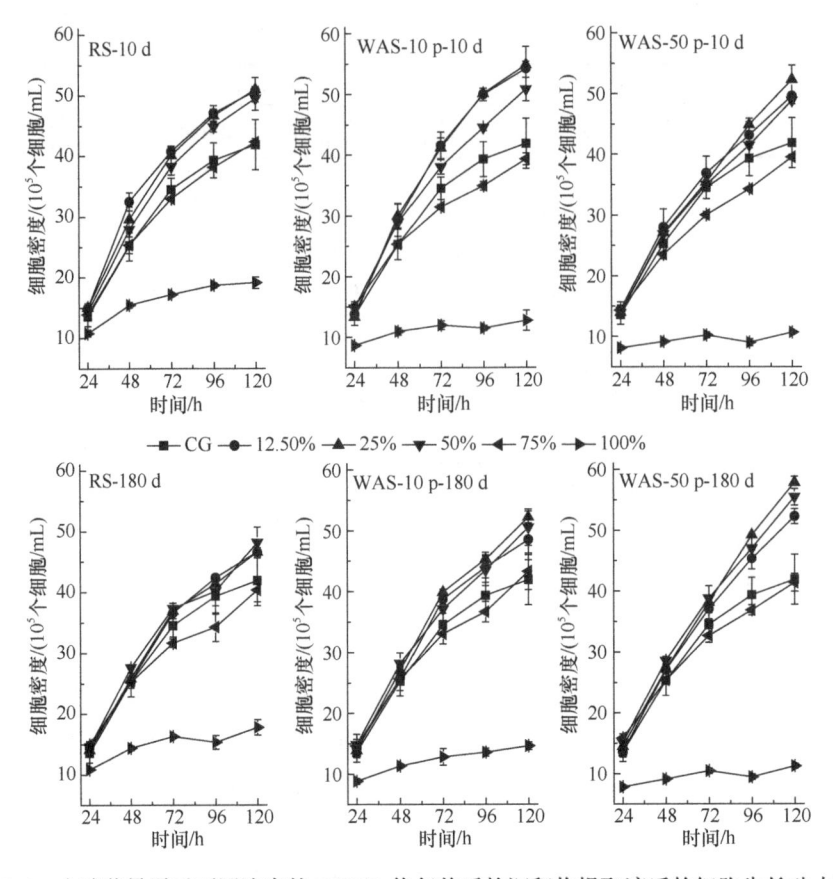

图 8-6 小球藻暴露于不同浓度的 DWTR 修复前后的沉积物提取液后的细胞生长动力学

CG 表示 OECD 培养基。所有样品均是以 OECD 培养基为提取剂固液比 1∶10 制备的提取液。12.5%、25%、50%、75% 和 100% 是指以提取液为母液,以 OECD 培养基为稀释液,将母液分别稀释至 12.5%、25%、50%、75% 和 100% 浓度的稀释液

与样品 RS-10 d 和 WAS-10 p-10 d 相似,样品 WAS-50 p-10 d（投加 50% DWTR 并培养 10 d 的沉积物）、RS-180 d（培养 180 d 的空白沉积物）、WAS-10 p-180 d（投加 10% DWTR 并培养 180 d 的沉积物）和 WAS-50 p-180 d（投加 50% DWTR 并培养 180 d 的沉积物）也是仅仅在提取液浓度为 100%时才对小球藻生长产生抑制作用,而当浓度为 12.5%、25%和 50%时提取液均对藻生长起到促进作用。在样品提取液浓度为 100%的条件下,相比较而言,小球藻暴露于相同 DWTR 投加量并分别经过 10 d 和 180 d 培养的样品的细胞密度表现出非显著性差异($P>0.05$);然而,对于相同培养时间的样品,小球藻的细胞密度随着 DWTR 投加量的增加而显著降低($P<0.05$)。具体而言,暴露于样品 RS-180 d 提取液后小球藻的最大细胞密度为 $(17.8±1.29)×10^5$ 个细胞/mL,稍微低于暴露于样品 RS-10 d 的最大值 $(19.1±0.965)×10^5$ 个细胞/mL;藻暴露于样品 WAS-50 p-10 d、WAS-10 p-180 d 和 WAS-50 p-180 d 提取液之后的最大细胞密度分别达到 $(10.7±0.129)×10^5$ 个细胞/mL、$(14.6±0.637)×10^5$ 个细胞/mL、和 $(11.2±0.393)×10^5$ 个细胞/mL,而藻暴露于样品 WAS-10 p-10 d 提取液之后的最大细胞密度为 $(12.7±1.67)×10^5$ 个细胞/mL,进一步的比较说明 DWTR 投加到沉积物之后的混合培养时间的长短并没有引起额外的毒性,然而样品对小

球藻生长的抑制影响则随着 DWTR 投加量的增加而增强。

正如化学分析结果所显示的，提取液中金属（类金属）含量仅有少量有限的增加，氮含量虽然增加了但是仍然未超过普通小球藻生存的阈值（Tam and Wong，1996），因此，无论是提取液中的氮或是金属（类金属）均不可能引起对小球藻的生长抑制作用。然而，由于提取液中大量降低的 PO_4-P 含量（表 8-3），因此小球藻生长抑制作用很有可能是由 DWTR 修复前后的沉积物样品的提取液中的磷缺乏导致的。因此，我们进一步展开磷添加实验来验证磷缺乏是否是引起藻生长抑制的主要原因。

8.2.3 磷添加对沉积物提取液小球藻毒性的影响

1. 细胞密度和叶绿素含量

小球藻暴露于添加和未添加磷的 DWTR 修复前后沉积物提取液，以及未添加磷酸盐成分的 OECD 培养基（DNP）之后的细胞密度和叶绿素含量见图 8-7。由图可见，小球藻在暴露于 6 种未添加磷的沉积物提取液和 ODP 24 h 之后生长受到抑制；而对于添加磷的沉积物提取液，除了样品 RSP-180 d（向以 OECD 培养基为提取剂固液比为 1∶10 制备的 RS-180 d 提取液中添加 KH_2PO_4 母液至终浓度与 OECD 培养基中 KH_2PO_4 浓度相等）在 96 h 和 120 h 之外，暴露于样品的小球藻的生长量在整个实验周期都是高于空白对照组的。具体而言，暴露于样品 RSP-10 d（向以 OECD 培养基为提取剂固液比为 1∶10 制备的 RS-10 d 提取液中添加 KH_2PO_4 母液至终浓度与 OECD 培养基中 KH_2PO_4 浓度相等）、WASP-10 p-10 d（向以 OECD 培养基为提取剂固液比为 1∶10 制备的 WAS-10 p-10 d 提取液中添加 KH_2PO_4 母液至终浓度与 OECD 培养基中 KH_2PO_4 浓度相等）、WASP-50 p-10 d（向以 OECD 培养基为提取剂固液比为 1∶10 制备的 WAS-50 p-10 d 提取液中添加 KH_2PO_4 母液至终浓度与 OECD 培养基中 KH_2PO_4 浓度相等）、RSP-180 d、WASP-10 p-180 d（向以 OECD 培养基为提取剂固液比为 1∶10 制备的 WAS-10 p-180 d 提取液中添加 KH_2PO_4 母液至终浓度与 OECD 培养基中 KH_2PO_4 浓度相等）和 WASP-50 p-180 d（向以 OECD 培养基为提取剂固液比为 1∶10 制备的 WAS-50 p-180 d 提取液中添加 KH_2PO_4 母液至终浓度与 OECD 培养基中 KH_2PO_4 浓度相等）的小球藻的最大细胞密度分别达到对照组的 1.99 倍、1.93 倍、2.54 倍、2.47 倍、2.11 倍和 1.73 倍。另外由图 8-7 可见，在整个实验周期，暴露于未添加磷的沉积物提取液和 ODP 的小球藻的叶绿素含量显著（$P<0.05$）低于对照组，而对于添加磷的沉积物提取液，除了 RSP-180 d 在 72 h 和 120 h 之外，暴露其中的小球藻的叶绿素含量均不少于对照组。具体而言，暴露于样品 RSP-10 d、WASP-10 p-10 d、WASP-50 p-10 d、RSP-180 d、WASP-10 p-180 d 和 WASP-50 p-180 d 的小球藻的最大叶绿素含量分别达到对照组的 1.67 倍、1.62 倍、1.85 倍、1.86 倍、1.67 倍和 1.64 倍。

以上实验结果说明提取液添加磷之后会促进小球藻生长，磷缺乏是 DWTR 修复前后沉积物引起小球藻生长抑制作用的主要原因。这一结论与 Lombi 等（2010）的是一致的，他们发现在 DWTR 修复后的土壤中种植的植物的生长被抑制，主要是由磷缺乏导致的。另外，向提取液中添加磷之后，小球藻的细胞密度并没有随着样品中 DWTR 投

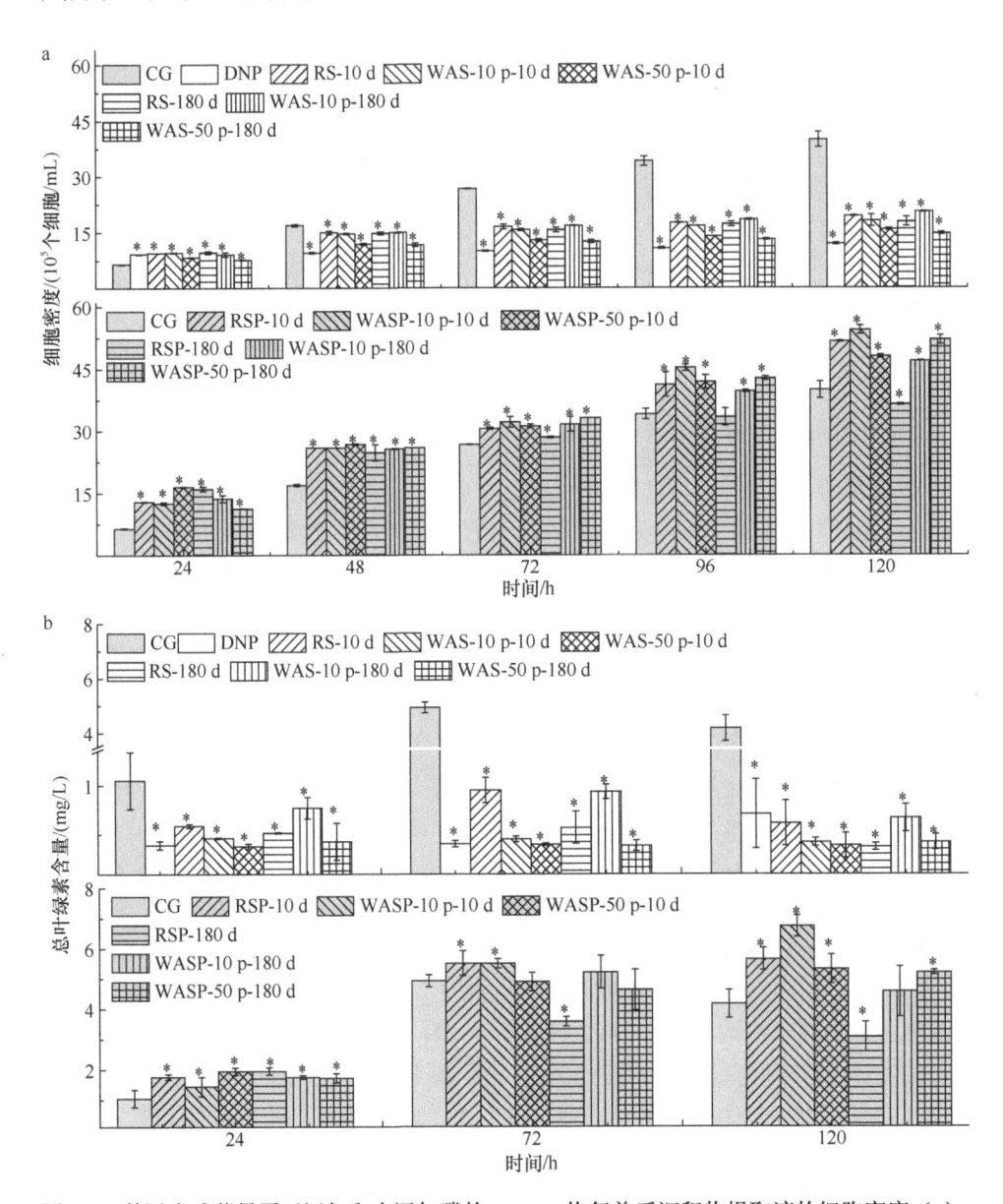

图 8-7 普通小球藻暴露于添加和未添加磷的 DWTR 修复前后沉积物提取液的细胞密度（a）和总叶绿素含量（b）

CG 表示 OECD 培养基。*表示处理组与对照组数据在相同暴露时间具有显著性差异（$P<0.05$）

加量的增加而降低，如 8.1 节中发现的 DWTR 投加量对小球藻生长抑制效应的影响也确实是由提取液中的磷缺乏引起的。我们还发现，在 48~120 h，小球藻暴露于未添加磷的沉积物提取液之后的细胞密度是高于暴露于 ODP 的密度的，因此，在相同的磷缺乏条件下，提取液中由于沉积物和 DWTR 释放而增加的元素（表 8-3）对小球藻的生长起到了促进作用，120 h 实验结束之后，提取液中大部分的元素含量降低（表 8-4）进一步证明小球藻利用了这些元素来维持生长。此外，尽管浓度在 12.5%、25%和 50%时，提取液中 PO_4-P 含量低于对照组中的含量，但是暴露于其中的小球藻的生长仍然得到了促进（图 8-6），这也可能是由上述增加的元素所导致的。

表 8-4 藻类生长抑制实验结束后 OECD 培养基和 DWTR 修复前后沉积物提取液中的元素含量

元素/(mg/L)	OECD 培养基	提取液					
		RS-10 d	WAS-10 p-10 d	WAS-50 p-10 d	RS-180 d	WAS-10 p-180 d	WAS-50 p-180 d
铝	0.008 70	ND[a]	ND	ND	ND	ND	ND
砷	ND	ND	ND	ND	ND	ND	ND
硼	0.106	0.102	0.089 9	0.091 3	0.118	0.092 4	0.109
钡	0.012 4	0.046 4	0.058 6	0.112	0.048 9	0.050 5	0.203
钙	7.08	88.3	70.1	68.8	95.5	134	70.3
钴	0.000 780	0.001 05	0.001 13	0.000 845	0.00 139	0.001 32	0.001 15
铜	0.001 98	0.008 24	0.007 55	0.006 91	0.00 606	0.008 62	0.005 30
铁	0.000 770	0.000 905	0.000 740	0.000 670	0.00 282	0.000 980	0.000 540
钾	0.560	11.6	11.1	10.4	12.6	11.7	11.1
镁	3.38	25.2	21.3	18.5	28.5	27.8	20.4
锰	0.070 5	0.382	0.412	0.644	0.658	0.409	0.735
钼	0.003 94	0.033 9	0.028 6	0.019 1	0.027 7	0.016 6	0.021 4
钠	13.3	45.5	41.9	34.5	46.5	43.1	37.3
镍	ND	0.001 94	0.001 67	0.001 36	0.001 96	0.003 03	0.001 85
硫	2.50	98.0	65.4	31.6	104	118	27.8
硅	0.540	1.97	1.37	1.16	2.03	1.41	1.30
锶	0.018 4	0.562	0.433	0.333	0.665	0.674	0.414
钒	ND	ND	ND	ND	ND	ND	ND
锌	0.004 60	0.024 9	0.009 88	0.007 42	0.010 0	0.012 6	0.006 79

元素/(mg/L)	ONP	浸出液					
		RSP-10 d	WASP-10 p-10 d	WASP-50 p-10 d	RSP-180 d	WASP-10 p-180 d	WASP-50 p-180 d
铝	0.002 16	ND	ND	ND	0.00181	ND	0.002 17
砷	ND	ND	ND	ND	ND	ND	ND
硼	0.139	0.111	0.099 9	0.090 8	0.119	0.096 1	0.106
钡	0.006 27	0.054 2	0.053 2	0.102	0.039 3	0.045 8	0.179
钙	5.82	87.9	69.1	70.9	94.5	139	71.3
钴	0.000 710	0.001 26	0.000 875	0.001 10	0.001 20	0.000 975	0.001 22
铜	0.001 64	0.006 45	0.005 21	0.004 81	0.004 74	0.006 30	0.002 77
铁	0.000590	0.000 855	0.000 805	0.000 610	0.002 78	0.001 09	0.000 765
钾	0.473	11.5	10.7	10.7	12.7	11.9	10.9
镁	3.09	24.8	20.9	19.1	28.2	29.0	20.5
锰	0.084 9	0.065 7	0.127	0.125	0.166	0.121	0.254
钼	0.003 54	0.033 9	0.025 7	0.018 2	0.027 0	0.016 4	0.018 1
钠	13.2	45.7	41.3	35.8	45.9	43.8	37.5
镍	ND	0.001 81	0.001 43	0.001 15	0.006 42	0.002 21	0.001 18

续表

元素/（mg/L）	ONP	浸出液					
		RSP-10 d	WASP-10 p-10 d	WASP-50 p-10 d	RSP-180 d	WASP-10 p-180 d	WASP-50 p-180 d
硫	2.62	96.7	64.3	32.4	104	124	28.9
硅	0.362	2.15	1.44	1.11	1.99	1.55	1.30
锶	0.011 4	0.565	0.425	0.337	0.655	0.705	0.415
钒	ND	ND	ND	ND	ND	ND	ND
锌	0.006 67	0.010 5	0.009 32	0.012 4	0.007 59	0.009 41	0.008 06

a. ND 表示未检测到

2. MDA 含量和 SOD 活性

小球藻暴露于添加和未添加磷的 DWTR 修复前后沉积物提取液之后的 MDA 含量和 SOD 活性分别见图 8-8a 和图 8-8b。由图可见，与对照组相比，暴露于添加和未添加磷的沉积物提取液的小球藻的 MDA 含量在 24 h 升高，而后在 72 h 和 120 h 降低，其中只有一个例外，即小球藻暴露于 WAS-50 p-180 d 24 h（未添加磷）时 MDA 含量与对照组没有显著性差异。对于 SOD 活性，在整个 120 h 实验周期，除了暴露于 RSP-10 d（添加磷）的小球藻在 120 h 保持不变之外，小球藻暴露于其他所有添加和未添加磷的提取液的 SOD 活性均显著（$P<0.05$）增加。

植物在外界压力之下体内会产生大量的活性氧（ROS），高浓度的 ROS 可能会引起氧化压力，并通过攻击植物体内蛋白质、膜脂和其他细胞成分而对植物细胞产生损伤（Yang et al., 2015）。MDA 作为脂质过氧化反应的次级产物，它的积累常常被看作氧化压力的一种指示。生物体逐渐演化出一系列的抗氧化酶和抗氧化物质来与 ROS 导致的危害相抗争，SOD 作为其中一种抗氧化酶，催化过氧化物的歧化作用，使其转变为过氧化氢和氧气，以及通过谷胱甘肽过氧化物酶将过氧化氢转变为水或者通过过氧化氢酶将过氧化氢转变为水和氧气（Liu et al., 2013）。少量的氧能够引起 SOD 活性升高，有助于植物抵御 ROS 引起的毒性，然而当在突发和高压条件下，过量的 ROS 形成，植物体内的抵御系统可能被破坏，将不能消除 ROS（Liu et al., 2013）。本研究结果显示，DWTR 修复前后沉积物的提取液首先引起过氧化物量的增加，然后氧化作用可能在抗氧化酶的作用下逐渐降低，并在 72 h 之内被完全消除。

3. 小球藻亚细胞结构

小球藻暴露于添加磷的 DWTR 修复前后沉积物提取液及 OECD 培养基之后的亚细胞结构见图 8-9。在这里没有分析暴露于未添加磷的沉积物提取液和删除 KH_2PO_4 成分的 OECD 培养基的小球藻的亚细胞结构，主要是因为这些小球藻的细胞密度较低，不足以用作透射电子显微镜（TEM）分析。由图 8-9 可见，与对照组的藻细胞相比，所有暴露于添加磷的提取液中的小球藻的细胞结构并没有表现出差异，在这些藻细胞中清楚可见完整的细胞器，如细胞膜、细胞核和叶绿体等。以上结果表明，DWTR 修复前后的沉积物提取液在添加磷之后对小球藻亚细胞结构没有产生不利影响。

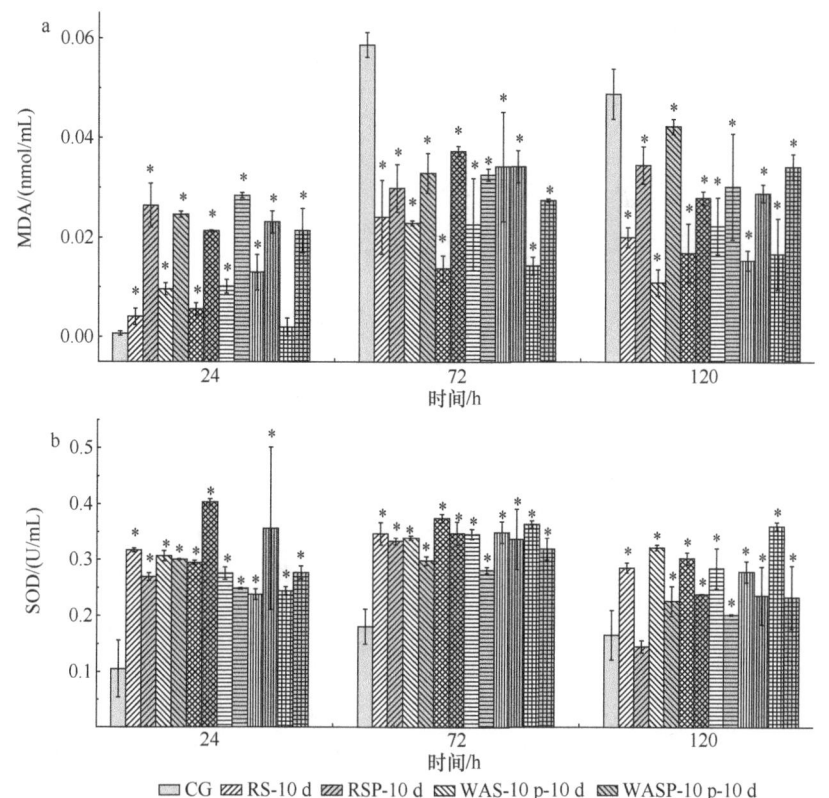

图 8-8 普通小球藻暴露于添加和未添加磷的 DWTR 修复前后沉积物提取液之后的 MDA 含量
(a) 和 SOD 活性 (b)

CG 表示 OECD 培养基。*表示处理组与对照组数据在相同暴露时间具有显著性差异（$P<0.05$）

8.2.4 pH 对 DWTR 修复前后沉积物的小球藻毒性效应的影响

小球藻暴露于 pH 分别为 6、7、8 和 9 的添加和未添加磷的 DWTR 修复前后沉积物提取液后的细胞密度见图 8-10。由于在 pH 6 条件下，小球藻在 72 h 之后几乎全部停止生长，因此，这里我们仅给出 24~72 h 的小球藻生长抑制分析数据。对于未添加磷的提取液，与对照组相比，pH 为 6 的提取液对小球藻的生长表现出促进作用；pH 为 7 的提取液，除了 WAS-50 p-10 d 在 48 h 时，以及 WAS-10 p-10 d 和 WAS-50 p-10 d 在 72 h 时表现出抑制作用之外，其余表现出促进作用或者无影响；在 pH 为 8 和 9 的条件下，几乎所有提取液在整个 72 h 实验周期均对小球藻的生长表现出抑制作用。

化学分析结果显示 pH 6 和 pH 7 的提取液中的 PO_4-P 含量高于 pH 8 和 pH 9 提取液中的含量（表 8-5）。在整个实验过程中，相比较于对照组及相应浓度的未添加磷的提取液，所有 pH 条件下添加磷后的提取液均促进了小球藻的生长。以上结果表明，磷缺乏是 pH 8 和 pH 9 条件下原始和 DWTR 修复后沉积物引起小球藻生长抑制效应的主要原因。

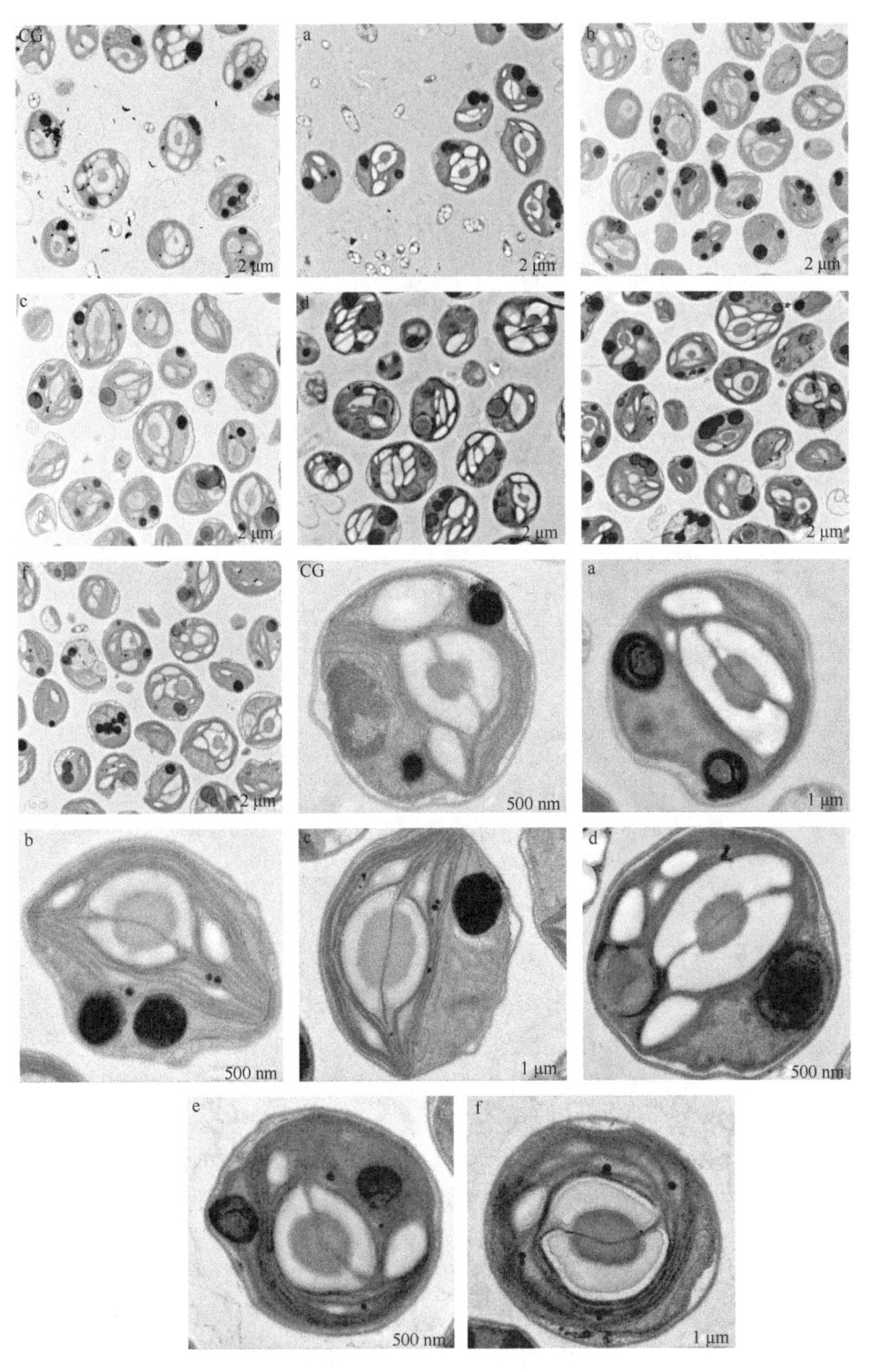

图 8-9　普通小球藻暴露于添加磷的 DWTR 修复前后沉积物提取液 5 d 后的亚细胞结构
CG 代表 OECD 培养基；a. RSP-10 d；b. WASP-10 p-10 d；c. WASP-50 p-10 d；d. RSP-180 d；
e. WASP-10 p-180 d；f. WASP-50 p-180 d

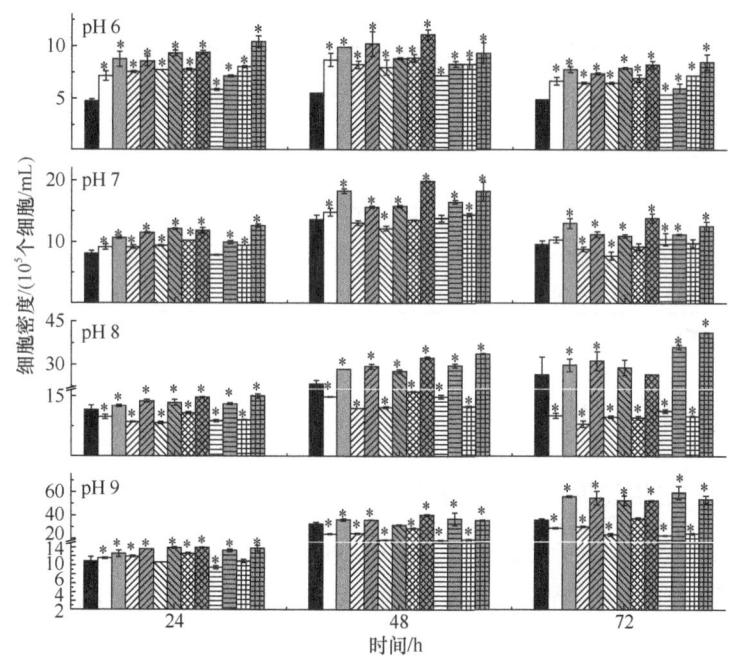

图 8-10　普通小球藻暴露于 pH 分别为 6~9 的添加和未添加磷的 DWTR
修复前后沉积物提取液后的细胞密度

CG 表示 OECD 培养基。*表示处理组与对照组数据分别在 pH 6、7、8 和 9 条件下在相同暴露时间具有显著性差异（$P<0.05$）

表 8-5　pH 为 6、7、8 和 9 条件下 DWTR 修复前后沉积物提取液中的营养盐含量（单位：mg/L）

	样品	TP	PO$_4$-P	TN	NH$_4^+$-N	NO$_3^-$-N	NO$_2^-$-N
pH 6	RS-10 d	0.136	0.077 5	13.4	15.9	4.55	0.019 7
	WAS-10 p-10 d	0.833	0.038 8	16.0	21.0	3.94	0.026 2
	WAS-50 p-10 d	0.174	0.038 8	16.6	25.0	3.23	0.032 8
	RS-180 d	0.271	0.058 1	11.8	16.3	4.96	0.019 7
	WAS-10 p-180 d	0.233	0.077 5	14.2	15.9	1.50	0.085 2
	WAS-50 p-180 d	0.252	0.038 8	17.3	30.6	4.35	0.006 56
pH 7	RS-10 d	0.310	0.077 5	12.9	13.6	4.45	0.013 1
	WAS-10 p-10 d	0.291	0.038 8	14.2	15.6	4.25	0.032 8
	WAS-50 p-10 d	0.291	0.077 5	17.7	18.2	3.03	0.019 7
	RS-180 d	0.349	0.077 5	11.1	12.3	5.57	0.026 2
	WAS-10 p-180 d	0.329	0.077 5	13.4	12.6	1.81	0.065 6
	WAS-50 p-180 d	0.349	0.038 8	19.0	18.8	5.57	0.019 7
pH 8	RS-10 d	0.368	ND	12.0	12.8	5.16	0.006 56
	WAS-10 p-10 d	0.388	ND	13.8	13.7	4.05	0.019 7
	WAS-50 p-10 d	0.310	ND	16.7	16.0	2.93	0.013 1
	RS-180 d	0.368	ND	10.0	11.1	6.69	0.019 7
	WAS-10 p-180 d	0.310	ND	12.8	12.7	2.01	0.039 3
	WAS-50 p-180 d	0.329	ND	17.0	17.7	5.88	0.013 1

	样品	TP	PO₄-P	TN	NH₄⁺-N	NO₃⁻-N	NO₂⁻-N
pH 9	RS-10 d	0.426	0.038 8	12.6	12.2	5.77	0.026 2
	WAS-10 p-10 d	0.407	0.019 4	13.4	13.0	4.66	0.019 7
	WAS-50 p-10 d	0.368	ND	15.9	14.5	2.93	0.019 7
	RS-180 d	0.504	0.038 8	11.1	10.6	0.894	0.026 2
	WAS-10 p-180 d	0.310	ND	13.9	12.3	1.40	0.052 5
	WAS-50 p-180 d	0.368	ND	16.6	16.4	5.37	0.0197

注：ND 表示未检测出

8.3 DWTR 及其修复的沉积物对发光菌的毒性

8.3.1 Microtox®固相和液相实验中菌的发光强度

在 MSPA 和 MLPA 两个实验中，除了受试菌加入到溶液中的时间不同之外，样品浓度、复苏菌液及实验条件都是一样的，因此，这两个实验的结果是可以直接相互比较的，以此来区分提取液和固体效应。若 MSPA 实验中菌的发光强度受抑制的程度强于 MLPA 实验中的程度，则说明存在固相效应。

费氏弧菌在 MSPA 和使用孔径为 15 μm 滤膜的 MLPA 两个实验中暴露于 4 个样品之后的发光强度的急性抑制率见图 8-11。由图可见，在 MSPA 实验中，暴露于 DWTR

图 8-11 Microtox®固相实验（MSPA）和使用孔径为 15 μm 滤膜的液相实验（MLPA-15 μm）菌发光强度的急性抑制率

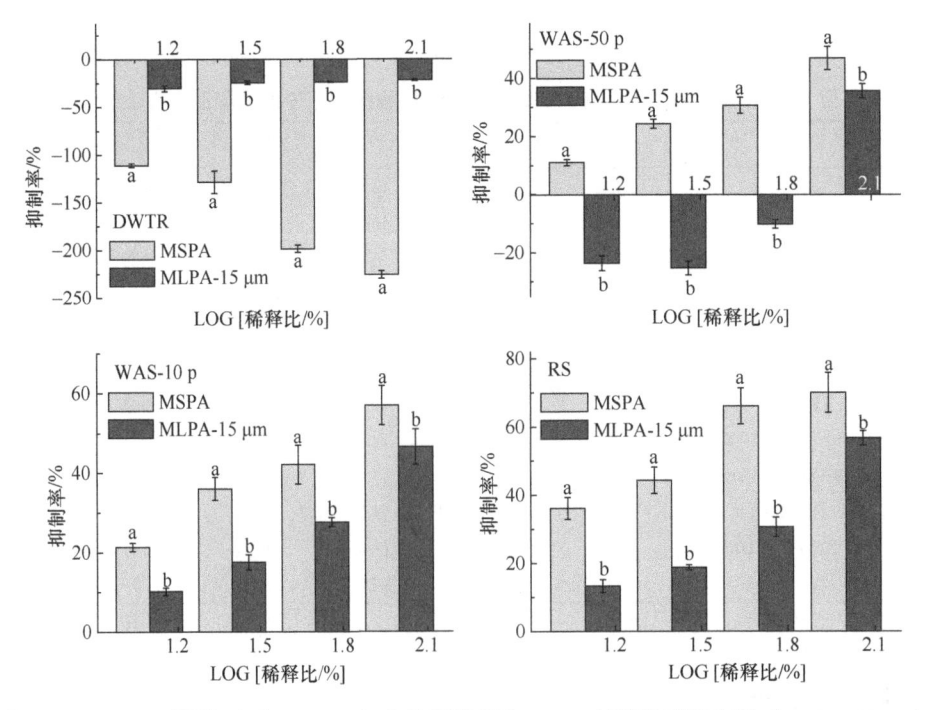

图中柱上不同字母（a 和 b）代表相同浓度条件下 MSPA 和 MLPA-15μm 实验中菌发光强度的抑制率具有显著性差异（$P<0.05$）

的费氏弧菌的发光度要强于暴露于对照组的发光度，说明 DWTR 促进了菌的发光作用，另外，我们发现这种促进作用随着 DWTR 浓度的升高而增强。然而，暴露于 WAS-50 p（投加 50% DWTR 并培养 10 d 的沉积物）、WAS-10 p（投加 10% DWTR 并培养 10 d 的沉积物）和 RS（培养 10 d 的空白沉积物）3 个样品之后，费氏弧菌的发光强度受到抑制。有趣的是，这种抑制作用随着 DWTR 在沉积物中的投加量的增加而降低，意味着抑制作用是由沉积物引起的，且 DWTR 能够降低这种抑制作用。计算结果显示，费氏弧菌均是暴露于浓度为 100%的 WAS-50 p、WAS-10 p 和 RS 之后，发光度的抑制率分别达到最大，最大值分别为 46.83%、56.96%和 70.02%。

在 MLPA 实验中，费氏弧菌暴露于 WAS-50 p、WAS-10 p 和 RS 之后同样观察到抑制效应，但这里的抑制作用强度明显低于相应的 MSPA 实验中的强度，甚至 WAS-50 p 仅仅在浓度在 100%时才表现出抑制作用。以上结果表明，WAS-50 p、WAS-10 p 和 RS 3 种样品对费氏弧菌的发光强度均具有固相抑制效应。另外，DWTR 在 MLPA 实验中表现出发光强度促进作用，但这种促进较 MSPA 实验中弱，这意味着 DWTR 固体颗粒有利于费氏弧菌的发光作用。

导致 MSPA 和 MLPA 实验结果差异的主要原因是在 MLPA 实验中菌主要受溶解于培养基中的污染物的影响，然而在 MSPA 实验中菌同时暴露于固定在固体颗粒上的污染物和溶解于培养基中的污染物。另外，菌被固定在细微颗粒和/或有机物上能够降低它们的发光强度（Burga Pérez et al.，2012）。为了进一步阐明固相毒性效应，我们采用流式细胞分析技术来区分是否真实存在固相毒性效应，还是菌被固定在细微颗粒和/或有机物上而导致的发光强度的降低。

8.3.2 费氏弧菌的损失率

由流式细胞分析的点状图（FL1 vs. SSC）（图 8-12）可见，对照组过滤前后溶液中菌的数量之间没有差异，说明实验中使用的滤膜没有截留菌，即对实验结果没有产生影响。添加费氏弧菌的样品滤液图中的点少于对照组，说明样品滤液中的菌发生损失现象。我们发现未添加费氏弧菌的样品滤液图中也出现了点，说明 4 个样品均存在内源菌。

4 个样品所有浓度的稀释液的菌损失率见图 8-13a。菌的损失率随着样品溶液中固体比例的增加而增加，RS、WAS-10 p、WAS-50 p 和 DWTR 溶液中菌的损失率分别为 50.5%~93.6%、66.7%~89.8%、62.0%~83.7%和 30.2%~79.2%。此外，RS、WAS-10 p、WAS-50 p 和 DWTR 不同溶度的溶液中菌的损失比例和溶液中固体比例表现出显著的 log-log 关系，R^2 分别达到 0.830、0.959、0.965 和 0.837（图 8-13b）。Benton 等（1995）、Ringwood 等（1997）和 Quintino 等（1995）曾得到相似的结论，他们均发现沉积物中菌的损失率与固体比例直接相关，这是由于菌常常趋向于附着在不溶解的固体微粒上，且这种附着是通过位于菌体表的特殊成分物质或者提高细胞外聚合物的产量来实现的（Burga Pérez et al.，2012）。因此，根据 Burga Pérez 等的方法，我们对费氏弧菌的发光强度进行了校正。

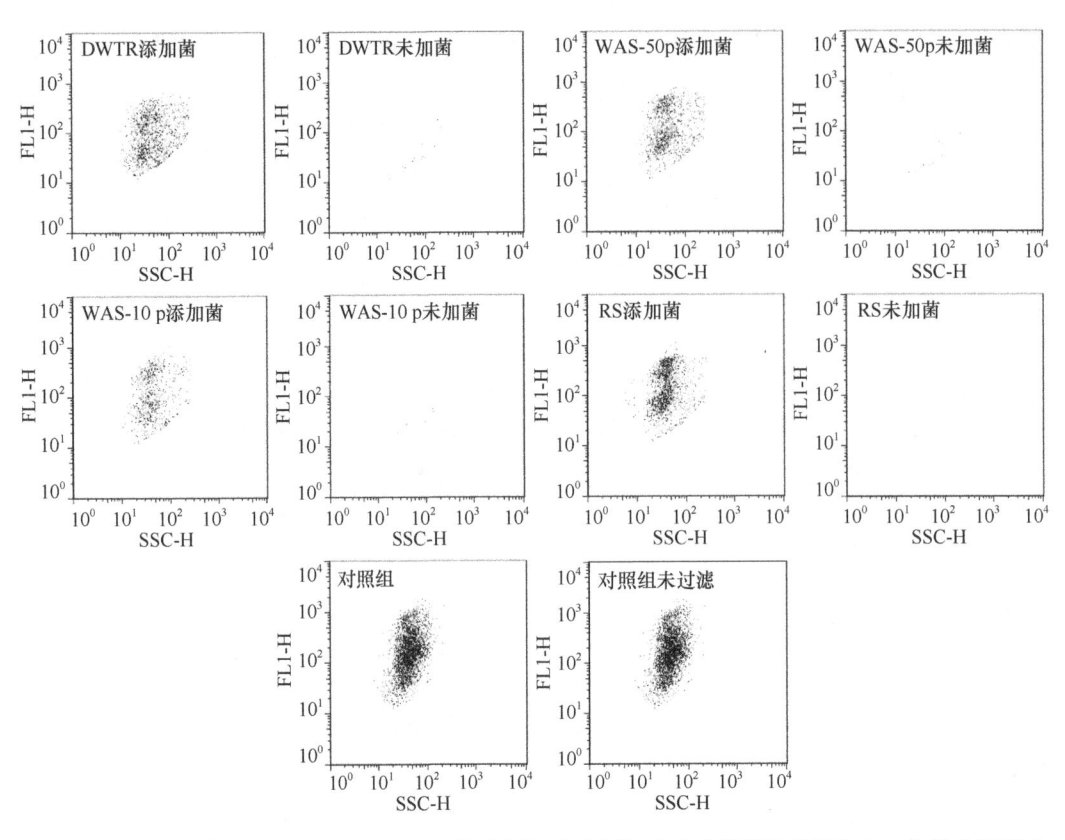

图 8-12 对照组[CG,3%（w/v）aq. NaCl]和添加及未添加费氏弧菌的稀释度为 25%的样品溶液的流式细胞分析的点状图（FL1 vs. SSC）

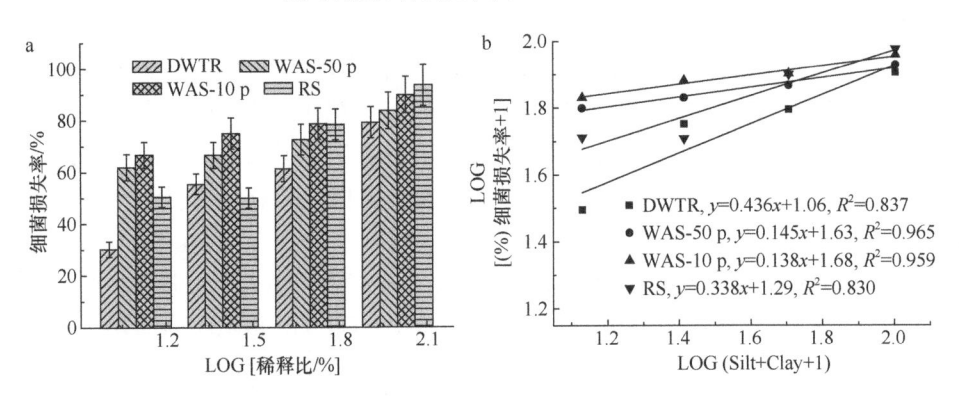

图 8-13 不同浓度样品中菌的损失率（a）和菌的损失率与溶液中固体（b）（包括 silt 和 clay）比例的关系图

8.3.3 Microtox®固相实验发光强度抑制率的校正

MSPA 实验中菌发光强度抑制率校正后的结果见图 8-14a。暴露于 DWTR、WAS-50 p、WAS-10 p 和 RS 样品不同浓度溶液后的费氏弧菌的发光强度抑制率分别为-484%~-175%、-43.8%~2.36%、-31.2%~18.3%和 4.46%~42.0%。当稀释液浓度小于 100%时 WAS-50 p 和 WAS-10 p 甚至促进了菌的发光。有趣的是，与相应的 MLPA 实验结果相比，校正后的 MSPA 实验的发光抑制率更低或者无差异,表明 MSPA 实验中对样品的发光菌抑制作用的评估是比实际偏高的。值得注意的是,在 MSPA 和 MLPA 实验中,过滤后的滤液中仍然存在大量的固体颗粒物质。为了确定这些颗粒物质是否对 MSPA 和 MLPA 实验结果产生影响,我们再次进行 MLPA 实验,只是此次实验中将孔径大小为 15 μm 的滤膜换成孔径大小为 0.45 μm 的滤膜,以此来除去悬浮固体颗粒,具体实验结果见图 8-14b。由图可见,DWTR 仍然促进菌的发光强度,但是相对发光值(相对对照组)低于使用孔径大小 15 μm 滤膜的实验中的值,进一步证明了之前的结论,即 DWTR 固体颗粒可促进费氏弧菌的发光强度。至于 WAS-50 p、WAS-10 p 和 RS,它们在 4 个浓度下均没有对发光菌表现出抑制作用,意味着在孔径大小为 15 μm 滤膜的 MLPA 实验中滤液中残留的固体颗粒是导致过高评估样品对菌发光强度抑制作用的主要原因。Perez 等(2013)也发现在使用孔径大小为 15~45 μm 滤膜的 MLPA 实验中,菌能够固定在滤液中的颗粒上,从而无法避免初始的光损失。因此,WAS-50 p、WAS-10 p 和 RS 这 3 个样品对菌的发光强度产生了抑制作用,但是主要原因在于菌固定在固体颗粒和/或有机物上,而非真实存在固相毒性。然而,DWTR 不仅促进了菌的发光强度,而且削弱了由沉积物引起的抑制作用。

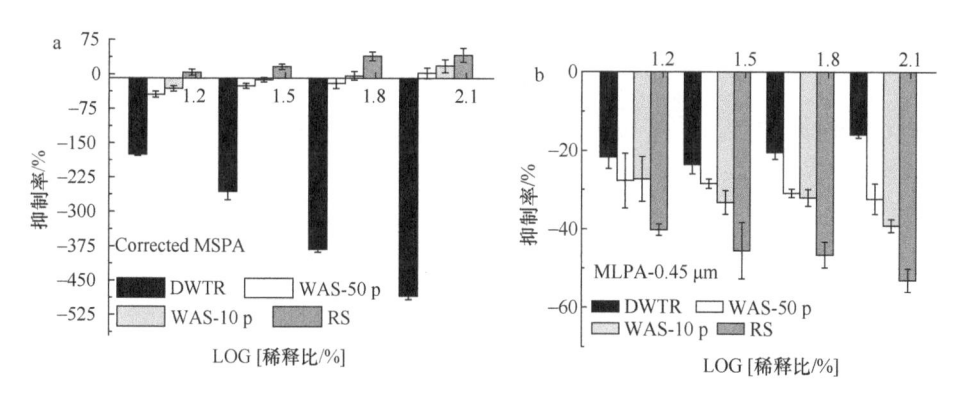

图 8-14 MSPA 实验校正后的发光强度抑制率(a)和使用孔径大小为 0.45 μm 滤膜的 MLPA 实验(b)

8.3.4 有机提取液的发光菌动力学实验

图 8-15 展现了费氏弧菌在 1% DMSO(阴性对照)、阳性对照,以及样品 DWTR、WAS-50 p、WAS-10 p 和 RS 的有机提取液中的光密度(formazin turbidity units,单位为 FTU)和发光强度的变化趋势。在阴性对照中,菌的指数生长期和稳定生长期的转变发生在 10 h 左右,在这段时间内,光密度已经增长到足够量用于菌的生长抑制的分析(DIN,1999)。发光强度的最大值则出现在稍晚一些的稳定生长期,大约 15 h 时。因此根据 Menz 等(2013)的方法来判断,10 h 和 14 h 可作为分析 GI 和 Chronic LI 的合适的暴露时间点。阳性对照的 Acute LI、Chronic LI 和 GI 值分别为 68.1%、60.8% 和 47.8%,说明本研究中选用的发光菌的敏感度满足 Menz 等推荐的标准,可用于动力学毒性实验。

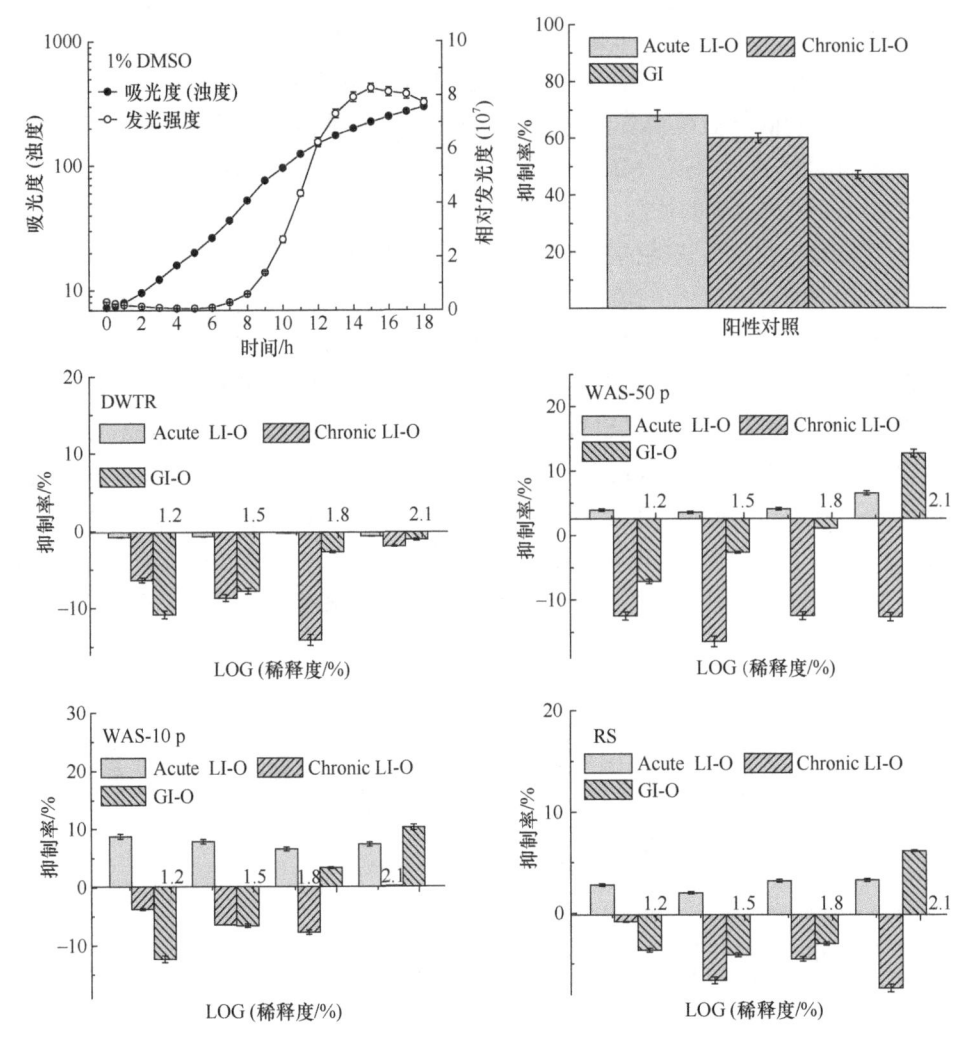

图 8-15　DWTR、WAS-50 p、WAS-10 p 和 RS 有机提取液的发光菌动力学实验

Acute LI-O 是指有机提取液的 30 min 急性发光抑制；Chronic LI-O 是指有机提取液的 14 h 慢性发光抑制；GI-O 是指有机提取液的 10 h 生长抑制。DMSO（1%）是阴性对照组；阳性对照包括：阳性对照组Ⅰ（PCⅠ）9 mg/L 3, 5-二氯苯酚用作 Acute LI 的对照，阳性对照组Ⅱ（PCⅡ）0.1 mg/L 氯霉素用作 Chronic LI 和 GI 的对照

由图 8-15 可见，DWTR 的有机提取液对费氏弧菌的急性、慢性发光作用及生长作用均没有产生抑制效应，但是 WAS-50 p、WAS-10 p 和 RS 的有机提取液均显示出了相似的抑制作用。对于发光强度，WAS-50 p、WAS-10 p 和 RS 的有机提取液的 4 个稀释度产生的急性抑制率均不超过 10%，但是并没有产生慢性抑制。以上结果表明毒性效应是短期的，不具有持久性，费氏弧菌在经过长期的暴露之后能够从毒性中恢复。当 WAS-50 p、WAS-10 p 和 RS 的有机提取液的稀释度高于 50% 时，它们对费氏弧菌的生长表现出抑制作用，但是抑制率均低于 15%。

8.3.5　水相提取液的发光菌动力学实验

费氏弧菌在 3%（w/v）NaCl 溶液（阴性对照）和样品 DWTR、WAS-50 p、WAS-10 p，

以及 RS 的水相提取液中的光密度（formazin turbidity units，单位为 FTU）和发光强度的变化趋势见图 8-16。在阴性对照中，菌的指数生长期和稳定生长期的转变发生在 10 h 左右，发光强度的最大值则出现在 15 h 左右。因此，10 h 和 15 h 可作为分析 GI 和 Chronic LI 的合适的暴露时间点。

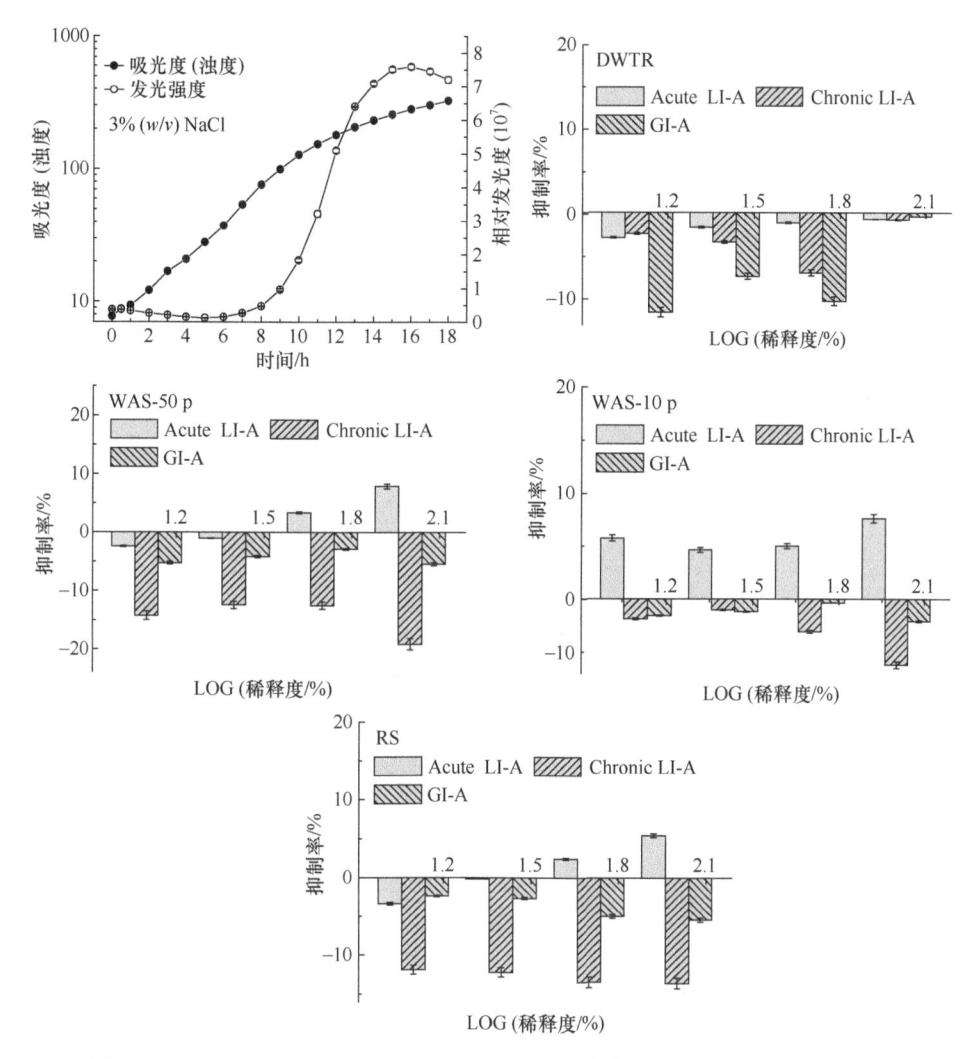

图 8-16　DWTR、WAS-50 p、WAS-10 p 和 RS 水相提取液的发光菌动力学实验

Acute LI-A 是指相提取液的 30 min 急性发光抑制；Chronic LI-A 是指水相提取液的 15 h 慢性发光抑制；GI-A 是指水相提取液的 10h 生长抑制。3%（w/v）NaCl 溶液是阴性对照组

由图 8-16 可见，费氏弧菌暴露于 DWTR 的水相提取液并没有产生任何发光抑制和生长抑制效应。然而 WAS-50 p 和 RS 在水相提取液的稀释液浓度高于 50% 时，对菌的急性发光产生抑制作用，WAS-10 p 的水相提取液在 4 个稀释液浓度下均对菌产生了急性发光抑制作用。WAS-50 p、WAS-10 p 和 RS 水相提取液产生的急性发光抑制率均低于 10%，且对费氏弧菌均没有产生慢性发光抑制和生长抑制作用，说明这 3 个样品的水相提取液的毒性是短期的、可恢复的。

由以上实验结果我们可以做如下总结：DWTR 的有机和水相提取液对费氏弧菌的发光和生长均没有产生毒性；而 DWTR 修复前后的沉积物的有机和水相提取液对菌的发光作用都产生了急性毒性，但是它们对发光作用并没有表现出慢性毒性，沉积物的水相提取液对菌的生长没有产生毒性，而有机提取液却表现出生长抑制作用。然而，根据 Menz 等（2013），以下临界值可作为判断显著抑制的标准，即 Acute LI=20%抑制率，Chronic LI=15%抑制率，以及 GI=20%抑制率。因此，本研究中 DWTR 修复前后的沉积物的有机或水相提取液所引起的急性发光抑制作用和生长抑制作用均是不显著的。

8.4　DWTR 修复后沉积物总菌的特征

8.4.1　总菌多样性

与 DWTR 混合前后太湖和白洋淀沉积物中总菌的 DGGE 图谱见图 8-17。从图中可知，随着 DWTR 投加量的增加，太湖沉积物条带 5、6、7 和 8，以及白洋淀沉积物条带 1 的亮度逐渐降低，而太湖沉积物条带 11 和白洋淀沉积物条带 3 的亮度逐渐升高。并且，在混合后，太湖和白洋淀沉积物中都出现了新的条带，如条带 9 和 10（太湖）及条带 2 和 4（白洋淀）。

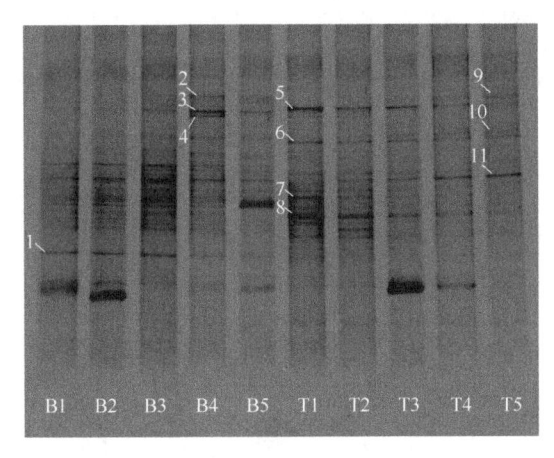

图 8-17　与 DWTR 混合前后太湖和白洋淀沉积物总菌的 DGGE 图谱
B 表示白洋淀；T 表示太湖；1~5 表示 DWTR 投加比例，分别为 0（对照组）、2.5%、5%、10%和 15%；DGGE 条带（1~11）

进一步结合总菌的 C_S 变化可知（表 8-6），与 DWTR 混合前后沉积物之间 C_S 值分别为 32%~54%（太湖）和 22%~41%（白洋淀）。不同 DWTR 投加比例下，沉积物 C_S 也未表现出明显的规律。C_S 可以反映不同沉积物之间微生物群落结构的相似性：C_S 越高则沉积物之间结构就越相似。因此，根据上述结果可知，与 DWTR 混合后，沉积物菌群结构可能会发生改变。

与 DWTR 混合前后沉积物多样性指数见表 8-7。与 DWTR 混合前后沉积物的 H 和 S 变化较小；同时，E_H 也基本保持在 0.90 左右。H、S 和 E_H 可以反映沉积物中菌的多样性，因此，与 DWTR 混合后，沉积物的多样性变化较小。

表 8-6　与 DWTR 混合前后太湖和白洋淀沉积物总菌 C_s（%）的比较

	T^{a}1^c	T2	T3	T4	T5
T1	100	54	32	39	38
T2	—	100	34	54	58
T3	—	—	100	60	39
T4	—	—	—	100	79
T5	—	—	—	—	100
	B^{b}1	B2	B3	B4	B5
B1	100	41	22	23	44
B2	—	100	31	22	31
B3	—	—	100	62	37
B4	—	—	—	100	37
B5	—	—	—	—	100

a. 太湖沉积物；b. 白洋淀沉积物；c. DWTR 的投加比例，1、2、3、4 和 5 分别表示投加比例 0（对照组）、2.5%、5%、10%和 15%

表 8-7　与 DWTR 混合前后太湖和白洋淀沉积物总菌的多样性指数

	T^{a}1^c	T2	T3	T4	T5
H	2.7	2.7	2.4	2.6	2.5
E_H	0.88	0.93	0.84	0.92	0.92
S	22	18	18	17	15
	B^{b}1	B2	B3	B4	B5
H	2.5	2.5	2.7	2.9	2.5
E_H	0.90	0.86	0.94	0.92	0.89
S	16	17	17	22	16

a. 太湖沉积物；b. 白洋淀沉积物；c. DWTR 的投加比例，1、2、3、4 和 5 分别表示投加比例 0（对照组）、2.5%、5%、10%和 15%

8.4.2　总菌丰度

与 DWTR 混合前后沉积物总菌的丰度见图 8-18。对于太湖沉积物而言，随着 DWTR 投加比例从 0（对照组）增加到 2.5%，其总菌丰度从 1.16×10^{13} copies/g 增加到 7.14×10^{14} copies/g；然而当投加比例再增加时，总菌的丰度略有降低，但基本维持在 1.50×10^{14} copies/g。对于白洋淀沉积物而言，随着 DWTR 投加比例的增加，总菌丰度从 5.10×10^{12} copies/g 增加到了 4.81×10^{14} copies/g。综上所述可知，与 DWTR 混合后，沉积物总菌的丰度都有提高。

根据上述研究结果可知，DWTR 会使沉积物总菌的结构发生变化，但对沉积物总菌的多样性无明显影响。并且，DWTR 还会提高沉积物总菌的丰度。

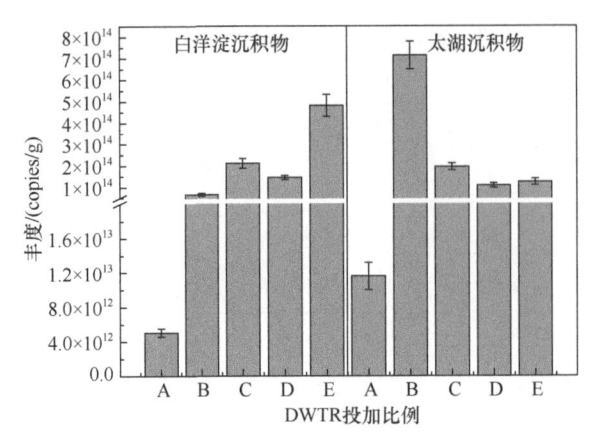

图 8-18 DWTR 混合前后太湖和白洋淀沉积物总菌丰度
A、B、C、D 和 E 表示 DWTR 投加比例，分别为 0（对照组）、2.5%、5%、10%和 15%

8.5 DWTR 修复后沉积物厌氧氨氧化（anammox）菌的特征

8.5.1 沉积物中 anammox 菌确定

荧光原位杂交技术（FISH）在无法纯化分离的 anammox 菌的发现上起到了至关重要的作用。本研究的 FISH 结果见图 8-19。在富集实验后，沉积物中 anammox 菌的存在形式发生转变。未富集的新鲜沉积物中 anammox 菌主要以分散形式存在，而在富集后，DWTR 混合前后沉积物中 anammox 菌均以更为聚集的方式存在。其中，这种聚团形式在富集后含有 DWTR 的沉积物中更加明显。并且，根据 FISH 实验结果显示，未富集的沉积物中 anammox 菌占总菌的比例约为 1%，而该比例在富集后沉积物中分别约增加到 6%（未与 DWTR 混合沉积物）和 7%（与 DWTR 混合沉积物）。因此，在富集实验后，沉积物中 anammox 菌数量有增加，且 DWTR 使沉积物中 anammox 菌更易聚集。另外，在仅含有 DWTR 的富集后样品中，FISH 和 PCR 扩增技术均未发现 anammox 菌的存在，所以，在后续的实验中，本研究不详细讨论仅含有 DWTR 的富集后样品。

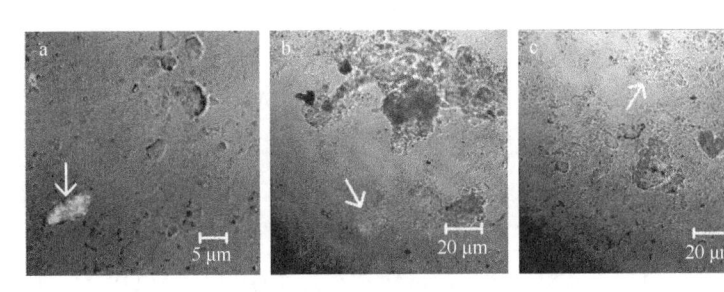

图 8-19 FISH 的分析结果
箭头指处为 anammox 菌细胞；a. 富集后与 DWTR 混合的沉积物；b. 富集后的空白沉积物（不含 DWTR）；
c. 富集前沉积物

8.5.2 沉积物中 anammox 菌活性

^{15}N 稳定同位素示踪技术被用来确定沉积物中 anammox 菌的强度和脱氮贡献。在同

位素示踪实验中，A 组中只含有 $^{15}NH_4^+$，B 组中含有等浓度的 $^{15}NH_4^+$ 和 $^{14}NO_2^-$，C 组中仅含 $^{15}NO_2^-$。在 A 组中，所有培养瓶中，均没有明显的 $^{29}N_2$ 和 $^{30}N_2$ 积累。这表明实验处于厌氧条件，且所有沉积物中基本不含 NO_x^-。在 B 组中，所有培养瓶中也都未发现明显的 $^{30}N_2$ 积累；但所有培养瓶中有一定的 $^{29}N_2$ 积累。相比较而言，在含富集后沉积物培养瓶中 $^{29}N_2$ 的积累量明显高于含富集前沉积物培养瓶中的。这些结果表明富集前后沉积物中都存在 anammox 菌，但富集后沉积物的 anammox 菌活性增加。最后，通过测定 C 组中各个培养瓶中 $^{29}N_2$ 和 $^{30}N_2$ 的积累量，进而确定各沉积物的 anammox 菌和反硝化作用的强度。结果见图 8-20。

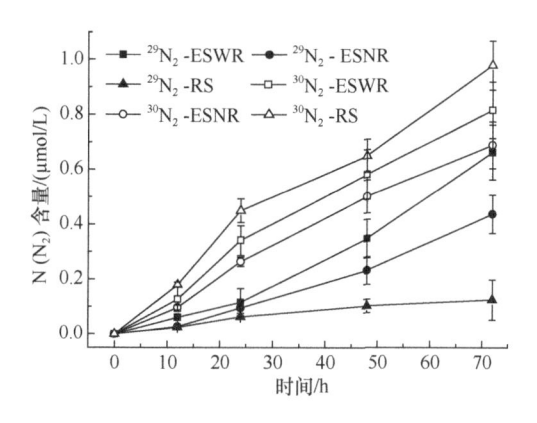

图 8-20 同位素示踪实验结果
C 组实验；RS 表示富集前沉积物；ESNR 表示富集后空白沉积物；ESWR 表示富集后与 DWTR 混合后沉积物

从图 8-20 中可知，在含富集前沉积物的培养瓶中，$^{30}N_2$ 存在十分明显的积累作用，而 $^{29}N_2$ 的累积较少。这表明富集前沉积物的脱氮作用以反硝化作用为主导，但也存在一定的 anammox 菌。然而，在富集实验后，沉积物的脱氮机制发生了明显的改变。在含富集后沉积物（空白和含 DWTR 沉积物）的培养瓶中，$^{30}N_2$ 的积累明显减弱，而 $^{29}N_2$ 的积累显著加强。这表明富集实验后，沉积物的反硝化作用变弱，anammox 菌变强。最重要的是，通过比较可知，富集后与 DWTR 混合后沉积物的 anammox 菌活性要高于富集后空白沉积物的，这种差异尤其体现在实验的 48 h 后。根据 C 组的结果计算可知，在富集实验后，anammox 菌活性由 1.8 nmol N/(g·h)（富集前沉积），分别提高到 6.1 nmol N/(g·h)（富集后空白沉积物）和 9.2 nmol N/(g·h)（富集后与 DWTR 混合后沉积物）。因此，在富集实验后，沉积物中 anammox 菌活性有明显的提高，且 DWTR 也有助于提高沉积物 anammox 菌活性。

8.5.3 沉积物中 anammox 菌多样性

获得的有效序列在 95%分歧下共聚类为 9 个 OTUs，大体上聚集在 4 个分支（图 8-21）。富集前沉积物中 anammox 菌分布于 *Candidatus* Brocadia、*Candidatus* Kuenenia 及 *Isosphaera* 分支下。其中 *Candidatus* Brocadia 和 *Candidatus* Kuenenia 被认为是淡水中存在的主要 anammox 菌种（Kartal et al.，2006；Moore et al.，2011）。然而，富集后沉积物中 anammox 菌分布相对单一。富集后沉积物中 anammox 菌（OTU1~OTU5，占

总克隆的 70%~86%）主要集中在与已知 anammox 菌属相平行的分支，并构成 *Planctomycetales* 较深的一个新的 anammox 分支。富集后沉积物中 anammox 菌主要与其他富集系统内沉积物（GQ859994）或生物膜（AM905123）的克隆，或者与河口滩涂沉积物（JN010139）和河口湿地内沉积物（JQ889431）的克隆表现出较高的相似度。此外，富集后沉积物克隆子 OTU7 的序列也与来自于污水处理厂序列 FJ208828 相似性很高（97%）。进一步比较可知，富集后含 DWTR 沉积物的克隆子 OTU8 与有机生物滤池内发现的 anammox 菌（DQ664523）相似性为 94%；OTU5 属于 *Candidatus* Brocadia 分支（EU478693），也与已发现的淡水沉积物相似度高（97%和 94%）。总而言之，在富集实验后，沉积物中 anammox 菌与 *Candidatus* Kuenenia 菌关系变疏远，而富集后与 DWTR 混合后沉积物中 anammox 菌在系统发育上更接近 *Candidatus* Brocadia。

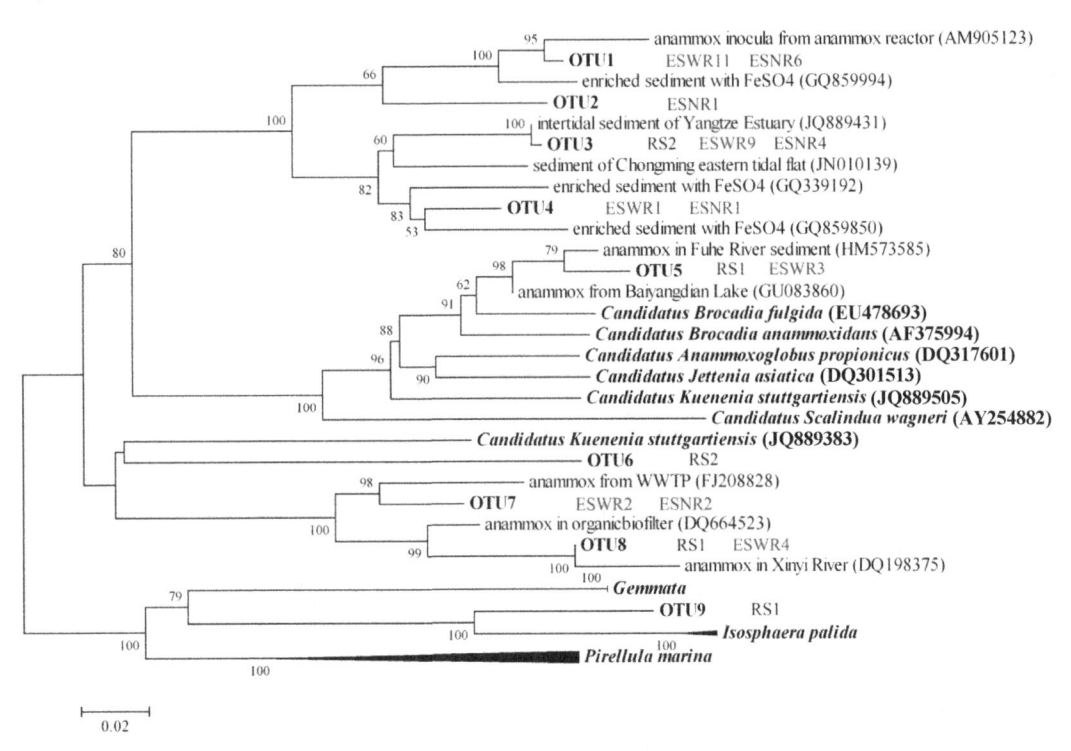

图 8-21 富集前后沉积物 anammox 菌的系统发育树

RS 表示富集前沉积物；ESNR 表示富集后空白沉积物；ESWR 表示富集后与 DWTR 混合后沉积物

8.5.4 沉积物中 anammox 菌的丰度

富集实验前后沉积物中 anammox 菌的定量 PCR 结果见图 8-22。富集前沉积物中 anammox 菌的丰度为 $5.9×10^7$ copies/g（沉积物干重）；在富集实验后，anammox 菌的丰度在空白沉积物中提高到了 $8.9×10^7$ copies/g，而在与 DWTR 混合后沉积物中提高到了 $9.8×10^7$ copies/g。进一步分析可知，富集后与 DWTR 混合后沉积物中 anammox 菌的丰度较富集前沉积物增加了 1.7 倍，较富集后空白沉积物增加了 1.1 倍。基于每个 anammox 细胞只含有一个 16S rDNA 操纵子（Strous et al.，2006），结合活性数据（图 8-20），原始沉积物中特定细胞活性为 0.73 fmol/（cell·d），富集后空白（不含 DWTR）和含 DWTR

沉积物内的活性分别增加到了 1.6 fmol/(cell·d) 和 2.3 fmol/(cell·d)。因此，在富集实验后，沉积物中 anammox 菌丰度和细胞活性有明显的提高，且 DWTR 可提高沉积物中 anammox 菌的丰度和细胞活性。

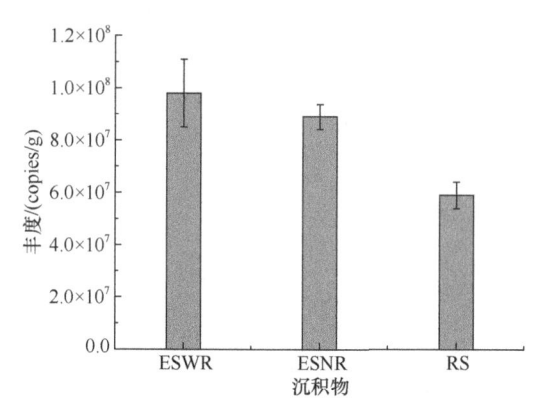

图 8-22　富集前后沉积物中 anammox 菌的丰度
RS 表示富集前沉积物；ESNR 表示富集后空白沉积物；ESWR 表示富集后与 DWTR 混合后沉积物

8.5.5　DWTR 对沉积物中 anammox 菌的影响机制

本研究结果表明 DWTR 可以促进沉积物中 anammox 菌更加聚集（图 8-19），增强沉积物中 anammox 的强度（图 8-20），同时还有利于提高沉积物中 anammox 菌的丰度（图 8-22）。此外，DWTR 促使沉积物中 anammox 菌在系统发育上更接近 *Candidatus* Brocadia（图 8-21）。

由于富集前后 DWTR 均未发现 anammox 菌，因此 DWTR 应通过改善湖泊沉积物中 anammox 菌的生存环境，达到提高沉积物 anammox 作用的目的。首先，DWTR 可以降低湖泊沉积物中磷酸盐对 anammox 菌的抑制作用。在缺氧条件下，沉积物中还原性磷酸盐极易释放（Christophoridis and Fytianos，2006），被释放出的磷酸盐可能会使 anammox 中间产物羟胺有较高的自氧化作用（Moliner and Street，1989），进而会削弱 anammox 的脱氮作用。然而，在沉积物中加入 DWTR 后，沉积物中还原性磷会被转化为其他更为稳定的磷。这样在厌氧条件下，含有 DWTR 沉积物的磷释放作用变弱，从而使磷酸盐对 anammox 的抑制作用变弱。有研究表明磷酸盐会对 *Candidatus* Brocadia 这一类菌产生抑制作用（Jetten et al.，1998）。从图 8-21 中可知，未富集沉积物和富集后含 DWTR 沉积物的克隆子 OTU5 属于 *Candidatus* Brocadia 分支，而富集后空白沉积物中不含有类似的克隆子。因此，图 8-21 的结果进一步证明了这一推测。其次，DWTR 可能会使沉积物中重金属和硫化物以更加稳定的形态存在，进而使沉积物中重金属及硫化物对 anammox 菌的抑制作用变弱。最后，DWTR 的存在可能会削弱底物限制对 anammox 的抑制。由于 DWTR 富含铁，那么，与无 DWTR 的沉积物相比，含 DWTR 的沉积物在厌氧条件下具有相对较强的铁还原作用。这种还原作用会促进 NH_4^+ 转化为 NO_2^- 的氧化作用（Kampschreur et al.，2011）。因此，在氨氮丰富的条件下，对于含有 DWTR 的沉积物而言，底物 NO_2^- 的浓度对 anammox 的限制会变弱。如图 8-21 所示，在富集实验后,沉积物中 anammox 菌的克隆子 OTU1、OTU2 和 OTU4 都与 GQ859994、GQ859850 和 GQ339192 序列相似,后者都来自于额外加入铁的沉积物富集系统(D'Angelo and Nunez, 2010)。在这些 OTU 中,富集后与 DWTR 混合后沉积物克隆子占的比例明显高于富集后空白沉积物的。当然,DWTR 对沉积物 anammox 菌的促进作用也应与其具有大比表面积和丰富的营养物质有关。

8.6 对硝化菌的影响

8.6.1 富集前后样品的基本性质

富集实验前后样品的基本性质见表 8-8。相比较而言,富集后不含 DWTR 沉积物和富集后 DWTR 的 pH、EC 和 TOM 含量分别高于原始沉积物和原始 DWTR 的,富集后含 DWTR 的沉积物 pH、EC 和 TOM 也高于富集后不含 DWTR 的沉积物;此外,富集后不含 DWTR 沉积物和富集后 DWTR 的铁铝含量都分别低于原始 DWTR 的,富集后含 DWTR 的沉积物的铁铝含量都高于富集后不含 DWTR 沉积物的。无论如何,上述基本性质的差异较小,都在 10%以内。这表明富集实验对样品的 pH 和 EC 及铁铝和 TOM 含量影响小,且 DWTR 的投加对沉积物这些性质也无显著影响。

表 8-8 富集实验前后样品的基本性质

性质	原始沉积物	富集后不含 DWTR 沉积物	富集后含 DWTR 沉积物	富集后 DWTR	原始 DWTR
pH	7.25	7.28	7.30	7.52	7.50
EC/(μs/cm)	1478	1482	1484	1305	1355
TOM[a]/(mg/g)	63	66	69	72	66
铝/(mg/g)	56	56	60	66	67
铁/(mg/g)	34	34	38	134	135
TP/(mg/g)	0.33	0.34	0.41	0.18	0.14
TIP/(mg/g)	0.21	0.14	0.26	0.15	0.083
TOP/(mg/g)	0.11	0.20	0.15	0.029	0.054

a. 重铬酸钾稀释热法测定(Nelson and Sommers, 1982)
TIP. 总无机磷;TP. 总磷;TOP. 总有机磷;EC. 电导率

富集实验前后样品中磷的分布有相对明显差异。富集后不含 DWTR 沉积物中 TP 含量略高于原始沉积物,但富集后含 DWTR 沉积物和富集后 DWTR 中 TP 含量却分别明显高于富集后不含 DWTR 沉积物和原始 DWTR 的,分别约增加了 20.6%和 28.6%。富集后样品中增加的 TP 应主要来自于富集实验中进水培养基中的磷,这表明在富集过程中沉积物会吸附进水培养基中的磷,且 DWTR 的投加会促使沉积物对磷的吸附作用。进一步分析可知,与原始沉积物相比,富集后不含 DWTR 沉积物中 TIP 含量较低,但 TOP 含量较高;与富集后不含 DWTR 沉积物相比,富集后含 DWTR 沉积物中 TIP 含量较高,但 TOP 较低;与原始 DWTR 相比,富集后 DWTR 中 TIP 含量较高,但 TOP 含量较低。此外,原始沉积物、富集后含 DWTR 沉积物、富集后 DWTR 和原始 DWTR

中磷都主要以 TIP 存在，但富集后不含 DWTR 沉积物中磷主要以 TOP 存在。上述结果表明，富集实验会促使沉积物中无机磷转化为有机磷，但 DWTR 的投加会削弱这种转化作用。

8.6.2 沉积物硝化活性

基于批量实验，富集前后样品的硝化过程见图 8-23。NH_4^+-N 在含有富集后不含 DWTR 沉积物和富集后含 DWTR 沉积物混合溶液中变化规律相似：随着培养时间的增加，NH_4^+-N 浓度逐渐降低，其中在第 48~96 小时变化最明显，约从 8.6 mg/L 降到 0.20 mg/L。在含有原始沉积物混合溶液中，NH_4^+-N 浓度随着时间增加也降低，但快速降低作用出现在 48~120 h。在含有富集后 DWTR 混合溶液中，NH_4^+-N 浓度的快速降低也主要在 48~120 h；然而，在 0~12 h，溶液中 NH_4^+-N 浓度有升高，在 12~48 h，却保持稳定。根据上述结果可得，富集后沉积物（不含 DWTR 和含 DWTR）的氨氧化作用相近且最强，其次分别是原始沉积物和富集后 DWTR。另外，在实验初始（第 0 时刻），所有溶液中 NH_4^+-N 浓度（<9.8 mg/L）都低于活性实验设置的浓度（11.2 mg/L），这可能与各样品对 NH_4^+-N 的吸附作用有关。

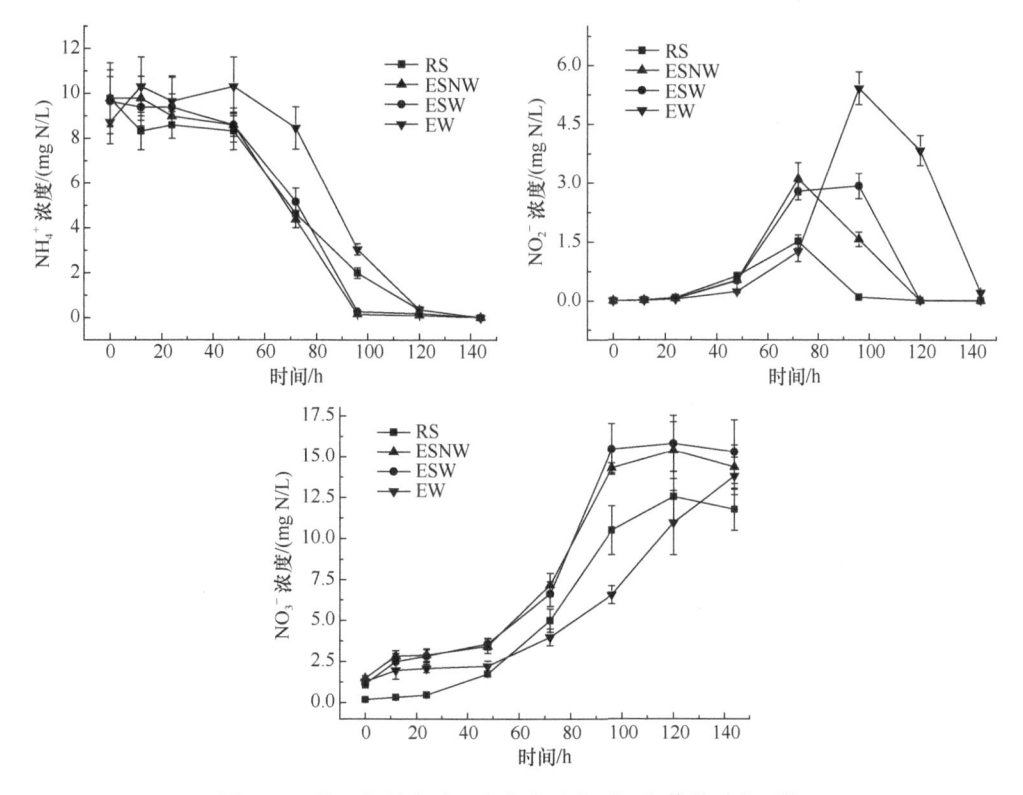

图 8-23 基于批量实验，富集实验前后沉积物的硝化活性
RS 表示原始沉积物；ESW 表示富集的含有 DWTR 沉积物；ESNW 表示富集的不含 DWTR 沉积物；EW 表示富集后 DWTR

NO_2^--N 在含有原始沉积物、富集后不含 DWTR 沉积物、富集后含 DWTR 沉积物和富集后 DWTR 混合溶液中浓度的变化趋势都是先升高后降低。其中，在含有原始沉积

物、富集后不含 DWTR 沉积物和富集后含 DWTR 沉积物混合溶液中 NO_2^--N 主要出现在第 24~120 小时,且最高浓度分别达到 1.5 mg/L（含原始沉积物溶液）、3.1 mg/L（含富集后不含 DWTR 沉积物溶液）和 2.9 mg/L（含富集后含 DWTR 沉积物溶液），而在含有富集后 DWTR 混合溶液中,NO_2^--N 主要出现在第 24~144 小时,且最高浓度达到 5.4 mg/L。根据上述结果可知,含原始沉积物、富集后不含 DWTR 沉积物和富集后含 DWTR 沉积物溶液的 NO_2^--N 浓度变化过程相似,但强度不同,其中富集后不含 DWTR 沉积物和富集后含 DWTR 沉积物相近,原始沉积物较弱。然而,富集后 DWTR 对 NO_2^--N 的累积过程和强度与上述 3 种样品都存有差异,似更易累积 NO_2^--N。

在整个实验期间,NO_3^--N 在含有富集后不含 DWTR 沉积物和富集后含 DWTR 沉积物混合溶液中浓度相近：随着培养时间的增加,NO_3^--N 浓度逐渐增高,且在 48~96 h 最明显。与富集后沉积物（不含 DWTR 和含 DWTR）相比,含有原始沉积物和富集后 DWTR 溶液中 NO_3^--N 浓度都较低：随着培养时间的增加,含有原始沉积物和富集后 DWTR 溶液中 NO_3^--N 浓度逐渐升高,但含有原始沉积物溶液的在 48~120 h 增加最明显,而含有富集后 DWTR 溶液的在 48~144 h 增加最明显。进一步比较可知,在实验最终,所有溶液中 NO_3^--N（>11.7 mg/L）都高于活性实验设置的 NH_4^+-N 浓度（11.2 mg/L）。这表明活性实验测定中各样品存在一定的氨化作用。事实上,含有富集后 DWTR 溶液中 NH_4^+-N 浓度在 0~48 h 的变化特征（先增高,后保持稳定）也可进一步证明氨化作用的存在。因此,基于上述数据无法定量比较各样品的氨氧化作用和亚硝酸氧化作用的差异。然而,所有样品的硝化速率可以根据 NO_3^- 浓度的变化粗略得出：根据溶液中 NH_4^+-N、NO_2^--N 和 NO_3^--N 的浓度变化可知,含有原始沉积物、富集后不含 DWTR 沉积物和富集后含 DWTR 沉积物溶液中硝化作用应在第 120 小时完成,而含有富集后 DWTR 溶液的应在第 144 小时完成（NH_4^+-N 和 NO_2^--N 低于检测线）。通过计算可得,原始沉积物的硝化速率约为 10.6 μg N/g-(dry sample)/h,富集后不含 DWTR 沉积物的为 12.8 μg N/g-(dry sample)/h,富集后含 DWTR 沉积物的为 13.2 μg N/g-(dry sample)/h,富集后 DWTR 的为 9.58 μg N/g-(dry sample)/h。因此,富集实验后,沉积物硝化作用速率有提高,且 DWTR 的投加促使沉积物中硝化作用速率有变大,但不显著。此外,富集后 DWTR 硝化速率最低。

8.6.3 沉积物中氨氧化菌（AOB）和亚硝酸盐氧化菌（NOB）的确定

FISH 的分析结果见图 8-24。FISH 技术可以原位观察固体样品中 AOB 和 NOB 的聚集形态。从图中可知,在所有样品中都有观察到 AOB 和 NOB。相比较而言,富集后 DWTR 中 AOB 和 NOB 更多地以相对聚集形态存在,而在原始沉积物、富集后不含 DWTR 沉积物和富集后含 DWTR 沉积物之间的差异不明显。这表明 DWTR 可能有利于 AOB 和 NOB 的聚集生长,但 DWTR 投加对沉积物中 AOB 和 NOB 聚集形态无明显影响。并且,根据 FISH 实验结果显示,原始沉积物、富集后不含 DWTR 沉积物和富集后含 DWTR 沉积物中 AOB 占总菌的比例为 3%~5%,而这 3 个样品中 NOB,以及富集后 DWTR 中 AOB 和 NOB 占总菌比例都小于 1%,因此,富集前后样品中硝化菌的丰度本研究用 Q-PCR 测定。

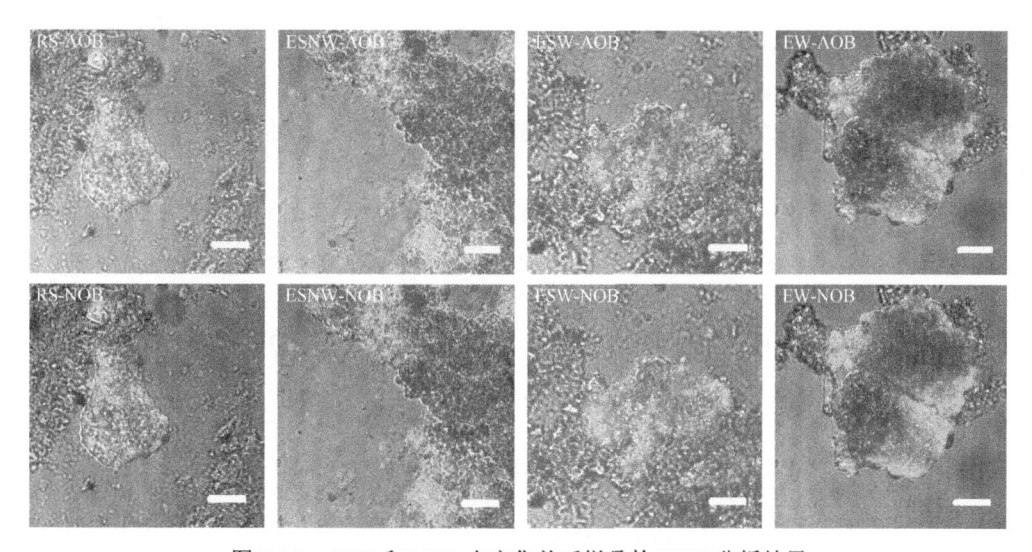

图 8-24 AOB 和 NOB 在富集前后样品的 FISH 分析结果

RS 表示原始沉积物；ESW 表示富集的含有 DWTR 沉积物；ESNW 表示富集的不含 DWTR 沉积物；EW 表示富集后 DWTR

8.6.4 沉积物中 AOB 和 NOB 的丰度

Q-PCR 结果可以反映样品中 AOB 和 NOB 的丰度，富集实验前后样品的 Q-PCR 结果见图 8-25。原始沉积物中 AOB 和 NOB 的丰度分别为 $6.6×10^7$ copies/g dry sample 和 $3.1×10^4$ copies/g dry sample。富集实验后，AOB 和 NOB 在富集后不含 DWTR 沉积物中丰度分别为 $1.1×10^8$ copies/g dry sample 和 $8.6×10^4$ copies/g dry sample，在富集后含有 DWTR 沉积物中丰度分别为 $1.3×10^8$ copies/g dry sample 和 $9.4×10^4$ copies/g dry sample，而在富集后 DWTR 中丰度分别为 $1.7×10^6$ copies/g dry sample 和 $2.1×10^4$ copies/g dry sample。根据上述结果可知，富集实验可促使沉积物中 AOB 和 NOB 丰度的增加，且 DWTR 的投加有利于沉积物中 AOB 和 NOB 的富集，但富集后 DWTR 中 AOB 和 NOB 丰度相对较低。

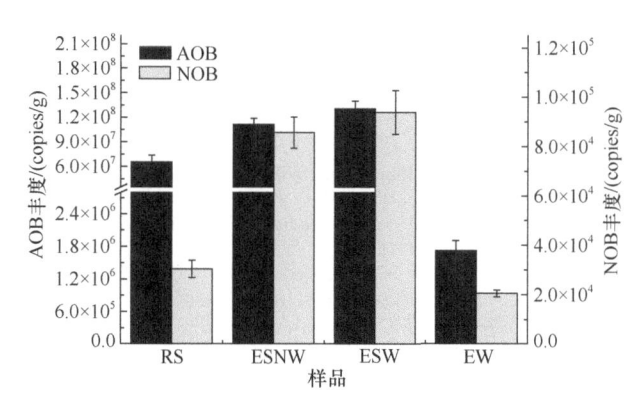

图 8-25 富集前后样品中 AOB 和 NOB 的丰度

RS 表示原始沉积物；ESW 表示富集后含有 DWTR 沉积物；ESNW 表示富集后不含 DWTR 沉积物；EW 表示富集后 DWTR

8.6.5 沉积物中 AOB 和 NOB 的多样性

本研究 4 个样品中 AOB 和 NOB 分别检测出 126 和 160 条有效序列，在 95%相似性下共聚类为 22 和 19 个 OTU。其中，原始沉积物、富集后不含有 DWTR 沉积物、富集后含 DWTR 沉积物、富集后 DWTR 中分别有 39、38、39 和 10 条 AOB 序列，分别聚为 5、7、8 和 4 个 OTU；同时也分别有 38、36、51 和 35 条 NOB 序列，分别聚为 5、8、8 和 4 个 OTU。

AOB 的系统发育树见图 8-26。富集前后各样品中，AOB 的有效序列分布在 *Nitrosospira* 和 *Nitrosomonas*；*Nitrosospira* 又主要包括 *Nitrosospira multiformis* 和 *Nitrosospira* sp.。其中，原始沉积物中 AOB 主要集中于 *Nitrosospira* sp.，约包括 95% 的序列（OTU 7、OTU 9、OTU 10 和 OTU 13）。富集实验后，不含 DWTR 和含 DWTR 沉积物中 AOB 却主要集中于 *Nitrosomonas*，并与 *Nitrosomonas eutropha* 平行，分别约包括 55%（OTU 18 和 OTU 21）和 59.0%（OTU19 和 OTU 22）的序列，而富集后 DWTR 中 AOB

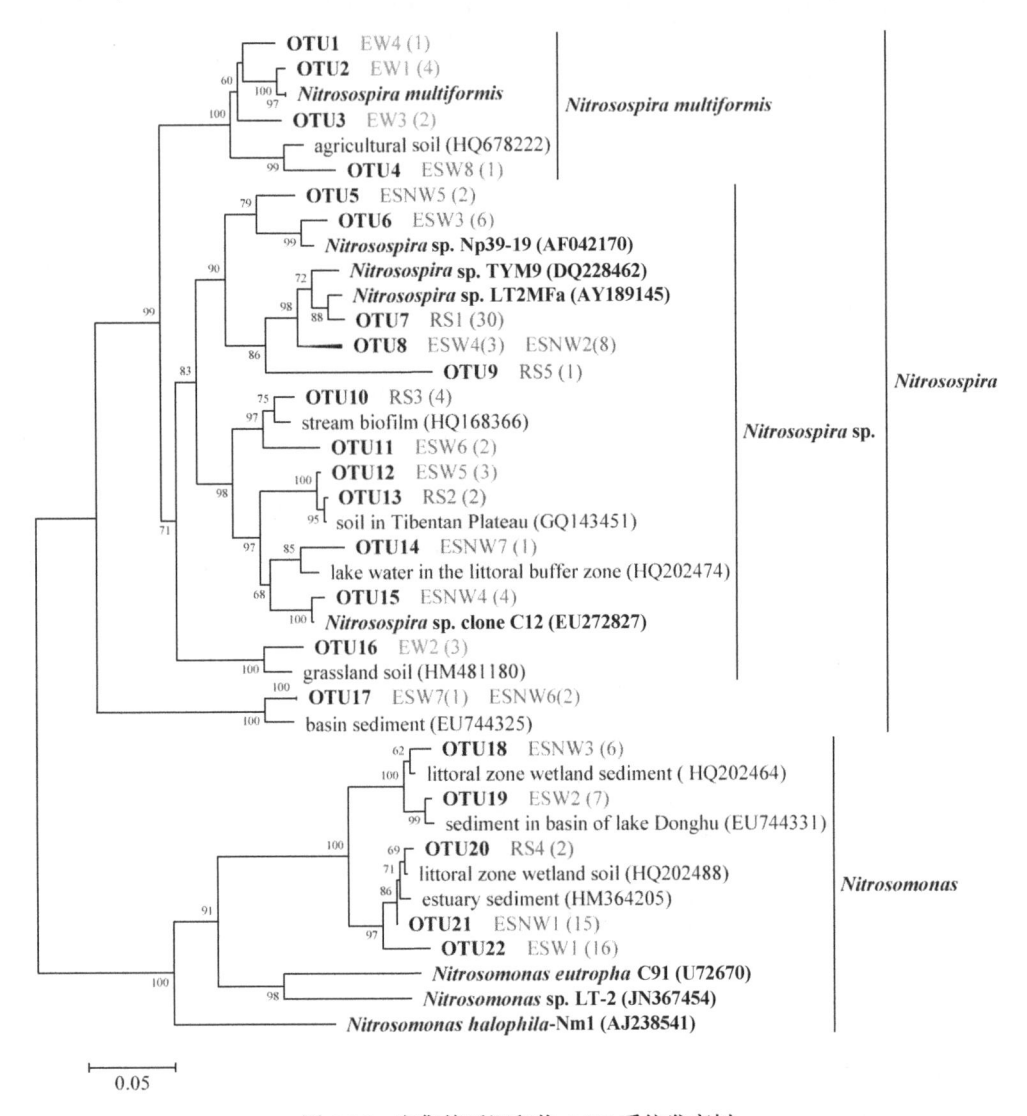

图 8-26 富集前后沉积物 AOB 系统发育树

RS 表示原始沉积物；ESW 表示富集后含 DWTR 沉积物；ESNW 表示富集后不含 DWTR 沉积物；EW 表示富集后 DWTR

主要集中于 *Nitrosospira multiformis*，约包括 70%的序列（OTU 1~OTU 3）。进一步比较可知，富集后含 DWTR 沉积物的克隆子 OTU 4 聚在 *Nitrosospira multiformis*，与农业土壤中发现的在氨氧化过程中起主要作用的 AOB（HQ678222）（Xia et al.，2011）相似性为 95%，而富集后不含 DWTR 的沉积物不含有类似克隆子。根据上述结果可知，培养实验会有利于沉积物（DWTR 投加前后）中 *Nitrosomonas* 支下 AOB 的富集，而 DWTR 的投加一方面更有利于沉积物中 *Nitrosomonas* 支下 AOB 的富集，另一方面可能也促进 *Nitrosospira multiformis* 菌种支下 AOB 的富集，进而提高沉积物中 AOB 的多样性。

NOB 的系统发育树见图 8-27。NOB 的有效序列可分为平行两大支（Cluster 1 和 Cluster 2）。其中，原始沉积物中 NOB 仅分布于 Cluster 1（OTU 4、OTU 6、OTU 7、OTU 9 和 OTU 12）。在富集实验后，不含 DWTR 和含 DWTR 沉积物中 NOB 不仅分布于 Cluster 1（OTU 1、OTU 2、OTU 6、OTU 8、OTU 10 和 OTU 11），还分别约有 14%（OTU 16~OTU 19）和 29%（OTU 13~OTU 15 和 OTU 19）的序列分布于 Cluster 2，主要与缺氧环境中克隆具有较高的相似性（>90%），如沉积物反应器（JN805604）（Yan et al.，2012）、深湖沉积物（AM181915）（Schwarz et al.，2007b）、浅湖沉积物（AM086085）（Schwarz et al.，2007a）及酸性煤矿湖泊沉积物（FN870236）（Lu et al.，2010）；然而，

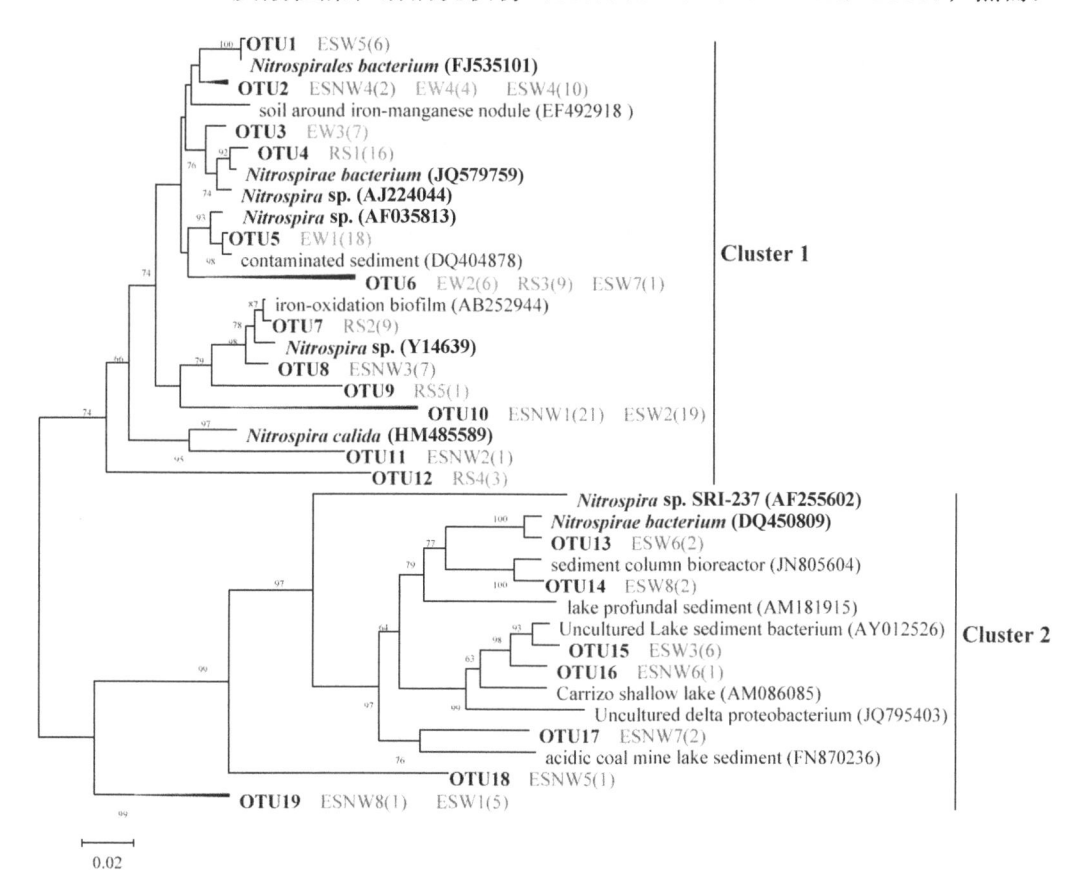

图 8-27 富集前后沉积物 NOB 的系统发育树

RS 表示原始沉积物；ESW 表示富集的含有 DWTR 沉积物；ESNW 表示富集的不含 DWTR 沉积物；EW 表示富集后 DWTR

富集后 DWTR 中 NOB 仅分布于 Cluster 1（OTU 2、OTU 3、OTU 5 和 OTU 6）。根据上述结果可知，培养实验促使沉积物（ESNW 和 ESW）中 NOB 产生新分支（Cluster 2），进而提高 NOB 的多样性，而 DWTR 的投加会加强这种作用。

8.6.6　DWTR 投加对沉积物中 AOB 和 NOB 的影响

本研究结果表明 DWTR 的投加会略微增强沉积物硝化活性（图 8-23），提高沉积物中 AOB 和 NOB 的丰度（图 8-25）。此外，DWTR 的投加也会提高沉积物中 AOB 和 NOB 的多样性（图 8-26，图 8-27），有利于沉积物中 *Nitrosomonas* 和 *Nitrosospira multiformis* 支下 AOB 和 *Nitrospirae* 支下一个 NOB 新分支的富集，但对沉积物中 AOB 和 NOB 聚集形态（图 8-24）影响不大。

很明显，DWTR 应主要通过改变沉积物环境条件来影响沉积物硝化作用的。根据 DWTR 的自身特点，DWTR 投加对沉积物环境条件的影响可能包括：①沉积物 pH；②沉积物中有机质含量；③沉积物中铁铝含量；④沉积物中可溶性离子含量（盐度）；⑤沉积物中可利用磷含量；⑥沉积物中微生物的附着基质特性。

pH 是影响硝化作用的重要因子，不同 pH 条件下的硝化作用也都存在一定差异。Jiang 和 Bakken（1999）从陆地环境中分离出一株 *Nitrosospira* 下 AOB，且他们研究发现该株 AOB 的最适 pH 在 7.5 左右。Claros 等（2013）研究表明 *Nitrosomonas eutropha* 和 *Nitrosomonas europaea* 下 AOB 最适 pH 是 7.4~7.8。Jiménez 等（2011）研究发现以 *Nitrospirae* 为主的 NOB 在 pH 低于 6.5 时，基本无活性，但当 pH 在 7.5~9.95 时，活性基本不变。Ruiz 等（2003）研究表明高氨氮废水中硝化作用主要发生在 pH 为 6.45~8.95 时。上述研究表明硝化作用的最适 pH 应在 7.5 左右。本研究发现 DWTR 的投加对沉积物 pH 无明显影响（表 8-8），富集后 DWTR 投加前后沉积物的 pH（分别为 7.28 和 7.30）都接近 AOB 和 NOB 最适生长 pH 范围，所以 DWTR 投加后沉积物硝化作用的变化，以及 AOB 和 NOB 丰度和多样性的变化应与沉积物 pH 变化无关。

对于有机质而言，早期研究表明有机质可能通过提高异养生物在同化碳时对氮的利用度进而削弱硝化作用（Delwiche and Finstein，1965）。然而，Strauss 和 Lamberti（2000）认为有机质对沉积物硝化作用的影响与其质量密切相关。Strauss 等（2002）发现有机质对沉积物硝化作用的削弱仅在环境中 C/N 较高，且大部可利用碳稳定性较低的情况下出现。DWTR 中有机质主要来源于各种植物性物质的合成和分解产物（Babatunde and Zhao，2007），具有较低的质量，因此，DWTR 中有机质应对沉积物中硝化作用影响小。

AOB 的新陈代谢过程中需要铁（Stein et al.，2007），因此铁对硝化作用有重要影响。Krishnan 和 Bharathi（2009）研究发现红树林沼泽中铁有时对自养硝化作用起主导作用。对于铝而言，其离子形态对生物体存在一定毒性。Gandhapudi 等（2006）研究发现硫酸铝会削弱硝化作用。然而，我们认为 DWTR 中铁铝也应对沉积物中硝化作用影响小，这是因为：①DWTR 中铁铝活性低，具有较低的浸出性；②富集系统处于好氧环境，铁相对较稳定。此外，富集实验前后 DWTR 中铁铝含量的微小差异（表 8-8）也可说明 DWTR 中铁铝在富集实验过程中保持稳定。

盐度对硝化作用也有影响。Rysgaard 等（1999）研究也表明盐度的增加会降低河口沉积物中硝化作用的活性。Ward 等（2000）研究发现有 *Nitrosomonas europaea* 支下 AOB 适应了高盐湖泊沉积物环境。Bernhard 等（2005）研究表明河口沉积物中 AOB 的多样性会随着盐度的增加而降低，在高盐度河口沉积物中 AOB 主要属于 *Nitrosospira* sp.。无论如何，本研究结果表明 DWTR 的投加并未对沉积物盐度（EC，表 8-8）有明显影响，这可能是因为 DWTR 中含有较低可溶性离子（Titshall and Hughes，2005）。与此同时，本研究结果还表明 DWTR 的投加主要促使沉积物中 AOB 由 *Nitrosospira* sp. 向 *Nitrosomonas*（在发育树上与 *Nitrosomonas eutropha* 平行支）转化（图 8-26）。该结果可进一步间接表明 DWTR 投加对沉积物中硝化作用的影响与其对沉积物中盐度影响无关。

通过上述分析可知，DWTR 的投加对沉积物 pH，以及有机质、铁、铝和可溶性离子（盐度）含量的影响应不是促使沉积物中硝化作用变化的主要原因。事实上，在本项研究开始之前，基于前期对 DWTR 基本性质的研究，我们也认为 DWTR 的投加对沉积物中硝化作用的潜在影响应与沉积物上述各条件变化无明显关系，但 DWTR 的投加促使沉积物中可利用磷和微生物附着基质性质的改变可能会影响沉积物硝化作用。

磷作为一种营养盐对硝化作用存在一定影响。在盐沼泽地中，Horner-Devine 等（2004）研究发现在磷酸盐与沉积物中 AOB 的组成呈明显的线性关系；Lage 等（2010）研究表明磷会促使沉积物中 AOB 的组成结构发生改变，但是对 AOB 的丰度影响较小。在农业土壤中，Chu 等（2007）研究表明富含磷钾的样品与控制组的 *amoA* 基因 DGGE 图谱存在差异，但是他们进一步的研究未发现样品之间 *amoA* 基因拷贝数或硝化活性存在差异（Chu et al.，2008）。Erguder 等（2009）认为与氨氧化菌（AOA）相比，AOB 应适合在高磷酸盐条件下生存。根据上述研究可知，磷对硝化作用的影响往往体现在 AOB 的结构上。本研究发现（表 8-8）DWTR 的投加会明显降低沉积物中生物可利用磷。此外，在富集实验后，与富集后不含 DWTR 沉积物相同的是，富集后含 DWTR 沉积物拥有的 AOB 主要集中于 *Nitrosomonas*，不同的是富集后含 DWTR 沉积物也拥有属于 *Nitrosospira multiformis* 的 AOB。因此，DWTR 投加前后沉积物中 AOB 群落结构的微小差异可能与 DWTR 对沉积物中可利用磷的降低有关。此外，这种群落结构差异也可能是因为 DWTR 投加后，也会引入其他硝化细菌进入沉积物。这一推测可从图 8-26 得到证明，即富集后 DWTR 中 AOB 主要归属于 *Nitrosospira multiformis*。

DWTR 也可能通过改善沉积物中微生物附着基质特性进而对硝化菌产生影响。一方面 DWTR 主要以无定形态存在，具有较高的比表面积，可能有利于硝化菌的附着生长。Christensson 和 Welander（2004）研究表明投加具有较大有效面积的载体可以显著提高活性污泥的硝化作用。Hu 等（2012a，2012b）研究已表明以 DWTR 构建的人工湿地对高氨氮废水具有很好的去除效果，这也间接表明 DWTR 有利于硝化菌的附着生长。正如 8.4 节研究所述 DWTR 投加有利于微生物附着生长。另外，从图 8-24 可知，尽管 AOB、NOB 及总菌在原始沉积物、富集后不含 DWTR 沉积物和富集后含 DWTR 沉积物中形态相似，但是在富集后 DWTR 中以更加聚集的形态存在。上述结果进一步证明了 DWTR 的大比表面积有利于各种菌的附着生长。因此，DWTR 对沉积物性质的改变可能是本研究中与 DWTR 混合后沉积物硝化作用变化的另外一个重要原因。

综上所述，DWTR 投加对沉积物中硝化作用的影响应主要与其降低沉积物中生物可利用磷、引入其他硝化菌，以及改善沉积物中微生物附着基质特性有关。然而，不同沉积物和 DWTR 的性质往往存在一定的差异，因此，DWTR 对沉积物硝化作用的影响应还需进一步与实际工程应用时现场条件相结合。

8.7 本 章 小 结

DWTR 及其修复后的沉积物对小球藻生长产生了抑制作用，这种作用主要是由于在制备提取液的过程中 DWTR 吸附了提取剂中的磷而导致提取液中磷缺乏。DWTR 无论是固相颗粒还是水相和有机提取液对菌的发光和生长均没有产生毒性，DWTR 固体颗粒甚至对菌的发光产生强烈的促进作用。DWTR 修复前后沉积物对菌的发光表现出固相毒性，但是 DWTR 削减了这种毒性。DWTR 的应用会促使在沉积物中总菌结构改变，对总菌多样性影响小，但会提高总菌在沉积物中的丰度。进一步研究表明 DWTR 的应用会促使沉积物环境更有利于 anammox 菌和硝化菌（AOB 和 NOB）的生存，进而会提高这些菌在沉积物中的活性、丰度和多样性。

第 9 章 结论与展望

9.1 结　　论

1. DWTR 对营养盐磷的吸附

通过主成分分析并结合多元回归得知，与铝及 200 mmol/L 草酸提取态铝（Al_{ox}）相关的因子对 DWTR 磷饱和吸附量变化贡献了 36.5%；与铁、200 mmol/L 草酸提取态铁（Fe_{ox}）、pH、表面积和有机质相关的因子贡献了 28.5%。DWTR 的磷解吸量与其（$Al_{ox}+Fe_{ox}$）的摩尔含量呈线性负相关（$P<0.05$）。低分子量有机酸对 DWTR 磷吸附作用的影响同时包括促进和抑制两个方面。一般情况下，在吸附作用初期，低分子量有机酸主要表现出抑制 DWTR 磷吸附的作用，但随着吸附时间的延长，这种抑制作用会变弱，并逐渐转为促进作用。高 pH 条件下，低分子量有机酸更倾向于促进作用，然而，其浓度的变化对 DWTR 磷吸附无明显影响特征。酸活化和热活化均能提高 DWTR 磷吸附能力，热活化作用尤为突出，最佳活化条件为 300℃ 热活化 4 h，正磷酸盐的饱和吸附量提高了 44.82%。热活化促进了初始磷吸附作用，显著增强了 DWTR 中铝与磷的结合能力。连续 600℃、4 h 的热处理和以 1:1 的固液比、2 mol/L HCl 2 h 处理也会明显提高 DWTR 在不同浓度和 pH 及厌氧环境条件下对磷吸附能力。处理后 DWTR 磷的理论饱和吸附量由 29 mg/g 增加到 49 mg/g（pH=7）且对磷的结合作用力更强；连续热和酸的处理会明显提高 DWTR 中铝对磷的吸附能力。DWTR 对磷的动态吸附受 HRT、M_0 和 P_0 影响显著，而且传质系数分析表明低 P_0、高 M_0 和长 HRT 有利于磷从液相到固液界面的转移。与 201×4 离子交换树脂相比，DWTR 对磷的动态吸附容量可观并且不受水体中离子竞争吸附的影响。此外，在不同 DO 水平条件下，被 DWTR 吸附的磷解吸量也很低。

2. DWTR 对有机磷农药、重金属和硫化氢的吸附

有机质分配作用在 DWTR 吸附毒死蜱过程占主导地位；DWTR 对毒死蜱吸附具有强亲和力与高吸附容量，log K_{oc} 与 K_F 值分别高达 4.90 L/kg 和 5967 L/kg。较低的溶液 pH 有助于 DWTR 吸附毒死蜱，但整体而言，由于 DWTR 与毒死蜱在 pH 4~7 均能稳定存在，溶液 pH 对 DWTR 吸附毒死蜱影响较小。低离子强度浓度范围内（0.005~0.05 mol/L），毒死蜱在 DWTR 上吸附量随着 Ca^{2+} 强度的增加而降低；高离子强度（0.1 mol/L $CaCl_2$）则可能由于盐析效应有利于毒死蜱与 DWTR 的吸附。低分子量有机酸（苹果酸和柠檬酸）在溶液中显著抑制了毒死蜱在 DWTR 上的吸附，但抑制作用强度取决于有机酸浓度。与毒死蜱不同，草甘膦为离子型化合物，其在 DWTR 上的吸附主要通过与铁铝化合物表面羟基的配体交换作用。DWTR 对草甘膦的 K_F 为 10.4 L/mg，同时 DWTR 所吸附的草甘膦不易解吸，具有较强的吸附稳定性。溶液化学性质对 DWTR 吸附草甘膦影响较

大:草甘膦吸附量随着溶液 pH 升高而减少,二价金属离子 Ca^{2+} 因架桥作用可显著提高草甘膦在 DWTR 中的吸附量,单价离子 K^+ 对吸附影响较小,溶液中低分子量有机酸(苹果酸和柠檬酸)和磷酸盐的存在抑制了 DWTR 对草甘膦的吸附,抑制强度与竞争性离子的浓度相关。DWTR 吸附 Cd^{2+} 速度快,达到吸附平衡时间为 24 h,其 Cd^{2+} 的饱和吸附量达 35.39 mg/g。提高 pH、离子强度不利于 DWTR 吸附 Cd^{2+},厌氧培养有利于 Cd^{2+} 吸附。柠檬酸浓度升高时,DWTR 对 Cd^{2+} 的吸附量降低,而水杨酸和酒石酸存在时,吸附量变化较小。DWTR 吸附 Cd^{2+} 是一个自发的吸热过程。BCR 分级提取结果显示,被 DWTR 吸附的 Cd^{2+} 主要存在形态为酸溶态和残渣态。FTIR 分析结果显示,吸附后在 DWTR 表面上可能形成了 Fe-O-Cd 结构。综合上所述,DWTR 可被用于吸附水体中 Cd^{2+}。DWTR 对 Cd^{2+} 和 Co^{2+} 达到吸附平衡的时间分别为 24 h 和 40 h,竞争吸附过程中出现的"过饱和点"表明竞争吸附过程中存在着离子间吸附位点交换的过程。DWTR 对 Cd^{2+} 和 Co^{2+} 的选择顺序为 $Cd^{2+}>Co^{2+}$。此外,DWTR 对硫化氢的吸附作用较强,且吸附为配位交换作用和氧化作用。

3. DWTR 用于废水的处理

DWTR 人工湿地不仅对二沉池出水中磷的去除极佳,对其他污染物也具有较好的去除效果。连续流人工湿地中总悬浮物、COD_{cr}、总氮和总磷的平均去除率分别为 86%、53%、67% 和 98%,在潮汐流人工湿地中分别为 90%、50%、66% 和 98%,并且去除效率及稳定性随着 HRT 的延长而提高。氮主要通过反硝化作用去除,DWTR 的有机质为反硝化反应提供部分碳源。吸附是磷的主要去除途径,同时根据饱和吸附量估算人工湿地的运行寿命可达 7.9 年以上。两种人工湿地,DWTR 中铁铝含量略微升高也表明金属释放量很低。DWTR 吸附的磷主要以 NaOH-P 形态存在。运用 DWTR 处理畜禽废水的单因素实验结果表明,随着投加量和 pH 的增加,出水 SS、COD 和 TP 的去除率不断增加;快速搅拌速度的提高使得 DWTR 的混凝效果呈现先增强后减弱的趋势;沉淀时间的延长可有效增强出水中 SS、COD 和 TP 的去除效果,但 15 min 后效果变化不明显。正交实验分析结果表明,DWTR 回用作絮凝剂的最佳反应条件为投加量 2800 mg/L,快速搅拌速度 300 r/min,沉淀时间 15 min。DWTR 与 PFS 或 PAC 联合使用的混凝效果要优于 PFS 或 PAC 单独使用时的效果,但混凝需控制 pH 为 5.0。有趣的是,将 DWTR 与聚丙烯酰胺(PAM)联用时,pH 无需调节,且产生的污泥体积较小。设计建造了小试絮凝反应设备,并在室内进行了动态实验。结果表明,优化后废水处理出水 SS、COD 和 TP 的去除率分别达到了 84.6%、70.2% 和 83.1%。以 DWTR 构建间歇曝气和间歇进水人工湿地处理畜禽废水,结果表明在近 1 年的运行期,总悬浮物的去除率分别为 84.10% 和 92.61%,COD_{cr} 去除率为 58.70% 和 60.45%,总磷去除率为 92.7% 和 96.9%,氮去除速率为 23.08 N/(m³·d) 和 25.08 N/(m³·d),氨氮去除速率 24.44 N/(m³·d) 和 23.09 N/(m³·d)。*amoA* 基因、*nxrA* 基因和 *nosZ* 基因在湿地中广泛分布。在间歇曝气湿地中菌群多样性基本稳定,而在间歇进水湿地中多样性沿基质深度呈下降趋势。湿地中氨氧化细菌、亚硝酸氧化细菌和反硝化细菌丰度沿基质深度呈缓慢下降的变化趋势,湿地不同深度的氨氧化势和反硝化势沿基质深度呈现缓慢下降趋势。

4. DWTR 对土壤有机磷农药污染的控制

掺杂 DWTR 能显著提高农业区土壤对毒死蜱与其代谢产物 TCP 草甘膦，以及草甘膦与其代谢产物 AMPA 的吸附能力，当 DWTR 掺杂量仅为 2%时，土壤中毒死蜱和 TCP 的吸附容量可分别增加 2.0 倍和 2.9 倍，草甘膦和 AMPA 的饱和吸附量则可分别增加 2.7 倍和 0.9 倍。与此同时，DWTR 的掺杂能有效降低这 4 种物质在土壤中的解吸率。土壤所吸附毒死蜱中，残渣态组分含量所占比例随着 DWTR 掺杂量的增加而升高，从而使得毒死蜱不易解吸；掺杂 DWTR 后，土壤所吸附的草甘膦中易解吸的表面吸附态组分含量减少，而不易解吸的铁铝结合态组分含量增加，由此可推知，DWTR 可能主要凭借其高含量的有效态铁铝化合物含量增强土壤中草甘膦稳定性。掺杂 DWTR 能降低溶液 pH 升高对土壤吸附草甘膦的不利影响，减缓溶液电解质或离子强度变化对土壤吸附草甘膦的冲击。正磷酸盐和低分子量有机酸的存在提高了 DWTR 掺杂与未掺杂土壤中草甘膦的二次释放风险，但相比之下，此条件下 DWTR 掺杂土壤中草甘膦稳定性仍高于未掺杂 DWTR 土壤。在好氧和厌氧条件下，掺杂 DWTR 均能显著减少土壤中生物可利用态毒死蜱含量，增强毒死蜱降解过程中产生的 TCP 的稳定性，因此在土壤中掺杂 DWTR 能有效降低毒死蜱与 TCP 迁移或下渗造成的生态风险。与此同时，掺杂 DWTR 还有助于削弱毒死蜱与 TCP 对土壤微生物的毒害作用，提高土壤总菌丰度。但是，与未掺杂 DWTR 土壤相比，DWTR 掺杂土壤中毒死蜱的降解速率因可生物利用态含量的减少而有所降低。施加一次草甘膦条件下，掺杂 DWTR 对土壤中草甘膦的降解影响较小，同时能有效增强土壤中残留的草甘膦稳定性，减少其从土壤释放到水溶液的含量。短时间（21 d）内重复施加草甘膦会导致土壤中草甘膦及其代谢产物 AMPA 的积累，同时，当 DWTR 掺杂量达到 5%以上时，草甘膦降解率随着 DWTR 掺杂量的增加而显著降低；此外，DWTR 掺杂土壤中可生物利用态草甘膦的绝对含量仍高于未掺杂土壤。

5. DWTR 对沉积物中磷的固定

DWTR 对沉积物中无机磷有较好固定效果，主要是将沉积物中可移动磷（如 BD-P）转化为更稳定的 NaOH-P，但对沉积物中有机磷活性影响小。尽管在碱性较强（pH>11）条件下，DWTR 会使磷解吸作用变强，但在正常 pH 范围（5~9）内，DWTR 明显使沉积物中磷解吸作用变弱。DWTR 也会削弱硅酸根离子与沉积物中磷的竞争作用。离子强度、沉积物中有机质含量，以及厌氧环境不会对 DWTR 稳定沉积物中磷能力产生明显影响。DWTR 还可以提高沉积物对外源磷的缓冲能力。在黑暗、低微生物活性和沉积物再悬浮条件下，DWTR 修复后沉积物中磷具有较高稳定性，磷释放作用也明显较弱。DWTR 可以提高沉积物对硫化氢的吸附能力，削弱硫化氢与沉积物中磷的竞争能力。DWTR 主要促使沉积物中易受硫化氢影响的磷（如 O-P）转化为 Fe-P 和 Al-P。DWTR 在湖水中沉降仅会使其磷吸附速率变慢，而磷的吸附量在不同 pH 和初始磷浓度条件下变化较小。沉降前后 DWTR 也具有相近的固定沉积物中磷的能力。DWTR 中对沉积物中可移动磷的固定能力与 Fe_{ox} 和 Al_{ox} 密切相关。基于这层关系，建立了用于计算 DWTR 投加量的方法：在确定沉积物中可移动磷后，可确定固定可移动磷所需 DWTR 中 Fe_{ox} 和 Al_{ox} 总量，进而确定所需 DWTR 量。根据上述方法计算出的 DWTR 用量可有效固定白洋淀、巢湖、太湖、长江、海河、珠江和黄河沉积物中可移动磷。模拟实验表明 DWTR 可通过固定底层沉积物释放的磷和表层沉积物中的磷，显著降低上覆水在不同 DO 下的磷浓度。

6. DWTR 金属污染风险

DWTR 中富含金属铝、铁、钙、镁和锰，同时也含有一定量的砷、钡、铍、镉、钴、铬、铜、钼、镍、铅、锶、钒和锌，但不含有银、汞、锑和硒。DWTR 中金属含量符合中国、美国和欧盟污泥回用标准，但不符合新西兰的标准。进一步分析可知，DWTR 都属于无害废物，且大部分金属在 DWTR 中主要以稳定形态存在，然而，它们的生物可给性却较高。不同 DWTR 的基本性质及金属含量和活性有一定差异。风干作用可以使 DWTR 中大部分金属活性降低。在低 pH（酸性）条件下释放量较大的金属有钡、铍、钙、镉、钴、铬、铁、镁、锰、铅、锶和锌；在高 pH（碱性）条件下释放量较大的金属有砷、钼和钒；在低和高条件下都较高的有铝、铜和镍。然而，大部分金属的释放作用在 pH 6~9 保持在较低水平，尤其在弱碱性条件下。在厌氧环境下，DWTR 中大部分金属的活性变化不明显，且 DWTR 也都可被视为无害的。然而，DWTR 中仍有少量金属（如锰）的活性有明显提高。在不同 pH 及好氧和厌氧条件下，DWTR 投加对沉积物中金属的释放作用、TCLP 浸出性、赋存形态和生物可给性有不同程度的影响，并且对不同金属表现出不同的影响规律。进一步的污染风险评价表明 DWTR 应用后湖水中金属基于皮肤接触暴露的致癌和非致癌风险无需特别关注，也会免除湖水中砷的摄入非致癌性风险的关注，但直接饮用可能会造成锰的非致癌性危害（在低 pH 和厌氧条件下）。DWTR 的应用也不会改变湖水以摄入为暴露途径的砷致癌风险。DWTR 可能会加重沉积物中钡和锰的污染，但 DWTR 投加后的沉积物都可被认为是无害的。DWTR 应用也会提高沉积物中许多金属（铝、钡、铜、铁、锰）的生物可给性，但对沉积物中金属的生物有效性影响不明显。另外，在土壤加入 DWTR 后，土壤中的砷、铅、镍、锌和铜会以更稳定的形态存在。基于此，可推测 DWTR 在控制湖泊沉积物磷污染的同时，也可能对沉积物中某些污染严重的金属有一定的固定能力。

7. DWTR 再利用的生态风险

DWTR 及其修复后的沉积物对小球藻生长产生了抑制作用，这种作用主要是由于在制备提取液的过程中 DWTR 吸附了提取剂中的磷而导致提取液中磷缺乏，DWTR 投加到沉积物中时间长短并不会对小球藻生长产生任何不利影响。由于提取过程中 DWTR 向提取剂中释放金属和 NH_4^+-N，因此提取液同时也对小球藻的生长表现出促进作用。小球藻暴露于 DWTR 及其修复后的沉积物后所导致产生的氧化压力能够在短期内快速被消除。磷缺乏仍然是不同 pH（6~9）条件下 DWTR 及其修复前后的沉积物对小球藻产生生长抑制的主要原因。DWTR 无论是固相颗粒还是水相和有机提取液对菌的发光和生长均没有产生毒性，DWTR 固体颗粒甚至对菌的发光产生强烈的促进作用。DWTR 修复前后沉积物对菌的发光表现出固相毒性，但是 DWTR 削减了这种毒性。然而，所有的急性发光抑制和生长抑制均是不显著的。DWTR 的应用会促使总菌在沉积物中的结构发生改变，但对它的多样性影响小，且也会提高它在沉积物中的丰度。进一步研究表明 DWTR 的应用会有利于沉积物中 anammox 菌的聚集，促使沉积物 anammox 菌活性由 6.1 nmol N/（g·h）提高到 9.2 nmol N/（g·h），丰度由 $8.9×10^7$ copies/g 提高到 $9.8×10^7$ copies/g；也会有助于提高 anammox 菌的多样性，促使沉积物中 anammox 菌在系统发育上更接近 *Candidatus* Brocadia。DWTR 的应用会微弱提高沉积物中硝化作用的速率，由 12.8 μg N/g dry sample/h 提高到 13.2 μg N/g dry sample/h，对沉积物中 AOB 和 NOB 形态无明显影响。然而，DWTR 会使沉积物中 AOB 和 NOB 丰度分别由 $1.1×10^8$ copies/g dry sample（AOB）和 $8.6×10^4$ copies/g dry sample（NOB）提高到 $1.3×10^8$ copies/g dry sample 和 $9.4×10^4$ copies/g dry sample，也会提高 AOB 和 NOB 的多样性，促进沉积物中 *Nitrosomonas* 和 *Nitrosospira multiformis* 支下 AOB 的富集及产生新的 NOB 分支。

9.2 展　　望

1）DWTR 具有强而稳定的吸附能力已得到进一步的证实。然而，现实环境十分复杂，各种污染往往相互交织，因此，结合实际环境问题，系统研究 DWTR 对不同污染同时吸附的特性应是重要研究方向。

2）以 DWTR 构建人工湿地可有效处理畜禽废水和二沉池出水，特别对第一种高氨氮废水的处理效果显著。可见，DWTR 构建的人工湿地可以尝试用于其他类似高氨氮废水的处理。此外，人工湿地的构建及工艺的优化还应结合具体的环境标准进行，这将有助于 DWTR 进行推广应用。

3）DWTR 对土壤中离子型和非离子型农药的固定效果都很好。然而，为进一步推广 DWTR 用于土壤修复，还需要 DWTR 应用后对农业产量影响的数据。这是因为 DWTR 应用同样也会减少土壤中生物有效磷。

4）DWTR 应用可以有效地控制沉积物中磷的释放。然而，目前仍缺少现场围隔实验作进一步证明。此外，本课题组在这方面的研究还未确定 DWTR 对内源磷污染控制是否受各种生物作用影响，如底栖动物、植物等。

5）鉴于 DWTR 应用风险研究，在未来的研究或应用过程中，除关注铁铝环境效应外，还应分析 DWTR 中锰的潜在风险。

参 考 文 献

陈进军, 王长伟, 韩蕙, 等. 2009. 城市污水二级硝化出水的离子交换脱氮除磷[J]. 环境化学, 28(6): 799-804.
陈南祥, 董贵明, 贺新春. 2005. 基于AHP的地下水环境脆弱性模糊综合评价[J]. 华北水利水电学院学报, 26(3): 63-66.
程凤侠, 司友斌, 刘小红. 2009. 铜与草甘膦单一污染和复合污染对水稻土酶活性的影响[J]. 农业环境科学学报, 28(1): 84-88.
程海鹰, 张洁. 2003. 静、动态试验评价混凝剂作用效果的对比[J]. 西安石油学院学报(自然科学版), 18(2): 50-53.
胡静, 董仁杰, 吴树彪, 等. 2010. 脱水铝污泥对水溶液中磷的吸附作用研究[J]. 水处理技术, 36(5): 42-45.
胡绳, 刘云, 董元华, 等. 2009. 改性长石对磷的吸附热力学和动力学研究[J]. 环境工程学报, 3(11): 2100-2104.
胡文华, 吴慧芳, 徐明, 等. 2011. 聚合氯化铝污泥对磷的吸附动力学及热力学[J]. 环境工程学报, 5: 2287-2292.
李怀正, 洪祖喜, 邢绍文, 等. 2005. 对上海给水厂污泥处理的规划设想[J]. 给水排水, 31(12): 18-20.
刘宝河, 孟冠华, 陶冬民, 等. 2011. 污泥吸附剂对3种染料吸附动力学的研究[J]. 环境工程学报, 05(1): 95-99.
刘继芳, 曹翠华, 蒋以超, 等. 2000. 重金属离子在土壤中的竞争吸附动力学初步研究Ⅱ. 铜与镉在褐土中竞争吸附动力学. 中国土壤与肥料, (3): 30-101.
刘绮. 2004. 环境化学[M]. 北京: 化学工业出版社.
申利娜, 李广贺. 2010. 地下水污染风险区划方法研究[J]. 环境科学, 31(4): 918-923.
舒月红, 贾晓珊. 2005. CTMAB-膨润土从水中吸附氯苯类化合物的机理吸附动力学与热力学[J]. 环境科学学报, 25: 1530-1536.
孙才志, 潘俊. 1999. 地下脆弱性的概念, 评价方法与研究前景[J]. 水科学进展, 10(4): 444-449.
帖靖玺, 赵莉, 张仙娥. 2009. 净水厂污泥的磷吸附特性研究[J]. 环境科学与技术, 32: 149-151, 164.
吴志坚, 刘海宁, 张慧芳. 2010. 离子强度对吸附影响机理的研究进展[J]. 环境化学, 29: 997-1003.
徐斌. 2004. 给水厂污泥处理工艺的研究与设计[D]. 天津: 天津大学硕士学位论文.
杨庆, 栾茂田. 1999. 地下水易污性评价方法-DRASTIC指标体系[J]. 水文地质工程地质, 26(2): 4-9.
杨彦, 于云江, 王宗庆, 等. 2013. 区域地下水污染风险评价方法研究[J]. 环境科学, 34(2): 653-661.
赵桂瑜. 2007. 人工湿地除磷基质筛选及其吸附机理研究[D]. 上海: 同济大学博士学位论文.
中华人民共和国住房和城乡建设部. 2009. GJ/T 309—2009: 城镇污水处理厂污泥处置——农用泥质[S]. 北京: 中国质检出版社.
周亚楠. 2012. 潜水质量安全评价研究[D]. 西安: 长安大学硕士学位论文.
Adib F, Bagreev A, Bandosz T J. 1999. Effect of pH and surface chemistry on the mechanism of H_2S removal by activated carbons[J]. Journal of Colloid and Interface Science, 216: 360-369.
Adib F, Bagreev A, Bandosz T J. 2000. Analysis of the relationship between H_2S removal capacity and surface properties of unimpregnated activated carbons[J]. Environmental Science & Technology, 34: 686-692.
Agyin-Birikorang S, O'Connor G A. 2007. Lability of drinking water treatment residuals (WTR) immobilized phosphorus: Aging and pH effects[J]. Journal of Environmental Quality, 36: 1076-1085.
Agyin-Birikorang S, O'Connor G A. 2009. Aging effects on reactivity of an aluminum-based drinking-water treatment residual as a soil amendment[J]. Science of the Total Environment, 407(2): 826-834.
Agyin-Birikorang S, Oladeji OO, O'Connor G A, et al. 2009. Efficacy of drinking-water treatment residual in

controlling off-site phosphorus losses: a field study in Florida[J]. Journal of Environmental Quality, 38: 1076-1085.

Ahlgren J, Reitzel K, Brabandere H D, et al. 2011. Release of organic P forms from lake sediments[J]. Water Research, 45: 565-572.

Ahmad A L, Wong S S, Teng T T, et al. 2008. Improvement of alum and PACl coagulation by polyacrylamides(PAMs)for the treatment of pulp and paper mill wastewater[J]. Chemical Engineering Journal, 137(3): 510-517.

Akratos C S, Tsihrintzis V A. 2007. Effect of temperature, HRT, vegetation and porous media on removal efficiency of pilot-scale horizontal subsurface flow constructed wetlands[J]. Ecological Engineering, 29(2): 173-191.

Akunna J C, Bizeau C, Moletta R. 1992. Denitrification in anaerobic digesters: possibilities and influence of wastewater COD/N-NOX ratio[J]. Environmental Technology, 13(9): 825-836.

Al-Qodah Z. 2000. Adsorption of dyes using shale oil ash[J]. Water Research, 34(17): 4295-4303.

Altundogan H S, Tumen F. 2003. Removal of phosphates from aqueous solutions by using bauxite II: the activation study[J]. Journal of Chemical Technology and Biotechnology, 78(7): 824-833.

Altundogan H S, Tumen F. 2002. Removal of phosphates from aqueous solutions by using bauxite. I: Effect of pH on the adsorption of various phosphates[J]. Journal of Chemical Technology and Biotechnology, 77(1): 77-85.

Amuda O S, Amoo I A, Ajayi O O. 2006. Performance optimization of coagulant/flocculant in the treatment of wastewater from a beverage industry[J]. Journal of Hazardous Materials, 129(1): 69-72.

Amuda O S, Amoo I A. 2007. Coagulation/flocculation process and sludge conditioning in beverage industrial wastewater treatment[J]. Journal of Hazardous Materials, 141(3): 778-783.

An W C, Li X M. 2009. Phosphate adsorption characteristics at the sediment-water interface and phosphorus fractions in Nansi Lake, China, and its main inflow rivers[J]. Environmental Monitoring and Assessment, 148: 173-184.

Antić-Mladenović S, Rinklebe J, Frohne T, et al. 2011. Impact of controlled redox conditions on nickel in a serpentine soil[J]. Journal of Soils and Sediments, 11: 406-415.

Arias C A, del Bubba M, Brix H. 2001. Phosphorus removal by sands for use as media in subsurface flow constructed reed beds[J]. Water Research, 35(5): 1159-1168.

Axe L, Trivedi P. 2002. Intraparticle surface diffusion of metal contaminants and their attenuation in microporous amorphous Al, Fe, and Mn oxides[J]. Journal of Colloid & Interface Science, 247: 259-265.

Babatunde A O, Kumar J L G, Zhao Y Q. 2011. Constructed wetlands using aluminium-based drinking water treatment sludge as P-removing substrate: should aluminium release be a concern?[J]. Journal of Environmental Monitoring, 13: 1775-1783.

Babatunde A O, Zhao Y Q, Burke A M, et al. 2009. Characterization of aluminium-based water treatment residual for potential phosphorus removal in engineered wetlands[J]. Environmental Pollution, 157: 2830-2836.

Babatunde A O, Zhao Y Q, Doyle R J, et al. 2011. Performance evaluation and prediction for a pilot two-stage on-site constructed wetland system employing dewatered alum sludge as main substrate[J]. Bioresource Technology, 102(10): 5645-5652.

Babatunde A O, Zhao Y Q, Yang Y, et al. 2008. Reuse of dewatered aluminium-coagulated water treatment residual to immobilize phosphorus: batch and column trials using a condensed phosphate[J]. Chemical Engineering Journal, 136: 108-115.

Babatunde A O, Zhao Y Q, Zhao X H. 2010. Alum sludge-based constructed wetland system for enhanced removal of P and OM from wastewater: concept, design and performance analysis[J]. Bioresoure Technology, 101: 6576-6579.

Babatunde A O, Zhao Y Q. 2007. Constructive approaches toward water treatment works sludge management: an international review of beneficial reuses[J]. Critical Reviews in Environmental Science and Technology, 37(2): 129-164.

Babatunde A O, Zhao Y Q. 2009. Forms, patterns and extractability of phosphorus retained in alum sludge used as substrate in laboratory-scale constructed wetland systems[J]. Chemical Engineering Journal, 152(1): 8-13.

Babatunde A O, Zhao Y Q. 2010. Equilibrium and kinetic analysis of phosphorus adsorption from aqueous solution using waste alum sludge[J]. Journal of Hazardous Materials, 184(1-3): 746-752.

Bäckström M, Dario M, Karlsson S, et al. 2003. Effects of a fulvic acid on the adsorption of mercury and cadmium on goethite[J]. Science of the Total Environment, 304: 257-268.

Bagreev A, Bandosz T J. 2004. Efficient hydrogen sulfide adsorbents obtained by pyrolysis of sewage sludge derived fertilizer modified with spent mineral oil[J]. Environmental Science & Technology, 38: 345-351.

Bagreev A, Bashkova S, Locke D C, et al. 2001. Sewage sludge-derived materials as efficient adsorbents for removal of hydrogen sulfide[J]. Environmental Science & Technology, 35: 1537-1543.

Ball S G, Dirick L, Decq A, et al. 1990. Physiology of starch storage in the monocellular alga *Chlamydomonas reinhardtii*[J]. Plant Science, 66: 1-9.

Baltpurvins K A, Burns R C, Lawrance G A, et al. 1996. Effect of pH and anion type on the aging of freshly precipitated iron (III) hydroxide sludges[J]. Environmental Science & Technology, 30: 939-944.

Bandosz T J, Block K A. 2006. Removal of hydrogen sulfide on composite sewage sludge-industrial sludge-based adsorbents[J]. Industrial & Engineering Chemistry Research, 45: 3666-3672.

Barja B C, dos Santos Afonso M. 2005. Aminomethylphosphonic acid and glyphosate adsorption onto goethite: a comparative study[J]. Environmental Science & Technology, 39(2): 585-592.

Barouda E, Demadis K D, Freeman S R, et al. 2007. Barium sulfate crystallization in the presence of variable chain length aminomethylenetetraphosphonates and cations (Na^+ or Zn^{2+}) [J]. Crystal Growth & Design, 7: 321-327.

Basar C A. 2006. Applicability of the various adsorption models of three dyes adsorption onto activated carbon prepared waste apricot[J]. Journal of Hazardous Materials, B135: 232-241.

Basibuyuk M, Kalat D G. 2004. The use of waterworks sludge for the treatment of vegetable oil refinery industry wastewater[J]. Environmental Technology, 25(3): 373-380.

Baskaran S, Kookana R S, Naidu R. 2003. Contrasting behaviour of chlorpyrifos and its primary metabolite, TCP (3, 5, 6-trichloro-2-pyridinol), with depth in soil profiles[J]. Soil Research, 41(4): 749-760.

Bauer M, Blodau C. 2006. Mobilization of arsenic by dissolved organic matter from iron oxides, soils and sediments[J]. Science of the Total Environment, 354: 179-190.

Bayley R M, Ippolito J A, Stromberger J A, et al. 2008. Water treatment residuals and biosolids co-applications affect semi-arid range land phosphorus cycling[J]. Soil Science Society of America Journal, 72: 711-719.

Beauchemin S, Hesterberg D, Chou J, et al. 2003. Speciation of phosphorus in phosphorus-enriched agricultural soils using X-ray absorption near-edge structure spectroscopy and chemical fractionation[J]. Journal of Environmental Quality, 32(5): 1809-1819.

Bektaş N, Ağım B A, Kara S. 2004. Kinetic and equilibrium studies in removing lead ions from aqueous solutions by natural sepiolite[J]. Journal of Hazardous Materials, 112(1-2): 115-122.

Benton M J, Malott M L, Knight S S, et al. 1995. Influence of sediment composition on apparent toxicity in a solid-phase test using bioluminescent bacteria[J]. Environmental Toxicology and Chemistry, 14: 411-414.

Bernhard A E, Donn T, Giblin A E, et al. 2005. Loss of diversity of ammonia-oxidizing bacteria correlates with increasing salinity in an estuary system[J]. Environmental Microbiology, 7: 1289-1297.

Białowiec A, Janczukowicz W, Randerson P F. 2011. Nitrogen removal from wastewater in vertical flow constructed wetlands containing LWA/gravel layers and reed vegetation[J]. Ecological Engineering, 37(6): 897-902.

Bihan L L, Dumeignil F, Payen E, et al. 2002. Chemistry of preparation of alumina aerogels in presence of a complexing agent[J]. Journal of Sol-Gel Science and Technology, 24: 113-120.

Bolan N S, Naidu R, Mahimairaja S, et al. 1994. Influence of low-molecular-weight organic acids on the solubilization of phosphates[J]. Biology and Fertility of Soils, 18: 311-319.

Borggaard O K, Jdrgensen S S, Moberg J P, et al. 1990. Influence of organic matter on phosphate adsorption by aluminium and iron oxides in sandy soils[J]. Journal of Soil Science, 41: 443-449.

Brown S, Christensen B, Lombi E, et al. 2005. An inter-laboratory study to test the ability of amendments to reduce the availability of Cd, Pb, and Zn *in situ*[J]. Environmental Pollution, 138: 34-45.

Burga Pérez K F, Charlatchka R, Sahli L, et al. 2012. New methodological improvements in the *Microtox®* solid phase assay[J]. Chemosphere, 86: 105-110.

Campinas M, Rosa M J. 2006. The ionic strength effect on microcystin and natural organic matter surrogate adsorption onto PAC[J]. Journal of colloid and interface science, 299(2): 520-529.

Cao X, Chen Y, Wang X, Deng X. 2001. Effects of redox potential and pH value on the release of rare earth elements from soil[J]. Chemosphere, 44: 655-661.

Carrera J, Vicent T, Lafuente J. 2004. Effect of influent COD/N ratio on biological nitrogen removal (BNR) from high-strength ammonium industrial wastewater[J]. Process Biochemistry, 39(12): 2035-2041.

Chen H, Wang A. 2007. Kinetic and isothermal studies of lead ion adsorption onto palygorskite clay[J]. Journal of Colloid & Interface Science, 307, 309-316.

Chiang Y W, Ghyselbrecht K, Santos R M, et al. 2012. Adsorption of multi-heavy metals onto water treatment residuals: sorption capacities and applications[J]. Chemical Engineering Journal, 200-202(34): 405-415.

Christensson M, Welander T. 2004. Treatment of municipal wastewater in a hybrid process using a new suspended carrier with large surface area[J]. Water Science and Technology, 49: 207-214.

Christophoridis C, Fytianos K. 2006. Conditions affecting the release of phosphorus from surface lake sediments[J]. Journal of Environmental Quality, 35(4): 1181-1192.

Chróst R J, Münster U, Rai H, et al. 1989. Photosynthetic production and exoenzymatic degradation of organic matter in the euphotic zone of a eutrophic lake[J]. Journal of Plankton Research, 11: 223-242.

Chu H, Fujii T, Morimoto S, et al. 2007. Community structure of ammonia-oxidizing bacteria under long-term application of mineral fertilizer and organic manure in a sandy loam soil[J]. Applied and Environmental Microbiology, 73: 485-491.

Chu H, Fujii T, Morimoto S, et al. 2008. Population size and specific nitrification potential of soil ammonia-oxidizing bacteria under long-term fertilizer management[J]. Soil Biology & Biochemistry, 40: 1960-1963.

Chu W. 2001. Dye removal from textile dye wastewater using recycled alum sludge[J]. Water Research, 35(13): 3147-3152.

Chu W. 1999. Lead metal removal by recycled alum sludge[J]. Water Research, 33(13): 3019-3025.

Chuan M C, Shu G Y, Liu J C. 1996. Solubility of heavy metals in a contaminated soil: effects of redox potential and pH[J]. Water Air and Soil Pollution, 90: 543-556.

Claros J, Jiménez E, Aguado D, et al. 2013. Effect of pH and HNO_2 concentration on the activity of ammonia-oxidizing bacteria in a partial nitritation reactor[J]. Water Science & Technology, 67: 2587-2594.

Collins C R, Ragnarsdottir K V, Sherman D M. 1999. Effect of inorganic and organic ligands on the mechanism of cadmium sorption to goethite-Role of complexation and adsorption[J]. Geochimica Et Cosmochimica Acta, 63(19): 2989-3002.

Cornell R M, Schwertmann U. 1979. Influence of organic anions on the crystallization of ferrihydrite[J]. Clays and Clay Minerals, 27: 402-410.

Covelo E F, Andrade M L, Vega F A. 2005. Heavy metal adsorption by humic umbrisols: selectivity sequences and competitive sorption kinetics[J]. Journal of Colloid & Interface Science, 280: 1-8.

Cox A E, Camberato J J, Smith B R. 1997. Phosphate availability and inorganic transformation in an alum sludge-affected soil[J]. Journal of Environmental Quality, 26: 1393-1398.

Cucarella V, Renman G. 2009. Phosphorus sorption capacity of filter materials used for on-site wastewater treatment determined in batch experiments—a comparative study[J]. Journal of Environmental Quality, 38(2): 381-392.

D'Angelo E, Nunez A. 2010. Effect of environmental conditions on polychlorinated biphenyl transformations and bacterial communities in a river sediment[J]. Journal of Soils and Sediments, 10: 1186-1199.

Das S, Adhya T K. 2015. Degradation of chlorpyrifos in tropical rice soils[J]. Journal of Environmental

Management, 152: 36-42.

Dayton E A, Basta N T, Jakober C A, et al. 2003. Using treatment residuals to reduce phosphorus in agricultural runoff[J]. Journal of the American Water Works Association, 95(4): 151-158.

Dayton E A, Basta N T. 2005. A method for determining the phosphorus sorption capacity and amorphous aluminum of aluminum-based drinking water treatment residuals[J]. Journal of Environmental Quality, 34(3): 1112-1118.

Dayton E A, Basta N T. 2001. Characterization of drinking water treatment residuals for use as a soil substitute[J]. Water Environment Research, 73(1): 52-57.

de Jonge H, de Jonge L W, Jacobsen O H, et al. 2001. Glyphosate sorption in soils of different pH and phosphorus content[J]. Soil Science, 166(4): 230-238.

Delwiche C C, Finstein M S. 1965. Carbon and energy sources for the nitrifying autotroph Nitrobacter[J]. Journal of Bacteriology, 90: 102-107.

DIN 38412-37. 1999. Deutsche einheitsverfahren zur, und schlammuntersuchung, testverfahren mit was-serorganismen (gruppe l), teil 37: bestimmung der hem-mwirkung von wasser auf das wachstum von bakterien (pho-tobacterium phosphoreum–zellvermehrungs-hemmtest) L37[S], Deutsches Institut für Normung.

Ding Q, Wu H L, Xu Y, et al. 2011. Impact of low molecular weight organic acids and dissolved organic matter on sorption and mobility of isoproturon in two soils[J]. Journal of Hazardous Materials, 190(1): 823-832.

Dodor D E, Oya K. 2000. Phosphate sorption characteristics of major soils in Okinawa, Japan[J]. Communications in Soil Science and Plant Analysis, 31(3-4): 277-288.

Egemose S, Wauer G, Kleeberg A. 2009. Resuspension behaviour of aluminium treated lake sediments: effects of ageing and pH[J]. Hydrobiologia, 636: 203-217.

Eggleton J, Thomas K V. 2004. A review of factors affecting the release and bioavailability of contaminants during sediment disturbance events[J]. Environment International, 30: 973-980.

Eixler S, Karsten U, Selig U. 2006. Phosphorus storage in *Chlorella vulgaris* (Trebouxiophyceae, Chlorophyta) cells and its dependence on phosphate supply[J]. Phycologia, 45(1): 53-60.

El Arfaoui A, Boudesocque S, Sayen S, et al. 2010. Terbumeton and isoproturon adsorption by soils: influence of Ca^{2+} and K^+ cations[J]. Journal of Pesticide Science, 35(2): 131-133.

Elliott H A, Dempsey A. 1991. Agronomic effects of land application of water-treatment sludges[J]. Journal American Water Works Association, 83(4): 126-131.

Elliott H A, O'Connor G A, Lu P, et al. 2002. Influence of water treatment residuals on phosphorus solubility and leaching[J]. Journal of Environmental Quality, 31(4): 1362-1369.

Elliott H A, Singer L M. 1988. Effect of water treatment sludge on growth and elemental composition of tomato shoots[J]. Communications in Soil Science and Plant Analysis, 19: 345-354.

Elser J J, Marzolf E R, Goldman C R. 1990. Phosphorus and nitrogen limitation of phytoplankton growth in the freshwaters of North America: a review and critique of experimental enrichments[J]. Canadian Journal of Fisheries and Aquatic Sciences, 47: 1468-1477.

Erguder T H, Boon N, Wittebolle L, et al. 2009. Environmental factors shaping the ecological niches of ammonia oxidizing archaea[J]. FEMS Microbiology Reviews, 33: 855-869.

Fan J, He Z, Ma LQ, et al. 2011. Immobilization of copper in contaminated sandy soils using calcium water treatment residue[J]. Journals of Hazardous Materials, 189: 710-718.

Fathollahzadeh H, Kaczala F, Bhatnagar A, et al. 2014. Speciation of metals in contaminated sediments from Oskarshamn Harbor, Oskarshamn, Sweden[J]. Environmental Science and Pollution Research, 21(4): 2455-2464.

Fekri M, Gorgin N, Sadegh L. 2011. Phosphorus desorption kinetics in two calcareous soils amended with P fertilizer and organic matter[J]. Environmental Earth Sciences, 64: 721-729.

Floroiu R M, Davis A P, Torrents A. 2001. Cadmium adsorption on aluminum oxide in the presence of polyacrylic acid[J]. Environmental Science & Technology, 35: 348-353.

Franklin N M, Stauber J L, Apte S C, et al. 2002. Effect of initial cell density on the bioavailability and toxicity of copper in microalgal bioassays[J]. Environmental Toxicology and Chemistry, 21: 742-751.

Gabal M A, El-Bellihi A A, Ata-Allah S S. 2003. Effect of calcination temperature on Co (II) oxalate dihydrate-iron (II) oxalate dihydrate mixture: DTA-TG, XRD, Mössbauer, FT-IR and SEM studies (Part II) [J]. Materials Chemistry and Physics, 81: 84-92.

Gallimore L E, Basta N T, Storm D E, et al. 1999. Water treatment residual to reduce nutrients in surface run off from agricultural land[J]. Journal of Environmental Quality, 28(5): 1474-1478.

Gandhapudi S K, Coyne M S, Angelo E M D, et al. 2006. Potential nitrification in alum-treated soil slurries amended with poultry manure[J]. Bioresource Technology, 97: 664-670.

Gebremariam S Y, Beutel M W, Flury M, et al. 2012. Adsorption and desorption of chlorpyrifos to soils and sediments[J]. Reviews of Environmental Contamination and Toxicology, 215: 123-175.

Geelhoed J S, Hiemstra T, van Riemsdijk W H. 1998. Competitive interaction between phosphate and citrate on goethite[J]. Environmental Sciences & Technology, 32(14): 2119-2123.

George D B, Berk S G, Adams V D, et al. 1995. Toxicity of alum sludge extracts to a freshwater alga, protozoan, fish, and marine bacterium. Archives of Environmental Contamination and Toxicology, 29: 149-158.

Gerke J. 1993. Phosphate adsorption by humic/Fe-oxide mixtures aged at pH 4 and 7 and by poorly ordered Fe-oxide[J]. Geoderma, 59: 279-288.

Ghosh D, Gopal B. 2010. Effect of hydraulic retention time on the treatment of secondary effluent in a subsurface flow constructed wetland[J]. Ecological Engineering, 36(8): 1044-1051.

Gibbons M K, Gagnon G A. 2011. Understanding removal of phosphate or arsenate onto water treatment residual solids[J]. Journal of Hazardous Materials, 186(2-3): 1916-1923.

Giles C H, MacEwan T H, Nakhwa S N, et al. 1960. Studies in adsorption. Part XI. A system of classification of solution adsorption isotherms, and its use in diagnosis of adsorption mechanisms and in measurement of specific surface areas of solids[J]. Journal of the Chemical Society, 111: 3973-3993.

Gimsing A L, Borggaard O K, Jacobsen O S, et al. 2004. Chemical and microbiological soil characteristics controlling glyphosate mineralisation in Danish surface soils[J]. Applied Soil Ecology, 27(3): 233-242.

Gimsing A L, Borggaard O K. 2002. Competitive adsorption and desorption of glyphosate and phosphate on clay silicates and oxides[J]. Clay Minerals, 37(3): 509-515.

Gimsing A L, Borggaard O K. 2001. Effect of KCl and $CaCl_2$ as background electrolytes on the competitive adsorption of glyphosate and phosphate on goethite[J]. Clays and Clay Minerals, 49(3): 270-275.

Glass R L. 1987. Adsorption of glyphosate by soils and clay minerals[J]. Journal of Agricultural and Food Chemistry, 35(4): 497-500.

Gomes A F S, Lopez D L, Ladeira A C Q. 2012. Characterization and assessment of chemical modifications of metal-bearing sludges arising from unsuitable disposal[J]. Journal of Hazardous Materials, 199-200: 418-425.

Grabarek R J, Krug E C. 1987. Silvicultural application of alum sludge[J]. Journal American Water Works Association, 79(6): 84-88.

Gray S, Kinross J, Read P, et al. 2000. The nutrient assimilative capacity of maerl as a substrate in constructed wetland systems for waste treatment[J]. Water Research, 34(8): 2183-2190.

Guan X H, Chen G H, Shang C. 2005a. Competitive adsorption between orthophosphate and other phosphates on aluminum hydroxide[J]. Soil Science, 170(5): 340-349.

Guan X H, Chen G H, Shang C. 2007. Adsorption behavior of condensed phosphate on aluminum hydroxide[J]. Journal of Environmental Sciences, 19(3): 312-318.

Guan X, Chen G, Shang C. 2005b. Re-use of water treatment works sludge to enhance particulate pollutant removal from sewage[J]. Water Research, 39(15): 3433-3440.

Guan X, Shang C, Yu S, et al. 2004. Exploratory study on reusing water treatment works sludge to enhance primary sewage treatment[J]. Water Science and Technology: Water Supply, 4(1): 159-164.

Guo L, Li G, Liu J, et al. 2009. Adsorption of aniline on cross-linked starch sulfate from aqueous solution[J]. Industrial & Engineering Chemistry Research, 48(23): 10657-10663.

Hamidin N, Yu Q J, Connell D W. 2008. Human health risk assessment of chlorinated disinfection by-products in drinking water using a probabilistic approach[J]. Water Research, 42(13): 3263-3274.

Haimour N, El-Bishtawi R, Ail-Wahbi A. 2005. Equilibrium adsorption of hydrogen sulfide onto CuO and ZnO[J]. Desalination, 181: 145-152.

Hansen J, Reitzel K, Jensen H S, et al. 2003. Effects of aluminum, iron, oxygen and nitrate additions on phosphorus release from the sediment of a Danish softwater lake[J]. Hydrobiologia, 492: 139-149.

Harter R D, Naidu R. 1995. Role of metal-organic complexation in metal sorption by soils[J]. Advances in Agronomy, 55: 219-263.

Harter R D. 1983. Effect of soil pH on adsorption of lead, copper, zinc, and nickel[J]. Soil Science Society of America Journal, 47: 47-51.

Hartikainen H, Pitkänen M, Kairesalo T, et al. 1996. Co-occurrence and potentialchemical competition of phosphorus and silicon in lake sediment[J]. Water Research, 20: 2472-2478.

Haydar S, Aziz J A. 2009. Coagulation-flocculation studies of tannery wastewater using combination of alum with cationic and anionic polymers[J]. Journal of Hazardous Materials, 168(2): 1035-1040.

He M, Zhu Y, Yang Y, et al. 2011. Adsorption of cobalt (II) ions from aqueous solutions by palygorskite[J]. Applied Clay Science, 54: 292-296.

Hettiarachchi G M, Pierzynski G M. 2002. *In situ* stabilization of soil lead using phosphorus and manganese oxide: influence of plant growth[J]. Journal of Environmental Quality, 31: 564-572.

Ho Y S, Mckay G. 1999. Pseudo-second order model for sorption processes[J]. Process Biochem, 34: 451-465.

Ho Y S. 2006. Review of second-order models for adsorption systems[J]. Journal of Hazardous Materials, 37: 681-689.

Holmer M, Storkholm P. 2001. Sulphate reduction and sulphur cycling in lake sediments: a review[J]. Freshwater Biology, 46: 431-451.

Horner-Devine M, Lage M, Hughes J, et al. 2004. A taxa-area relationship for bacteria[J]. Nature, 432: 750-753.

Horth H. 1994. Treatment and disposal of waterworks sludge in selected European countries[J]. Foundation for Water Research technical reports. No. FR, 428.

Hovsepyan A, Bonzongo J C J. 2009. Aluminum drinking water treatment residuals(Al-WTRs)as sorbent for mercury: implications for soil remediation[J]. Journal of Hazardous Materials, 164: 73-80.

Hu H Q, He J Z, Li X Y, et al. 2001. Effect of several organic acids on phosphate adsorption by variable charge soils of central China[J]. Environment International, 26: 353-358.

Hu S, Zhao Y Q, Zhao X H, et al. 2012a. Comprehensive analysis of step-feeding strategy to enhance biological nitrogen removal in alum sludge-based tidal flow constructed wetlands[J]. Bioresource Technology, 111: 27-35.

Hu Y S, Zhao Y Q, Sorohan B. 2011. Removal of glyphosate from aqueous environment by adsorption using water industrial residual[J]. Desalination, 271(1): 150-156.

Hu Y S, Zhao Y Q, Zhao X H, et al. 2012b. High rate nitrogen removal in an alum sludge-based intermittent aeration constructed wetland[J]. Environmental Science & Technology, 46: 4583-4590.

Huang P, Liu Z. 2009. The effect of wave-reduction engineering onsediment resuspension in a large, shallow, eutrophic lake (Lake Taihu)[J]. Ecological Engineering, 35: 1619-1623.

Huang L, Du S, Fan L, et al. 2011. Microbial activity facilitates phosphorus adsorption to shallow lake sediment[J]. Journal of Soils and Sediments, 11: 185-193.

Hull M S, Kennedy A J, Steevens J A, et al. 2009. Release of metal impurities from carbon nanomaterials influences aquatic toxicity[J]. Environmental Science &Technology, 43: 4169-4174.

Ippolito J A, Barbarick K A, Elliott H A. 2011. Drinking water treatment residuals: a review of recent uses[J]. Journal of Environmental Quality, 40(1): 1-12.

Ippolito J A, Barbarick K A, Heil D M, et al. 2003. Phosphorus retention mechanisms of a water treatment residual[J]. Journal of Environmental Quality, 32(5): 1857-1864.

Ippolito J A, Scheckel K G, Barbarick K A. 2009. Selenium adsorption to aluminum based water treatment residuals[J]. Journal of Colloid and Interface Science, 338: 48-55.

Iranpour R, Cox H H J, Kearney R J, et al. 2004. Regulations for biosolids land application in U. S. and European Union[J]. Journal of Residuals Science & Technology, 1: 209-222.

Ivanoff D B, Reddy K R, Robinson S. 1998. Chemical fractionation of organic phosphorus in selected histosols[J]. Soil Science, 163: 36-45.

Jangkorn S, Kuhakaew S, Theantanoo S, et al. 2011. Evaluation of reusing alum sludge for the coagulation of industrial wastewater containing mixed anionic surfactants[J]. Journal of Environmental Sciences, 23(4): 587-594.

Janoš P, Buchtová H, Rýznarová M. 2003. Sorption of dyes from aqueous solutions onto fly ash[J]. Water Research, 37: 4938-4944.

Jellali S, Wahab M A, Anane M, et al. 2010. Phosphate mine wastes reuse for phosphorus removal from aqueous solutions under dynamic conditions[J]. Journal of Hazardous Materials, 184(1-3): 226-233.

Jetten M S M, Strous M, van de Pas-Schoonen K T, et al. 1998. The anaerobic oxidation of ammonium[J]. FEMS Microbiology Reviews, 22: 421-437.

Jiang Q Q, Bakken L R. 1999. Comparison of nitrosospira strains isolated from terrestrial environments[J]. FEMS Microbiology Ecology, 30: 171-186.

Jiang X, Jin X, Yao Y, et al. 2008. Effects of biological activity, light, temperature and oxygen on phosphorus release processes at the sediment and water interface of Taihu Lake, China[J]. Water Research, 42: 2251-2259.

Jiménez E, Giménez J B, Ruano M V, et al. 2011. Effect of pH and nitrite concentration on nitrite oxidation rate[J]. Bioresource Technology, 102: 8741-8747.

Jin X C, Wang S R, Pang Y, et al. 2005. The adsorption of phosphate on different trophic lake sediments[J]. Colloids and Surfaces A-Physicochemical and Engineering Aspects, 254(1-3): 241-248.

Kaggwa R C, Mulalelo C I, Denny P, et al. 2011. The impact of alum discharges on a natural tropical wetland in Uganda[J]. Water Research, 35: 795-807.

Kalbitz K, Wennrich R. 1998. Mobilization of heavy metals and arsenic in polluted wetland soils and its dependence on dissolved organic matter[J]. Science of the Total Environment, 209: 27-39.

Kampschreur M J, Kleerebezem R, de Vet W W J M, et al. 2011. Reduced iron induced nitric oxide and nitrous oxide emission[J]. Water Research, 45: 5945-5952.

Kara M, Yuzer H, Sabah E, et al. 2003. Adsorption of cobalt from aqueous solutions onto sepiolite[J]. Water Research, 37: 224-232.

Karaca S, Gürses A, Bayrak R. 2005. Investigation of applicability of the various adsorption models of methylene blue adsorption onto lignite/water interface[J]. Energy Conversion and Management, 46: 33-46.

Kartal B, Koleva M, Arsov R, et al. 2006. Adaptation of a freshwater anammox population to high salinity wastewater[J]. Journal of Biotechnology, 126: 546-553.

Kasaini H, Mbaya R K. 2009. Continuous adsorption of Pt ions in a batch reactor and packed-bed column[J]. Hydrometallurgy, 97(1-2): 111-118.

Kilislioglu A, Bilgin B. 2003. Thermodynamic and kinetic investigations of uranium adsorption on amberlite IR-118H resin[J]. Applied Radiation and Isotopes, 58(2): 155-160.

Kisand A, Nõges P. 2003. Sediment phosphorus release in phytoplankton dominated versus macrophyte dominated shallow lakes: importance of oxygen conditions[J]. Hydrobiologia, 506-509: 129-133.

Kleinman P J A, Sharpley A N. 2002. Estimating soil phosphorus sorption saturation from Mehlich-3 data[J]. Communications in Soil Science and Plant Analysis, 33(11-12): 1825-1839.

Kodama H, Schnitzer M. 1980. Effect of fulvic acid on the crystallization of aluminum hydroxides[J]. Geoderma, 24: 195-205.

Koenings J P, Hooper F F. 1976. The influence of colloidal organic matter on iron and iron-phosphorus cycling in an acid bog lake[J]. Limnology and Oceanography, 21: 684-696.

Kong H, Sun R, Gao Y, et al. 2013. Elution of polycyclic aromatic hydrocarbons in soil columns using low-molecular-weight organic acids[J]. Soil Science Society of America Journal, 77(1): 72-82.

Kopáček J, Borovec J, Hejzlar J, et al. 2005. Aluminum control of phosphorus sorption by lake sediments[J]. Environmental Science & Technology, 39: 8784-8789.

Krishnan K P, Bharathi P A L. 2009. Organic carbon and iron modulate nitrification rates in mangrove swamps of Goa, south west coast of India[J]. Estuarine Coastal and Shelf Science, 84: 419-426.

Kumpiene J, Lagerkvist A, Maurice C. 2008. Stabilization of As, Cr, Cu, Pb and Zn in soil using amendments—A review[J]. Waste Management, 28: 215-225.

Kwong K F N K, Huang P M. 1977. Influence of citric acid on the hydrolytic reactions of aluminum[J]. Soil Science Society of America Journal, 41: 692-697.

Lage M D, Reed H E, Weihe C, et al. 2010. Nitrogen and phosphorus enrichment alter the composition of ammonia-oxidizing bacteria in salt marsh sediments[J]. The ISME Journal, 4: 933-944.

Larkum A W D, Wood W F. 1993. The effect of UV-B radiation on photosynthesis and respiration of phytoplankton, benthic macroalgae and seagrasses[J]. Photosynthesis Research, 36: 17-23.

Leader J W, Reddy K R, Wilkie A C. 2005. Optimization of low-cost phosphorus removal from wastewater using co-treatments with constructed wetlands[J]. Water Science and Technology, 51(9): 283-290.

Lee C L, Kuo L J, Wang H L, et al. 2003. Effects of ionic strength on the binding of phenanthrene and pyrene to humic substances: three-stage variation model[J]. Water Research, 37(17): 4250-4258.

Li J Y, Xu R K, Ji G L. 2005a. Dissolution of aluminum in variably charged soils as affected by low-molecular-weight organic acids[J]. Pedosphere, 15: 484-490.

Li J Y, Xu R K, Xiao S C, et al. 2005b. Effect of low-molecular-weight organic anions on exchangeable aluminum capacity of variable charge soils[J]. Journal of Colloid and Interface Science, 284: 393-399.

Li T, Zhu Z, Wang D, et al. 2006. Characterization of floc size, strength and structure under various coagulation mechanisms[J]. Powder Technology, 168(2): 104-110.

Li Y H, Ding J, Luan Z, et al. 2003. Competitive adsorption of Pb^{2+}, Cu^{2+} and Cd^{2+} ions from aqueous solutions by multiwalled carbon nanotubes. Carbon, 41: 2787-2792.

Li Y Z, Liu C J, Luan Z K, et al. 2006. Phosphate removal from aqueous solutions using raw and activated red mud and fly ash[J]. Journal of Hazardous Materials, 137(1): 374-383.

Lim H S, Lee J S, Chon H T, et al. 2008. Heavy metal contamination and health risk assessment in the vicinity of the abandoned Songcheon Au-Ag mine in Korea[J]. Journal of Geochemical Exploration, 96: 223-230.

Lin Y F, Jing S R, Wang T W, et al. 2002. Effects of macrophytes and external carbon sources on nitrate removal from groundwater in constructed wetlands[J]. Environmental Pollution, 119(3): 413-420.

Liu J C, Tzou Y M, Lu Y H, et al. 2010. Enhanced chlorophenol sorption of soils by rice-straw-ash amendment[J]. Journal of Hazardous Materials, 177(1): 692-696.

Liu L, Zhu B, Wang G X. 2015. Azoxystrobin-induced excessive reactive oxygen species(ROS)production and inhibition of photosynthesis in the unicellular green algae *Chlorella vulgaris*[J]. Environmental Science and Pollution Research, 22: 7766-7775.

Liu Y, Dai X K, Wei J. 2013. Toxicity of the xenoestrogen nonylphenol and its biodegradation by the alga *Cyclotella caspia*[J]. Journal of Environmental Sciences, 25(8): 1662-1671.

Liu Y, Guo Y, Song C, et al. 2009. The effect of organic matter accumulation on phosphorus release in sediment of Chinese shallow lakes[J]. Fundamental and Applied Limnology, 175: 143-150.

Liu Z, Guo H, He H, et al. 2012. Sorption and cosorption of the nonionic herbicide mefenacet and heavy metals on soil and its components[J]. Journal of Environmental Sciences, 24(3): 427-434.

Lodeiro P, Barriada J L, Herrero R, et al. 2006. The marine macroalga *Cystoseira baccata* as biosorbent for cadmium (II) and lead (II) removal: kinetic and equilibrium studies[J]. Environmental Pollution, 142(2): 264-273.

Lombi E, Stevens D P, McLaughlin M J. 2010. Effect of water treatment residuals on soil phosphorus, copper and aluminium availability and toxicity[J]. Environmental Pollution, 158: 2110-2116.

Lu S, Gischkat S, Reiche M, et al. 2010. Ecophysiology of Fe-cycling bacteria in acidic sediments[J]. Applied and Environmental Microbiology, 76: 8174-8183.

Lützenkirchen J. 1997. Ionic strength effects on cation sorption to oxides: macroscopic observations and their significance in microscopic interpretation[J]. Journal of Colloid & Interface Science, 195: 149-155.

Mahdy A M, Elkhatib E A, Fathi N O. 2008. Drinking water treatment residuals as an amendment to alkaline soils: effects on bioaccumulation of heavy metals and aluminum in corn plants[J]. Plant Soil and Environment, 54(6): 234-246.

Makris K C, Harris W G, O'Connor G A, et al. 2004. Phosphorus immobilization in micropores of drinking-water treatment residuals: implications for long-term stability[J]. Environmental Science & Technology, 38(24): 6590-6596.

Makris K C, Harris W G, O'Connor G A, et al. 2005. Physicochemical properties related to long-term phosphorus retention by drinking-water treatment residuals[J]. Environmental Science & Technology, 39(11): 4280-4289.

Makris K C, Sarkar D, Datta R. 2006a. Aluminum-based drinking-water treatment residuals: a novel sorbent for perchlorate removal[J]. Environmental Pollution, 140: 9-12.

Makris K C, Sarkar D, Datta R. 2006b. Evaluating a drinking-water waste by-product as a novel sorbent for arsenic[J]. Chemosphere, 64(5): 730-741.

Makris K C, Sarkar D, Parsons J G, et al. 2007. Surface arsenic speciation of a drinking-water treatment residual using X-ray absorption spectroscopy[J]. Journal of Colloid and Interface Science, 311(2): 544-550.

Masschelein W J, Devleminck R, Genot J. 1985. The feasibility of coagulant recycling by alkaline reaction of aluminium hydroxide sludges[J]. Water Research, 19(11): 1363-1368.

Matera V, Hécho I L, Laboudigue A, et al. 2003. A methodological approach for the identification of arsenic bearing phases in polluted soils[J]. Environmental Pollution, 126: 51-64.

Mayumi M, Hiroaki M, Shoichiro Y, et al. 2004. Adsorption behavior of heavy metals on biomaterials[J]. Journal of Agricultural and Food Chemistry, 52: 5606-5611.

McConnell J S, Hossner L R. 1985. pH-dependent adsorption isotherms of glyphosate[J]. Journal of Agricultural and Food Chemistry, 33(6): 1075-1078.

Menz J, Schneider M, Kümmerer K. 2013. Toxicity testing with luminescent bacteria—characterization of an automated method for the combined assessment of acute and chronic effects[J]. Chemosphere, 93: 990-996.

Michael A B, Domenico G, Schulthess C P, et al. 1998. Surface complexation modeling of phosphate adsorption by water treatment residual[J]. Journal of Environmental Quality, 27: 1055-1063.

Miller M L, Bhadha J H, O'Connor G A, et al. 2011. Aluminum water treatment residuals as permeable reactive barrier sorbents to reduce phosphorus losses[J]. Chemosphere, 83(7): 978-983.

Miller W P, Zelazny L W, Martens D C. 1986. Dissolution of synthetic crystalline and noncrystalline iron oxides by organic acids[J]. Geoderma, 37: 1-13.

Mohapatra M, Rout K, Mohapatra B K, et al. 2009. Sorption behavior of Pb (II) and Cd (II) on iron ore slime and characterization of metal ion loaded sorbent[J]. Journal of Hazardous Materials, 166: 1506-1513.

Moliner A M, Street J J. 1989. Decomposition of hydrazine in aqueous solutions[J]. Journal of Environmental Quality, 18: 483-487.

Montigny C, Prairie Y T. 1993. The relative importance of biological and chemical processes in the release of phosphorus from a highly organic sediment[J]. Hydrobiologia, 253: 141-150.

Moore T A, Xing Y, Lazenby B. 2011. Prevalence of anaerobic ammonium-oxidizing bacteria in contaminated groundwater[J]. Environmental Science & Technology, 45: 7217-7225.

Muisa N, Hoko Z, Chifamba P. 2011. Impacts of alum residues from Morton Jaffray Water Works on water quality and fish, Harare, Zimbabwe[J]. Physics and Chemistry of the Earth, Parts A/B/C, 36: 853-864.

Nagar R, Sarkar D, Makris K C. 2010. Effect of solution chemistry on arsenic sorption by Fe- and Al-based drinking-water treatment residuals[J]. Chemosphere, 78: 1028-1035.

Nagar R, Sarkar D, Makris K C, et al. 2013. Inorganic arsenic sorption by drinking-water treatment residual-amended sandy soil: effect of soil solution chemistry[J]. International Journal of Environmental Science and Technology, 10: 1-10.

Nair A T, Ahammed M M. 2013. The reuse of water treatment sludge as a coagulant for post-treatment of UASB reactor treating urban wastewater[J]. Journal of Cleaner Production, 96: 272-281.

Nansubuga I, Banadda N, Babu M, et al. 2013. Effect of polyaluminium chloride water treatment sludge on effluent quality of domestic wastewater treatment[J]. African Journal of Environmental Science and Technology, 7(4): 145-152.

Nelson D W, Sommers L E. 1982. Total carbon, organic carbon, and organic matter. In: Page A L, Miller R H, Keeney D R. Methods of Soil Analysis[M]. Wisconsin: American Society of Agronomy: 539-579.

Nemati K, Bakar N K A, Abas M R, et al. 2011. Speciation of heavy metals by modified BCR sequential extraction procedure in different depths of sediments from Sungai Buloh, Selangor, Malaysia[J]. Journal of Hazardous Materials, 192: 402-410.

Nissenbaum A. 1976. Organic matter-metal interactions in recent sediments: the role of humic substances[J]. Geochimica et Cosmochimica Acta, 40: 809-816.

Novak J M, Szogi A A, Watts D W, et al. 2007. Water treatment residuals amended soils release Mn, Na, S, and C[J]. Soil Science, 172: 992-1000.

Novak J M, Watts D W. 2004. Increasing the phosphorus sorption capacity of southeastern coastal plain soils using water treatment residuals[J]. Soil Science, 169: 206-214.

Oladeji O O, Sartain J B, O'Connor G A. 2009. Land application of aluminum water treatment residual: aluminum phytoavailability and forage yield[J]. Communications in Soil Science and Plant Analysis, 40: 1483-1498.

Olila O G, Reddy K R. 1997. Influence of redox potential on phosphate-uptake by sediments in two sub-tropical eutrophic lakes[J]. Hydrobiologia, 345: 45-57.

Oliver I W, Grant C D, Murray R S. 2011. Assessing effects of aerobic and anaerobic conditions on phosphorus sorption and retention capacity of water treatment residuals[J]. Journal of Environmental Menagement, 92(3): 960-966.

Oomen A G, Hack A, Minekus M, et al. 2002. Comparison of five in vitro digestion models to study the bioaccessibility of soil contaminants[J]. Environmental Science & Technology, 36: 3326-3334.

Owen P G. 2002. Water-treatment works' sludge management[J]. Journal of the Chartered Institution of Water and Environmental Management, 16(4): 282-285.

Pakhomova S V, Hall P O J, Kononets M Y, et al. 2007. Fluxes of iron and manganese across the sediment—water interface under various redox conditions[J]. Marine Chemistry, 107: 319-331.

Pant H K, Reddy K R. 2001. Phosphorus sorption characteristics of estuary sediments under different redox conditions[J]. Journal of Environmental Quality, 30: 1474-1480.

Park W H. 2009. Integrated constructed wetland systems employing alum sludge and oyster shells as filter media for P removal[J]. Ecological Engineering, 35: 1275-1282.

Patrón-Prado M, Acosta-Vargas B. 2010. Serviere-Zaragoza E. Méndez-Rodríguez L C. Copper and cadmium biosorption by dried seaweed sargassum sinicola in saline wastewater[J]. Water Air & Soil Pollution, 210: 197-202.

Pautler M C, Sims J T. 2000. Relationships between soil test phosphorus, soluble phosphorus, and phosphorus saturation in Delaware soils[J]. Soil Science Society of America Journal, 64(2): 765-773.

Peng J F, Wang B Z, Song Y H, et al. 2007. Adsorption and release of phosphorus in the surface sediment of a wastewater stabilization pond[J]. Ecological Engineering, 31: 92-97.

Perez K F B, Charlatchka R, Ferard J F. 2013. Assessment of the LuminoTox leachate phase assay as a complement to the LuminoTox solid phase assay: effect of fine particles in natural sediments[J]. Chemosphere, 90: 1310-1315.

Pessagno R C, Sánchez R M T, dos Santos Afonso M. 2008. Glyphosate behavior at soil and mineral–water interfaces[J]. Environmental Pollution, 153(1): 53-59.

Petruzzelli D, Volpe A, Limoni N, et al. 2000. Coagulants removal and recovery from water clarifier sludge[J]. Water Research, 34(7): 2177-2182.

Piccolo A, Gatta L, Campanella L. 1995. Interactions of glyphosate with a humic acid and its iron complex[J]. Annali di chimica, 85(1-2): 31-40.

Pinzari F, Zotti M, Mico A D, et al. 2010. Biodegradation of inorganic components in paper documents: formation of calcium oxalate crystals as a consequence of *Aspergillus terreus* Thom growth[J]. International Biodeterioration & Biodegradation, 64: 499-505.

Pokhrel D, Viraraghavan T. 2008. Arsenic removal in an iron oxide-coated fungal biomass column: analysis of breakthrough curves[J]. Bioresource Technology, 99: 2067-2071.

Putra RS, Tanaka S. 2011. Aluminum drinking water treatment residuals (Al-WTRs) as an entrapping zone for lead in soil by electrokinetic remediation[J]. Separation and Purification Technology, 79: 208-215.

Qian G, Chen W, Lim T T, et al. 2009. In-situ stabilization of Pb, Zn, Cu, Cd and Ni in the multi-contaminated sediments with ferrihydrite and apatite composite additives[J]. Journal of Hazardous Materials, 170: 1093-1100.

Qian H F, Li J, Pan X J, et al. 2012. Analyses of gene expression and physiological changes in *Microcystis aeruginosa* reveal the phytotoxicities of three environmental pollutants[J]. Ecotoxicology, 21: 847-859.

Qualls R G, Sherwood L J, Richardson C J. 2009. Effect of natural dissolved organic carbon on phosphate removal by ferric chloride and aluminum sulfate treatment of wetland waters[J]. Water Resources Research, 45: W09414.

Quintino V, Picado A M, Rodrigues A M, et al. 1995. Sediment chemistry—infaunal community structure in a southern european estuary related to solid-phase microtox toxicity testing[J]. Netherland Journal of Aquatic Ecology, 29: 427-436.

Racke K D, Steele K P, Yoder R N, et al. 1996. Factors affecting the hydrolytic degradation of chlorpyrifos in soil[J]. Journal of Agricultural and Food Chemistry, 44(6): 1582-1592.

Razali M, Zhao Y Q, Bruen M. 2007. Effectiveness of a drinking-water treatment sludge in removing different phosphorus species from aqueous solution[J]. Separation and Purification Technology, 55(3): 300-306.

Rensburg L V, Morgenthal T L. 2003. Evaluation of water treatment sludge for ameliorating acid mine waste[J]. Journal of Environmental Quality, 32: 1658-1668.

Richmond W R, Mitch L, Jonathon M, et al. 2004. Arsenic removal from aqueous solution via ferrihydrite crystallization control[J]. Environmental Science & Technology, 38: 2368-2372.

Ringwood A H, Delorenzo M E, Ross P E, et al. 1997. Interpretation of Microtox® solid-phase toxicity tests: the effects of sediment composition. Environ Toxicol Chem, 16: 1135-1140.

Roberts J M, Roddy C P. 1960. Recovery and reuse of alum sludge at Tampa[J]. Journal American Water Works Association, 52(7): 857-866.

Ruiz G, Jeison D, Chamy R. 2003. Nitrification with high nitrite accumulation for the treatment of wastewater with high ammonia concentration[J]. Water Research, 37: 1371-1377.

Ruttenberg K C, Sulak D J. 2011. Sorption and desorption of dissolved organic phosphorus onto iron(oxyhydr)oxides in seawater[J]. Geochimica et Cosmochimica Acta, 75: 4095-4112.

Rysgaard S, Thastum P, Dalsgaard T, et al. 1999. Effects of salinity on NH_4^+ adsorption capacity, nitrification, and denitrification in Danish estuarine sediments[J]. Estuaries, 22: 21-30.

Sanders J R. 1983. The effect of pH on the total and free ionic concentrations of mnganese, zinc and cobalt in soil solutions[J]. Journal of Soil Science, 34: 315-323.

Ščančar J, Milačič R, Stražar M, et al. 2000. Total metal concentrations and partitioning of Cd, Cr, Cu, Fe, Ni and Zn in sewage sludge[J]. Science of the Total Environment, 250: 9-19.

Schwarz J I K, Eckert W, Conrad R. 2007a. Community structure of Archaea and Bacteria in a profundal lake sediment Lake Kinneret(Israel)[J]. Systematic and Applied Microbiology, 30: 239-254.

Schwarz J I K, Lueders T, Eckert W, et al. 2007b. Identification of acetate-utilizing bacteria and archaea in methanogenic profundal sediments of Lake Kinneret(Israel)by stable isotope probing of rRNA[J]. Environmental Microbiology, 9: 223-237.

Sen T K, Sarzali M V. 2008. Removal of cadmium metal ion(Cd^{2+})from its aqueous solution by aluminium oxide(Al_2O_3): a kinetic and equilibrium study[J]. Chemical Engineering Journal, 142: 256-262.

Sengupta A K, Shi B. 1992. Selective alum recovery from clarifier sludge[J]. Journal-American Water Works Association, 84(1): 96-103.

Sheals J, Sjöberg S, Persson P. 2002. Adsorption of glyphosate on goethite: molecular characterization of surface complexes[J]. Environmental Science & Technology, 36(14): 3090-3095.

Sheng G, Yang Y, Huang M, et al. 2005. Influence of pH on pesticide sorption by soil containing wheat residue-derived char[J]. Environmental Pollution, 134(3): 457-463.

Sheng W, Peng X F, Lee D J, et al. 2006. Coagulation of particles through rapid mixing[J]. Drying Technology, 24(10): 1271-1276.

Singh B K, Walker A, Morgan J A W, et al. 2003. Effects of soil pH on the biodegradation of chlorpyrifos and isolation of a chlorpyrifos-degrading bacterium[J]. Applied and Environmental Microbiology, 69(9): 5198-5206.

Singh B K, Walker A, Wright D J. 2006. Bioremedial potential of fenamiphos and chlorpyrifos degrading isolates: influence of different environmental conditions[J]. Soil Biology and Biochemistry, 38(9): 2682-2693.

Smičiklas I, Dimović S, Plećaš I, et al. 2006. Removal of Co^{2+} from aqueous solutions by hydroxyapatite[J]. Water Resarch, 40: 2267-2274.

Smith L, Watzin M C, Druschel G. 2011. Relating sediment phosphorus mobility to seasonal and diel redox fluctuations at the sediment-water interface in a eutrophic freshwater lake[J]. Limnology and Oceanography, 56: 2251-2264.

Søndergaard M, Jensen J P, Jeppesen E. 2003. Role of sediment and internal loading of phosphorus in shallow lakes[J]. Hydrobiologia, 506-509: 135-145.

Song Y, Swedlund P J, Singhal N, et al. 2009. Cadmium (II) speciation in complex aquatic systems: a study with ferrihydrite, bacteria, and an organic ligand[J]. Environmental Science & Technology, 43: 7430-7436.

Sotero-Santos R B, Rocha O, Povinelli J. 2007. Toxicity of ferric chloride sludge to aquatic organisms[J]. Chemosphere, 68: 628-636.

Sparks D L. 2003. Environmental Soil Chemistry. Second edition[M]. California: Academic Press.

Spears B M, Carvalho L, Perkins R, et al. 2008. Effects of light on sediment nutrient flux and water column nutrient stoichiometry in a shallow lake[J]. Water Research, 42: 977-986.

Sprankle P, Meggitt W F, Penner D. 1975. Adsorption, mobility, and microbial degradation of glyphosate in the soil[J]. Weed Science, 23(3): 229-234.

Srivastava V C, Prasad B, Mishra I M, et al. 2008. Prediction of breakthrough curves for sorptive removal of phenol by bagasse fly ash packed bed[J]. Industrial & Engineering Chemistry Research, 47: 1603-1613.

State Environmental Protection Administration (SEPA). 2003. Discharge standard of pollutants for municipal wastewater treatment plant (GB 18918-2002). Beijing, China (in Chinese): Standard Press of China.

Staunton S, Leprince F. 1996. Effect of pH and some organic anions on the solubility of soil phosphate: implications for P bioavailability[J]. European Journal of Soil Science, 47: 231-239.

Stein L Y, Arp D J, Berube P M, et al. 2007. Whole-genome analysis of the ammonia-oxidizing bacterium, *Nitrosomonas eutropha* C91: implications for niche adaptation[J]. Environmental Microbiology, 9: 2993-3007.

Strauss E A, Lamberti G A. 2000. Regulation of nitrification in aquatic sediments by organic carbon[J]. Limnology and Oceanography, 45: 1854-1859.

Strauss E A, Mitchell N L, Lamberti G A. 2002. Factors regulating nitrification in aquatic sediments: effects of organic carbon, nitrogen availability, and pH[J]. Canadian Journal of Fisheries and Aquatic Sciences, 59: 554-563.

Strawn D G, Sparks D L. 1999. Sorption Kinetics of Trace Elements in Soils and Soil Materials[M]. Boca Raton: Lewis Publishers Inc.

Strobel B W, Hansen H C B, Borggaard O K, et al. 2001. Cadmium and copper release kinetics in relation to afforestation of cultivated soil[J]. Geochimica et Cosmochimica Acta, 65: 1233-1242.

Strous M, Pelletier E, Mangenot S, et al. 2006. Deciphering the evolution and metabolism of ananammox bacterium from a community genome[J]. Nature, 440: 790-794.

Tam N F Y, Wong Y S. 1996. Effect of ammonia concentrations on growth of *Chlorella vulgaris* and

nitrogen removal from media[J]. Bioresource Technol, 57: 45-50.
Tanada S, Kabayama M, Kawasaki N, et al. 2003. Removal of phosphate by aluminum oxide hydroxide[J]. Journal of Colloid and Interface Science, 257(1): 135-140.
Teutli-Sequeira A, Solache-Ríos M, Olguín M T. 2009. Influence of Na^+, Ca^{2+}, Mg^{2+} and NH_4^+ on the sorption behavior of Cd^{2+} from aqueous solutions by a Mexican zeolitic material[J]. Hydrometallurgy, 97: 46-52.
Tiedje J M, Sexstone A J, Parkin TB, et al. 1984. Anaerobic processes in soil[J]. Plant and Soil, 76(1-3): 197-212.
Titshall L W, Hughes J C. 2005. Characterisation of some South African water treatment residues and implications for land application[J]. Water SA, 31(3): 299-307.
Toet S, Van Logtestijn R S P, Kampf R, et al. 2005. The effect of hydraulic retention time on the removal of pollutants from sewage treatment plant effluent in a surface-flow wetland system[J]. Wetlands, 25(2): 375-391.
Tuominen L, Hartikainen H, Kairesalo T, et al. 1998. Increased bioavailability of sediment phosphorus due to silicate enrichment[J]. Water Research, 32: 2001-2008.
Tureli F C, Ok S S, Goldberg S. 2015. Specific surface area effect on adsorption of chlorpyrifos and TCP by soils and modelling[J]. Soil and Sediment Contamination: An International Journal, 24(1): 64-75.
USEPA. 2006. National recommended water quality criteria. http://www.epa.gov/waterscience/criteria/nrwqc-2006. pdf[2017-2-3].
USEPA. 1995. A guide to the biosolids risk assessments for the EPA part 503 rule. EPA-832-B-93-005[S]. U S Environmental Protection Agency, Washington DC.
USEPA. 1990. National oil and hazardous substances pollution contingency plan, 40 CRF Part 300[S]. U S Environmental Protection Agency, Washington DC.
USEPA. 2012. Regional screening level (RSL) tapwater supporting table. available: http://www.epa.gov/reg3hwmd/risk/human/rb-concentration_table/Generic_Tables/docs/restap_sl_table_01run_MAY2013.pdf[2017-1-5].
USEPA. 2004a. Risk assessment guidance for superfund volume I: human health evaluation manual. part e, supplemental guidance for dermal risk assessment (final), EPA/540/R/99/005[S]. Office of Superfund Remediation and Technology Innovation, US Environmental Protection Agency, Washington DC.
USEPA. 1989. Risk assessment guidance for superfund, volume i, human health evaluation manual. part a (interim final), EPA/540/1-89/002 [S]. Office of Emergency and Remedial Response, U S Environmental Protection Agency, Washington DC.
USEPA. 1991a. Risk assessment guidance for superfund, volume i, human health evaluation manual. part b, development of risk-based preliminary remediation goals (interim), PB92-963333. Publication 9285. 7-01B [S]. Office of Emergency and Remedial Response, US Environmental Protection Agency, Washington DC.
USEPA. 1991b. Role of the baseline risk assessment in superfund remedy selection decisions. oswer directive 9355. 0-30[Z]. Office of Solid Waste and Emergency Response, US Environmental Protection Agency, Washington DC.
USEPA. 2004b. SW-846 chapter seven: characteristics introduction and regulatory definitions(revision 4)[S]. U S Environmental Protection Agency, Washington DC.
van Emmerik T J, Sandström D E, Antzutkin O N, et al. 2007. ^{31}P solid-state nuclear magnetic resonance study of the sorption of phosphate onto gibbsite and kaolinite[J]. Langmuir, 23(6): 3205-3213.
van Hees P A W, Lundström U S, Giesler R. 2000. Low molecular weight organic acids and their Al-complexes in soil solution—composition, distribution and seasonal variation in three podzolized soils[J]. Geoderma, 94(2): 173-200.
van Rensburg L, Morgenthal T L. 2003. Evaluation of water treatment sludge for ameliorating acid mine waste[J]. Journal of Environmental Quality, 32(5): 1658-1668.
van Riemsdijk W H, Weststrate F A, Bolt G H. 1975. Evidence for a new aluminum phosphate phase from reaction rate of phosphate with aluminum hydroxide[J]. Nature(London), 257: 473-474.

van Straalen N M, Feder M E. 2012. Ecological and evolutionary functional genomics—How can it contribute to the risk assessment of chemicals[J]. Environmental Science & Technology, 46: 3-9.

Vereecken H. 2005. Mobility and leaching of glyphosate: a review[J]. Pest Management Science, 61(12): 1139-1151.

Violante A, Colombo C, Buondonno A. 1991. Competitive adsorption of phosphate and oxalate by aluminum-oxides[J]. Soil Science Society of America Journal, 55(1): 65-70.

Violante A. 1992. Effect of tartaric acid and ph on the nature and physicochemical properties of short-range ordered aluminum precipitation products[J]. Clays & Clay Minerals, 40: 462-469.

Vymazal J. 2007. Removal of nutrients in various types of constructed wetlands[J]. Science of The Total Environment, 380(1-3): 48-65.

Walsch J, Dultz S. 2010. Effects of pH, Ca^{2+} and SO_4^{2-} concentration on surface charge and colloidal stability of goethite and hematite–consequences for the adsorption of anionic organic substances[J]. Clay Minerals, 45(1): 1-13.

Walter I, Martínez F, Cala V. 2006. Heavy metal speciation and phytotoxic effects of three representative sewage sludges for agricultural uses[J]. Environmental Pollution, 139: 507-514.

Wang C H, Bai L L, Pei Y S. 2013. Assessing the stability of phosphorus in lake sediments amended with water treatment residuals[J]. Journal of Environmental Management, 122: 31-36.

Wang S, Jin X, Bu Q, et al. 2006. Effects of particle size, organic matter and ionic strength on the phosphate sorption in different trophic lake sediments[J]. Journal of Hazardous Materials, 128: 95-105.

Wang S, Yi W, Yang S, et al. 2011. Effects of light fraction organic matter removal on phosphate adsorption by lake sediments[J]. Applied Geochemistry, 26: 286-292.

Ward B B, Martino D P, Diaz M C, et al. 2000. Analysis of ammonia-oxidizing bacteria from Hypersaline Mono Lake, California, on the basis of 16S rRNA sequences[J]. Applied and Environmental Microbiology, 66: 2873-2881.

Weaver M A, Krutz L J, Zablotowicz R M, et al. 2007. Effects of glyphosate on soil microbial communities and its mineralization in a Mississippi soil. Pest Management Science, 63(4): 388-393.

Wei X, Viadero R C, Bhojappa S. 2008. Phosphorus removal by acid mine drainage sludge from secondary effluents of municipal wastewater treatment plants[J]. Water Research, 42(13): 3275-3284.

Welch S A, Ullman W J. 1993. The effect of organic acids on plagioclase dissolution rates and stoichiometry[J]. Geochimica et Cosmochimica Acta, 57: 2725-2736.

Wendling L A, Douglas G B, Coleman S, et al. 2013. Nutrient and dissolved organic carbon removal from natural waters using industrial by-products[J]. Science of the Total Environment, 442: 63-72.

Wu S B, Zhang D X, Austin D, et al. 2011. Evaluation of a lab-scale tidal flow constructed wetland performance: oxygen transfer capacity, organic matter and ammonium removal[J]. Ecological Engineering, 37(11): 1789-1795.

Xia W, Zhang C, Zeng X, et al. 2011. Autotrophic growth of nitrifying community in an agricultural soil[J]. The ISME Journal, 5: 1226-1236.

Xin L, Hong-ying H, Ke G, et al. 2010. Growth and nutrient removal properties of a freshwater microalga *Scenedesmus* sp. LX1 under different kinds of nitrogen sources[J]. Ecological Engineering, 36: 379-381.

Xu D F, Xu J M, Wu J J, et al. 2006. Studies on the phosphorus sorption capacity of substrates used in constructed wetland systems[J]. Chemosphere, 63(2): 344-352.

Yan G, Viraraghavan T, Chen M. 2001. A new model for heavy metal removal in a biosorption column[J]. Adsorption Science & Technology, 19: 25-43.

Yan R, Liang D T, Tsen L, et al. 2002. Kinetics and mechanisms of H_2S adsorption by alkaline activated carbon[J]. Environmental Science & Technology, 36: 4460-4466.

Yan Z, Song N, Cai H, et al. 2012. Enhanced degradation of phenanthrene and pyrene in freshwater sediments by combined employment of sediment microbial fuel cell and amorphous ferric hydroxide[J]. Journal of Hazardous Materials, 199-200: 217-225.

Yang X P, Wang S M, Zhou L X. 2012. Effect of carbon source, C/N ratio, nitrate and dissolved oxygen concentration on nitrite and ammonium production from denitrification process by *Pseudomonas stutzeri*

D6[J]. Bioresource Technology, 104: 65-72.
Yang Y, Lin X W, Huang H, et al. 2015. Sodium fluoride induces apoptosis through reactive oxygen species-mediated endoplasmic reticulum stress pathway in Sertoli cells[J]. Journal of Environmental Sciences, 30: 81-89.
Yang Y, Zhao Y Q, Babatunde A Q, et al. 2006. Characteristics and mechanisms of phosphate adsorption on dewatered alum sludge[J]. Separation and Purification Technology, 51(2): 193-200.
Yang Y, Zhao Y Q, Kearney P. 2008. Influence of ageing on the structure and phosphate adsorption capacity of dewatered alum sludge[J]. Chemical Engineering Journal, 145: 276-284.
Yang Z, Gao B, Wang Y, et al. 2011. Aluminum fractions in surface water from reservoirs by coagulation treatment with polyaluminum chloride (PAC): influence of initial pH and OH^-/Al^{3+} ratio[J]. Chemical Engineering Journal, 170(1): 107-113.
Ye H P, Chen F Z, Sheng Y Q, et al. 2006. Adsorption of phosphate from aqueous solution onto modified palygorskites[J]. Separation and Purification Technology, 50(3): 283-290.
Yu Y, Zhou Q X. 2005. Adsorption characteristics of pesticides methamidophos and glyphosate by two soils[J]. Chemosphere, 58(6): 811-816.
Yuan C G, Shi J B, He B, et al. 2004. Speciation of heavy metals in marine sediments from the East China Sea by ICP-MS with sequential extraction[J]. Environment International, 30: 769-783.
Zhang J, Dong Y. 2008. Effect of low-molecular-weight organic acids on the adsorption of norfloxacin in typical variable charge soils of China[J]. Journal of Hazardous Materials, 151(2): 833-839.
Zhang R Y, Wu F C, Liu C Q, et al. 2008. Characteristics of organic phosphorus fractions in different trophic sediments of lakes from the middle and lower reaches of Yangtze River region and Southwestern Plateau, China[J]. Environmental Pollution, 152: 366-372.
Zhao X H, Zhao Y Q. 2009. Investigation of phosphorus desorption from P-saturated alum sludge used as a substrate in constructed wetland[J]. Separation and Purification Technology, 66: 71-75.
Zhao Y Q, Babatunde A O, Hu Y S, et al. 2011. Pilot field-scale demonstration of a novel alum sludge-based constructed wetland system for enhanced wastewater treatment[J]. Process Biochemistry, 46(1): 278-283.
Zhao Y Q, Zhao X H, Babatunde A O. 2009. Use of dewatered alum sludge as main substrate in treatment reed bed receiving agricultural wastewater: long-term trial[J]. Bioresource Technology, 100(2): 644-648.
Zhou Y F, Haynes R J. 2011. Removal of Pb (Ⅱ), Cr (Ⅲ) and Cr (Ⅵ) from aqueous solutions using alum-derived water treatment sludge[J]. Water Air and Soil Pollution, 215: 631-643.